图灵程序设计丛书

U0383142

Linux命令行与shell脚本编程大全（第4版）

Linux Command Line and Shell Scripting Bible, 4th Edition

[美] 理查德·布卢姆（Richard Blum）
克里斯蒂娜·布雷斯纳汉（Christine Bresnahan） 著

门佳 译

人民邮电出版社
北京

图书在版编目（CIP）数据

Linux命令行与shell脚本编程大全 / （美）理查德•布卢姆（Richard Blum），（美）克里斯蒂娜•布雷斯纳汉（Christine Bresnahan）著；门佳译. -- 4版. -- 北京：人民邮电出版社，2022.6
（图灵程序设计丛书）
ISBN 978-7-115-59251-4

Ⅰ. ①L… Ⅱ. ①理… ②克… ③门… Ⅲ. ①Linux操作系统—程序设计 Ⅳ. ①TP316.85

中国版本图书馆CIP数据核字(2022)第078587号

内 容 提 要

这是一本关于 Linux 命令行与 shell 脚本编程的全方位教程，主要包括四大部分：Linux 命令行、shell 脚本编程基础、高级 shell 脚本编程，以及创建和管理实用的脚本。本书这一版针对 Linux 系统的最新特性进行了全面更新，不仅涵盖了详尽的动手教程和现实世界中的实用信息，还提供了与所学内容相关的参考信息和背景资料。通过本书的学习，你能轻松写出自己的 shell 脚本。

本书适合 Linux 系统管理员及相关开发人员阅读。

◆ 著　[美] 理查德·布卢姆（Richard Blum）
　　[美] 克里斯蒂娜·布雷斯纳汉（Christine Bresnahan）
译　门 佳
责任编辑　张海艳
责任印制　彭志环

◆ 人民邮电出版社出版发行　北京市丰台区成寿寺路 11 号
邮编　100164　电子邮件　315@ptpress.com.cn
网址　https://www.ptpress.com.cn
固安县铭成印刷有限公司印刷

◆ 开本：800×1000　1/16
印张：39.75　2022 年 6 月第 4 版
字数：939千字　2025 年 4 月河北第 17 次印刷
著作权合同登记号　图字：01-2021-3521号

定价：129.80元

读者服务热线：(010)84084456-6009　印装质量热线：(010)81055316
反盗版热线：(010)81055315

版权声明

引　言

欢迎阅读本书。和所有“大全”系列图书一样，本书涵盖了详尽的动手教程和实践信息，还提供了与所学内容相关的参考信息和背景资料。本书是 Linux 命令行和 shell 命令颇为全面的资源。读完本书，你将可以轻松写出自己的 shell 脚本来实现 Linux 系统任务自动化处理。

读者对象

如果你是 Linux 环境下的系统管理员，那么学会编写 shell 脚本将让你受益匪浅。本书并未详述 Linux 系统的安装步骤，但只要系统运行起来，你就可以开始考虑如何实现一些日常的系统管理任务的自动化。这时 shell 脚本编程就能发挥作用了，而这也正是本书的作用所在。本书将演示如何使用 shell 脚本来自动处理系统管理任务，包括从监测系统统计数据和数据文件到为你的老板生成报表。

如果你是家用 Linux 爱好者，同样也能从本书中获益。如今，用户很容易迷失在充斥着现成小部件（widget）的图形环境中。大多数桌面 Linux 发行版尽力向普通用户隐藏系统的内部细节。但有时你确实需要知道背后发生了什么。本书会告诉你如何访问 Linux 命令行提示符以及接下来要做什么。通常，如果是执行一些简单任务（比如文件管理），那么在命令行中操作要比在华丽的图形界面中方便得多。命令行环境下有大量的命令可供使用，本书将展示其用法。

本书结构

本书会引领你学习从 Linux 命令行基础到更为复杂的主题（比如编写自己的 shell 脚本）。全书分成 4 部分，每部分都基于之前的内容。

第一部分假定你已经拥有了可用的 Linux 系统，或者正在设法获取 Linux 系统。第 1 章描述了构成整个 Linux 系统的各个部分，说明了 shell 是如何融入其中的。在介绍过 Linux 系统的基础知识之后，这一部分相继探讨了：

- 使用终端仿真软件包访问 shell（第 2 章）；
- 基本的 shell 命令（第 3 章）；
- 使用更高级的 shell 命令来窥探系统信息（第 4 章）；
- 理解 shell 的用途（第 5 章）；

- ❑ 使用 shell 变量操作数据（第 6 章）；
- ❑ 理解 Linux 文件系统和安全（第 7 章）；
- ❑ 在命令行中管理 Linux 文件系统（第 8 章）；
- ❑ 在命令行中安装和更新软件（第 9 章）；
- ❑ 使用 Linux 编辑器编写 shell 脚本（第 10 章）。

第二部分从编写 shell 脚本开始。在阅读各章内容时，你将：

- ❑ 学习如何创建和运行 shell 脚本（第 11 章）；
- ❑ 改变 shell 脚本中程序的流程（第 12 章）；
- ❑ 迭代代码片段（第 13 章）；
- ❑ 在脚本中处理用户输入的数据（第 14 章）；
- ❑ 了解在脚本中存储和显示数据的不同方法（第 15 章）；
- ❑ 控制 shell 脚本在系统中运行的方式和时机（第 16 章）。

第三部分深入探讨了 shell 脚本编程的高级话题，包括：

- ❑ 在脚本中创建自定义函数（第 17 章）；
- ❑ 利用 Linux 图形化桌面与脚本用户交互（第 18 章）；
- ❑ 使用高级 Linux 命令过滤和解析数据文件（第 19 章）；
- ❑ 使用正则表达式定义数据（第 20 章）；
- ❑ 学习在脚本中操作数据的高级方法（第 21 章）；
- ❑ 使用高级脚本特性从原始数据中生成报表（第 22 章）；
- ❑ 修改 shell 脚本，使其运行在其他 Linux shell 中（第 23 章）。

第四部分演示了 shell 脚本在现实环境中的应用。在这一部分中，你将：

- ❑ 学习如何将各种脚本特性融入自己的脚本中（第 24 章）；
- ❑ 学习如何使用流行的 Git 软件组织并跟踪脚本版本（第 25 章）。

约定和特色

为帮助你更好地理解书中内容，本书在组织和排版方面做了很多不同的处理。

警告与提示

每当作者希望你注意一些重要的事情时，这些信息就会出现在警告部分。

警告 这部分信息很重要，所以放在单独的段落里并采用了特殊的排版形式。警告部分提供了要特别注意的信息，这些信息可能会对数据或系统造成不便，也可能存在潜在危害。

与章节内容相关的其他值得留意的内容会出现在提示部分或注意部分。

提示 提供了有用的补充或辅助信息，但多少有些偏离当前讲述的主题。

最低需求

本书并不局限于某种特定的 Linux 发行版，你可以使用任何可用的 Linux 系统来学习书中内容，其中大部分地方采用了 bash shell，这也是多数 Linux 系统的默认 shell。

下一步做什么

阅读完本书之后，你就可以在日常工作中得心应手地运用 Linux 命令了。身处日新月异的 Linux 世界，最好能始终接触 Linux 的最新发展。Linux 发行版经常会发生改动，加入新特性，移除旧功能。坚持关注 Linux 方面的资讯，不断更新你的 Linux 知识体系。找一个不错的 Linux 论坛，时刻注意 Linux 世界的动态。有很多流行的 Linux 新闻站点（比如 Slashdot 和 DistroWatch）提供了有关 Linux 新进展的最新资讯。

电子书

扫描如下二维码，即可购买本书中文版电子书。

致　　谢

非常感谢 John Wiley & Sons 出色的出版团队为本书做出的突出贡献。感谢策划编辑 Kenyon Brown 为我们提供了撰写本书的机会。感谢项目编辑 Patrick Walsh，他把事情安排得有条不紊，使本书更具看点。技术编辑 Jason Eckert 复核了全书的所有内容，提出了改进建议。感谢 Saravanan Dakshinamurthy 和他的团队无尽的耐心和永不休止的勤奋，提高了本书的可读性。感谢 Waterside Productions 公司的 Carole Jelen 为我们安排本书的写作事务，并在我们的写作道路上给予帮助。

在此，克里斯蒂娜要感谢丈夫 Timothy，感谢他的鼓励、耐心和倾听，即使在他对她说的话一无所知的时候。理查德要感谢妻子 Barbara，感谢她精心制作的烘焙食品，帮助他在写作时保持充沛的精力！

目　　录

第三部分 高级 shell 脚本编程

Part 1

第一部分

Linux 命令行

本部分内容

第 1 章

初识 Linux shell

本章内容

- Linux 初探
- Linux 内核的组成
- Linux 桌面
- Linux 发行版

在深入学习如何使用 Linux 命令行和 shell 之前，最好先弄清楚什么是 Linux、它的源起以及运作方式。本章将带你逐步了解 Linux，解释 shell 和 Linux 命令行在整体结构中所处的位置。

1.1 Linux 初探

如果以前从未接触过 Linux，那么你可能不清楚为什么会有这么多不同的 Linux 版本。在查看 Linux 软件包时，你肯定被发行版、LiveDVD、GNU 之类的术语搞晕过。初次步入 Linux 世界会让人觉得不那么得心应手。在开始学习命令和脚本之前，本章将为你揭开一部分 Linux 系统的神秘面纱。

Linux 系统可划分为以下 4 部分。

- Linux 内核
- GNU 工具
- 图形化桌面环境
- 应用软件

每一部分在 Linux 系统中各司其职。但就单个部分而言，作用并不是特别大。图 1-1 是一个基本结构框图，展示了各部分是如何彼此协作构成整个 Linux 系统的。

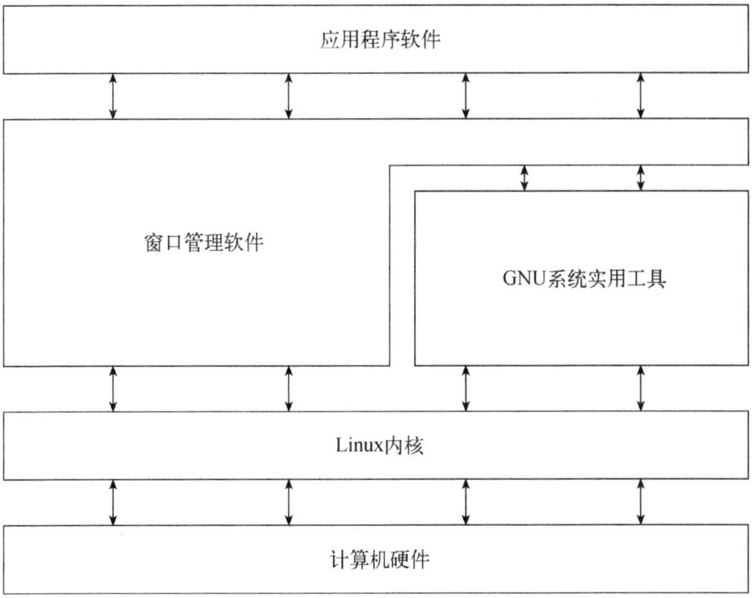

图 1-1 Linux 系统

本节将详细描述这 4 部分，帮助你了解它们如何共同构成一个完整的 Linux 系统。

1.1.1 深入探究 Linux 内核

Linux 系统的核心是**内核**。内核控制着计算机系统的所有硬件和软件，在必要时分配硬件，并根据需要执行软件。

如果你一直都在关注 Linux 世界，那么肯定听说过 Linus Torvalds。Linus 还在赫尔辛基大学上学时就开发了第 1 版 Linux 内核。起初他只是想仿造一款 Unix 系统而已，因为当时 Unix 操作系统在很多大学非常流行。

完成 Linux 内核开发工作后，Linus 将其发布到了 Internet 社区并征求改进意见。这个简单的举动引发了计算机操作系统领域内的一场革命。很快，Linus 就收到了来自世界各地的学生和专业程序员的各种建议。

如果谁都可以修改内核代码，那么肯定会导致代码混乱不堪。为简单起见，Linus 担当起了所有改进建议的把关员。能否将建议代码并入内核最终取决于 Linus。时至今日，在 Linux 内核代码开发过程中依然沿用这一思路，只不过是由一组开发人员负责这项任务，不再是 Linus 一个人了。

内核主要负责以下 4 种功能。

- 系统内存管理
- 软件程序管理
- 硬件设备管理

❑ 文件系统管理

下面我们将进一步探究其中的每一项功能。

1. 系统内存管理

操作系统内核的主要功能之一是内存管理。内核不仅管理服务器上的可用物理内存，还可以创建并管理虚拟内存（实际并不存在的内存）。

内核通过硬盘上称为**交换空间**（swap space）的存储区域来实现虚拟内存。内核在交换空间和实际的物理内存之间反复交换虚拟内存中的内容。这使得系统以为自己拥有比物理内存更多的可用内存，如图 1-2 所示。

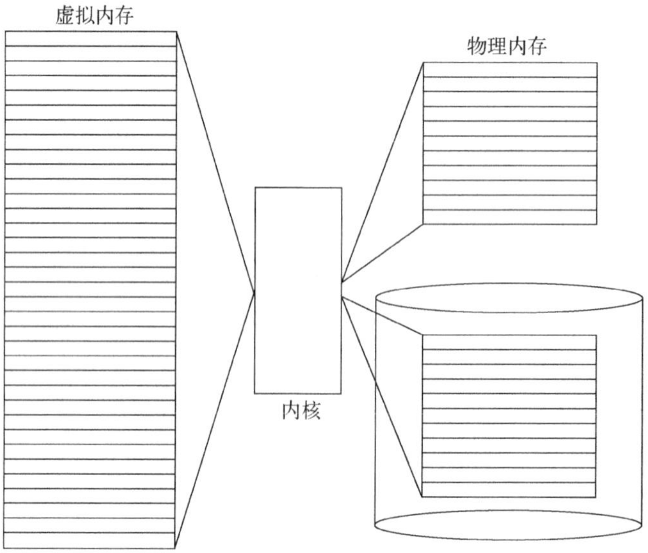

图 1-2　Linux 系统内存映射

内存被划分为若干块，这些块称作页面（page）。内核会将每个内存页面置于物理内存或交换空间中。然后，内核会维护一张内存页面表，指明哪些页面位于物理内存，哪些页面被交换到了磁盘。

内核会记录哪些内存页面正在使用中，自动把一段时间未访问的内存页面复制到交换空间区域（称之为换出，swapping out）——即使还有内存可用。当程序要访问一个已被换出的内存页面时，内核必须将物理内存中的另一个页面换出来为其腾出空间，然后从交换空间换入（swapping in）所请求的页面。显然，这个过程要花费时间，并会拖慢运行中的进程。只要 Linux 系统在运行，为运行中的程序换出内存页面的过程就不会停歇。

2. 软件程序管理

Linux 操作系统称运行中的程序为**进程**。进程可以在前台运行，将输出显示在屏幕上；也可以在后台运行，隐藏到幕后。内核控制着 Linux 系统如何管理运行在系统中的所有进程。

内核创建了第一个进程（称为 **init 进程**）来启动系统中所有其他进程。当内核启动时，它会将 init 进程载入虚拟内存。内核在启动其他进程时，会在虚拟内存中给新进程分配一块专有区域来存储该进程用到的数据和代码。

在 Linux 中，有多种 init 进程实现，目前最流行的是以下两种。

- **SysVinit**：Linux 最初使用的是 SysVinit（SysV）初始化方法，该方法基于 Unix System V 初始化方法。尽管如今很多 Linux 发行版已经不再使用 SysVinit 了，但在一些比较旧的 Linux 发行版中还能找到其身影。
- **systemd**：systemd 初始化方法诞生于 2010 年，现在已经成为 Linux 发行版中最流行的初始化和进程管理系统。

SysVinit 初始化方法使用运行级（runlevel）的概念来决定启动哪个进程。运行级定义了 Linux 系统的运行状态以及每种状态下应该运行的进程。表 1-1 显示了 SysVinit 初始化方法中定义的各种运行级。

表 1-1 SysVinit 运行级

运 行 级	描 述
0	关闭系统
1	单用户模式，用于系统维护
2	多用户模式，无联网服务
3	多用户模式，有联网服务
4	自定义
5	配有 GUI 的多用户模式
6	重启系统

/etc/inittab 文件定义了系统的默认运行级。特定运行级下启动的进程是在/etc/rc.d 目录下的各个子目录中定义的。可以使用 `runlevel` 命令随时查看当前运行级。

```
$ runlevel
N 5
$
```

systemd 初始化方法得以流行起来的原因在于能够根据不同的事件启动进程。

- 系统启动时
- 连接到特定的硬件设备时
- 服务启动时
- 建立好网络连接时
- 计时器到期时

systemd 方法通过将事件与**单元文件**（unit file）链接来决定运行哪些进程。每个单元文件定义了特定事件发生时要启动的程序。`systemctl` 程序允许启动、停止和列出系统中当前运行的单元文件。

systemd 方法将单元文件划归为**目标**（target）。目标定义了 Linux 系统的特定运行状态，这和

SysVinit 运行级的概念类似。在系统启动时，`default.target` 单元定义了要启动的所有单元文件。可以使用 `systemctl` 命令查看当前默认目标：

```
$ systemctl get-default
graphical.target
$
```

`graphical.target` 单元文件定义了多用户图形环境运行时要启动的进程，类似于旧的 SysVinit 运行级 5。

注意　在第 4 章中，你会看到如何使用 `ps` 命令查看 Linux 系统中当前运行的进程。

3. 硬件设备管理

内核的另一职责是管理硬件。任何 Linux 系统需要与之通信的设备都必须在内核代码中加入其驱动程序。驱动程序相当于应用程序和硬件设备的“中间人”，允许内核同设备之间交换数据。向 Linux 内核中插入设备驱动的方法有两种。

- 将驱动程序编译入内核
- 将设备驱动模块加入内核

以前，插入设备驱动程序的唯一途径就是重新编译内核。每次给系统添加新设备时，都不得不重新编译一遍内核代码。随着 Linux 内核支持的硬件设备越来越多，这个过程也变得越来越低效。不过好在 Linux 开发人员设计出了一种更好的方法以将驱动程序插入运行中的内核。

开发人员提出了内核模块的概念，允许在无须重新编译内核的情况下将驱动程序插入运行中的内核。另外，当设备不再使用时也可将内核模块从内核中移走。这种方式极大地简化和扩展了硬件设备在 Linux 中的使用。

Linux 系统将硬件设备视为一种特殊文件，称为**设备文件**。设备文件分为 3 种。

- 字符设备文件
- 块设备文件
- 网络设备文件

字符设备文件对应于每次只能处理一个字符的设备。大多数类型的调制解调器和终端是作为字符设备文件创建的。块设备文件对应于每次以块形式处理数据的设备，比如硬盘驱动器。

网络设备文件对应于采用数据包发送和接收数据的设备，这包括网卡和一个特殊的环回设备，后者允许 Linux 系统使用常见的网络编程协议同自身通信。

Linux 会为系统的每个设备都创建一种称为“节点”的特殊文件。与设备的所有通信都是通过设备节点完成的。每个节点都有一个唯一的数值对，以供 Linux 内核标识。数值对包括一个主设备号和一个次设备号。类似的设备会被划分到相同的主设备号下。次设备号用于标识主设备组下的某个特定设备。

4. 文件系统管理

不同于其他一些操作系统，Linux 内核支持通过不同类型的文件系统读写硬盘数据。除了自有的多种文件系统，Linux 还能够读写其他操作系统（比如 Microsoft Windows）的文件系统。内核必须在编译时就加入对所有要用到的文件系统的支持。表 1-2 列出了 Linux 系统可以用来读写数据的标准文件系统。

表 1-2 Linux 文件系统

文件系统	描 述
ext	Linux 扩展文件系统，最早的 Linux 文件系统
ext2	第二扩展文件系统，在 ext 的基础上提供了更多的功能
ext3	第三扩展文件系统，支持日志功能
ext4	第四扩展文件系统，支持高级日志功能
btrfs	一种新的高性能文件系统，支持日志功能和大文件
exfat	扩展 Windows 文件系统，主要用于 SD 卡和 U 盘
hpfs	OS/2 高性能文件系统
jfs	IBM 日志文件系统
iso9660	ISO 9660 文件系统（CD-ROM）
minix	MINIX 文件系统
msdos	Microsoft FAT16
ncp	Netware 文件系统
nfs	网络文件系统
ntfs	支持 Microsoft NT 文件系统
proc	访问系统信息
smb	用于网络访问的 Samba SMB 文件系统
sysv	早期的 Unix 文件系统
ufs	BSD 文件系统
umsdos	建立在 msdos 之上的类 Unix 文件系统
vfat	Windows 95 文件系统（FAT32）
XFS	高性能 64 位日志文件系统

Linux 服务器所访问的所有硬盘驱动器都必须采用表 1-2 所列文件系统类型中的一种进行格式化。

Linux 内核采用虚拟文件系统（virtual file system，VFS）作为和各种文件系统交互的接口。这为 Linux 内核与其他类型文件系统之间的通信提供了一个标准接口。当文件系统被挂载和使用时，VFS 会在内存中缓存相关信息。

1.1.2 GNU 实用工具

除了由内核来控制硬件设备，操作系统还需要实用工具来实现各种标准功能，比如控制文件和程序。尽管 Linus 创建了 Linux 系统内核，但他手头并没有能够运行在内核之上的系统实用工具。幸运的是，就在 Linus 开发内核的同时，有一群人正在 Internet 上同心协力，模仿 Unix 操作系统开发一套标准的计算机系统实用工具。

GNU（GNU 代表 GNU's Not Unix）组织开发出了一套完整的 Unix 实用工具，但是缺少用于支撑其运行的内核系统。这些实用工具是在开源软件（open source software，OSS）理念下诞生的。

开源软件理念允许程序员开发软件并将其免费发布。所有人都可以使用、修改该软件，或将其集成进自己的系统，无须支付任何授权费用。Linus 的 Linux 内核和 GNU 操作系统实用工具结合在一起，产生了一款完整且功能丰富的自由操作系统。

虽然通常将 Linux 内核和 GNU 实用工具的结合体称为 Linux，但是你也会在 Internet 上看到一些 Linux 纯化论者将其称为 GNU/Linux 系统，借此致意 GNU 组织所做的贡献。

1. 核心 GNU 实用工具

GNU 项目旨在为 Unix 系统管理员打造出一套可用的类 Unix 环境。这个目标促使该项目移植了很多常见的 Unix 系统命令行工具。供 Linux 系统使用的这组核心工具被称为 coreutils（core utilities）软件包。

GNU coreutils 软件包由 3 部分构成。

- 文件实用工具
- 文本实用工具
- 进程实用工具

其中每组都包含了一些对 Linux 系统管理员和程序员至关重要的实用工具。本书将详细介绍 GNU coreutils 软件包中包含的所有工具。

2. shell

GNU/Linux shell 是一种特殊的交互式工具，为用户提供了启动程序、管理文件系统中的文件以及运行在 Linux 系统中的进程的途径。shell 的核心是命令行提示符，负责 shell 的交互部分，允许用户输入文本命令，然后解释命令并在内核中执行。

shell 包含一组内部命令，可用于完成复制文件、移动文件、重命名文件、显示和终止系统中正在运行的程序这类操作。除此之外，shell 也允许在命令行提示符中输入程序的名称，它会将程序名称传递给内核以启动程序。

也可以将多个 shell 命令放入文件中作为程序执行。这些文件称作 **shell 脚本**。凡是能在命令行中执行的命令都可放入 shell 脚本中作为一组命令执行。这为创建通常需要执行多个命令的实用工具提供了极大的便利。

在 Linux 系统中，有相当多的 shell 可供使用。不同的 shell 有不同的特性，有些适用于创建脚本，有些则适用于管理进程。所有 Linux 发行版默认的 shell 都是 bash shell。bash shell 由 GNU 项目开发，被作为标准 Unix shell（Bourne shell，以其创建者得名）的替代品。bash shell 的名字玩的是一个文字游戏，即 Bourne again shell。

除了 bash shell，本书中还将介绍其他几种流行的 shell，参见表 1-3。

表 1-3 Linux shell

shell	描　述
ash	一种简单的轻量级 shell，运行在内存受限环境中，但与 bash shell 完全兼容
korn	一种与 Bourne shell 兼容的编程 shell，但支持如关联数组和浮点算术等高级编程特性
tcsh	一种将 C 语言中的一些元素引入 shell 脚本中的 shell
zsh	一种结合了 bash、tcsh 和 korn 的特性，同时提供高级编程特性、共享历史文件和主题化提示符的高级 shell

大多数 Linux 发行版包含多个 shell，不过通常会选择其中一种作为默认 shell。如果你的 Linux 发行版也是如此，那么不妨尝试一下不同的 shell，看看哪个能满足需要。

1.1.3 Linux 桌面环境

在 Linux 初期（20 世纪 90 年代早期），只有一个简单的 Linux 操作系统文本界面可用。这个文本界面允许系统管理员运行程序、控制程序的执行以及在系统中移动文件。

随着 Microsoft Windows 的流行，计算机用户已经不再满足于陈旧的文本界面了。这推动了 OSS 社区的更多开发活动，Linux 图形化桌面环境应运而生。

完成工作的方式不止一种，Linux 一直以来都以此而闻名，图形化桌面更是如此。Linux 有多种图形化桌面可供选择。接下来会介绍其中一些比较流行的桌面环境。

1. X Window 软件

有两个基本要素决定了你的视频环境：显卡和显示器。要在计算机上显示绚丽的画面，Linux 软件就得知道如何同这两者互通。X Window 软件是图形显示的核心部分。

X Window 软件是直接和 PC 显卡以及显示器打交道的底层程序，控制着 Linux 应用程序如何在计算机上呈现漂亮的窗口和图形。

Linux 并非唯一使用 X Window 的操作系统，不同的操作系统均有相应的版本。在 Linux 世界里，能够实现 X Window 的软件包不止一种。Linux 最常用的两种 X Window 软件包如下。

- X.org
- Wayland

X.org 基于最初的 Unix X Window System 版本 11（常称作 X11），属于两者中比较旧的实现。越来越多的 Linux 发行版正在向更新的 Wayland 迁移，后者更加安全，也更易于维护。

在首次安装 Linux 发行版时，X Window 软件包会检测显卡和显示器，然后创建一个含有必要信息的 X Window 配置文件。在安装过程中，你可能会注意到安装程序会检测一次显示器，以此来确定所支持的视频模式。有时这会造成显示器黑屏几秒。由于显卡和显示器的种类繁多，因此这个过程可能需要花费一段时间才能完成。

核心的 X Window 软件能够生成图形化显示环境，但仅此而已。尽管这已经足以运行单独的应用程序，但在日常的计算机使用中并不是特别有用，因为没有桌面环境可供用户操作文件或是启动程序。为此，需要一款建立在 X Window 系统软件之上的桌面环境。

2. KDE Plasma 桌面

KDE（K desktop environment，K 桌面环境）最初于 1996 年作为开源项目发布，能够生成类似于 Microsoft Windows 的图形化桌面环境。如果你是 Windows 用户，那么 KDE 集成了所有你熟悉的特性。图 1-3 展示了运行在 openSUSE Linux 发行版中的 KDE 桌面当前版本 KDE Plasma。

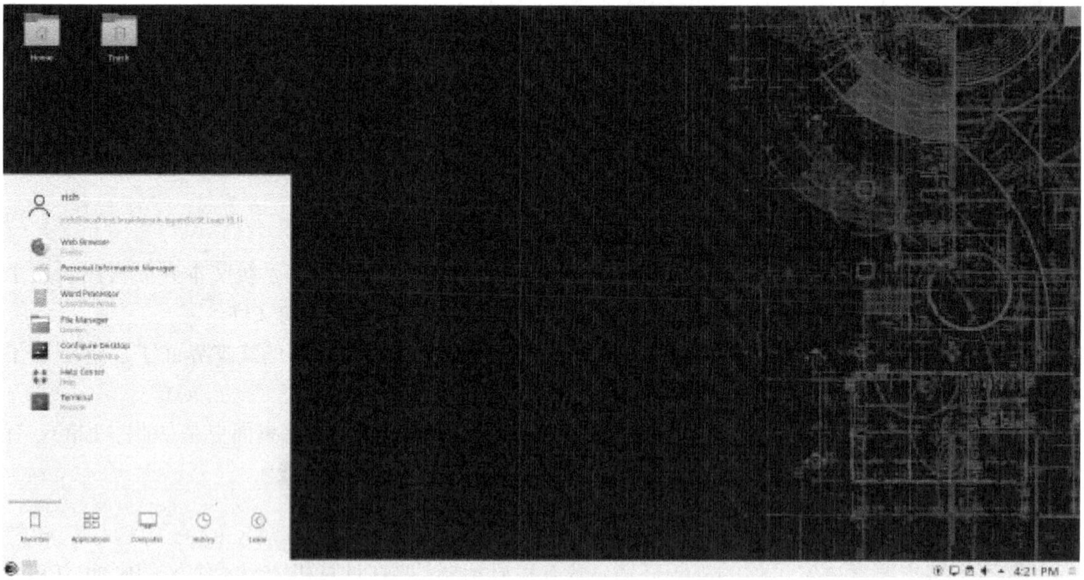

图 1-3　openSUSE Linux 系统的 KDE Plasma 桌面

KDE Plasma 桌面允许你在桌面的特定区域放置应用程序图标和文件图标。单击应用程序图标，Linux 系统就会启动该应用程序。单击文件图标，KDE 桌面会尝试确定使用哪种应用程序来处理该文件。

桌面底部的横条称为面板（Panel），由 4 部分构成。

- **K 菜单**：和 Windows 的开始菜单非常类似，K 菜单包含了启动已安装应用程序的链接。
- **程序快捷方式**：这些是直接从面板启动应用程序的快速链接。
- **任务栏**：任务栏显示着桌面当前正运行的应用程序的图标。
- **小程序**：面板上还有一些小应用程序的图标，经常会根据应用程序的状态发生变化。

所有的面板功能都和你在 Windows 中看到的类似。除了桌面功能，KDE 项目还开发了大量的可运行在 KDE 环境中的应用程序。

3. GNOME 桌面

GNOME（GNU network object model environment，GNU 网络对象模型环境）是另一个流行的 Linux 桌面环境。GNOME 于 1999 年首次发布，现已成为许多 Linux 发行版默认的桌面环境（用得最多的是 Red Hat Linux）。

注意　GNOME 桌面在 2011 年发布的第 3 版中经历了一次彻底的改变，脱离了大多数使用标准菜单栏和任务栏的桌面的标准观感，使其界面在多个平台（比如平板计算机和手机）上更加友好。这一变化引发了一些争议（参见“其他桌面”一节），但许多 Linux 狂热爱好者也逐渐接受了 GNOME 3 桌面的新面貌。

图 1-4 展示了 Ubuntu Linux 发行版中使用的标准 GNOME 桌面。

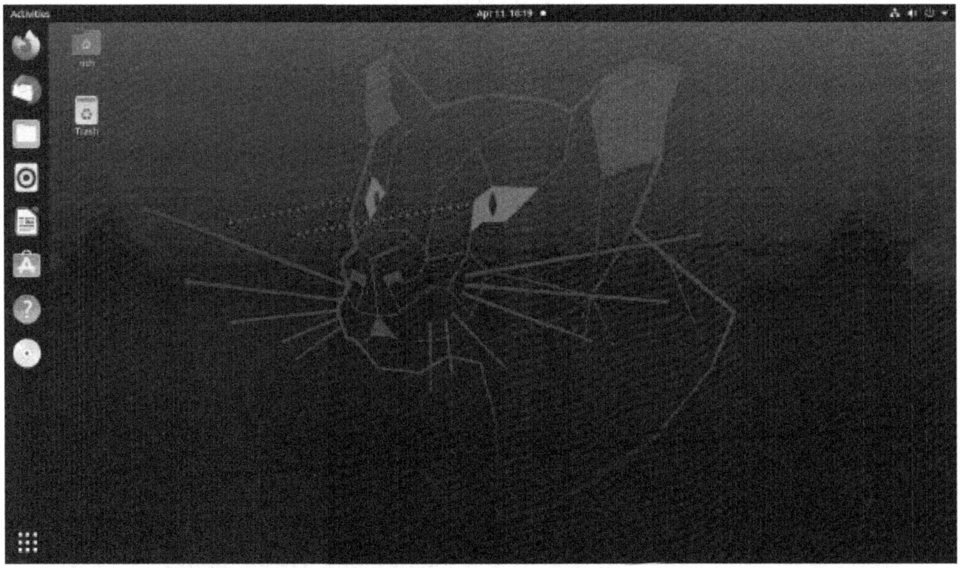

图 1-4　Ubuntu Linux 系统的 GNOME 3 桌面

GNOME 3 桌面通过将可用菜单数减少至 3 个来清理桌面界面。

- Activities（活动）：显示收藏的以及正在运行的应用程序图标。
- Calendar（日历）：显示当前日期/时间以及系统提示消息。
- System（系统）：显示网络连接、系统设置以及系统重启选项。

GNOME 3 桌面旨在运行于多种设备之上，所以你从中找不到太多的菜单。要想运行应用程序，必须使用 Activities Overview 查找，这是 Activities 菜单的一项搜索功能。

GNOME 不会让 KDE 抢了风头，其开发人员也制作了大量与 GNOME 桌面集成的图形应用程序。

4. 其他桌面

Linux 的主要特色之一就是可选择性，这一点在图形化桌面世界中表现得尤为明显。Linux 中有大量不同类型的图形化桌面可用。如果对 Linux 发行版中的默认桌面不满意，可以将其更改为其他桌面，非常简单。

当 GNOME 桌面项目在版本 3 中彻底更改了其界面时，许多喜欢 GNOME 2 观感的 Linux 开发人员创建了基于 GNOME 2 的衍生版本，其中比较流行的有以下两个。

- Cinnamon：Cinnamon 桌面是由 Linux Mint 发行版于 2011 年开发的，旨在延续原先的 GNOME 2 桌面。该桌面目前在包括 Ubuntu、Fedora 和 openSUSE 在内的多个 Linux 发行版中作为选项提供。
- MATE：MATE 桌面是由讨厌 GNOME 3 的 Arch Linux 用户于 2011 年开发的。该桌面融入了一些 GNOME 3 的特性（比如替换了任务栏），但是维持了 GNOME 2 的整体观感。

图 1-5 展示了 Linux Mint 发行版中的 Cinnamon 桌面。

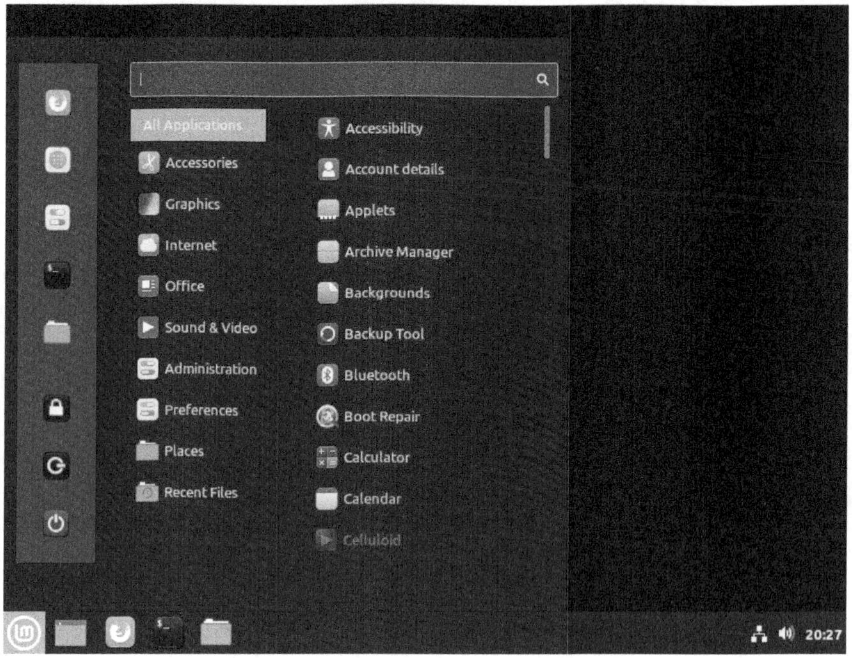

图 1-5　Linux Mint 中的 Cinnamon 桌面

这些炫目的图形化桌面环境的缺点在于需要可观的系统资源才能正常运作。在 Linux 早期，其标志和卖点就是能够运行在那些无力应付 Microsoft 桌面产品的老旧 PC 上。但随着 KDE Plasma 和 GNOME 3 桌面的流行，情况发生了变化，如今运行 KDE Plasma 或 GNOME 3 桌面所需的内存已经和运行最新的 Microsoft 桌面环境旗鼓相当。

如果你的 PC 已经有些年头，也不用灰心丧气。Linux 开发人员已经联手让 Linux 返璞归真。他们开发了一些低内存开销的图形化桌面应用程序，这些应用程序提供了可以在老旧 PC 上完美运行的基本功能。

尽管这些图形化桌面并没有专为其设计太多应用程序，但仍然可以运行基本的支持文字处理、电子表格、数据库、绘图以及多媒体等功能的图形化应用程序。

表 1-4 列出了一些可用于低端 PC 和笔记本计算机的小型 Linux 图形化桌面环境。

表 1-4　其他 Linux 图形化桌面

桌　面	描　述
Fluxbox	一个没有面板的基本桌面，仅有一个可用来启动应用程序的弹出式菜单
Xfce	与 GNOME 2 的桌面类似，但少了很多图形化元素以适应低内存环境
JWM	Joe 的窗口管理器（Joe's Window Manager），非常适用于低内存小硬盘空间环境的超轻型桌面
fvwm	支持诸如虚拟桌面和面板等高级桌面功能，但能够在低内存环境中运行
fvwm95	衍生自 fvwm，但看起来更像是 Windows 95 桌面

虽然这些图形化桌面环境没有 KDE Plasma 桌面和 GNOME 3 桌面那样漂亮，但它们提供了恰到好处的基本图形化功能。图 1-6 展示了 MX Linux 发行版所采用的 Xfce 桌面的外观。

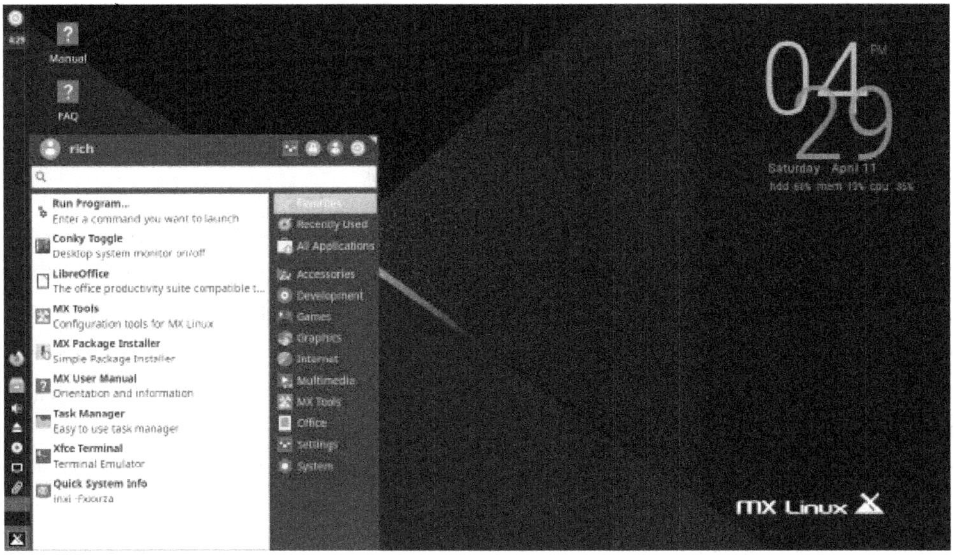

图 1-6　MX Linux 发行版的 Xfce 桌面

如果你用的是老旧 PC，那么不妨试试上述桌面环境的 Linux 发行版，看看怎么样。说不定会有惊喜。

1.2　Linux 发行版

到此为止，你已经了解了构成完整 Linux 系统所需要的 4 个关键组件，你可能好奇怎样才能把它们组成一个 Linux 系统。幸运的是，已经有人为你做好这些了。

我们将完整的 Linux 系统包称为**发行版**。大量不同的 Linux 发行版可以满足你可能存在的各种计算需求。大多数发行版是为某个特定用户群定制的，比如商业用户、多媒体爱好者、软件开发人员或者普通家庭用户。每种定制的发行版都包含了支持特定功能所需的各种软件包，比如多媒体爱好者要用到的音频和视频编辑软件，软件开发人员要用到的编译器和集成开发环境（IDE）。

不同的 Linux 发行版通常分为两类。

- 完整的核心 Linux 发行版
- 特定用途的 Linux 发行版

接下来将探讨这些 Linux 发行版并展示每种发行版的一些示例。

1.2.1　核心 Linux 发行版

核心 Linux 发行版含有内核、一个或多个图形化桌面环境以及预编译好的大部分可用的 Linux 应用程序。它提供了一站式的完整 Linux 安装。表 1-5 列出了部分流行的核心 Linux 发行版。

表 1-5　核心 Linux 发行版

发　行　版	描　　述
Slackware	最早的 Linux 发行版中的一员，流行于 Linux 极客之间
Red Hat Enterprise	一个主要用于 Internet 服务器的商业发行版
Gentoo	为高级 Linux 用户设计的发行版，仅包含 Linux 源代码
openSUSE	兼顾商用和家用的发行版
Debian	流行于 Linux 专家和商用 Linux 产品中的发行版

在 Linux 早期，发行版是以多张软盘形式发布的。你必须下载一堆文件，然后将其复制到软盘上。整个发行版通常要用到 20 张或更多的软盘。毋庸置疑，这绝对是个痛苦的过程。

如今，Linux 发行版采用 **ISO 镜像文件**形式发布。ISO 镜像是一个包含了完整的 DVD 镜像的文件。你可以使用软件将其刻录成 DVD 或是创建可引导的 U 盘。然后只需从 DVD 或 U 盘引导计算机即可安装 Linux。这样一来就简单多了。

但是，新手在安装核心 Linux 发行版时还是会经常碰到各种各样的问题。为了照顾到 Linux 用户的所有使用情景，单个发行版必须包含大量的应用程序软件。从高端的 Internet 数据库服务器到日常游戏，可谓应有尽有。

发行版中的大量可选配置对 Linux 极客来说是好事，但对新手来说就是一场噩梦。多数核心发行版会在安装过程中询问一系列问题以决定哪些应用程序要默认加载、PC 上连接了哪些硬件以及怎样配置硬件设备。新手经常会被这些问题困扰，因此，他们经常要么加载了过多的程序，要么没有加载够，到后来才发现计算机并没有按照他们预想的方式工作。

对新手来说，好在还有更简便的 Linux 安装方法。

1.2.2　特定用途的 Linux 发行版

Linux 发行版的一个新子群已经出现了。它们通常基于某个主流发行版，但仅包含其中一部分用于某种特定用途的应用程序。

除了提供特定软件（比如仅用于商业用户的办公应用），定制化发行版还尝试通过自动检测和自动配置常见硬件来帮助新手安装 Linux。这使得 Linux 的安装过程变得轻松愉悦了许多。

表 1-6 列出了部分特定用途的 Linux 发行版及其专长。

表 1-6 特定用途的 Linux 发行版

发 行 版	描 述
Fedora	一款通过 Red Hat Enterprise Linux 源代码构建而成的免费发行版
Ubuntu	一款兼用于学校和家庭的免费发行版
MX Linux	一款用于家庭的免费发行版
Linux Mint	一款用于家庭娱乐的免费发行版
Puppy Linux	一款适用于老旧 PC 的小型免费发行版

这只是特定用途的 Linux 发行版中的一小部分。像这样的发行版数以百计，而在 Internet 上还不断有新成员加入。不管你的专长是什么，你都能找到一款为你量身定做的 Linux 发行版。

许多特定用途的 Linux 发行版是基于 Debian Linux 的发行版。它们使用和 Debian 一样的安装文件，但仅打包了完整 Debian 系统中的一小部分软件。

注意 大多数 Linux 发行版也有 LiveCD 版本可用。LiveCD 版本是一个自成一体（self-contained）的 ISO 镜像文件，可以刻录成 DVD（或写入 U 盘），直接引导 Linux 系统，无须安装在硬盘上。根据发行版的不同，LiveDVD 要么包含一小部分应用程序，要么包含整个系统（特定用途的发行版）。LiveDVD 的好处是可以在安装系统之前先测试系统硬件，解决存在的问题。

1.3 小结

本章探讨了 Linux 系统及其基本工作原理。Linux 内核是整个系统的核心，控制着内存、程序和硬件之间的交互。GNU 实用工具同样是 Linux 系统的重要组成部分。Linux shell 是本书关注的焦点，它属于 GNU 核心工具集的一部分。本章还讨论了 Linux 系统的最后一个组件：Linux 桌面环境。如今，Linux 可以支持多种图形化桌面环境。

本章也讨论了各种 Linux 发行版。Linux 发行版就是把 Linux 系统的各个部分汇集起来组成一个易于安装的包。Linux 发行版世界中既有功能成熟的发行版，也有针对特定用途的发行版，前者囊括各种各样的软件，后者包含针对特定功能的应用程序。Linux LiveDVD 则是另一种无须将 Linux 安装到硬盘就能体验 Linux 的发行版。

在第 2 章中，我们将开始学习开启命令行和 shell 脚本编程体验所需的基本知识。你将从绚丽的图形化桌面环境转向 Linux shell 工具。即便在今天，这也未必是件容易事。

第2章 走进 shell

本章内容

- 访问命令行
- 通过 Linux 控制台终端访问 CLI
- 通过图形化终端仿真器访问 CLI
- 使用 GNOME Terminal 终端仿真器
- 使用 Konsole 终端仿真器
- 使用 xterm 终端仿真器

在Linux 早期，系统管理员、程序员、系统用户全都端坐在 Linux 控制台终端前，输入 shell 命令，查看文本输出。如今伴随着图形化桌面环境的应用，想在系统中找到 shell 提示符来输入命令都变得困难起来。本章讨论了如何进入命令行环境，并带你逐步了解可能会在各种 Linux 发行版中碰到的终端仿真软件包。

2.1 进入命令行

在图形化桌面出现之前，和 Unix 系统交互的唯一方式就是通过 shell 提供的文本**命令行界面**（command line interface，CLI）。CLI 只允许输入文本，而且只能显示文本和基本图形输出。

由于此限制，输出设备也用不着多高级，只需要一个简单的哑终端就能和 Unix 系统交互了。哑终端（dumb terminal）是由通信电缆（通常是多线束串行电缆，也叫带状电缆）连接到 Unix 系统的显示器和键盘。通过这种简单的组合，可以轻松地向 Unix 系统输入文本数据并显示文本结果。

你也很清楚，如今的 Linux 环境已经大不同往日了。大部分 Linux 发行版采用了某种类型的图形化桌面环境。但要输入 shell 命令，仍然需要通过文本显示来访问 shell 的 CLI。于是现在的问题归结为一点：有时候在 Linux 发行版中找到进入 CLI 的途径还真不是件容易的事。

2.1.1 控制台终端

进入 CLI 的一种途径是访问 Linux 系统的文本模式。该模式只在显示器上提供一个简单的 shell CLI，就跟图形化桌面出现之前那样。这称作 **Linux 控制台**，因为它模拟的是早期的硬接线控制台终端（hard-wired console terminal），而且是跟 Linux 系统交互的直接接口。

Linux 系统启动时，会自动创建多个**虚拟控制台**。虚拟控制台是运行在 Linux 系统内存中的终端会话。多数 Linux 发行版会启动 5~6 个（甚至更多）虚拟控制台代替哑终端，通过单个计算机键盘和显示器就可以访问这些虚拟控制台。

2.1.2 图形化终端

虚拟控制台终端的另一种替代方案是使用 Linux 图形化桌面环境中的**终端仿真软件包**。终端仿真软件包会在桌面图形化窗口中模拟控制台终端。图 2-1 显示了一个运行在 Linux 图形化桌面环境中的终端仿真器。

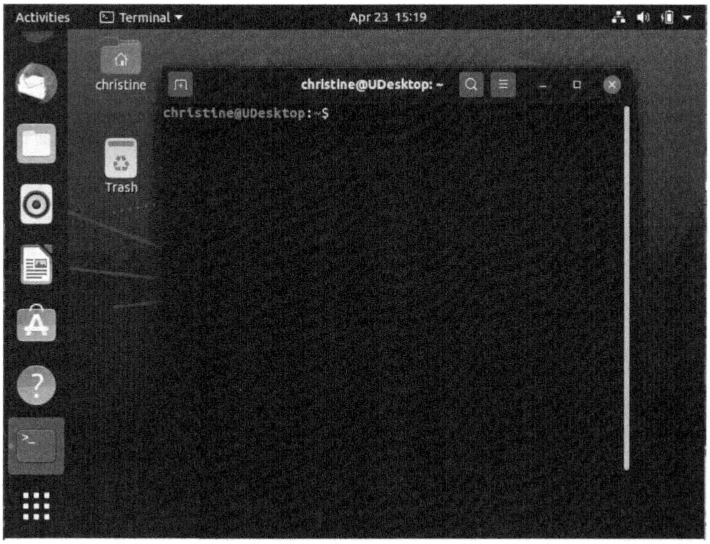

图 2-1 运行在 Linux 桌面上的终端仿真器

图形化终端仿真只负责 Linux 图形化体验的一部分。完整的体验需要借助包括图形化终端仿真软件（称为**客户端**）在内的多个组件来实现。表 2-1 显示了 Linux 图形化桌面环境中不同的组件。

表 2-1 图形化界面元素

名 称	例 子	描 述
客户端	图形化终端仿真器，桌面环境（GNOME Shell、KDE Plasma），网络浏览器	请求图形化服务的应用程序
显示服务器	Wayland、X Window System	管理显示（屏幕）和输入设备（键盘、鼠标、触摸屏）的元素
窗口管理器	Mutter、Metacity、Kwin	为窗口添加边框并提供窗口移动和管理功能的元素
小部件库	Plasmoids、Cinnamon Spices	为桌面环境客户端添加菜单和外观项的元素

要想在桌面中使用命令行，关键在于图形化终端仿真器。你可以将图形化终端仿真器看作图形化用户界面中（in the GUI）的 CLI 终端，将虚拟控制台终端看作图形化用户界面之外（outside the GUI）的 CLI 终端。理解各种终端及其特性能够提高你的命令行体验。

2.2 通过 Linux 控制台终端访问 CLI

在 Linux 早期，引导系统时你在显示器上只能看到一个登录提示符，除此之外就没别的了。之前说过，这就是 Linux 控制台。它是可以向系统输入命令的唯一地方。

尽管在引导时会创建多个虚拟控制台，但很多 Linux 发行版在完成启动过程之后会切换到图形化环境中。这为用户提供了图形化登录以及桌面体验。对于这类系统，就只能通过手动方式来访问虚拟控制台了。

在大多数 Linux 发行版中，可以使用简单的按键组合来访问某个 Linux 虚拟控制台。通常必须按下 Ctrl+Alt 组合键，然后再按一个功能键（F1 ~ F7）来进入你要使用的虚拟控制台。功能键 F2 键会生成虚拟控制台 2，F3 键会生成虚拟控制台 3，F4 键会生成虚拟控制台 4，以此类推。

注意 Linux 发行版通常使用 Ctrl+Alt 组合键配合 F1 键、F7 键或 F8 键进入虚拟控制台。Ubuntu 和 CentOS 均使用 F1 键。不过最好还是自己动手测试一下，看看你用的发行版是如何分配按键的，尤其是对于比较旧的发行版。

文本模式的虚拟控制台采用全屏的方式显示文本登录界面。图 2-2 展示了一个虚拟控制台的文本登录界面。

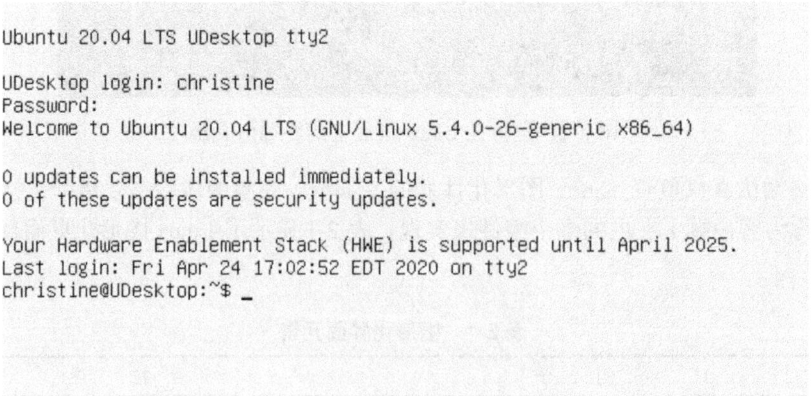
Ubuntu 20.04 LTS UDesktop tty2
UDesktop login: christine
Password:
Welcome to Ubuntu 20.04 LTS (GNU/Linux 5.4.0-26-generic x86_64)
0 updates can be installed immediately.
0 of these updates are security updates.
Your Hardware Enablement Stack (HWE) is supported until April 2025.
Last login: Fri Apr 24 17:02:52 EDT 2020 on tty2
christine@UDesktop:~$ _

图 2-2 Linux 虚拟控制台登录界面

注意图 2-2 中第一行文本的最后一个单词 `tty2`，其中的 `2` 表明这是虚拟控制台 2，可以通过按下 Ctrl+Alt+F2 组合键进入。`tty` 代表**电传打字机**（teletypewriter）。这个词有些年代了，是一种用于发送消息的机器。

注意　不是所有的 Linux 发行版都会在登录画面显示虚拟控制台的 `tty` 编号。登入虚拟控制台后，可以输入命令 `tty`，然后按 Enter 键查看当前使用的是哪个虚拟控制台。第 3 章会介绍命令输入。

在 `login:`提示符后输入你的用户 ID，然后在 `Password:`提示符后输入密码就可以登入控制台终端了。如果你之前从来没有用过这种登录方式，则要注意在这里输入的密码和在图形化环境中输入的看起来不太一样。在图形化环境中，在你输入密码的时候会看到点号或者星号。但是在虚拟控制台中，输入密码的时候什么都不会显示。

注意　记住，在 Linux 虚拟控制台中是无法运行任何图形化程序的。

登入虚拟控制台之后，就进入了 Linux CLI，你可以在不中断当前活动会话的情况下切换到另一个虚拟控制台，在所有的虚拟控制台之间任意切换，同时拥有多个活动会话。在使用 CLI 时，这个特性提供了巨大的灵活性。

其他灵活性来自虚拟控制台的外观。尽管虚拟控制台只是一个文本模式的控制台终端，但你也可以修改文字和背景色。

例如，可以将终端的背景色设置成白色，将文本设置成黑色，这样可以让你的眼睛轻松些。登录之后，有好几种方法可以实现这种改动。一种方法是输入命令 `setterm --inversescreen on`，然后按 Enter 键，如图 2-3 所示。注意，图 2-3 中使用 `on` 启用了`--inversescreen` 特性。也可以使用 `off` 关闭该特性。

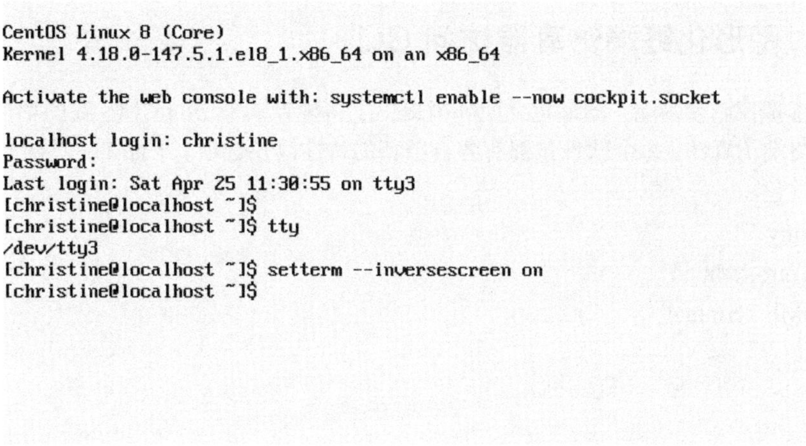
CentOS Linux 8 (Core)
Kernel 4.18.0-147.5.1.el8_1.x86_64 on an x86_64
Activate the web console with: systemctl enable --now cockpit.socket
localhost login: christine
Password:
Last login: Sat Apr 25 11:30:55 on tty3
[christine@localhost ~]$
[christine@localhost ~]$ tty
/dev/tty3
[christine@localhost ~]$ setterm --inversescreen on
[christine@localhost ~]$

图 2-3　启用了 `inversescreen` 的 Linux 虚拟控制台

另一种方法是先后输入两个命令。首先输入 setterm --background white，然后按 Enter 键，接着输入 setterm --foreground black，再按 Enter 键。要注意，因为先修改的是终端的背景色，所以可能不容易看清楚接下来输入的命令。

在上面的命令中，不用像--inversescreen 那样去启用或关闭什么特性。共有 8 种颜色可供选择，分别是 black、red、green、yellow、blue、magenta、cyan 和 white（white 在有些发行版中看起来像是灰色）。你可以赋予纯文本模式的控制台终端富有创意的外观效果。表 2-2 展示了 setterm 命令的部分选项，可以用于改善控制台终端的可读性或外观。

表 2-2　用于设置前景色和背景色的 setterm 选项

选　项	参　数	描　述
--background	black、red、green、yellow、blue、magenta、cyan 或 white	将终端的背景色改为指定颜色
--foreground	black、red、green、yellow、blue、magenta、cyan 或 white	将终端的前景色（特别是文本）改为指定颜色
--inversescreen	on 或 off	交换背景色和前景色
--reset	无	将终端外观恢复成默认设置并清屏
--store	无	将终端当前的前景色和背景色设置成--reset 选项的值

如果不涉及 GUI，那么使用虚拟控制台终端访问 CLI 自然是一种不错的选择。但有时候你需要一边访问 CLI，一边运行图形化程序。使用终端仿真软件包可以解决这个问题，这也是在 GUI 中访问 shell CLI 的一种流行的方式。接下来几节会介绍提供图形化终端仿真的常见软件包。

2.3　通过图形化终端仿真器访问 CLI

相较于虚拟控制台终端，图形化桌面环境提供了多种方式来访问 CLI。在图形化环境下，有大量可用的终端仿真器。每个软件包都有各自独特的特性以及选项。下面是一些流行的图形化终端仿真器软件包。

- Alacritty
- cool-retro-term
- GNOME Terminal
- Guake
- Konsole
- kitty
- rxvt-unicode
- Sakura
- st
- Terminator

- ❑ Terminology
- ❑ Termite
- ❑ Tilda
- ❑ xterm
- ❑ Xfce4-terminal
- ❑ Yakuake

虽然有不少图形化终端仿真器软件包可用，但本章仅关注 3 个：GNOME Terminal、Konsole 和 xterm，不同的 Linux 发行版会选择其中之一作为默认安装。

2.4 使用 GNOME Terminal 终端仿真器

GNOME Terminal 是 GNOME Shell 桌面环境的默认终端仿真器。包括 Red Hat Enterprise Linux（RHEL）、CentOS 和 Ubuntu 在内的很多发行版默认采用 GNOME Shell 桌面环境，自然也默认使用 GNOME Terminal。GNOME Terminal 易于上手，是 Linux 新手不错的选择。本节将带你学习如何访问、配置和使用 GNOME Terminal。

2.4.1 访问 GNOME Terminal

在 GNOME Shell 桌面环境中，访问 GNOME Terminal 很简单。单击桌面左上角的 Activities 图标。出现搜索栏时，在其中输入 terminal。如图 2-4 所示。

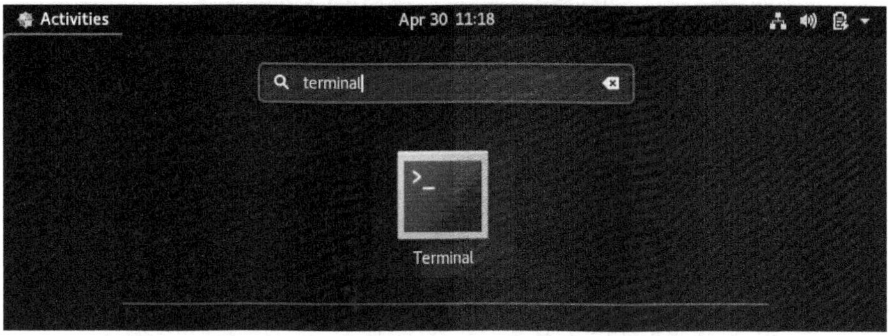

图 2-4 在 GNOME Shell 中查找 GNOME Terminal

注意，在图 2-4 中，GNOME Terminal 应用程序图标的名字是 Terminal。单击图标就可以打开终端仿真器。在 CentOS 发行版中打开的 GNOME Terminal 如图 2-5 所示。

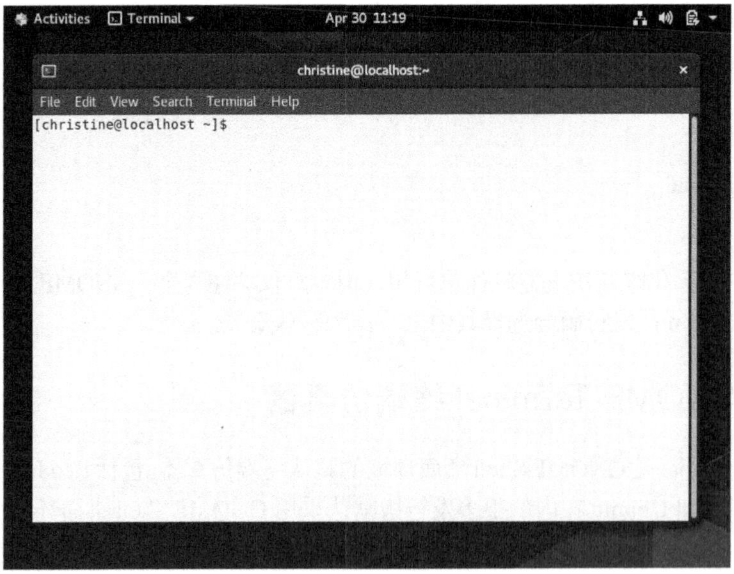

图 2-5　CentOS 中的 GNOME Terminal

使用完终端仿真器后，和其他桌面窗口一样，单击窗口右上角的 × 就可以将其关闭。

GNOME Terminal 的外观可能会随 Linux 发行版而有所不同。例如，图 2-6 展示了 Ubuntu GNOME Shell 桌面环境中的 GNOME Terminal。

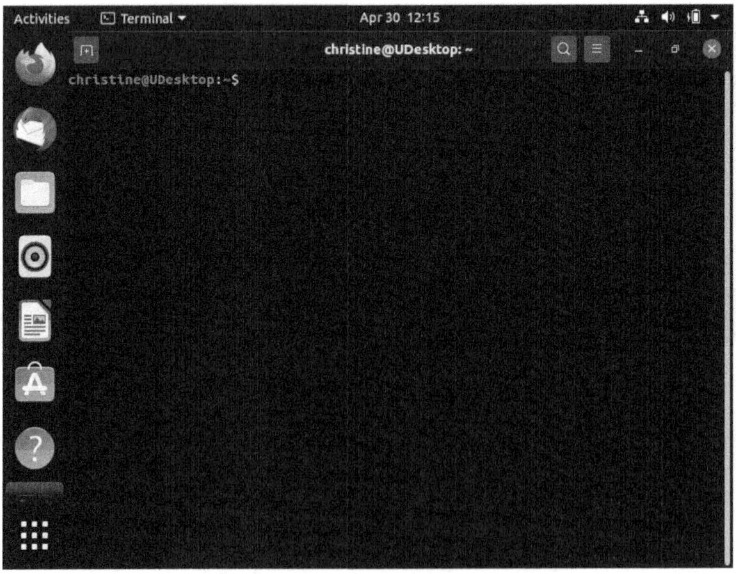

图 2-6　Ubuntu 中的 GNOME Terminal

注意，图 2-6 中 GNOME Terminal 的外观与图 2-5 不一样。这通常是由于应用程序的默认配置（本章随后会介绍）以及 Linux 发行版的 GUI 窗口的不同特性造成的。

2

提示　如果你使用的不是 GNOME Shell 桌面环境（安装了 GNOME Ternimal），那么有可能并没有搜索功能。在这种情况下，可以使用桌面环境的菜单系统来查找 GNOME Terminal。一般来说，名称是 Terminal。

在很多发行版中，当你第一次运行 GNOME Terminal 时，终端仿真器图标会出现在 GNOME Shell Favorites 工具栏内。将鼠标悬停在该图标之上就会显示出终端仿真器的名称，如图 2-7 所示。

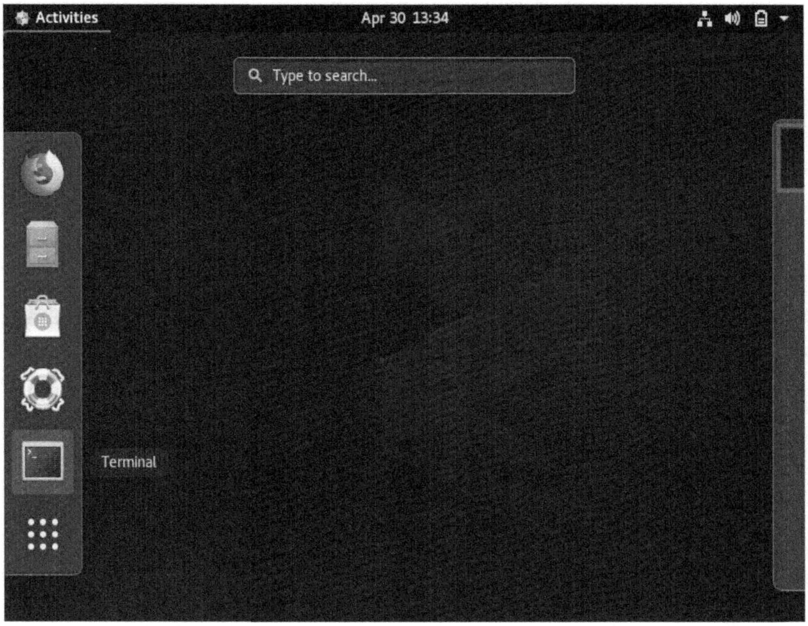

图 2-7　Favorites 工具栏内的 GNOME Terminal 图标

如果图标没有出现在 Favorites 工具栏内，则可以设置快捷键来运行 GNOME Terminal。这种方法对于那些不喜欢使用鼠标的用户来说很方便，可以更快地访问 CLI。

提示　Ubuntu 发行版中的 GNOME Shell 已经创建好了打开 GNOME Terminal 的快捷键：Ctrl+Alt+T。

要想创建快捷键，需要访问 Keyboard Settings 中的 Keyboard Shortcuts 窗口。为了快速完成设置，单击 GNOME Shell 桌面左上角的 Activities 图标。当出现搜索栏时，单击搜索栏，在其中输入 Keyboard Shortcuts。之后的结果如图 2-8 所示。

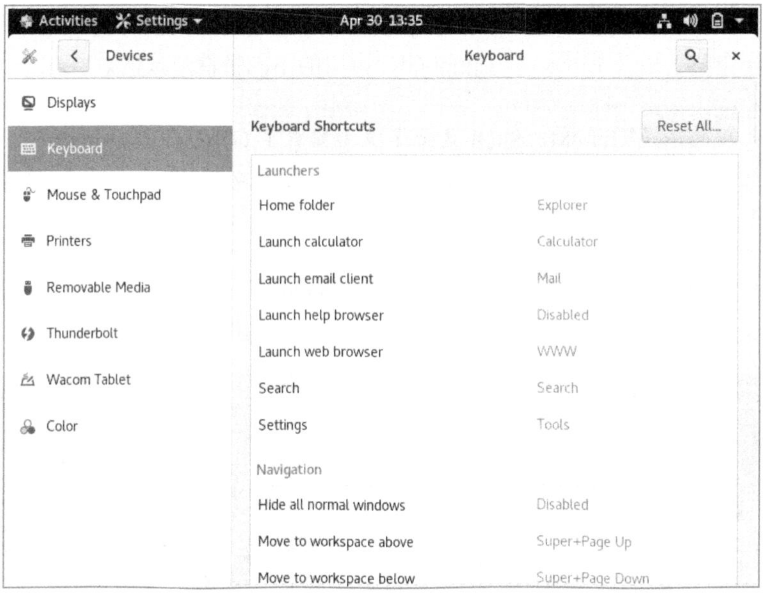

图 2-8　打开 Keyboard Shortcuts 窗口

打开 Keyboard Shortcuts 窗口之后，使用鼠标向下滚动到窗口底部的+按钮。单击该按钮，打开对话框，可以在其中命名新的快捷方式，提供用于打开应用程序的命令，并设置该快捷方式的组合键，如图 2-9 所示。

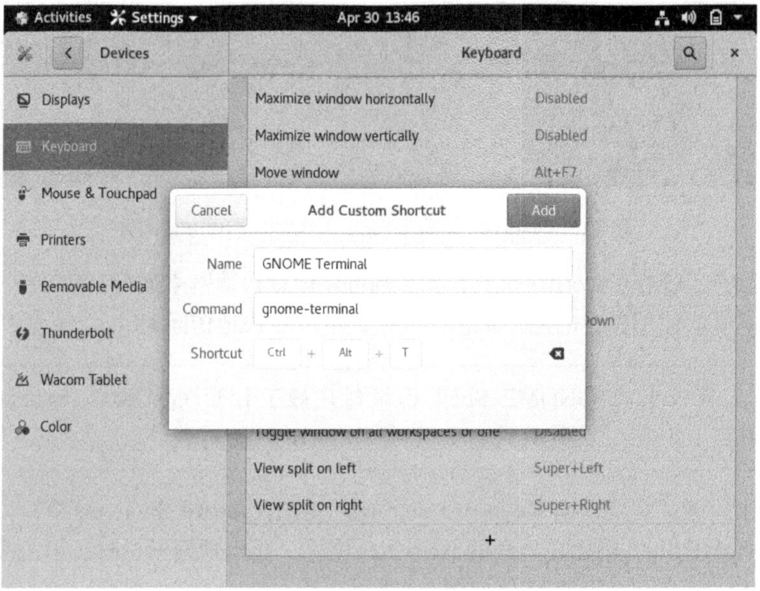

图 2-9　创建快捷键

要想顺利运行 GNOME Terminal，重要的是要使用正确的命令名，所以要在 Command 字段中输入 gnome-terminal，如图 2-9 所示。一切设置妥当之后，单击 Add 按钮。现在就可以使用指定的快捷键快速启动 GNOME Terminal 了。

GNOME Terminal 通过菜单和快捷键提供了一些配置选项，可以在启动 GNOME Terminal 之后应用。了解这些选项可以提高 GNOME Terminal CLI 的体验。

2.4.2 菜单栏

GNOME Terminal 的菜单栏包含配置选项和定制选项，你可以通过这些选项打造符合自己使用习惯的 GNOME Terminal。

提示 如果 GNOME Terminal 窗口没有显示菜单栏，那么用鼠标右键单击终端仿真器会话区域，在弹出的菜单中选择 Show Menubar。

表 2-3 展示了 GNOME Terminal 的 File 菜单下的配置选项。File 菜单中包含了可用于创建和管理所有 CLI 终端会话的菜单项。

表 2-3 File 菜单

名　称	快 捷 键	描　述
New Tab	Shift+Ctrl+T	在现有的 GNOME Terminal 窗口的新标签中启动一个新的 shell 会话
New Window	Shift+Ctrl+N	在新的 GNOME Terminal 窗口中启动一个新的 shell 会话
Close Tab	Shift+Ctrl+W	在 GNOME Terminal 窗口中关闭当前标签
Close Window	Shift+Ctrl+Q	关闭当前 GNOME Terminal 窗口

注意，就像在网络浏览器中一样，你可以在 GNOME Terminal 会话中打开新标签，启动全新的 CLI 会话。每个标签会话均被视为独立的 CLI 会话。

提示 并不是必须通过单击菜单项才能访问 File 菜单中的选项。在终端模拟器会话区域中右键单击，也可以使用部分 File 菜单选项。

表 2-4 所示的 Eidt 菜单中包含用于处理标签内文本内容的菜单项。你可以在会话窗口中的任意位置复制和粘贴文本。

表 2-4 Edit 菜单

名　称	快 捷 键	描　述
Copy	Shift+Ctrl+C	将所选文本复制到 GNOME 的剪贴板中
Copy as HTML	None	将所选文本及其字体和颜色复制到 GNOME 的剪贴板中
Paste	Shift+Ctrl+V	将 GNOME 剪贴板中的文本粘贴到会话中
Select All	None	选中回滚缓冲区（scrollback buffer）中的全部输出
Preferences	None	编辑当前会话的配置文件

如果你缺乏键盘操作技能，则在终端中复制和粘贴命令非常有用。因此，GNOME Terminal 的 Copy 和 Paste 功能的键盘快捷键值得记下来。

注意 在查看 GNOME Terminal 菜单选项时，记住，你所用的 Linux 发行版的 GNOME Terminal 的可用选择也许有所不同。这是因为有些 Linux 发行版使用的 GNOME Terminal 版本较旧。可以单击 Help 菜单，选择其中的 About 菜单项来查看版本号。

表 2-5 所示的 View 菜单中包含用于控制 CLI 会话窗口外观的菜单项。这些选项能够给视力有缺陷的用户带来帮助。

表 2-5 View 菜单

名 称	快 捷 键	描 述
Show Menubar	None	打开/关闭菜单栏
Full Screen	F11	打开/关闭终端窗口全桌面显示模式
Zoom In	Ctrl++	逐步增大窗口中的文本字号
Normal Size	Ctrl+0	恢复默认字号
Zoom Out	Ctrl+-	逐步减小窗口中的文本字号

注意，如果关闭了菜单栏显示，那么会话的菜单栏就会消失。不过，可以在任何一个终端会话窗口中单击右键，然后选择 Show Menubar，轻而易举地找回菜单栏。

表 2-6 所展示的 Serach 菜单中的菜单项用于在终端会话中进行简单的搜索。这些搜索与你在网络浏览器或文字处理软件中进行的操作类似。

表 2-6 Search 菜单

名 称	快 捷 键	描 述
Find	Shift+Ctrl+F	打开 Find 窗口，指定待搜索的文本
Find Next	Shift+Ctrl+G	从终端会话的当前位置开始向前搜索指定文本
Find Previous	Shift+Ctrl+H	从终端会话的当前位置开始向后搜索指定文本
Clear Highlight	Shift+Ctrl+J	去除已查找到文本的高亮显示

表 2-7 所示的 Terminal 菜单中包含用于控制终端仿真会话特性的菜单项。这些菜单项并没有对应的快捷键。

表 2-7 Terminal 菜单

名 称	描 述
Read-Only	允许/禁止终端会话接受键盘输入，该菜单项并不会影响快捷键
Reset	发出重置终端会话控制码
Reset and Clear	发出重置终端会话控制码并清除终端会话显示
80 × 24	将当前终端窗口尺寸调整为 80 列宽 × 24 行高

（续）

名　称	描　述
80 × 43	将当前终端窗口尺寸调整为 80 列宽 × 43 行高
132 × 24	将当前终端窗口尺寸调整为 132 列宽 × 24 行高
130 × 43	将当前终端窗口尺寸调整为 130 列宽 × 43 行高

Reset 菜单项极其有用。你有时候可能意外地导致终端会话显示了一堆杂乱无章的字符和符号。这时候根本分辨不出文本信息。这通常是由于在屏幕上显示了非文本文件。可以通过选择 Reset 或 Reset and Clear 让终端会话恢复正常。

注意 记住，在调整终端窗口尺寸时（比如使用 Terminal 菜单中的 80 列宽 × 24 行高设置），实际的窗口大小受制于所用的字体。最好的办法是尝试不同的设置，从中找出适合的尺寸。

表 2-8 所示的 Tabs 菜单包含用于控制标签位置以及活动标签选择的菜单项。这个菜单只有当你打开了多个标签会话时才会出现。

表 2-8　Tabs 菜单

名　称	快　捷　键	描　述
Previous Tab	Ctrl+Page Up	使上一个标签成为活动标签
Next Tab	Ctrl+Page Down	使下一个标签成为活动标签
Move Terminal Left	Shift+Ctrl+Page Up	将当前标签放在前一个标签之前
Move Terminal Right	Shift+Ctrl+Page Down	将当前标签放在前一个标签之后
Detach Terminal	None	删除选项卡并使用此选项卡会话启动一个新的 GNOME 终端窗口

最后，Help 菜单包含两个菜单项。

- Contents 提供了完整的 GNOME Terminal 手册，你可以从中研究 GNOME Terminal 的各个菜单项和特性。
- About 显示了当前正在运行的 GNOME Terminal 的版本。

除了 GNOME Terminal 终端仿真软件包，另一个常用的软件包是 Konsole。尽管两者在很多方面类似，但还是存在着相当大的差异，我们有必要单独开辟一节来讲解。

2.5 使用 Konsole 终端仿真器

KDE 项目拥有自己的终端仿真软件包 Konsole。Konsole 具备基本的终端仿真特性，还提供了更高级的图形应用程序功能。本节描述了 Konsole 的各种特性及其用法。

2.5.1 访问 Konsole 终端仿真器

Konsole 是 KDE 桌面环境 Plasma 默认的终端仿真器，可以轻松地通过 KDE 环境的菜单系统访问。在其他桌面环境中，通常要利用搜索功能访问 Konsole。

在 KDE 桌面环境（Plasma）中，要想启动 Konsole 终端仿真器，可以单击屏幕左下方的 Application Launcher 图标，然后单击 Applications ➪ System ➪ Terminal（Konsole）。

注意 在 Plasma 菜单环境中，你可能会看到两个或更多的终端菜单项。如果是这样，则下方带有文字 Konsole 的 Terminal 菜单项就是 Konsole 终端仿真器。

在 GNOME Shell 桌面环境中，通常默认并未安装 Konsole。如果安装了 Konsole，可以通过 GNOME Shell 的搜索功能访问。单击桌面左上角的 Activities 图标。出现搜索栏时，单击搜索栏，在其中输入 konsole。如果系统中的终端仿真器可用，你就会看到出现 Konsole 的图标。

注意 你的系统中可能没有安装 Konsole 终端仿真软件包。如果想安装的话，请阅读第 9 章来学习如何在命令行中安装软件。

单击 Konsole 图标，打开终端仿真器。在 Ubuntu 发行版中打开的 Konsole 如图 2-10 所示。

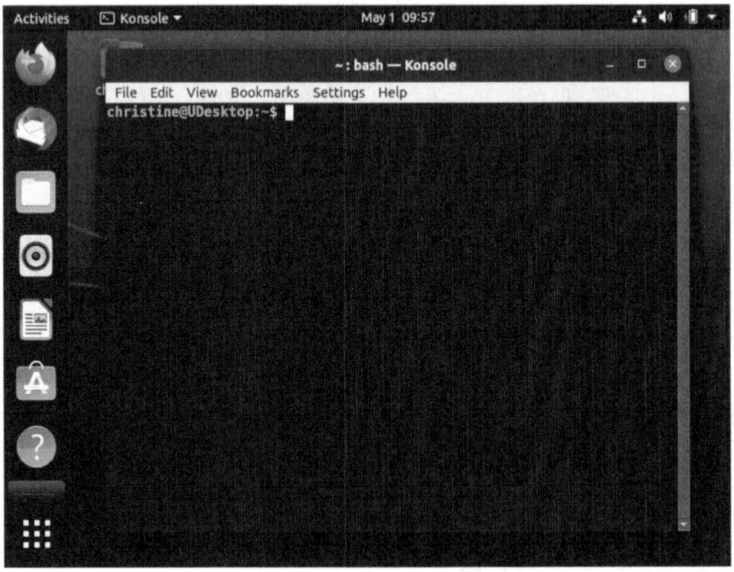

图 2-10 Konsole 终端仿真器

别忘了在大多数桌面环境中可以创建快捷键来访问 Konsole 等应用程序。启动 Konsole 终端仿真器要用到的命令是 konsole。如果已经安装过 Konsole，则可以在其他的终端仿真器中输入 konsole，然后按 Enter 键来启动它。

提示 在 Plasma 桌面环境中已经为 Konsole 终端仿真器设置好了默认快捷键：Ctrl+Alt+T。

与 GNOME Terminal 类似，Konsole 终端仿真器也通过菜单和快捷键提供了多个配置选项。接下来会逐一讲解。

2.5.2　菜单栏

Konsole 的菜单栏包含了查看和更改终端仿真会话特性所需的配置及定制化选项。

提示　如果没有看到 Konsole 菜单栏，可以按 Ctrl+Shift+M 组合键将其显示出来。

表 2-9 所示的 File 菜单包含用于在当前窗口或新窗口中启动新标签的菜单项。

表 2-9　File 菜单

名　称	快 捷 键	描　述
New Window	Ctrl+Shift+N	在新的 Konsole Terminal 窗口中启动一个新的 shell 会话
New Tab	Ctrl+Shift+T	在现有 Konsole Terminal 窗口的新标签中启动一个新的 shell 会话
Clone Tab	None	在现有 Konsole Terminal 窗口的新选项卡中启动一个新的 shell 会话并尝试复制当前标签
Save Output As	Ctrl+Shift+S	将回滚缓冲区中当前标签的输出保存为文本文件或 HTML 文件
Print Screen	Ctrl+Shift+P	打印当前标签的显示内容
Open File Manager	None	打开默认的文件浏览器
Close Session	Ctrl+Shift+W	关闭当前标签会话
Close Window	Ctrl+Shift+Q	关闭当前 Konsole 窗口

Konsole 提供了两个方便的菜单项来保存 shell 会话信息：Save Output As 和 Print Screen。Print Screen 允许使用系统打印机来打印当前标签的显示内容或将其保存为 PDF 文件。

注意　在阅读这些 Konsole 菜单项时，记住，你所使用的 Linux 发行版中的 Konsole 提供的菜单项可能和在这里看到的大不相同。这是因为一些 Linux 发行版安装的依然是比较旧的 Konsole 终端仿真软件包。

表 2-10 中所示的 Edit 菜单包含用于处理会话文本内容的菜单项。除此之外，还可以管理标签名称。

表 2-10　Edit 菜单

名　称	快 捷 键	描　述
Copy	Ctrl+Shift+C	将所选择的文本复制到 Konsole 的剪贴板中
Paste	Ctrl+Shift+V	将 Konsole 剪贴板中的文本粘贴到会话中
Select All	None	选中当前标签中的所有文本
Copy Input To	None	开始/停止将会话输入复制到选定的其他会话中
Send Signal	None	将选定的信号发送至当前标签的 shell 进程或其他进程

（续）

名　称	快 捷 键	描　述
Rename Tab	Ctrl+Alt+S	修改会话标签的标题
ZModem Upload	Ctrl+Alt+U	开始上传所选中的文件（如果支持 ZMODEM 文件传输协议的话）
Find	Ctrl+Shift+F	打开 Find 窗口，提供回滚缓冲区文本搜索选项
Find Next	F3	在回滚缓冲区历史中查找下一处文本匹配
Find Previous	Shift+F3	在回滚缓冲区历史中查找上一处文本匹配

Konsole 提供了一种不错的方法来跟踪每个标签会话的用途。可以使用 Rename Tab 菜单项为标签起一个符合其用途的名称。这有助于分辨打开的标签会话究竟是用来做什么的。

注意　Konsole 维护着每个标签的历史记录（以前称为**回滚缓冲区**）。历史记录包含了终端查看区域的输出文本。在默认情况下，保留回滚缓冲区中的最后 1000 行。只需使用查看区域中的滚动条即可在回滚缓冲区中回滚。还可以按 Shift+向上箭头键逐行向后滚动或按 Shift+PageUp 键一次向后滚动一页（24 行）。

表 2-11 所示的 View 菜单包含用于控制 Konsole 窗口中单个会话视图的菜单项。除此之外还可以监视终端会话活动。

表 2-11　View 菜单

名　称	快 捷 键	描　述
Split View	None	控制显示在当前 Konsole 窗口中的多个标签会话
Detach Current Tab	Ctrl+Shift+L	删除一个标签会话，并使用该标签会话启动一个新的 Konsole 窗口
Detach Current View	Ctrl+Shift+H	删除当前标签会话的视图，并使用它启动一个新的 Konsole 窗口
Monitor for Silence	Ctrl+Shift+I	打开/关闭无活动标签（tab silence）的特殊消息
Monitor for Activity	Ctrl+Shift+A	打开/关闭活动标签（tab activity）的特殊消息
Read-only	None	允许/禁止终端会话接受键盘输入，不影响键盘快捷键
Enlarge Font	Ctrl++	逐步增大窗口中的文本字号
Reset Font Size	Ctrl+Alt+0	重置文本字号
Shrink Font	Ctrl+-	逐步减小窗口中的文本字号
Set Encoding	None	设置用于发送和显示字符的字符集
Clear Scrollback	None	删除当前会话的回滚缓冲区中的文本
Clear Scrollback and Reset	Ctrl+Shift+K	删除当前会话的回滚缓冲区中的文本并重置终端窗口
Full Screen Mode	F11	打开/关闭终端窗口的全屏显示模式

菜单项 Monitor for Silence 用于指明无活动标签。如果在当前标签会话内超过 7 秒没有出现新内容，则该标签即为无活动标签。这允许你在等待应用程序输出的时候切换到另一个标签。

提示　当你在活动会话区域单击鼠标右键时，Konsole 会弹出一个简单的菜单，其中包含一些菜单项。

表 2-12 所示的 Bookmarks 菜单中的菜单项可用于管理 Konsole 窗口的**书签**。书签能够保存活动会话的目录位置，随后可以在相同会话或新的会话中返回到这些位置。

表 2-12 Bookmarks 菜单

名 称	快 捷 键	描 述
Add Bookmark	Ctrl+Shift+B	在当前目录位置创建一个新书签
Bookmark Tabs as Folder	None	为当前所有的终端标签会话创建一个新书签
New Bookmark Folder	None	创建一个新的书签文件夹
Edit Bookmarks	None	编辑已有的书签

表 2-13 所示的 Settings 菜单包含可用于定制和管理配置文件的菜单项。配置文件允许用户自动运行命令、设置会话外观、配置回滚缓冲区等。你还可以通过 Setting 菜单为 shell 会话多添加一点儿功能。

表 2-13 Setting 菜单

名 称	快 捷 键	描 述
Edit Current Profile	None	打开 Edit Profile 窗口，提供配置文件配置选项
Switch Profile	None	将所选的配置文件应用于当前标签
Manage Profiles	None	打开 Manage Profiles 窗口，提供配置文件管理选项
Show Menubar	Ctrl+Shift+M	打开/关闭菜单栏显示
Configure Keyboard Shortcuts	None	创建 Konsole 命令键盘快捷键
Configure Notifications	None	创建自定义的 Konsole 提醒
Configure Konsole	Ctrl+Shift+,	配置很多 Konsole 特性

Configure Notifications 允许将会话中发生的特定事件与不同的行为关联起来，比如播放声音。当出现某个事件时，就会触发指定的行为（或一系列行为）。

表 2-14 所示的 Help 菜单提供了完整的 Konsole 手册（如果你的 Linux 发行版中已经安装了 KDE 手册的话）以及标准的 About Konsole 对话框。

表 2-14 Help 菜单

名 称	快 捷 键	描 述
Konsole Handbook	None	包含完整的 Konsole 手册
What's This?	Shift+F1	包含终端部件（terminal widget）的帮助信息
Report Bug	None	打开 Submit Bug Report 表单
Donate	None	在 Web 浏览器中打开 KDE 捐赠页面
Switch Application Language	None	打开 Switch Application Language 表单
About Konsole	None	显示包括 Konsole 当前版本在内的相关信息
About KDE	None	显示 KDE 桌面环境的相关信息

Help 菜单提供了一份全面翔实的文档以帮助你使用 Konsole。除此之外，在你碰到程序 bug

的时候，还可以使用 Bug Report 表单向 Konsole 开发人员提交问题。

相较于另一个流行的软件包 xterm，Konsole 只能算是“年轻一辈”了。下一节我们要探望一下“老古董”xterm。

2.6　使用 xterm 终端仿真器

最古老也是最基础的终端仿真器软件包是 xterm。xterm 在 X Window（历史上流行的显示服务器）出现之前就有了，如今仍是一些发行版（比如 openSUSE）的默认配备。

xterm 是一个功能完善的仿真软件包，并不需要太多的资源（比如内存）来运行。正因为如此，在专门为老旧硬件设计的 Linux 发行版中，xterm 非常流行。

尽管 xterm 并没有提供很多炫目的特性，但是把一件事做到了极致：仿真旧式终端，比如数字设备公司（digital equipment corporation，DEC）的 VT102 终端、VT220 终端以及 Tektronix 4014 终端。对于 VT102 终端和 VT220 终端，xterm 甚至能够仿真 VT 序列色彩控制码，允许你在脚本中使用色彩。

注意　DEC VT102 和 VT220 是盛行于 20 世纪 80 年代和 90 年代初期，用于连接 Unix 系统的哑文本终端。VT102/VT220 不仅能显示文本，还能使用块模式图形显示基本的图形结构。由于这种终端访问方式如今仍在很多商业环境中使用，因而使得 VT102/VT220 仿真依然流行。

图 2-11 展示了运行在 CentOS 发行版的 GNOME Shell 环境中的 xterm（必须手动安装）。可以看出它非常“朴素”。

图 2-11　xterm 终端

如今想要把 xterm 终端仿真器找出来可得花点儿心思。它通常并没有被包含在桌面环境的图形菜单中。

2.6.1 访问 xterm

在 KDE 桌面环境（Plasma）中，可以通过单击屏幕左下角的 Application Launcher 图标，然后单击 Applications ➪ System ➪ standard terminal emulator for the X Window system （xterm）来访问 xterm。

只要安装了 xterm 软件包，就可以通过 GNOME Shell 的搜索功能访问 xterm。单击桌面左上角的 Activities 图标，出现搜索栏时，在其中输入 xterm，就会看到 Konsole 图标出现。另外别忘了，你可以自己创建快捷键启动 xterm。

xterm 包允许使用命令行参数设置各种特性。接下来将讨论这些特性以及如何进行修改。

2.6.2 命令行选项

xterm 的命令行选项非常多。你可以控制大量的特性来定制终端仿真，比如允许或禁止某种 VT 仿真。

注意 xterm 的配置选项数量众多，无法在此一一列举。bash 手册中提供了大量的参考文档。第 3 章中会讲到如何阅读 bash 手册。另外，xterm 开发团队也在其网站上提供了一些不错的帮助资料。

可以通过向 `xterm` 命令加入参数来调用某些配置选项。如果想让 xterm 仿真 DEC VT100 终端，可以输入命令 `xterm -ti vt100`，然后按 Enter 键。表 2-15 给出了一些可以配合 xterm 终端仿真器使用的命令行选项。

表 2-15 xterm 命令行选项

选　项	描　述
`-bg` *`color`*	指定终端背景色
`-fb` *`font`*	指定粗体文本所使用的字体
`-fg` *`color`*	指定用于前景文本的颜色
`-fn` *`font`*	指定文本字体
`-fw` *`font`*	指定宽文本字体
`-lf` *`filename`*	指定用于屏幕日志的文件名
`-ms` *`color`*	指定文本光标颜色
`-name`	指定标题栏中的应用程序名称
`-ti` *`terminal`*	指定要仿真的终端类型

一些 xterm 命令行选项使用加号（+）或减号（-）来指明如何设置某种特性。加号表示启用

某种特性，减号表示关闭某种特性，反之亦然。加号可以表示禁止某种特性，减号可以表示允许某种特性，比如在使用 bc 参数的时候。表 2-16 中列出了可以使用+/-命令行选项来设置的一些常用特性。

表 2-16 xterm +/-命令行选项

选　项	描　述
ah	启用/禁止文本光标高亮
aw	启用/禁止文本行自动环绕（auto-line-wrap）
bc	启用/禁止文本光标闪烁
cm	启用/禁止识别 ANSI 色彩更改控制码
fullscreen	启用/禁止全屏模式
j	启用/禁止跳跃式滚动（jump scrolling）
l	启用/禁止将屏幕数据记录进日志文件
mb	启用/禁止边缘响铃（margin bell）
rv	启用/禁止图像反转
t	启用/禁止 Tektronix 模式

注意，不是所有的 xterm 实现都支持这些命令行选项。在启动 xterm 时，可以使用-help 来确定所使用的 xterm 实现支持哪些选项。

注意 如果觉得 xterm 还不错，但是想使用更现代的终端仿真器，那么不妨考虑 rxvt-unicode 软件包。可以通过大多数发行版的标准仓库（参见第 9 章）来安装 rxvt-unicode，它占用内存不多，运行速度飞快。

现在你已经了解了 3 种终端仿真软件包，一个重要的问题是：谁才是最好的终端仿真器？对于这个问题，没有什么权威的答案。究竟使用哪个仿真器软件包取决于你的个人需求。不过能够有所选择总是件好事。

2.7 小结

开始学习 Linux 命令行命令前，需要先能访问 CLI。在图形化界面的世界里，有时这会费点儿周折。本章讨论了能够进入 Linux 命令行的各种界面。

首先，我们讨论了通过虚拟控制台终端（GUI 之外的终端）以及图像化终端仿真软件包（GUI 中的终端）访问 CLI 时的不同，简要对比了两种访问方式之间的差异。

接下来，我们详细探究了通过虚拟控制台终端访问 CLI，包括像更改背景色这类控制台终端配置选项。

在学习了虚拟控制台终端之后，我们还讲述了通过图形化终端仿真器来访问 CLI，其中主要涉及 3 种终端仿真器：GNOME Terminal、Konsole 和 xterm。

本章还介绍了 GNOME Shell 桌面项目的 GNOME Terminal 终端仿真软件包。GNOME 桌面环境通常已经默认安装了 GNOME Terminal，可以通过其菜单项和快捷键方便地设置很多终端特性。

除此之外，我们还讨论了 KDE 桌面项目的 Konsole 终端仿真软件包。KDE 桌面环境（Plasma）通常已默认安装了 Konsole。它提供了一些非常好的特性，比如能够监测到空闲的终端。

本章最后讲到的是 xterm 终端仿真器软件包。xterm 是 Linux 中第一个可用的终端仿真器，能够仿真旧式终端硬件，比如 VT 和 Tektronix 终端。

第 3 章将开始介绍 Linux 命令行命令。你将从中学到 Linux 文件系统导航以及如何创建、删除和处理文件。

第 3 章

bash shell 基础命令

本章内容

- 与 shell 交互
- bash 手册
- 浏览文件系统
- 列出文件和目录
- 管理文件和目录
- 查看文件内容

很多 Linux 发行版的默认 shell 是 GNU bash shell。本章将介绍 bash shell 的基本特性，比如 bash 手册、命令行补全以及如何显示文件内容。我们会带你逐步了解怎样用 bash shell 提供的基础命令来处理 Linux 文件和目录。如果你已经熟悉了 Linux 环境中的这些基本操作，可以直接跳过本章，从第 4 章开始学习更多高级命令。

3.1 启动 shell

GNU bash shell 是一个程序，提供了对 Linux 系统的交互式访问。它是作为普通程序运行的，通常是在用户登录终端时启动。系统启动的 shell 程序取决于用户账户的配置。

/etc/passwd 文件包含了所有系统用户账户以及每个用户的基本配置信息。下面是从/etc/passwd 文件中摘取的样例条目：

```
christine:x:1001:1001::/home/christine:/bin/bash
```

每个条目包含 7 个数据字段，字段之间用冒号分隔。系统使用字段中的数据来赋予用户账户某些特性。第 7 章会对其中多数条目进行更加详细的讨论。现在先将注意力放在最后一个字段上，该字段指定了用户使用的 shell 程序。

注意 尽管本书侧重于 GNU bash shell，但是也会谈及其他 shell。第 23 章将介绍如何使用这些 shell，比如 dash 和 tcsh。

在先前的/etc/passwd 样例条目中，用户 christine 将/bin/bash 作为自己的默认 shell 程序。这意味着在 christine 登录 Linux 系统后，GNU bash shell 会自行启动。

尽管 bash shell 会在登录时自行启动，但是否会出现 shell 命令行界面（CLI）取决于所使用的登录方式。如果采用的是虚拟控制台终端登录，那么 CLI 提示符会自动出现，接受 shell 命令输入。但如果是通过图形化桌面环境登录 Linux 系统，则需要启动图形化终端仿真器来访问 shell CLI 提示符。

3.2 使用 shell 提示符

启动终端仿真器包或登录 Linux 虚拟控制台之后会看到 shell CLI **提示符**。提示符是进入 shell 世界的大门，你可以在此输入 shell 命令。

默认的 bash shell 提示符是美元符号（$），这个符号表明 shell 在等待用户输入命令。不同的 Linux 发行版会采用不同格式的提示符。Ubuntu Linux 系统的 shell 提示符是这样的：

```
christine@UDesktop:~$
```

CentOS Linux 系统的 shell 提示符是这样的：

```
[christine@localhost ~]$
```

除了作为 shell 的入口，提示符还能提供额外的辅助信息。在上面的两个例子中，提示符中显示了当前用户名 christine。除此之外，还包括 Ubuntu 系统的主机名 UDesktop 以及 CentOS 系统的主机名 localhost。随后在本章中你会学到更多可以在提示符中显示的内容。

提示 如果刚接触 CLI，那么请记住，在提示符处输入 shell 命令之后，还得按 Enter 键才能让命令生效。

shell 提示符并非一成不变。你可以根据需要修改提示符，第 6 章将讲解如何配置 shell CLI 提示符。

可以把 shell CLI 提示符想象成一位贴心的“助手”，它会帮助你使用 Linux 系统，给你有益的提示，告诉你什么时候 shell 可以接受新的命令。除了 shell 提示符，我们还可以参考 bash 手册。

3.3 与 bash 手册交互

大多数 Linux 发行版自带在线手册，可用于查找 shell 命令以及其他 GNU 实用工具的相关信息。熟悉手册对于使用各种 Linux 工具大有裨益，尤其是当你想要弄清各种命令行参数的时候。

`man` 命令可以访问 Linux 系统的手册页。在 `man` 命令之后跟上想要查看的命令名，就可以显示相应的手册页。图 3-1 展示了如何查找 `hostname` 命令的手册页。输入命令 `man hostname` 即可进入该页面。

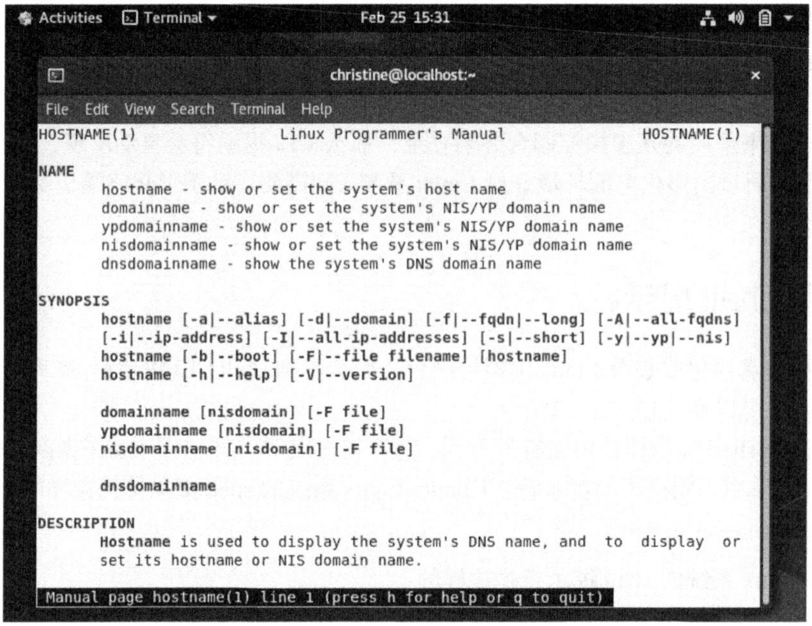

图 3-1　hostname 命令的手册页

注意图 3-1 中 hostname 命令的 DESCRIPTION 一节。这部分内容松散，字里行间充满了技术术语。bash 手册并不是按部就班的学习指南，而是作为快速参考来使用的。

提示　如果你刚接触 bash shell，可能会觉得手册页也没那么有用。然而，随着逐渐习惯使用手册页，尤其是阅读 DESCRIPTION 部分的前一两段，最终你会从中学到各种技术术语，手册页也会变得越来越有用。

当你使用 man 命令查看命令手册页的时候，其中的信息是由**分页程序**（pager）来显示的。分页程序是一种实用工具，能够逐页（或逐行）显示文本。你可以单击空格键进行翻页，或是使用 Enter 键逐行查看。也可以使用箭头键向前和向后滚动手册页的内容（假设你使用的终端仿真软件包支持箭头键功能）。

如果阅读完毕，可以按 q 键退出手册页，然后你会重新获得 shell CLI 提示符，表明 shell 正在等待接受下一个命令。

提示　bash 手册甚至包含了一份有关自身的参考信息。输入 man man 可以查看与手册页相关的信息。

手册页将与命令相关的信息分成了多段。每一段的惯用名标准如表 3-1 所示。

表 3-1 Linux 手册页惯用的段名

段	描 述
Name	显示命令名和一段简短的描述
Synopsis	命令语法
Configuration	命令配置信息
Description	命令的一般性描述
Options	命令选项描述
Exit Status	命令的退出状态
Return Value	命令的返回值
Errors	命令的错误消息
Environment	命令使用的环境变量
Files	命令用到的文件
Versions	命令的版本信息
Conforming To	遵循的命名标准
Notes	其他有帮助的资料
Bugs	提交 bug 的途径
Example	命令用法示例
Authors	命令开发人员的信息
Copyright	命令源代码的版权状况
See Also	与该命令类似的其他命令

并不是每一个命令的手册页都包含表 3-1 中列出的所有段名。另外，有些命令使用的段名并没有在上面的惯用标准中列出。

在命令概要部分中，你可以了解如何在命令行中输入该命令。很多命令采用的基本模式如下。

```
COMMAND-NAME [OPTION]... [ARGUMENT]...
```

下面是对以上命令的模式结构的解释。

- `COMMAND-NAME` 是要运行的命令名。
- `[OPTION]` 是用于修改命令行为的选项。可添加的 `OPTION`（也称作**开关**）通常不止一个。中括号（`[]`）表示 `OPTION` 并不是必需的，3 个点号（`...`）表示可以一次指定多个 `OPTION`。
- `[ARGUMENT]` 是传递给命令的参数，以指明命令的操作对象。从中括号可以看出，`ARGUMENT` 也不是必需的，也可以一次指定多个 `ARGUMENT`。

提示 如果想使用多个命令选项，那么通常可以将其合并在一起。例如，要使用选项 `-a` 和 `-b`，可以写作 `-ab`。

不同命令的作者不同，用法也各异。因此，命令手册页中的概要部分是了解该命令正确语法的好地方。

提示　如果不记得命令名了，可以使用关键字来搜索手册页。语法为 `man -k` *keyword*。例如，要查找与终端相关的命令，可以输入 `man -k terminal`。

除了按照惯例命名的各段，手册页中还有不同的节。每节都分配了一个数字，从 1 开始，一直到 9，如表 3-2 所示。

表 3-2　Linux 手册页的节

节　号	所涵盖的内容
1	可执行程序或 shell 命令
2	系统调用
3	库调用
4	特殊文件
5	文件格式与约定
6	游戏
7	概览、约定及杂项
8	超级用户和系统管理员命令
9	内核例程（routine）

`man` 命令通常显示的是指定命令编号最低的节。例如，我们在图 3-1 中输入的是 `man hostname`，注意在显示内容的左上角和右上角，单词 `HOSTNAME` 后的圆括号中有一个数字：(`1`)。这表示所显示的手册页来自第 1 节（可执行程序或 shell 命令）。

注意　你的 Linux 系统手册页可能包含一些非标准的节编号。例如，1p 对应于可移植操作系统接口（portable operating system interface，POSIX）命令，3n 对应于网络函数。

一个命令偶尔会在多个节中都有对应的手册页。例如，`hostname` 命令的手册页既包括该命令的相关信息，也包括对系统主机名的概述。通常默认显示编号最低的节。就像在图 3-1 中那样，自动显示就是 `hostname` 手册页的第 1 节。如果想查看特定节，可以输入 `man` *section# topicname*。因此，输入 `man 7 hostname`，可以查看手册页中的第 7 节。

也可以只看各节内容的简介，输入 `man 1 intro` 来阅读第 1 节，输入 `man 2 intro` 来阅读第 2 节，输入 `man 3 intro` 来阅读第 3 节，以此类推。

手册页并非唯一的参考资料。还有另一种称作 info 页面的信息。可以输入 `info info` 来了解 info 页面的相关内容。

内建命令（参见第 5 章）有自己的帮助页面。有关帮助页面的更多信息，可以输入 `help help`。（看出这里面的门道没有？）

另外，大多数命令接受 `-h` 或 `--help` 选项。例如，可以输入 `hostname --help` 来查看简要的帮助信息。

显然有不少有用的资源可供参考。但是，很多基本的 shell 概念还是需要详细的解释。下一节会介绍如何浏览 Linux 文件系统。

3.4 浏览文件系统

当登录系统并获得 shell 命令提示符后，你通常位于自己的主目录中。一般情况下，除了主目录，你还想探索 Linux 系统中的其他领域。本节将告诉你如何使用 shell 命令来实现这个目标。在开始前，先了解一下 Linux 文件系统，为下一步做铺垫。

3.4.1 Linux 文件系统

如果刚接触 Linux 系统，你可能弄不清楚 Linux 如何引用文件和目录，而对已经习惯于 Microsoft Windows 操作系统方式的人来说更是如此。在继续探索 Linux 系统之前，最好先了解一下 Linux 采用的方法。

你会发现，两者的第一处不同是，Linux 的路径中不使用驱动器盘符。在 Windows 中，计算机上安装的物理驱动器的分区决定了文件路径。Windows 会为每个物理磁盘分区分配一个盘符，每个分区都有自己的目录结构，用于访问存储在其中的文件。

举例来说，在 Windows 中，你经常会看到这样的文件路径：

```
C:\Users\Rich\Documents\test.doc
```

这种 Windows 文件路径表明了文件 test.doc 究竟位于哪个磁盘分区中。如果将 test.doc 保存在由 E 标识的闪存中，那么文件的路径就是 E:\test.doc，表明文件位于 E 盘的根目录。

Linux 则采用另一种方式。Linux 会将文件存储在名为**虚拟目录**（virtual directory）的单个目录结构中。虚拟目录会将计算机中所有存储设备的文件路径都纳入单个目录结构。

Linux 虚拟目录结构只包含一个称为**根**（root）目录的基础目录。根目录下的目录和文件会按照其访问路径一一列出，这点跟 Windows 类似。

提示 你会注意到 Linux 使用正斜线（/）而不是反斜线（\）来分隔文件路径中的目录。反斜线在 Linux 中用作转义字符，如果误用在文件路径中会造成各种各样的问题。如果你之前用的是 Windows 环境，那么可能得花点儿时间来适应。

如图 3-2 所示，在 Linux 中你会看到下面这样的路径。

```
/home/rich/Documents/test.doc
```

这表明文件 test.doc 位于 Documents 目录，该目录位于 rich 目录，而 rich 目录则包含在 home 目录中。要注意的是，路径本身并没有提供任何有关文件究竟存放在哪个物理磁盘中的信息。

Linux 虚拟目录中比较复杂的部分是它如何来协调管理各个存储设备。我们称在 Linux 系统中安装的第一块硬盘为**根驱动器**。根驱动器包含了虚拟目录的核心，其他目录都是从那里开始构建的。

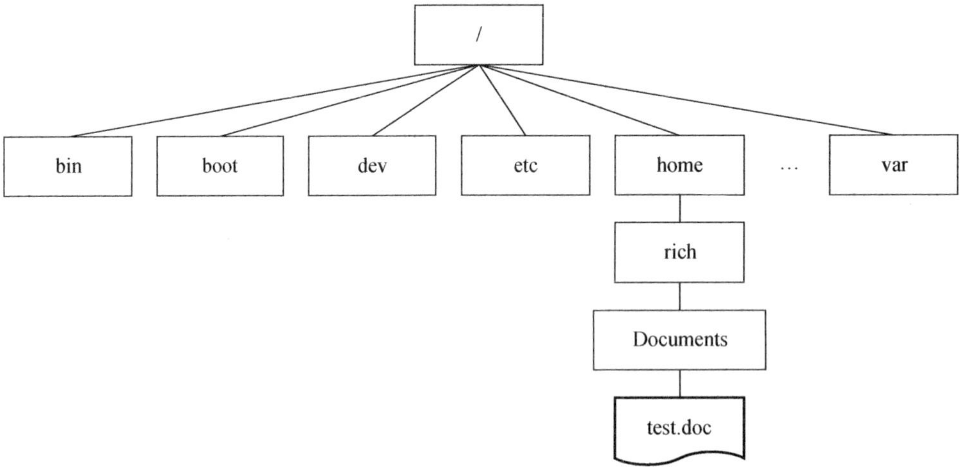

图 3-2　Linux 虚拟目录文件路径

Linux 会使用根驱动器上一些特别的目录作为**挂载点**（mount point）。挂载点是虚拟目录中分配给额外存储设备的目录。Linux 会让文件和目录出现在这些挂载点目录中，即便它们位于其他物理驱动器中。

系统文件通常存储在根驱动器中，而用户文件则存储在其他驱动器中，如图 3-3 所示。

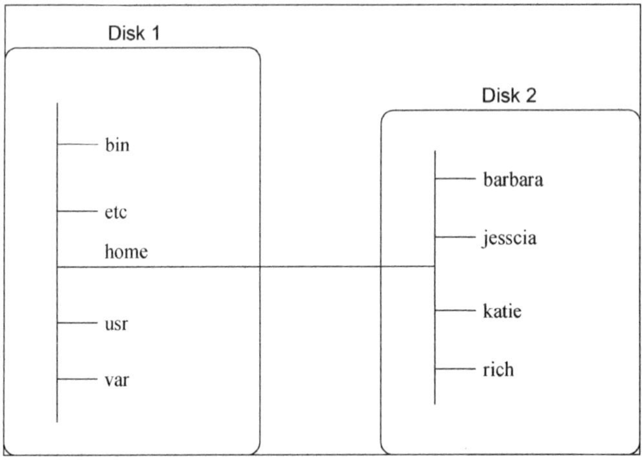

图 3-3　Linux 文件结构

图 3-3 展示了计算机中的两块硬盘。一块硬盘（Disk 1）与虚拟目录的根目录关联，其他硬盘可以挂载到虚拟目录结构中的任何地方。在这个例子中，另一块硬盘（Disk 2）被挂载到了/home，这是用户主目录所在的位置。

Linux 文件系统结构演进自 Unix 文件系统。在 Linux 文件系统中，采用通用的目录名表示一些常见的功能。表 3-3 列出了一些常见的 Linux 顶层虚拟目录名及其内容。

表 3-3 常见的 Linux 目录名

目　录	用　途
/	虚拟目录的根目录，通常不会在这里放置文件
/bin	二进制文件目录，存放了很多用户级的 GNU 实用工具
/boot	引导目录，存放引导文件
/dev	设备目录，Linux 在其中创建设备节点
/etc	系统配置文件目录
/home	主目录，Linux 在其中创建用户目录（可选）
/lib	库目录，存放系统和应用程序的库文件
/libname	库目录，存放替代格式的系统和应用程序库文件（可选）
/media	媒介目录，可移动存储设备的常用挂载点
/mnt	挂载目录，用于临时挂载文件系统的常用挂载点
/opt	可选目录，存放第三方软件包
/proc	进程目录，存放现有内核、系统以及进程的相关信息
/root	root 用户的主目录（可选）
/run	运行目录，存放系统的运行时数据
/sbin	系统二进制文件目录，存放了很多管理级的 GNU 实用工具
/srv	服务目录，存放本地服务的相关文件
/sys	系统目录，存放设备、驱动程序以及部分内核特性信息
/tmp	临时目录，可以在其中创建和删除临时工作文件
/usr	用户目录，一个次目录层级结构（secondary directory hierarchy）
/var	可变目录，存放经常变化的文件，比如日志文件

在 CentOS Linux 系统中，根虚拟目录通常包含下列顶层目录：

```
bin   dev  home  lib64  mnt  proc  run   srv  tmp  var
boot  etc  lib   media  opt  root  sbin  sys  usr
```

/usr 目录值得特别关注，因为该目录是一个次目录层级结构，包含可共享的只读文件。你经常会在其中发现用户命令、源代码文件、游戏，等等。下面是 CentOS 系统中的/usr 目录：

```
bin  games  include  lib  lib64  libexec  local  sbin  share  src  tmp
```

常见的 Linux 目录名均基于文件系统层级标准（filesystem hierarchy standard，FHS）。很多 Linux 发行版遵循了 FHS。这样一来，你就能够在任何兼容 FHS 的 Linux 系统中轻而易举地查找文件。

注意 FHS 偶尔会更新。你可能会发现有些 Linux 发行版仍在使用旧的 FHS 标准，而另一些发行版则只实现了部分当前标准。要想保持与 FHS 标准同步，请访问其官方主页。

当你登录系统并获得 shell CLI 提示符后，shell 会话会从你的主目录开始。主目录是分配给用户账户的一个特有目录。在创建用户账户时，系统通常会为其分配主目录（参见第 7 章）。

可以使用图形界面在虚拟目录中跳转。要想在 CLI 提示符下切换虚拟目录，需要使用 cd 命令。

3.4.2 遍历目录

在 Linux 文件系统中，可以使用目录切换（cd）命令来将 shell 会话切换到另一个目录。cd 命令的语法非常简单：

```
cd destination
```

cd 命令可以接受单个参数 *destination*，用以指定你想切换到的目录名。如果没有为 cd 命令指定目标路径，则会切换到你的用户主目录。

destination 参数可以用两种方式表示：一种是绝对路径，另一种是相对路径。

接下来将分别介绍这两种方法。这两者之间的不同对于理解文件系统遍历非常重要。

1. 绝对路径

用户可以在虚拟目录中采用**绝对路径**来引用目录名。绝对路径定义了在虚拟目录结构中，该目录从根目录开始的确切位置，相当于目录的全名。

绝对路径总是以正斜线（/）作为起始，以指明虚拟文件系统的根目录。因此，如果要指向 usr 目录所包含的子目录 bin，可以写成下面这样：

```
/usr/bin
```

绝对路径可以清晰明确地表明用户想切换到的确切位置。要用绝对路径来到达文件系统中的某个特定位置，用户只需在 cd 命令后指定完整的路径名即可：

```
[christine@localhost ~]$ cd /usr/bin
[christine@localhost bin]$
```

注意，在上面的例子中，提示符开头有一个波浪号（~）。在切换到另一个目录之后，这个波浪号被 bin 替代了。CLI 提示符正是用它来帮助你跟踪当前所在虚拟目录结构中的位置。波浪号表明 shell 会话当前位于你的主目录中。离开主目录之后，提示符中的目录也会随之发生变化（如果提示符已经进行了相关配置的话）。

注意 如果你的 shell CLI 提示符中没有显示 shell 会话的当前位置，那是因为没有进行相关的配置。如果希望修改 CLI 提示符，第 6 章会告诉你如何进行配置。

如果尚未配置提示符来显示当前 shell 会话的绝对路径，也可以使用 shell 命令来显示所处的位置。pwd 命令可以显示出 shell 会话的当前目录，该目录被称为**当前工作目录**。pwd 命令的用法如下。

```
[christine@localhost bin]$ pwd
/usr/bin
[christine@localhost bin]$
```

提示 在切换到新的当前工作目录时使用 pwd 命令，这是一个不错的习惯。因为很多 shell 命令是在当前工作目录中进行操作的，所以在发出命令之前，你应该总是确保自己处在正确的目录之中。

可以使用绝对路径切换到 Linux 虚拟目录结构中的任何一级：

```
[christine@localhost bin]$ cd /var/log
[christine@localhost log]$ pwd
/var/log
[christine@localhost log]$
```

也可以从 Linux 虚拟目录中的任何一级快速跳回到主目录：

```
[christine@localhost log]$ cd
[christine@localhost ~]$ pwd
/home/christine
[christine@localhost ~]$
```

但如果只是在自己的主目录中工作，那么总是使用绝对路径未免显得太冗长了。假如你已经位于目录/home/christine 中，那么再输入下面这样的命令切换到 Documents 目录就有些烦琐了：

```
cd /home/christine/Documents
```

幸好还有一种简单的解决方法。

2. 相对路径

相对路径允许你指定一个基于当前位置的目标路径。相对路径不以代表根目录的正斜线（/）开头，而是以目录名（如果你准备切换到当前工作目录下的某个目录的话）或是一个特殊字符开始。假如你位于 home 目录中，希望切换到 Documents 子目录，那么可以使用 cd 命令配合相对路径：

```
[christine@localhost ~]$ pwd
/home/christine
[christine@localhost ~]$ cd Documents
[christine@localhost Documents]$ pwd
/home/christine/Documents
[christine@localhost Documents]$
```

注意，在上面的例子中并没有使用正斜线（/），而是使用相对路径将当前工作目录从/home/christine 改为了/home/christine/Documents，少敲了不少键盘。

提示 如果刚接触命令行和 Linux 目录结构，推荐你先暂时坚持使用绝对路径，等熟悉了目录布局之后再使用相对路径。

可以在任何包含子目录的目录中使用带有相对路径的 cd 命令，也可以使用特殊字符来表示相对目录位置。

有两个特殊字符可用于相对路径中：

- ❑ 单点号（.），表示当前目录；

- 双点号（..），表示当前目录的父目录。

可以使用单点号，不过对 cd 命令来说这没有什么意义。随后你会看到其他命令是如何有效地在相对路径中使用单点号的。

当在目录层级中移动时，双点号非常便利。如果你处于主目录下的 Documents 目录中，需要切换到主目录下的 Downloads 目录，可以这么做：

```
[christine@localhost Documents]$ pwd
/home/christine/Documents
[christine@localhost Documents]$ cd ../Downloads
[christine@localhost Downloads]$ pwd
/home/christine/Downloads
[christine@localhost Downloads]$
```

双点号会先将你带到上一级目录，也就是用户的主目录，然后/Downloads 这部分再将你带到下一级目录，即 Downloads 目录。必要时也可用多个双点号来向上切换目录。假如你现在位于主目录（/home/christine），想切换到/etc 目录，可以输入如下命令：

```
[christine@localhost ~]$ cd ../../etc
[christine@localhost etc]$ pwd
/etc
[christine@localhost etc]$
```

当然，在上面这种情况下，使用相对路径其实比绝对路径输入的字符更多，用绝对路径的话，用户只需输入/etc 即可。因此，只在必要时才使用相对路径。

注意　在 shell CLI 提示符中显示足够的信息有好处，本节也正是这么做的。不过，出于清晰性的考虑，本书余下的例子只使用一个简单的$作为提示符。

现在你已经知道如何遍历文件系统并确认当前工作目录，可以开始探索各种目录中究竟都有哪些内容了。下一节会学习如何查看目录中的文件。

3.5　列出文件和目录

要想知道系统中都有哪些文件，可以使用列表命令（ls）。本节将描述 ls 命令和可用来格式化其输出信息的选项。

3.5.1　显示基本列表

ls 命令最基本的形式会显示当前目录下的文件和目录：

```
$ ls
Desktop    Downloads  my_script  Public     test_file
Documents  Music      Pictures   Templates  Videos
$
```

注意，ls 命令输出的列表是按字母排序的（按列而不是按行排序）。如果你使用的终端仿真器支持色彩显示，那么 ls 命令还可以用不同的颜色来区分不同类型的文件。LS_COLORS 环境变量（第 6 章会介绍环境变量）控制着这个特性。不同的 Linux 发行版会根据各自终端仿真器的能力来设置该环境变量。

如果没有安装彩色终端仿真器，可以使用 ls 命令的-F 选项来轻松地区分文件和目录。使用 -F 选项可以得到如下输出：

```
$ ls -F
Desktop/    Downloads/  my_script*  Public/     test_file
Documents/  Music/      Pictures/   Templates/  Videos/
$
```


-F 选项会在目录名之后添加正斜线（/），以方便用户在输出中分辨。类似地，它还会在可执行文件（比如上面的 my_script 文件）之后添加星号（*），以帮助用户找出可在系统中运行的文件。

基本的 ls 命令多少有些误导人。它显示了当前目录下的文件和子目录，但不是全部。Linux 经常使用**隐藏文件**来保存配置信息。在 Linux 中，隐藏文件通常是文件名以点号（.）开始的文件。这些文件并不会在 ls 命令的默认输出中出现。因此，我们称其为隐藏文件。

要想显示隐藏文件，可以使用-a 选项。下面的例子是添加了-a 选项的 ls 命令的输出：

```
$ ls -a
.               .bash_profile  Desktop     .ICEauthority  my_script  Templates
..              .bashrc        Documents   .local         Pictures   test_file
.bash_history   .cache         Downloads   .mozilla       .pki       Videos
.bash_logout    .config        .esd_auth   Music          Public
$
```

所有以点号开头的隐藏文件现在都显示出来了。注意有 4 个以.bash 起始的文件。它们是 bash shell 环境所使用的隐藏文件，第 6 章会详述。

-R 是 ls 命令的另一个选项，称作递归选项，可以列出当前目录所包含的子目录中的文件。如果子目录数量众多，则输出结果会很长。这里有个-R 选项输出的简单例子。-F 选项用于帮助你分辨文件类型：

```
$ ls -F -R
.:
Desktop/    Downloads/  my_script*  Public/     test_file
Documents/  Music/      Pictures/   Templates/  Videos/

./Desktop:

./Documents:

./Downloads:

./Music:
ILoveLinux.mp3*

./Pictures:

./Public:
```

```
./Templates:

./Videos:
$
```

注意，-R 选项不仅显示了当前目录下的内容（也就是先前例子中用户主目录下的那些文件），还显示了用户主目录下所有子目录及其内容。只有 Music 子目录中包含了一个可执行文件 ILoveLinux.mp3。

提示 选项并不是非得像例子中那样分开输入：ls -F -R。可以将其合并：ls -FR。

在先前的例子中，子目录中没有包含子目录。如果还有更多的子目录，则-R 选项会继续遍历。如你所见，如果目录结构很庞大，则输出内容会变得很长。

3.5.2 显示长列表

在基本的输出列表中，ls 命令并未显示关于每个文件的太多信息。要显示更多信息，另一个常用的选项是-l。-l 选项会产生长列表格式的输出，提供目录中各个文件的详细信息：

```
$ ls -l
total 8
drwxr-xr-x. 2 christine christine  6 Feb 20 14:23 Desktop
drwxr-xr-x. 2 christine christine  6 Feb 20 14:23 Documents
drwxr-xr-x. 2 christine christine  6 Feb 20 14:23 Downloads
drwxr-xr-x. 2 christine christine 28 Feb 29 15:42 Music
-rwxrw-r--. 1 christine christine 74 Feb 29 15:49 my_script
drwxr-xr-x. 2 christine christine  6 Feb 20 14:23 Pictures
drwxr-xr-x. 2 christine christine  6 Feb 20 14:23 Public
drwxr-xr-x. 2 christine christine  6 Feb 20 14:23 Templates
-rw-rw-r--. 1 christine christine 74 Feb 29 15:50 test_file
drwxr-xr-x. 2 christine christine  6 Feb 20 14:23 Videos
$
```

在长列表格式输出中，每一行会列出一个文件或目录。除了文件名，输出中还包括其他有用信息。输出的第一行显示了为该目录中的文件所分配的总块数（8）。此后的每一行都包含了关于文件（或目录）的下列信息。

- ❑ 文件类型，比如目录（d）、文件（-）、链接文件（l）、字符设备（c）或块设备（b）
- ❑ 文件的权限（参见第 7 章）
- ❑ 文件的硬链接数（参见 3.6.4 节）
- ❑ 文件属主
- ❑ 文件属组
- ❑ 文件大小（以字节为单位）
- ❑ 文件的上次修改时间
- ❑ 文件名或目录名

-l 选项功能强大。有了它，你可以看到任何文件或目录的绝大多数信息。

提示 如果想查看单个文件的长列表，那么只需在 `ls -l` 命令之后跟上该文件名即可。但如果想查看目录的相关信息，而非目录所包含的内容，则除了`-l` 选项之外，还得添加`-d` 选项，即 `ls -ld` *Directory-Name*。

在进行文件管理时，`ls` 命令的很多选项能派上用场。如果在 shell 提示符中输入 `man ls`，你会发现可用来修改 `ls` 命令输出的选项足足有好几页。

别忘了可以将多个选项合并。你经常会发现有些参数组合不仅能够显示所需的内容，而且还容易记忆，比如 `ls -alF`。

3

3.5.3 过滤输出列表

如你所见，`ls` 命令会默认输出目录下的所有非隐藏文件。有时这个输出显得过多，尤其是当你只需要查看少数文件时更是如此。

好在 `ls` 命令还支持在命令行中定义过滤器。`ls` 会使用过滤器来决定应该在输出中显示哪些文件或目录。

在介绍过滤器之前，先通过 `touch` 命令（参见 3.6.1 节）创建一些文件。如果文件已存在，也不会对其造成影响：

```
$ touch my_script my_scrapt my_file
$ touch fall fell fill full
$ ls
Desktop    Downloads  fell  full   my_file    my_script  Public     test_file
Documents  fall       fill  Music  my_scrapt  Pictures   Templates  Videos
$
```

过滤器就是一个字符串，可用作简单的文本匹配。你可以将其作为命令行参数，放置在选项之后使用：

```
$ ls -l my_script
-rwxrw-r--. 1 christine christine 74 Feb 29 16:12 my_script
$
```

当指定特定的文件名作为过滤器时，`ls` 命令只会显示该文件的信息。有时你可能不知道要找的那个文件的确切名称。`ls` 命令也能识别标准通配符（wildcard），并在过滤器中用其来进行模式匹配：

- 问号（`?`）代表任意单个字符；
- 星号（`*`）代表零个或多个字符。

问号可以代表过滤器字符串中任意位置的单个字符。例如：

```
$ ls -l my_scr?pt
-rw-rw-r--. 1 christine christine  0 Feb 29 16:12 my_scrapt
-rwxrw-r--. 1 christine christine 74 Feb 29 16:12 my_script
$
```

过滤器 my_scr?pt 与目录中的两个文件匹配。类似地，星号可用来匹配零个或多个字符：

```
$ ls -l my*
-rw-rw-r--. 1 christine christine  0 Feb 29 16:12 my_file
-rw-rw-r--. 1 christine christine  0 Feb 29 16:12 my_scrapt
-rwxrw-r--. 1 christine christine 74 Feb 29 16:12 my_script
$
```

使用星号找到了 3 个名称以 my 开头的文件。和问号一样，可以将星号放在过滤器中的任意位置：

```
$ ls -l my_s*t
-rw-rw-r--. 1 christine christine  0 Feb 29 16:12 my_scrapt
-rwxrw-r--. 1 christine christine 74 Feb 29 16:12 my_script
$
```

在过滤器中使用星号和问号被称作**通配符匹配**（globbing）[①]，是指使用通配符进行模式匹配的过程。通配符正式的名称叫作**元字符通配符**（metacharacter wildcard）。除了星号和问号，还有更多的元字符通配符可做文件匹配之用。也可以试试方括号：

```
$ touch my_scrypt
$ ls -l my_scr[ay]pt
-rw-rw-r--. 1 christine christine 0 Feb 29 16:12 my_scrapt
-rw-rw-r--. 1 christine christine 0 Feb 29 16:18 my_scrypt
$
```

本例使用的是方括号以及在该位置上可能出现的两种字符：a 或 y。方括号代表单个字符位置并给出了该位置上的多个可能的选择。你可以像上面那样将可能的字符逐一列出，也可以指定字符范围，比如字母范围[a-i]：

```
$ ls f*ll
fall fell fill full
$ ls f[a-i]ll
fall fell fill
$
```

还可以使用惊叹号（!）将不需要的内容排除在外：

```
$ ls -l f[!a]ll
-rw-rw-r--. 1 christine christine 0 Feb 29 16:12 fell
-rw-rw-r--. 1 christine christine 0 Feb 29 16:12 fill
-rw-rw-r--. 1 christine christine 0 Feb 29 16:12 full
$
```

在搜索文件时，通配符匹配是一个功能强大的特性。它也可以用于 ls 以外的其他 shell 命令。在本章后续部分你会看到更多相关的例子。

---

① 这里再特别说明一下 globbing 和 wildcard 的区别：globbing 是对 wildcard 进行扩展的过程。在贝尔实验室诞生的 Unix 中，有一个名为 glob（global 的简写）的独立程序（/etc/glob）。早期 Unix 版本（第 1~6 版，1969 年~1975 年）的命令解释器（也就是 shell）都要依赖于该程序扩展命令中未被引用的 wildcard，然后将扩展后的结果传给命令执行。因此本书中将 globbing 译为“通配符匹配”，将 wildcard 译为“通配符”。——译者注

3.6 处理文件

shell 提供了很多在 Linux 文件系统中操作文件的命令。本节将带你逐步了解文件处理所需要的一些基本的 shell 命令。

3.6.1 创建文件

你总会时不时地遇到要创建空文件的情况。有时应用程序希望在执行写入操作之前日志文件就已经存在。对此，可以使用 `touch` 命令轻松创建空文件：

```
$ touch test_one
$ ls -l test_one
-rw-rw-r--. 1 christine christine 0 Feb 29 17:24 test_one
$
```

`touch` 命令会创建好指定的文件并将你的用户名作为该文件的属主。注意，新文件的大小为 0，因为 `touch` 命令只是创建了一个空文件。

`touch` 命令还可用来改变文件的修改时间。该操作不会改变文件内容：

```
$ ls -l test_one
-rw-rw-r--. 1 christine christine 0 Feb 29 17:24 test_one
$ touch test_one
$ ls -l test_one
-rw-rw-r--. 1 christine christine 0 Feb 29 17:26 test_one
$
```

test_one 的修改时间从原先的 17:24 被更新为 17:26。

创建空文件和更改文件时间戳算不上你在 Linux 系统中的日常工作。不过复制文件可是你在使用 shell 时经常要干的活儿。

3.6.2 复制文件

将文件和目录从文件系统的一个位置复制到另一个位置可谓是系统管理员的日常操作。`cp` 命令就可以完成这项任务。

`cp` 命令最基本的用法需要两个参数，即源对象和目标对象：`cp` *`source destination`*。

当参数 *`source`* 和 *`destination`* 都是文件名时，`cp` 命令会将源文件复制成一个新的目标文件，并以 destination 命名。新文件在形式上就像全新的文件一样，有新的修改时间：

```
$ cp test_one test_two
$ ls -l test_one test_two
-rw-rw-r--. 1 christine christine 0 Feb 29 17:26 test_one
-rw-rw-r--. 1 christine christine 0 Feb 29 17:46 test_two
$
```

新文件 test_two 和文件 test_one 的修改时间并不一样。如果目标文件已经存在，则 `cp` 命令可能并不会提醒你这一点。最好加上 `-i` 选项，强制 shell 询问是否需要覆盖已有文件：

```
$ ls -l test_one test_two
-rw-rw-r--. 1 christine christine 0 Feb 29 17:26 test_one
-rw-rw-r--. 1 christine christine 0 Feb 29 17:46 test_two
$
$ cp -i test_one test_two
cp: overwrite 'test_two'? n
$
```

如果不回答 y，则停止文件复制。也可以将文件复制到现有目录中：

```
$ cp -i test_one /home/christine/Documents/
$
$ ls -l /home/christine/Documents/
total 0
-rw-rw-r--. 1 christine christine 0 Feb 29 17:48 test_one
$
```

新文件现在位于 Documents 目录中，文件名和原先一样。

注意 先前的例子在目标目录名尾部加上了一个正斜线（/）。这表明 Documents 是一个目录而非文件。这有助于表明目的，而且在复制单个文件时非常重要。如果没有使用正斜线，同时子目录/home/christine/Documents 又不存在，就会产生麻烦。在这种情况下，试图将一个文件复制到 Documents 子目录反而会创建名为 Documents 的文件，更是连错误消息都不会有。因此，记得在目标目录名尾部加上正斜线。

上一个例子中采用了绝对路径，不过也可以很方便地使用相对路径：

```
$ cp -i test_two Documents/
$ ls -l Documents/
total 0
-rw-rw-r--. 1 christine christine 0 Feb 29 17:48 test_one
-rw-rw-r--. 1 christine christine 0 Feb 29 17:51 test_two
$
```

之前讲过，一些特殊符号可以用在相对路径中，其中的单点号（.）就很适合用于 cp 命令。记住，单点号表示当前工作目录。如果需要将源文件名很长的文件复制到当前工作目录中，那么单点号能省不少事：

```
$ cp /etc/NetworkManager/NetworkManager.conf .
$ ls *.conf
NetworkManager.conf
$
```

想找到那个单点号可真不容易！仔细看的话，你会发现它在命令行的末尾。如果你的源文件名很长，那么使用单点号要比输入完整的目标对象名轻松多了。

cp 命令的-R 选项威力强大。可以用它在单个命令中递归地复制整个目录的内容：

```
$ ls -l Documents/
total 0
-rw-rw-r--. 1 christine christine 0 Feb 29 17:48 test_one
-rw-rw-r--. 1 christine christine 0 Feb 29 17:51 test_two
```

```
$
$ cp -R Documents/ NewDocuments/
$ ls -l NewDocuments/
total 0
-rw-rw-r--. 1 christine christine 0 Feb 29 17:55 test_one
-rw-rw-r--. 1 christine christine 0 Feb 29 17:55 test_two
$
```

在执行 cp -R 命令之前，目录 NewDocuments 并不存在。它是随着 cp -R 命令被创建的，整个 Documents 目录中的内容都被复制到其中。注意，新的 NewDocuments 目录中所有的文件都有对应的新日期。NewDocuments 目录现在已经成了 Documents 目录的完整副本。

3

提示 cp 命令的选项远不止这里介绍的这些。别忘了可以使用 man cp 查看所有的可用选项。

也可以在 cp 命令中使用通配符：

```
$ ls
Desktop    fall  full    my_scrapt  NetworkManager.conf  Public     test_one
Documents  fell  Music   my_script  NewDocuments         Templates  test_two
Downloads  fill  my_file my_scrypt  Pictures             test_file  Videos
$
$ cp my* NewDocuments/
$ ls NewDocuments/
my_file  my_scrapt  my_script my_scrypt  test_one  test_two
$
```

该命令将所有以 my 起始的文件都复制到了 NewDocuments 目录中。该目录现在包含 6 个文件。

在复制文件的时候，除了单点号和通配符，另一个 shell 特性也能派上用场，那就是命令行补全。

3.6.3 使用命令行补全

使用命令行的时候，很容易输错命令、目录名或是文件名。实际上，对长目录名或文件名来说，输错的概率还是蛮高的。

这正是**命令行补全**（也称为**制表键补全**）挺身而出的时候。制表键补全允许你在输入文件名或目录名的时候，按一下制表键，让 shell 帮你将内容补充完整：

```
$ touch really_ridiculously_long_file_name
$
$ cp really_ridiculously_long_file_name NewDocuments/
$ ls NewDocuments/
my_file    my_script  really_ridiculously_long_file_name  test_two
my_scrapt  my_scrypt  test_one
$
```

在上面的例子中，我们输入了命令 cp really，然后按制表键，shell 就将剩下的文件名自动补充完整了。当然，还得输入目标目录，不过仍然可以利用制表键补全来避免输入错误。

使用制表键补全的技巧在于要给 shell 提供足够的文件名信息，使其能够将所需文件名与其他文件名区分开。假如有另一个文件名也是以 really 开头，那么就算按了制表键，也无法自动补全。这时候你会听到嘟的一声。要是再按一下制表键，shell 会将所有以 really 开头的文件名都列出来。这个特性可以让你观察究竟应该输入哪些内容才能完成自动补全。

3.6.4 链接文件

链接文件是 Linux 文件系统的一个优势。如果需要在系统中维护同一文件的两个或多个副本，可以使用单个物理副本加多个虚拟副本（链接）的方法代替创建多个物理副本。**链接**是目录中指向文件真实位置的占位符。在 Linux 中有两种类型的文件链接。

- 符号链接
- 硬链接

符号链接（也称为**软链接**）是一个实实在在的文件，该文件指向存放在虚拟目录结构中某个地方的另一个文件。这两个以符号方式链接在一起的文件彼此的内容并不相同。

要为一个文件创建符号链接，原始文件必须事先存在。然后可以使用 ln 命令以及-s 选项来创建符号链接：

```
$ ls -l test_file
-rw-rw-r--. 1 christine christine 74 Feb 29 15:50 test_file
$
$ ln -s test_file slink_test_file
$
$ ls -l *test_file
lrwxrwxrwx. 1 christine christine  9 Mar  4 09:46 slink_test_file -> test_file
-rw-rw-r--. 1 christine christine 74 Feb 29 15:50 test_file
$
```

在上面的例子中，注意符号链接文件名 slink_test_file 位于 ln 命令的第二个参数的位置。长列表（ls -l）中显示的符号文件名后的->符号表明该文件是链接到文件 test_file 的一个符号链接。

另外，还要注意符号链接文件与数据文件的文件大小。符号链接文件 slink_test_file 只有 9 个字节，而 test_file 有 74 个字节。这是因为 slink_test_file 仅仅只是指向 test_file 而已。它们的内容并不相同，是两个完全不同的文件。

另一种证明链接文件是一个独立文件的方法是查看 inode 编号。文件或目录的 inode 编号是内核分配给文件系统中的每一个对象的唯一标识。要查看文件或目录的 inode 编号，可以使用 ls 命令的-i 选项：

```
$ ls -i *test_file
1415020 slink_test_file  1415523 test_file
$
```

可以看出，test_file 文件的 inode 编号是 1415523，而 slink_test_file 的 inode 编号则是 1415020。所以说两者是不同的文件。

硬链接创建的是一个独立的虚拟文件，其中包含了原始文件的信息以及位置。但是两者就根本而言是同一个文件。要想创建硬链接，原始文件也必须事先存在，只不过这次使用 `ln` 命令时不需要再加入额外的选项了：

```
$ ls -l *test_one
-rw-rw-r--. 1 christine christine 0 Feb 29 17:26 test_one
$
$ ln test_one hlink_test_one
$
$ ls -li *test_one
1415016 -rw-rw-r--. 2 christine christine 0 Feb 29 17:26 hlink_test_one
1415016 -rw-rw-r--. 2 christine christine 0 Feb 29 17:26 test_one
$
```

在上面的例子中，创建好硬链接文件之后，我们使用 `ls -li` 命令显示了`*test_one` 的 inode 编号以及长列表。注意，以硬链接相连的文件共享同一个 inode 编号。这是因为两者其实就是同一个文件。另外，彼此的文件大小也一模一样。

注意 只能对处于同一存储设备的文件创建硬链接。要想在位于不同存储设备的文件之间创建链接，只能使用符号链接。[①]

你可能觉得符号链接和硬链接的概念不好理解。好在接下来要介绍的文件重命名要简单好多。

3.6.5 文件重命名

在 Linux 中，重命名文件称为**移动**（moving）。`mv` 命令可以将文件和目录移动到另一个位置或是重新命名：

```
$ ls -li f?ll
1414976 -rw-rw-r--. 1 christine christine 0 Feb 29 16:12 fall
1415004 -rw-rw-r--. 1 christine christine 0 Feb 29 16:12 fell
1415005 -rw-rw-r--. 1 christine christine 0 Feb 29 16:12 fill
1415011 -rw-rw-r--. 1 christine christine 0 Feb 29 16:12 full
$
$ mv fall fzll
$
$ ls -li f?ll
1415004 -rw-rw-r--. 1 christine christine 0 Feb 29 16:12 fell
1415005 -rw-rw-r--. 1 christine christine 0 Feb 29 16:12 fill
1415011 -rw-rw-r--. 1 christine christine 0 Feb 29 16:12 full
1414976 -rw-rw-r--. 1 christine christine 0 Feb 29 16:12 fzll
$
```

注意，移动文件会将文件名从 fall 更改为 fzll，但 inode 编号和时间戳保持不变。这是因为 `mv` 只影响文件名。

也可以使用 `mv` 来移动文件的位置：

① 也就是说，硬链接不能跨文件系统，而符号链接可以跨文件系统。——译者注

```
$ ls -li /home/christine/fzll
1414976 -rw-rw-r--. 1 christine christine 0 Feb 29 16:12 /home/christine/fzll
$
$ ls -li /home/christine/NewDocuments/fzll
ls: cannot access '/home/christine/NewDocuments/fzll': No such file or directory
$
$ mv /home/christine/fzll /home/christine/NewDocuments/
$
$ ls -li /home/christine/NewDocuments/fzll
1414976 -rw-rw-r--. 1 christine christine 0 Feb 29 16:12
/home/christine/NewDocuments/fzll
$
$ ls -li /home/christine/fzll
ls: cannot access '/home/christine/fzll': No such file or directory
$
```

在上面的例子中，我们使用 mv 命令将文件 fzll 从/home/christine 移动到了/home/christine/NewDocuments。该操作同样没有改变文件的 inode 编号或时间戳。

提示 和 cp 命令类似，你也可以在 mv 命令中使用-i 选项。这样在 mv 试图覆盖已有的文件时会发出询问。

唯一变化的就是文件的位置。/home/christine 目录下再也没有文件 fzll 了，因为该文件已经离开了原先的位置，这正是 mv 命令所做的事情。

可以使用 mv 命令在移动文件的同时进行重命名：

```
$ ls -li NewDocuments/fzll
1414976 -rw-rw-r--. 1 christine christine 0 Feb 29 16:12 NewDocuments/fzll
$
$ mv /home/christine/NewDocuments/fzll /home/christine/fall
$
$ ls -li /home/christine/fall
1414976 -rw-rw-r--. 1 christine christine 0 Feb 29 16:12 /home/christine/fall
$
$ ls -li /home/christine/NewDocuments/fzll
ls: cannot access '/home/christine/NewDocuments/fzll': No such file or directory
$
```

在这个例子中，我们将文件 fzll 从子目录 NewDocuments 移动到了主目录/home/christine，并将其更名为 fall。文件的时间戳和 inode 编号都没有改变。改变的只有位置和名称。

也可以使用 mv 命令移动整个目录及其内容：

```
$ ls NewDocuments
my_file    my_script  really_ridiculously_long_file_name  test_two
my_scrapt  my_scrypt  test_one
$
$ mv NewDocuments OldDocuments
$
$ ls NewDocuments
ls: cannot access 'NewDocuments': No such file or directory
```

```
$
$ ls OldDocuments
my_file    my_script  really_ridiculously_long_file_name  test_two
my_scrapt  my_scrypt  test_one
$
```

目录内容没有变化。只有目录名发生了改变。

在知道了如何使用 mv 命令进行重命名……不对……**移动**文件之后，你会发现这其实非常容易。另一个虽然简单但可能有危险的任务是删除文件。

3.6.6 删除文件

迟早有一天，你会想要删除已有的文件。不管是清理文件系统还是删除临时工作数据，总要去删除文件。

在 Linux 中，删除（deleting）叫作**移除**（removing）。bash shell 中用于删除文件的命令是 rm。rm 命令的基本格式非常简单：

```
$ rm -i fall
rm: remove regular empty file 'fall'? y
$ ls fall
ls: cannot access 'fall': No such file or directory
$
```

注意，-i 选项会询问你是否真的要删除该文件。shell 没有回收站或者垃圾箱这样的东西，文件一旦被删除，就再也找不回来了。所以在使用 rm 命令时，要养成总是加入-i 选项的好习惯。

也可以使用通配符元字符删除一组文件。别忘了使用-i 选项：

```
$ rm -i f?ll
rm: remove regular empty file 'fell'? y
rm: remove regular empty file 'fill'? y
rm: remove regular empty file 'full'? y
$ ls f?ll
ls: cannot access 'f?ll': No such file or directory
$
```

rm 命令的另一个特性是，如果你要删除很多文件，又不想被命令提示干扰，可以用-f 选项来强制删除。小心为妙！

3.7 管理目录

在 Linux 中，有些命令（比如 cp 命令）对文件和目录都有效，有些命令则只对目录有效。你需要使用本节介绍的特定命令来创建新目录。删除目录也很有意思，本节也会讲到。

3.7.1 创建目录

在 Linux 中创建目录很简单，使用 mkdir 命令即可：

```
$ mkdir New_Dir
$ ls -ld New_Dir
drwxrwxr-x. 2 christine christine 6 Mar 6 14:40 New_Dir
$
```

系统创建了一个名为 New_Dir 的新目录。注意，在长列表输出中，目录以 d 开头。这表示 New_Dir 并不是文件，而是一个目录。

可以根据需要“批量”地创建目录和子目录。为此，要使用 mkdir 命令的-p 选项：

```
$ mkdir -p New_Dir/SubDir/UnderDir
$ ls -R New_Dir
New_Dir:
SubDir

New_Dir/SubDir:
UnderDir

New_Dir/SubDir/UnderDir:
$
```

mkdir 命令的-p 选项可以根据需要创建缺失的**父目录**。父目录是包含目录树中下一级目录的目录。

当然，创建好目录后，必须知道怎样删除目录。尤其是当你把目录建错地方的时候。

3.7.2　删除目录

删除目录是件棘手的事情，这是有原因的。删除目录时，很有可能会出岔子。shell 会尽可能地防止我们捅娄子。

删除目录的基本命令是 rmdir：

```
$ mkdir Wrong_Dir
$ touch Wrong_Dir/newfile
$
$ rmdir Wrong_Dir/
rmdir: failed to remove 'Wrong_Dir/': Directory not empty
$
```

在默认情况下，rmdir 命令只删除空目录。因为我们在 Wrong _ Dir 目录下创建了一个文件 newfile，所以 rmdir 命令会拒绝删除该目录。

要想删除这个目录，需要先把目录中的文件删掉，然后才能在空目录中使用 rmdir 命令：

```
$ rm -i Wrong_Dir/newfile
rm: remove regular empty file 'Wrong_Dir/newfile'? y
$ rmdir Wrong_Dir/
$ ls Wrong_Dir
ls: cannot access 'Wrong_Dir': No such file or directory
$
```

rmdir 并没有-i 选项可以用来询问是否要删除目录。这也是为什么说 rmdir 只能删除空目录是件好事。

也可以在整个非空目录中使用 rm 命令。-r 选项使得 rm 命令可以向下进入（descend into）目录，删除其中的文件，然后再删除目录本身：

```
$ mkdir TestDir
$ touch TestDir/fileone TestDir/filetwo
$ ls TestDir
fileone  filetwo
$ rm -ir TestDir
rm: descend into directory 'TestDir'? y
rm: remove regular empty file 'TestDir/fileone'? y
rm: remove regular empty file 'TestDir/filetwo'? y
rm: remove directory 'TestDir'? y
$ ls TestDir
ls: cannot access 'TestDir': No such file or directory
$
```

这种方法同样可以向下进入多个子目录，当需要删除大量的目录和文件时，这一点尤为管用：

```
$ touch New_Dir/testfile
$ ls -FR New_Dir
New_Dir:
SubDir/  testfile

New_Dir/SubDir:
UnderDir/

New_Dir/SubDir/UnderDir:
$
$ rm -iR New_Dir
rm: descend into directory 'New_Dir'? y
rm: descend into directory 'New_Dir/SubDir'? y
rm: remove directory 'New_Dir/SubDir/UnderDir'? y
rm: remove directory 'New_Dir/SubDir'? y
rm: remove regular empty file 'New_Dir/testfile'? y
rm: remove directory 'New_Dir'? y
$
```

虽然这种方法可行，但不太好用。你依然要确认每个文件是否要被删除。如果该目录中有很多个文件和子目录，则会非常琐碎。

注意 对于 rm 命令，-r 选项和-R 选项的效果是一样的，都可以递归地删除目录中的文件。shell 命令很少会对相同的功能使用大小写不同的选项。

一口气删除目录树的最终解决方案是使用 rm -rf 命令。该命令不声不响，能够直接删除指定目录及其所有内容。当然，这肯定是一个非常危险的命令，所以务必谨慎使用，并再三检查你要进行的操作是否符合预期。

在前面几节中，我们研究了文件和目录的管理。到目前为止，除了如何查看文件内容，本章已经涵盖了你需要知道的关于文件的一切。

3.8 查看文件内容

有几个命令可以直接查看文件的内容，不需要调用其他文本编辑器（参见第 10 章）。本节将展示其中部分命令。

3.8.1 查看文件类型

在显示文件内容之前，应该先了解文件类型。如果你尝试显示二进制文件，那么屏幕上会出现各种乱码，甚至会把你的终端仿真器挂起。

file 命令是一个方便的小工具，能够探测文件的内部并判断文件类型：

```
$ file .bashrc
.bashrc: ASCII text
$
```

上例中是一个 ASCII text 类型的文件。file 命令不仅能够确定文件中包含的是文本信息，还能确定该文本文件的字符编码是 ASCII。

下面例子中的文件就是一个目录。因此，以后可以使用 file 命令作为另一种区分目录的方法：

```
$ file Documents
Documents/: directory
$
```

第三个 file 命令的例子中展示的是一个符号链接文件。注意，file 命令甚至能够告诉你它链接到了哪个文件：

```
$ file slink_test_file
slink_test_file: symbolic link to test_file
$
```

下面的例子展示了 file 命令对于脚本文件的返回结果。尽管这个文件是 ASCII text，但因为是脚本文件，所以可以在系统中执行（运行）：

```
$ file my_script
my_script: Bourne-Again shell script, ASCII text executable
$
```

最后一个例子是二进制可执行程序。file 命令能够确定该程序编译时所面向的平台以及需要何种类型的库。如果有从未知来源处获得的二进制文件，那么这会是一个非常有用的特性：

```
$ file /usr/bin/ls
/usr/bin/ls: ELF 64-bit LSB shared object, x86-64, version 1 (SYSV),
dynamically linked, interpreter /lib64/ld-linux-x86-64.so.2,
for GNU/Linux 3.2.0,[...]
$
```

现在你已经学会了如何快速查看文件类型，接下来可以开始学习文件的显示与浏览了。

3.8.2 查看整个文件

如果手头有一个很大的文本文件，你可能会想看看里面到底是什么。Linux 有 3 个不同的命令可以完成这个任务。

1. cat 命令

cat 命令是显示文本文件中所有数据的得力工具：

```
$ cat test_file
Hello World
Hello World again
Hello World a third time
How are you World?

$
```

没什么特别的，就是文本文件的内容而已。这里还有一些可以和 cat 命令配合使用的选项，可能会对你有所帮助。

-n 选项会给所有的行加上行号：

```
$ cat -n test_file
     1  Hello World
     2  Hello World again
     3  Hello World a third time
     4  How are you World?
     5
$
```

这个功能在检查脚本时会很方便。如果只想给有文本的行加上行号，可以用-b 选项：

```
$ cat -b test_file
     1  Hello World
     2  Hello World again
     3  Hello World a third time
     4  How are you World?

$
```

对大文件来说，cat 命令多少有些烦人。文件内容会在屏幕上一闪而过。好在有一种简单的方法可以解决这个问题。

2. more 命令

cat 命令的主要缺点是其开始运行之后你无法控制后续操作。为了解决这个问题，开发人员编写了 more 命令。more 命令会显示文本文件的内容，但会在显示每页数据之后暂停下来。我们输入命令 more /etc/profile 会生成图 3-4 所示的内容。

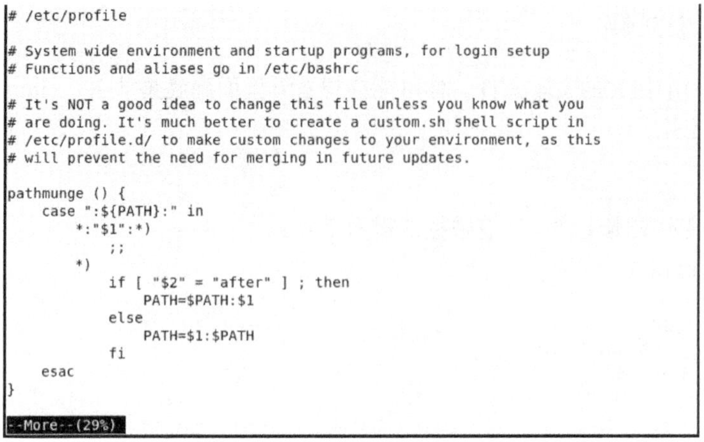

```
# /etc/profile

# System wide environment and startup programs, for login setup
# Functions and aliases go in /etc/bashrc

# It's NOT a good idea to change this file unless you know what you
# are doing. It's much better to create a custom.sh shell script in
# /etc/profile.d/ to make custom changes to your environment, as this
# will prevent the need for merging in future updates.

pathmunge () {
    case ":${PATH}:" in
        *:"$1":*)
            ;;
        *)
            if [ "$2" = "after" ] ; then
                PATH=$PATH:$1
            else
                PATH=$1:$PATH
            fi
    esac
}

--More--(29%)
```

图 3-4 使用 more 命令显示文本文件

注意，在图 3-4 的屏幕底部，more 命令显示了一个标签，说明你仍然处于 more 应用程序中，以及当前在文本文件中所处的位置。这是 more 命令的提示符。

提示 如果按照示例进行操作，但所用的 Linux 系统中没有/etc/profile 文件或是文件内容很少，则可以尝试改用/etc/passwd 文件。在命令行中输入 more /etc/passwd，然后按 Enter 键。

more 命令是一个分页工具。本章先前讲过，当你使用 man 命令时，分页工具会显示指定的 bash 手册页。和在手册页中浏览方法一样，你可以使用空格键向前翻页，或是使用 Enter 键逐行向前查看。结束之后，按 q 键退出。

more 命令只支持文本文件中基本的移动。如果想要更多的高级特性，可以试试 less 命令。

3. less 命令

尽管名字不如 more 命令那样高级，但 less 命令的命名实际上玩了个文字游戏（从俗语“less is more”得来①），实为 more 命令的升级版本。less 命令提供了多个非常实用的特性，能够实现在文本文件中前后翻动，还有一些高级搜索功能。

less 命令还可以在完成整个文件的读取之前显示文件的内容。cat 命令和 more 命令则无法做到这一点。

less 命令的操作和 more 命令基本一样，一次显示一屏的文件文本。除了支持和 more 命令相同的命令集，它还包括更多的选项。

提示 输入 man less 可以查看 less 命令的所有可用选项，也可以使用相同的方法查看 more 命令的各种选项。

① “less is more”（少就是多）出自著名的现代主义建筑大师 Ludwig Mies van der Rohe。——译者注

less 命令能够识别上下箭头键以及上下翻页键（假设你的终端配置正确）。在查看文件内容时，这赋予了你全面的控制权。

注意 less 通常为手册页提供分页服务。你对 less 了解得越多，阅读各种命令手册页的时候就越得心应手。

3.8.3 查看部分文件

你要查看的数据经常位于文本文件的开头或末尾。如果数据是在一个大型文件的开头，那就只能干等着 cat 或 more 载入整个文件。如果数据是在文件末尾（比如日志文件），则需翻过成千上万行的文本才能看到最后那部分。好在 Linux 有专门的命令可以解决这两个问题。

1. tail 命令

tail 命令会显示文件最后几行的内容（文件的“尾部”）。在默认情况下，它会显示文件的末尾 10 行。

作为演示，我们创建一个包含 15 行文本的文本文件。使用 cat 命令显示该文件的全部内容如下：

```
$ cat log_file
line1
line2
line3
line4
Hello World - line5
line6
line7
line8
line9
Hello again World - line10
line11
line12
line13
line14
Last Line - line15
$
```

现在可以看看使用 tail 命令浏览文件最后 10 行的效果：

```
$ tail log_file
line6
line7
line8
line9
Hello again World - line10
line11
line12
line13
```

```
line14
Last Line - line15
$
```

可以向 tail 命令中加入-n 选项来修改所显示的行数。在下面的例子中，通过加入-n 2，使得 tail 命令只显示文件的最后两行：

```
$ tail -n 2 log_file
line14
Last Line - line15
$
```

tail 命令有一个非常酷的特性：-f 选项，该选项允许你在其他进程使用此文件时查看文件的内容。tail 命令会保持活动状态并持续地显示添加到文件中的内容。这是实时监测系统日志的绝佳方式。

2. head 命令

head 命令会显示文件开头若干行（文件的“头部”）。在默认情况下，它会显示文件前 10 行的文本：

```
$ head log_file
line1
line2
line3
line4
Hello World - line5
line6
line7
line8
line9
Hello again World - line10
$
```

与 tail 命令类似，head 命令也支持-n 选项，以便指定想要显示的内容。这两个命令也允许简单地在连字符后面直接输入想要显示的行数：

```
$ head -3 log_file
line1
line2
line3
$
```

文件的开头部分通常不会改变，因此 head 命令并没有 tail 命令那样的-f 选项。head 命令是一种查看文件起始部分内容的便捷方法。

3.9 小结

本章涵盖了在 shell 提示符下处理 Linux 文件系统的基础知识。一开始我们讨论了 bash shell，展示了如何与 shell 交互。CLI 使用提示符来表明可以接受命令输出。

shell 提供了大量可用于创建和操作文件的工具。在开始处理文件之前，应该先理解 Linux 如何存储文件。本章讨论了 Linux 虚拟目录的基础知识，展示了 Linux 如何引用存储设备。在描述了 Linux 文件系统之后，带领你逐步了解了如何使用 `cd` 命令在虚拟目录中切换目录。

在知道了如何进入指定目录后，我们又演示了怎样用 `ls` 命令来列出目录中的文件和子目录。`ls` 命令有很多选项可用来定制输出内容。你可以通过 `ls` 命令获得有关文件和目录的信息。

`touch` 命令是一个创建空文件和变更已有文件访问时间或修改时间的实用工具。我们介绍了如何使用 `cp` 命令将已有文件从一个位置复制到另一个位置。还介绍了如何链接文件，这提供了一种无须赋值，就可以在两个位置上拥有同一个文件的简单方法。`ln` 命令能够实现文件链接功能。

接着我们介绍了怎样用 `mv` 命令重命名文件（在 Linux 中称为**移动**文件），以及如何用 `rm` 命令删除文件（在 Linux 中称为**移除**文件），还介绍了怎样用 `mkdir` 命令和 `rmdir` 命令创建和删除目录。

最后，本章以查看文件内容作结。`cat` 命令、`more` 命令和 `less` 命令可以非常方便地查看文件的全部内容，而 `tail` 命令和 `head` 命令则可查看文件中的一小部分内容。

第 4 章将继续讨论 bash shell 的命令。我们会学到管理 Linux 系统时经常用到的高级系统管理命令。

第4章 更多的 bash shell 命令

本章内容

- 进程管理
- 获取磁盘统计信息
- 挂载新磁盘
- 数据排序
- 数据归档

第3章介绍了在 Linux 文件系统中切换目录以及处理文件和目录的基础知识。文件管理和目录管理是 Linux shell 的主要功能之一，在开始脚本编程之前还需要了解一下其他方面的知识。本章会深入 Linux 系统管理命令，演示如何通过命令行命令来探查 Linux 系统的内部信息，然后会讲解一些可用于处理系统数据文件的命令。

4.1 监测程序

对 Linux 系统管理员而言，最难缠的一项任务是跟踪运行在系统中的程序，尤其是现在，图形化桌面集成了大量的程序来生成一个完整的桌面环境。系统中始终运行着大量的程序。

好在有几个命令行工具可以提供帮助。本节将介绍能帮你在 Linux 系统中管理程序的一些基础工具。

4.1.1 探查进程

当程序在系统中运行时，它被称为**进程**（process）。要想监测这些进程，必须熟悉 `ps` 命令的用法。`ps` 命令堪比工具中的瑞士军刀，能够输出系统中运行的所有程序的大量信息。

遗憾的是，伴随稳健性而来的还有复杂性：数不清的选项或许让 `ps` 命令成了最难掌握的命令。大多数系统管理员在找到一组能够提供所需信息的选项之后，会一直坚持只使用这些选项。

在默认情况下，`ps` 命令并没有提供太多的信息：

```
$ ps
  PID TTY          TIME CMD
```

```
 3081 pts/0     00:00:00 bash
 3209 pts/0     00:00:00 ps
$
```

也没什么特别之处。ps 命令默认只显示运行在当前终端中属于当前用户的那些进程。在这个例子中，只有 bash shell 在运行（记住，shell 只是运行在系统中的另一个程序而已），当然 ps 命令本身也在运行。

ps 命令的基本输出显示了程序的进程 ID（process ID，PID）、进程运行在哪个终端（TTY）及其占用的 CPU 时间。

注意 ps 命令令人头疼的地方（也正是它如此复杂的原因）在于它曾经有两个版本。每个版本都有自己的一套命令行选项，控制着显示哪些信息以及如何显示。最近，Linux 开发人员已经将这两种 ps 命令格式合并到单个 ps 命令中（当然，同时也加入了他们自己的风格）。

Linux 系统中使用的 GNU ps 命令支持以下 3 种类型的命令行选项：

- Unix 风格选项，选项前加单连字符；
- BSD 风格选项，选项前不加连字符；
- GNU 长选项，选项前加双连字符。

下面将进一步解析这 3 种选项类型，并举例演示其用法。

1. Unix 风格选项

Unix 风格选项源自贝尔实验室开发的 AT&T Unix 系统中的 ps 命令。这些选项如表 4-1 所示。

表 4-1 Unix 风格的 ps 命令选项

选 项	描 述
-A	显示所有进程
-N	显示与指定参数不符的所有进程
-a	显示除控制进程（session leader）和无终端进程外的所有进程
-d	显示除控制进程外的所有进程
-e	显示所有进程
-C *cmdlist*	显示包含在 *cmdlist* 列表中的进程
-G *grplist*	显示组 ID 在 *grplist* 列表中的进程
-U *userlist*	显示属主的用户 ID 在 *userlist* 列表中的进程
-g *grplist*	显示会话或组 ID 在 *grplist* 列表中的进程
-p *pidlist*	显示 PID 在 *pidlist* 列表中的进程
-s *sesslist*	显示会话 ID 在 *sesslist* 列表中的进程
-t *ttylist*	显示终端 ID 在 *ttylist* 列表中的进程
-u *userlist*	显示有效用户 ID 在 *userlist* 列表中的进程
-F	显示更多的额外输出（相对-f 选项而言）
-O *format*	显示默认的输出列以及 *format* 列表指定的特定列

（续）

选　项	描　述
-M	显示进程的安全信息
-c	显示进程的额外的调度器信息
-f	显示完整格式的输出
-j	显示作业信息
-l	显示长列表
-o *format*	仅显示由 *format* 指定的列
-y	不显示进程标志
-Z	显示安全上下文信息
-H	以层级格式显示进程（显示父进程）
-n *namelist*	定义要在 WCHAN 输出列中显示的值
-w	采用宽输出格式，不限宽度显示
-L	显示进程中的线程
-V	显示 ps 命令的版本号

上面的选项已经不少了，但没列出的还有很多。使用 ps 命令的关键不在于记住所有可用的选项，而在于记住对你来说最有用的那些。大多数 Linux 系统管理员会牢记自己的一组常用选项，以用来提取有用的进程信息。如果需要查看系统中运行的所有进程，可以使用-ef 选项组合（ps 命令允许像这样把选项合并在一起）。

```
$ ps -ef
UID          PID    PPID  C STIME TTY          TIME CMD
root           1       0  0 12:14 ?        00:00:02 /sbin/init splash
root           2       0  0 12:14 ?        00:00:00 [kthreadd]
root           3       2  0 12:14 ?        00:00:00 [rcu_gp]
root           4       2  0 12:14 ?        00:00:00 [rcu_par_gp]
root           5       2  0 12:14 ?        00:00:00
[kworker/0:0-events]
root           6       2  0 12:14 ?        00:00:00
[kworker/0:0H-kblockd]
root           7       2  0 12:14 ?        00:00:00
[kworker/0:1-events]
...
rich        2209    1438  0 12:17 ?        00:00:01 /usr/libexec/
gnome-terminal-
rich        2221    2209  0 12:17 pts/0    00:00:00 bash
rich        2325    2221  0 12:20 pts/0    00:00:00 ps -ef
$
```

为了节省篇幅，这里略去了不少输出。但正如你所看到的，Linux 系统中运行着大量的进程。这个例子用了两个选项：-e 选项指定显示系统中运行的所有进程；-f 选项则扩充输出内容以显示一些有用的信息列。

- UID：启动该进程的用户。
- PID：进程 ID。

- PPID：父进程的 PID（如果该进程是由另一个进程启动的）。
- C：进程生命期中的 CPU 利用率。
- STIME：进程启动时的系统时间。
- TTY：进程是从哪个终端设备启动的。
- TIME：运行进程的累计 CPU 时间。
- CMD：启动的程序名称。

由此得到了合理的信息量，这也正是很多系统管理员乐于看到的。如果还想获得更多的信息，可以使用-l 选项，产生长格式输出。

```
 $ ps -l
 F S   UID PID   PPID   C PRI   NI ADDR SZ WCHAN   TTY          TIME    CMD
 0 S   500 3081   3080   0  80    0 -   1173 do_wai pts/0    00:00:00
bash
 0 R   500 4463   3081   1  80    0 -   1116 -       pts/0    00:00:00    ps
 $
```

注意使用了-l 选项之后多出的那几列。

- F：内核分配给进程的系统标志。
- S：进程的状态（O 代表正在运行；S 代表在休眠；R 代表可运行，正等待运行；Z 代表僵化，已终止但找不到其父进程；T 代表停止）。
- PRI：进程的优先级（数字越大，优先级越低）。
- NI：谦让度（nice），用于决定优先级。
- ADDR：进程的内存地址。
- SZ：进程被换出时所需交换空间的大致大小。
- WCHAN：进程休眠的内核函数地址。

2. BSD 风格选项

了解了 Unix 风格选项之后，来看看 BSD 风格选项。伯克利软件发行版（Berkeley Software Distribution，BSD）是加州大学伯克利分校开发的一个 Unix 版本。BSD 与 AT&T Unix 系统有许多细微的差别，由此引发了多年来的诸多 Unix 纷争。BSD 版的 ps 命令选项如表 4-2 所示。

表 4-2 BSD 风格的 ps 命令选项

选项	描述
T	显示与当前终端关联的所有进程
a	显示与任意终端关联的所有进程
g	显示包括控制进程在内的所有进程
r	仅显示运行中的进程
x	显示所有进程，包括未分配任何终端的进程
U *userlist*	显示属于 *userlist* 列表中某个用户 ID 所有的进程
p *pidlist*	显示 PID 在 *pidlist* 列表中的进程

（续）

选项	描述
t *ttylist*	显示与 *ttylist* 列表中的某个终端关联的进程
O *format*	除了标准列，还输出由 *format* 指定的列
X	以寄存器格式显示数据
Z	在输出中包含安全信息
j	显示作业信息
l	采用长格式显示
o *format*	仅显示由 *format* 指定的列
s	采用信号格式显示
u	采用基于用户的格式显示
v	采用虚拟内存格式显示
N *namelist*	定义要在 WCHAN 输出列中显示的值
O *order*	定义信息列的显示顺序
S	将子进程的数值统计信息（比如 CPU 和内存使用情况）汇总到父进程中
c	显示真实的命令名称（用以启动该进程的程序名称）
e	显示命令使用的环境变量
f	用层级格式来显示进程，显示哪些进程启动了哪些进程
h	不显示头信息
k *sort*	指定用于排序输出的列
n	使用数值显示用户 ID、组 ID 以及 WCHAN 信息
w	为更宽的终端屏幕生成宽输出
H	将线程显示为进程
m	在进程之后显示线程
L	列出所有的格式说明符
V	显示 ps 命令的版本

如你所见，Unix 和 BSD 风格的选项有很多重叠之处。从一种风格的选项中得到的信息基本上也能从另一种风格中获取。大部分时候，只要选择自己喜欢的风格即可（比如你在使用 Linux 之前就已经习惯了 BSD 环境）。

在使用 BSD 风格的选项时，ps 命令会自动改变输出以模仿 BSD 格式。下面是使用 l 选项的输出。

```
$ ps l
$ ps l
F   UID      PID     PPID PRI  NI     VSZ    RSS WCHAN   STAT TTY
TIME COMMAND
4  1000     1491     1415  20   0 163992   6580 poll_s Ssl+ tty2
0:00 /usr/li
4  1000     1496     1491  20   0 225176 58712 ep_pol Sl+   tty2
0:05 /usr/li
0  1000     1538     1491  20   0 192844 15768 poll_s Sl+   tty2
```

```
0:00 /usr/li
0  1000    2221    2209  20   0  10608  4740 do_wai Ss
pts/0      0:00 bash
0  1000    2410    2221  20   0  11396  1156 -      R+
pts/0      0:00 ps l
$
```

注意，尽管上述很多输出列跟使用 Unix 风格选项时是一样的，但还是有一些不同之处。

- VSZ：进程占用的虚拟内存大小（以 KB 为单位）。
- RSS：进程在未被交换出时占用的物理内存大小。
- STAT：代表当前进程状态的多字符状态码。

很多系统管理员喜欢 BSD 风格的 `l` 选项，因为能输出更详细的进程状态码（STAT 列）。多字符状态码能比 Unix 风格输出的单字符状态码更清楚地表明进程的当前状态。

第一个字符采用了与 Unix 风格的 `S` 输出列相同的值，表明进程是在休眠、运行还是等待。第二个字符进一步说明了进程的状态。

- **<**：该进程以高优先级运行。
- **N**：该进程以低优先级运行。
- **L**：该进程有锁定在内存中的页面。
- **s**：该进程是控制进程。
- **l**：该进程拥有多线程。
- **+**：该进程在前台运行。

从先前展示的简单例子中可以看出，`bash` 命令处于休眠状态，但同时它也是一个控制进程（会话中的主进程），而 `ps` 命令则运行在系统前台。

3. GNU 长选项

GNU 开发人员在经过改进的新 `ps` 命令中加入了另外一些选项，其中一些 GNU 长选项复制了现有的 Unix 或 BSD 风格选项的效果，而另外一些则提供了新功能。表 4-3 列出了可用的 GNU 长选项。

表 4-3 GNU 风格的 ps 命令选项

选项	描述
`--deselect`	显示除命令行中列出的进程之外的其他进程
`--Group` *grplist*	显示组 ID 在 *grplist* 列表中的进程
`--User` *userlist*	显示用户 ID 在 *userlist* 列表中的进程
`--group` *grplist*	显示有效组 ID 在 *grplist* 列表中的进程
`--user` *userlist*	显示有效用户 ID 在 *userlist* 列表中的进程
`--pid` *pidlist*	显示 pid 在 *pidlist* 列表中的进程
`--ppid` *pidlist*	显示父 pid 在 *pidlist* 列表中的进程
`--sid` *sidlist*	显示会话 ID 在 *sidlist* 列表中的进程

4

（续）

选　项	描　述
`--tty ttylist`	显示终端设备 ID 在 *ttylist* 列表中的进程
`--format format`	仅显示由 format 指定的列
`--context`	显示额外的安全信息
`--cols n`	将屏幕宽度设置为 *n* 列
`--columns n`	将屏幕宽度设置为 *n* 列
`--cumulative`	包含已停止的子进程的信息
`--forest`	用层级结构显示出进程和父进程之间的关系
`--headers`	在每页输出中都显示列名
`--no-headers`	不显示列名
`--lines n`	将屏幕高度设置为 *n* 行
`--rows n`	将屏幕高度设置为 *n* 行
`--sort order`	指定用于排序输出的列
`--width n`	将屏幕宽度设置为 *n* 列
`--help`	显示帮助信息
`--info`	显示调试信息
`--version`	显示 ps 命令的版本号

可以混用 GNU 长选项和 Unix 或 BSD 风格的选项来定制输出。作为一个 GNU 长选项，`--forest` 选项着实讨人喜欢。该选项能够使用 ASCII 字符来绘制可爱的图表以显示进程的层级信息：

```
 1981 ?        00:00:00 sshd
 3078 ?        00:00:00  \_ sshd
 3080 ?        00:00:00      \_ sshd
 3081 pts/0    00:00:00          \_ bash
16676 pts/0    00:00:00              \_ ps
```

这种格式可以轻而易举地跟踪子进程和父进程。

4.1.2　实时监测进程

ps 命令虽然在收集系统中运行进程的信息时非常有用，但也存在不足之处：只能显示某个特定时间点的信息。如果想观察那些被频繁换入和换出内存的进程，ps 命令就不太方便了。

这正是 top 命令的用武之地。与 ps 命令相似，top 命令也可以显示进程信息，但采用的是实时方式。图 4-1 是 top 命令运行时的截图。

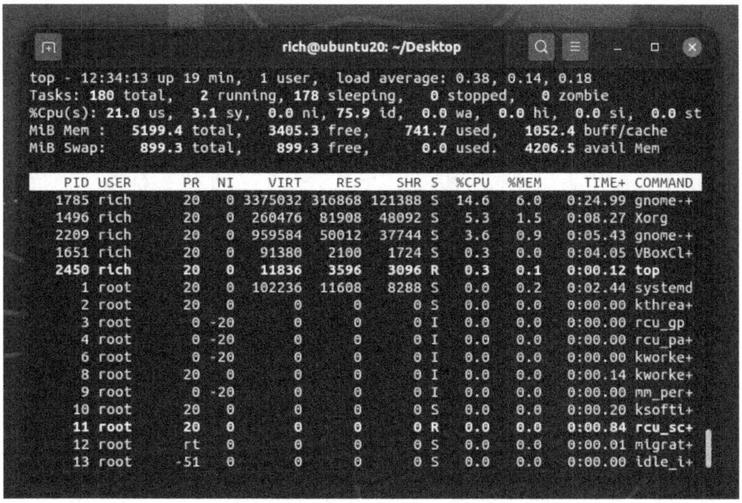

图 4-1 top 命令运行时的输出

输出的第一部分显示的是系统概况：第一行显示了当前时间、系统的运行时长、登录的用户数以及系统的平均负载。

平均负载有 3 个值，分别是最近 1 分钟、最近 5 分钟和最近 15 分钟的平均负载。值越大说明系统的负载越高。由于进程短期的突发性活动，出现最近 1 分钟的高负载值也很常见。但如果近 15 分钟内的平均负载都很高，就说明系统可能有问题了。

注意 Linux 系统管理的难点在于定义究竟到什么程度才算是高负载。这个值取决于系统的硬件配置以及系统中通常运行的程序。某个系统的高负载可能对其他系统来说就是普通水平。最好的做法是注意在正常情况下系统的负载情况，这样将更容易判断系统何时负载不足。

第二行显示了进程（top 称其为 task）概况：多少进程处于运行、休眠、停止以及僵化状态（僵化状态指进程已结束，但其父进程没有响应）。

下一行显示了 CPU 概况。top 会根据进程的属主（用户或是系统）和进程的状态（运行、空闲或等待）将 CPU 利用率分成几类输出。

紧跟其后的两行详细说明了系统内存的状态。前一行显示了系统的物理内存状态：总共有多少内存、当前用了多少，以及还有多少空闲。后一行显示了系统交换空间（如果分配了的话）的状态。

最后一部分显示了当前处于运行状态的进程的详细列表，有些列跟 ps 命令的输出类似。

- PID：进程的 PID。
- USER：进程属主的用户名。
- PR：进程的优先级。

- NI：进程的谦让度。
- VIRT：进程占用的虚拟内存总量。
- RES：进程占用的物理内存总量。
- SHR：进程和其他进程共享的内存总量。
- S：进程的状态（D 代表可中断的休眠，R 代表运行，S 代表休眠，T 代表被跟踪或停止，Z 代表僵化）。
- %CPU：进程使用的 CPU 时间比例。
- %MEM：进程使用的可用物理内存比例。
- TIME+：自进程启动到目前为止所占用的 CPU 时间总量。
- COMMAND：进程所对应的命令行名称，也就是启动的程序名。

在默认情况下，top 命令在启动时会按照%CPU 值来对进程进行排序，你可以在 top 命令运行时使用多种交互式命令来重新排序。每个交互式命令都是单字符，在 top 命令运行时键入可改变 top 的行为。键入 f 允许你选择用于对输出进行排序的字段，键入 d 允许你修改轮询间隔（polling interval），键入 q 可以退出 top。用户对 top 命令输出有很大的控制权。利用该工具，你经常能找出占用系统大量资源的罪魁祸首。当然，找到之后，下一步就是结束这些进程。这也正是接下来的话题。

4.1.3　结束进程

身为系统管理员，所需掌握的一项关键技能是知道何时以及如何结束一个进程。有时候，进程会被挂起，此时只需动动手让进程重新运行或结束就行了。有时候，进程会霸占着 CPU 且拒绝让出。在这两种情景下，都需要能够控制进程的命令。Linux 沿用了 Unix 的进程间通信方法。

在 Linux 中，进程之间通过**信号**来通信。进程的信号是预定义好的一个消息，进程能识别该消息并决定忽略还是做出反应。进程如何处理信号是由开发人员通过编程来决定的。大多数编写完善的应用程序能接收和处理标准 Unix 进程信号。这些信号如表 4-4 所示。

表 4-4　Linux 进程信号

信　　号	名　　称	描　　述
1	HUP	挂起
2	INT	中断
3	QUIT	结束运行
9	KILL	无条件终止
11	SEGV	段错误
15	TERM	尽可能终止
17	STOP	无条件停止运行，但不终止
18	TSTP	停止或暂停，但继续在后台运行
19	CONT	在 STOP 或 TSTP 之后恢复执行

在 Linux 中有两个命令可以向运行中的进程发出进程信号：kill 和 pkill。

1. kill 命令

kill 命令可以通过 PID 向进程发送信号。在默认情况下，kill 命令会向命令行中列出的所有 PID 发送 TERM 信号。遗憾的是，你只能使用进程的 PID 而不能使用其对应的程序名，这使得 kill 命令有时并不好用。

要发送进程信号，必须是进程的属主或 root 用户：

```
$ kill 3940
-bash: kill: (3940) - Operation not permitted
$
```

TERM 信号会告诉进程终止运行。但不服管教的进程通常会忽略这个请求。如果要强制终止，则-s 选项支持指定其他信号（用信号名或信号值）。

从下例可以看到，kill 命令不会有任何输出：

```
# kill -s HUP 3940
#
```

要检查 kill 命令是否生效，可以再次执行 ps 命令或 top 命令，看看那些进程是否已经停止运行。

2. pkill 命令

pkill 命令可以使用程序名代替 PID 来终止进程，这就方便多了。除此之外，pkill 命令也允许使用通配符，当系统出问题时，这是一个非常有用的工具：

```
# pkill http*
#
```

该命令将“杀死”所有名称以 http 起始的进程，比如 Apahce Web Server 的 httpd 服务。

警告 以 root 身份使用 pkill 命令时要格外小心。命令中的通配符很容易意外地将系统的重要进程终止。这可能会导致文件系统损坏。

4.2 监测磁盘空间

系统管理员的另一项重要任务是监测系统磁盘的使用情况。不管运行的是简单的 Linux 桌面还是大型的 Linux 服务器，你都需要知道还有多少磁盘空间可供应用程序使用。

有几个命令行命令可以帮助你管理 Linux 系统中的存储设备。本节将介绍在日常系统管理中会用到的核心命令。

4.2.1 挂载存储设备

如第 3 章所述，Linux 文件系统会将所有的磁盘都并入单个虚拟目录。在使用新的存储设备之前，需要将其放在虚拟目录中。这项工作称为**挂载**（mounting）。

在今天的图形化桌面环境中，大多数 Linux 发行版能自动挂载特定类型的**可移动存储设备**。所谓可移动存储设备（显然）指的是那种可以从 PC 中轻易移除的媒介，比如 DVD 和 U 盘。

如果你使用的发行版不支持自动挂载和卸载可移动存储设备，则只能手动操作了。本节将介绍一些可以帮你管理可移动存储设备的 Linux 命令行命令。

1. mount 命令

用于挂载存储设备的命令叫作 mount。在默认情况下，mount 命令会输出当前系统已挂载的设备列表。但是，除了标准存储设备，较新版本的内核还会挂载大量用作管理目的的虚拟文件系统。这使得 mount 命令的默认输出非常杂乱，让人摸不着头脑。如果知道设备分区使用的文件系统类型，可以像下面这样过滤输出。

```
$ mount -t ext4
/dev/sda5 on / type ext4 (rw,relatime,errors=remount-ro)
$ mount -t vfat
/dev/sda2 on /boot/efi type vfat
(rw,relatime,fmask=0077,dmask=0077,codepage=437,iocharset=iso88591,
shortname=mixed,errors=remount-ro)
/dev/sdb1 on /media/rich/54A1-7D7D type vfat
(rw,nosuid,nodev,relatime,uid=1000,gid=1000,fmask=0022,dmask=0022,
codepage=437,
iocharset=iso8859-1,shortname=mixed,showexec,utf8,flush,
errors=remountro,uhelper=udisks2)
$
```

mount 命令提供了 4 部分信息。

- 设备文件名
- 设备在虚拟目录中的挂载点
- 文件系统类型
- 已挂载设备的访问状态

在上面例子的最后一行输出中，U 盘被 GNOME 桌面自动挂载到了挂载点/media/rich/54A1-7D7D。vfat 文件系统类型说明它是在 Microsoft Windows PC 中格式化的。

要手动在虚拟目录中挂载设备，需要以 root 用户身份登录，或是以 root 用户身份运行 sudo 命令。下面是手动挂载设备的基本命令：

```
mount -t type device directory
```

其中，type 参数指定了磁盘格式化所使用的文件系统类型。Linux 可以识别多种文件系统类型。如果与 Windows PC 共用移动存储设备，那么通常需要使用下列文件系统类型。

- vfat：Windows FAT32 文件系统，支持长文件名。
- ntfs：Windows NT 及后续操作系统中广泛使用的高级文件系统。
- exfat：专门为可移动存储设备优化的 Windows 文件系统。
- iso9660：标准 CD-ROM 和 DVD 文件系统。

大多数 U 盘会使用 vfat 文件系统格式化。如果需要挂载数据 CD 或 DVD，则必须使用 iso9660

文件系统类型。

后面两个参数指定了该存储设备的设备文件位置以及挂载点在虚拟目录中的位置。例如，手动将 U 盘/dev/sdb1 挂载到/media/disk，可以使用下列命令：

```
mount -t vfat /dev/sdb1 /media/disk
```

一旦存储设备被挂载到虚拟目录，root 用户就拥有了对该设备的所有访问权限，而其他用户的访问则会被限制。可以通过目录权限（参见第 7 章）指定用户对设备的访问权限。

如果需要使用 mount 命令的一些高级特性，可以参见表 4-5 中列出的相关选项。

表 4-5 mount 命令选项

选 项	描 述
-a	挂载/etc/fstab 文件中指定的所有文件系统
-f	模拟挂载设备，但并不真正挂载
-F	和-a 选项一起使用时，同时挂载所有文件系统
-v	详细模式，显示挂载设备的每一步操作
-i	不使用/sbin/mount.filesystem 下的任何文件系统协助文件
-l	自动给 ext2、ext3、ext4 或 XFS 文件系统添加文件系统标签
-n	挂载设备，但不在/etc/mtab 已挂载设备文件中注册
-p *num*	进行加密挂载时从文件描述符 *num* 中获得口令
-s	忽略该文件系统不支持的挂载选项
-r	将设备挂载为只读
-w	将设备挂载为可读写（默认选项）
-L *label*	将设备按指定的 *label* 挂载
-U *uuid*	将设备按指定的 *uuid* 挂载
-O	和-a 选项一起使用，限制其所作用的文件系统
-o	给文件系统添加特定的选项

-o 选项允许在挂载文件系统时添加一系列以逗号分隔的额外选项。常用选项如下。

- ro：以只读形式挂载。
- rw：以读写形式挂载。
- user：允许普通用户挂载该文件系统。
- check=none：挂载文件系统时不执行完整性校验。
- loop：挂载文件。

2. umount 命令

移除可移动设备时，不能直接将设备拔下，应该先卸载。

提示 Linux 不允许直接弹出已挂载的 CD 或 DVD。如果在从光驱中移除 CD 或 DVD 时遇到麻烦，那么最大的可能是它还在虚拟目录中挂载着。应该先卸载，然后再尝试弹出。

卸载设备的命令是 umount（是的，你没看错，命令名中并没有字母“n”，不是“unmount”，这一点有时候很让人困惑）。umount 命令的格式非常简单：

```
umount [directory | device ]
```

umount 命令支持通过设备文件或者挂载点来指定要卸载的设备。如果有任何程序正在使用设备上的文件，则系统将不允许卸载该设备。

```
# umount /home/rich/mnt
umount: /home/rich/mnt: device is busy
umount: /home/rich/mnt: device is busy
# cd /home/rich
# umount /home/rich/mnt
# ls -l mnt
total 0
#
```

在本例中，因为命令行提示符仍然位于已挂载设备的文件系统中，所以 umount 命令无法卸载该镜像文件。一旦命令提示符移出其镜像文件系统，umount 命令就能成功卸载镜像文件了。[①]

4.2.2　使用 df 命令

有时需要知道在某台设备上还有多少磁盘空间。df 命令可以方便地查看所有已挂载磁盘的使用情况：

```
$ df -t ext4 -t vfat
Filesystem     1K-blocks      Used Available Use% Mounted on
/dev/sda5       19475088   7326256  11136508  40% /
/dev/sda2         524272         4    524268   1% /boot/efi
/dev/sdb1         983552    247264    736288  26% /media/
rich/54A1-7D7D
$
```

df 命令会逐个显示已挂载的文件系统。与 mount 命令类似，df 命令会输出内核挂载的所有虚拟文件系统，因此可以使用-t 选项来指定文件系统类型，进而过滤输出结果。该命令的输出如下。

- 设备文件位置
- 包含多少以 1024 字节为单位的块
- 使用了多少以 1024 字节为单位的块
- 还有多少以 1024 字节为单位的块可用
- 已用空间所占的百分比
- 设备挂载点

① 如果在卸载设备时，系统提示设备繁忙，无法卸载，那么通常是有进程还在访问该设备或使用该设备上的文件。这时可用 lsof 命令获得相关进程的信息，然后将进程终止。lsof 命令的用法很简单：lsof /path/to/device/node，或者 lsof /path/to/mount/point。——译者注

df 命令的大部分选项你根本不会用到。常用选项之一是-h，该选项会以人类易读（human-readable）的形式显示磁盘空间，通常用 M 来替代兆字节，用 G 来替代吉字节：

```
$ df -h
Filesystem              Size  Used Avail Use% Mounted on
/dev/sda5           19G  7.0G   11G  40% /
/dev/sda2          512M  4.0K  512M   1% /boot/efi
/dev/sdb1          961M  242M  720M  26% /media/rich/54A1-7D7D
$
```

现在不用再费心琢磨这些丑陋的块数了，所有的磁盘空间大小都是以“正常”的存储单位显示的。df 命令在排查系统磁盘空间问题时非常有价值。

注意 记住，Linux 系统后台一直有进程在处理文件。df 命令的输出值反映的是 Linux 系统认为的当前值。正在运行的进程有可能创建或删除了某个文件，但尚未释放该文件。这个值是不会被计算进闲置空间的。

4.2.3 使用 du 命令

通过 df 命令，很容易发现哪个磁盘存储空间不足。系统管理员面临的下一个问题是如何应对这种情况。

另一个能助你一臂之力的是 du 命令。du 命令可以显示某个特定目录（默认情况下是当前目录）的磁盘使用情况。这有助于你快速判断系统中是否存在磁盘占用“大户”。

在默认情况下，du 命令会显示当前目录下所有的文件、目录和子目录的磁盘使用情况，并以磁盘块为单位来表明每个文件或目录占用了多大存储空间。对标准大小的目录来说，输出内容可不少。下面是 du 命令的部分输出：

```
$ du
484     ./.gstreamer-0.10
8       ./Templates
8       ./Download
8       ./.ccache/7/0
24      ./.ccache/7
368     ./.ccache/a/d
384     ./.ccache/a
424     ./.ccache
8       ./Public
8       ./.gphpedit/plugins
32      ./.gphpedit
72      ./.gconfd
128     ./.nautilus/metafiles
384     ./.nautilus
8       ./Videos
8       ./Music
16      ./.config/gtk-2.0
40      ./.config
8       ./Documents
```

每行最左侧的数字是每个文件或目录所占用的磁盘块数。注意，这个列表是从目录层级的最底部开始，然后沿着其中包含的文件和子目录逐级向上的。

单纯的 du 命令作用并不大。我们更想知道每个文件和目录各占用了多大的磁盘空间，但如果还需逐页翻找的话就没什么意义了。

下面这些选项能让 du 命令的输出更加清晰易读。

- -c：显示所有已列出文件的总大小。
- -h：按人类易读格式输出大小，分别用 K 表示千字节、M 表示兆字节、G 表示吉字节。
- -s：输出每个参数的汇总信息。

系统管理员的下一步任务是使用一些文件处理命令来操作大量数据。这正是下一节的主题。

4.3 处理数据文件

当有大量数据时，处理这些数据并从中提取有用信息通常不是件容易事。通过上一节的 du 命令可知，系统命令很容易输出让人难以招架的过量信息。

Linux 系统提供了一些可以帮助你管理大量数据的命令行工具。本节涵盖了每位系统管理员以及日常 Linux 用户都应该知道的基本命令，这些命令能够让其生活变得更加轻松。

4.3.1 数据排序

处理大量数据时的一个常用命令是 sort。顾名思义，这是用来对数据进行排序的命令。

在默认情况下，sort 命令会依据会话所指定的默认语言的排序规则来对文本文件中的数据行进行排序：

```
$ cat file1
one
two
three
four
five
$ sort file1
five
four
one
three
two
$
```

非常简单。但事情往往并不像看起来那么简单。来看下面这个例子：

```
$ cat file2
1
2
100
45
3
```

```
10
145
75
$ sort file2
1
10
100
145
2
3
45
75
$
```

如果希望这些数字按值排序，那你就要失望了。在默认情况下，sort 命令会将数字视为字符并执行标准的字符排序，这种结果可能不是你想要的。可以使用-n 选项来解决这个问题，该选项会告诉 sort 命令将数字按值排序：

```
$ sort -n file2
1
2
3
10
45
75
100
145
$
```

现在好多了。另一个常用的选项是-M，该选择可以将数字按月排序。Linux 的日志文件经常在每行的起始位置有一个时间戳，以表明事件是什么时候发生的：

```
Apr 13 07:10:09 testbox smartd[2718]: Device: /dev/sda, opened
```

如果将含有时间戳日期的文件按默认的排序方法来排序，则会得到如下结果：

```
$ sort file3
Apr
Aug
Dec
Feb
Jan
Jul
Jun
Mar
May
Nov
Oct
Sep
$
```

这并不是你想要的结果。如果加入-M 选项，那么 sort 命令就能识别三字符的月份名并正确排序。

```
$ sort -M file3
Jan
Feb
Mar
Apr
May
Jun
Jul
Aug
Sep
Oct
Nov
Dec
$
```

表 4-6 列出了 sort 命令的其他一些方便的选项。

表 4-6　sort 命令选项

短 选 项	长 选 项	描 述
-b	--ignore-leading-blanks	排序时忽略起始的空白字符
-C	--check=quiet	不排序，如果数据无序也不要报告
-c	--check	不排序，但检查输入数据是否有序，无序的话就报告
-d	--dictionary-order	仅考虑空白字符和字母数字字符，不考虑特殊字符
-f	--ignore-case	大写字母默认先出现，该选项会忽略大小写
-g	--general-numeric-sort	使用一般数值进行排序
-i	--ignore-nonprinting	在排序时忽略不可打印字符
-k	--key=*POS1*[,*POS2*]	排序键从 POS1 位置开始，到 POS2 位置结束（如果指定了 POS2 的话）
-M	--month-sort	用三字符的月份名按月份排序
-m	--merge	合并两个已排序数据文件
-n	--numeric-*sort*	将字符串按数值意义排序
-o	--output=*file*	将排序结果写入指定文件
-R	--random-sort	根据随机哈希排序
	--random-source=*FILE*	指定-R 选项用到的随机字节文件
-r	--reverse	逆序排序（升序变成降序）
-S	--buffer-size=*SIZE*	指定使用的内存大小
-s	--stable	禁止 last-resort 比较，实现稳定排序
-T	--temporary-directory=*DIR*	指定用于保存临时工作文件的目录
-t	--field-separator=*SEP*	指定字段分隔符
-u	--unique	和-c 选项合用时，检查严格排序；不和-c 选项合用时，相同行仅输出一次[①]
-z	--zero-terminated	在行尾使用 NULL 字符代替换行符

① sort -u 等同于 sort | uniq。

在对按字段分隔的数据（比如/etc/passwd 文件）进行排序时，-k 选项和-t 选项非常方便。先使用-t 选项指定字段分隔符，然后使用-k 选项指定排序字段。例如，要根据用户 ID 对/etc/passwd 按数值排序，可以这么做：

```
$ sort -t ':' -k 3 -n /etc/passwd
root:x:0:0:root:/root:/bin/bash
bin:x:1:1:bin:/bin:/sbin/nologin
daemon:x:2:2:daemon:/sbin:/sbin/nologin
adm:x:3:4:adm:/var/adm:/sbin/nologin
lp:x:4:7:lp:/var/spool/lpd:/sbin/nologin
sync:x:5:0:sync:/sbin:/bin/sync
shutdown:x:6:0:shutdown:/sbin:/sbin/shutdown
halt:x:7:0:halt:/sbin:/sbin/halt
mail:x:8:12:mail:/var/spool/mail:/sbin/nologin
news:x:9:13:news:/etc/news:
uucp:x:10:14:uucp:/var/spool/uucp:/sbin/nologin
operator:x:11:0:operator:/root:/sbin/nologin
games:x:12:100:games:/usr/games:/sbin/nologin
gopher:x:13:30:gopher:/var/gopher:/sbin/nologin
ftp:x:14:50:FTP User:/var/ftp:/sbin/nologin
```

现在数据已经按第三个字段（用户 ID 的数值）排序妥当了。

-n 选项适合于排序数值型输出，比如 du 命令的输出：

```
$ du -sh * | sort -hr
1008k   mrtg-2.9.29.tar.gz
972k    bldg1
888k    fbs2.pdf
760k    Printtest
680k    rsync-2.6.6.tar.gz
660k    code
516k    fig1001.tiff
496k    test
496k    php-common-4.0.4pl1-6mdk.i586.rpm
448k    MesaGLUT-6.5.1.tar.gz
400k    plp
```

注意，-r 选项对数值按照降序排列，这样便能轻而易举地看出目录中的哪些文件占用磁盘空间最多。

注意 本例中的管道命令（|）用于将 du 命令的输出传入 sort 命令，详见第 11 章。

4.3.2 数据搜索

你经常需要在大文件中查找位于文件中间部分某处的数据行。与其手动翻找整个文件，不如使用 grep 命令来帮助查找。grep 命令的格式如下：

```
grep [options] pattern [file]
```

grep 命令会在输入或指定文件中逐行搜索匹配指定模式的文本。该命令的输出是包含了匹配模式的行。

下面两个简单的例子演示了使用 grep 命令对 4.3.1 节中的文件 file1 进行搜索：

```
$ grep three file1
three
$ grep t file1
two
three
$
```

第一个例子在文件 file1 中搜索能匹配模式 three 的文本。grep 命令输出了匹配该模式的行。第二个例子在文件 file1 中搜索能匹配模式 t 的文本，其中，file1 中有两行匹配指定模式，所以均被输出。

grep 命令非常流行，它在其生命周期中经历过大量的更新，加入了很多特性。如果翻看 grep 的手册页，你会发现它有多么无所不能。

如果要进行反向搜索（输出不匹配指定模式的行），可以使用-v 选项：

```
$ grep -v t file1
one
four
five
$
```

如果要显示匹配指定模式的那些行的行号，可以使用-n 选项：

```
$ grep -n t file1
2:two
3:three
$
```

如果只想知道有多少行含有匹配的模式，可以使用-c 选项：

```
$ grep -c t file1
2
$
```

如果要指定多个匹配模式，可以使用-e 选项来逐个指定：

```
$ grep -e t -e f file1
two
three
four
five
$
```

这个例子输出了包含字符串 t 或字符串 f 的所有行。

在默认情况下，grep 命令使用基本的 Unix 风格正则表达式来匹配模式。Unix 风格正则表达式使用特殊字符来定义如何查找匹配模式。正则表达式的更多细节，参见第 20 章。

下面是在 grep 中使用正则表达式的一个简单例子：

```
$ grep [tf] file1
two
```

```
three
four
five
$
```

正则表达式中的方括号表明 grep 应该搜索包含 t 字符或者 f 字符的匹配。如果不用正则表达式，则 grep 搜索的是匹配字符串 tf 的文本。

egrep 命令是 grep 的一个衍生，支持 POSIX 扩展正则表达式，其中包含更多可用于指定匹配模式的字符（参见第 20 章）。fgrep 则是另外一个版本，支持将匹配模式指定为以换行符分隔的一系列固定长度的字符串。这样就可以将这些字符串放入一个文件中，然后在 fgrep 命令中使用其搜索大文件中的字符串。

4.3.3 数据压缩

如果你接触过 Microsoft Windows，那么肯定用过 zip 文件。这种文件非常流行，以至于微软从 Windows XP 开始就将其集成进了自家的操作系统。zip 工具可以轻松地将大文件（文本文件和可执行文件）压缩成占用空间更少的小文件。

Linux 包含多种文件压缩工具。虽然听上去不错，但实际上这经常会在用户下载文件时造成混淆。表 4-7 列出了可用的 Linux 文件压缩工具。

表 4-7 Linux 文件压缩工具

工　具	文件扩展名	描　述
bzip2	.bz2	采用 Burrows-Wheeler 块排序文本压缩算法和霍夫曼编码
compress	.Z	最初的 Unix 文件压缩工具，已经快要无人使用了
gzip	.gz	GNU 压缩工具，用 Lempel-Zivwelch 编码
xz	.xz	日渐流行的通用压缩工具
zip	.zip	Windows 中 PKZIP 工具的 Unix 实现

文件压缩工具 compress 在 Linux 系统中并不常见。如果下载了扩展名为.Z 的文件，那么通常可以用第 9 章中介绍的软件包安装方法来安装 compress 包（在很多 Linux 发行版中叫 ncompress），然后再用 uncompress 命令来解压文件。gzip 是 Linux 中最流行的压缩工具。

gzip 软件包是 GNU 项目的产物，旨在编写一个能够替代原先 Unix 中 compress 工具的免费版本。这个软件包包括以下文件。

- gzip：用于压缩文件。
- gzcat：用于查看压缩过的文本文件的内容。
- gunzip：用于解压文件。

这些工具基本上跟 bzip2 一样：

```
 $ gzip myprog
 $ ls -l my*
-rwxrwxr-x 1 rich rich 2197 2007-09-13 11:29 myprog.gz
 $
```

gzip 命令会压缩命令行中指定的文件。也可以指定多个文件名或是用通配符来一次性压缩多个文件：

```
$ gzip my*
$ ls -l my*
-rwxr--r--     1 rich     rich            103 Sep  6 13:43 myprog.c.gz
-rwxr-xr-x     1 rich     rich           5178 Sep  6 13:43 myprog.gz
-rwxr--r--     1 rich     rich             59 Sep  6 13:46 myscript.gz
-rwxr--r--     1 rich     rich             60 Sep  6 13:44 myscript2.gz
$
```

gzip 命令会压缩该目录中匹配通配符的每个文件。

4.3.4 数据归档

虽然 zip 命令能够很好地将数据压缩并归档为单个文件，但它并不是 Unix 和 Linux 中的标准归档工具。目前，Unix 和 Linux 中最流行的归档工具是 tar 命令。

tar 命令最开始是用于将文件写入磁带设备以作归档，但它也可以将输出写入文件，这种用法成了在 Linux 中归档数据的普遍做法。

tar 命令的格式如下。

```
tar function [options] object1 object2 ...
```

function 定义了 tar 命令要执行的操作，如表 4-8 所示。

表 4-8 tar 命令的操作

操 作	长 选 项	描 述
-A	--concatenate	将一个 tar 归档文件追加到另一个 tar 归档文件末尾
-c	--create	创建新的 tar 归档文件
-d	--diff	检查归档文件和文件系统的不同之处
	--delete	从 tar 归档文件中删除文件
-r	--append	将文件追加到 tar 归档文件末尾
-t	--list	列出 tar 归档文件的内容
-u	--update	将比 tar 归档文件中已有的同名文件更新的文件追加到该归档文件
-x	--extract	从 tar 归档文件中提取文件

每种操作都使用 option（选项）来定义针对 tar 归档文件的具体行为。表 4-9 列出了常用的选项。

表 4-9 tar 命令选项

选 项	描 述
-C *dir*	切换到指定目录
-f *file*	将结果输出到文件（或设备）
-j	将输出传给 bzip2 命令进行压缩

（续）

选　项	描　述
-J	将输出传给 xz 命令进行压缩
-p	保留文件的所有权限
-v	在处理文件时显示文件名
-z	将输出传给 gzip 命令进行压缩
-Z	将输出传给 compress 命令进行压缩

这些选项经常合并使用。可以用下列命令创建归档文件：

```
tar -cvf test.tar test/ test2/
```

该命令创建了一个名为 test.tar 的归档文件，包含目录 test 和 test2 的内容。

```
tar -tf test.tar
```

该命令列出了（但不提取）tar 文件 test.tar 的内容。

```
tar -xvf test.tar
```

该命令从 tar 文件 test.tar 中提取内容。如果创建的时候 tar 文件含有目录结构，则在当前目录中重建该目录的整个结构。

如你所见，`tar` 命令可以轻松地为整个目录结构创建归档文件。这是在 Linux 中分发开源程序源代码文件所采用的普遍方法。

提示 在下载开源软件时经常会看到文件名以.tgz 结尾，这是经 gzip 压缩过的 tar 文件，可以用命令 `tar -zxvf` *`filename`*`.tgz` 来提取其中的内容。

4.4 小结

本章讨论了 Linux 系统管理员和程序员会用到的一些高级 `bash` 命令。`ps` 命令和 `top` 命令在判断系统的状态时尤为重要，你可以从中得知哪些应用程序在运行以及消耗了多少资源。

在可移动存储设备无处不在的今天，系统管理员经常谈到的另一个话题是挂载存储设备。`mount` 命令可以将物理存储设备挂载到 Linux 虚拟目录结构中。`umount` 命令可用于卸载设备。

本章还讲解了各种数据处理工具。`sort` 可以轻松地对大数据文件进行排序，以方便你组织数据；`grep` 可以快速扫描大数据文件来查找特定信息。Linux 中有各种文件压缩工具，比如 gzip 和 zip。每种工具都能够压缩文件以节省文件系统空间。`tar` 能将目录都归档为单个文件，从而方便在系统之间传递数据。

第 5 章将讨论各种 Linux 环境变量。有了环境变量，脚本便能访问系统信息，同时还能方便地在脚本中存储数据。

第 5 章

理解 shell

本章内容

- shell 的类型
- shell 的父子关系
- 别出心裁的子 shell 用法
- shell 内建命令

现在你已经学到了一些 shell 的基础知识，比如如何进入 shell 以及基础的 shell 命令，是该探索真正的 shell 进程了。要想理解 shell，需要了解其在不同情况下的运作方式。

shell 不单单是 CLI，而是一种复杂的交互式程序。输入命令并利用 shell 来运行脚本会出现一些既有趣又令人困惑的问题。搞清楚 shell 进程及其与系统之间的关系能够帮助你解决这些难题，或是完全避开它们。

本章会带你全面学习 shell 进程及其在各种情况下的运作方式。我们将探究如何创建子 shell 及其与父 shell 之间的关系，了解各种会创建子进程和不会创建子进程的命令。另外，本章还会涉及一些提高命令行效率的 shell 窍门和技巧。

5.1 shell 的类型

当你登录系统时，系统启动什么样的 shell 程序取决于你的个人用户配置。在/etc/passwd 文件中，用户记录的第 7 个字段中列出了该用户的默认 shell 程序。只要用户登录某个虚拟控制台终端或是在 GUI 中启动终端仿真器，默认的 shell 程序就会启动。

在下面的例子中，用户 christine 使用 GNU bash shell 作为自己的默认 shell 程序：

```
$ cat /etc/passwd
[...]
christine:x:1001:1001::/home/christine:/bin/bash
$
```

在现代 Linux 系统中，bash shell 程序（bash）通常位于/usr/bin 目录。不过，在你的 Linux 系统中，也有可能位于/bin 目录。`which bash` 命令可以帮助我们找出 bash shell 的位置：

```
$ which bash
/usr/bin/bash
$
```

长列表中文件名尾部的星号（*）表明 bash 文件（bash shell）是一个可执行程序。

```
$ ls -lF /usr/bin/bash
-rwxr-xr-x. 1 root root 1219248 Nov  8 11:30 /usr/bin/bash*
$
```

注意　在现代 Linux 系统中，/bin 目录通常是/usr/bin/目录的符号链接，这就是为什么用户 christine 的默认 shell 程序是/bin/bash，但 bash shell 程序实际位于/usr/bin/目录。有关符号链接（软链接）的相关内容参见第 3 章。

该 Linux 系统中还存在其他的 shell 程序，其中就有 tcsh，其源自最初的 C shell：

```
$ which tcsh
/usr/bin/tcsh
$ ls -lF /usr/bin/tcsh
-rwxr-xr-x. 1 root root 465200 May 14  2019 /usr/bin/tcsh*
$
```

另外还有 zsh，这是 bash shell 另一个更复杂的版本，兼具了 tcsh 的一些特性和其他元素。

```
$ which zsh
/usr/bin/zsh
$ ls -lF /usr/bin/zsh
-rwxr-xr-x. 1 root root 879872 May 11  2019 /usr/bin/zsh*
$
```

提示　如果你在自己的 Linux 系统中没有找到这些 shell，可以自行安装，具体方法参见第 9 章。

C shell 是指向 tcsh shell 的软链接（参见第 3 章）：

```
$ which csh
/usr/bin/csh
$ ls -lF /usr/bin/csh
lrwxrwxrwx. 1 root root 4 May 14  2019 /usr/bin/csh -> tcsh*
$
```

在基于 Debian 的 Linux 系统（比如 Ubuntu）中经常会碰到 dash，这是 Ash shell 的另一个版本。

```
$ which dash
/usr/bin/dash
$ ls -lF /usr/bin/dash
-rwxr-xr-x 1 root root 129816 Jul 18  2019 /usr/bin/dash*
$
```

注意　第 1 章简述过各种 shell。如果想进一步学习除 GNU bash shell 之外的 shell，第 23 章提供了更多的相关信息。

在大多数 Linux 系统中，/etc/shells 文件中列出了各种已安装的 shell，这些 shell 可以作为用户的默认 shell。

```
$ cat /etc/shells
/bin/sh
/bin/bash
/usr/bin/sh
/usr/bin/bash
/bin/csh
/bin/tcsh
/usr/bin/csh
/usr/bin/tcsh
/usr/bin/zsh
/bin/zsh
$
```

注意 在很多 Linux 发行版中，你会发现 shell 文件似乎存在于两个位置：/bin 和/usr/bin。这是因为在现代 Linux 系统中，/bin 是指向/usr/bin 的符号链接。有关符号链接（软链接）的相关内容参见第 3 章。

用户可以将这些 shell 程序中的某一个作为自己的默认 shell。不过由于 bash shell 的广为流行，很少有人使用其他的 shell 作为默认的交互式 shell。**默认的交互式 shell**（default interactive shell）也称**登录 shell**（login shell），只要用户登录某个虚拟控制台终端或是在 GUI 中启动终端仿真器，该 shell 就会启动。

作为**默认的系统 shell**（default system shell），sh（/bin/sh）用于那些需要在启动时使用的系统 shell 脚本。

你经常会看到某些发行版使用软链接将默认的系统 shell 指向 bash shell，比如 CentOS 发行版：

```
$ which sh
/usr/bin/sh
$ ls -l /usr/bin/sh
lrwxrwxrwx. 1 root root 4 Nov  8 11:30 /usr/bin/sh -> bash
$
```

但要注意，在有些发行版中，默认的系统 shell 并不指向 bash shell，比如 Ubuntu 发行版：

```
$ which sh
/usr/bin/sh
$ ls -l /usr/bin/sh
lrwxrwxrwx 1 root root 4 Mar 10 18:43 /usr/bin/sh -> dash
$
```

在这里，默认的系统 shell（/usr/bin/sh）指向的是 dash shell。

提示 对 bash shell 脚本来说，这两种 shell（默认的交互 shell 和默认的系统 shell）可能会导致问题。一定要阅读第 11 章中有关 bash shell 脚本首行的语法要求，以避免这些麻烦。

并不是非得使用默认的交互式 shell。可以启动任意一种已安装的 shell，只需输入其名称即可。但屏幕上不会有任何提示或消息表明你当前使用的是哪种 shell。`$0` 变量可以助你一臂之力。命令 `echo $0` 会显示当前 shell 的名称，提供必要的参考。

注意 使用 `echo $0` 显示当前所用 shell 的做法仅限在 shell 命令行中使用。如果在 shell 脚本中使用，则显示的是该脚本的名称。如需了解详情，请参见第 14 章。

有了方便的`$0` 变量，就能知道当前使用的 shell 了。输入命令 `dash`，启动 dash shell，通过 `echo $0` 显示新的 shell。

```
$ echo $0
-bash
$
$ dash
$
$ echo $0
dash
$
```

注意 在上面的例子中，注意第一个 `echo $0` 命令的输出：`bash` 之前有一个连字符（-）。这表明该 shell 是用户的登录 shell。

`$`是 dash shell 的 CLI 提示符。输入命令 `exit` 就可以退出 dash shell 程序（对于 bash shell 也是如此）：

```
$ echo $0
dash
$ exit
$ echo $0
-bash
$
```

虽然在各种 shell 之间来回切换看起来并不难，但幕后发生的事情可没那么简单。为了理解这个过程，下一节将探究登录 shell 和新启动的 shell 之间的关系。

5.2　shell 的父子关系

用户登录某个虚拟控制台终端或在 GUI 中运行终端仿真器时所启动的默认的交互式 shell（登录 shell）是一个**父 shell**。到目前为止，都是由父 shell 提供 CLI 提示符并等待命令输入。

当你在 CLI 提示符处输入 `bash` 命令（或是其他 shell 程序名）时，会创建新的 shell 程序。这是一个**子 shell**。子 shell 也拥有 CLI 提示符，同样会等待命令输入。

在输入 `bash` 并生成子 shell 时，屏幕上不会显示任何相关信息，要想搞清楚来龙去脉，需要用到第 4 章中讲过的 `ps` 命令。在生成子 shell 的前后配合`-f` 选项来使用：

```
$ ps -f
UID         PID   PPID  C STIME TTY          TIME CMD
christi+   6160   6156  0 11:01 pts/1    00:00:00 -bash
christi+   7141   6160  0 12:51 pts/1    00:00:00 ps -f
$
$ bash
$
$ ps -f
UID         PID   PPID  C STIME TTY          TIME CMD
christi+   6160   6156  0 11:01 pts/1    00:00:00 -bash
christi+   7142   6160  0 12:52 pts/1    00:00:00 bash
christi+   7164   7142  0 12:52 pts/1    00:00:00 ps -f
$
```

第一次使用 `ps -f` 的时候，显示出了两个进程。一个进程的 PID 是 `6160`（第二列），运行的是 bash shell 程序（最后一列）。另一个进程（PID 为 `7141`）是实际运行的 `ps -f` 命令。

注意 **进程**就是正在运行的程序。bash shell 是一个程序，当它运行的时候，就成了进程。一个运行着的 shell 同样是进程。因此，在说到运行 bash shell 的时候，经常会看到“shell”和“进程”这两个词交换使用。

输入命令 `bash` 之后，就创建了一个子 shell。第二个 `ps -f` 是在子 shell 中执行的。你可以从显示结果中看到有**两个** bash shell 程序在运行。一个是父 shell 进程，其 PID 为 `6160`。另一个是子 shell 进程，其 PID 为 `7142`。注意，子 shell 的父进程 ID（PPID）是 `6160`，表明这个进程就是该子 shell 的父进程。图 5-1 展示了这种关系。

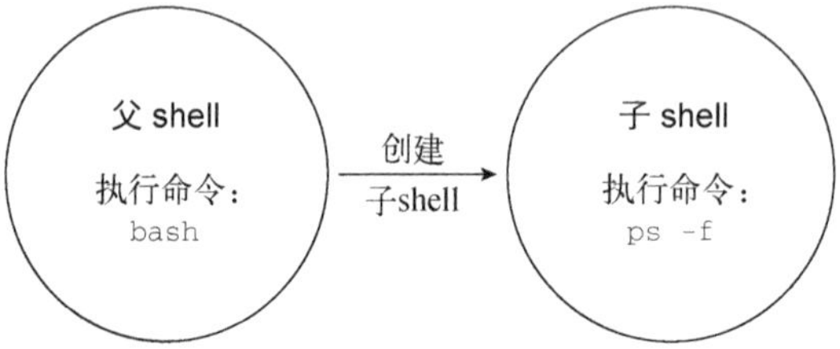

图 5-1　bash shell 进程的父子关系

在生成子 shell 进程时，只有部分父进程的环境被复制到了子 shell 环境中。这会对包括变量在内的一些东西造成影响。第 6 章会讲解如何避免这种问题。

子 shell 既可以从父 shell 中创建，也可以从另一个子 shell 中创建：

```
$ ps -f
UID         PID   PPID  C STIME TTY          TIME CMD
christi+   7650   7649  0 16:01 pts/0    00:00:00 -bash
christi+   7686   7650  0 16:02 pts/0    00:00:00 ps -f
$
$ bash
$ bash
$ bash
```

```
$
$ ps --forest
  PID TTY          TIME CMD
 7650 pts/0    00:00:00 bash
 7687 pts/0    00:00:00  \_ bash
 7709 pts/0    00:00:00      \_ bash
 7731 pts/0    00:00:00          \_ bash
 7753 pts/0    00:00:00              \_ ps
$
```

在上面的例子中，bash 命令被输入了 3 次。这实际上创建了 3 个子 shell。ps --forest 命令展示了这些子 shell 间的嵌套结构。图 5-2 也展示了这种关系。

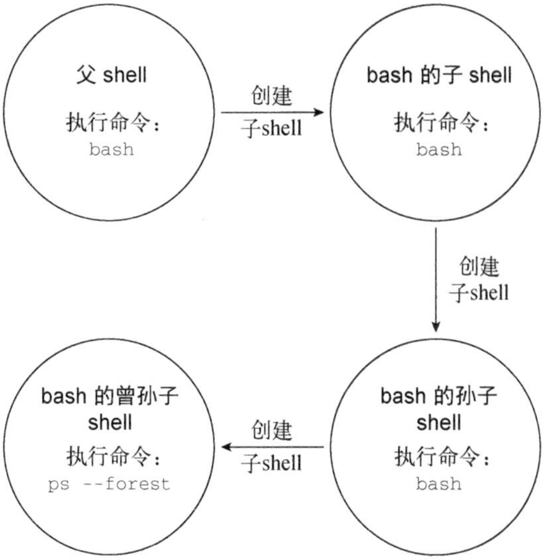

图 5-2 子 shell 间的嵌套关系

ps -f 命令也能够表现子 shell 间的嵌套关系，因为它会通过 PPID 列显示出谁是谁的父进程：

```
$ ps -f
UID         PID   PPID  C STIME TTY          TIME CMD
christi+   7650   7649  0 16:01 pts/0    00:00:00 -bash
christi+   7687   7650  0 16:02 pts/0    00:00:00 bash
christi+   7709   7687  0 16:02 pts/0    00:00:00 bash
christi+   7731   7709  0 16:02 pts/0    00:00:00 bash
christi+   7781   7731  0 16:04 pts/0    00:00:00 ps -f
$
```

bash shell 程序可以使用命令行选项来修改 shell 的启动方式。表 5-1 列举了 bash 命令的部分可用选项。

表 5-1　bash 的命令行选项

选　项	描　述
`-c` *string*	从 *string* 中读取命令并进行处理
`-i`	启动一个能够接收用户输入的交互式 shell
`-l`	作为登录 shell 启动
`-r`	启动一个受限 shell，将用户限制在默认目录中
`-s`	从标准输入中读取命令

可以输入 `man bash` 获得关于 `bash` 命令的更多帮助信息，了解更多的命令行选项。`bash --help` 命令也会提供一些额外的协助。

提示　如果想查看 bash shell 的版本号，在命令行中输出 `bash --version` 即可。该命令不会创建子 shell，只会显示系统中 GNU bash shell 程序的当前版本。

可以使用 `exit` 命令有条不紊地退出子 shell：

```
$ ps -f
UID          PID   PPID  C STIME TTY          TIME CMD
christi+    7650   7649  0 16:01 pts/0    00:00:00 -bash
christi+    7687   7650  0 16:02 pts/0    00:00:00 bash
christi+    7709   7687  0 16:02 pts/0    00:00:00 bash
christi+    7731   7709  0 16:02 pts/0    00:00:00 bash
christi+    8080   7731  0 16:35 pts/0    00:00:00 ps -f
$
$ exit
exit
$
$ ps --forest
  PID TTY          TIME CMD
 7650 pts/0    00:00:00 bash
 7687 pts/0    00:00:00  \_ bash
 7709 pts/0    00:00:00      \_ bash
 8081 pts/0    00:00:00          \_ ps
$
$ exit
exit
$ exit
exit
$
$ ps --forest
  PID TTY          TIME CMD
 7650 pts/0    00:00:00 bash
 8082 pts/0    00:00:00  \_ ps
$
```

`exit` 命令不仅能够退出子 shell，还可以注销（log out）当前的虚拟控制台终端或终端仿真器软件。只需在父 shell 中输入 `exit`，就能从容退出 CLI 了。

有时运行 shell 脚本也会创建子 shell，详见第 11 章。接下来将介绍如何使用进程列表生成子 shell。

5.2.1 查看进程列表

可以在单行中指定要依次运行的一系列命令。这可以通过命令列表来实现，只需将命令之间以分号（;）分隔即可：

```
$ pwd ; ls test* ; cd /etc ; pwd ; cd ; pwd ; ls my*
/home/christine
test_file  test_one  test_two
/etc
/home/christine
my_file  my_scrapt  my_script  my_scrypt
$
```

在上面的例子中，所有命令依次执行，没有任何问题。不过这并不是**进程列表**。要想成为进程列表，命令列表必须将命令放入圆括号内：

```
$ (pwd ; ls test* ; cd /etc ; pwd ; cd ; pwd ; ls my*)
/home/christine
test_file  test_one  test_two
/etc
/home/christine
my_file  my_scrapt  my_script  my_scrypt
$
```

尽管多出来的圆括号看起来没什么太大的不同，但起到的效果确是非同寻常。圆括号的加入使命令列表摇身变成了进程列表，生成了一个子 shell 来执行这些命令。

注意 进程列表是**命令分组**（command grouping）的一种。另一种命令分组是将命令放入花括号内，并在命令列表尾部以分号（;）作结。语法为：`{ command; }`。使用花括号进行命令分组并不会像进程列表那样创建子 shell。

要想知道是否生成了子 shell，需要使用命令输出一个环境变量（参见第 6 章）的值。这个命令就是 `echo $BASH_SUBSHELL`。如果该命令返回 `0`，那么表明没有子 shell。如果该命令返回 `1` 或者其他更大的数字，则表明存在子 shell。

下面这个例子先后使用了命令列表和 `echo $BASH_SUBSHELL`：

```
$ pwd ; ls test* ; cd /etc ; pwd ; cd ; pwd ; ls my* ; echo $BASH_SUBSHELL
/home/christine
test_file  test_one  test_two
/etc
/home/christine
my_file  my_scrapt  my_script  my_scrypt
0
$
```

5

在输出结果的最后是数字 0。这表明并未创建子 shell 来执行这些命令。

如果改用进程列表，则结果就不一样了。在列表最后加入 echo $BASH_SUBSHELL：

```
$ (pwd ; ls test* ; cd /etc ; pwd ; cd ; pwd ; ls my* ; echo $BASH_SUBSHELL)
/home/christine
test_file  test_one  test_two
/etc
/home/christine
my_file  my_scrapt  my_script  my_scrypt
1
$
```

这次在输出结果的最后是数字 1。这表明的确创建了子 shell 来执行这些命令。

因此，进程列表就是使用圆括号包围起来的一组命令，它能够创建子 shell 来执行这些命令。甚至可以在进程列表中嵌套圆括号来创建子 shell 的子 shell：

```
$ (pwd ; echo $BASH_SUBSHELL)
/home/Christine
1
$ (pwd ; (echo $BASH_SUBSHELL))
/home/Christine
2
$
```

注意，在第一个进程列表中，数字 1 表明有一个子 shell，这个结果和预期一样。但是在第二个进程列表中，在命令 echo $BASH_SUBSHELL 之外又多出了一对圆括号。这对圆括号在子 shell 中产生了另一个子 shell 来执行该命令。因此，数字 2 表示的就是这个子 shell。

子 shell 在 shell 脚本中经常用于多进程处理。但是，创建子 shell 的成本不菲（意思是要消耗更多的资源，比如内存和处理能力），会明显拖慢任务进度。在交互式 CLI shell 会话中，子 shell 同样存在问题，它并非真正的多进程处理，原因在于终端与子 shell 的 I/O 绑定在了一起。

5.2.2 别出心裁的子 shell 用法

在交互式 shell CLI 中，还有很多更富有成效的子 shell 用法。进程列表、协程和管道（参见第 11 章）都用到了子 shell，各自都可以有效运用于交互式 shell。

在交互式 shell 中，一种高效的子 shell 用法是后台模式。在讨论如何配合使用后台模式和子 shell 之前，需要先搞明白什么是后台模式。

1. 探究后台模式

在后台模式中运行命令可以在处理命令的同时让出 CLI，以供他用。演示后台模式的一个典型命令是 sleep。

sleep 命令会接受一个参数作为希望进程等待（睡眠）的秒数。该命令在 shell 脚本中常用于引入一段暂停时间。命令 sleep 10 会将会话暂停 10 秒，然后返回 shell CLI 提示符：

```
$ sleep 10
$
```

要想将命令置入后台模式，可以在命令末尾加上字符&。把 sleep 命令置入后台模式可以让我们利用 ps 命令小窥一番：

```
$ sleep 3000&
[1] 2542
$
$ ps -f
UID          PID   PPID   C STIME TTY          TIME CMD
christi+   2356   2352   0 13:27 pts/0    00:00:00 -bash
christi+   2542   2356   0 13:44 pts/0    00:00:00 sleep 3000
christi+   2543   2356   0 13:44 pts/0    00:00:00 ps -f
$
```

sleep 命令会在后台（&）睡眠 3000 秒（50 分钟）。当其被置入后台时，在 shell CLI 提示符返回之前，屏幕上会出现两条信息。第一条信息是方括号中的后台作业号（1）。第二条信息是后台作业的进程 ID（2542）。

ps 命令可以显示各种进程。注意进程列表中的 sleep 3000 命令。在其第二列显示的 PID 和该命令进入后台时所显示的 PID 是一样的，都是 2542。

除了 ps 命令，也可以使用 jobs 命令来显示后台作业信息。jobs 命令能够显示当前运行在后台模式中属于你的所有进程（作业）：

```
$ jobs
[1]+  Running                 sleep 3000 &
$
```

jobs 命令会在方括号中显示作业号（1）。除此之外，还有作业的当前状态（Running）以及对应的命令（sleep 3000 &）。

利用 jobs 命令的-l（小写字母 l）选项，还可以看到更多的相关信息。除了默认信息，-l 选项还会显示命令的 PID。

```
$ jobs -l
[1]+  2542 Running                 sleep 3000 &
$
```

提示 如果运行多个后台进程，则还有一些额外信息可以显示哪个后台作业是最近启动的。在 jobs 命令的显示中，最近启动的作业在其作业号之后会有一个加号（+），在它之前启动的进程（the second newest process）则以减号（-）表示。

一旦后台作业完成，就会显示出结束状态：

```
$
[1]+  Done                    sleep 3000
$
```

后台模式用起来非常方便，为我们提供了一种在 CLI 中创建实用子 shell 的方法。

2. 将进程列表置入后台

通过将进程列表置入后台，可以在子 shell 中进行大量的多进程处理。由此带来的一个好处是终端不再和子 shell 的 I/O 绑定在一起。

之前说过，进程列表是子 shell 中运行的一系列命令。在进程列表中加入 sleep 命令并显示 BASH_SUBSHELL 变量，结果不出所料：

```
$ (sleep 2 ; echo $BASH_SUBSHELL ; sleep 2)
1
$
```

在上面的例子中，出现了 2 秒的暂停，显示的数字 1 表明只有一个子 shell，在返回提示符之前又经历了另一个 2 秒的暂停。没什么大事。

将同样的进程列表置入后台会产生些许不同的命令输出：

```
$ (sleep 2 ; echo $BASH_SUBSHELL ; sleep 2)&
[1] 2553
$ 1

[1]+  Done                    ( sleep 2; echo $BASH_SUBSHELL; sleep 2 )
$
```

将进程列表置入后台会产生一个作业号和进程 ID，然后会返回提示符。不过，奇怪的是表明一级子 shell（single-level subshell）的数字 1 竟然出现在了提示符的右边。别慌，按一下 Enter 键，就会得到另一个提示符了。

在后台使用进程列表可谓是在 CLI 中运用子 shell 的一种创造性方法。可以用更少的键盘输入换来更高的效率。

当然，sleep 命令和 echo 命令组成的进程列表只是作为示例而已。使用 tar（参见第 4 章）创建备份文件是有效利用后台进程列表的一个更实用的例子：

```
$ (tar -cf Doc.tar Documents ; tar -cf Music.tar Music)&
[1] 2567
$
$ ls *.tar
Doc.tar Music.tar
[1]+ Done                    ( tar -cf Doc.tar Documents;
  tar -cf Music.tar Music )
$
```

将进程列表置入后台并不是子 shell 在 CLI 中仅有的创造性用法，还有一种方法是协程。

3. 协程

协程同时做两件事：一是在后台生成一个子 shell，二是在该子 shell 中执行命令。

要进行协程处理，可以结合使用 coproc 命令以及要在子 shell 中执行的命令：

```
$ coproc sleep 10
[1] 2689
$
```

除了会创建子 shell，协程基本上就是将命令置入后台。当输入 coproc 命令及其参数之后，你会发现后台启用了一个作业。屏幕上会显示该后台作业号（1）以及进程 ID（2689）。

jobs 命令可以显示协程的状态：

```
$ jobs
[1]+  Running                 coproc COPROC sleep 10 &
$
```

从上面的例子中可以看到，在子 shell 中执行的后台命令是 coproc COPROC sleep 10。COPROC 是 coproc 命令给进程起的名字。可以使用命令的扩展语法来自己设置这个名字：

```
$ coproc My_Job { sleep 10; }
[1] 2706
$
$ jobs
[1]+ Running                 coproc My_Job { sleep 10; } &
$
```

使用扩展语法，协程名被设置成了 My_Job。这里要注意，扩展语法写起来有点儿小麻烦。你必须确保在左花括号（{）和内部命令名之间有一个空格。还必须保证内部命令以分号（;）结尾。另外，分号和右花括号（}）之间也得有一个空格。

注意 协程能够让你尽情地发挥想象力，发送或接收来自子 shell 中进程的信息。只有在拥有多个协程时才需要对协程进行命名，因为你要和它们进行通信。否则的话，让 coproc 命令将其设置成默认名称 COPROC 即可。

你可以发挥才智，将协程与进程列表结合起来创建嵌套子 shell。只需将命令 coproc 放在进程列表之前即可：

```
$ coproc ( sleep 10; sleep 2 )
[1] 2750
$
$ jobs
[1]+  Running                 coproc COPROC ( sleep 10; sleep 2 ) &
$
$ ps --forest
  PID TTY          TIME CMD
 2367 pts/0    00:00:00 bash
 2750 pts/0    00:00:00  \_ bash
 2751 pts/0    00:00:00  |   \_ sleep
 2752 pts/0    00:00:00  \_ ps
$
```

记住，生成子 shell 的成本可不低，而且速度很慢。创建嵌套子 shell 更是火上浇油。

子 shell 提供了灵活性和便利性。要想获得这些优势，重要的是要理解子 shell 的行为方式。对于命令也是如此。下一节将研究内建命令与外部命令之间的行为差异。

5.3 理解外部命令和内建命令

在学习 GNU bash shell 期间，你可能听到过**内建命令**这个术语。搞明白 shell 的内建命令和非内建（外部）命令非常重要。两者的操作方式大不相同。

5.3.1　外部命令

外部命令（有时也称为文件系统命令）是存在于 bash shell 之外的程序。也就是说，它并不属于 shell 程序的一部分。外部命令程序通常位于/bin、/usr/bin、/sbin 或/usr/sbin 目录中。

ps 命令就是一个外部命令。可以使用 which 命令和 type 命令找到其对应的文件名：

```
$ which ps
/usr/bin/ps
$
$ type ps
ps is /usr/bin/ps
$
$ ls -l /usr/bin/ps
-rwxr-xr-x. 1 root root 142216 May 11  2019 /usr/bin/ps
$
```

每当执行外部命令时，就会创建一个子进程。这种操作称为**衍生**（forking）。外部命令 ps 会显示其父进程以及自己所对应的衍生子进程：

```
$ ps -f
UID          PID   PPID  C STIME TTY          TIME CMD
christi+   2367   2363  0 10:47 pts/0    00:00:00 -bash
christi+   4242   2367  0 13:48 pts/0    00:00:00 ps -f
$
```

作为外部命令，ps 命令在执行时会产生一个子进程。在这里，ps 命令的 PID 是 4242，父 PID 是 2367。作为父进程的 bash shell 的 PID 是 2367。图 5-3 展示了外部命令执行时的衍生过程。

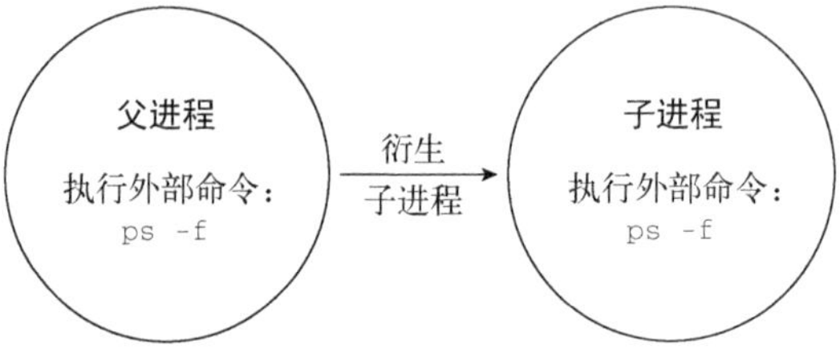

图 5-3　外部命令衍生

只要涉及进程衍生，就需要耗费时间和资源来设置新子进程的环境。因此，外部命令系统开销较高。

注意　无论是衍生出子进程还是创建了子 shell，都仍然可以通过信号与其互通，这一点无论是在使用命令行还是在编写脚本时都极其有用。进程间以发送信号的方式彼此通信。第 16 章将介绍信号和信号发送。

在使用内建命令时，不需要衍生子进程。因此，内建命令的系统开销较低。

5.3.2 内建命令

与外部命令不同，**内建命令**无须使用子进程来执行。内建命令已经和 shell 编译成一体，作为 shell 的组成部分存在，无须借助外部程序文件来执行。

cd 命令和 exit 命令都内建于 bash shell。可以使用 type 命令来判断某个命令是否为内建：

```
$ type cd
cd is a shell builtin
$
$ type exit
exit is a shell builtin
$
```

因为内建命令既不需要通过衍生出子进程来执行，也不用打开程序文件，所以执行速度更快，效率也更高。附录 A 给出了 GNU bash shell 的内建命令清单。

注意，有些命令有多种实现。例如，echo 和 pwd 既有内建命令也有外部命令。两种实现略有差异。要查看命令的不同实现，可以使用 type 命令的-a 选项：

```
$ type -a echo
echo is a shell builtin
echo is /usr/bin/echo
$
$ which echo
/usr/bin/echo
$
$ type -a pwd
pwd is a shell builtin
pwd is /usr/bin/pwd
$
$ which pwd
/usr/bin/pwd
$
```

type -a 命令显示出了每个命令的两种实现（内建和外部）。注意，which 命令只显示外部命令文件。

提示 对于有多种实现的命令，如果想使用其外部命令实现，直接指明对应的文件即可。例如，要使用外部命令 pwd，可以输入*/usr/bin/pwd*。

1. 使用 history 命令

bash shell 会跟踪你最近使用过的命令。你可以重新唤回这些命令，甚至加以重用。history 是一个实用的内建命令，能帮助你管理先前执行过的命令。

要查看最近用过的命令列表，可以使用不带任何选项的 history 命令：

```
$ history
    1  ps -f
    2  pwd
    3  ls
```

```
    4  coproc ( sleep 10; sleep 2 )
    5  jobs
    6  ps --forest
    7  ls
    8  ps -f
    9  pwd
   10  ls -l /usr/bin/ps
   11  history
   12  cd /etc
   13  pwd
   14  ls
   15  cd
   16  type -a pwd
   17  which pwd
   18  type -a echo
   19  which echo
   20  ls
[...]
$
```

在这个例子中只显示了前 20 条命令。历史记录中通常保存最近的 1000 条命令。这可真不少！

提示　你可以设置保存在 bash 历史记录中的命令数量。为此，需要修改名为 `HISTSIZE` 的环境变量（参见第 6 章）。

你可以唤回并重用历史列表中最近的命令。这样既能节省时间，又能少敲点儿键盘。输入`!!`，然后按 Enter 键，唤回并重用最近那条命令：

```
$ ps --forest
  PID TTY          TIME CMD
 2367 pts/0    00:00:00 bash
 5240 pts/0    00:00:00  \_ ps
$
$ !!
ps --forest
  PID TTY          TIME CMD
 2367 pts/0    00:00:00 bash
 5241 pts/0    00:00:00  \_ ps
$
```

当输入`!!`时，bash 会先显示从 shell 的历史记录中唤回的命令，然后再执行该命令。

命令历史记录被保存在位于用户主目录的隐藏文件.bash_history 之中：

```
$ pwd
/home/christine
$
$ ls .bash_history
.bash_history
$
```

这里要注意的是，在 CLI 会话期间，`bash` 命令的历史记录被保存在内存中。当 shell 退出时才被写入历史文件：

```
$ history
    1  ps -f
    2  pwd
[...]
   38  exit
   39  history
   40  ps --forest
   41  ps --forest
   42  pwd
   43  ls .bash_history
   44  history
$
$ cat .bash_history
ps -f
pwd
[...]
ls
history
exit
$
```

注意，`history` 命令运行时所显示的最近命令与.bash_history 文件中最后的命令并不一致。有 6 个已经执行过的命令并没有被记录在历史文件中。

可以在不退出 shell 的情况下强制将命令历史记录写入.bash_history 文件。为此，需要使用 `history` 命令的`-a` 选项：

```
$ history -a
$
$ history
    1  ps -f
    2  pwd
[...]
   38  exit
   39  history
   40  ps --forest
   41  ps --forest
   42  pwd
   43  ls .bash_history
   44  history
   45  cat .bash_history
   46  history -a
   47  history
$
$ cat .bash_history
ps -f
pwd
[...]
exit
history
ps --forest
ps --forest
pwd
ls .bash_history
```

```
history
cat .bash_history
history -a
$
```

注意，history 命令的输出与.bash_history 文件内容现在是一样的，除了最近的那条 history 命令，因为它是在 history -a 命令之后出现的。

注意　如果打开了多个终端会话，则仍然可以使用 history -a 命令在每个打开的会话中向.bash_history 文件添加记录。但是历史记录并不会在其他打开的终端会话中自动更新。这是因为.bash_history 文件只在首次启动终端会话的时候才会被读取。要想强制重新读取.bash_history 文件，更新内存中的终端会话历史记录，可以使用 history -n 命令。

你可以唤回历史记录中的任意命令。只需输入惊叹号和命令在历史记录中的编号即可：

```
$ history
    1  ps -f
    2  pwd
[...]
   39  history
   40  cat .bash_history
   41  ps --forest
   42  pwd
   43  ps -f
   44  history
   45  cat .bash_history
   46  history -a
   47  history
   48  cat .bash_history
   49  history
$
$ !42
pwd
/home/christine
$
```

编号为 42 的命令从历史记录中被取出。注意，和执行最近的命令一样，bash shell 会先显示从历史记录中唤回的命令，然后再执行该命令。

提示　如果需要清除命令历史，很简单，输入 history -c 即可。接下来再输入 history-a，清除 .bash_history 文件。

使用 bash shell 命令历史记录能够大大地节省时间。内建命令 history 能做到的事情远不止这里所描述的。可以通过 man history 来查看 history 命令的 bash 手册页。

2. 使用命令别名

alias 命令是另一个实用的 shell 内建命令。命令别名允许为常用命令及其参数创建另一个名称，从而将输入量减少到最低。

你所使用的 Linux 发行版很有可能已经为你设置好了一些常用命令的别名。使用 alias 命令以及选项-p 可以查看当前可用的别名：

```
$ alias -p
[...]
alias l='ls -CF'
alias la='ls -A'
alias ll='ls -alF'
alias ls='ls --color=auto'
$
```

注意，在该 Ubuntu Linux 发行版中，有一个别名取代了标准命令 ls。该别名中加入了--color=auto 选项，以便在终端支持彩色显示的情况下，ls 命令可以使用色彩编码（比如，使用蓝色表示目录）。LS_COLORS 环境变量（环境变量的相关内容参见第 6 章）控制着所用的色彩编码。

提示　如果经常跳转于不同的发行版，那么在使用色彩编码来分辨某个名称究竟是目录还是文件时，一定要小心。因为色彩编码并未实现标准化，所以最好使用 ls -F 来判断文件类型。

可以使用 alias 命令创建自己的别名：

```
$ alias li='ls -i'
$
$ li
34665652 Desktop            1415018 NetworkManager.conf
 1414976 Doc.tar           50350618 OldDocuments
34665653 Documents          1414981 Pictures
51693739 Downloads         16789591 Public
 1415016 hlink_test_one     1415019 really_ridiculously_long_file_name
 1415021 log_file           1415020 slink_test_file
51693757 Music              1415551 Templates
 1414978 Music.tar          1415523 test_file
 1415525 my_file            1415016 test_one
 1415524 my_scrapt          1415017 test_two
 1415519 my_script         16789592 Videos
 1415015 my_scrypt
$
```

定义好别名之后，就可以随时在 shell 或者 shell 脚本中使用了。要注意，因为命令别名属于内建命令，所以别名仅在其被定义的 shell 进程中才有效。

```
$ alias li='ls -i'
$
$ bash
$ li
bash: li: command not found...
$
$ exit
```

```
exit
$
$ li
34665652 Desktop          1415018 NetworkManager.conf
 1414976 Doc.tar         50350618 OldDocuments
[...]
1415524 my_scrapt        1415017 test_two
 1415519 my_script       16789592 Videos
 1415015 my_scrypt
$
```

提示 如果需要，可以在命令行中输入 `unalias` *alias-name* 删除指定的别名。记住，如果被删除的别名不是你设置的，那么等下次重新登录系统的时候，该别名就会再次出现。可以通过修改环境文件永久地删除某个别名。环境文件相关内容参见第 6 章。

不过好在有办法让别名在不同的子 shell 中都奏效。第 6 章将介绍具体的做法以及环境变量。

5.4　小结

本章讨论了复杂的交互式程序：GNU bash shell。我们讲解了 shell 进程，包括如何生成子 shell 以及子 shell 与父 shell 之间的关系。还探究了能够创建子进程的命令和不能创建子进程的命令。

当用户登录终端的时候，通常会启动一个默认的交互式 shell。系统究竟启动哪个 shell 取决于用户配置，通常这个 shell 是/usr/bin/bash。默认的系统 shell（/usr/bin/sh）用于系统 shell 脚本，比如那些需要在系统启动时运行的脚本。

子 shell 可以利用 bash 命令来生成。当使用进程列表或 `coproc` 命令时也会产生子 shell。将子 shell 运用于命令行中使得我们能够创造性地高效使用 CLI。子 shell 还可以嵌套，生成子 shell 的子 shell，子 shell 的子 shell 的子 shell。创建子 shell 的代价可不低，因为必须为子 shell 创建出一个全新的环境。

最后，我们学习了两种类型的 shell 命令：内建命令和外部命令。外部命令会创建出一个拥有全新环境的子进程，而内建命令则不会。相比之下，外部命令的使用成本更高。因为不需要创建新环境，所以内建命令更高效，不会受到环境变化的影响。

shell、子 shell、进程和衍生进程都会受到环境变量的影响。第 6 章将探究环境变量的影响方式以及如何在不同的上下文中使用环境变量。

第 6 章

Linux 环境变量

本章内容

- 环境变量
- 创建自己的局部变量
- 删除环境变量
- 默认的 shell 环境变量
- 设置 PATH 环境变量
- 定位环境文件
- 数组变量

Linux 环境变量能帮你提升 Linux shell 的使用体验。很多程序和脚本通过环境变量来获取系统信息、存储临时数据和配置信息。在 Linux 系统中，有很多地方可以设置环境变量，了解去哪里设置相应的环境变量很重要。

本章先带你逐步了解 Linux 环境变量：它们存储在哪里、如何使用，以及如何创建自己的环境变量，最后会以数组变量的用法作结。

6.1 什么是环境变量

bash shell 使用**环境变量**来存储 shell 会话和工作环境的相关信息（这也是被称作环境变量的原因）。环境变量允许在内存中存储数据，以便 shell 中运行的程序或脚本能够轻松访问到这些数据。这也是存储持久数据的一种简便方法。

bash shell 中有两种环境变量。

- 全局变量
- 局部变量

本节将逐一描述这两种环境变量并演示其查看方法和用法。

注意 尽管 bash shell 使用的专有环境变量是一致的，但不同的 Linux 发行版经常会添加自己的环境变量。你在本章中看到的环境变量可能与所使用的发行版略有不同。如果遇到本书未讲到的环境变量，可以查看你的 Linux 发行版文档。

6.1.1 全局环境变量

全局环境变量对于 shell 会话和所有生成的子 shell 都是可见的。局部环境变量则只对创建它的 shell 可见。如果程序创建的子 shell 需要获取父 shell 信息，那么全局环境变量就能派上用场了。

Linux 系统在你启动 bash 会话时就设置好了一些全局环境变量（6.6 节将展示具体都有哪些变量）。系统环境变量基本上会使用全大写字母，以区别于用户自定义的环境变量。

可以使用 env 命令或 printenv 命令来查看全局变量：

```
$ printenv
[...]
USER=christine
[...]
PWD=/home/christine
HOME=/home/christine
[...]
TERM=xterm
SHELL=/bin/bash
[...]
HISTSIZE=1000
[...]
$
```

Linux 系统为 bash shell 设置的全局环境变量数目众多，我们在展示的时候不得不进行删减，其中有很多是在登录过程中设置的，另外，你的登录方式也会影响所设置的环境变量。

要显示个别环境变量的值，可以使用 printenv 命令，但不要使用 env 命令：

```
$ printenv HOME
/home/christine
$
$ env HOME
env: 'HOME': No such file or directory
$
```

也可以使用 echo 命令显示变量的值。在引用某个环境变量时，必须在该变量名前加上美元符号（$）：

```
$ echo $HOME
/home/Christine
$
```

使用 echo 命令时，在变量名前加上$可不仅仅是能够显示变量当前的值，它还能让变量作为其他命令的参数：

```
$ ls $HOME
Desktop         Music       NetworkManager.conf                  Templates
Doc.tar         Music.tar   OldDocuments                         test_file
Documents       my_file     Pictures                             test_one
Downloads       my_scrapt   Public                               test_two
hlink_test_one  my_script   really_ridiculously_long_file_name  Videos
log_file        my_scrypt   slink_test_file
$
```

如前所述，全局环境变量可用于进程的子 shell：

```
$ bash
$ ps -f
UID          PID  PPID  C STIME TTY          TIME CMD
christi+  2770  2766  0 11:19 pts/0    00:00:00 -bash
christi+  2981  2770  4 11:37 pts/0    00:00:00 bash
christi+  3003  2981  0 11:37 pts/0    00:00:00 ps -f
$
$ echo $HOME
/home/christine
$ exit
exit
$
```

在这个例子中，用 bash 命令生成一个子 shell 后，显示了 HOME 环境变量的当前值。这个值和父 shell 中的值一模一样，都是/home/christine。

6.1.2 局部环境变量

顾名思义，**局部环境变量**只能在定义它的进程中可见。尽管是局部的，但是局部环境变量的重要性丝毫不输全局环境变量。事实上，Linux 系统默认也定义了标准的局部环境变量。不过，你也可以定义自己的局部变量，如你所料，这些变量被称为**用户自定义局部变量**。

在命令行中查看局部环境变量列表有点儿棘手。遗憾的是，没有哪个命令可以只显示这类变量。set 命令可以显示特定进程的所有环境变量，既包括局部变量、全局变量，也包括用户自定义变量：

```
$ set
BASH=/bin/bash
[...]
HOME=/home/christine
[...]
PWD=/home/christine
[...]
SHELL=/bin/bash
[...]
TERM=xterm
[...]
USER=christine
[...]
colors=/home/christine/.dircolors
my_variable='Hello World'
[...]
_command ()
{
[...]
$
```

可以看到，所有通过 env 命令或 printenv 命令能看到的全局环境变量都出现在了 set 命令的输出中。除此之外，还包括局部环境变量、用户自定义变量以及局部 shell 函数（比如_command 函数）。第 17 章会介绍 shell 函数。

注意　env 命令、printenv 命令和 set 命令之间的差异很细微。set 命令既会显示全局和局部环境变量、用户自定义变量以及局部 shell 函数，还会按照字母顺序对结果进行排序。与 set 命令不同，env 命令和 printenv 命令既不会对变量进行排序，也不会输出局部环境变量、局部用户自定义变量以及局部 shell 函数。在这种情况下，env 命令和 printenv 命令的输出是重复的。不过，env 命令有 printenv 命令不具备的一个功能，这使其略胜一筹。

6.2　设置用户自定义变量

你可以在 bash shell 中直接设置自己的变量。本节将展示如何在交互式 shell 或 shell 脚本程序中创建自己的变量并引用它们。

6.2.1　设置局部用户自定义变量

启动 bash shell（或者执行 shell 脚本）之后，就能创建仅对该 shell 进程可见的局部用户自定义变量。可以使用等号为变量赋值，值可以是数值或字符串：

```
$ my_variable=Hello
$ echo $my_variable
Hello
$
```

非常简单！如果要引用 my_variable 变量的值，使用$my_variable 即可。

如果用于赋值的字符串包含空格，则必须用单引号或双引号来界定该字符串的起止：

```
$ my_variable=Hello World
bash: World: command not found...
$
$ my_variable="Hello World"
$ echo $my_variable
Hello World
$
```

如果没有引号，则 bash shell 会将下一个单词[①]（World）视为另一个要执行的命令。注意，你定义的局部变量用的是小写字母，而系统环境变量用的都是大写字母。

提示　bash shell 的惯例是所有的环境变量均使用大写字母命名。如果是你自己创建或在 shell 脚本中使用的局部变量，则使用小写字母命名。变量名区分大小写。坚持使用小写字母命名用户自定义的局部变量，能够让你避免不小心与系统环境变量同名可能带来的灾难。

① 这里所说的“单词”（word）是指被 shell 视为处理单元的字符序列。单词中不包括未经引用的元字符（metacharacter）。元字符可以是空白字符或者下列字符之一：|、&、;、(、)、<和>。——译者注

记住，在变量名、等号和值之间没有空格，这一点非常重要。如果在赋值表达式中加上了空格，那么 bash shell 会将值视为单独的命令：

```
$ my_variable = "Hello World"
bash: my_variable: command not found...
$
```

设置好局部变量后，就能在 shell 进程中随意使用了。但如果又生成了另一个 shell，则该变量在子 shell 中不可用：

```
$ my_variable="Hello World"
$
$ bash
$ echo $my_variable

$ exit
exit
$ echo $my_variable
Hello World
$
```

在本例中，通过 bash 命令生成了一个子 shell。用户自定义变量 my_variable 无法在该子 shell 中使用。echo $my_variable 命令返回的空行就是证据。当你退出子 shell，返回到原来的 shell 中时，这个局部变量依然可用。

类似地，如果在子进程中设置了一个局部变量，那么一旦退出子进程，该局部变量就不能用了：

```
$ echo $my_child_variable

$ bash
$ my_child_variable="Hello Little World"
$ echo $my_child_variable
Hello Little World
$ exit
exit
$ echo $my_child_variable

$
```

返回父 shell 后，子 shell 中设置的局部变量就不存在了。可以通过将局部用户自定义变量改为全局变量来解决这个问题。

6.2.2 设置全局环境变量

全局环境变量在设置该变量的父进程所创建的子进程中都是可见的。创建全局环境变量的方法是先创建局部变量，然后再将其导出到全局环境中。

这可以通过 export 命令以及要导出的变量名（不加$符号）来实现：

```
$ my_variable="I am Global now"
$
$ export my_variable
$
$ echo $my_variable
```

```
I am Global now
$ bash
$ echo $my_variable
I am Global now
$ exit
exit
$ echo $my_variable
I am Global now
$
```

在定义并导出局部变量 my_variable 后，bash 命令生成了一个子 shell。在该子 shell 中可以正确显示出变量 my_variable 的值。原因在于 export 命令使其变成了全局环境变量。

提示　为了尽可能少敲键盘，可以将设置变量和导出变量放在一个命令里完成。沿用上一个例子，在命令行中输入 export my_variable="I am Global Now"，然后按 Enter 键即可。

修改子 shell 中的全局环境变量并不会影响父 shell 中该变量的值：

```
$ export my_variable="I am Global now"
$ echo $my_variable
I am Global now
$
$ bash
$ echo $my_variable
I am Global now
$ my_variable="Null"
$ echo $my_variable
Null
$ exit
exit
$
$ echo $my_variable
I am Global now
$
```

在定义并导出变量 my_variable 后，bash 命令生成了一个子 shell。在该子 shell 中可以正确显示出全局环境变量 my_variable 的值。子 shell 随后改变了这个变量的值。但是，这种改变仅在子 shell 中有效，并不会反映到父 shell 环境中。

子 shell 甚至无法使用 export 命令改变父 shell 中全局环境变量的值：

```
$ echo $my_variable
I am Global now
$
$ bash
$ export my_variable="Null"
$ echo $my_variable
Null
$ exit
exit
$
$ echo $my_variable
```

```
I am Global now
$
```

尽管子 shell 重新定义并导出了变量 my_variable，但父 shell 中的 my_variable 变量依然保留着原先的值。

6.3 删除环境变量

既然可以创建新的环境变量，自然也能删除已有的环境变量。可以用 unset 命令来完成这个操作。在 unset 命令中引用环境变量时，记住不要使用$。

```
$ my_variable="I am going to be removed"
$ echo $my_variable
I am going to be removed
$
$ unset my_variable
$ echo $my_variable

$
```

提示 在涉及环境变量名时，什么时候该使用$，什么时候不该使用$，实在让人摸不着头脑。只需记住一点：如果要用到（doing anything with）变量，就使用$；如果要操作（doing anything to）变量，则不使用$。这条规则的一个例外是使用 printenv 显示某个变量的值。

在处理全局环境变量时，事情就有点儿棘手了。如果是在子进程中删除了一个全局环境变量，那么该操作仅对子进程有效。该全局环境变量在父进程中依然可用：

```
$ export my_variable="I am Global now"
$ echo $my_variable
I am Global now
$
$ bash
$ echo $my_variable
I am Global now
$ unset my_variable
$ echo $my_variable

$ exit
exit
$ echo $my_variable
I am Global now
$
```

和修改变量一样，在子 shell 中删除全局变量后，无法将效果反映到父 shell 中。

6.4 默认的 shell 环境变量

在默认情况下，bash shell 会用一些特定的环境变量来定义系统环境。这些变量在你的 Linux 系统中都已设置好，只管放心使用就行了。由于 bash shell 源自最初的 Unix Bourne shell，因此也保留了 Unix Bourne shell 中定义的那些环境变量。

表 6-1 列出了 bash shell 与 Unix Bourne shell 兼容的环境变量。

表 6-1　bash shell 支持的 Bourne 变量

变　量	描　述
CDPATH	以冒号分隔的目录列表，作为 cd 命令的搜索路径
HOME	当前用户的主目录
IFS	shell 用来将文本字符串分割成字段的若干字符
MAIL	当前用户收件箱的文件名（bash shell 会检查这个文件来确认有没有新邮件）
MAILPATH	以冒号分隔的当前用户收件箱的文件名列表（bash shell 会检查列表中的每个文件来确认有没有新邮件）
OPTARG	由 getopt 命令处理的最后一个选项参数
OPTIND	由 getopt 命令处理的最后一个选项参数的索引
PATH	shell 查找命令时使用的目录列表，以冒号分隔
PS1	shell 命令行的主提示符
PS2	shell 命令行的次提示符

除了默认的 Bourne 环境变量，bash shell 还提供一些自有的变量，如表 6-2 所示。

表 6-2　bash shell 环境变量

变　量	描　述
BASH	bash shell 当前实例的完整路径名
BASH_ALIASES	关联数组，包含当前已设置的别名
BASH_ARGC	数组变量，包含传入函数或 shell 脚本的参数个数
BASH_ARCV	数组变量，包含传入函数或 shell 脚本的参数
BASH_ARCV0	包含 shell 的名称或 shell 脚本的名称（如果在脚本中使用的话）
BASH_CMDS	关联数组，包含 shell 已执行过的命令的位置
BASH_COMMAND	正在执行或将要执行的 shell 命令
BASH_COMPAT	指定 shell 兼容级别的值
BASH_ENV	如果设置的话，bash 脚本会在运行前先尝试运行该变量定义的启动文件
BASH_EXECUTION_STRING	使用 bash 命令的-c 选项传递过来的命令
BASH_LINENO	数组变量，包含当前正在执行的 shell 函数在源文件中的行号
BASH_LOADABLE_PATH	以冒号分隔的目录列表，shell 会在其中查找可动态装载的内建命令
BASH_REMATCH	只读数组变量，在使用正则表达式的比较运算符=~进行肯定匹配（positive match）时，包含整个模式及子模式所匹配到的内容
BASH_SOURCE	数组变量，包含当前正在执行的 shell 函数所在的源文件名
BASH_SUBSHELL	当前子 shell 环境的嵌套级别（初始值是 0）
BASH_VERSINFO	数组变量，包含 bash shell 当前实例的主版本号和次版本号
BASH_VERSION	bash shell 当前实例的版本号

（续）

变　量	描　述
BASH_XTRACEFD	如果设置为有效的文件描述符（0、1、2），则'set -x'调试选项生成的跟踪输出可被重定向。通常用于将跟踪信息输出到文件中
BASHOPTS	当前启用的 bash shell 选项
BASHPID	当前 bash 进程的 PID
CHILD_MAX	设置 shell 能够记住的已退出子进程状态的数量
COLUMNS	bash shell 当前实例所用的终端显示宽度
COMP_CWORD	变量 COMP_WORDS 的索引，其中包含当前光标的位置
COMP_LINE	当前命令行
COMP_POINT	相对于当前命令起始处的光标位置索引
COMP_KEY	用来调用 shell 函数补全功能的最后一个按键
COMP_TYPE	一个整数值，指明了用以完成 shell 函数补全所尝试的补全类型
COMP_WORDBREAKS	Readline 库中用于单词补全的分隔符
COMP_WORDS	数组变量，包含当前命令行所有单词
COMPREPLY	数组变量，包含由 shell 函数生成的可能的补全代码
COPROC	数组变量，包含用于匿名协程 I/O 的文件描述符
DIRSTACK	数组变量，包含目录栈的当前内容
EMACS	设置为't'时，表明 emacs shell 缓冲区正在工作，行编辑功能被禁止
EPOCHREALTIME	包含自 Unix 纪元时（1970 年 1 月 1 日 00:00:00 UTC）以来的秒数，包括微秒
EPOCHSECONDS	包含自 Unix 纪元时（1970 年 1 月 1 日 00:00:00 UTC）以来的秒数，不包括微秒
ENV	如果设置，则会在 bash shell 脚本运行之前先执行已定义的启动文件（仅当 bash shell 以 POSIX 模式被调用时）
EUID	当前用户的有效用户 ID（数字形式）
EXECIGNORE	以冒号分隔的过滤器列表，在使用 PATH 搜索命令时，用于决定要忽略的可执行文件（比如共享库文件）
FCEDIT	供 fc 命令使用的默认编辑器
FIGNORE	在进行文件名补全时可以忽略后缀名列表，以冒号分隔
FUNCNAME	当前正在执行的 shell 函数的名称
FUNCNEST	当设置成非 0 值时，表示所允许的函数最大嵌套级数（一旦超出，当前命令即被终止）
GLOBIGNORE	以冒号分隔的模式列表，定义了在进行文件名扩展时可以忽略的一组文件名
GROUPS	数组变量，包含当前用户的属组
histchars	控制历史记录扩展，最多可有 3 个字符
HISTCMD	当前命令在历史记录中的编号
HISTCONTROL	控制哪些命令留在历史记录列表中
HISTFILE	保存 shell 历史记录的文件名（默认是.bash_history）
HISTFILESIZE	历史记录文件（history file）能保存的最大命令数量
HISTIGNORE	以冒号分隔的模式列表，用于决定忽略历史文件中的哪些命令

6

（续）

变　量	描　述
HISTSIZE	能写入历史记录列表（history list）的最大命令数量①
HISTTIMEFORMAT	如果设置且不为空，则作为格式化字符串，用于打印 bash 历史记录中命令的时间戳
HOSTFILE	shell 在补全主机名时读取的文件名
HOSTNAME	当前主机的名称
HOSTTYPE	字符串，用于描述当前运行 bash shell 的机器
IGNOREEOF	shell 在退出前必须连续接收到的 EOF 字符数量（如果该值不存在，则默认为 1）
INPUTRC	Readline 的初始化文件名（默认为.inputrc）
INSIDE_EMACS	仅当进程在 Emacs 编辑器的缓冲区中运行时才设置，并且可以禁用行编辑（行编辑的禁用也取决于 TERM 变量的值）
LANG	shell 的语言环境种类（locale category）
LC_ALL	定义语言环境种类，能够覆盖 LANG 变量
LC_COLLATE	设置字符串排序时采用排序规则
LC_CTYPE	决定如何解释出现在文件名扩展和模式匹配中的字符
LC_MESSAGES	决定在解释前面带有$的双引号字符串时采用的语言环境设置
LC_NUMERIC	决定格式化数字时采用的语言环境设置
LC_TIME	决定格式化日期和时间时采用的语言环境设置
LINENO	当前正在执行的脚本语句的行号
LINES	定义了终端上可见的行数
MACHTYPE	用“CPU–公司–系统”（CPU-company-system）格式定义的系统类型
MAILCHECK	shell 应该多久检查一次新邮件（以秒为单位，默认为 60 秒）
MAPFILE	数组变量，当未指定数组变量作为参数时，其中保存了 mapfile 所读入的文本
OLDPWD	shell 先前使用的工作目录
OPTERR	如果设置为 1，则 bash shell 会显示 getopts 命令产生的错误
OSTYPE	定义了 shell 所在的操作系统
PIPESTATUS	数组变量，包含前台进程的退出状态
POSIXLY_CORRECT	如果设置的话，bash 会以 POSIX 模式启动
PPID	bash shell 父进程的 PID
PROMPT_COMMAND	如果设置的话，在显示命令行主提示符之前执行该命令
PROMPT_DIRTRIM	用来定义使用提示符字符串\w 和\W 转义时显示的拖尾（trailing）目录名的数量（使用一组英文句点替换被删除的目录名）
PS0	如果设置的话，指定了在输入命令之后、执行命令之前由交互式 shell 显示的内容

① 这里详细说明一下 HISTFILESIZE 和 HISTSIZE 这两个环境变量的区别。先要区分“历史记录列表”和“历史记录文件”。前者位于内存中，在 bash 会话进行期间更新。后者位于硬盘上，在 bash shell 中通常是~/.bash_history。会话结束后，历史记录列表中的内容会被写入历史记录文件。如果 HISTFILESIZE=200，表示历史记录文件中最多能保存 200 个命令；如果 HISTSIZE=20，表示不管输入多少命令，历史记录列表中只记录 20 个命令，最终也只有这 20 个命令会在会话结束后被写入历史记录文件。——译者注

（续）

变　量	描　述
PS3	select 命令的提示符
PS4	在命令行之前显示的提示符（如果使用了 bash 的 -x 选项的话）
PWD	当前工作目录
RANDOM	返回一个 0 ~ 32 767 的随机数（对该变量的赋值可作为随机数生成器的种子）
READLINE_LINE	当使用 bind -x 命令时，保存 Readline 缓冲区的内容
READLINE_POINT	当使用 bind -x 命令时，指明了 Readline 缓冲区内容插入点的当前位置
REPLY	read 命令的默认变量
SECONDS	自 shell 启动到现在的秒数（对其赋值会重置计数器）
SHELL	bash shell 的完整路径名
SHELLOPTS	以冒号分隔的已启用的 bash shell 选项
SHLVL	shell 的层级，每启动一个新的 bash shell，该值增加 1
TIMEFORMAT	指定了 shell 的时间显示格式
TMOUT	select 命令和 read 命令在无输入的情况下等待多久（以秒为单位，默认值为 0，表示一直等待）
TMPDIR	目录名，保存 bash shell 创建的临时文件
UID	当前用户的真实用户 ID（数字形式）

你可能已经注意到，不是所有的默认环境变量都会在 set 命令的输出中列出。如果用不到，默认环境变量并不要求必须有值。

注意 系统使用的默认环境变量有时取决于 bash shell 的版本。例如，EPOCHREALTIME 仅在 bash shell 版本 5 及更高版本中可用。可以在 CLI 中输入 bash --version 来查看 bash shell 的版本号。

6.5 设置 PATH 环境变量

当你在 shell CLI 中输入一个外部命令（参见第 5 章）时，shell 必须搜索系统，从中找到对应的程序。PATH 环境变量定义了用于查找命令和程序的目录。在本书所用的 Ubuntu Linux 系统中，PATH 环境变量的内容如下所示：

```
$ echo $PATH
/usr/local/sbin:/usr/local/bin:/usr/sbin:/usr/bin:
/sbin:/bin:/usr/games:/usr/local/games:/snap/bin
$
```

PATH 中的目录之间以冒号分隔。输出中显示共有 9 个目录，shell 会在其中查找命令和程序。

如果命令或者程序所在的位置没有包括在 PATH 变量中，那么在不使用绝对路径的情况下，shell 是无法找到的。shell 在找不到指定的命令或程序时会产生错误信息：

```
$ myprog
myprog: command not found
$
```

应用程序的可执行文件目录有时不在 PATH 环境变量所包含的目录中。解决方法是保证 PATH 环境变量包含所有存放应用程序的目录。

注意　有些脚本编写人员使用 env 命令作为 bash shell 脚本（参见第 11 章）的第一行，就像这样：#!/usr/bin/env bash。这种方法的优点在于 env 会在$PATH 中搜索 bash，使脚本具备更好的可移植性。

你可以把新的搜索目录添加到现有的 PATH 环境变量中，无须从头定义。PATH 中各个目录之间以冒号分隔。只需引用原来的 PATH 值，添加冒号（:），然后再使用绝对路径输入新目录即可。在 CentOS Linux 系统中，就像下面这样：

```
$ ls /home/christine/Scripts/
myprog
$ echo $PATH
/home/christine/.local/bin:/home/christine/bin:/usr/local/bin:/usr/
bin:/usr/local/sbin:/usr/sbin
$
$ PATH=$PATH:/home/christine/Scripts
$
$ myprog
The factorial of 5 is 120
$
```

将该目录加入 PATH 环境变量之后，就可以在虚拟目录结构的**任意位置**执行这个程序了。

```
$ cd /etc
$ myprog
The factorial of 5 is 120
$
```

提示　如果希望程序位置也可用于子 shell，则务必确保将修改后的 PATH 环境变量导出。

对于 PATH 变量的修改只能持续到退出或重启系统。这种效果并不能一直奏效。下一节会介绍如何永久保持环境变量的改动。

6.6　定位系统环境变量

环境变量在 Linux 系统中的用途很多。你现在已经知道如何修改系统环境变量，也知道如何创建自己的变量。接下来的问题是怎样让环境变量的作用持久化。

当你登录 Linux 系统启动 bash shell 时，默认情况下 bash 会在几个文件中查找命令。这些文件称作**启动文件**或**环境文件**。bash 进程的启动文件取决于你启动 bash shell 的方式。启动 bash shell 有以下 3 种方式：

- 登录时作为默认登录 shell；
- 作为交互式 shell，通过生成子 shell 启动；
- 作为运行脚本的非交互式 shell。

下面几节介绍了 bash shell 在不同启动方式下执行的启动文件。

6.6.1 登录 shell

当你登录 Linux 系统时，bash shell 会作为**登录 shell** 启动。登录 shell 通常会从 5 个不同的启动文件中读取命令。

- `/etc/profile`
- `$HOME/.bash_profile`
- `$HOME/.bashrc`
- `$HOME/.bash_login`
- `$HOME/.profile`

/etc/profile 文件是系统中默认的 bash shell 的主启动文件。系统中的每个用户登录时都会执行这个启动文件。

注意 要留意的是有些 Linux 发行版使用了可拆卸式认证模块（pluggable authentication module，PAM）。在这种情况下，PAM 文件会在 bash shell 启动之前被处理，前者中可能会包含环境变量。PAM 文件包括/etc/environment 文件和$HOME/.pam_environment 文件。

另外 4 个启动文件是针对用户的，位于用户主目录中，可根据个人具体需求定制。下面来仔细看看各个文件。

1. /etc/profile 文件

/etc/profile文件是bash shell默认的主启动文件。只要登录Linux系统，bash就会执行/etc/profile启动文件中的命令。不同的 Linux 发行版在这个文件中放置了不同的命令。在本书所用的 Ubuntu Linux 系统中，该文件如下所示：

```
$ cat /etc/profile
# /etc/profile: system-wide .profile file for the Bourne
shell (sh(1))
# and Bourne compatible shells (bash(1), ksh(1), ash(1), ...).

if [ "${PS1-}" ]; then
  if [ "${BASH-}" ] && [ "$BASH" != "/bin/sh" ]; then
    # The file bash.bashrc already sets the default PS1.
    # PS1='\h:\w\$ '
    if [ -f /etc/bash.bashrc ]; then
      . /etc/bash.bashrc
    fi
  else
    if [ "`id -u`" -eq 0 ]; then
```

```
      PS1='# '
    else
      PS1='$ '
    fi
  fi
fi

if [ -d /etc/profile.d ]; then
  for i in /etc/profile.d/*.sh; do
    if [ -r $i ]; then
      . $i
    fi
  done
  unset i
fi
$
```

这个文件中的大部分命令和语法会在第 12 章以及后续章中具体讲到。每种发行版的/etc/profile 文件都有不同的设置和命令。例如，在上面所显示的 Ubuntu 发行版的/etc/profile 文件中，涉及了一个叫作/etc/bash.bashrc 的文件，该文件包含了系统环境变量。

但是，在下面所示的 CentOS 发行版的/etc/profile 文件中，并没有出现/etc/bash.bashrc 文件。另外要注意的是，该发行版的/etc/profile 文件还设置并导出了一些系统环境变量（`HISTSIZE`、`HOSTNAME`）：

```
$ cat /etc/profile
# /etc/profile

# System wide environment and startup programs, for login setup
# Functions and aliases go in /etc/bashrc
# It's NOT a good idea to change this file unless you know what you
# are doing. It's much better to create a custom.sh shell script in
# /etc/profile.d/ to make custom changes to your environment, as this
# will prevent the need for merging in future updates.

pathmunge () {
    case ":${PATH}:" in
        *:"$1":*)
            ;;
        *)
            if [ "$2" = "after" ] ; then
                PATH=$PATH:$1
            else
                PATH=$1:$PATH
            fi
    esac
}

if [ -x /usr/bin/id ]; then
    if [ -z "$EUID" ]; then
        # ksh workaround
        EUID=`id -u`
        UID=`id -ru`
```

```
    fi
    USER="`id -un`"
    LOGNAME=$USER
    MAIL="/var/spool/mail/$USER"
fi

# Path manipulation
if [ "$EUID" = "0" ]; then
    pathmunge /usr/sbin
    pathmunge /usr/local/sbin
else
    pathmunge /usr/local/sbin after
    pathmunge /usr/sbin after
fi

HOSTNAME=`/usr/bin/hostname 2>/dev/null`
HISTSIZE=1000
if [ "$HISTCONTROL" = "ignorespace" ] ; then
    export HISTCONTROL=ignoreboth
else
    export HISTCONTROL=ignoredups
fi

export PATH USER LOGNAME MAIL HOSTNAME HISTSIZE HISTCONTROL
# By default, we want umask to get set. This sets it for login shell
# Current threshold for system reserved uid/gids is 200
# You could check uidgid reservation validity in
# /usr/share/doc/setup-*/uidgid file
if [ $UID -gt 199 ] && [ "`id -gn`" = "`id -un`" ]; then
    umask 002
else
    umask 022
fi

for i in /etc/profile.d/*.sh /etc/profile.d/sh.local ; do
    if [ -r "$i" ]; then
        if [ "${-#*i}" != "$-" ]; then
            . "$i"
        else
            . "$i" >/dev/null
        fi
    fi
done

unset i
unset -f pathmunge

if [ -n "${BASH_VERSION-}" ] ; then
        if [ -f /etc/bashrc ] ; then
                # Bash login shells run only /etc/profile
                # Bash non-login shells run only /etc/bashrc
                # Check for double sourcing is done in /etc/bashrc.
                . /etc/bashrc
        fi
```

```
fi
$
```

这两种发行版的/etc/profile 文件都使用 `for` 语句（参见第 13 章）来迭代/etc/profile.d 目录下的所有文件。这为 Linux 系统提供了一个放置特定应用程序启动文件和/或管理员自定义启动文件的地方，shell 会在用户登录时执行这些文件。在本书所用的 Ubuntu Linux 系统中，/etc/profile.d 目录下包含下列文件：

```
$ ls /etc/profile.d
01-locale-fix.sh  bash_completion.sh      gawk.csh  Z97-byobu.sh
apps-bin-path.sh  cedilla-portuguese.sh  gawk.sh
$
```

在 CentOS 系统中，/etc/profile.d 目录下的文件更多：

```
$ ls /etc/profile.d
bash_completion.sh  colorxzgrep.csh  flatpak.sh  less.csh        vim.sh
colorgrep.csh       colorxzgrep.sh   gawk.csh    less.sh         vte.sh
colorgrep.sh        colorzgrep.csh   gawk.sh     PackageKit.sh   which2.csh
colorls.csh         colorzgrep.sh    lang.csh    sh.local        which2.sh
colorls.sh          csh.local        lang.sh     vim.csh
$
```

不难发现，有些文件与系统中的特定应用程序有关。大部分应用程序会创建两个启动文件：一个供 bash shell 使用（扩展名为.sh），另一个供 C shell 使用（扩展名为.csh）。

2. $HOME 目录下的启动文件

其余的启动文件都用于同一个目的：提供用户专属的启动文件来定义该用户所用到的环境变量。大多数 Linux 发行版只用这 4 个启动文件中的一两个。

- $HOME/.bash_profile
- $HOME/.bashrc
- $HOME/.bash_login
- $HOME/.profile

注意，这些文件都以点号开头，说明属于隐藏文件（不会出现在一般的 `ls` 命令输出中）。因为它们位于用户的$HOME 目录下，所以每个用户可以对其编辑并添加自己的环境变量，其中的环境变量会在每次启动 bash shell 会话时生效。

注意　Linux 发行版在环境文件方面存在的差异非常大。本节所列出的$HOME 文件下的那些文件并非每个用户都有。例如，有些用户可能只有一个$HOME/.bash_profile 文件。这很正常。

---

shell 会按照下列顺序执行第一个被找到的文件，余下的则被忽略。

- $HOME/.bash_profile
- $HOME/.bash_login

- $HOME/.profile

你会发现这个列表中并没有$HOME/.bashrc 文件。这是因为该文件通常通过其他文件运行。

提示 记住，$HOME 代表某个用户的主目录，和波浪号（~）的效果一样。

CentOS Linux 系统中的.bash_profile 文件的内容如下：

```
$ cat $HOME/.bash_profile
# .bash_profile

# Get the aliases and functions
if [ -f ~/.bashrc ]; then
        . ~/.bashrc
fi

# User specific environment and startup programs
$
```

.bash_profile 启动文件会先检查$HOME 目录中是不是还有一个名为.bashrc 的启动文件。如果有，就先执行该文件中的命令。

6.6.2 交互式 shell 进程

如果不是在登录系统时启动的 bash shell（比如在命令行中输入 bash），那么这时的 shell 称作**交互式 shell**。与登录 shell 一样，交互式 shell 提供了命令行提示符供用户输入命令。

作为交互式 shell 启动的 bash 并不处理/etc/profile 文件，只检查用户$HOME 目录中的.bashrc 文件。

在本书所用的 CentOS Linux 系统中，这个文件看起来如下所示：

```
$ cat $HOME/.bashrc
# .bashrc

# Source global definitions
if [ -f /etc/bashrc ]; then
        . /etc/bashrc
fi

# User specific environment
PATH="$HOME/.local/bin:$HOME/bin:$PATH"
export PATH
# Uncomment the following line if you don't like systemctl's
auto-paging feature:
# export SYSTEMD_PAGER=

# User specific aliases and functions
$
```

.bashrc 文件会做两件事：首先，检查/etc 目录下的通用 bashrc 文件；其次，为用户提供一个定制自己的命令别名（参见第 5 章）和脚本函数（参见第 17 章）的地方。

6.6.3　非交互式 shell

最后一种 shell 是**非交互式 shell**。系统执行 shell 脚本时用的就是这种 shell。不同之处在于它没有命令行提示符。但是，当你在系统中运行脚本时，也许希望能够运行一些特定的启动命令。

> **提示**　脚本能以不同的方式执行。只有部分执行方式会启动子 shell。第 11 章将介绍 shell 不同的执行方式。

为了处理这种情况，bash shell 提供了 `BASH_ENV` 环境变量。当 shell 启动一个非交互式 shell 进程时，会检查这个环境变量以查看要执行的启动文件名。如果有指定的文件，则 shell 会执行该文件里的命令，这通常包括 shell 脚本变量设置。

在本书所用的 CentOS Linux 发行版中，该环境变量默认并未设置。如果变量未设置，则 `printenv` 命令只会返回 CLI 提示符：

```
$ printenv $BASH_ENV
$
```

在本书所用的 Ubuntu 发行版中，变量 `BASH_ENV` 也未设置。记住，如果变量未设置，则 `echo` 命令会显示一个空行，然后返回 CLI 提示符。

```
$ echo $BASH_ENV

$
```

那如果未设置 `BASH_ENV` 变量，shell 脚本到哪里去获取其环境变量呢？别忘了有些 shell 脚本是通过启动一个子 shell 来执行的（参见第 5 章）。子 shell 会继承父 shell 的导出变量。

如果父 shell 是登录 shell，在/etc/profile 文件、/etc/profile.d/*.sh 文件和$HOME/.bashrc 文件中设置并导出了变量，那么用于执行脚本的子 shell 就能继承这些变量。

> **提示**　任何由父 shell 设置但未导出的变量都是局部变量，不会被子 shell 继承。

对于那些不启动子 shell 的脚本，变量已经存在于当前 shell 中了。就算没有设置 `BASH_ENV`，也可以使用当前 shell 的局部变量和全局变量。

6.6.4　环境变量持久化

现在你已经知道了各种 shell 进程及其环境文件，找出永久性环境变量就容易多了。你也可以利用这些文件创建自己的永久性全局变量或局部变量。

对全局环境变量（Linux 系统的所有用户都要用到的变量）来说，可能更倾向于将新的或修改过的变量设置放在/etc/profile 文件中，但这可不是什么好主意。如果升级了所用的发行版，则该文件也会随之更新，这样一来，所有定制过的变量设置可就都没有了。

最好在/etc/profile.d 目录中创建一个以.sh 结尾的文件。把所有新的或修改过的全局环境变量设置都放在这个文件中。

在大多数发行版中，保存个人用户永久性 bash shell 变量的最佳地点是$HOME/.bashrc 文件。这适用于所有类型的 shell 进程。但如果设置了 BASH_ENV 变量，请记住：除非值为 $HOME/.bashrc，否则，应该将非交互式 shell 的用户变量放在别的地方。

注意 图形化界面组成部分（比如 GUI 客户端）的环境变量可能需要在另外一些配置文件中设置，这和设置 bash shell 环境变量的文件不一样。

第 5 章讲过，alias 命令设置无法持久生效。你可以把个人的 alias 设置放在$HOME/.bashrc 启动文件中，使其效果永久化。

6.7 数组变量

环境变量的一个很酷的特性是可以作为**数组**使用。数组是能够存储多个值的变量。这些值既可以单独引用，也可以作为整体引用。

要为某个环境变量设置多个值，可以把值放在圆括号中，值与值之间以空格分隔：

```
$ mytest=(zero one two three four)
$
```

没什么特别的地方。如果想像普通环境变量那样显示数组，你会失望的：

```
$ echo $mytest
zero
$
```

以上代码只显示了数组的第一个值。要引用单个数组元素，必须使用表示其在数组中位置的索引。索引要写在方括号中，$符号之后的所有内容都要放入花括号中。

```
$ echo ${mytest[2]}
two
$
```

提示 环境变量数组的索引都是从 0 开始的。这通常会带来一些困惑。

要显示整个数组变量，可以用通配符*作为索引：

```
$ echo ${mytest[*]}
zero one two three four
$
```

也可以改变某个索引位置上的值：

```
$ mytest[2]=seven
$ echo ${mytest[2]}
seven
$
```

甚至能用 unset 命令来删除数组中的某个值，但是要小心，这有点儿复杂。看下面的例子：

```
$ unset mytest[2]
$ echo ${mytest[*]}
zero one three four
$
$ echo ${mytest[2]}

$ echo ${mytest[3]}
three
$
```

这个例子用 unset 命令来删除索引 2 位置上的值。显示整个数组时，看起来好像其他索引已经填补了这个位置。但如果专门显示索引 2 位置上的值时，你会发现这个位置是空的。

可以在 unset 命令后跟上数组名来删除整个数组：

```
$ unset mytest
$ echo ${mytest[*]}

$
```

有时候，数组变量只会把事情搞得更复杂，所以在 shell 脚本编程时并不常用。数组并不太方便移植到其他 shell 环境，如果需要在不同的 shell 环境中从事大量的脚本编写工作，这是一个不足之处。有些 bash 系统环境变量用到了数组（比如 BASH_VERSINFO），但总体而言，你不会经常碰到数组。

6.8　小结

本章介绍了 Linux 环境变量。全局环境变量可以在对其作出定义的父进程所创建的子进程中使用。局部环境变量只能在定义它们的进程中使用。

Linux 系统使用全局环境变量和局部环境变量来存储系统环境信息。你可以通过 shell 命令行或者在 shell 脚本中访问这些信息。bash shell 沿用了最初 Unix Bourne shell 定义的那些系统环境变量，同时也支持很多新的环境变量。PATH 环境变量定义了 bash shell 在查找可执行命令时要搜索的目录。你可以修改 PATH 环境变量，加入自己的目录。

你也可以创建自己的全局环境变量和局部环境变量。这些变量在整个 shell 会话期间都是可用的。

bash shell 会在启动时执行若干启动文件。启动文件包含了环境变量的定义，用于为每个 bash 会话设置标准环境变量。每次登录 Linux 系统时，bash shell 都会访问启动文件/etc/profile 以及针对每个用户的本地启动文件。用户可以在这些文件中定制自己需要的环境变量和启动脚本。

最后，本章还讨论了数组变量。数组变量可以包含多个值。你可以通过指定索引来访问其中的单个值，或是通过数组变量名来引用整个数组。

第 7 章将深入介绍 Linux 文件的权限。对 Linux 新手来说，这可能是最难懂的话题。但要想写出优秀的 shell 脚本，就必须懂得文件权限的工作原理以及如何在 Linux 系统中运用。

第 7 章

理解 Linux 文件权限

本章内容

- 理解 Linux 的安全性
- 理解文件权限
- 使用 Linux 组

缺乏安全性的系统是不完整的系统。系统中必须有一套能够保护文件免遭非授权用户浏览或修改的机制。Linux 系统沿用了 Unix 文件权限的做法，允许用户和组根据每个文件和目录的安全性设置来访问文件。本章将讨论如何根据需要利用 Linux 文件安全系统来保护数据。

7.1 Linux 的安全性

Linux 安全系统的核心是**用户账户**。每个能访问 Linux 系统的用户都会被分配一个唯一的用户账户。用户对系统中各种对象的访问权限取决于他们登录系统时所用的账户。

用户权限是通过创建用户时分配的**用户 ID**（user ID，UID）来跟踪的。UID 是个数值，每个用户都有一个唯一的 UID。但用户在登录系统时是使用**登录名**（login name）来代替 UID 登录的。登录名是用户用来登录系统的最长 8 字符的字符串（字符可以是数字或字母），同时会关联一个对应的密码。

Linux 系统使用特定的文件和工具来跟踪及管理系统的用户账户。在讨论文件权限之前，先来看一下 Linux 是怎样处理用户账户的。本节将介绍管理用户账户所需要的文件和工具，这样在处理文件权限问题时，你就知道如何使用它们了。

7.1.1 /etc/passwd 文件

Linux 系统使用一个专门的文件/etc/passwd 来匹配登录名与对应的 UID 值。该文件包含了一些与用户有关的信息。下面是 Linux 系统中典型的/etc/passwd 文件示例：

```
$ cat /etc/passwd
root:x:0:0:root:/root:/bin/bash
bin:x:1:1:bin:/bin:/sbin/nologin
daemon:x:2:2:daemon:/sbin:/sbin/nologin
```

```
adm:x:3:4:adm:/var/adm:/sbin/nologin
lp:x:4:7:lp:/var/spool/lpd:/sbin/nologin
sync:x:5:0:sync:/sbin:/bin/sync
shutdown:x:6:0:shutdown:/sbin:/sbin/shutdown
halt:x:7:0:halt:/sbin:/sbin/halt
...
rich:x:500:500:Rich Blum:/home/rich:/bin/bash
mama:x:501:501:Mama:/home/mama:/bin/bash
katie:x:502:502:katie:/home/katie:/bin/bash
jessica:x:503:503:Jessica:/home/jessica:/bin/bash
mysql:x:27:27:MySQL Server:/var/lib/mysql:/bin/bash
$
```

文件内容很长，我们做了部分删减。root 用户账户是 Linux 系统的管理员，为其固定分配的 UID 是 `0`。如你所见，Linux 系统会为各种各样的功能创建不同的用户账户，而这些账户并非真正的人类用户。我们称其为**系统账户**，它们是系统中运行的各种服务进程访问资源使用的特殊账户。所有运行在后台的服务都需要通过一个系统用户账户登录到 Linux 系统中。

在安全成为一个大问题之前，这些服务经常用 root 用户账户登录。遗憾的是，如果有非授权的用户攻陷了其中某个服务，那么他立刻就能作为 root 用户访问系统了。为了防止这种情况发生，现在运行在 Linux 服务器后台的大多数服务是用自己的账户登录。这样一来，即便有人攻陷了某个服务，也无法获取整个系统的访问权。

Linux 为系统账户预留了 500 以下的 UID。有些服务甚至要用特定的 UID 才能正常工作。为普通用户创建账户时，大多数 Linux 系统会从 500 开始，将第一个可用 UID 分配给这个账户。（并非所有的 Linux 发行版都是这样，比如 Ubuntu 就是从 1000 开始的。）

你可能已经注意到/etc/passwd 文件中包含的内容远不止用户的登录名和 UID。该文件各个字段的含义如下。

- 登录用户名
- 用户密码
- 用户账户的 UID（数字形式）
- 用户账户的组 ID（数字形式）
- 用户账户的文本描述（称为备注字段）
- 用户$HOME 目录的位置
- 用户的默认 shell

/etc/passwd 文件中的密码字段都被设置为 *x*，这可不是说所有的用户账户都使用相同的密码。在早期的 Linux 中，/etc/passwd 文件包含经过加密的用户密码。但鉴于很多程序要从/etc/passwd 文件中获取用户信息，这在某种程度上成了一个安全问题。随着可以轻松破解加密密码的软件的出现，那些居心不良的人在试图破解保存在/etc/passwd 文件中的用户密码时可谓如鱼得水。Linux 开发者需要重新考虑这一策略。

现在，绝大多数 Linux 系统将用户密码保存在单独的文件（称为 shadow 文件，位于/etc/shadow）中。只有特定的程序（比如登录程序）才能访问该文件。

如你所见，/etc/passwd 是一个标准的文本文件。你可以用任何文本编辑器直接在其中手动进行用户管理（比如添加、修改或删除用户账户），但这样做极其危险。如果/etc/passwd 文件受损，系统无法读取文件内容，则会导致用户（即便是 root 用户）无法正常登录。选择标准的 Linux 用户管理工具来执行这些用户管理任务会安全许多。

7.1.2 /etc/shadow 文件

/etc/shadow 文件对 Linux 系统密码管理提供了更多的控制。只有 root 用户才能访问/etc/shadow 文件，这使其与/etc/passwd 相比要安全许多。

/etc/shadow 文件为系统中的每个用户账户都保存了一条记录。记录就像下面这样。

```
rich:$1$.FfcK0ns$f1UgiyHQ25wrB/hykCn020:11627:0:99999:7:::
```

/etc/shadow 文件中的每条记录共包含 9 个字段。

- 登录名，对应于/etc/passwd 文件中的登录名。
- 加密后的密码。
- 自上次修改密码后已经过去的天数（从 1970 年 1 月 1 日开始计算）。
- 多少天后才能更改密码。
- 多少天后必须更改密码。
- 密码过期前提前多少天提醒用户更改密码。
- 密码过期后多少天禁用用户账户。
- 用户账户被禁用的日期（以从 1970 年 1 月 1 日到当时的天数表示）。
- 预留给以后使用的字段。

有了 shadow 密码系统，Linux 系统就可以更好地控制用户密码了，比如控制用户多久更改一次密码，以及如果密码未更新的话，什么时候禁用该账户。

7.1.3 添加新用户

用来向 Linux 系统添加新用户的主要工具是 useradd。该命令可以一次性轻松创建新用户账户并设置用户的$HOME 目录结构。useradd 命令使用系统的默认值以及命令行参数来设置用户账户。要想查看所使用的 Linux 发行版的系统默认值，可以使用加入了-D 选项的 useradd 命令。

```
# useradd -D
GROUP=100
HOME=/home
INACTIVE=-1
EXPIRE=
SHELL=/bin/bash
SKEL=/etc/skel
CREATE_MAIL_SPOOL=yes
#
```

注意 useradd 命令的默认值使用/etc/default/useradd 文件设置。另外，进一步的安全设置在/etc/login.defs 文件中定义。你可以调整这些文件，改变 Linux 系统默认的安全行为。

-D 选项显示了在命令行中创建新用户账户时，如果不明确指明具体值，useradd 命令所使用的默认值。这些默认值的含义如下。

- 新用户会被添加到 GID 为 100 的公共组。
- 新用户的主目录会位于/home/*loginname*。
- 新用户账户密码在过期后不会被禁用。
- 新用户账户不设置过期日期。
- 新用户账户将 bash shell 作为默认 shell。
- 系统会将/etc/skel 目录的内容复制到用户的$HOME 目录。
- 系统会为该用户账户在 mail 目录下创建一个用于接收邮件的文件。

useradd 命令允许管理员创建默认的$HOME 目录配置，然后将其作为创建新用户$HOME 目录的模板。这样就能自动在每个新用户的$HOME 目录里放置默认的系统文件了。在 Ubuntu Linux 系统中，/etc/skel 目录包含下列文件：

```
$ ls -al /etc/skel
total 32
drwxr-xr-x   2 root root  4096 2010-04-29 08:26 .
drwxr-xr-x 135 root root 12288 2010-09-23 18:49 ..
-rw-r--r--   1 root root   220 2010-04-18 21:51 .bash_logout
-rw-r--r--   1 root root  3103 2010-04-18 21:51 .bashrc
-rw-r--r--   1 root root   179 2010-03-26 08:31 examples.desktop
-rw-r--r--   1 root root   675 2010-04-18 21:51 .profile
$
```

根据第 6 章的内容，你应该知道这些文件是做什么的。它们是 bash shell 环境的标准启动文件。系统会自动将这些默认文件复制到你创建的每个用户的$HOME 目录。

可以用默认系统参数创建一个新用户账户，然后检查一下新用户的$HOME 目录：

```
# useradd -m test
# ls -al /home/test
total 24
drwxr-xr-x 2 test test 4096 2010-09-23 19:01 .
drwxr-xr-x 4 root root 4096 2010-09-23 19:01 ..
-rw-r--r-- 1 test test  220 2010-04-18 21:51 .bash_logout
-rw-r--r-- 1 test test 3103 2010-04-18 21:51 .bashrc
-rw-r--r-- 1 test test  179 2010-03-26 08:31 examples.desktop
-rw-r--r-- 1 test test  675 2010-04-18 21:51 .profile
#
```

对很多 Linux 发行版而言，useradd 命令默认并不创建$HOME 目录，但是-m 命令行选项会使其创建$HOME 目录。你可以在/etc/login.defs 文件中更改该行为。正如以上例子所展示的，useradd 命令创建了新的$HOME 目录，并将/etc/skel 目录中的文件复制了过来。

注意　本章中提到的用户账户管理命令需要以 root 用户账户登录或者通过 sudo 命令运行。

要想在创建新用户时改变默认值或默认行为，可以使用相应的命令行选项，如表 7-1 所示。

表 7-1 useradd 命令行选项

选 项	描 述
-c *comment*	给新用户添加备注
-d *home_dir*	为主目录指定一个名字（如果不想用登录名作为主目录名的话）
-e *expire_date*	用 YYYY-MM-DD 格式指定账户过期日期
-f *inactive_days*	指定账户密码过期多少天后禁用该账户；0 表示密码一过期就立即禁用，-1 表示不使用这个功能
-g *initial_group*	指定用户登录组的 GID 或组名
-G *group* ...	指定除登录组之外用户所属的一个或多个附加组
-k	必须和-m 一起使用，将/etc/skel 目录的内容复制到用户的$HOME 目录
-m	创建用户的$HOME 目录
-M	不创建用户的$HOME 目录，即便默认设置里要求创建
-n	创建一个与用户登录名同名的新组
-r	创建系统账户
-p *passwd*	为用户账户指定默认密码
-s *shell*	指定默认的登录 shell
-u *uid*	为账户指定一个唯一的 UID

你会发现，在创建新用户账户时可以使用命令行选项更改系统默认值。但如果总是需要改动某个值，则最好还是修改一下系统默认值。

可以使用-D 选项来修改系统默认的新用户设置。相应的选项如表 7-2 所示。

表 7-2 useradd 修改系统默认值

选 项	描 述
-b *default_home*	修改用户$HOME 目录默认创建的位置
-e *expiration_date*	修改新账户的默认过期日期
-f *inactive*	修改从密码过期到账户被禁用的默认天数
-g *group*	修改默认的组名称或 GID
-s *shell*	修改默认的登录 shell

修改默认值非常简单：

```
# useradd -D -s /bin/tsch
# useradd -D
GROUP=100
HOME=/home
INACTIVE=-1
EXPIRE=
SHELL=/bin/tsch
SKEL=/etc/skel
CREATE_MAIL_SPOOL=yes
#
```

现在，useradd 命令会将 tsch shell 作为所有新建用户的默认登录 shell。

7.1.4 删除用户

如果想从系统中删除用户，userdel 可以满足这个需求。在默认情况下，userdel 命令只删除/etc/passwd 和/etc/shadow 文件中的用户信息，属于该账户的文件会被保留。

如果加入-r 选项，则 userdel 会删除用户的$HOME 目录以及邮件目录。然而，系统中仍可能存有已删除用户的其他文件。这在有些环境中会造成问题。

下面是用 userdel 命令删除已有用户账户的一个例子：

```
# userdel -r test
# ls -al /home/test
ls: cannot access /home/test: No such file or directory
#
```

加入-r 选项后，用户先前的/home/test 目录就不存在了。

警告 在有大量用户的环境中使用-r 选项要特别小心。你永远不知道用户是否在个人的$HOME 目录中存放了其他用户或程序要用到的重要文件。在删除用户的$HOME 目录之前一定要检查清楚。

7.1.5 修改用户

Linux 提供了一些工具来修改已有用户账户的信息，如表 7-3 所示。

表 7-3　用户账户修改工具

命　令	描　述
usermod	修改用户账户字段，还可以指定主要组（primary group）以及辅助组（secondary group）的所属关系
passwd	修改已有用户的密码
chpasswd	从文件中读取登录名及密码并更新密码
chage	修改密码的过期日期
chfn	修改用户账户的备注信息
chsh	修改用户账户的默认登录 shell

每种工具都提供了特定的功能来修改用户账户信息。接下来将介绍这些工具。

1. usermod

usermod 命令是用户账户修改工具中最强大的一个，提供了修改/etc/passwd 文件中大部分字段的相关选项，只需指定相应的选项即可。大部分选项与 useradd 命令的选项一样（比如-c 用于修改备注字段，-e 用于修改过期日期，-g 用于修改默认的登录组）。除此之外，还有另外一些也许能派上用场的选项。

- -l：修改用户账户的登录名。
- -L：锁定账户，禁止用户登录。

- -p：修改账户密码。
- -U：解除锁定，恢复用户登录。
- -L 选项尤为实用。该选项可以锁定账户，使用户无法登录，无须删除账户和用户数据。要恢复账户，只需使用-U 选项即可。

2. passwd 和 chpasswd

passwd 命令可以方便地修改用户密码：

```
# passwd test
Changing password for user test.
New UNIX password:
Retype new UNIX password:
passwd: all authentication tokens updated successfully.
#
```

如果只使用 passwd 命令，则修改的是你自己的密码。系统中的任何用户都能修改自己的密码，但只有 root 用户才有权限修改别人的密码。

-e 选项可以强制用户下次登录时修改密码。你可以先给用户设置一个简单的密码，之后强制用户在下次登录时改成他们能记住的更复杂的密码。

如果需要为系统中的大量用户修改密码，那么 chpasswd 命令可以助你事半功倍。chpasswd 命令能从标准输入自动读取一系列以冒号分隔的登录名和密码对偶（login name and password pair），自动对密码加密，然后为用户账户设置密码。你也可以用重定向命令将包含 *username:password* 对偶的文件重定向给该命令。

```
# chpasswd < users.txt
#
```

3. chsh、chfn 和 chage

chsh、chfn 和 chage 用于修改特定的账户信息。chsh 命令可以快速修改默认的用户登录 shell。使用时必须用 shell 的全路径名作为参数，不能只用 shell 名：

```
#  chsh -s /bin/csh test
Changing shell for test.
Shell changed.
#
```

chfn 命令提供了在/etc/passwd 文件的备注字段中保存信息的标准方法。chfn 命令会将用于 Unix 的 finger 命令的信息存入备注字段，而不是简单地写入一些随机文本（比如名字或昵称之类），或是干脆将备注字段留空。finger 命令可以非常方便地查看 Linux 系统的用户信息。

```
# finger rich
Login: rich                             Name: Rich Blum
Directory: /home/rich                   Shell: /bin/bash
On since Thu Sep 20 18:03 (EDT) on pts/0 from 192.168.1.2
No mail.
No Plan.
#
```

注意　出于安全性的考虑，大多数 Linux 发行版没有默认安装 `finger` 命令。请注意，安装该命令可能会使你的系统受到攻击漏洞的影响。

如果使用 `chfn` 命令时不加任何选项，则会询问你要将哪些内容写入备注字段：

```
# chfn test
Changing finger information for test.
Name []: Ima Test
Office []: Director of Technology
Office Phone []: (123)555-1234
Home Phone []: (123)555-9876

Finger information changed.
# finger test
Login: test                         Name: Ima Test
Directory: /home/test               Shell: /bin/csh
Office: Director of Technology      Office Phone: (123)555-1234
Home Phone: (123)555-9876
Never logged in.
No mail.
No Plan.
#
```

查看/etc/passwd 文件中的记录，结果如下：

```
# grep test /etc/passwd
test:x:504:504:Ima Test,Director of Technology,(123)555-
1234,(123)555-9876:/home/test:/bin/csh
#
```

所有的个人信息现在都已经存入/etc/passwd 文件了。

最后，`chage` 命令可用于帮助管理用户账户的有效期。相关选项如表 7-4 所示。

表 7-4　chage 命令选项

选　项	描　述
`-d`	设置自上次修改密码后的天数
`-E`	设置密码过期日期
`-I`	设置密码过期多少天后锁定账户
`-m`	设置更改密码的最小间隔天数
`-M`	设置密码的最大有效天数
`-W`	设置密码过期前多久开始出现提醒信息

`chage` 命令的日期值可以用下面两种方式中的任意一种表示。

- YYYY-MM-DD 格式的日期
- 代表从 1970 年 1 月 1 日起的天数

`chage` 命令的一个好用的功能是设置账户的过期日期。有了它，就可以创建在特定日期自动过期的临时用户，再也不用操心删除用户了。过期的账户跟锁定的账户类似：账户仍然存在，但用户无法用其登录。

7.2 使用 Linux 组

用户账户在控制单个用户安全性方面还不错，但涉及共享资源的一组用户时就捉襟见肘了。为了解决这个问题，Linux 系统采用了另一个安全概念——组。

组权限允许多个用户对系统对象（比如文件、目录或设备等）共享一组权限（参见 7.3 节）。

Linux 发行版在处理默认组的成员关系时略有差异。有些 Linux 发行版会创建一个组，将所有用户都作为该组的成员。遇到这种情况要特别小心，因为你的文件有可能对于其他用户也是可读的。有些发行版会为每个用户创建一个单独的组，这样会更安全一些。

每个组都有唯一的 GID，和 UID 类似，该值在系统中是唯一的。除了 GID，每个组还有一个唯一的组名。Linux 系统中有一些组工具可用于创建和管理组。本节将讨论如何保存组信息以及如何用组工具来创建新组和修改已有的组。

7.2.1 /etc/group 文件

与用户账户类似，组信息也保存在一个文件中。/etc/group 文件包含系统中每个组的信息。下面是 Linux 系统中一个典型的/etc/group 文件示例：

```
root:x:0:root
bin:x:1:root,bin,daemon
daemon:x:2:root,bin,daemon
sys:x:3:root,bin,adm
adm:x:4:root,adm,daemon
rich:x:500:
mama:x:501:
katie:x:502:
jessica:x:503:
mysql:x:27:
test:x:504:
```

与 UID 类似，GID 在分配时也采用了特定的格式。对于系统账户组，为其分配的 GID 值低于 500，而普通用户组的 GID 则从 500 开始分配。/etc/group 文件有 4 个字段。

- 组名
- 组密码
- GID
- 属于该组的用户列表

组密码允许非组内成员使用密码临时性地成为该组成员。这个功能用得不多，但确实存在。

由于/etc/group 文件是一个标准的文本文件，因此可以手动编辑该文件来添加和修改组成员关系。但一定要小心，千万不要出现任何拼写错误，否则可能会损坏文件，引发系统故障。更安全的做法是使用 `usermod` 命令（参见 7.1.5 节）向组中添加用户。在将用户添加到不同的组之前，必须先创建组。

注意　用户账户列表多少有些误导人。你会发现列表中的一些组没有任何用户。这并不是说这些组没有成员。当一个用户在/etc/passwd 文件中指定某个组作为主要组时，该用户不会作为该组成员再出现在/etc/group 文件中。多年来被这个问题困扰的系统管理员可不止一两个。

7.2.2 创建新组

groupadd 命令可用于创建新组：

```
# /usr/sbin/groupadd shared
# tail /etc/group
haldaemon:x:68:
xfs:x:43:
gdm:x:42:
rich:x:500:
mama:x:501:
katie:x:502:
jessica:x:503:
mysql:x:27:
test:x:504:
shared:x:505:
#
```

在创建新组时，默认不为其分配任何用户。groupadd 命令没有提供向组中添加用户的选项，但可以用 usermod 命令来解决：

```
# /usr/sbin/usermod -G shared rich
# /usr/sbin/usermod -G shared test
# tail /etc/group
haldaemon:x:68:
xfs:x:43:
gdm:x:42:
rich:x:500:
mama:x:501:
katie:x:502:
jessica:x:503:
mysql:x:27:
test:x:504:
shared:x:505:rich, test
#
```

shared 组现在有两个成员：test 和 rich。usermod 命令的-G 选项会把这个新组添加到该用户账户的组列表中。

注意　如果更改了已登录系统的用户所属的组，则该用户必须注销后重新登录，这样新的组关系才能生效。

警告 为用户分配组时要格外小心。如果使用了-g 选项，则指定的组名会替换掉在/etc/passwd 文件中为该用户分配的主要组。-G 选项则会将该组加入该用户的属组列表，不会影响主要组。

7.2.3 修改组

正如你在/etc/group 文件中看到的，需要修改的组信息并不多。groupmod 命令可以修改已有组的 GID（使用-g 选项）或组名（使用-n 选项）：

```
# groupmod -n sharing shared
# tail /etc/group
haldaemon:x:68:
xfs:x:43:
gdm:x:42:
rich:x:500:
mama:x:501:
katie:x:502:
jessica:x:503:
mysql:x:27:
test:x:504:
sharing:x:505:test,rich
#
```

修改组名时，GID 和组成员保持不变，只有组名会改变。由于所有的安全权限均基于 GID，因此可以随意改变组名，不会影响文件的安全性。

7

7.3 理解文件权限

现在你已经知道了用户和组，是时候解读 ls 命令输出中出现的谜一般的文件权限了。本节将介绍如何解读权限及其设置方法。

7.3.1 使用文件权限符号

回忆一下第 3 章的内容，ls 命令可以查看 Linux 系统中的文件、目录和设备的权限。

```
$ ls -l
total 68
-rw-rw-r-- 1 rich rich   50 2010-09-13 07:49 file1.gz
-rw-rw-r-- 1 rich rich   23 2010-09-13 07:50 file2
-rw-rw-r-- 1 rich rich   48 2010-09-13 07:56 file3
-rw-rw-r-- 1 rich rich   34 2010-09-13 08:59 file4
-rwxrwxr-x 1 rich rich 4882 2010-09-18 13:58 myprog
-rw-rw-r-- 1 rich rich  237 2010-09-18 13:58 myprog.c
drwxrwxr-x 2 rich rich 4096 2010-09-03 15:12 test1
drwxrwxr-x 2 rich rich 4096 2010-09-03 15:12 test2
$
```

输出结果的第一个字段就是描述文件和目录权限的编码。这个字段的第一个字符表示对象的类型。

- -代表文件
- d 代表目录
- l 代表链接
- c 代表字符设备
- b 代表块设备
- p 代表具名管道
- s 代表网络套接字

之后是 3 组三字符的编码。每一组定义了 3 种访问权限。

- r 代表对象是可读的
- w 代表对象是可写的
- x 代表对象是可执行的

如果没有某种权限，则在该权限位会出现连字符。这 3 组权限分别对应对象的 3 个安全级别。

- 对象的属主
- 对象的属组
- 系统其他用户

这个概念如图 7-1 所示。

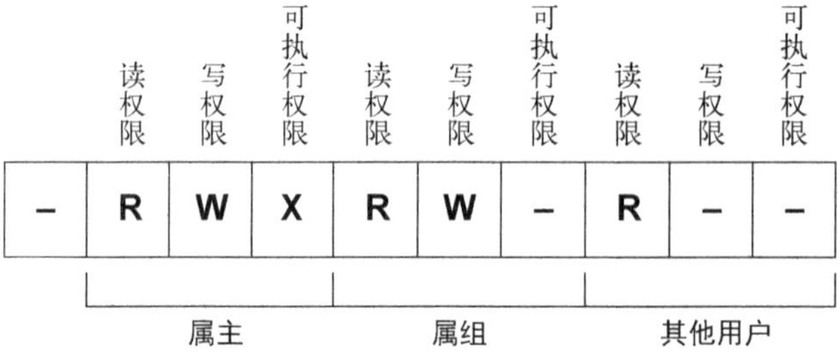

图 7-1　Linux 文件权限

讨论这个问题的最简单的办法是找个文件作例子，逐一分析文件权限。

```
-rwxrwxr-x 1 rich rich 4882 2010-09-18 13:58 myprog
```

文件 myprog 具有以下 3 组权限。

- rwx：属主（rich）权限。
- rwx：属组（rich）权限。
- r-x：系统其他用户权限。

这些权限表明用户 rich 可以读取、写入以及执行该文件（有全部权限）。类似地，rich 组的成员也可以读取、写入以及执行该文件。然而，不属于 rich 组的其他用户只能读取和执行该文件：w 被连字符取代了，说明这个安全级别没有写入权限。

7.3.2 默认文件权限

你可能会问这些文件权限从何而来，答案是 umask。umask 命令用来设置新建文件和目录的默认权限：

```
$ touch newfile
$ ls -al newfile
-rw-r--r--    1 rich     rich            0 Sep 20 19:16 newfile
$
```

touch 命令使用分配给当前用户的默认权限创建了新文件。umask 命令可以显示和设置默认权限：

```
$ umask
0022
$
```

遗憾的是，umask 命令的设置方法不是那么简单明了，其中的工作原理更是让人一头雾水。第一个数位（digit）代表了一项特别的安全特性。7.5 节会详述。

接下来的 3 个数位表示文件或目录对应的 umask 八进制值。要理解 umask 是如何工作的，先得弄清楚八进制模式的安全设置。

八进制模式的安全设置先获取 rwx 权限值，然后将其转换成 3 位（bit）二进制值，用一个八进制值来表示。在二进制表示中，每个位置代表一个二进制位。因此，如果读权限是唯一置位的权限，则权限值是 r--，转换成二进制值就是 100，代表的八进制值是 4。表 7-5 列出了可能会遇到的组合。

表 7-5 Linux 文件权限编码

权　限	二进制值	八进制值	描　述
---	000	0	没有任何权限
--x	001	1	只有执行权限
-w-	010	2	只有写入权限
-wx	011	3	有写入和执行权限
r--	100	4	只有读取权限
r-x	101	5	有读取和执行权限
rw-	110	6	有读取和写入权限
rwx	111	7	有全部权限（读取、写入和执行）

八进制模式先取得权限的八进制值，然后再把这 3 种安全级别（属主、属组和其他用户）对应的八进制值顺序列出。因此，八进制模式的值 664 代表属主和属组成员都有读取和写入的权限，而其他用户只有读取权限。

现在你知道了八进制模式权限是如何工作的，umask 值反而更让人困惑了。我的 Linux 系统中默认的八进制 umask 值是 0022，而所创建的文件的八进制权限则是 644，这是如何得来的呢？

umask 值只是个掩码，它会屏蔽掉不想授予该安全级别的权限。接下来我们还得再多进行一些八进制运算才能搞明白这一切的来龙去脉。

要把 umask 值从对象的全权限值（full permission）中减掉。对文件而言，全权限值是 666（所有用户都有读取和写入的权限）；对目录而言，全权限值则是 777（所有用户都有读取、写入和执行权限）。

所以，在上面的例子中，文件一开始的权限是 666，减去 umask 值 022 之后，剩下的文件权限就成了 644。

umask 值通常会被设置在/etc/profile 启动文件中（参见第 6 章）。你可以使用 umask 命令指定其他的 umask 默认值：

```
$ umask 026
$ touch newfile2
$ ls -l newfile2
-rw-r-----    1 rich     rich           0 Sep 20 19:46 newfile2
$
```

将 umask 值设成 026 后，默认的文件权限变成了 640，因此现在对组成员来说新文件是只读的，而系统其他用户则没有任何权限。

umask 值同样会作用在新创建的目录上：

```
$ mkdir newdir
$ ls -l
drwxr-x--x    2 rich     rich        4096 Sep 20 20:11 newdir/
$
```

由于目录的默认权限是 777，因此 umask 作用后的目录权限不同于文件权限。umask 值 026 会从 777 中减去，留下来 751 作为目录权限设置。

7.4 更改安全设置

如果已经创建了目录或文件，需要更改其安全设置，那么 Linux 系统可以提供一些相应的工具。本节将介绍如何修改文件和目录的已有权限、默认属主以及默认属组。

7.4.1 修改权限

chmod 命令可以修改文件和目录的安全设置。该命令的格式如下：

```
chmod options mode file
```

mode 参数允许使用八进制模式或符号模式来进行安全设置。八进制模式设置非常直观，直接用打算赋予文件的标准 3 位八进制权限编码即可：

```
$ chmod 760 newfile
$ ls -l newfile
-rwxrw----    1 rich     rich           0 Sep 20 19:16 newfile
$
```

八进制文件权限会自动应用于指定文件。符号模式的权限就没这么简单了。

与通常用到的 3 组权限字符不同，chmod 命令采用的是另一种方法。下面是在符号模式下指定权限的格式：

```
[ugoa...][[+-=][rwxXstugo...]
```

颇为合理，不是吗？第一组字符定义了权限作用的对象。

- u 代表用户
- g 代表组
- o 代表其他用户
- a 代表上述所有

接下来的符号表示你是想在现有权限基础上增加权限（+）、移除权限（-），还是设置权限（=）。

最后，第三个符号代表要设置的权限。你会发现，可取的值要比通常的 rwx 多。这些额外值如下。

- X：仅当对象是目录或者已有执行权限时才赋予执行权限。
- s：在执行时设置 SUID 或 SGID。
- t：设置粘滞位（sticky bit）。
- u：设置属主权限。
- g：设置属组权限。
- o：设置其他用户权限。

具体用法如下：

```
$ chmod o+r newfile
$ ls -l newfile
-rwxrw-r--    1 rich     rich            0 Sep 20 19:16 newfile
$
```

不管其他用户先前在该安全级别具有什么样的权限，o+r 都为其添加了读取权限。

```
$ chmod u-x newfile
$ ls -l newfile
-rw-rw-r--    1 rich     rich            0 Sep 20 19:16 newfile
$
```

u-x 移除了属主已有的执行权限。注意，如果某个文件具有执行权限，则 ls 命令的-F 选项会在该文件的名称后面加上一个星号。

options 为 chmod 命令提供了额外的增强特性。-R 选项能够以递归方式修改文件和目录的权限。你可以使用通配符指定多个文件名，然后用单个命令批量修改权限。

7.4.2 改变所属关系

有时你需要改变文件的属主，比如有人离职，或是开发人员创建了一个需要在产品环境中归属于系统账户的应用程序。Linux 为此提供了两个命令：chown 和 chgrp，前者可以修改文件的属主，后者可以修改文件的默认属组。

chown 命令的格式如下：

```
chown options owner[.group] file
```

可以使用登录名或 UID 来指定文件的新属主：

```
# chown dan newfile
# ls -l newfile
-rw-rw-r--    1 dan      rich            0 Sep 20 19:16 newfile
#
```

非常简单。chown 命令也支持同时修改文件的属主和属组：

```
# chown dan.shared newfile
# ls -l newfile
-rw-rw-r--    1 dan      shared            0 Sep 20 19:16 newfile
#
```

如果不嫌麻烦，可以只修改文件的默认属组：

```
# chown .rich newfile
# ls -l newfile
-rw-rw-r--    1 dan      rich            0 Sep 20 19:16 newfile
#
```

最后，如果你的 Linux 系统使用与用户登录名相同的组名，则可以同时修改二者：

```
# chown test. newfile
# ls -l newfile
-rw-rw-r--    1 test    test             0 Sep 20 19:16 newfile
#
```

chown 命令使用了一些不同的 *options*。-R 选项与通配符相配合可以递归地修改子目录和文件的所属关系。-h 选项可以修改文件的所有符号链接文件的所属关系。

注意　只有 root 用户能修改文件的属主。任何用户都可以修改文件的属组，但前提是该用户必须是原属组和新属组的成员。

---

chgrp 命令可以方便地修改文件或目录的默认属组：

```
$ chgrp shared newfile
$ ls -l newfile
-rw-rw-r--    1 rich     shared          0 Sep 20 19:16 newfile
$
```

现在 shared 组的任意成员都可以写入该文件了。这是在 Linux 系统中共享文件的一种方法。然而，在一组用户之间共享文件也会变得很复杂。下一节将讨论解决方法。

7.5　共享文件

你可能已经猜到了，Linux 系统中共享文件的方法是创建组。但对一个完整的文件共享环境而言，事情会复杂得多。

如 7.3 节所述，创建新文件时，Linux 会用默认的 UID 和 GID 来给文件分配权限。要想让其他用户也能访问文件，要么修改所有用户一级的安全权限，要么给文件分配一个包含其他用户的新默认属组。

如果想在大范围内创建并共享文件，这会很烦琐。幸好有一种简单的解决方法。

Linux 为每个文件和目录存储了 3 个额外的信息位。

- SUID（set user ID）：当用户执行该文件时，程序会以文件属主的权限运行。
- SGID（set group ID）：对文件而言，程序会以文件属组的权限运行；对目录而言，该目录中创建的新文件会以目录的属组作为默认属组。
- 粘滞位（sticky bit）：应用于目录时，只有文件属主可以删除或重命名该目录中的文件。

SGID 位对文件共享非常重要。启用 SGID 位后，可以强制在共享目录中创建的新文件都属于该目录的属组，这个组也就成了每个用户的属组。

可以通过 `chmod` 命令设置 SGID，将其添加到标准 3 位八进制值之前（组成 4 位八进制值），或者在符号模式下用符号 `s`。

如果使用的是八进制模式，则需要知道这些位的排列，如表 7-6 所示。

表 7-6　SUID、SGID 和粘滞位的八进制值

二进制值	八进制值	描　　述
000	0	清除所有位
001	1	设置粘滞位
010	2	设置 SGID 位
011	3	设置 SGID 位和粘滞位
100	4	设置 SUID 位
101	5	设置 SUID 位和粘滞位
110	6	设置 SUID 位和 SGID 位
111	7	设置所有位

因此，要创建一个共享目录，使目录中的所有新文件都沿用目录的属组，只需设置该目录的 SGID 位。

```
$ mkdir testdir
$ ls -l
drwxrwxr-x    2 rich     rich          4096 Sep 20 23:12 testdir/
$ chgrp shared testdir
$ chmod g+s testdir
$ ls -l
drwxrwsr-x    2 rich     shared        4096 Sep 20 23:12 testdir/
$ umask 002
$ cd testdir
$ touch testfile
$ ls -l
total 0
-rw-rw-r--    1 rich     shared           0 Sep 20 23:13 testfile
$
```

首先，使用 mkdir 命令创建希望共享的目录。然后，通过 chgrp 命令修改目录的默认属组，使其包含所有需要共享文件的用户。最后，设置目录的 SGID 位，保证目录中的新建文件都以 shared 作为默认属组。

为了让这个环境正常工作，所有组成员都要设置他们的 umask 值，使文件对属组成员可写。在先前的例子中，umask 被改成了 002，所以文件对属组是可写的。

完成这些步骤之后，组成员就能在共享目录下创建新文件了。跟期望的一样，新文件会沿用目录的默认属组，而不是用户账户的默认属组。现在 shared 组的所有用户都能访问这个文件了。

7.6　访问控制列表

Linux 的基本权限方法有一个缺点：局限性。你只能将文件或目录的权限分配给单个组或用户账户。在一个复杂的商业环境中，对于文件和目录，不同的组需要不同的权限，基本权限方法解决不了这个问题。

Linux 开发者设计出了一种更先进的文件和目录安全方法：**访问控制列表**（access control list，ACL）。ACL 允许指定包含多个用户或组的列表以及为其分配的权限。和基本安全方法一样，ACL 权限使用相同的读取、写入和执行权限位，但现在可以分配给多个用户和组。

可以使用 setfacl 命令和 getfacl 命令在 Linux 中实现 ACL 特性。getfacl 命令能够查看分配给文件或目录的 ACL：

```
$ touch test
$ ls -l
total 0
-rw-r----- 1 rich rich 0 Apr 19 17:33 test
$ getfacl test
# file: test
# owner: rich
# group: rich
user::rw-
group::r--
other::---
$
```

如果只为文件分配了基本的安全权限，则这些权限就会像上面例子所显示的那样，出现在 getfacl 的输出中。

setfacl 命令可以为用户或组分配权限：

```
setfacl [options] rule filenames
```

setfacl 命令允许使用-m 选项修改分配给文件或目录的权限，或使用-x 选项删除特定权限。可以使用下列 3 种格式定义**规则**：

```
u[ser]:uid:perms
g[roup]:gid:perms
o[ther]::perms
```

要为用户分配权限，可以使用 user 格式；要为组分配权限，可以使用 group 格式；要为其他用户分配权限，可以使用 other 格式。对于 uid 或 gid，可以使用数字值或名称。来看下面的例子：

```
$ setfacl -m g:sales:rw test
$ ls -l
total 0
-rw-rw----+ 1 rich rich 0 Apr 19 17:33 test
$
```

这个例子为 test 文件添加了 sales 组的读写权限。注意，setfacl 命令不产生输出。在列出文件时，只显示标准的属主、属组和其他用户权限，但在权限列的末尾多了一个加号（+），指明该文件还应用了 ACL。可以再次使用 getfacl 命令查看 ACL：

```
$ getfacl test
# file: test
# owner: rich
# group: rich
user::rw-
group::r--
group:sales:rw-
mask::rw-
other::---
$
```

getfacl 的输出显示为两个组分配了权限。默认组（rich）对文件有读权限，sales 组对文件有读写权限。要想删除权限，可以使用-x 选项：

```
$ setfacl -x g:sales test
$ getfacl test
# file: test
# owner: rich
# group: rich
user::rw-
group::r--
mask::r--
other::---

$
```

Linux 也允许对目录设置默认 ACL，在该目录中创建的文件会自动继承。这个特性称为 ACL 继承。

要想设置目录的默认 ACL，可以在正常的规则定义前加上 d:，如下所示：

```
$ sudo setfacl -m d:g:sales:rw /sales
```

这个例子为/sales 目录添加了 sales 组的读写权限。在该目录中创建的所有文件都会自动为 sales 组分配读写权限。

7.7 小结

本章讨论了管理 Linux 系统安全性需要知道的一些命令行命令。Linux 通过用户 ID 和组 ID 来限制对文件、目录以及设备的访问。Linux 将用户账户的信息存储在/etc/passwd 文件中，将组信息存储在/etc/group 文件中。每个用户都会被分配一个唯一的用户 ID 以及在系统中用于标识用户的文本登录名。组也会被分配一个唯一的组 ID 以及组名。组可以包含一个或多个用户以支持对系统资源的共享访问。

有若干命令可用于管理用户账户和组。useradd 命令可以创建新的用户账户，groupadd 命令可以创建新组，usermod 命令可以修改已有用户账户，groupmod 命令可以修改组信息。

Linux 采用复杂的权限位来判定文件和目录的访问权限。每个文件有 3 个安全等级：文件的属主、能够访问文件的默认属组以及系统的其他用户。每个安全等级通过 3 个访问权限位来定义：读取、写入以及执行，对应于符号 rwx。如果某种权限被拒绝，则权限对应的符号会用连字符代替（比如 r--代表只读权限）。

这种权限通常以八进制值来描述。3 位二进制组成一个八进制值，3 个八进制值代表 3 个安全等级。umask 命令用来设置系统中新建文件和目录的默认安全设置。系统管理员通常会在/etc/profile 文件中设置默认的 umask 值，但你可以随时通过 umask 命令修改 umask 值。

chmod 命令可以修改文件和目录的安全设置。只有文件的属主才能修改文件或目录的权限。但 root 用户可以修改系统中任意文件或目录的安全设置。chown 命令和 chgrp 命令可以改变文件的默认属主和属组。

本章还讨论了如何使用 SGID 位创建共享目录。SGID 位会强制某个目录下新建文件或目录都沿用其父目录的属组，而不是创建这些文件的用户的属组。这便于系统用户之间共享文件。

最后，本章介绍了如何使用 Linux 的 ACL 特性为文件和目录分配更详细且高级的权限。可以使用 getfacl 命令和 setfacl 命令设置 ACL。

现在你已经掌握了文件权限，接下来该进一步了解如何使用 Linux 文件系统了。第 8 章将介绍如何在 Linux 中使用命令行创建分区和格式化分区，以使其可用于 Linux 虚拟目录。

第 8 章

管理文件系统

本章内容

- ❑ 文件系统基础
- ❑ 日志文件系统与卷管理文件系统
- ❑ 文件系统管理
- ❑ 逻辑卷布局
- ❑ 使用 Linux 逻辑卷管理器

使用 Linux 系统时，需要做出的一个决定是为存储设备选用哪种文件系统。大多数 Linux 发行版在安装时会非常贴心地提供一种默认文件系统，大部分 Linux 初学者想都不想就直接选用了。

使用默认文件系统未必是坏事，但了解一下可用的选择有时也有好处。本章将讨论 Linux 世界中各种可用的文件系统，展示如何在命令行中创建和管理文件系统。

8.1 探索 Linux 文件系统

第 3 章讨论过 Linux 如何通过文件系统在存储设备上存储文件和目录。文件系统帮助 Linux 在硬盘中存储的二进制数据与应用程序中使用的文件/目录之间搭建起了一座桥梁。

Linux 支持多种文件系统。每种文件系统都在存储设备上实现了虚拟目录结构，只是特性略有不同。本节将带你逐步了解 Linux 环境中常用的文件系统的优缺点及其历史。

8.1.1 Linux 文件系统的演进

Linux 最初采用的是一种简单的文件系统，模仿了 Unix 文件系统的功能。本节讨论了这种文件系统的演进过程。

1. ext 文件系统

Linux 操作系统最初引入的文件系统叫作**扩展文件系统**（extended filesystem，简称 ext），它为 Linux 提供了一个基本的类 Unix 文件系统，使用虚拟目录处理物理存储设备并在其中以固定大小的磁盘块（fixed-length block）形式保存数据。

ext 文件系统使用 i 节点（inode）跟踪存储在虚拟目录中文件的相关信息。i 节点系统在每个物理存储设备中创建一个单独的表（称作 **i 节点表**）来保存文件信息。虚拟目录中的每个文件在 i 节点表中有对应的条目。ext 文件系统名称中的 extended 部分得名自其所跟踪的每个文件的额外数据，包括以下内容。

- 文件名
- 文件大小
- 文件属主
- 文件属组
- 文件访问权限
- 指向存有文件数据的每个块的指针

Linux 通过一个唯一的数值（称作 i 节点号）来引用 i 节点表中的 i 节点，这个值是创建文件时由文件系统分配的。文件系统是通过 i 节点号而非文件名和路径来标识文件的。

2. ext2 文件系统

最早的 ext 文件系统限制颇多，比如文件大小不得超过 2 GB。在 Linux 出现后不久，ext 文件系统就升级到了第二代扩展文件系统，称作 ext2。

在保持与 ext 相同的文件系统结构的同时，ext2 在功能上做了扩展。

- 在 i 节点表中加入了文件的创建时间、修改时间以及最后一次访问时间。
- 允许的最大文件大小增至 2 TB，后期又增加到 32 TB。
- 保存文件时按组分配磁盘块。

ext2 文件系统也有限制。如果系统在存储文件和更新 i 节点表之间发生了什么事情，则两者内容可能无法同步，潜在的结果是丢失文件在磁盘上的数据位置。ext2 文件系统由于容易在系统崩溃或断电时损坏而臭名昭著。没过多久，开发人员就开始研究新的 Linux 文件系统了。

8.1.2 日志文件系统

日志文件系统为 Linux 系统增加了一层安全性。它放弃了之前先将数据直接写入存储设备再更新 i 节点表的做法，而是先将文件变更写入临时文件（称作**日志**）。在数据被成功写到存储设备和 i 节点表之后，再删除对应的日志条目。

如果系统在数据被写入存储设备之前崩溃或断电，则日志文件系统会读取日志文件，处理尚未提交的数据。

Linux 中有 3 种广泛使用的日志方法，每种的保护等级都不相同，如表 8-1 所示。

表 8-1 日志文件系统方法

方法	描述
数据模式	i 节点和文件数据都会被写入日志；数据丢失风险低，但性能差
有序模式	只有 i 节点数据会被写入日志，直到文件数据被成功写入后才会将其删除；在性能和安全性之间取得了良好的折中
回写模式	只有 i 节点数据会被写入日志，但不控制文件数据何时写入；数据丢失风险高，但仍好于不用日志

数据模式日志方法是目前为止最安全的数据保护方法，但速度也是最慢的。所有写入存储设备的数据都必须写两次：一次写入日志，另一次写入实际的存储设备。这样会导致性能低下，对要进行大量数据写入的系统来说更是如此。

这些年来，在 Linux 中出现了一些不同的日志文件系统。接下来我们将简要介绍常见的 Linux 日志文件系统。

1. ext3 文件系统

ext3 文件系统是 ext2 的后续版本，支持最大 2 TB 的文件，能够管理 32 TB 大小的分区。在默认情况下，ext3 采用有序模式的日志方法，不过也可以通过命令行选项改用其他模式。ext3 文件系统无法恢复误删的文件，也没有提供数据压缩功能。

2. ext4 文件系统

作为 ext3 的后续版本，ext4 文件系统最大支持 16 TiB 的文件，能够管理 1 EiB 大小的分区。在默认情况下，ext4 采用有序模式的日志方法，不过也可以通过命令行选项改用其他模式。另外还支持加密、压缩以及单目录下不限数量的子目录。先前的 ext2 和 ext3 也可以作为 ext4 挂载，以提高性能表现。

3. JFS 文件系统

作为可能是目前依然在用的最旧的日志文件系统之一，JFS（journaled file system，日志化文件系统）[①]是 IBM 在 1990 年为其 Unix 衍生版 AIX（advanced interactive executive）开发的。然而，直到第 2 版时它才被移植到 Linux 环境中。

注意 IBM 官方将第 2 版的 JFS 文件系统命名为 JFS2，但大多数 Linux 系统还是称其为 JFS。

JFS 文件系统采用的是有序模式的日志方法，只在日志中保存 i 节点数据，直到文件数据被写进存储设备后才将其删除。

4. ReiserFS 文件系统

2001 年，Hans Reiser 为 Linux 设计并编写了首个日志文件系统 ReiserFS，ext3 和 ext4 的特性都可以在其中找到。Linux 现在已经不再支持最新的 Reiser4 了。

5. XFS 文件系统

XFS（X file system）是 Silicon Graphics 公司为其高级图形工作站（现在已退出市场）开发的文件系统，提供了一些先进的高性能特性，这使其仍流行于 Linux 中。

XFS 文件系统采用回写模式的日志方法，在提供了高性能的同时也引入了一定的风险，因为实际数据并未存进日志文件。

① journaled file system 是 journaling file system 的一种实现。因为两者的中文表述接近，所以为了避免混淆，后文中都将用 JFS 缩写代替。——译者注

8.1.3 卷管理文件系统

采用了日志技术，就必须在安全性和性能之间做出选择。尽管数据模式日志提供了最高的安全性，但是会给性能带来影响，因为 i 节点和数据都需要被日志化。如果是回写模式日志，那么性能倒是可以接受，但安全性又无法保证。

就文件系统而言，日志技术的替代选择是一种称作写时复制（copy-on-write，COW）的技术。COW 通过**快照**（snapshot）兼顾了安全性和性能。在修改数据时，使用的是**克隆**或**可写快照**。修改过的数据并不会直接覆盖当前数据，而是被放入文件系统中另一个位置。

注意　真正的 COW 系统仅在数据修改完成之后才会改动旧数据。如果从不覆盖旧数据，那么这种操作准确来说称作写时重定向（redirect-on-write，ROW）。不过，通常都将 ROW 简称为 COW。

尽管磁盘存储容量多年来显著增加，但对更多空间的需求始终存在。从一个或多个磁盘（或磁盘分区）创建的**存储池**提供了生成虚拟磁盘（称作**卷**）的能力。通过存储池，可以根据需要增加卷，在提供灵活性的同时大大减少停机时间。

提供了 COW、快照和卷管理特性的文件系统日渐流行。接下来将介绍其中最流行的 Btrfs 和 ZFS，以及“新人”Stratis。

1. ZFS 文件系统

ZFS 文件系统最初由 Sun Microsystems 于 2005 年发布，用于 OpenSolaris 操作系统。从 2008 年起开始向 Linux 移植，最终在 2012 年投入使用。

ZFS 是一个稳定的文件系统，与 Resier4、Btrfs 和 ext4 势均力敌。它拥有数据完整性验证和自动修复功能，支持最大 16 EB 的文件，能够管理 256 万亿 ZB（256 quadrillion zettabyte）的存储空间。这可着实不小！

ZFS 最大的弱项是没有采用 GNU 通用公共许可证（GNU General Public License，GPL），因此无法被纳入 Linux 内核。幸运的是，大多数 Linux 发行版提供了相应的安装方法。

2. Btrfs 文件系统

Btrfs 文件系统（通常发音为 butter-fs）也称为 B-tree 文件系统，由 Oracle 公司于 2007 年开始研发。Btrfs 在 Reiser4 的诸多特性基础上改进了可靠性。其他开发人员随后也逐步加入了开发过程，帮助 Btrfs 迅速蹿升为最流行的文件系统。究其原因，还要归根于它的稳定性、易用性以及能够动态调整已挂载文件系统的大小。

虽然 openSUSE Linux 发行版将 Btrfs 确立为其默认文件系统，但在 2017 年，Red Hat 废弃了 Btrfs，不再支持该文件系统（RHEL 版本 8 以及后续版本）。遗憾的是，对那些选择了 RHEL 的组织而言，这意味着无法再选用 Btrfs。

3. Stratis 文件系统

当 Red Hat 弃用 Btrfs 时，决定创建一种新的文件系统，即 Stratis。但是 Stratis 并不符合文件系统的标准定义。相反，它提供了更多的管理视角。Stratis 维护的存储池由一个或多个 XFS 文件系统组成，同时还提供与传统的卷管理文件系统（比如 ZFS 和 Btrfs）相似的 COW 功能。在描述该文件系统的时候，经常会听到“易用性”和“高级存储特性”这两个词，但就目前而言，Stratis 是否实至名归，下结论还为时过早。

注意　XFS 近年来一直在改进其 COW 功能。例如，它现在有一个 `always_cow` 模式，这使得 XFS 在修改时不会覆盖原始数据。

Stratis 首次现身于 Fedora 29（2018 年发布），在 RHEL v8 中被作为技术预览功能。这意味着 Stratis 还适用于生产环境。

8.2　使用文件系统

Linux 提供了一些实用工具，可以轻松地在命令行中进行文件系统操作，创建新的文件系统或修改已有的文件系统。本节将带你逐步了解文件系统管理命令。

8.2.1　创建分区

首先，需要在存储设备上创建可容纳文件系统的分区。分区范围可以是整个硬盘，也可以是部分硬盘以包含虚拟目录的一部分。

可用于组织和管理分区的工具不止一种。本节重点关注其中 3 种。

- `fdisk`
- `gdisk`
- GNU `parted`

有时候，创建磁盘分区时最麻烦的地方就是找出 Linux 系统中的物理硬盘。Linux 采用了一种标准格式来为硬盘分配设备名称，在进行分区之前，必须熟悉这种格式。

- SATA 驱动器和 SCSI 驱动器：设备命名格式为/dev/sd*x*，其中字母 *x* 具体是什么要根据驱动器的检测顺序决定（第一个检测到的驱动器是 a，第二个是 b，以此类推）。
- SSD NVMe 驱动器：设备命名格式为/dev/nvme*N*n#，其中数字 *N* 具体是什么要根据驱动器的检测顺序决定（从 0 起始）。#是分配给该驱动器的名称空间编号（从 1 起始）。
- IDE 驱动器：设备命名格式为/dev/hd*x*，其中字母 *x* 具体是什么要根据驱动器的检测顺序决定（第一个检测到的驱动器是 a，第二个是 b，以此类推）。

有了正确的驱动器名称之后，就该考虑使用哪种分区工具了。接下来将介绍 3 种工具。

1. `fdisk`

`fdisk` 是一款老而弥坚的工具，可以在任何存储设备上创建和管理分区。但是，`fdisk` 只能处理最大 2 TB 的硬盘。如果大于此容量，则只能使用 gdisk 或 GNU parted 代替。

提示　如果存储设备是首次分区，则 fdisk 会警告你该设备没有分区表。

fdisk 是一个交互式程序，允许你输入命令来逐步完成硬盘分区操作。要启动 fdisk，需要指定待分区的存储设备的名称，同时还必须有超级用户权限（以 root 用户登录或使用 sudo 命令）。

```
# whoami
root
# fdisk /dev/sda

Welcome to fdisk (util-linux 2.32.1).
Changes will remain in memory only, until you decide to write them.
Be careful before using the write command.


Command (m for help):
```

fdisk 使用自己的命令行，允许你提交命令，对存储设备进行分区。表 8-2 展示了一些常用命令。

表 8-2　常用的 fdisk 命令

命　令	描　述
a	设置活动分区标志
b	编辑 BSD Unix 系统使用的标签
c	设置 DOS 兼容标志
d	删除分区
g	创建新的空 GTP 分区表
G	创建 IRIX（SGI）分区表
l	显示可用的分区类型
m	显示命令菜单
n	添加一个新分区
o	创建新的空 DOS 分区表
p	显示当前分区表
q	退出，不保存更改
s	为 Sun Unix 系统创建一个新标签
t	修改分区的系统 ID
u	修改显示单元
v	验证分区表
w	将分区表写入磁盘并退出
x	附加功能（仅供专家使用）

p 命令会显示指定存储设备当前的分区表：

```
Command (m for help): p
Disk /dev/sda: 20 GiB, 21474836480 bytes, 41943040 sectors
Units: sectors of 1 * 512 = 512 bytes
Sector size (logical/physical): 512 bytes / 512 bytes
I/O size (minimum/optimal): 512 bytes / 512 bytes
Disklabel type: dos
Disk identifier: 0x8a136eb4

Device     Boot   Start      End  Sectors Size Id Type
/dev/sda1  *       2048  2099199  2097152   1G 83 Linux
/dev/sda2       2099200 41943039 39843840  19G 8e Linux LVM

Command (m for help):
```

在这个例子中，/dev/sda 划分了两个分区：sda1 和 sda2。第一个分区分配了 1 GB 的磁盘空间（Size 列），第二个分区分配了 19 GB 多一点儿的磁盘空间。

fdisk 命令有些简陋，不允许调整现有分区的大小。你能做的是删除现有分区，然后重新创建。

提示 一些发行版和比较旧的发行版在创建好分区后不会自动通知 Linux 系统。在这种情况下，需要使用 partprobe 命令或 hdparm 命令（参见命令相关的手册页），或者重启系统，使其读取更新后的分区表。

如果对分区做了改动，那么务必使用 w 命令将改动写入硬盘后再退出。如果不想保存修改内容，则直接使用 q 命令退出：

```
Command (m for help): q
#
```

下面的例子在/dev/sdb 硬盘上创建了一个新分区，在 8.2.2 节中会用到：

```
$ sudo fdisk /dev/sdb
[sudo] password for christine:
[...]
Command (m for help): n
Partition type
   p   primary (0 primary, 0 extended, 4 free)
   e   extended (container for logical partitions)
Select (default p): p
Partition number (1-4, default 1): 1
First sector (2048-4194303, default 2048):
Last sector, +sectors or +size{K,M,G,T,P} (2048-4194303,
default 4194303):

Created a new partition 1 of type 'Linux' and of size 2 GiB.

Command (m for help): w
The partition table has been altered.
Calling ioctl() to re-read partition table.
Syncing disks.

$
```

现在，新分区/dev/sdb1 就等着格式化了。注意，在使用 fdisk 创建新分区时，无须输入任何信息。只需按 Enter 键，接受给出的默认值即可。

2. gdisk

如果存储设备要采用 GUID 分区表（GUID partition table，GPT），就要用到 gdisk：

```
$ sudo gdisk /dev/sda
[sudo] password for christine:
GPT fdisk (gdisk) version 1.0.3

Partition table scan:
  MBR: MBR only
  BSD: not present
  APM: not present
  GPT: not present

***************************************************************
Found invalid GPT and valid MBR; converting MBR to GPT format
in memory. THIS OPERATION IS POTENTIALLY DESTRUCTIVE! Exit by
typing 'q' if you don't want to convert your MBR partitions
to GPT format!
***************************************************************
[...]
Command (? for help): q
$
```

gdisk 会识别存储设备所采用的分区类型。如果当前未使用 GPT 方法，则 gdisk 会提供相应的选项，将其转换为 GPT。

警告　在转换存储设备分区类型的时候务必小心。所选择的类型必须与系统固件（BIOS 或 UEFI）兼容，否则，将无法引导设备。

---

gdisk 也提供了自己的命令行提示符，允许输入命令进行分区操作，如表 8-3 所示。

表 8-3　常用的 gdisk 命令

命　令	描　述
b	将 GTP 数据备份至文件
c	修改分区名称
d	删除分区
i	显示分区的详细信息
l	显示可用的分区类型
n	添加一个新分区
o	创建一个新的空 GUID 分区表（GPT）
p	显示当前分区表
q	退出，不保存更改
r	恢复和转换选项（仅供专家使用）

（续）

命　令	描　述
s	排序分区
t	修改分区的类型代码
v	验证磁盘
w	将分区表写入磁盘并退出
x	附加功能（仅供专家使用）
?	显示命令菜单

你会注意到 gdisk 的很多命令和 fdisk 差不多，这使得在这两款工具之间来回切换就容易多了。

3. GNU parted

GNU parted 提供了另一种命令行界面来处理分区。不同于 fdisk 和 gdisk，GNU parted 中的命令更像是单词：

```
$ sudo parted
GNU Parted 3.2
Using /dev/sda
Welcome to GNU Parted! Type 'help' to view a list of commands.
(parted) print
Model: ATA VBOX HARDDISK (scsi)
Disk /dev/sda: 21.5GB
Sector size (logical/physical): 512B/512B
Partition Table: msdos
Disk Flags:

Number  Start   End     Size    Type     File system  Flags
 1      1049kB  1075MB  1074MB  primary  ext4         boot
 2      1075MB  21.5GB  20.4GB  primary               lvm

(parted) quit
$
```

parted 的卖点之一是允许调整现有的分区大小，所以可以很容易地收缩或扩大磁盘分区。

8.2.2 创建文件系统

将数据存储到分区之前，必须使用某种文件系统对其进行格式化，以便 Linux 能够使用分区。每种文件系统类型都有自己专门的格式化工具。表 8-4 列出了本章讨论的各种文件系统所对应的工具。

表 8-4 创建文件系统的命令行工具

工　具	用　途
mkefs	创建 ext 文件系统
mke2fs	创建 ext2 文件系统

（续）

工　具	用　途
mkfs.ext3	创建 ext3 文件系统
mkfs.ext4	创建 ext4 文件系统
mkreiserfs	创建 ReiserFS 文件系统
jfs_mkfs	创建 JFS 文件系统
mkfs.xfs	创建 XFS 文件系统
mkfs.zfs	创建 ZFS 文件系统
mkfs.btrfs	创建 Btrfs 文件系统

并非所有的文件系统工具都已经默认安装过。要想知道某个工具是否可用，可以使用 type 命令：

```
$ type mkfs.ext4
mkfs.ext4 is /usr/sbin/mkfs.ext4
$
$ type mkfs.btrfs
-bash: type: mkfs.btrfs: not found
$
```

上面的例子显示了 mkfs.ext4 是可用的，而 mkfs.btrfs 则不可用。

提示　检查你使用的 Linux 发行版是否支持要创建的文件系统。如果支持，但还没有安装相关的文件系统工具的话，可以按照第 9 章介绍过的方法自行安装。

所有的文件系统命令都允许通过不带选项的简单形式来创建默认的文件系统，但要求你拥有超级用户权限：

```
$ sudo mkfs.ext4 /dev/sdb1
[sudo] password for christine:
mke2fs 1.44.6 (5-Mar-2019)
Creating filesystem with 524032 4k blocks and 131072 inodes
[...]
Creating journal (8192 blocks): done
Writing superblocks and filesystem accounting information: done
$
```

这个新文件系统采用了 ext4 文件系统类型，这是 Linux 的日志文件系统。注意，创建过程中有一步是创建新的日志。

提示　每个文件系统命令都有大量命令行选项，允许你定制如何在分区上创建文件系统。要查看所有可用的命令行选项，可以使用 man 命令（参见第 3 章）显示相应命令的手册页。

为分区创建好文件系统之后，下一步是将其挂载到虚拟目录中的某个挂载点，以便在新分区中存储数据。挂载点可以是虚拟目录中的任何位置。

```
$ mkdir /home/christine/part
$
$ sudo mount -t ext4 /dev/sdb1 /home/christine/part
[sudo] password for christine:
$
$ lsblk -f /dev/sdb
NAME   FSTYPE LABEL UUID       MOUNTPOINT
sdb
└sdb1 ext4           a8d1d[...]  /home/christine/part
$
```

mkdir 命令（参见第 3 章）在虚拟目录中创建了挂载点，mount 命令会将新分区的文件系统添加到挂载点。mount 命令的-t 选项指明了要挂载的文件系统类型（ext4）。lsblk -f 命令可以显示新近格式化过并挂载的分区。

警告 这种挂载文件系统的方法只能实现临时挂载，重启系统后就失效了。要强制 Linux 在启动时自动挂载文件系统，可以将其添加到/etc/fstab 文件中。

文件系统现在已经被挂载到虚拟目录中，可以投入日常使用了。可惜，在日常使用过程中难免会出现一些严重的问题，比如文件系统损坏。接下来将演示如何应对这种问题。

8.2.3 文件系统的检查与修复

就算是现代文件系统，碰上突然断电或者某个不规矩的程序在访问文件时锁死了系统，也会出现错误。好在有一些命令行工具可以试着将文件系统恢复正常。

每种文件系统各自都有相应的恢复命令。这可能会让场面变得混乱，随着 Linux 环境中可用的文件系统越来越多，你不得不掌握大量的命令。幸运的是，通用的前端程序可以判断存储设备使用的文件系统并根据要恢复的文件系统调用适合的恢复命令。

fsck 命令可以检查和修复大部分 Linux 文件系统类型，包括本章早些时候讨论的那些文件系统。该命令的格式如下：

```
fsck options filesystem
```

你可以在命令行中列出多个要检查的文件系统。文件系统可以通过多种方法指定，比如设备名或其在虚拟目录中的挂载点。但在对其使用 fsck 之前，必须先卸载设备。

提示 尽管日志文件系统的用户确实也要用到 fsck 命令，但对于使用 COW 的文件系统是否真的需要，还存在争议。实际上，ZFS 文件系统甚至都没有提供 fsck 工具的接口。fsck.xfs 命令和 fsck.btrfs 命令仅仅就是个桩（stub）[①]而已，什么都不干。对于 COW 文件系统，如果需要高级修复选项，请查看其相应文件系统修复工具的手册页。

① 桩通常是一段并不执行任何实际功能的程序。——译者注

fsck 命令会使用/etc/fstab 文件自动决定系统中已挂载的存储设备的文件系统。如果存储设备尚未挂载（比如刚刚在新的存储设备上创建了文件系统），则需要用-t 命令行选项指定文件系统类型。表 8-5 列出了其他可用的命令行选项。

表 8-5　fsck 常用的命令行选项

选　项	描　述
-a	检测到错误时自动修复文件系统
-A	检查/etc/fstab 文件中列出的所有文件系统
-N	不进行检查，只显示要检查的内容
-r	出现错误时进行提示
-R	使用-A 选项时跳过根文件系统
-t	指定要检查的文件系统类型
-V	在检查时产生详细输出
-y	检测到错误时自动修复文件系统

你可能注意到了，有些命令行选项是重复的。这是为多个命令实现通用前端带来的部分问题。有些文件系统修复命令有额外的可用选项。

提示　你只能对未挂载的文件系统执行 fsck 命令。对大多数文件系统来说，只需先卸载文件系统，检查完成之后再重新挂载即可。但因为根文件系统含有 Linux 所有的核心命令和日志文件，所以无法在处于运行状态的系统中卸载它。

这正是 Linux Live CD、DVD 或 USB 大展身手的时机。只需用 Linux Live 媒介启动系统即可，然后对根文件系统执行 fsck 命令。

到目前为止，本章讲解了如何处理物理存储设备中的文件系统。Linux 还提供了另一些可以为文件系统创建逻辑存储设备的方法。下一节将介绍如何使用逻辑存储设备。

8.3　逻辑卷管理

数据只会越来越多。如果你在硬盘的标准分区上创建了文件系统，那么向已有的文件系统增添额外的存储空间多少是一种痛苦的体验。你只能在同一个物理硬盘的可用空间范围内调整分区大小。如果硬盘上没有地方了，就得找一个更大的硬盘，手动将已有的文件系统转移到新硬盘。

这时候可以通过将另一块硬盘上的分区加入已有的文件系统来动态地添加存储空间。Linux **逻辑卷管理器**（logical volume manager，LVM）正是用来做这个的。它可以让你在无须重建整个文件系统的情况下，轻松地管理磁盘空间。本节将介绍逻辑卷以及各种相关术语，并会给出具体的操作步骤。

8.3.1 LVM 布局

LVM 允许将多个分区组合在一起，作为单个分区（逻辑卷）进行格式化、在 Linux 虚拟目录结构上挂载、存储数据等。随着数据需求的增长，你还可以继续向逻辑卷添加分区。

LVM 由 3 个主要部分组成，接下来会逐一讲解。每一个组成部分在创建和维护逻辑卷的过程中都扮演着重要的角色。

1. 物理卷

物理卷（physical volume，PV）通过 LVM 的 `pvcreate` 命令创建。该命令指定了一个未使用的磁盘分区（或整个驱动器）由 LVM 使用。在这个过程中，LVM 结构、卷标和元数据都会被添加到该分区。

2. 卷组

卷组（volume group，VG）通过 LVM 的 `vgcreate` 命令创建。该命令会将 PV 加入存储池，后者随后用于构建各种逻辑卷。[①]

可以存在多个卷组。当你使用 `vgcreate` 将一个或多个 PV 加入 VG 时，也会同时添加卷组的元数据。

被指定为 PV 的分区只能属于单个 VG。但是，被指定为 PV 的其他分区可以属于其他 VG。

3. 逻辑卷

逻辑卷（logical volume，LV）通过 LVM 的 `lvcreate` 命令创建。这是逻辑卷创建过程的最终产物。LV 由 VG 的存储空间块[②]组成。你可以使用文件系统格式化 LV，然后将其挂载，像普通的磁盘分区那样使用。

尽管可以有多个 VG，但 LV 只能从一个指定的 VG 中创建。[③]不过，多个 LV 可以共享单个 VG。你可以使用相应的 LVM 命令调整（增加或减少）LV 的容量。该特性赋予了数据存储管理极大的灵活性。

使用 LVM 划分和管理数据存储设备的方法不止一种。接下来，我们将深入了解相关的细节。

8.3.2 Linux 中的 LVM

`lvm` 是用于创建和管理 LV 的交互式实用工具。如果尚未安装，可以通过 lvm2 软件包安装（参见第 9 章）。各种 LVM 工具直接在 CLI 中就可以使用，无须进入 `lvm`。

注意 lvm2 或 LVM2 中的 2 指的是版本号。相较于 LMV 版本 1（lvm1），新版本额外添加了一些特性并改善了设计。本章中使用的就是 LVM2。

---

① 也就是说，多个物理卷（PV）集中在一起会形成卷组（VG），由此形成了一个存储池，从中为逻辑卷（LV）分配存储空间。——译者注

② 这些块叫作 PE（physical extents）。——译者注

③ 也就是说，LV 不能跨 VG 创建。——译者注

首次设置逻辑卷的步骤如下。

(1) 创建物理卷。

(2) 创建卷组。

(3) 创建逻辑卷。

(4) 格式化逻辑卷。

(5) 挂载逻辑卷。

在设置逻辑卷的前 3 个步骤中涉及一些重要的考量。你在早期步骤中做出的每一个决定都将影响逻辑卷管理的灵活性和难度。

1. 创建 PV

在指定作为 PV 的存储设备之前，先确保已经分区且未使用。可以使用 pvcreate 命令指定要作为 PV 的分区，执行该命令需要有超级用户权限：

```
$ lsblk
NAME         MAJ:MIN RM  SIZE RO TYPE MOUNTPOINT
[...]
sdb            8:16   0    2G  0 disk
└sdb1          8:17   0    2G  0 part
sdc            8:32   0    1G  0 disk
└sdc1          8:33   0 1023M  0 part
sdd            8:48   0    1G  0 disk
└sdd1          8:49   0 1023M  0 part
sde            8:64   0    1G  0 disk
└sde1          8:65   0 1023M  0 part
sr0           11:0    1 1024M  0 rom
$
$ sudo pvcreate /dev/sdc1 /dev/sdd1 /dev/sde1
[sudo] password for christine:
  Physical volume "/dev/sdc1" successfully created.
  Physical volume "/dev/sdd1" successfully created.
  Physical volume "/dev/sde1" successfully created.
$
```

最好多设置几个 PV。LVM 的关键在于将额外的存储空间动态添加到 LV。设置过 PV 后，就该创建 VG 了。

2. 创建 VG

只要是 PV，就可以加入 VG。创建 VG 的命令是 vgcreate。

提示　在创建 VG 的过程中可以指定多个 PV。如果随后需要向 VG 中添加 PV，可以使用 vgextend 命令。

通常的做法是将第一个 VG 命名为 vg00，将下一个 VG 命名为 vg01，以此类推。不过，具体怎么命名是你自己的选择。由于许多发行版在安装期间为虚拟目录结构的根（/）设置了 LVM，因此最好使用 vgdisplay 命令检查一下系统当前的 VG：

```
$ sudo vgdisplay
  --- Volume group ---
  VG Name               cl
  System ID
  Format                lvm2
[...]
$
```

注意，在上面的例子中，名为 c1 的 VG 已经设置好了。为安全起见，使用 vg00 作为第一个 VG 的名称：

```
$ sudo vgcreate vg00 /dev/sdc1 /dev/sdd1
  Volume group "vg00" successfully created
$
```

以上例子只用了两个 PV（/dev/sdc1 和/dev/sdd1）来创建 VG vg00。现在，我们的 VG 存储池中至少包含了一个 PV，可以创建 LV 了。

3. 创建 LV

可以使用 lvcreate 命令创建 LV。LV 的大小由-L 选项设置，使用的空间取自指定的 VG 存储池：

```
$ sudo lvcreate -L 1g -v vg00
[sudo] password for christine:
  Archiving volume group "vg00" metadata (seqno 1).
  Creating logical volume lvol0
[...]
  Logical volume "lvol0" created.
$
```

注意，从 VG 中创建的第一个 LV 的名称为 lvo10，其完整的设备路径名是/dev/vg00/lvol0。 8

注意 如果出于某种原因，VG 没有足够的存储空间来满足 LV 要求的大小，那么 lvcreate 命令将无法创建 LV。你会看到错误消息 insufficient free space error。

创建好 LV 之后，可以使用 lvdisplay 命令显示相关信息。注意，命令中的完整路径名用于指定 LV：

```
$ sudo lvdisplay /dev/vg00/lvol0
[sudo] password for christine:
  --- Logical volume ---
  LV Path                /dev/vg00/lvol0
  LV Name                lvol0
  VG Name                vg00
[...]
  LV Size                1.00 GiB
[...]
$
```

除了 lvdisplay 命令，也可以使用 lvs 命令和 lvscan 命令显示系统的 LV 信息。有选择总是件好事。

8.3.3　使用 Linux LVM

一旦创建好 LV，就可以将其视作普通分区。当然，不同之处在于你可以根据需要，扩大或收缩这个分区。但在此之前，必须将 LV 挂载到虚拟目录结构中。

1. 格式化和挂载 LV

对于 LV，无须执行任何特殊操作就可以在其上创建文件系统，然后再挂载到虚拟目录结构中：

```
$ sudo mkfs.ext4 /dev/vg00/lvol0
[sudo] password for christine:
[...]
Writing inode tables: done
Creating journal (8192 blocks): done
Writing superblocks and filesystem accounting information: done

$ mkdir my_LV
$ sudo mount -t ext4 /dev/vg00/lvol0 my_LV
$ ls my_LV
lost+found
$
```

现在，LVM 的各个组成部分都已经创建妥当，LV 也挂载到了虚拟目录结构中，可以随意使用了。如果想在系统重启时自动挂载新的 LV，别忘了在/etc/fstab 文件中添加一条记录。

2. 扩大或收缩 VG 和 LV

是时候扩大 VG 或 LV 的容量了。这可能是由于数据量增加，或者安装了新的应用程序。不过，你也可能希望收缩 VG 或 LV。如果无法访问用于执行这些操作的图形化界面，不用担心，表 8-6 列出了可以完成这些任务的常用命令。

表 8-6　扩大或收缩 LVM 的命令

命　令	功　能
Vgextend	将 PV 加入 VG
Vgreduce	从 VG 中删除 PV
lvextend	扩大 LV 的容量
lvreduce	收缩 LV 的容量

利用这些命令，可以更好地控制 Linux LVM 环境。其他相关细节可参看手册页。

提示　要想了解所有的 LVM 命令，可以在命令行中输入 `lvm help`。

使用本章介绍的各种命令行程序，你不仅可以完全控制 Linux LVM 环境，还能获得 LVM 提供的额外灵活性。

8.4 小结

在 Linux 中使用存储设备需要懂一点儿文件系统知识。知道如何在命令行中创建和处理文件系统迟早能在工作中派上用场。本章讨论了如何使用 Linux 命令行处理文件系统。

在将文件系统安装到存储设备之前，需要先将设备准备好。`fdisk` 命令、`gdisk` 命令和 `parted` 命令可用于对存储设备进行分区，以便安装文件系统。在分区时，必须定义使用什么类型的文件系统。

划分完存储设备分区后，可以为该分区选用一种文件系统。流行的 Linux 文件系统提供了日志或卷管理特性，降低了文件系统出错的概率。

直接在存储设备分区上创建文件系统的一个局限性是，如果硬盘空间用完了，你无法轻易地改变文件系统的大小。但 Linux 支持逻辑卷管理，这是一种跨多个存储设备创建虚拟分区的方法，允许你轻松地扩展已有的文件系统，而无须完全重建。

现在你已经学习了核心的 Linux 命令行命令，差不多是时候开始编写一些 shell 脚本程序了。但在此之前，还有另一件事情要讨论：安装软件。如果你打算编写 shell 脚本，就需要有一个环境来完成你的杰作。第 9 章将讨论如何在不同的 Linux 环境中通过命令行安装和管理软件包。

第 9 章

安装软件

本章内容

- 安装软件
- 使用 Debian 软件包
- 使用 Red Hat 软件包
- 应用程序容器
- 再谈 tarball

在Linux 的早期，安装软件可不是什么令人愉悦的体验。幸好 Linux 开发人员已经把软件打包成更易于安装的预编译软件包，让我们的工作稍微轻松了一些。不过，你多少还是得动手来安装软件包，尤其是准备通过命令行方式安装的时候。本章将介绍 Linux 中的各种软件包管理系统以及用来进行软件安装、管理和删除的命令行工具。

9.1 软件包管理基础

在深入了解 Linux 软件包管理之前，本章会先介绍一些基础知识。各种主流的 Linux 发行版都采用了某种形式的软件包管理系统来控制软件和库的安装。**软件包管理系统**使用数据库来记录下列内容。

- Linux 系统中已安装的软件包。
- 每个软件包安装了哪些文件。
- 每个已安装的软件包的版本。

软件包存储在称为**仓库**（repository）的服务器上，可以利用本地 Linux 系统中的软件包管理器通过 Internet 访问，在其中搜索新的软件包，或是更新系统中已安装的软件包。

软件包通常存在**依赖关系**，为了能够正常运行，被依赖的包必须提前安装。软件包管理器会检测这些依赖关系并提前安装好所有额外的软件包。

软件包管理器的不足之处在于目前并没有统一的标准工具。不管你用的是哪个 Linux 发行版，本书到目前为止所讨论的所有 bash shell 命令都能工作，而对于软件包管理可就不一定了。

软件包管理器及其相关命令在不同的 Linux 发行版中天差地别。Linux 中广泛使用的两种主要的软件包管理系统基础工具是 dpkg 和 rpm。

基于 Debian 的发行版（比如 Ubuntu 和 Linux Mint）使用的是 dpkg 命令，该命令是其软件包管理系统的底层基础。dpkg 会直接和 Linux 系统中的软件包管理系统交互，用于安装、管理和删除软件包。

基于 Red Hat 的发行版（比如 Fedora、CentOS 和 openSUSE）使用的是 rpm 命令，该命令是其软件包管理系统的底层基础。与 dpkg 命令类似，rpm 命令也可以安装、管理和删除软件包。

注意，这两个命令是它们各自软件包管理系统的核心，并不代表整个软件包管理系统。许多使用 dpkg 命令或 rpm 命令的 Linux 发行版在这些基本命令的基础上构建了另一些专业的软件包管理器，这些软件包管理器能够助你事半功倍。接下来几节将逐步展示主流 Linux 发行版中的各种软件包管理器命令。

9.2 基于 Debian 的系统

dpkg 命令是基于 Debian 的软件包管理器的核心，用于在 Linux 系统中安装、更新、删除 DEB 包文件。

dpkg 命令假定你已经将 DEB 包文件下载到本地 Linux 系统或是以 URL 的形式提供。但很多时候并非如此。通常情况下，你更愿意从所用的 Linux 发行版仓库中安装软件包。为此，需要使用 APT（advanced package tool）工具集。

- apt-cache
- apt-get
- apt

apt 命令本质上是 apt-cache 命令和 apt-get 命令的前端。APT 的好处是不需要记住什么时候该使用哪个工具——它涵盖了软件包管理所需的方方面面。apt 命令的基本格式如下：

```
apt [options] command
```

command 定义了 apt 要执行的操作。如果需要，可以指定一个或多个 options 进行微调。本节将介绍如何在 Linux 系统中使用 APT 命令行工具处理软件包。

9

9.2.1 使用 apt 管理软件包

Linux 系统管理员面对的一个常见任务是确定系统中已经安装了哪些软件包。apt list 命令会显示仓库中所有可用的软件包，如果再加入--installed 选项，就可以限制仅输出那些已安装在系统中的软件包：

```
$ apt --installed list
Listing... Done
accountsservice/focal,now 0.6.55-0ubuntu11 amd64 [installed,automatic]
acl/focal,now 2.2.53-6 amd64 [installed,automatic]
acpi-support/focal,now 0.143 amd64 [installed,automatic]
acpid/focal,now 1:2.0.32-1ubuntu1 amd64 [installed,automatic]
```

```
adduser/focal,focal,now 3.118ubuntu2 all [installed,automatic]
adwaita-icon-theme/focal,focal,now 3.36.0-1ubuntu1 all [installed,automatic]
aisleriot/focal,now 1:3.22.9-1 amd64 [installed,automatic]
alsa-base/focal,focal,now 1.0.25+dfsg-0ubuntu5 all [installed,automatic]
alsa-topology-conf/focal,focal,now 1.2.2-1 all [installed,automatic]
alsa-ucm-conf/focal,focal,now 1.2.2-1 all [installed,automatic]
...
$
```

如你所料，已安装的软件包清单非常长，所以这里只显示了部分输出。软件包名称旁边是相关的附加信息，比如版本名称以及是否已安装并标记为自动升级。

如果已经知道系统中的某个软件包，希望显示其详细信息，可以使用 show 命令来操作：

```
apt show package_name
```

下面的例子显示了 zsh 的详细信息。

```
$ apt show zsh
Package: zsh
Version: 5.8-3ubuntu1
Priority: optional
Section: shells
Origin: Ubuntu
Maintainer: Ubuntu Developers <ubuntu-devel-discuss@lists.ubuntu.com>
Original-Maintainer: Debian Zsh Maintainers <pkg-zsh-devel@lists.alioth
.debian.org>
Installed-Size: 2,390 kB
Depends: zsh-common (= 5.8-3ubuntu1), libc6 (>= 2.29), libcap2 (>= 1:2.10),
libtinfo6 (>= 6)
Recommends: libgdbm6 (>= 1.16), libncursesw6 (>= 6), libpcre3
Suggests: zsh-doc
Download-Size: 707 kB
Description: shell with lots of features
 Zsh is a UNIX command interpreter (shell) usable as an
 interactive login shell and as a shell script command
 processor. Of the standard shells, zsh most closely resembles
 ksh but includes many enhancements. Zsh has command-line editing,
 built-in spelling correction, programmable command completion,
 shell functions (with autoloading), a history mechanism, and a
 host of other features.

$
```

注意 apt show命令并不会指明软件包是否已经安装。它只根据软件仓库显示该软件包的详细信息。

有一个细节无法通过 apt 获得，即与特定软件包相关的所有文件。为此，需要使用 dpkg 命令：

```
dpkg -L package_name
```

下面这个例子使用 dpkg 列出了 acl 软件包安装的所有文件：

```
$ dpkg -L acl
/.
/bin
/bin/chacl
/bin/getfacl
/bin/setfacl
/usr
/usr/share
/usr/share/doc
/usr/share/doc/acl
/usr/share/doc/acl/copyright
/usr/share/man
/usr/share/man/man1
/usr/share/man/man1/chacl.1.gz
/usr/share/man/man1/getfacl.1.gz
/usr/share/man/man1/setfacl.1.gz
/usr/share/man/man5
/usr/share/man/man5/acl.5.gz
/usr/share/doc/acl/changelog.Debian.gz
$
```

也可以执行相反的操作，即找出特定的文件属于哪个软件包：

```
dpkg --search absolute_file_name
```

注意，文件要使用绝对路径：

```
$ dpkg --search /bin/getfacl
acl: /bin/getfacl
$
```

输出表明文件 getfacl 属于 acl 软件包。

9.2.2 使用 apt 安装软件包

现在你已经知道如何列出软件包的相关信息，本节将介绍如何安装软件包。首先，需要确定要安装的软件包的名称。该怎么查找特定的软件包呢？答案是同时使用 apt 命令与 search 命令：

```
apt search package_name
```

search 命令的妙处在于不需要在 *package_name* 周围添加通配符，直接就有通配符的效果。在默认情况下，search 命令显示的是在名称或描述中包含搜索关键字的那些软件包，这有时候会产生误导。如果只想搜索软件包名称，可以加入--names-only 选项：

```
$ apt --names-only search zsh
Sorting... Done
Full Text Search... Done
fizsh/focal,focal 1.0.9-1 all
  Friendly Interactive ZSHell
```

```
zsh/focal 5.8-3ubuntu1 amd64
  shell with lots of features

zsh-antigen/focal,focal 2.2.3-2 all
  manage your zsh plugins

zsh-autosuggestions/focal,focal 0.6.4-1 all
  Fish-like fast/unobtrusive autosuggestions for zsh

zsh-common/focal,focal 5.8-3ubuntu1 all
  architecture independent files for Zsh

zsh-dev/focal 5.8-3ubuntu1 amd64
  shell with lots of features (development files)

zsh-doc/focal,focal 5.8-3ubuntu1 all
  zsh documentation - info/HTML format

zsh-static/focal 5.8-3ubuntu1 amd64
  shell with lots of features (static link)

zsh-syntax-highlighting/focal,focal 0.6.0-3 all
  Fish shell like syntax highlighting for zsh

zsh-theme-powerlevel9k/focal,focal 0.6.7-2 all
  powerlevel9k is a theme for zsh which uses powerline fonts

zshdb/focal,focal 1.1.2-1 all
  debugger for Z-Shell scripts

$
```

一旦找到待安装的软件包，就可以使用 apt 安装了，非常简单：

```
apt install package_name
```

输出中会显示该软件包的基本信息，询问是否要继续安装。

```
$ sudo apt install zsh
[sudo] password for rich:
Reading package lists... Done
Building dependency tree
Reading state information... Done
The following additional packages will be installed:
  zsh common
Suggested packages:
  zsh-doc
The following NEW packages will be installed:
  zsh zsh-common
0 upgraded, 2 newly installed, 0 to remove and 56 not upgraded.
Need to get 4,450 kB of archives.
After this operation, 18.0 MB of additional disk space will be used.
Do you want to continue? [Y/n] y
Fetched 4,450 kB in 4s (1,039 kB/s)
Selecting previously unselected package zsh-common.
```

```
(Reading database ... 179515 files and directories currently installed.)
Preparing to unpack .../zsh-common_5.8-3ubuntu1_all.deb ...
Unpacking zsh-common (5.8-3ubuntu1) ...
Selecting previously unselected package zsh.
Preparing to unpack .../zsh_5.8-3ubuntu1_amd64.deb ...
Unpacking zsh (5.8-3ubuntu1) ...
Setting up zsh-common (5.8-3ubuntu1) ...
Setting up zsh (5.8-3ubuntu1) ...
Processing triggers for man-db (2.9.1-1) ...
$
```

注意 上面的例子中用到了 sudo 命令。sudo 命令允许以 root 用户身份执行命令。像安装软件这类管理任务都需要使用 sudo 命令帮助完成。

可以使用 list 命令的--installed 选项检查安装是否正确。如果在输出中看到了软件包，那么说明已经安装好了。

注意，在安装指定的软件包时，apt 也会要求安装其他软件包。这是因为 apt 会自动解析必要的依赖关系，根据需要安装额外的库和软件包。这是很多软件包管理系统具备的一项非常棒的特性。

9.2.3 使用 apt 升级软件

虽然 apt 让你免受软件安装之烦，但协调有依赖关系的多个软件包的更新可不是件容易事。upgrade 命令可以使用仓库中的任何新版本安全地升级系统中所有的软件包：

```
apt upgrade
```

注意，该命令无须使用任何软件包名称作为参数。原因在于 upgrade 会将所有已安装的软件包升级为仓库中可用的最新版本，这样更有利于系统的稳定性。

下面的输出来自 apt upgrade 命令：

```
$
$ sudo apt upgrade
Reading package lists... Done
Building dependency tree
Reading state information... Done
Calculating upgrade... Done
The following NEW packages will be installed:
  binutils binutils-common binutils-x86-64-linux-gnu build-essential dpkg-dev
  fakeroot g++ g++-9 gcc gcc-9 libalgorithm-diff-perl
  libalgorithm-diff-xs-perl libalgorithm-merge-perl libasan5 libatomic1
  libbinutils libc-dev-bin libc6-dev libcrypt-dev libctf-nobfd0 libctf0
  libfakeroot libgcc-9-dev libitm1 liblsan0 libquadmath0 libstdc++-9-dev
  libtsan0 libubsan1 linux-libc-dev make manpages-dev
The following packages will be upgraded:
  chromium-codecs-ffmpeg-extra eog file-roller fonts-opensymbol gedit
  gedit-common gir1.2-gnomedesktop-3.0 glib-networking glib-networking-common
  glib-networking-services gnome-control-center gnome-control-center-data
```

```
  gnome-control-center-faces gnome-desktop3-data gnome-initial-setup
  libgnome-desktop-3-19 libjuh-java libjurt-java libnautilus-extension1a
  libnetplan0 libreoffice-base-core libreoffice-calc libreoffice-common
  libreoffice-core libreoffice-draw libreoffice-gnome libreoffice-gtk3
  libreoffice-help-common libreoffice-help-en-us libreoffice-impress
  libreoffice-math libreoffice-ogltrans libreoffice-pdfimport
  libreoffice-style-breeze libreoffice-style-colibre
  libreoffice-style-elementary libreoffice-style-tango libreoffice-writer
  libridl-java libuno-cppu3 libuno-cppuhelpergcc3-3 libuno-purpenvhelpergcc3-3
  libuno-sal3 libuno-salhelpergcc3-3 libunoloader-java nautilus nautilus-data
  netplan.io python3-distupgrade python3-uno thermald ubuntu-drivers-common
  ubuntu-release-upgrader-core ubuntu-release-upgrader-gtk uno-libs-private
  ure
56 upgraded, 32 newly installed, 0 to remove and 0 not upgraded.
Need to get 133 MB of archives.
After this operation, 143 MB of additional disk space will be used.
Do you want to continue? [Y/n]
```

注意，输出中不仅列出了要升级的软件包，还包括由于升级而必须安装的新软件包。

upgrade 命令在升级过程中不会删除任何软件包。如果必须删除某个软件包才能完成升级，可以使用以下命令：

```
apt full-upgrade
```

尽管听起来可能有些奇怪，但有时确实需要删除软件包以保持版本升级之间的同步。

注意　显然，应该定期执行 apt upgrade，保持系统处于最新状态，在安装了全新的发行版之后更该如此。有很多安全补丁和更新通常是在完整的发行版发布之后提供的。

9.2.4　使用 apt 卸载软件包

使用 apt 卸载软件包就像安装和更新一样轻松，唯一要做的选择是是否保留软件的数据和配置文件。

apt 的 remove 命令可以删除软件包，同时保留数据和配置文件。如果要将软件包以及相关的数据和配置文件全部删除，那么需要使用 purge 选项：

```
$ sudo apt purge zsh
Reading package lists... Done
Building dependency tree
Reading state information... Done
The following package was automatically installed and is no longer required:
  zsh-common
Use 'sudo apt autoremove' to remove it.
The following packages will be REMOVED:
  zsh*
0 upgraded, 0 newly installed, 1 to remove and 56 not upgraded.
After this operation, 2,390 kB disk space will be freed.
Do you want to continue? [Y/n] y
(Reading database ... 180985 files and directories currently installed.)
Removing zsh (5.8-3ubuntu1) ...
```

```
Processing triggers for man-db (2.9.1-1) ...
(Reading database ... 180928 files and directories currently installed.)
Purging configuration files for zsh (5.8-3ubuntu1) ...
$
```

注意，在 purge 的输出中，apt 警告我们 zsh-common 软件包存在依赖，不能自动删除，以免其他软件包还有需要。如果确定有依赖关系的软件包不会再有他用，可以使用 autoremove 命令将其删除：

```
$ sudo apt autoremove
Reading package lists... Done
Building dependency tree
Reading state information... Done
The following packages will be REMOVED:
  zsh-common
0 upgraded, 0 newly installed, 1 to remove and 56 not upgraded.
After this operation, 15.6 MB disk space will be freed.
Do you want to continue? [Y/n] y
(Reading database ... 180928 files and directories currently
installed.)
Removing zsh-common (5.8-3ubuntu1) ...
Processing triggers for man-db (2.9.1-1) ...
$
```

autoremove 命令会检查所有被标记为存在依赖关系且不再被需要的软件包。

9.2.5 apt 仓库

apt 默认的软件存储库位置是在安装 Linux 发行版时设置的。仓库位置保存在文件/etc/apt/sources.list 中。

在许多情况下，根本用不着添加/删除软件仓库，所以也就无须修改此文件。但是，apt 只会从这些仓库中拉取软件。此外，在搜索要安装或更新的软件时，apt 也只检查这些仓库。如果你想为你的软件包管理系统加入一些额外的软件仓库，那就得修改文件了。

9

提示 Linux 发行版开发人员努力确保加入仓库的软件包版本不会彼此之间发生冲突。通过仓库升级或安装软件包通常是最安全的方法。即便其他地方出现了新版本，最好也别急着安装，等到发行版的仓库中提供了该版本之后再动手。

下面是取自 Ubuntu 系统的 sources.list 文件示例：

```
$ cat /etc/apt/sources.list
#deb cdrom:[Ubuntu 20.04 LTS _Focal Fossa_ - Release amd64 (20200423)]/ focal
main restricted

# See http://help.ubuntu.com/community/UpgradeNotes for how to upgrade to
# newer versions of the distribution.
deb http://us.archive.ubuntu.com/ubuntu/ focal main restricted
# deb-src http://us.archive.ubuntu.com/ubuntu/ focal main restricted
```

```
## Major bug fix updates produced after the final release of the
## distribution.
deb http://us.archive.ubuntu.com/ubuntu/ focal-updates main restricted
# deb-src http://us.archive.ubuntu.com/ubuntu/ focal-updates main restricted

## N.B. software from this repository is ENTIRELY UNSUPPORTED by the Ubuntu
## team. Also, please note that software in universe WILL NOT receive any
## review or updates from the Ubuntu security team.
deb http://us.archive.ubuntu.com/ubuntu/ focal universe
# deb-src http://us.archive.ubuntu.com/ubuntu/ focal universe
deb http://us.archive.ubuntu.com/ubuntu/ focal-updates universe
# deb-src http://us.archive.ubuntu.com/ubuntu/ focal-updates universe

## N.B. software from this repository is ENTIRELY UNSUPPORTED by the Ubuntu
## team, and may not be under a free licence. Please satisfy yourself as to
## your rights to use the software. Also, please note that software in
## multiverse WILL NOT receive any review or updates from the Ubuntu
## security team.
deb http://us.archive.ubuntu.com/ubuntu/ focal multiverse
# deb-src http://us.archive.ubuntu.com/ubuntu/ focal multiverse
deb http://us.archive.ubuntu.com/ubuntu/ focal-updates multiverse
# deb-src http://us.archive.ubuntu.com/ubuntu/ focal-updates multiverse

## N.B. software from this repository may not have been tested as
## extensively as that contained in the main release, although it includes
## newer versions of some applications which may provide useful features.
## Also, please note that software in backports WILL NOT receive any review
## or updates from the Ubuntu security team.
deb http://us.archive.ubuntu.com/ubuntu/ focal-backports main restricted
universe multiverse
# deb-src http://us.archive.ubuntu.com/ubuntu/ focal-backports main
restricted universe multiverse

## Uncomment the following two lines to add software from Canonical's
## 'partner' repository.
## This software is not part of Ubuntu, but is offered by Canonical and the
## respective vendors as a service to Ubuntu users.
# deb http://archive.canonical.com/ubuntu focal partner
# deb-src http://archive.canonical.com/ubuntu focal partner

deb http://security.ubuntu.com/ubuntu focal-security main restricted
# deb-src http://security.ubuntu.com/ubuntu focal-security main restricted
deb http://security.ubuntu.com/ubuntu focal-security universe
# deb-src http://security.ubuntu.com/ubuntu focal-security universe
deb http://security.ubuntu.com/ubuntu focal-security multiverse
# deb-src http://security.ubuntu.com/ubuntu focal-security multiverse

# This system was installed using small removable media
# (e.g. netinst, live or single CD). The matching "deb cdrom"
# entries were disabled at the end of the installation process.
# For information about how to configure apt package sources,
# see the sources.list(5) manual.
$
```

首先，我们注意到文件里满是帮助性的注释和警告。使用下列结构来指定仓库源：

```
deb (or deb-src) address distribution_name package_type_list
```

deb 或 deb-src 指定了软件包的类型。deb 表明这是一个已编译程序的仓库源，而 deb-src 表明这是一个源代码的仓库源。

address 是软件仓库的网址。distribution_name 是该软件仓库的发行版的版本名称。在这个例子中，发行版名称是 focal。这未必就是说你使用的发行版为 Ubuntu Focal Fossa，只是说明这个 Linux 发行版正在用 Ubuntu Focal Fossa 软件仓库。例如，在 Linux Mint 的 sources.list 文件中，你能看到混用了 Linux Mint 和 Ubuntu 的软件仓库。

最后，package_type_list 可能并不止一个单词，它还表明仓库里面有什么类型的软件包。你可能会在其中看到如 main、restricted、universe 或 partner 这样的词。

当需要向 source_list 文件中添加软件仓库时，你可以自己发挥，但很可能会带来问题。软件仓库网站或各种软件包开发人员的网站上通常会有一行文本，你可以直接复制，然后粘贴到 sources.list 文件中。最好选择安全的访问途径并且只复制/粘贴。

前端界面 apt 提供了智能命令行选项来配合基于 Debian 的 dpkg 工具。现在是时候了解一下基于 Red Hat 的发行版的 rpm 工具及其各种前端界面了。

9.3 基于 Red Hat 的系统

和基于 Debian 的发行版类似，基于 Red Hat 的系统有以下几种前端工具。

- yum：用于 Red Hat、CentOS 和 Fedora。
- zypper：用于 openSUSE。
- dnf：yum 的升级版，有一些新增的特性。

上述前端全部基于命令行工具 rpm。接下来将讨论如何用这些基于 rpm 的工具来管理软件包。我们会重点介绍 dnf，但也会讲到 yum 和 zypper。

9.3.1 列出已安装的软件包

要找出系统中已安装的软件包，可以使用下列命令[①]：

```
dnf list installed
```

输出的信息可能会在屏幕上一闪而过，所以最好是将已安装软件的列表重定向到一个文件中，然后使用 more 命令或 less 命令（或 GUI 编辑器）来仔细查看：

```
dnf list installed > installed_software
```

要想查找特定软件包的详细信息，dnf 绝对不会让你失望。除了会给出软件包的详细描述，它还可以告诉你软件包是否已经安装：

① dnf 命令的语法为：dnf [options] [...]。——译者注

```
$ dnf list xterm
Last metadata expiration check: 0:05:17 ago on Sat 16 May 2020 12:10:24 PM EDT.
Available Packages
xterm.x86_64                    351-1.fc31                       updates

$ dnf list installed xterm
Error: No matching Packages to list

$ dnf list installed bash
Installed Packages
Bash.x86_64                     5.0.11-1.fc31                    @updates
$
```

最后，如果需要找出文件系统中的某个文件是由哪个软件包安装的，无所不能的 dnf 也能做到。只需输入以下命令：

```
dnf provides file_name
```

下面的例子会尝试找出哪个软件包安装了文件/usr/bin/gzip。

```
$ dnf provides /usr/bin/gzip
Last metadata expiration check: 0:12:06 ago on Sat 16 May 2020 12:10:24 PM EDT.
gzip-1.10-1.fc31.x86_64 : The GNU data compression program
Repo         : @System
Matched from:
Filename     : /usr/bin/gzip

gzip-1.10-1.fc31.x86_64 : The GNU data compression program
Repo         : fedora
Matched from:
Filename     : /usr/bin/gzip

$
```

dnf 分别检查了两个仓库：本地系统和默认的 fedora 仓库。

9.3.2 使用 dnf 安装软件

使用 dnf 安装软件包简直轻而易举。下面是安装软件包的基础命令，包括其所需的全部库以及依赖：

```
dnf install package_name
```

来看看如何安装 zsh 软件包，这是另一种命令行 shell。

```
$ sudo dnf install zsh
[sudo] password for rich:
Last metadata expiration check: 0:19:45 ago on Sat 16 May 2020 12:05:01 PM EDT.
Dependencies resolved.
================================================================================
 Package        Architecture     Version                 Repository        Size
================================================================================
Installing:
 zsh            x86_64           5.7.1-6.fc31            updates          2.9 M
```

```
Transaction Summary
================================================================================
Install 1 Package

Total download size: 2.9 M
Installed size: 7.4 M
Is this ok [y/N]:
Downloading Packages:
zsh-5.7.1-6.fc31.x86_64.rpm                        1.5 MB/s | 2.9 MB      00:01
--------------------------------------------------------------------------------
Total                                              1.0 MB/s | 2.9 MB      00:02
Running transaction check
Transaction check succeeded.
Running transaction test
Transaction test succeeded.
Running transaction
  Preparing        :                                                        1/1
  Installing       : zsh-5.7.1-6.fc31.x86_64                                1/1
  Running scriptlet: zsh-5.7.1-6.fc31.x86_64                                1/1
  Verifying        : zsh-5.7.1-6.fc31.x86_64                                1/1

Installed:
  zsh-5.7.1-6.fc31.x86_64

Complete!
$
```

注意 上面的例子中用到了 sudo 命令。该命令允许以 root 用户身份执行命令。你应该仅在执行安装和更新软件这类管理任务的时候才临时切换为 root 用户。

看到了吧，dnf 的优点之一就是富有逻辑且对用户友好的命令。

9.3.3 使用 dnf 升级软件

在大多数 Linux 发行版中，如果是在 GUI 环境下工作，就会有一些漂亮的小通知图标，告诉你需要更新软件了。如果是在命令行下，就得费点儿事了。

要查看已安装软件包的所有可用更新，可以输入下列命令：

```
dnf list upgrades
```

没输出就是好事，因为这说明没什么可升级的。但如果你发现有需要升级的软件包，可以输入下列命令：

```
dnf upgrade package_name
```

如果想升级更新列表中的所有软件包，那么只需输入下列命令即可。

```
dnf upgrade
```

注意　dnf 还有一个很不错的特性：upgrade-minimal 命令。它会将软件包升级至最新的 bug 修复版或安全补丁版，而不是最新的最高版本。

9.3.4 使用 dnf 卸载软件

dnf 还提供了一种简单的方法来卸载系统中不需要的软件：

```
dnf remove package_name
```

遗憾的是，在写作本章的时候，尚没有选项或命令可以在卸载软件的同时保留配置文件或数据文件。

尽管软件包管理系统让你的工作轻松了不少，但也并不意味着从此就能高枕无忧了。偶尔也会出乱子。好在还有贵人相助。

9.3.5 处理损坏的依赖关系

有时在安装多个软件包时，一个软件包的依赖关系可能会被另一个软件包搞乱。这称为**依赖关系损坏**（broken dependency）。

如果你的系统出现了这种情况，可以先试试下列命令：

```
dnf clean all
```

然后尝试使用 dnf 命令的 upgrade 选项。有时，只要清理了放错位置的文件就可以了。

如果还解决不了问题，再试试下列命令：

```
dnf repoquery --deplist package_name
```

该命令会显示指定软件包的所有依赖关系以及哪些软件包提供了这种依赖。只要知道软件包需要哪个库，就可以自行安装了。下面的例子列出了 xterm 软件包的依赖关系。

```
# dnf repoquery --deplist xterm

#
```

注意　yum 工具的 upgrade 命令支持--skip-broken 选项，可以跳过依赖关系损坏的软件包，同时仍尝试继续升级其他包。dnf 工具则自动执行该操作。

9.3.6 RPM 仓库

就像 apt 系统一样，dnf 在安装时也设置了软件仓库。在大多数情况下，这些预设置的存储库可以很好地满足你的需求。但如果需要从不同的仓库安装软件，那么有些事需要知晓。

提示　明智的系统管理员会坚持使用通过审核的仓库。通过审核的仓库是指该发行版官方网站上指定的库。如果添加了未通过审核的库，就失去了稳定性方面的保证，可能陷入依赖关系损坏的惨剧中。

要想查看当前拉取软件的仓库，可以使用下列命令：

```
dnf repolist
```

如果发现其中没有所需的仓库，那就需要编辑配置文件了。有两个地方可以找到 dnf 仓库的定义。

- 配置文件/etc/dnf/dnf.conf。
- /etc/yum.repos.d 目录中的单独文件。

优秀的仓库站点（比如 RPM Fusion）会列出使用该仓库所需的全部步骤。有时候，这些仓库站点还会提供 RPM 文件，供用户下载安装。只需安装 RPM 文件就可以完成所有的仓库设置操作。现在可真是太方便了！

9.4　使用容器管理软件

软件包管理系统大大简化了 Linux 系统的软件安装过程，这一点毋庸置疑，但仍存在不足之处。首先，如你在本章中所看到的，软件包管理系统不止一种，彼此之间呈竞争关系。对应用程序开发人员而言，要想发行一款能够安装在所有 Linux 发行版中的程序，就必须创建多个发行版本。

其中的复杂性远不止于此。每个应用程序都依赖于某种库函数才能正常运行。开发人员在编写 Linux 应用程序时，必须考虑哪些库文件在大多数 Linux 发行版中可用，除此之外，还需考虑库文件的版本。尽管软件包管理系统能够跟踪依赖关系，但如你所料，对试图让自己的应用程序在大多数 Linux 发行版中运行的软件开发人员来说，这很快就会变成一场噩梦。

云计算带来了应用程序打包方式的一种新范式：**应用程序容器**（application container）。应用程序容器创建了一个环境，其中包含了应用程序运行所需的全部文件，包括运行时库文件。开发人员随后可以将应用程序容器作为单个软件包分发，保证能够在任何 Linux 系统中正常运行。

尽管是相对较新的事物，但已经出现了一些相互竞争的应用程序容器标准。接下来几节将介绍其中两个比较流行的标准：snap 和 flatpak。

9.4.1　使用 snap 容器

Ubuntu Linux 发行版的创建者 Canonical 开发了一种称为 snap 的应用程序容器格式[①]。snap 打包系统会将应用程序所需的所有文件集中到单个 snap 分发文件中。snapd 应用程序运行在后台，

① 于 Ubuntu 16.04 LTS 发布时引入。——译者注

你可以使用 snap 命令行工具查询 snap 数据库，显示已安装的 snap 包，以及安装、升级和删除 snap 包。

使用 snap version 命令检查 snap 是否正在运行：

```
$ snap version
snap    2.44.3+20.04
snapd   2.44.3+20.04
series  16
ubuntu  20.04
kernel  5.4.0-31-generic
$
```

如果 snap 正在运行，可以使用 snap list 命令查看当前已安装的 snap 应用程序列表：

```
$ snap list
Name                 Version                    Rev   Tracking          Publisher     Notes
core                  16-2.44.3                  9066  latest/stable     canonical✓    core
core18                20200427                   1754  latest/stable     canonical✓    base
gimp                  2.10.18                     273  latest/stable     snapcrafters  -
gnome-3-28-1804       3.28.0-16-g27c9498.27c9    116  latest/stable     canonical✓    -
gnome-3-34-1804       0+git.3009fc7               33  latest/stable/...  canonical✓   -
gtk-common-themes     0.1-36-gc75f853            1506  latest/stable/...  canonical✓     -
gtk2-common-themes   0.1                           9  latest/stable     canonical✓  -
snap-store            3.36.0-74-ga164ec9          433  latest/stable/...  canonical✓    -
snapd                 2.44.3                     7264  latest/stable     canonical✓    snapd
$
```

snap find 命令可以在 snap 仓库中搜索指定程序：

```
$ snap find solitaire
Name                       Version  Publisher    Notes  Summary
solitaire                  1.0      1bsyl        -      usual Solitaire card game,
 as known as Patience or Klondike
kmahjongg                  20.04.1  kde✓         -      Mahjong Solitaire
kshisen                    19.08.0  kde✓         -      Shisen-Sho Mahjongg-like TileGame
kpat                       20.04.0  kde✓         -      Solitaire card game
freecell-solitaire         1.0      1bsyl        -      FreeCell Solitaire, card game
open-solitaire-classic     0.9.2    metasmug     -      Open-source implementation of the
classic solitaire game
spider-solitaire           1.0      1bsyl        -      Spider Solitaire card game
solvitaire                 master   popey        -      solitaire (klondike & spider) in
your terminal
gnome-mahjongg             3.34.0   ken-vandine  -      Match tiles and clear the board

$
```

snap info 命令可以查看 snap 应用程序（简称为 snap）的详细信息：

```
$ snap info solitaire
name:      solitaire
summary:   usual Solitaire card game, as known as Patience or Klondike
publisher: Sylvain Becker (1bsyl)
contact:   sylvain.becker@gmail.com
license:   Proprietary
```

```
description: |
  This is the usual Solitaire card game. Also known as Patience
or Klondike.
snap-id: 0rnkesZh4jFy9oovDTvL661qVTW4iDdE
channels:
  latest/stable:    1.0 2017-05-17 (2) 11MB -
  latest/candidate: 1.0 2017-05-17 (2) 11MB -
  latest/beta:      1.0 2017-05-17 (2) 11MB -
  latest/edge:      1.0 2017-05-17 (2) 11MB -
$
```

snap install 命令可以安装新的 snap：

```
$ sudo snap install solitaire
[sudo] password for rich:
solitaire 1.0 from Sylvain Becker (1bsyl) installed
$
```

注意，安装 snap 的时候必须有 root 权限，这意味着要用到 sudo 命令。

注意 在安装 snap 的时候，snapd 程序会将其作为驱动器挂载。可以使用 mount 命令查看新的 snap 挂载。

如果需要删除某个 snap，使用 snap remove 命令即可：

```
$ sudo snap remove solitaire
solitaire removed
$
```

删除 snap 时，你会看到一些有关删除进度的消息。

注意 也可以通过禁用来代替删除。使用 snap disable 命令即可。要想重新恢复 snap，可以使用 snap enable 命令。

9

9.4.2 使用 flatpak 容器

flatpak 应用程序容器格式是作为一个独立的开源项目创建的，与任何特定的 Linux 发行版都没有直接联系。也就是说，战线已经拉开，Red Hat、CentOS 和 Fedora 都倾向于使用 flatpak，而不是 Canonical 的 snap 容器格式。

如果你的 Linux 发行版支持 flatpak，可以使用 flatpak list 命令列出已安装的应用程序容器：

```
$ flatpak list
Name            Application ID               Version       Branch   Installation
Platform        org.fedoraproject.Platform                 f32      system
$
```

flatpak search 命令可以在 flatpak 仓库中搜索指定应用程序：

```
$ flatpak search solitaire
Name          Description       Application ID      Version       Branch       Remotes
Aisleriot Solitaire         org.gnome.Aisleriot    stable       fedora
GNOME Mahjongg              org.gnome.Mahjongg      3.32.0       stable       fedora
$
```

我们删减了一部分输出以简化不必要的细节。使用容器时，必须使用其 Application ID 值，而不是名称。可以使用 `flatpak install` 命令安装应用程序：

```
$ sudo flatpak install org.gnome.Aisleriot
Looking for matches...
Found similar ref(s) for 'org.gnome.Aisleriot' in remote 'fedora' (system).
Use this remote? [Y/n]: y

org.gnome.Aisleriot permissions:
    ipc       pulseaudio       wayland       x11       dri       file access [1]       dbus
access [2]

    [1] xdg-run/dconf, ~/.config/dconf:ro
    [2] ca.desrt.dconf, org.gnome.GConf


        ID                          Arch      Branch  Remote         Download
 1. [✓] org.gnome.Aisleriot          x86_64    stable  fedora         8.4 MB / 8.4 MB

Installation complete.
$
```

要想检查安装是否正确，可以再次使用 `flatpak list` 命令：

```
$ flatpak list
Name                   Application ID            Version    Branch       Installation
Platform             org.fedoraproject.Platform             f32           system
Aisleriot Solitaire org.gnome.Aisleriot                     stable        system
$
```

最后，可以使用 `flatpak uninstall` 命令删除应用程序容器：

```
$ sudo flatpak uninstall org.gnome.Aisleriot


        ID                          Arch                          Branch
 1. [-] org.gnome.Aisleriot          x86_64                        stable

Uninstall complete.
$
```

应用程序容器的用法和软件包管理系统类似，但背后的原理完全不同。不过，殊途同归，安装在 Linux 系统中的应用程序能够轻松地进行维护和升级。

9.5 从源代码安装

在软件包管理系统和应用程序容器出现之前，开源软件开发人员只能以源代码形式分发软件，用户需要在系统中自行编译。源代码形式的软件包通常以 tarball 的形式发布。[①]第 4 章讨论过如何使用 tar 命令行命令创建和解包 tarball。

如果经常在开源软件环境中工作，就很有可能会遇到打包成 tarball 形式的软件。本节将带你逐步了解这种形式的软件包的解包以及安装。

我们使用软件包 sysstat 作为示例。sysstat 提供了各种系统监测工具，非常好用。

首先，需要将 sysstat 的 tarball 下载到你的 Linux 系统中。尽管通常能在各种 Linux 网站上找到 sysstat，但最好直接到程序的官方站点下载。

单击 Download 链接，进入下载页面。在写作本节时，sysstat 的最新版本是 12.3.3，分发文件名为 sysstat-12.3.3.tar.xz。

下载完成之后，就可以使用 tar 命令解包了：

```
$ tar -Jxvf sysstat-12.3.3.tar.xz
sysstat-12.3.3/
sysstat-12.3.3/pcp_stats.h
sysstat-12.3.3/rd_sensors.h
sysstat-12.3.3/xml/
sysstat-12.3.3/xml/sysstat.xsd
sysstat-12.3.3/xml/sysstat-3.9.dtd
sysstat-12.3.3/sa.h
sysstat-12.3.3/man/
sysstat-12.3.3/man/sadf.in
sysstat-12.3.3/man/mpstat.1
...
sysstat-12.3.3/pcp_stats.c
sysstat-12.3.3/pr_stats.h
sysstat-12.3.3/rd_stats.c
sysstat-12.3.3/pr_stats.c
sysstat-12.3.3/.travis.yml
sysstat-12.3.3/configure
$
```

现在，tarball 中所有文件都已经被解包到目录 sysstat-12.3.3，进入该目录继续完成后续操作。

先使用 cd 命令进入新目录，然后列出目录内容：

```
$ cd sysstat-12.3.3
$ ls
activity.c     images          pr_stats.h     sar.c
BUG_REPORT     INSTALL         raw_stats.c    sa_wrap.c
build          ioconf.c        raw_stats.h    svg_stats.c
CHANGES        ioconf.h        rd_sensors.c   svg_stats.h
cifsiostat.c   iostat.c        rd_sensors.h   sysconfig.in
cifsiostat.h   iostat.h        rd_stats.c     sysstat-12.3.3.lsm
common.c       json_stats.c    rd_stats.h     sysstat-12.3.3.spec
common.h       json_stats.h    README.md      sysstat.in
configure      Makefile.in     rndr_stats.c   sysstat.ioconf
configure.in   man             rndr_stats.h   sysstat.service.in
contrib        mpstat.c        sa1.in         sysstat.sysconfig.in
COPYING        mpstat.h        sa2.in         systest.c
```

① 经由 tar 命令创建出的归档文件通常称为 tarball。参见维基百科条目“tar (computing)”。——译者注

```
count.c        nls                sa_common.c    systest.h
count.h        pcp_def_metrics.c  sa_conv.c      tapestat.c
CREDITS        pcp_def_metrics.h  sa_conv.h      tapestat.h
cron           pcp_stats.c        sadc.c         tests
do_test        pcp_stats.h        sadf.c         version.in
FAQ.md         pidstat.c          sadf.h         xml
format.c       pidstat.h          sadf_misc.c    xml_stats.c
iconfig        pr_stats.c         sa.h           xml_stats.h
$
```

在目录的列表中，应该能看到 README 文件或 INSTALL 文件。务必阅读这些文件，其中写明了软件安装所需的操作步骤。

按照 INSTALL 文件中的建议，下一步是运行 `configure` 工具，检查你的 Linux，确保拥有合适的能够编译源代码的编译器，以及正确的库依赖关系：

```
$ ./configure
.
Check programs:
.
checking for gcc... gcc
checking whether the C compiler works... yes
checking for C compiler default output file name... a.out
checking for suffix of executables...
checking whether we are cross compiling... no
checking for suffix of object files... o
checking whether we are using the GNU C compiler... yes
checking whether gcc accepts -g... yes
...
config.status: creating man/cifsiostat.1
config.status: creating tests/variables
config.status: creating Makefile

   Sysstat version:          12.3.3
   Installation prefix:             /usr/local
   rc directory:             /etc
   Init directory:           /etc/init.d
   Systemd unit dir:                /lib/systemd/system
   Configuration file:              /etc/sysconfig/sysstat
   Man pages directory:             ${datarootdir}/man
   Compiler:                  gcc
   Compiler flags:           -g -O2

$
```

如果有问题，则 `configure` 会显示错误消息，说明缺失了哪些东西。

注意　大多数 Linux 程序是用 C 或 C++编程语言编写的。要在系统中编译这些源代码，需要安装 gcc 软件包和 make 软件包。大多数 Linux 桌面发行版默认没有安装。如果 `configure` 显示的错误是由于缺少这部分引起的，请查阅你的 Linux 发行版文档，了解还需要安装哪些软件包。

下一步是用 make 命令来构建各种二进制文件。make 命令会编译源代码，然后由链接器生成最终的可执行文件。和 configure 命令一样，make 命令会在编译和链接所有源代码文件的过程中产生大量的输出：

```
$ make
gcc -o sadc.o -c -g -O2 -Wall -Wstrict-prototypes -pipe -O2
  -DSA_DIR=\"/var/log/sa\" -DSADC_PATH=\"/usr/local/lib/sa/sadc\"
  -DHAVE_SYS_SYSMACROS_H -DHAVE_LINUX_SCHED_H -DHAVE_SYS_PARAM_H sadc.c
gcc -o act_sadc.o -c -g -O2 -Wall -Wstrict-prototypes -pipe -O2 -DSOURCE_SADC
  -DSA_DIR=\"/var/log/sa\" -DSADC_PATH=\"/usr/local/lib/sa/sadc\"
  -DHAVE_SYS_SYSMACROS_H -DHAVE_LINUX_SCHED_H -DHAVE_SYS_PARAM_H activity.c
gcc -o sa_wrap.o -c -g -O2 -Wall -Wstrict-prototypes -pipe -O2 -DSOURCE_SADC
  -DSA_DIR=\"/var/log/sa\" -DSADC_PATH=\"/usr/local/lib/sa/sadc\"
  -DHAVE_SYS_SYSMACROS_H -DHAVE_LINUX_SCHED_H -DHAVE_SYS_PARAM_H sa_wrap.c
gcc -o sa_common_sadc.o -c -g -O2 -Wall -Wstrict-prototypes -pipe -O2
-DSOURCE_SADC
  -DSA_DIR=\"/var/log/sa\" -DSADC_PATH=\"/usr/local/lib/sa/sadc\"
-DHAVE_SYS_SYSMACROS_H -DHAVE_LINUX_SCHED_H -DHAVE_SYS_PARAM_H sa_common.c
...
$
```

make 命令结束后，可运行的 sysstat 程序就出现在目录中了。但是从这个目录中运行程序有点儿不方便。你希望将其安装在 Linux 系统的常用位置。为此，必须以 root 用户身份登录（或者使用 sudo 命令），然后使用 make 命令的 install 选项：

```
# make install
mkdir -p /usr/local/share/man/man1
mkdir -p /usr/local/share/man/man5
mkdir -p /usr/local/share/man/man8
rm -f /usr/local/share/man/man8/sa1.8*
install -m 644 -g man man/sa1.8 /usr/local/share/man/man8
rm -f /usr/local/share/man/man8/sa2.8*
install -m 644 -g man man/sa2.8 /usr/local/share/man/man8
rm -f /usr/local/share/man/man8/sadc.8*
...
install -m 644 -g man man/sadc.8 /usr/local/share/man/man8
install -m 644 FAQ /usr/local/share/doc/sysstat-12.3.3
install -m 644 *.lsm /usr/local/share/doc/sysstat-12.3.3
#
```

现在，sysstat 软件包就安装好了。虽不像通过软件包管理系统安装软件那样简单，但也没难到哪里去。

9.6 小结

本章讨论了如何使用软件包管理系统在命令行下安装、更新或删除软件。虽然大部分 Linux 发行版配备了漂亮的 GUI 工具来管理软件包，但你也可以在命令行下完成同样的工作。

基于 Debian 的 Linux 发行版使用 dpkg 工具作为软件包管理系统的命令行接口，使用 apt-cache 工具和 apt-get 工具作为常用仓库接口，以方便下载和安装新软件。apt 是这些工具的前端，提供了简单的命令行选项来处理 `dpkg` 格式的软件包。

基于 Red Hat 的 Linux 发行版都以 `rpm` 工具作为基础，但采用了不同的命令行前端工具。Red Hat、CentOS 和 Fedora 使用 `dnf` 安装和管理软件包。openSUSE 发行版则使用 `zypper`。

应用程序容器算是软件包管理中相对较新的选手。应用程序容器将应用程序运行所需的所有文件集中在一个可安装的软件包中。这意味着应用程序不再需要库文件等任何外部依赖，容器可在任何 Linux 发行版中安装运行。

目前两种最流行的容器包是 snap 和 flatpak，前者用于 Ubuntu Linux，后者用于 Red Hat Linux。

本章以安装仅以源代码 tarball 形式发布的软件包作结。`tar` 命令可以从 tarball 中解包出源代码文件，然后使用 `configure` 命令和 `make` 命令通过源代码构建出最终的可执行程序。

第 10 章将介绍 Linux 发行版中的各种编辑器。如果你已经准备好开始编写 shell 脚本，那么了解有哪些编辑器可供使用还是有好处的。

第 10 章

文本编辑器

本章内容

- ❑ vim 编辑器
- ❑ nano 编辑器
- ❑ Emacs 编辑器
- ❑ KWrite 编辑器
- ❑ Kate 编辑器
- ❑ GNOME 编辑器

在开启 shell 脚本编程生涯之前，熟练掌握至少一款 Linux 文本编辑器不失为一种明智的做法。搜索、剪切、粘贴等技巧能让你在编写 shell 脚本时如虎添翼。

可供选择的编辑器不止一款。很多人有自己偏好的编辑器，他们喜欢编辑器提供的功能，并只认那一款。本章简要介绍了 Linux 世界中的部分编辑器。

10.1 vim 编辑器

vi 编辑器是 Unix 系统中最早的编辑器之一。它使用控制台图形模式来模拟文本编辑窗口，允许查看文件中的行，在文件内部移动，以及插入、编辑和替换文本。

尽管 vi 可能是世界上最复杂的编辑器（至少讨厌它的人这么认为），但它拥有的大量特性使其成为数十年来程序员和管理员的"定海神针"。

在 GNU 项目将 vi 编辑器移植到开源世界时，他们决定对其作一番改进。由于它已不再是当初 Unix 中那个 vi 编辑器了，因此开发人员将其重命名为"vi improved"或 vim。

本节将带你逐步了解 vim 编辑器的基本用法。

10.1.1 检查 vim 软件包

开始学习 vim 编辑器之前，最好先弄清楚你的 Linux 系统用的是哪种 vim 软件包。有些发行版中安装的是完整的 vim 软件包，同时还设置了 `vi` 命令的别名，CentOS 发行版中是这样的：

```
$ alias vi
alias vi='vim'
$
$ which vim
/usr/bin/vim
$
$ ls -l /usr/bin/vim
-rwxr-xr-x. 1 root root 3522560 Nov 11 14:08 /usr/bin/vim
$
```

注意，vim 程序文件长列表中并没有显示任何链接文件（关于链接文件的详细内容，参见第 3 章）。如果 vim 程序被设置了链接，那么有可能会被链接到一个功能较弱的编辑器。所以最好还是检查一下。

在其他发行版中，你会发现各种各样的 vim 编辑器。要注意的是，在 Ubuntu 发行版中，不仅没有 `vi` 命令的别名，而且/usr/bin/vi 属于一系列文件链接中的一环：

```
$ alias vi
-bash: alias: vi: not found
$
$ which vi
/usr/bin/vi
$
$ ls -l /usr/bin/vi
lrwxrwxrwx 1 root root 20 Apr 23 14:33 /usr/bin/vi ->
 /etc/alternatives/vi
$
$ ls -l /etc/alternatives/vi
lrwxrwxrwx 1 root root 17 Apr 23 14:33 /etc/alternatives/vi ->
 /usr/bin/vim.tiny
$
$ readlink -f /usr/bin/vi
/usr/bin/vim.tiny
$
```

因此，当输入 `vi` 命令时，起始执行的是程序/usr/bin/vim.tiny。vim.tiny 程序只提供了少量的 vim 编辑器特性。如果你迫切需要 vim 编辑器，而且使用的又是像 Ubuntu 这样的发行版，可以考虑安装一个基础版本的 vim 软件包。

注意 在上面的例子中，其实犯不着多次使用 `ls -l` 命令来查找一系列链接文件的最终目标，改用 `readlink -f` 命令即可。该命令能够直接找出一系列链接文件的最后一环。

第 9 章详细讲解过软件安装。在 Ubuntu 发行版中安装基础版的 vim 软件包非常简单：

```
$ sudo apt install vim
[sudo] password for christine:
[...]
The following additional packages will be installed:
  vim-runtime
Suggested packages:
  ctags vim-doc vim-scripts
```

```
The following NEW packages will be installed:
  vim vim-runtime
[...]
Do you want to continue? [Y/n] Y
[...]
Setting up vim (2:8.1.2269-1ubuntu5) ...
[...]
Processing triggers for man-db (2.9.1-1) ...
$
$ readlink -f /usr/bin/vi
/usr/bin/vim.basic
$
```

基础版的 vim 编辑器现在就安装好了，/usr/bin/vi 文件的链接会自动更改为指向/usr/bin/vim.basic。以后再输入 vi 命令时，使用的就是基础版的 vim 编辑器。

10.1.2 vim 基础

vim 编辑器在内存缓冲区中处理数据。只要输入 vim 命令（或 vi，如果这个别名或链接文件存在的话）和要编辑的文件名就可以启动 vim 编辑器：

```
$ vi myprog.c
```

如果在启动 vim 时未指定文件名，或者指定文件不存在，则 vim 会开辟一段新的缓冲区进行编辑。如果指定的是已有文件的名称，则 vim 会将该文件的整个内容都读入缓冲区以备编辑，如图 10-1 所示。

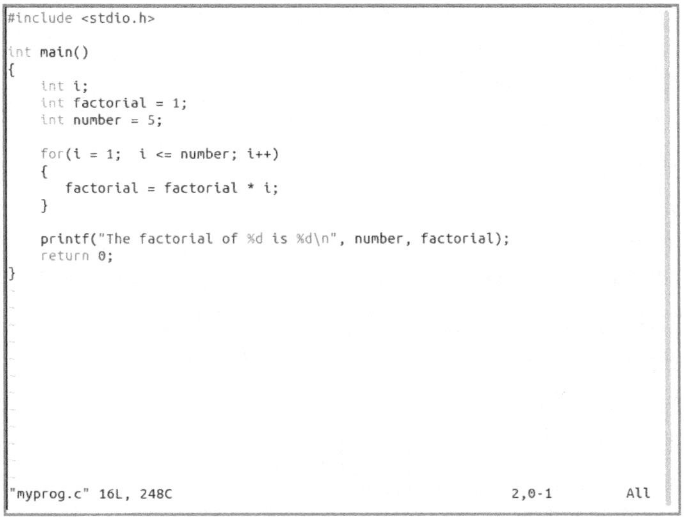

#include <stdio.h>
int main()
{
int i;
int factorial = 1;
int number = 5;
for(i = 1; i <= number; i++)
{
factorial = factorial * i;
}
printf("The factorial of %d is %d\n", number, factorial);
return 0;
}
"myprog.c" 16L, 248C
2,0-1
All

图 10-1 vim 的主窗口

vim 编辑器会检测会话的终端类型（参见第 2 章），使用全屏模式来将整个控制台窗口作为编辑器区域。

最初的 vim 编辑窗口显示了文件的内容（如果有的话），在窗口底部还有一行消息。如果文件内容并未占据整个屏幕，则 vim 会在非文件内容行放置一个波浪号（~）（参见图 10-1）。

根据文件的状态，底部的消息行显示了所编辑文件的信息以及 vim 安装时的默认设置。如果文件是新建的，那么会出现消息`[New File]`。

vim 编辑器有 3 种操作模式。

- 命令模式
- Ex 模式
- 插入模式

刚打开要编辑的文件（或新建文件）时，vim 编辑器会进入**命令**模式（有时也称为普通模式）。在命令模式中，vim 编辑器会将按键解释成命令（本章随后会详述）。

在**插入**模式中，vim 会将你在当前光标位置输入的字符、数字或者符号都放入缓冲区。按下 i 键就可以进入插入模式。要退出插入模式并返回命令模式，按下 Esc 键即可。

在命令模式中，可以用方向键在文本区域中移动光标（只要 vim 能正确识别你的终端类型）。如果恰巧碰到了一个罕见的没有定义方向键的终端连接，也不是没有办法。vim 编辑器也有可用于移动光标的命令。

- `h`：左移一个字符。
- `j`：下移一行（下一行文本）。
- `k`：上移一行（上一行文本）。
- `l`：右移一个字符。

在大文本文件中逐行地来回移动特别麻烦。幸而 vim 提供了一些能够提高移动速度的命令。

- PageDown（或 Ctrl+F）：下翻一屏。
- PageUp（或 Ctrl+B）：上翻一屏。
- `G`：移到缓冲区中的最后一行。
- *`num`* `G`：移到缓冲区中的第 *`num`* 行。
- *`gg`*：移到缓冲区中的第一行。

vim 编辑器的命令模式有个称作 **Ex 模式**的特别功能。Ex 模式提供了一个交互式命令行，可以输入额外的命令来控制 vim 的操作。要进入 Ex 模式，在命令模式中按下冒号键（:）即可。光标会移动到屏幕底部的消息行处，然后出现冒号，等待输入命令。

Ex 模式中的以下命令可以将缓冲区的数据保存到文件中并退出 vim。

- `q`：如果未修改缓冲区数据，则退出。
- `q!`：放弃对缓冲区数据的所有修改并退出。
- `w` *`filename`*：将文件另存为其他名称。
- `wq`：将缓冲区数据保存到文件中并退出。

看过这些 vim 基础命令之后，估计你就理解为什么有人会厌恶 vim 编辑器了。要想发挥 vim 的全部威力，必须记住大量晦涩的命令。不过，只要掌握了一些基础命令，无论是什么环境，你都能快速在命令行下直接修改文件。尽管学习曲线很陡峭，但由于其强大的功能，vim 编辑器仍然长盛不衰，位列文本编辑器前 10 榜单之一。

10.1.3 编辑数据

在命令模式中，vim 编辑器提供了可用于编辑缓冲区数据的命令。表 10-1 列出了一些常用的 vim 编辑命令。

表 10-1 vim 编辑命令

命令	描述
`x`	删除光标当前所在位置的字符
`dd`	删除光标当前所在行
`dw`	删除光标当前所在位置的单词
`d$`	删除光标当前所在位置至行尾的内容
`J`	删除光标当前所在行结尾的换行符（合并行）
`u`	撤销上一个编辑命令
`a`	在光标当前位置后追加数据
`A`	在光标当前所在行结尾追加数据
`r` *`char`*	用 *`char`* 替换光标当前所在位置的单个字符
`R` *`text`*	用 *`text`* 覆盖光标当前所在位置的内容，直到按下 ESC 键

有些编辑命令允许使用数字修饰符来指定重复该命令多少次。比如，命令 `2x` 会从光标当前位置开始删除两个字符，命令 `5dd` 会删除从光标当前所在行开始的 5 行。

注意 在 vim 编辑器的命令模式中使用 Backspace 键（退格键）和 Delete 键（删除键）时要留心。vim 编辑器通常会将 Delete 键识别成 `x` 命令的功能，删除光标当前所在位置的字符。通常，vim 编辑器在命令模式中并不将 Backspace 键视为删除操作，而是将光标向后移动一个位置。

10.1.4 复制和粘贴

剪切或复制内容，然后将其粘贴到文本中的其他地方，这是现代编辑器的一项标准功能。vim 编辑器也可以这么做。

剪切和粘贴相对容易一些。你已经看到表 10-1 中用来从缓冲区中删除数据的命令。但是，当 vim 删除内容时，实际上会将数据保存在一个**单独**区域内（寄存器），你可以用 `p` 命令从中取回数据。

例如，可以先用 `dd` 命令删除一行文本，然后把光标移到缓冲区中要放置该行文本的位置，再使用 `p` 命令。`p` 命令会将文本插入光标当前所在行之后。你可以将它和任何删除文本的命令一起搭配使用。

复制文本则要稍微复杂点儿。vim 的复制命令是 `y`（代表 yank）。你可以像 `d` 命令那样，在 `y` 之后使用另一个字符（`yw` 表示复制一个单词，`y$` 表示复制到行尾）。复制过文本后，将光标移动到想放置文本的位置，输入 `p` 命令。已复制的文本就会出现在那里。

复制的复杂之处在于，你不知道到底发生了什么，因为你的操作不会影响到复制的文本。除非将复制的内容粘贴出来，否则无法确定到底复制了什么。vim 的另外一个特性可以解决这个问题。

可视模式会在光标移动时高亮显示文本。你可以利用该模式选取要复制的文本。要进入可视模式，可以移动光标到要开始复制的位置，按下 v 键。你会注意到光标所在位置的文本已经被高亮显示了。接下来，移动光标来覆盖想要复制的文本（甚至可以向下移动几行来复制更多行的文本）。随着光标的移动，vim 会高亮显示复制区域的文本。当覆盖了要复制的文本后，按下 y 键来激活复制命令。现在寄存器中已经有了要复制的文本，剩下的就是移动光标到需要的位置，使用 `p` 命令来粘贴。

10.1.5　查找和替换

可以使用 vim 的搜索命令轻松查找缓冲区中的数据。如果要输入一个查找字符串，可以按下正斜线（`/`）键。光标会“跑”到屏幕底部的消息行，然后显示出一个正斜线。在输入要查找的文本后，按下 Enter 键。vim 编辑器会执行下列三种操作之一。

- 如果要查找的文本出现在光标当前位置之后，则光标会跳到该文本出现的第一个位置。
- 如果要查找的文本未在光标当前位置之后出现，则光标会绕过文件末尾，出现在该文本所在的第一个位置（并用一条消息指明）。
- 输出一条错误消息，说明在文件中没有找到要查找的文本。

如果要继续查找同一个单词，按/键，然后再按 Enter 键，或者按 n 键，表示下一个（next）。

注意　你是否更熟悉在 Microsoft Windows 平台上使用集成开发环境（integrated development environment，IDE）编写脚本和程序？如果是这样，Microsoft Visual Studio Code 也有 Linux 版本。（暂停一下，再重新读一遍上一句话。）没错，Microsoft 为 Linux 提供了 Visual Studio。如果需要，还可以添加 Visual Studio 的 VSCodeVim 插件，该插件可以让你使用所有的 `vim` 命令。

Ex 模式的替换命令允许快速将文本中的一个单词替换成另一个单词。要使用替换命令，必须处于命令行模式下。替换命令的格式是 `:s/old/new/`。vim 编辑器会跳到 *old* 第一次出现的地方并用 *new* 来替换。可以对替换命令做一些修改来替换多处文本。

- `:s/old/new/g`：替换当前行内出现的所有 *old*。
- `:n,ms/old/new/g`：替换第 *n* 行和第 *m* 行之间出现的所有 *old*。
- `:%s/old/new/g`：替换整个文件中出现的所有 *old*。
- `:%s/old/new/gc`：替换整个文件中出现的所有 *old*，并在每次替换时提示。

如你所见，对一个控制台模式文本编辑器而言，vim 拥有大量的高级功能。由于大部分 Linux 发行版中能找到 vim，因此最好还是至少了解一下 vim 的基本用法，这样一来，不管你置身何处，始终都能编辑脚本。

10.2　nano 编辑器

vim 是一款复杂的编辑器，功能强大，相比之下，nano 就简单多了。如果只是需要一款简单易用的控制台模式文本编辑器，不妨考虑 nano。对 Linux 命令行新手来说，nano 用起来也非常不错。

nano 文本编辑器是 Unix 系统的 Pico 编辑器的克隆。虽然 Pico 也是一款轻巧简单的文本编辑器，但它没有获得 GPL 许可。nano 不仅获得了 GPL 许可，而且也是 GNU 项目的一部分。

大多数 Linux 发行版默认安装了 nano 文本编辑器。nano 的一切操作都很简单。要在命令行下使用 nano 打开文件，可以像下面这样做：

```
$ nano myprog.c
```

如果启动 nano 的时候没有指定文件名，或者指定的文件不存在，则 nano 会开辟一段新的缓冲区进行编辑。如果你在命令行中指定了一个已有的文件，则 nano 会将该文件的全部内容读入缓冲区，以备编辑，如图 10-2 所示。

GNU nano 4.8
myprog.c
#include <stdio.h>
int main()
{
int i;
int factorial = 1;
int number = 5;
for(i = 1; i <= number; i++)
{
factorial = factorial * i;
}
printf("The factorial of %d is %d\n", number, factorial);
return 0;
}
[Read 16 lines]
^G Get Help
^O Write Out
^W Where Is
^K Cut Text
^J Justify
^X Exit
^R Read File
^\ Replace
^U Paste Text
^T To Spell

图 10-2　nano 编辑器窗口

注意，在 nano 编辑器窗口的底部显示了各种命令以及简要的描述。这些都是 nano 的控制命令。脱字符（^）表示 Ctrl 键。因此，^X 代表组合键 Ctrl+X。

提示　尽管 nano 控制命令是以大写字母形式列出的组合键，但是在使用时，大小写字母都没问题。

把所有的基本命令直接摆在用户面前实在太棒了，再也不用去记哪些控制命令能干什么事情了。表 10-2 列出了 nano 的各种控制命令。

表 10-2　nano 控制命令

命　令	描　述
Ctrl+C	显示光标在文本编辑缓冲区中的位置
Ctrl+G	显示 nano 的主帮助窗口
Ctrl+J	调整当前文本段落
Ctrl+K	剪切文本行并将其保存在剪切缓冲区
Ctrl+O	将当前文本编辑缓冲区的内容写入文件
Ctrl+R	将文件读入当前文本编辑缓冲区
Ctrl+T	启动可用的拼写检查器
Ctrl+U	将剪切缓冲区中的内容放入当前行
Ctrl+V	翻动到文本编辑缓冲区中的下一页内容
Ctrl+W	在文本编辑缓冲区中搜索单词或短语
Ctrl+X	关闭当前文本编辑缓冲区，退出 nano，返回 shell
Ctrl+Y	翻动到文本编辑缓冲区中的上一页内容

表 10-2 中列出的控制命令都是你能用到的。如果除此之外还需要更强大的控制功能，nano 也能满足你。在 nano 文本编辑器中按下 Ctrl+G 会显示主帮助窗口，其中包含了更多的控制命令。

注意　nano 中的一些附加命令称为辅助键（Meta-key）序列[①]，在 nano 文档中，用字母 M 表示。例如，在 nano 帮助系统中，使用 M-U 表示撤销最后一次操作。但不要按 M 键。M 代表的是 Esc 键、Alt 键或 Meta 键，具体取决于键盘配置。因此，可以按 Alt+U 组合键来撤销 nano 中的最后一次操作。

还有一些功能可以通过 nano 编辑器的命令行选项获得，比如在编辑之前创建备份文件。输入 `man nano` 来了解这些附加的命令行选项。

作为控制台模式文本编辑器，vim 和 nano 在强大和简洁之间提供了一种选择。不过两者都无法提供图形化编辑功能。有一些文本编辑器则可以两者兼得（控制台模式和图形化模式），下一节将一探究竟。

① 在某些键盘上能够看到辅助键（Meta-key），通常位于空格键旁边，当与其他按键组合使用时，可执行特殊功能。它源于 19 世纪 60 年代的 Lisp 计算机的键盘，并在 Sun 计算机中得以沿用（键帽表面绘制有菱形）。在现代计算机中，Win 键（Microsoft Windows 系统）或⌘键（Apple 系统）可以实现辅助键的传统功能。——译者注

10.3 Emacs 编辑器

Emacs 是 20 世纪 70 年代为 DEC（digital equipment corporation）计算机开发的一款极其流行的编辑器。开发人员对它爱不释手，于是就将其移植到了 Unix 环境，随后又移植到了 Linux 环境，并获得了正式名称 GNU Emacs。尽管现在没有 vim 那样流行，但 Emacs 仍占有一席之地。

跟 vim 很像，Emacs 编辑器一开始也被作为控制台编辑器，但如今已经迁移到了图形化世界。最初的控制台模式编辑器依然可用，但现在也能使用图形化窗口在图形化环境中编辑文本。当你从命令行启动 Emacs 编辑器时，如果编辑器认为有可用的图形化会话，就以图形模式启动；否则就以控制台模式启动。

本节将介绍控制台模式和图形模式的 Emacs 编辑器，方便你双管齐下。

10.3.1 检查 Emacs 软件包

很多发行版默认并未安装 Emacs 编辑器。可以使用 `which` 命令和/或 `dnf list` 命令检查你所用的基于 Red Hat 的发行版。（如果是较旧的版本，可以使用 `yum list`。）在 CentOS 发行版中的检查结果如下：

```
$ which emacs
/usr/bin/which: no emacs in (/home/christine/.local/bin:
/home/christine/bin:/usr/local/bin:/usr/bin:/usr/local/sbin:
/usr/sbin)
$
$ dnf list emacs
[...]
Available Packages
emacs.x86_64[...]
$
```

`emacs` 编辑器软件包目前并未安装在 CentOS 发行版中。我们可以自行安装。（关于如何显示已安装软件的更多讨论，请参看第 9 章。）

对于基于 Debian 的发行版，可以使用 `which` 命令和/或 `apt show` 命令来检查 `emacs` 编辑器软件包的安装情况，在 Ubuntu 发行版中的检查结果如下：

```
$ which emacs
$
$ apt show emacs
Package: emacs
 [...]
Description: GNU Emacs editor (metapackage)
 GNU Emacs is the extensible self-documenting text editor.
 This is a metapackage that will always depend on the latest
 recommended Emacs variant (currently emacs-gtk).

$
```

这里 which 命令的操作有点儿不一样。如果没有找到指定命令，则直接返回 bash shell 提示符。在上例的 Ubuntu 发行版中，有可用的 emacs 编辑器软件包，自行安装即可。下面展示了在 Ubuntu 中安装 Emacs 编辑器：

```
$ sudo apt install emacs
[sudo] password for christine:
Reading package lists... Done
[...]
Do you want to continue? [Y/n] Y
[...]
$
$ which emacs
/usr/bin/emacs
$
```

现在如果再使用 which 命令，就会显示出 emacs 程序的位置。这说明该 Ubuntu 发行版已经可以使用 Emacs 编辑器了。

就 CentOS 发行版而言，可以使用 dnf install 命令或 yum install 命令来安装 Emacs 编辑器：

```
$ sudo yum install emacs
[sudo] password for christine:
[...]
Dependencies resolved.
[...]
Is this ok [y/N]: Y
Downloading Packages:
[...]
Complete!
$
$ which emacs
/usr/bin/emacs
$
```

安装好 Emacs 编辑器之后，就可以开始研究各种功能了，先从控制台中的用法开始吧。

10.3.2　在控制台中使用 Emacs

控制台模式版本的 Emacs 要用到大量按键命令来执行编辑功能。Emacs 编辑器使用的组合键涉及 Ctrl 键和 Meta 键。在大多数终端仿真器中，Meta 键被映射到了 Alt 键。

Emacs 官方文档将 Ctrl 键和 Meta 键分别缩写为 C-和 M-。因此，Ctrl+X 组合键在文档中写作 C-x。为了避免冲突，本节将继续沿用这种写法。

1. Emacs 基础

要在命令行中使用 Emacs 编辑文件，可以输入以下命令：

```
$ emacs myprog.c
```

Emacs 控制台模式窗口会随之出现并将文件载入工作缓冲区，如图 10-3 所示。

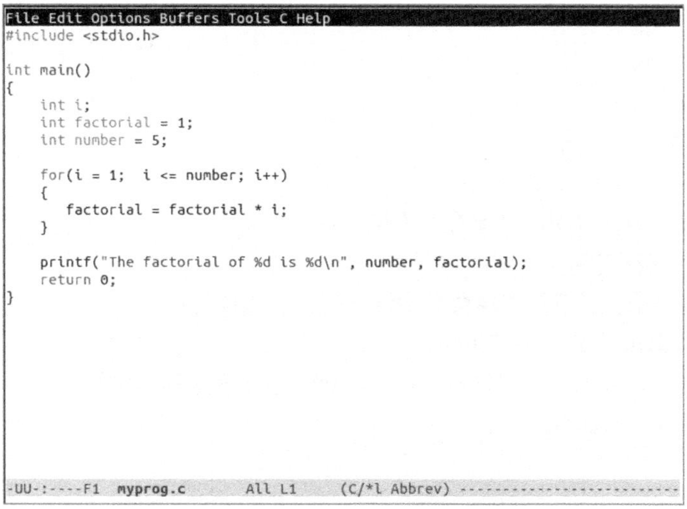

File Edit Options Buffers Tools C Help
#include <stdio.h>
int main()
{
int i;
int factorial = 1;
int number = 5;
for(i = 1; i <= number; i++)
{
factorial = factorial * i;
}
printf("The factorial of %d is %d\n", number, factorial);
return 0;
}
-UU-:----F1 myprog.c All L1 (C/*l Abbrev) -----------------------

图 10-3 使用控制台模式的 Emacs 编辑文件

你会注意到在控制台模式窗口的顶部有一个典型样式的菜单栏。遗憾的是，这个菜单栏无法在控制台模式中使用，只能用于图形模式。

注意 如果在图形化桌面环境中运行 Emacs，那么本节介绍的一些命令的效果会和描述的不太一样。要想在图形化桌面环境中使用控制台模式的 Emacs，可以使用 `emacs -nw` 命令。如果想使用 Emacs 的图形化特性，可以参见 10.3.3 节。

和 vim 编辑器的不同之处在于：使用 vim 时，必须不停地进出插入模式，在输入命令和插入文本之间来回切换，而 Emacs 编辑器只有一种模式。如果你输入可打印字符，Emacs 就会将其插入光标当前位置；如果你输入命令，Emacs 就会执行命令。

如果 Emacs 正确地检测出你的终端仿真器，就可以使用方向键以及 PageUp 键和 PageDown 键在缓冲区域移动光标。否则，可以使用下列命令来移动光标。

- ❑ `C-p`：上移一行（前一行文本）。
- ❑ `C-b`：左移（向后移动）一个字符。
- ❑ `C-f`：右移（向前移动）一个字符。
- ❑ `C-n`：下移一行（下一行文本）。

下列命令可以在文本中进行长距离跳转。

- ❑ `M-f`：右移（向前移动）到下一个单词。
- ❑ `M-b`：左移（向后移动）到上一个单词。
- ❑ `C-a`：移至当前行行首。
- ❑ `C-e`：移至当前行行尾。
- ❑ `M-a`：移至当前句首。

- M-e：移至当前句尾。
- M-v：上翻一屏。
- C-v：下翻一屏。
- M-<：移至第一行文本。
- M->：移至最后一行文本。

下列命令可以将编辑器缓冲区保存至文件并退出 Emacs。

- C-x C-s：保存当前缓冲区内容到文件。
- C-z：退出 Emacs，但保持在会话中继续运行，以便返回。
- C-x C-c：退出 Emacs 并结束该程序。

你会注意到其中有两个功能需要按两次组合键。C-x 命令称作**扩展命令**（extend command）。这为我们提供了另外一组命令。

2. 编辑数据

Emacs 编辑器擅长插入和删除缓冲区中的文本。要想插入文本，只需将光标移到想插入文本的位置就可以开始输入了。

要想删除文本，可以使用 Backspace 键来移除光标当前所在位置之前的字符，使用删除键来移除光标当前所在位置之后的字符。

Emacs 编辑器还提供了剪切（cutting）文本的命令。尽管 Emacs 文档称其为"清除"（killing），我们还是坚持采用"剪切"这个更友好的术语。

删除文本和剪切文本的区别在于，当你剪切文本时，Emacs 会将其放在一个临时区域，随后可以从中取回（参见下一节），而删除的文本则会永远消失。

下列命令可用来剪切缓冲区中的文本。

- M-Backspace：剪切光标当前所在位置之前的单词。
- M-d：剪切光标当前所在位置之后的单词。
- C-k：剪切光标当前所在位置至行尾的文本。
- M-k：剪切光标当前所在位置至句尾的文本。

提示　如果不小心剪切错了文本，那么 C-/命令可以撤销剪切命令，恢复到剪切之前的状态。

Emacs 编辑器还提供了一种独特的块剪切（mass-cutting）方法。移动光标到待剪切区域的起始位置并按下 C-@键或 C-spacebar 键，然后移动光标到待剪切区域的结束位置并按下 C-w 键。这两个位置之间的文本都将被剪切。

3. 复制和粘贴

你已经看到如何从 Emacs 缓冲区域剪切数据，现在该看看如何将其粘贴到其他地方了。遗憾的是，如果用过 vim 编辑器，那么 Emacs 编辑器的用法估计会把你搞晕。

在 Emacs 中，粘贴数据叫作 yanking。而在 vim 中，yanking 指的是复制，这实在是不幸的巧合。如果恰好这两种编辑器你都要用到，那可就难记了。

当你用剪切命令剪切好数据后，将光标移动到要粘贴数据的位置，用 C-y 命令粘贴。这会将文本从临时区域取出并将其粘贴在光标所在的位置。C-y 命令会取出最后一个剪切命令存下的文本。如果执行了多次剪切命令，可以用 M-y 命令来循环选择它们。

要复制文本，只需将它粘贴到执行剪切操作的位置，然后移动到新的位置再使用一次 C-y 命令即可。如果需要，可以粘贴文本任意多次。

4. 搜索和替换

在 Emacs 编辑器中搜索文本可以使用 C-s 命令和 C-r 命令。C-s 命令会从缓冲区域中光标当前所在位置到缓冲区尾部执行前向搜索，而 C-r 命令会从缓冲区域中光标当前所在位置到缓冲区头部执行后向搜索。

当输入 C-s 命令或 C-r 命令时，底行会出现一个提示，询问要搜索的文本。Emacs 可以执行两种类型的搜索。

在**渐进式**（incremental）搜索中，Emacs 编辑器会在你键入单词的同时以实时方式（in real-time mode）执行文本搜索。当你键入第一个字母时，它会高亮显示缓冲区中所有该字母出现的地方。当你键入第二个字母时，它会高亮显示文本中所有出现这两个字母组合的地方。如此往复，直到输入完要搜索的文本。

在**非渐进式**（non-incremental）搜索中，在 C-s 命令或 C-r 命令后按下 Enter 键。这会将查询锁定在底行区域，允许输入完整的待搜索文本之后再进行搜索。

要用新字符串替换已有字符串，必须使用 M-x 命令。该命令需要一个文本命令 replace-string 和参数。

输入 replace-string 并按下 Enter 键，Emacs 会询问要替换哪个字符串。输入之后，再按一次 Enter 键，Emacs 会再询问用作替换的新字符串。

5. 在 Emacs 中使用缓冲区

Emacs 编辑器可以使用多个缓冲区同时编辑多个文件。你可以把文件载入一个缓冲区中，编辑时在多个缓冲区之间切换。

当你处于 Emacs 中时，可以使用 C-x C-f 命令将新文件载入缓冲区。这是 Emacs 的文件查找模式（find-file mode），称作 Dired。它会将你带到窗口的底行，允许你输入要开始编辑的文件名。如果不知道文件的名称或位置，只需按下 Enter 键，就会在编辑窗口中打开一个文件浏览器，如图 10-4 所示。

你可以在其中浏览待编辑的文件。要进入上一级目录，移动到双点（..）处并按下 Enter 键。要进入下一级目录，移动到该目录处并按下 Enter 键。如果找到了要编辑的文件，按下 Enter 键，Emacs 会自动将其载入新的缓冲区。

提示 如果在编辑窗口中启动文件浏览器之后又不想打开文件了，可以按 q 键退出文件浏览器。

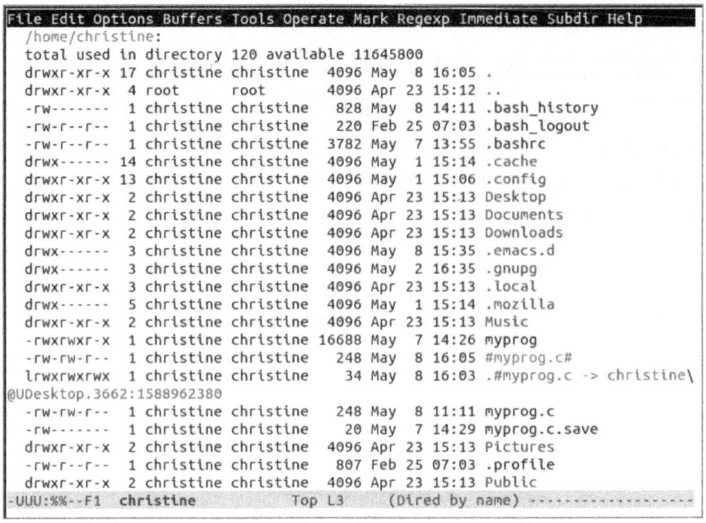

图 10-4　Emacs 文件浏览器

可以使用 `C-x C-b` 扩展命令组合来列出工作缓冲区。Emacs 编辑器会拆分编辑器窗口，在底部窗口显示一个缓冲区列表。除了主编辑缓冲区，emacs 还额外提供了两个缓冲区。

- 草稿区，称为 scratch。
- 消息区，称为 Messages。

草稿区允许输入 LISP 编程命令以及个人笔记。消息区则显示在操作期间由 Emacs 生成的消息。如果在使用 Emacs 时出现了任何错误，则它们会显示在消息区中。

有两种方式可以在窗口中切换到不同的缓冲区。

- 使用 `C-x C-b` 打开缓冲区列表窗口，再使用 `C-x b`，输入 **Buffer List**[①]，或是使用上下方向键选择想要切换到的缓冲区，然后按下 Enter 键。
- 使用 `C-x b`，输入要切换到的缓冲区的名字。

如果选择切换到缓冲区列表窗口，则 Emacs 会在新的窗口区域打开缓冲区。Emacs 编辑器允许在单个会话中打开多个窗口。下一节将讨论如何在 Emacs 中管理多个窗口。

6. 在控制台模式的 Emacs 中使用窗口

控制台模式的 Emacs 编辑器要比图形化窗口早出现好多年。即便在当时，emacs 也是出类拔萃的存在，因为它支持在主窗口中打开多个编辑窗口。

可以通过下列任一命令将 Emacs 编辑窗口拆分成多个窗口。

- `C-x 2`：将窗口拆分成两个水平窗口。
- `C-x 3`：将窗口拆分成两个竖直窗口。

要从一个窗口转入另一个窗口，可以使用 `C-x o` 命令。注意，当你创建一个新窗口时，Emacs

---

① 在使用时，将 `Buffer List` 换成想要切换到的缓冲区名（比如 `Messages`）。——译者注

会在新窗口中使用原先窗口的缓冲区。转入新窗口之后，你可以在其中使用 `C-x C-f` 命令来载入一个新文件，或者用其中一个命令切换到其他缓冲区。

要想关闭窗口，可以转入该窗口并使用 `C-x 0`（数字 0）命令。如果想关掉除所在窗口之外的全部窗口，可以使用 `C-x 1`（数字 1）命令。

10.3.3 在 GUI 中使用 Emacs

如果在 GUI 环境（比如 GNOME Shell 桌面）中使用 Emacs，它会以图形模式启动，如图 10-5 所示。

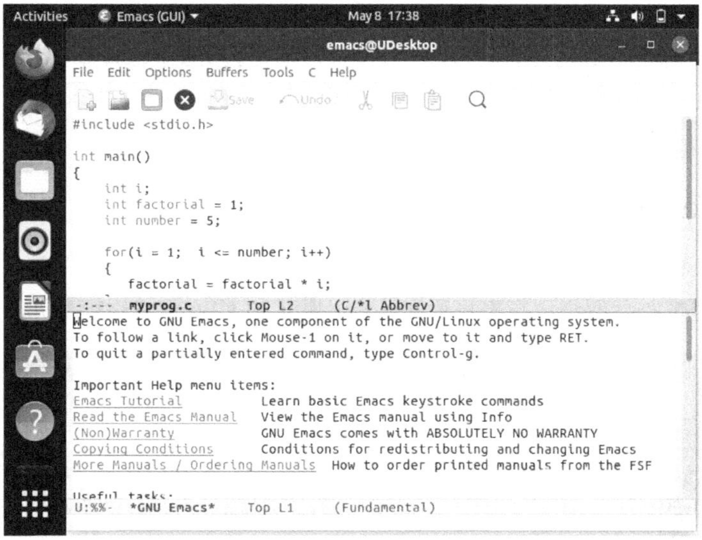

图 10-5 Emacs 图形化窗口

如果你已经在控制台模式中使用过 Emacs，那么对图形模式应该也不会陌生。所有的按键命令都以菜单项的形式存在。Emacs 菜单栏包含下列菜单项。

- File：允许在窗口中打开文件、创建新窗口、关闭窗口、保存缓冲区和打印缓冲区。
- Edit：允许将选择的文本剪切并复制到剪贴板、将剪贴板的内容粘贴到光标当前所在位置、搜索文本和替换文本。
- Options：提供许多 Emacs 功能设定，比如高亮显示、自动换行、光标类型和字体设置。
- Buffers：列出当前可用的缓冲区，可以让你在缓冲区之间方便地切换。
- Tools：提供对 Emacs 高级功能的访问，比如命令行界面访问、拼写检查、文件内容比较（称为 diff）、发送 email 消息、日历以及计算器。
- C：允许对 C 程序语法高亮、编译、运行和代码调试进行高级设置。
- Help：提供 Emacs 的在线手册，以获取 Emacs 特定功能的帮助。

图形化的 Emacs 窗口是古老的控制台应用程序向图形化世界迁移的一个例子。现在许多

Linux 发行版提供了图形化桌面（甚至是在无此需要的服务器上），图形化编辑器也变得司空见惯了。流行的 Linux 桌面环境（比如 KDE Plasma 和 GNOME Shell）都提供了针对各自环境的图形化文本编辑器，这也正是本章接下来要讲的内容。

10.4　KDE 系编辑器

如果所用的 Linux 发行版中采用的是 KDE Plasma 桌面环境，那么你有几种文本编辑器可供选择。KDE 项目官方支持以下两种流行的文本编辑器。

- KWrite：一个单屏幕文本编辑程序。
- Kate：一个功能全面的多窗口文本编辑程序。

这两种编辑器都是图形化文本编辑器，包含了许多高级功能。Kate 编辑器还提供了标准文本编辑器中不常见的额外功能。本节将介绍每一种编辑器，演示一些可用来帮你编写 shell 脚本的功能。

10.4.1　KWrite 编辑器

KWrite 是 KDE Plasma 环境的基本编辑器，提供了简单的字处理型（word processing-style）文本编辑功能，还支持代码语法高亮显示和编辑。默认的 KWrite 编辑窗口如图 10-6 所示。

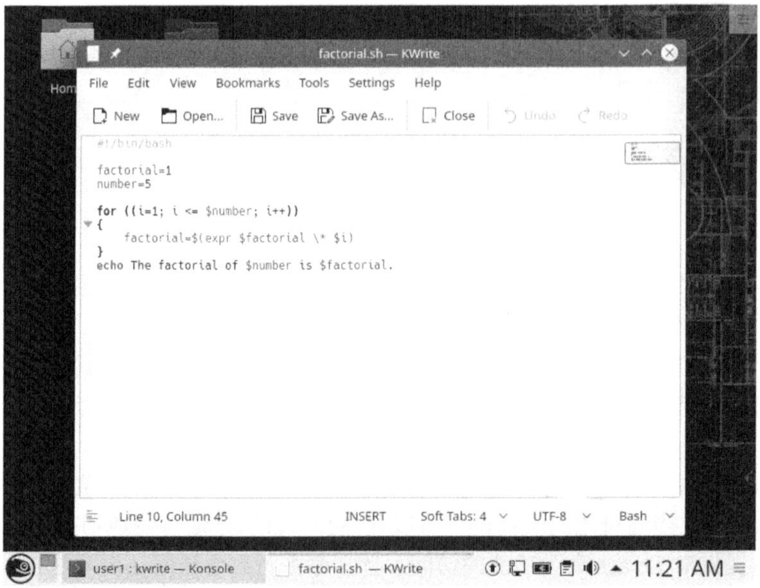

图 10-6　编辑 shell 脚本时的默认 KWrite 窗口

虽然从图 10-6 中看不出来，但 KWrite 编辑器确实可以识别多种类型的编程语言并使用代码着色来标识常量、函数和注释。KWrite 编辑窗口通过鼠标和方向键提供了完整的剪切和粘贴功能。

和在字处理器中一样，你可以高亮显示并剪切（或复制）缓冲区中任意位置的文本，将其粘贴到其他地方。

提示 KDE 桌面环境通常已经不再默认安装 KWrite。但只要可用，就可以在 Plasma 或其他桌面环境中轻松安装。软件包名为 `kwrite`。

要用 KWrite 编辑文件，可以从桌面环境的 KDE 菜单系统中选择 KWrite（有些 Linux 发行版甚至为其创建了一个面板按钮），也可以从命令行下启动。

```
$ kwrite factorial.sh
```

`kwrite` 命令有一些选项可用于定制具体的启动方式，其中一些比较实用的选项如下。

- `--stdin`：使 KWrite 从标准输入设备而非文件中读取数据。
- `--encoding`：为文件指定字符编码类型。
- `--line`：指定在编辑器窗口中起始的文件行号。
- `--column`：指定在编辑器窗口中起始的文件列号。

KWrite 编辑器在编辑窗口顶部提供了菜单栏和工具栏，你可以从中选择 KWrite 编辑器的功能，修改配置设置。

菜单栏包含以下项目。

- File：载入、保存、打印以及导出文件中的文本。
- Edit：操作缓冲区中的文本。
- View：管理如何在编辑器窗口中显示文本。
- Bookmarks：保存返回文本中特定位置的指针（这个选项可能要在配置中启用）。
- Tools：包含操作文本的特定功能。
- Settings：配置编辑器处理文本的方式。
- Help：获取编辑器和命令的相关信息。

Edit 菜单栏项提供了你需要的所有文本编辑命令。无须记住像密码一般的按键命令（顺便提一下，KWrite 也支持），只需在 Edit 菜单栏中选择菜单项即可，如表 10-3 所示。

表 10-3 KWrite Edit 菜单项

菜单项	描述
Undo	撤销最后一次操作
Redo	撤销最后一次撤销的操作
Cut	删除选定的文本并将其放入剪贴板
Copy	将选定的文本复制到剪贴板
Paste	在光标当前所在位置插入剪贴板的当前内容
Clipboard History	显示最近复制到剪贴板的文本
Copy As HTML	将选定的文本复制为 HTML
Select All	选择编辑器中的所有文本

（续）

菜 单 项	描 述
Deselect	取消选择当前已选定的文本
Block Selection Mode	打开/关闭允许垂直文本选择的块选择模式
Input Modes	在正常模式和类 vi 编辑模式之间切换
Overwrite Mode	从插入模式切换到改写模式；在改写模式中，旧文本会被新输入的文本覆盖，而不是仅插入新文本
Find	弹出 Find Text 对话框，允许你定制文本查找
Find Variants	提供各种文本搜索的子菜单项：Find Next、Find Previous、Find Selected 和 Find Selected Backwards
Replace	弹出 Replace With 对话框，允许你定制文本查找和替换
Go to	提供了各种 Go To 子菜单项：Move To Matching Bracket、Select To Matching Bracket、Move To Previous Modified Line、Move To Next Modified Line 和 Go To Line

Find 功能有两种模式：普通模式执行简单的文本搜索和增强搜索；替换模式可以进行必要的高级搜索和替换。你可以通过窗口右下角的图标在这两种模式之间切换，如图 10-7 所示。

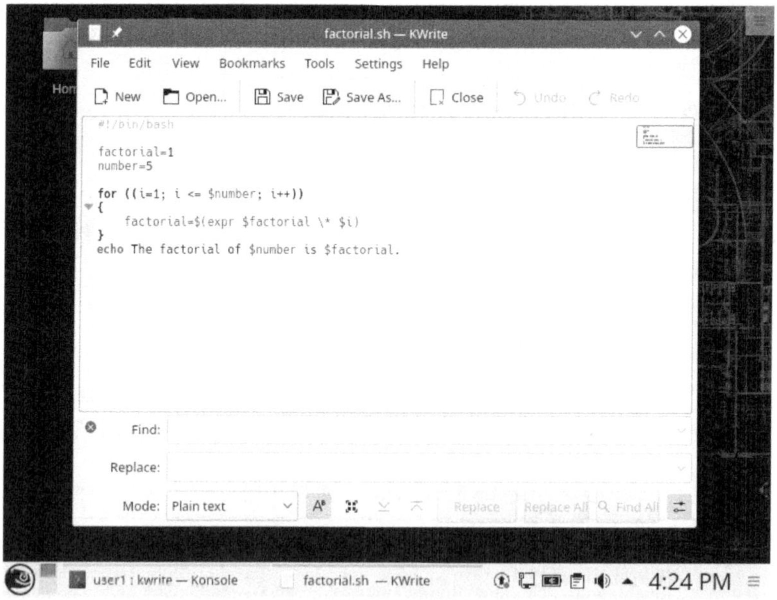

图 10-7　KWrite Find 菜单

Find 的增强模式不仅可以搜索单词，也可以使用正则表达式（参见第 20 章）。还有一些其他选项可以用来定制搜索，例如，是否在执行搜索时忽略大小写，是全词匹配还是部分文本匹配。

Tools 菜单栏项提供了一些在处理缓冲区文本时非常有用的功能。表 10-4 列出了 KWrite 中可用的工具。

表 10-4 Kwrite Tools 菜单

工　具	描　述
Read Only Mode	锁定文本，在编辑器中无法做任何修改
Mode	从子菜单中设置文本的文件类型
Highlighting	从子菜单中设置文本的高亮方式
Indentation	从子菜单中设置文本的缩进方式
Encoding	设定文本采用的字符集编码
End of Line	在 Unix 系统、Windows/DOS 系统和 Macintosh 系统所用的换行符之间切换
Add Byte Order Mark	打开/关闭在文本开头设置字节序标记（byte order mark，BOM）
Scripts	从子菜单中选择脚本化操作以快速完成特定操作
Invoke Code Completion	显示建议在光标位置处使用的代码；按下 Enter 键接受建议
Word Completion	通过子菜单选择，自动补全当前已输入的文本
Spelling	开启和/或控制文本拼写检查程序
Clean Identation	将所有的段落缩进重置为默认值
Align	强制当前行或选定行使用默认的缩进设置
Toggle Comment	使用基于当前所选模式的语法将文本行转换为注释行
Uppercase	将选定的文本或光标当前所在位置的字符设为大写
Lowercase	将选定的文本或光标当前所在位置的字符设为小写
Capitalize	将选定的文本或光标当前所在位置单词的首字母设为大写
Join Lines	合并选定的行，或合并光标当前所在行及下一行
Apply Word Wrap	在文本中启用自动换行，如果一行超出编辑器窗口边缘，则该行在下一行继续显示

这个简单的文本编辑器可真是有不少工具。如果你正在编写脚本或程序，那么 Mode 工具和 Indentation 工具肯定能帮上忙。Mode 的 Script 子菜单如图 10-8 所示。

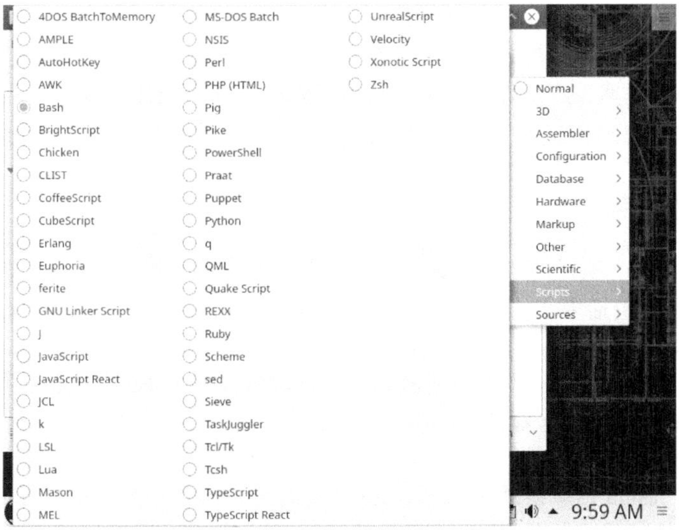

图 10-8 KWrite Tool 菜单的 Mode Script 子菜单

Setting 菜单包含 Configure Editor 对话框，如图 10-9 所示。

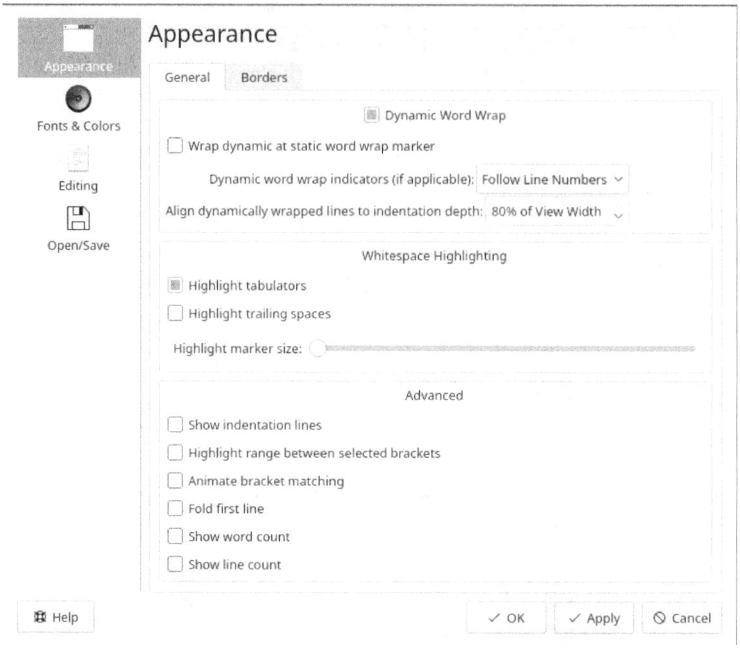

图 10-9　KWrite 的 Configure Editor 对话框

Configure 对话框在左侧用图标来表示可以选择配置的 KWrite 功能。单击图标，对话框右侧会显示对应功能的配置设置。

Appearance 功能允许设定多种特性来控制文本如何在文本编辑器窗口中显示。你可以在此启用自动换行、行数（对程序员非常有用）以及单词统计。在 Font & Colors 功能中，你可以为编辑器定制完整的色彩方案，决定程序代码中的不同内容分别使用什么颜色。另外，还有一些定制内容可以选择（比如编码和模式），这样就不用每次打开文件时都通过菜单设置了。

10.4.2　Kate 编辑器

Kate 编辑器是 KDE 项目的旗舰编辑器，其核心文本编辑器和 KWrite 一样（所以大部分功能也相同），但也融合了包括多文档界面（multiple document interface，MDI）在内的很多其他特性。

提示　如果在所用的 KDE 桌面环境中没有找到 Kate 编辑器，那么自己安装也不费事（参见第 9 章）。包含 Kate 的软件包的名称是 kdesdk。

当你从 KDE Plasma 菜单系统中启动 Kate 编辑器时，会看到图 10-10 所示的 Kate 编辑器主窗口。

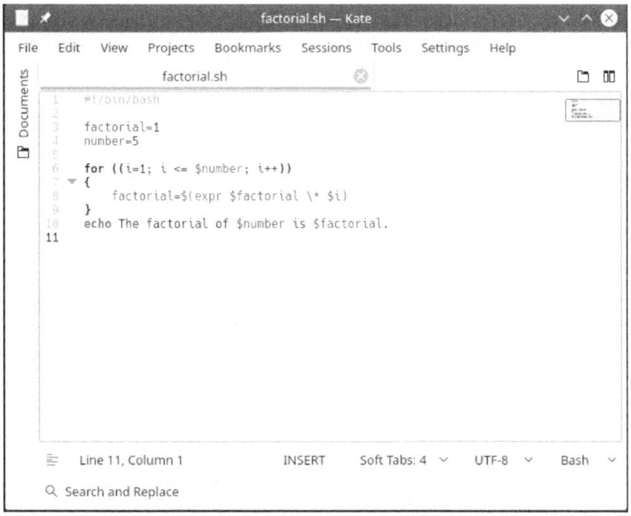

图 10-10　Kate 编辑器主窗口

你会发现这个窗口和图 10-6 中的 KWrite 编辑窗口几乎一模一样。不过，两者还是有差别的。例如，Kate 窗口左侧有 Documents 图标。单击图标会打开一个文档列表界面，如图 10-11 所示。你可以在其中打开文件、创建新文件和保存文件。

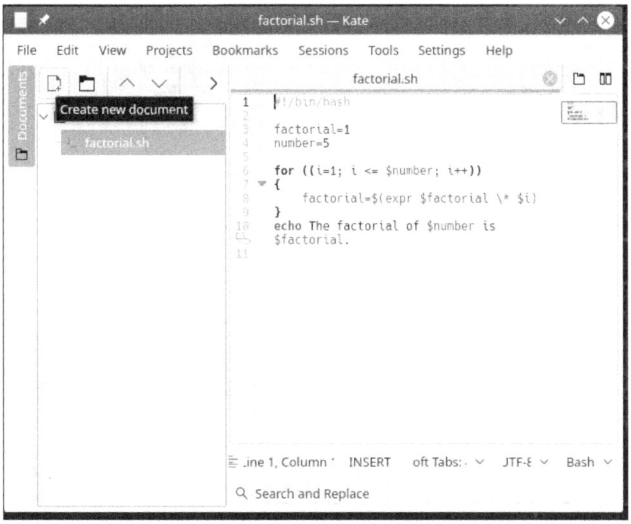

图 10-11　Kate Documents

Kate 也支持多种外部插件应用程序，这些应用程序可以在 Plugin Manager 窗口中激活，如图 10-12 所示。具体的菜单路径为 Settings ➪ Configure ➪ Kate ➪ Plugins。你可以在这里选择各种插件，以打造更高效的 shell 脚本编程环境。

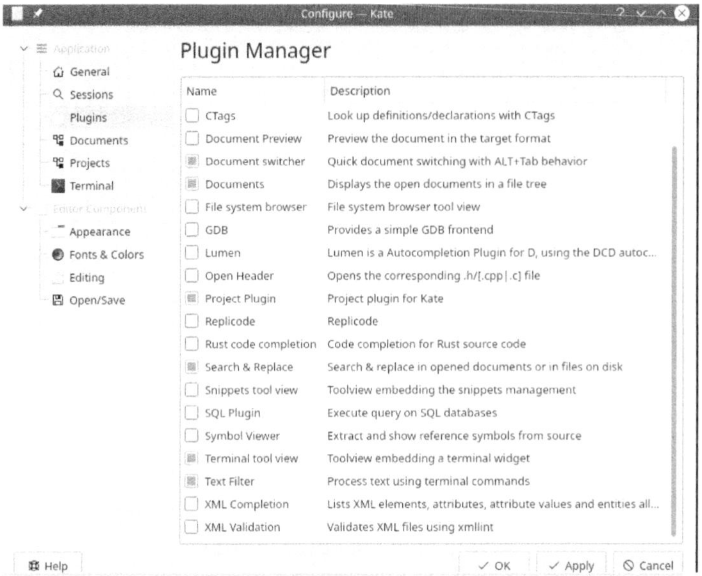

图 10-12　Kate Plugin Manager

内建的终端插件（Terminal tool view）是 Kate 编辑器的一个挺不错的功能，该插件可以在编辑器内提供终端窗口，如图 10-13 所示。单击编辑器窗口底部的终端图标就可以启动内建的终端仿真器（KDE 的 Konsole 终端仿真器的用法参见第 2 章）。

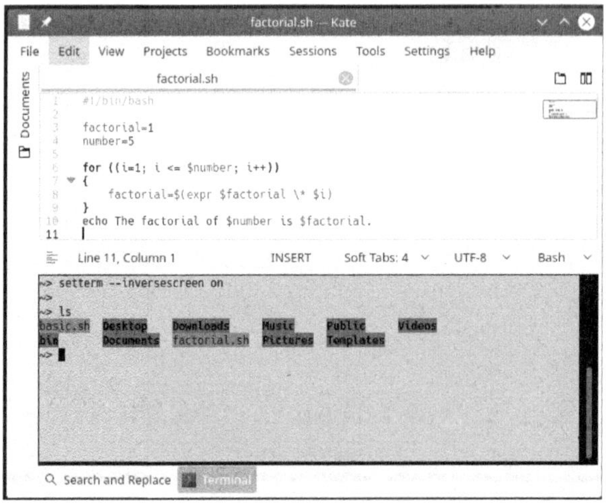

图 10-13　Kate 内建的终端窗口

提示　如果没有找到 Kate 窗口底部的终端图标，则很可能是因为没有激活 Terminal tool view 插件。进入 Plugin Manager 窗口，选中 Terminal tool view 插件，别忘了单击 Apply 按钮。

这个终端仿真器功能可以将当前编辑窗口水平划分，生成一个新窗口供 Konsole 运行。现在你无须离开编辑器就能输入命令、启动程序或是检查系统设置了。要想关闭终端窗口，只需在命令行提示下输入 `exit` 即可。

如你所见，Kate 也支持多窗口。View 菜单提供了相关选项。

- 用当前会话创建新的 Kate 窗口。
- 垂直划分当前窗口来创建新窗口。
- 水平划分当前窗口来创建新窗口。
- 关闭当前窗口。

View 菜单还允许你控制编辑器窗口的功能，比如显示各种工具、更改字体大小以及显示不可打印字符。Kate 提供了各种丰富的功能。

注意 Kate 编辑器在会话中处理文件。你既可以在一个会话中打开多个文件，也可以通过 Session 菜单保存多个会话。当启动 Kate 时，你可以调用保存过的会话。通过为每个项目使用单独的工作区，你可以轻松管理多个项目的文件。

要设置 Kate 中的配置选项，可以选择 Settings ➪ Configure Kate。配置对话框如图 10-14 所示。你可以在 Application 设置区域配置 Kate 的应用功能，比如 Session、Dcouments 和 Filesystem Browser。

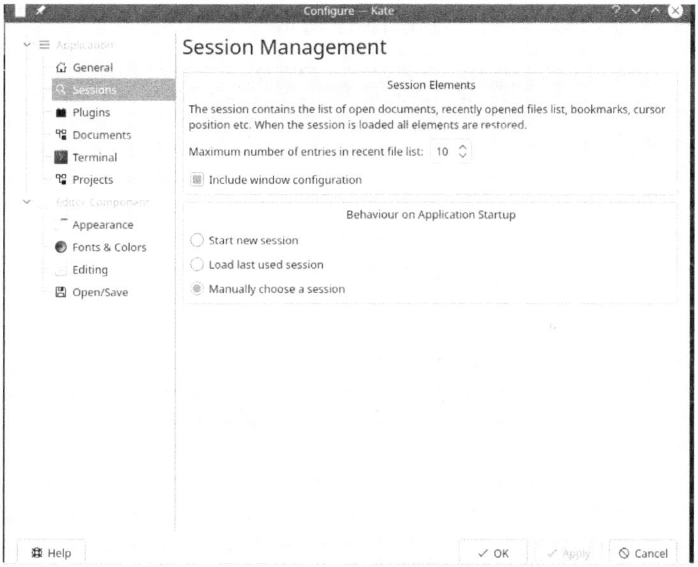

图 10-14 Kate 的配置对话框

Kate 和 Kwrite 可以并肩工作。Kate 是一款功能丰富的 MDI 编辑器，可作为 IDE 使用，帮助创建和编辑 shell 脚本。而 KWrite 启动速度快，提供了与 Kate 接近的功能，可用于快速修复脚本。两者在 Linux 世界中各有自己的一席之地。

10.5　GNOME 编辑器

如果你的 Linux 系统采用的是 GNOME Shell 桌面环境，则也有图形化文本编辑器可用。gedit 文本编辑器是一款基础的文本编辑器，有一些出于兴趣而加入的高级功能。本节将带你逐步了解 gedit 的功能并演示如何将其用于 shell 脚本编程。

10.5.1　启动 gedit

在大多数 GNOME Shell 桌面环境中，访问 gedit 很简单。单击桌面左上角的 Activities 图标。出现搜索栏时，在其中输入 `gedit` 或 `text editor`，然后单击 Text Editor。

提示　如果你的桌面环境没有安装 gedit，那么自行安装也很简单（参见第 9 章）。软件包名称为 gedit。别忘了安装 gedit 插件，因为这些插件提供了各种强大且先进的功能。插件包的名字估计你也猜到了：gedit-plugins。

如果需要，也可以在 GUI 终端仿真器中启动 gedit。

```
$ gedit factorial.sh myprog.c
```

当你启动 gedit 打开多个文件时，它会将所有的文件都载入不同的缓冲区，并在主编辑器窗口中使用标签化窗口来显示每个文件，如图 10-15 所示。

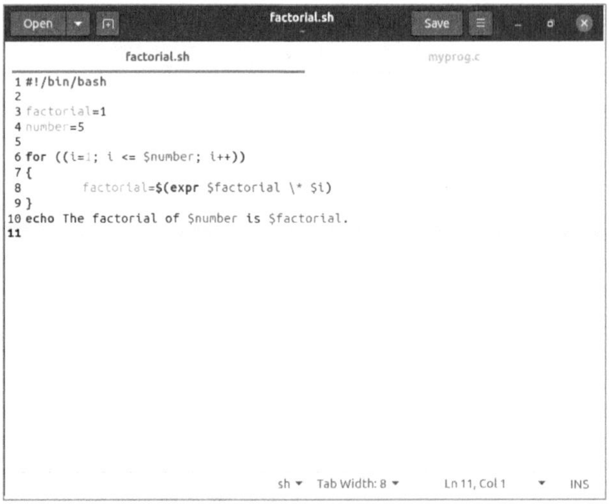

图 10-15　gedit 编辑器主窗口

在图 10-15 中，gedit 编辑器主窗口中左侧框显示了当前正在编辑的文档。右侧的标签化窗口包含了另一个文件的缓冲区文本。如果将鼠标悬停在标签上，就会出现一个对话框，其中显示了文件的完整路径名、MIME 类型以及所用的字符集编码。

提示　可以通过单击标签在 gedit 的多个窗口之间快速跳转。如果你更喜欢快捷键，那么按 Ctrl+Alt+PageDown 组合键可以进入右侧的标签窗口。按 Ctrl+Alt+PageUp 组合键则可以进入左侧的标签窗口。

10.5.2　gedit 的基本功能

现代版本的 gedit 不再使用菜单栏，而是采用了可通过标题栏中的折叠菜单图标（也称为汉堡按钮）访问的菜单系统，该菜单系统允许控制文件、管理编辑会话、配置设置等，如图 10-16 所示。

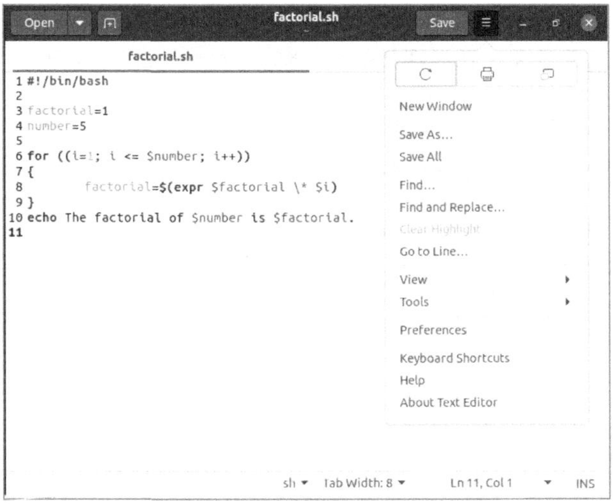

图 10-16　gedit 菜单系统

以下是可用的菜单项。

- New Window：打开一个新的编辑窗口，而不是标签。
- Save AS：用新的文件名保存当前缓冲区中的文件。
- Sava All：将所有标签中的内容写入磁盘。
- Find：打开 Find Text 对话框搜索文本，匹配文本以高亮显示。
- Find and Replace：显示 Find/Replace 弹出窗口，搜索并替换文本。
- Clear Highlight：清除匹配文本的高亮显示。
- Go to line：打开 Go to Line 对话框，输入要跳转到的行号。
- View：打开子菜单，可以在其中选择显示 List/File Manager（侧面板）、Embedded Terminal（底部面板）和 syntax highlighting（高亮模式）。
- Tools：打开子菜单，可以在其中激活拼写检查项（Check Spelling）、修改拼写检查的语言（Set Language）、高亮显示拼写错误（Highlight Misspelled Words）、显示文本统计信息（Document Statistics），以及选择特定的日期和时间格式进行插入（Insert Date And Time）。

- Preferences：打开弹出窗口，定制 gedit 编辑器的操作，比如显示行号、制表符宽度、文本字体和颜色，以及已激活的 gedit 插件。
- Keyboard Shortcuts：显示可用的 gedit 键盘快捷键简表。
- Help：阅读完整的 gedit 手册。
- About Text Editor：显示 gedit 版本、描述、网站等相关信息。

你会发现缺少了能够以原始文件名保存当前标签缓冲区文本的菜单项。这是因为 gedit 贴心地在标题栏上提供了一个保存图标（参见图 10-16）。只需单击该图标即可保存文件。如果你更喜欢使用键盘，Ctrl+S 快捷键可以实现相同的功能。

注意 你的 Linux 桌面环境中的 gedit 版本可能比本节图示中的更旧或更新。在这种情况下，其中的菜单项可能会不太一样，即便是相同的菜单项，位置也会略有不同。请查询你所用的 gedit 的 Help 菜单，获取更多的帮助。

gedit 的侧面板功能与 Kate 的文档列表类似。单击汉堡菜单图标，然后选择 View，再单击 Side Panel 旁边的复选框，就可以启动该功能，如图 10-17 所示。

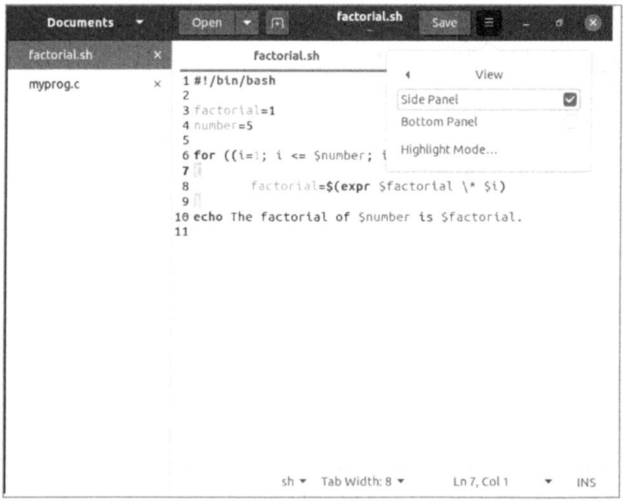

图 10-17 gedit 侧面板

你可以通过 gedit 侧面板在已打开的文件之间快速跳转。也可以通过单击 Documents，然后选择 File Browser 切换到文件管理器，如图 10-18 所示。

在 File Browser 面板内，你可以浏览目录，查找要编辑的文件。如果需要，还可以单击 File Browser，选择 Documents，切换回文档列表。

提示 可以通过按 F9 键快速打开或关闭侧面板。

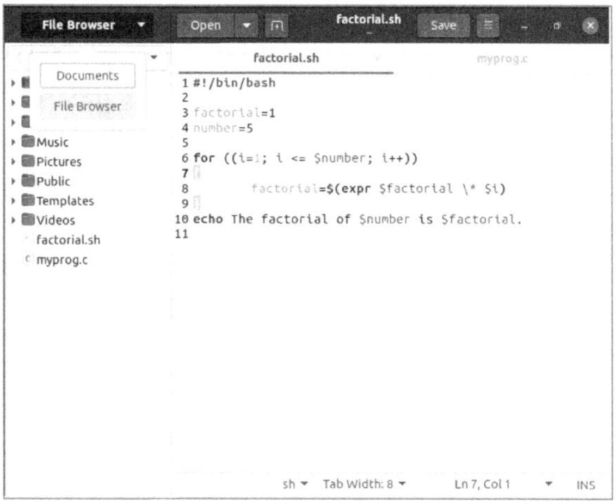

图 10-18 gedit 侧面板的文件管理器

File Browser 属于 gedit 插件。如果在侧面板里找不到 File Browser，那么有可能是这个插件没启用或尚未安装。可以一直使用快捷键 Ctrl+O 打开文件，不过 File Browser 插件还是很有用的。接下来我们将详细介绍如何管理 gedit 插件。

10.5.3 管理插件

gedit 的 Preferences 窗口的 Plugins 标签（参见图 10-19）可以控制 gedit 插件。插件是一种独立的程序，可以和 gedit 结合以提供额外的功能。

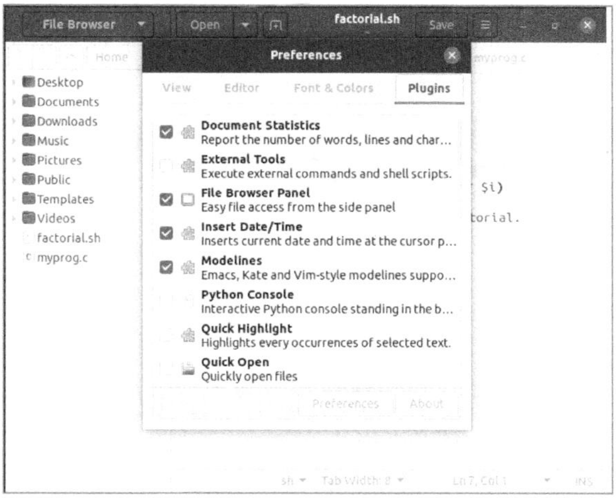

图 10-19 gedit 的 Plugins 标签

gedit 通常默认只安装了一些基础插件。表 10-5 描述了 GNOME 桌面的 gedit 目前可用的基础插件。

表 10-5　gedit 插件

插件	描述
Document Statistics	报告单词、行、字符和非空字符的数量
External Tools	在编辑器中提供一个可用于执行命令和脚本的 shell 环境
File Browser Panel	提供一个简易的文件浏览器以简化选择要编辑的文件
Insert Date/Time	在光标当前位置插入当前日期和时间（可以选择多种格式）
Modelines	在编辑器窗口底部显示类似于 Emacs、Kate 和 vim 的消息行
Python Console	在编辑器窗口底部提供一个用来输入 Python 语句的交互式控制台
Quick Highlight	高亮显示与选定内容匹配的所有文本
Quick Open	直接在 gedit 编辑窗口中打开文件
Snippets	允许存储常用的文本段以方便在文本中取回使用
Sort	快速排序整个文件或选定文本
Spell Checker	为文本文件提供词典拼写检查

如果需要，可以通过安装 gedit-plugins 软件包（参见第 9 章）来获得其他有用的功能（比如嵌入式终端）。下面是在 Ubuntu 中的安装示例。

```
$ sudo apt install gedit-plugins
[sudo] password for christine:
[...]
0 upgraded, 29 newly installed, 0 to remove and 77 not upgraded.
Need to get 2,558 kB of archives.
After this operation, 13.6 MB of additional disk space will be used.
Do you want to continue? [Y/n] Y
[...]
Setting up gedit-plugins (3.36.2-1) ...
$
```

安装好额外的插件之后，Preferences 窗口的 Plugins 标签下就会出现这些插件，如图 10-20 所示。

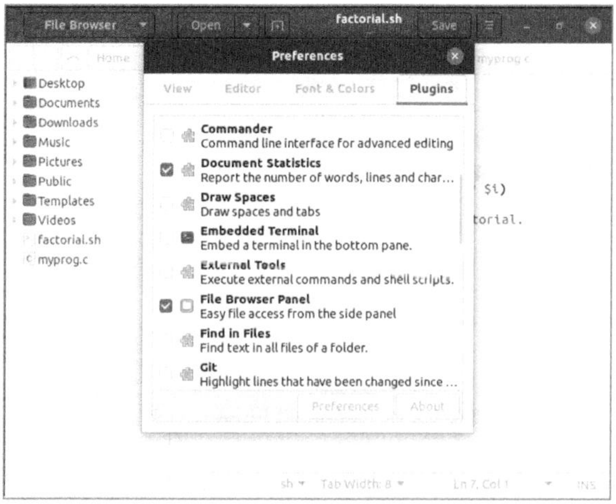

图 10-20　安装插件之后的 Plugins 标签

已启用的插件会在其名称旁边的复选框中显示一个选中标记。启用（enabling）插件不会启动（start）它。如果想使用 Embedded Terminal，则必须先在 Preferences 标签中启用该插件。然后，单击汉堡图标，选择 View，当出现子菜单时，选中 Bottom Panel 旁边的复选框，这样才能打开 Embedded Terminal，如图 10-21 所示。

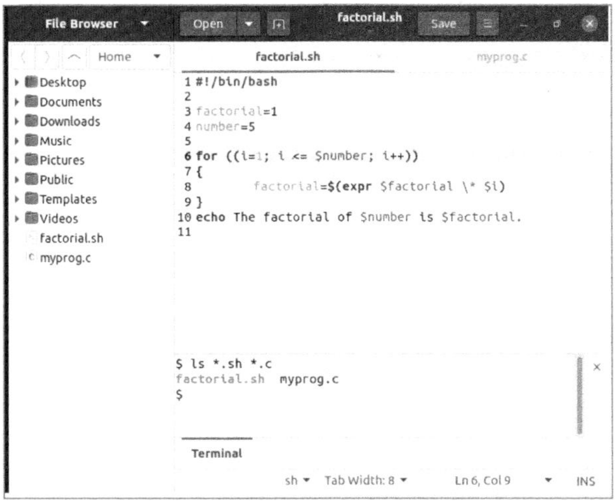

图 10-21　Embedded Terminal 插件

本章介绍了 Linux 中可用的几款文本编辑器。如果你觉得这些文本编辑器无法满足需要，那么还有其他选择。可供挑选的 Linux 编辑非常多，比如 Geany、Sublime Text、Atom、Visual Studio Code 和 Brackets，不一而足。所有这些编辑器都可以帮助你开启 bash shell 脚本的编写之旅。

10.6　小结

在创建 shell 脚本时，你需要某种类型的文本编辑器。在 Linux 环境下，有一些流行的文本编辑器可供使用。Unix 世界中最流行的编辑器 vi 也已作为 vim 被移植到了 Linux 中。vim 编辑器采用基本的全屏图形模式，提供了简单的控制台文本编辑功能。vim 编辑器还具备很多高级编辑器功能，比如文本搜索和替换。

另一个从 Unix 世界移植到 Linux 的编辑器是 nano。与 vim 编辑器相比，nano 编辑器十分简单，能够在控制台模式下快速地编辑文本。

还有一个流行的 Unix 编辑器 Emacs 也已步入了 Linux 世界。Linux 版本的 Emacs 兼具控制台模式和图形模式，这使其成为连接新旧世界的一座桥梁。Emacs 编辑器提供了多个缓冲区，允许同时编辑多个文件。

KDE 项目创建了两款可用于 KDE Plasma 桌面的编辑器。KWrite 编辑器并不复杂，除了基本文本编辑功能，还提供了少量高级功能，比如程序语言的语法高亮显示和对行进行编号。Kate 编辑器则为程序员提供了更多的高级功能，其中一个很棒的功能就是内建的终端窗口。你可以在

Kate 编辑器中直接打开一个命令行界面会话，无须再专门打开单独的终端仿真器窗口。Kate 编辑器还允许打开多个文件，为每个打开的文件提供不同的窗口。

GNOME 项目也为程序员提供了图形化文本编辑器。gedit 编辑器提供了一些高级功能，比如代码语法高亮显示和为行加编号，但其设计初衷是作为一款简洁的编辑器。为了丰富 gedit 编辑器的功能，开发人员开发了各种插件以用于扩展 gedit 的已有功能，这些插件包括拼写检查器、终端仿真器和文件浏览器等。

使用 Linux 命令行所需的背景知识到此就算介绍完毕了。本书接下来将深入探索 shell 脚本编程世界。第 11 章从演示如何创建 shell 脚本文件和如何在 Linux 系统中运行脚本开始。另外还会介绍 shell 脚本的基础知识，使你可以通过将多个命令放入可执行的脚本中来创建简单的程序。

Part 2

第二部分

shell 脚本编程基础

本部分内容

第 11 章

构建基础脚本

本章内容

- 使用多个命令
- 创建脚本文件
- 显示消息
- 使用变量
- 重定向输入和输出
- 管道
- 数学运算
- 退出脚本

前面已经讲过了 Linux 系统和命令行的必备知识，是时候动手编程了。本章将讨论 shell 脚本的编程基础。在开始着手编写你自己的杰作之前，上述基本概念是必须要了解的。

11.1 使用多个命令

到目前为止，你已经了解了如何使用 shell 的命令行界面提示符来输入命令并查看命令结果。shell 脚本的关键是能够输入多个命令并处理每个命令的结果，甚至是将一个命令的结果传给另一个命令。shell 可以让你将多个命令串联起来，一次性执行完。

如果想让两个命令一起运行，可以将其放在同一行中，彼此用分号隔开：

```
$ date ; who
Mon Jun 01 15:36:09 EST 2020
Christine tty2         2020-06-01 15:26
Samantha tty3          2020-06-01 15:26
Timothy  tty1          2020-06-01 15:26
user     tty7          2020-06-01 14:03 (:0)
user     pts/0         2020-06-01 15:21 (:0.0)

$
```

恭喜，你刚刚已经写好一个脚本了。这个简单的脚本只用到了两个 bash shell 命令。date 命令先运行，显示当前日期和时间，随后是 who 命令的输出，显示当前已登录系统的用户。通过这种办法，能将任意多个命令串联在一起使用，只要不超过命令行最大字符数 255 就可以。

这种技术对于小型脚本还算不错，但它有一个很大的缺陷：每次运行之前必须在命令提示符处输入整个命令。你可以将这些命令组合成一个简单的文本文件，这样就无须再手动输入了。在需要运行这些命令时，只需运行这个文本文件即可。

11.2 创建 shell 脚本文件

要将 shell 命令放到文本文件中，首先要用文本编辑器（参见第 10 章）创建一个文件，然后在其中输入命令。

在创建 shell 脚本文件时，必须在文件的第一行指定要使用的 shell，格式如下：

```
#!/bin/bash
```

在普通的 shell 脚本中，#用作注释行。shell 并不会处理 shell 脚本中的注释行。然而，shell 脚本文件的第一行是个例外，#后面的惊叹号会告诉 shell 用哪个 shell 来运行脚本。（是的，可以使用 bash shell，然后使用另一个 shell 来运行你的脚本。）

在指明了 shell 之后，可以在文件的各行输入命令，每行末尾加一个换行符。之前提到过，注释可用#添加，如下所示：

```
#!/bin/bash
# This script displays the date and who's logged on
date
who
```

这就是脚本的所有内容了。你可以根据需要，使用分号将两个命令放在一行中，但在 shell 脚本中，可以将命令放在独立的行中。shell 会根据命令在文件中出现的顺序进行处理。

注意，还有另外一行也以#开头，并添加了注释。shell 不会解释以#开头的行（除了以#!开头的第一行）。留下注释来说明对脚本做了什么，这种方法非常好，当你两年后再看这个脚本时，很容易想起来都做了什么。

将这个脚本保存在名为 test1 的文件中，基本上就搞定了。在运行新脚本前，还有几件事要做。

如果尝试运行脚本，则结果可能会让你有点儿失望：

```
$ test1
bash: test1: command not found
$
```

你要解决的第一个障碍是让 bash shell 找到你的脚本文件。如第 6 章所述，shell 会通过 PATH 环境变量来查找命令。快速查看一下 PATH 便可弄清问题所在。

```
$ echo $PATH
/usr/kerberos/sbin:/usr/kerberos/bin:/usr/local/bin:/usr/bin
:/bin:/usr/local/sbin:/usr/sbin:/sbin:/home/user/bin $
```

PATH 环境变量被设置为用于在其中查找命令的一系列目录。要让 shell 找到 test1 脚本，可以采用下列两种方法之一：

- 将放置 shell 脚本文件的目录添加到 PATH 环境变量中；
- 在命令行中使用绝对路径或相对路径来引用 shell 脚本文件。

提示 有些 Linux 发行版会将$HOME/bin 目录加入 PATH 环境变量中。这样就在每个用户的 $HOME 目录中提供了一个存放文件的地方，shell 可以在那里查找要执行的命令。

在这个例子中，我们使用第二种方法来告诉 shell 要运行的脚本文件所处的确切位置。可以使用单点号来引用当前目录下的文件：

```
$ ./test1
bash: ./test1: Permission denied
$
```

现在 shell 已经可以找到脚本文件了，但还有一个问题：你还没有执行该文件的权限。查看一下文件权限就知道怎么回事了：

```
$ ls -l test1
-rw-r--r--    1 user     user              73 Jun 02 15:36 test1
$
```

在创建 test1 文件时，umask 的值决定了新文件的默认权限设置。由于 umask 变量被设为 022（参见第 7 章），因此新建的文件只有文件属主才有读/写权限。

下一步是通过 chmod 命令（参见第 7 章）赋予文件属主执行文件的权限：

```
$ chmod u+x test1
$ ./test1
Mon Jun 01 15:38:19 EST 2020
Christine tty2         2020-06-01 15:26
Samantha tty3          2020-06-01 15:26
Timothy  tty1          2020-06-01 15:26
user     tty7          2020-06-01 14:03 (:0)
user     pts/0         2020-06-01 15:21 (:0.0) $
```

成功了！现在万事俱备，只待执行新的 shell 脚本文件了。

11.3　显示消息

大多数 shell 命令会产生自己的输出，这些输出会显示在脚本所运行的控制台显示器上。很多时候，你可能想添加自己的文本消息来告诉用户脚本正在做什么。可以通过 echo 命令来实现这一点。如果在 echo 命令后面加上字符串，那么 echo 命令就会显示出这个字符串：

```
$ echo This is a test
This is a test
$
```

注意，在默认情况下，无须使用引号将要显示的字符串划定出来。然而，如果在字符串中使用引号，则有时会比较麻烦：

```
$ echo Let's see if this'll work
Lets see if thisll work
$
```

echo 命令可用单引号或双引号来划定字符串。如果你在字符串中要用到某种引号，可以使用另一种引号来划定字符串：

```
$ echo "This is a test to see if you're paying attention"
This is a test to see if you're paying attention
$ echo 'Rich says "scripting is easy".'
Rich says "scripting is easy".
$
```

现在所有的引号都能正常输出了。

可以将 echo 命令添加到 shell 脚本中任何需要显示额外信息的地方：

```
$ cat test1
#!/bin/bash
# This script displays the date and who's logged on
echo  The time and date are:
date
echo "Let's see who's logged into the system: "
who
$
```

运行这个脚本时，会产生如下输出：

```
$ ./test1
The time and date are:
Mon Jun 01 15:41:13 EST 2020
Let's see who's logged into the system:
Christine tty2         2020-06-01 15:26
Samantha tty3         2020-06-01 15:26
Timothy  tty1         2020-06-01 15:26
user     tty7         2020-06-01 14:03 (:0)
user     pts/0        2020-06-01 15:21 (:0.0)
$
```

很好，但如果想把字符串和命令输出显示在同一行中，应该怎么办呢？可以使用 echo 命令的-n 选项。只要将第一个 echo 改成下面这样就可以了：

```
echo -n "The time and date are: "
```

你需要在字符串的两侧使用引号，以确保要显示的字符串尾部有一个空格。命令输出会在紧接着字符串结束的地方出现。现在的输出会是下面这个样子：

```
$ ./test1
The time and date are: Mon Jun 01 15:42:23 EST 2020
Let's see who's logged into the system:
Christine tty2         2020-06-01 15:26
Samantha tty3         2020-06-01 15:26
Timothy  tty1         2020-06-01 15:26
user     tty7         2020-06-01 14:03 (:0)
user     pts/0        2020-06-01 15:21 (:0.0)
$
```

完美！echo 命令是 shell 脚本中同用户交互的重要工具。你会经常用到它，尤其是需要显示脚本中变量的值时。接下来就会讲到。

11.4 使用变量

运行 shell 脚本中的单个命令自然有用，但也有局限。你经常需要在 shell 命令中使用其他数据来处理信息。这可以通过**变量**来实现。变量允许在 shell 脚本中临时存储信息，以便同脚本中的其他命令一起使用。本节将介绍如何在 shell 脚本中使用变量。

11.4.1 环境变量

我们已经见识过 Linux 的一种变量在实际中的应用。第 6 章介绍过 Linux 系统中的环境变量。你也可以在脚本中访问这些值。

shell 维护着一组用于记录特定的系统信息的环境变量，比如系统名称、已登录系统的用户名、用户的系统 ID（也称为 UID）、用户的默认主目录以及 shell 查找程序的搜索路径。你可以用 set 命令显示一份完整的当前环境变量列表：

```
$ set
BASH=/bin/bash
...
HOME=/home/Samantha
HOSTNAME=localhost.localdomain
HOSTTYPE=i386
IFS=$' \t\n'
IMSETTINGS_INTEGRATE_DESKTOP=yes
IMSETTINGS_MODULE=none
LANG=en_US.utf8
LESSOPEN='|/usr/bin/lesspipe.sh %s'
LINES=24
LOGNAME=Samantha
...
```

在脚本中，可以在环境变量名之前加上$来引用这些环境变量，用法如下：

```
$ cat test2
#!/bin/bash
# display user information from the system.
echo "User info for userid: $USER"
echo UID: $UID
echo HOME: $HOME
$
```

环境变量$USER、$UID 和$HOME 用来显示已登录用户的相关信息。脚本输出如下：

```
$ chmod u+x test2
$ ./test2
User info for userid: Samantha
UID: 1001
HOME: /home/Samantha
$ $
```

注意，echo 命令中的环境变量会在脚本运行时被替换成当前值。另外，在第一个字符串中可以将 *$USER* 系统变量放入双引号中，而 shell 依然能够知道我们的意图。但这种方法存在一个问题。看看下面这个例子：

```
$ echo "The cost of the item is $15"
The cost of the item is 5
```

显然这不是我们想要的。只要脚本在双引号中看到$，就会以为你在引用变量。在这个例子中，脚本会尝试显示变量 *$1* 的值（尚未定义），再显示数字 5。要显示$，必须在它前面放置一个反斜线：

```
$ echo "The cost of the item is \$15"
The cost of the item is $15
```

看起来好多了。反斜线允许 shell 脚本按照字面意义解释$，而不是引用变量。接下来将介绍如何在脚本中创建自己的变量。

注意 你可能还见过通过${variable}形式引用的变量。花括号通常用于帮助界定$后的变量名。

11.4.2 用户自定义变量

除了环境变量，shell 脚本还允许用户在脚本中定义和使用自己的变量。定义变量允许在脚本中临时存储并使用数据，从而使 shell 脚本看起来更像一个真正的计算机程序。

用户自定义变量的名称可以是任何由字母、数字或下划线组成的字符串，长度不能超过 20 个字符。因为变量名区分大小写，所以变量 *Var1* 和变量 *var1* 是不同的。这个小规矩经常让脚本编程初学者感到头疼。

使用等号为变量赋值。在变量、等号和值之间不能出现空格（另一个初学者经常犯错的地方）。下面是一些为用户自定义变量赋值的例子：

```
var1=10
var2=-57
var3=testing
var4="still more testing"
```

shell 脚本会以字符串形式存储所有的变量值，脚本中的各个命令可以自行决定变量值的数据类型。shell 脚本中定义的变量在脚本的整个生命周期里会一直保持着它们的值，在脚本结束时会被删除。

与系统变量类似，用户自定义变量可以通过$引用：

```
$ cat test3
#!/bin/bash
# testing variables
days=10
guest="Katie"
echo "$guest checked in $days days ago"
days=5
```

11

```
guest="Jessica"
echo "$guest checked in $days days ago"
$
```

运行脚本会有下列输出：

```
$ chmod u+x test3
$ ./test3
Katie checked in 10 days ago
Jessica checked in 5 days ago
$
```

每次引用变量时，都会输出该变量的当前值。重要的是记住，引用变量值时要加$，对变量赋值时则不用加$。通过下面这个例子你就能明白我的意思了：

```
$ cat test4
#!/bin/bash
# assigning a variable value to another variable

value1=10
value2=$value1
echo The resulting value is $value2
$
```

在赋值语句中使用 *value1* 变量的值时，必须使用$。以上代码会产生下列输出：

```
$ chmod u+x test4
$ ./test4
The resulting value is 10
$
```

如果忘了用$，把 *value2* 的赋值行写成下面这样：

```
value2=value1
```

则会得到下列输出：

```
$ ./test4
The resulting value is value1
$
```

少了$，shell 会将变量名解释成普通的字符串，这很可能不是你想要的结果。

11.4.3　命令替换

shell 脚本中最有用的特性之一是可以从命令输出中提取信息并将其赋给变量。把输出赋给变量之后，就可以随意在脚本中使用了。在脚本中处理数据时，这个特性显得尤为方便。

有两种方法可以将命令输出赋给变量。

- 反引号（`）
- $()格式

要注意反引号，这可不是用于字符串的那个普通的单引号。由于在 shell 脚本之外很少用到，你可能甚至都不知道在键盘的哪个位置能找到这个字符。但是你需要慢慢熟悉它，因为这是许多

shell 脚本中的重要组件。提示：在美式键盘上，反引号通常和波浪号（~）位于同一键位。

命令替换允许将 shell 命令的输出赋给变量。尽管这看起来好像也没什么，但它是脚本编程的一个主要组成部分。

你要么将整个命令放入反引号内：

```
testing=`date`
```

要么使用$()格式：

```
testing=$(date)
```

shell 会执行命令替换符内的命令，将其输出赋给变量 testing。注意，赋值号和命令替换符之间没有空格。下面是一个使用 shell 命令输出创建变量的例子：

```
$ cat test5
#!/bin/bash
testing=$(date)
echo "The date and time are: " $testing
$
```

变量 testing 保存着 date 命令的输出，然后会使用 echo 命令显示出该变量的值。运行这个 shell 脚本会生成下列输出：

```
$ chmod u+x test5
$ ./test5
The date and time are: Mon Jun 01 15:45:25 EDT 2020
$
```

这个例子看起来平平无奇（也可以干脆把命令替换放在 echo 语句中），但只要将命令输出存入变量，你就可以随心所欲了。

下面这个例子很常见，它在脚本中通过命令替换获得当前日期并用其来生成唯一文件名：

```
#!/bin/bash
# copy the /usr/bin directory listing to a log file
today=$(date +%y%m%d)
ls /usr/bin -al > log.$today
```

today 变量保存着格式化后的 date 命令的输出。这是提取日期信息，用于生成日志文件名的一种常用技术。+%y%m%d 格式会告诉 date 命令将日期显示为两位数的年、月、日的组合：

```
$ date +%y%m%d
200601
$
```

该脚本会将日期值赋给变量，然后再将其作为文件名的一部分。文件本身包含重定向的目录列表输出（11.5 节会详细讨论）。运行该脚本之后，应该能在目录中看到一个新文件：

```
-rw-r--r--    1 user     user          769 Jun 01 16:15 log.200601
```

目录中出现的日志文件采用 *$today* 变量的值作为文件名的一部分。日志文件的内容是 /usr/bin 目录内容的列表输出。如果脚本在次日运行，那么日志文件名会是 log.200602，因此每天都会创建一个新文件。

11

警告　命令替换会创建出子 shell 来运行指定命令，这是由运行脚本的 shell 所生成的一个独立的 shell。因此，在子 shell 中运行的命令无法使用脚本中的变量。

如果在命令行中使用./路径执行命令，就会创建子 shell，但如果不加路径，则不会创建子 shell。不过，内建的 shell 命令也不会创建子 shell。在命令行中运行脚本时要当心。

11.5 重定向输入和输出

有时候，你想要保存命令的输出而不只是在屏幕上显示。bash shell 提供了几个运算符，它们可以将命令的输出**重定向**到其他位置（比如文件）。重定向既可用于输入，也可用于输出，例如将文件重定向，作为命令输入。本节将介绍如何在 shell 脚本中使用重定向。

11.5.1 输出重定向

最基本的重定向会将命令的输出发送至文件。bash shell 使用大于号（>）来实现该操作：

```
command > outputfile
```

之前出现在显示器上的命令输出会被保存到指定的输出文件中：

```
$ date > test6
$ ls -l test6
-rw-r--r--    1 user     user           29 Jun 01 16:56 test6
$ cat test6
Mon Jun 01 16:56:58 EDT 2020
$
```

重定向运算符创建了文件 test6（使用默认的 `umask` 设置）并将 `date` 命令的输出重定向至该文件。如果输出文件已存在，则重定向运算符会用新数据覆盖已有的文件：

```
$ who > test6
$ cat test6
rich     pts/0    Jun 01 16:55
$
```

现在 test6 文件的内容包含 `who` 命令的输出。

有时，你可能并不想覆盖文件原有内容，而是想将命令输出追加到已有文件中，例如，你正在创建一个记录系统操作的日志文件。在这种情况下，可以用双大于号（>>）来追加数据：

```
$ date >> test6
$ cat test6
rich     pts/0    Jun 01 16:55
Mon Jun 01 17:02:14 EDT 2020
$
```

test6 文件仍然包含早些时候 `who` 命令的数据，现在又追加了 `date` 命令的输出。

11.5.2 输入重定向

输入重定向和输出重定向正好相反。输入重定向会将文件的内容重定向至命令，而不是将命令输出重定向至文件。

输入重定向运算符是小于号（<）：

```
command < inputfile
```

一种简单的记忆方法是，在命令行中，命令总是在左侧，而重定向运算符“指向”数据流动的方向。小于号说明数据正在从输入文件流向命令。

下面是一个和 wc 命令一起使用输入重定向的例子。

```
$ wc < test6
      2      11      60
$
```

wc 命令可以统计数据中的文本。在默认情况下，它会输出 3 个值。

- 文本的行数
- 文本的单词数
- 文本的字节数

通过将文本文件重定向到 wc 命令，立刻就可以得到文件中的行、单词和字节的数量。这个例子说明 test6 文件包含 2 行、11 个单词以及 60 字节。

还有另外一种输入重定向的方法，称为**内联输入重定向**（inline input redirection）。这种方法无须使用文件进行重定向，只需在命令行中指定用于输入重定向的数据即可。乍一看，这可能有点儿奇怪，但有些应用程序会用到这种方式（参见 11.7 节）。

内联输入重定向运算符是双小于号（<<）。除了这个符号，必须指定一个文本标记来划分输入数据的起止。任何字符串都可以作为文本标记，但在数据开始和结尾的文本标记必须一致：

```
command << marker
data
marker
```

在命令行中使用内联输入重定向时，shell 会用 PS2 环境变量中定义的次提示符（参见第 6 章）来提示输入数据，其用法如下所示：

```
$ wc << EOF
> test string 1
> test string 2
> test string 3
> EOF
      3       9      42
$
```

次提示符会持续显示，以获取更多的输入数据，直到输入了作为文本标记的那个字符串。wc 命令会统计内联输入重定向提供的数据包含的行数、单词数和字节数。

11

11.6 管道

有时候，你需要将一个命令的输出作为另一个命令的输入。这可以通过重定向来实现，只是略显笨拙：

```
$ rpm -qa > rpm.list
$ sort < rpm.list
abattis-cantarell-fonts-0.0.25-1.el7.noarch
abrt-2.1.11-52.el7.centos.x86_64
abrt-addon-ccpp-2.1.11-52.el7.centos.x86_64
abrt-addon-kerneloops-2.1.11-52.el7.centos.x86_64
abrt-addon-pstoreoops-2.1.11-52.el7.centos.x86_64
abrt-addon-python-2.1.11-52.el7.centos.x86_64
abrt-addon-vmcore-2.1.11-52.el7.centos.x86_64
abrt-addon-xorg-2.1.11-52.el7.centos.x86_64
abrt-cli-2.1.11-52.el7.centos.x86_64
abrt-console-notification-2.1.11-52.el7.centos.x86_64
...
```

rpm 命令通过 Red Hat 软件包管理系统（RPM）管理系统（比如上例中的 CentOS 系统）中已安装的软件包。配合-qa 选项使用时，会生成已安装包的列表，但这个列表并不遵循某种特定的顺序。如果想查找某个或某些特定的软件包，在 rpm 命令的输出中就不太好找到了。

通过标准输出重定向，rpm 命令的输出被重定向至文件 rpm.list。命令完成后，rpm.list 保存着系统中所有已安装的软件包列表。接下来，输入重定向将 rpm.list 文件的内容传给 sort 命令，由后者按字母顺序对软件包名称进行排序。

这种方法的确管用，但仍然是一种比较烦琐的信息生成方式。无须将命令输出重定向至文件，可以将其直接传给另一个命令。这个过程称为**管道连接**（piping）。

和命令替换所用的反引号（`）一样，管道操作符在 shell 编程之外也很少用到。该符号由两个竖线构成，一个在上，一个在下。然而，其印刷体往往看起来更像是单个竖线（|）。在美式键盘上，它通常和反斜线（\）位于同一个键。管道被置于命令之间，将一个命令的输出传入另一个命令中：

```
command1 | command2
```

可别以为由管道串联起的两个命令会依次执行。实际上，Linux 系统会同时运行这两个命令，在系统内部将二者连接起来。当第一个命令产生输出时，它会被立即传给第二个命令。数据传输不会用到任何中间文件或缓冲区。

现在，你可以利用管道轻松地将 rpm 命令的输出传入 sort 命令来获取结果：

```
$ rpm -qa | sort
abattis-cantarell-fonts-0.0.25-1.el7.noarch
abrt-2.1.11-52.el7.centos.x86_64
abrt-addon-ccpp-2.1.11-52.el7.centos.x86_64
abrt-addon-kerneloops-2.1.11-52.el7.centos.x86_64
abrt-addon-pstoreoops-2.1.11-52.el7.centos.x86_64
abrt-addon-python-2.1.11-52.el7.centos.x86_64
abrt-addon-vmcore-2.1.11-52.el7.centos.x86_64
```

```
abrt-addon-xorg-2.1.11-52.el7.centos.x86_64
abrt-cli-2.1.11-52.el7.centos.x86_64
abrt-console-notification-2.1.11-52.el7.centos.x86_64
...
```

除非你眼神（特别）好，否则可能根本来不及看清楚命令输出。由于管道操作是实时化的，因此只要 rpm 命令产生数据，sort 命令就会立即对其进行排序。等到 rpm 命令输出完数据，sort 命令就已经将排好序的数据显示在屏幕上了。

管道可以串联的命令数量没有限制。可以持续地将命令输出通过管道传给其他命令来细化操作。

在这个例子中，由于 sort 命令的输出一闪而过，因此可以用文本分页命令（比如 less 或 more）强行将输出按屏显示：

```
$ rpm -qa | sort | more
```

这行命令序列会执行 rpm 命令，将其输出通过管道传给 sort 命令，然后再将 sort 的输出通过管道传给 more 命令来显示，在显示完一屏信息后暂停。这样你就可以在继续显示前停下来阅读屏幕上的信息，如图 11-1 所示。

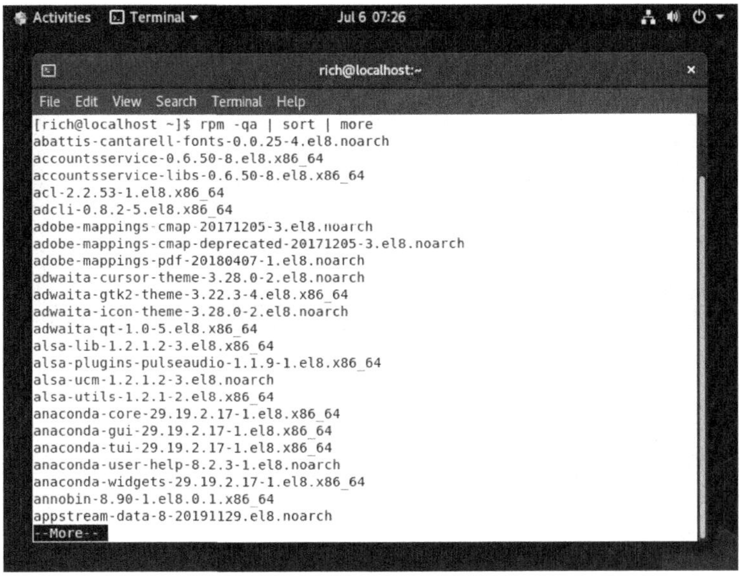

图 11-1　通过管道将数据传给 more 命令

如果想更别致一些，那么也可以结合重定向和管道来将输出保存到文件中：

```
$ rpm -qa | sort > rpm.list
$ more rpm.list
abrt-1.1.14-1.fc14.i686
abrt-addon-ccpp-1.1.14-1.fc14.i686
abrt-addon-kerneloops-1.1.14-1.fc14.i686
abrt-addon-python-1.1.14-1.fc14.i686
```

```
abrt-desktop-1.1.14-1.fc14.i686
abrt-gui-1.1.14-1.fc14.i686
abrt-libs-1.1.14-1.fc14.i686
abrt-plugin-bugzilla-1.1.14-1.fc14.i686
abrt-plugin-logger-1.1.14-1.fc14.i686
abrt-plugin-runapp-1.1.14-1.fc14.i686
acl-2.2.49-8.fc14.i686
...
```

不出所料，rpm.list 文件中的数据现在已经排好序了。

管道最常见的用法之一是将命令产生的大量输出传送给 `more` 命令。对 `ls` 命令来说，这种用法尤为常见，如图 11-2 所示。

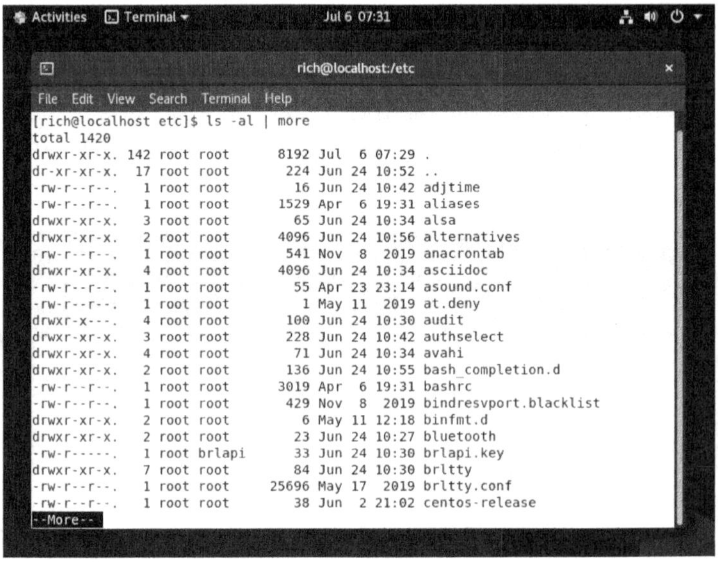

图 11-2　配合使用 `ls` 命令和 `more` 命令

`ls -l` 命令会产生目录中所有文件的长列表。对包含大量文件的目录来说，这个列表会相当长。将输出通过管道传给 `more` 命令，可以强制分屏显示 `ls` 的输出列表。

11.7　执行数学运算

编程语言的另一项至关重要的特性是数学运算能力。遗憾的是，shell 脚本在这方面多少有些不尽如人意。在 shell 脚本中，执行数学运算有两种方式。

11.7.1　expr 命令

最初，Bourne shell 提供了一个专门用于处理数学表达式的命令：`expr`，该命令可在命令行中执行数学运算，但是特别笨拙。

```
$ expr 1 + 5
6
```

expr 命令能够识别少量算术运算符和字符串运算符，如表 11-1 所示。

表 11-1 expr 命令运算符

运 算 符	描 述
ARG1 | ARG2	如果 ARG1 既不为 null 也不为 0，就返回 ARG1；否则，返回 ARG2
ARG1 & ARG2	如果 ARG1 和 ARG2 都不为 null 或 0，就返回 ARG1；否则，返回 0
ARG1 < ARG2	如果 ARG1 小于 ARG2，就返回 1；否则，返回 0
ARG1 <= ARG2	如果 ARG1 小于或等于 ARG2，就返回 1；否则，返回 0
ARG1 = ARG2	如果 ARG1 等于 ARG2，就返回 1；否则，返回 0
ARG1 != ARG2	如果 ARG1 不等于 ARG2，就返回 1；否则，返回 0
ARG1 >= ARG2	如果 ARG1 大于或等于 ARG2，就返回 1；否则，返回 0
ARG1 > ARG2	如果 ARG1 大于 ARG2，就返回 1；否则，返回 0
ARG1 + ARG2	返回 ARG1 和 ARG2 之和
ARG1 - ARG2	返回 ARG1 和 ARG2 之差
ARG1 * ARG2	返回 ARG1 和 ARG2 之积
ARG1 / ARG2	返回 ARG1 和 ARG2 之商
ARG1 % ARG2	返回 ARG1 和 ARG2 之余数
STRING : REGEXP	如果 REGEXP 模式匹配 STRING，就返回该模式匹配的内容
match STRING REGEXP	如果 REGEXP 模式匹配 STRING，就返回该模式匹配的内容
substr STRING POS LENGTH	返回起始位置为 POS（从 1 开始计数）、长度为 LENGTH 的子串
index STRING CHARS	返回 CHARS 在字符串 STRING 中所处的位置；否则，返回 0
length STRING	返回字符串 STRING 的长度
+ TOKEN	将 TOKEN 解释成字符串，即使 TOKEN 属于关键字
(EXPRESSION)	返回 EXPRESSION 的值

尽管标准运算符在 expr 命令中工作得很好，但在脚本或命令行中使用时仍有问题出现。许多 expr 命令运算符在 shell 中另有他意（比如*）。当这些符号出现在 expr 命令中时，会产生一些诡异的结果：

```
$ expr 5 * 2
expr: syntax error
$
```


要解决这个问题，就要在那些容易被 shell 错误解释的字符被传入 expr 命令之前，使用 shell 的转义字符（反斜线）对其进行转义：

```
$ expr 5 \* 2
10
$
```

真够难看的！在 shell 脚本中使用 expr 命令也同样麻烦：

```
$ cat test6
#!/bin/bash
# An example of using the expr command
var1=10
var2=20
var3=$(expr $var2 / $var1)
echo The result is $var3
```

要将一个数学算式的结果赋给变量，需要使用命令替换来获取 expr 命令的输出：

```
$ chmod u+x test6
$ ./test6
The result is 2
$
```

幸好，bash shell 针对数学运算作出了改进，接下来将介绍。

11.7.2　使用方括号

为了兼容 Bourne shell，bash shell 保留了 expr 命令，但同时也提供了另一种更简单的方法来执行数学运算。在 bash 中，要将数学运算结果赋给变量，可以使用$和方括号（$[operation]）：

```
$ var1=$[1 + 5]
$ echo $var1
6
$ var2=$[$var1 * 2]
$ echo $var2
12
$
```

用方括号来执行数学运算要比 expr 命令方便得多。这种技术也适用于 shell 脚本：

```
$ cat test7
#!/bin/bash
var1=100
var2=50
var3=45
var4=$[$var1 * ($var2 - $var3)]
echo The final result is $var4
$
```

运行这个脚本会得到如下输出：

```
$ chmod u+x test7
$ ./test7
The final result is 500
$
```

在使用方括号执行数学运算时，无须担心 shell 会误解乘号或其他符号。shell 清楚方括号内的星号不是通配符。

在 bash shell 脚本中执行数学运算有一个很大的局限。来看下面这个例子：

```
$ cat test8
#!/bin/bash
```

```
var1=100
var2=45
var3=$[$var1 / $var2]
echo The final result is $var3
$
```

运行该脚本，看看会发生什么：

```
$ chmod u+x test8
$ ./test8
The final result is 2
$
```

bash shell 的数学运算符只支持整数运算。如果打算尝试现实世界中的数学运算，那么这是一个巨大的限制。

注意 z shell（zsh）提供了完整的浮点数操作。如果需要在 shell 脚本中执行浮点数运算，那么不妨考虑一下 z shell（参见第 23 章）。

11.7.3 浮点数解决方案

有几种解决方案能够克服 bash 只支持整数运算的限制。最常见的做法是使用内建的 bash 计算器 bc。

1. bc 的基本用法

bash 计算器实际上是一种编程语言，允许在命令行中输入浮点数表达式，然后解释并计算该表达式，最后返回结果。bash 计算器能够识别以下内容。

- 数字（整数和浮点数）
- 变量（简单变量和数组）
- 注释（以#或 C 语言中的/* */开始的行）
- 表达式
- 编程语句（比如 if-then 语句）
- 函数

你可以在 shell 提示符下通过 bc 命令访问 bash 计算器：

```
$ bc
bc 1.06.95
Copyright 1991-1994, 1997, 1998, 2000, 2004, 2006 Free Software Foundation, Inc.
This is free software with ABSOLUTELY NO WARRANTY.
For details type 'warranty'.
12 * 5.4
64.8
3.156 * (3 + 5)
25.248
quit
$
```

这个例子先是输入了表达式 `12 * 5.4`。bash 计算器返回了计算结果。随后每个输入计算器的表达式都会被求值并显示出结果。要退出 bash 计算器，必须输入 `quit`。

浮点数运算是由内建变量 *scale* 控制的。你必须将该变量的值设置为希望在计算结果中保留的小数位数，否则将无法得到期望的结果：

```
$ bc -q
3.44 / 5
0
scale=4
3.44 / 5
.6880
quit
$
```

`scale` 变量的默认值是 `0`。在 *scale* 值被设置前，bash 计算器的计算结果不包含小数位。在将其设置成 `4` 后，bash 计算器显示的结果包含 4 位小数。`-q` 选项可以不显示 bash 计算器冗长的欢迎信息。

除了普通数字，bash 计算器还支持变量：

```
$ bc -q
var1=10
var1 * 4
40
var2 = var1 / 5
print var2
2
quit
$
```

变量值一旦被定义，就可以在整个 bash 计算器会话中使用了。`print` 语句可以打印变量和数字。

2. 在脚本中使用 bc

现在你可能想问 bash 计算器是如何在 shell 脚本中处理浮点数运算的。还记得反引号吗？没错，可以用命令替换来运行 `bc` 命令，将输出赋给变量。基本格式如下：

```
variable=$(echo "options; expression" | bc)
```

第一部分的 `options` 允许你设置变量。如果需要多个变量，可以用分号来分隔它们。`expression` 定义了要通过 `bc` 执行的数学表达式。下面是在脚本中执行此操作的示例：

```
$ cat test9
#!/bin/bash
var1=$(echo " scale=4; 3.44 / 5" | bc)
echo The answer is $var1
$
```

这个例子将 `scale` 变量设置为 4 位小数，在 `expression` 部分指定了特定的运算。运行这个脚本会产生如下输出：

```
$ chmod u+x test9
$ ./test9
The answer is .6880
$
```

太好了！表达式中不仅可以使用数字，还可以用 shell 脚本中定义好的变量：

```
$ cat test10
#!/bin/bash
var1=100
var2=45
var3=$(echo "scale=4; $var1 / $var2" | bc)
echo The answer for this is $var3
$
```

该脚本定义了两个变量，这两个变量都可以用在 expression 部分中，发送给 bc 命令。别忘了$表示引用变量的值而不是变量自身。该脚本的输出如下：

```
$ ./test10
The answer for this is 2.2222
$
```

当然，一旦变量被赋值，该变量就可以用于其他运算中：

```
$ cat test11
#!/bin/bash
var1=20
var2=3.14159
var3=$(echo "scale=4; $var1 * $var1" | bc)
var4=$(echo "scale=4; $var3 * $var2" | bc)
echo The final result is $var4
$
```

这种方法适用于较短的运算，但有时你需要涉及更多的数字。如果要进行大量运算，那么在一个命令行中列出多个表达式容易让人犯晕。

有一种方法可以解决这个问题。bc 命令能接受输入重定向，允许将一个文件重定向到 bc 命令来处理。但这同样会让人头疼，因为还需要将表达式存放到文件中。

最好的办法是使用内联输入重定向，它允许直接在命令行中重定向数据。在 shell 脚本中，可以将输出赋给一个变量：

```
variable=$(bc << EOF
options
statements
expressions
EOF
)
```

字符串 EOF 标识了内联重定向数据的起止。别忘了，仍然需要用命令替换符将 bc 命令的输出赋给变量。

现在，可以将 bash 计算器涉及的各个部分放入脚本文件的不同行中。以下示例演示了如何在脚本中使用这项技术：

11

```
$ cat test12
#!/bin/bash

var1=10.46
var2=43.67
var3=33.2
var4=71

var5=$(bc << EOF
scale = 4
a1 = ( $var1 * $var2)
b1 = ($var3 * $var4)
a1 + b1
EOF
)

echo The final answer for this mess is $var5
$
```

将选项和表达式放在脚本的不同行中可以让处理过程变得更清晰并提高易读性。EOF 字符串标识了重定向给 bc 命令的数据的起止。当然，必须用命令替换符标识出用来给变量赋值的命令。

还要注意到，在这个例子中，可以在 bash 计算器中为变量赋值。有一点很重要：在 bash 计算器中创建的变量仅在计算器中有效，不能在 shell 脚本中使用。

11.8 退出脚本

迄今为止，在所有的示例脚本中我们都是戛然而止。执行完最后一条命令，脚本就结束了。其实有一种更优雅的方法可以为脚本画上一个句号。

shell 中运行的每个命令都使用**退出状态码**来告诉 shell 自己已经运行完毕。退出状态码是一个 0 ~ 255 的整数值，在命令结束运行时由其传给 shell。你可以获取这个值并在脚本中使用。

11.8.1 查看退出状态码

Linux 提供了专门的变量$?来保存最后一个已执行命令的退出状态码。对于需要进行检查的命令，必须在其运行完毕后立刻查看或使用$?变量。这是因为该变量的值会随时变成由 shell 所执行的最后一个命令的退出状态码：

```
$ date
Mon Jun 01 16:01:30 EDT 2020
$ echo $?
0
$
```

按照惯例，对于成功结束的命令，其退出状态码是 0。对于因错误而结束的命令，其退出状态码是一个正整数：

```
$ asdfg
-bash: asdfg: command not found
```

```
$ echo $?
127
$
```

无效命令会返回退出状态码 127。Linux 错误退出状态码没有什么标准可循。但有一些可用的指南，如表 11-2 所示。

表 11-2 Linux 退出状态码

状 态 码	描 述
0	命令成功结束
1	一般性未知错误
2	不适合的 shell 命令
126	命令无法执行
127	没找到命令
128	无效的退出参数
128+*x*	与 Linux 信号 *x* 相关的严重错误
130	通过 Ctrl+C 终止的命令
255	正常范围之外的退出状态码

退出状态码 126 表明用户没有执行命令的正确权限：

```
$ ./myprog.c
-bash: ./myprog.c: Permission denied
$ echo $?
126
$
```

另一个你会碰到的常见错误是给命令提供了无效参数：

```
$ date %t
date: invalid date '%t'
$ echo $?
1
$
```

这会产生一般性的退出状态码 1，表明在命令中发生了未知错误。

11.8.2 exit 命令

在默认情况下，shell 脚本会以脚本中的最后一个命令的退出状态码退出：

```
$ ./test6
The result is 2
$ echo $?
0
$
```

你可以改变这种默认行为，返回自己的退出状态码。exit 命令允许在脚本结束时指定一个退出状态码：

```
$ cat test13
#!/bin/bash
# testing the exit status
var1=10
var2=30
var3=$[ $var1 + $var2 ]
echo The answer is $var3
exit 5
$
```

当你检查脚本的退出状态码时，就会看到传给 exit 命令的参数值：

```
$ chmod u+x test13
$ ./test13
The answer is 40
$ echo $?
5
$
```

也可以使用变量作为 exit 命令的参数：

```
$ cat test14
#!/bin/bash
# testing the exit status
var1=10
var2=30
var3=$[ $var1 + $var2 ]
exit $var3
$
```

运行这个脚本时，会产生如下退出状态码：

```
$ chmod u+x test14
$ ./test14
$ echo $?
40
$
```

使用这个功能时要小心，因为退出状态码最大只能是 255。来看下面这个例子：

```
$ cat test14b
#!/bin/bash
# testing the exit status
var1=10
var2=30
var3=$[ $var1 * $var2 ]
echo The value is $var3
exit $var3
$
```

现在运行它会得到如下输出：

```
$ ./test14b
The value is 300
$ echo $?
44
$
```

退出状态码被缩减到了 0 ~ 255 的区间。shell 通过模运算得到这个结果。一个值的**模**就是被除后的余数。最终的结果是指定的数值除以 256 后得到的余数。在这个例子中，指定的值是 300（返回值），余数是 44，因此这个余数就成了最后的退出状态码。

第 12 章将介绍如何用 `if-then` 语句来检查某个命令返回的错误状态码，以便知道命令是否成功。

11.9 实战演练

现在你已经掌握了 shell 脚本编程的基础知识，可以尝试综合运用这些知识来创建一个实用脚本。在这个例子中，我们将编写一个 shell 脚本来计算两个日期之间相隔的天数，允许用户以 `date` 命令能识别的任何格式来指定日期。

首先，将两个指定日期保存在变量中：

```
$date1="Jan 1, 2020"
$date2="May 1, 2020"
```

执行日期运算可不是件容易事，你需要知道哪个月份是 28 天，哪个月份是 30 天或 31 天，还需要知道哪一年是闰年。不过好在可以从 `date` 命令那里寻求帮助。

`date` 命令允许使用`-d` 选项指定特定日期（以任意格式），然后以我们定义的其他格式输出该日期。为了执行日期运算，要利用**纪元时间**（epoch time）这个 Linux 特性。纪元时间将时间指定为 1970 年 1 月 1 日午夜后的整数秒（这是一个古老的 Unix 标准）。因此，要获得 2020 年 1 月 1 日的纪元时间，可以这么做：

```
$date -d "Jan 1, 2020" +%s
1577854800
$
```

我们使用这种方法获得两个日期的纪元时间，然后相减，得到两个日期之间相隔的秒数。在此，将该值除以一天中的秒数（每分钟 60 秒、每小时 60 分钟、每天 24 小时），以获得两个日期之间的天数差异。

使用命令替换将 `date` 命令的输出保存在变量中：

```
$time1=$(date -d "$date1" +%s)
```

一旦获得了两个日期的纪元时间，剩下的就是使用 `expr` 命令来计算差值了。（也可以使用 `bc`，但因为处理的是整数值，所以 `expr` 已经够用了。）

好了，现在来看完整的脚本：

```
$ cat mydate.sh
#!/bin/bash
# calculate the number of days between two dates
date1="Jan 1, 2020"
date2="May 1, 2020"

time1=$(date -d "$date1" +%s)
time2=$(date -d "$date2" +%s)
```

```
diff=$(expr $time2 - $time1)
secondsinday=$(expr 24 \* 60 \* 60)
days=$(expr $diff / $secondsinday)

echo "The difference between $date2 and $date1 is $days days"
$
```

设置合适的权限并运行脚本：

```
$ chmod u+x mydate.sh
$ ./mydate.sh
The difference between May 1, 2020 and Jan 1, 2020 is 120 days
$
```

你可以将任何日期放入变量（使用任意的日期格式），都可以得到正确的结果。

11.10　小结

bash shell 脚本允许将多个字符串命令依次放入脚本。创建脚本的最基本方式是将命令行中的多个命令以分号隔开。shell 会按顺序逐个执行命令，在屏幕上显示每个命令的输出。

你也可以创建一个 shell 脚本文件，将多个命令放进去，让 shell 依次执行。shell 脚本文件必须定义用于运行该脚本的 shell。这可以通过`#!`符号在脚本文件的第一行指定，随后跟上 shell 的完整路径。

在 shell 脚本内，你既可以在变量名前使用美元符号来引用环境变量，也可以定义自己的变量并对其赋值，甚至还可以通过反引号或`$()`获取命令的输出。

bash shell 允许重定向命令的标准输入和标准输出。你可以使用大于号以及文件名将命令输出从屏幕重定向到该文件中。你也可以使用双大于号将输出数据追加到已有文件。小于号则用来重定向命令输入，比如将命令输入重定向到文件。

Linux 管道命令（断条符号）允许将命令的输出直接传给另一个命令。Linux 系统会同时运行这两个命令，将第一个命令的输出作为第二个命令的输入，不借助任何中间文件。

bash shell 提供了两种方式以在 shell 脚本中执行数学运算。`expr` 命令是一种执行整数运算的简便方法。在 bash shell 中，也可以通过将美元符号放在由方括号包围的表达式之前来执行基础数学运算。对于浮点数运算，要用到 `bc` 命令，将内联数据重定向到输入，然后将输出保存到用户自定义变量中。

最后，本章讨论了如何在 shell 脚本中使用退出状态码。shell 中运行的每个命令都会产生一个退出状态码，这是 0～255 的一个整数值，表明命令是否成功执行，如果没有成功，可能的原因是什么。退出状态码 `0` 表明命令成功执行。你可以在 shell 脚本中用 `exit` 命令来指定脚本完成时的退出状态码。

到目前为止，shell 脚本中的命令都是按照有序的方式一个接着一个执行。第 12 章将介绍如何用一些逻辑流程控制来更改命令的执行次序。

第 12 章

结构化命令

本章内容

- 使用 if-then 语句
- 嵌套 if 语句
- test 命令
- 复合条件测试
- 使用双方括号和双括号
- case 命令

在第 11 章给出的那些 shell 脚本中，shell 按照命令在脚本中出现的次序依次进行处理。对顺序操作来说这已经足够了，但是许多程序需要对脚本中的命令施加一些逻辑流程控制。

有一类命令允许脚本根据条件跳过部分命令，改变执行流程。这样的命令通常称为**结构化命令**（structured command）。

bash shell 中有很多结构化命令，本书会逐一研究。本章将介绍 if-then 语句和 case 语句。

12.1 使用 if-then 语句

最基本的结构化命令是 if-then 语句。if-then 语句的格式如下：

```
if command
then
    commands
fi
```

如果之前用过其他编程语言的 if-then 语句，那么这种形式可能会让你有点儿困惑。在其他编程语言中，if 语句之后的对象是一个等式，其求值结果为 TRUE 或 FALSE。但 bash shell 的 if 语句并非如此。

bash shell 的 if 语句会运行 if 之后的命令。如果该命令的退出状态码（参见第 11 章）为 0（命令成功运行），那么位于 then 部分的命令就会被执行。如果该命令的退出状态码是其他值，则 then 部分的命令不会被执行，bash shell 会接着处理脚本中的下一条命令。fi 语句用来表示

if-then 语句到此结束。

下面用一个简单的例子来解释一下这个概念：

```
$ cat test1.sh
#!/bin/bash
# testing the if statement
if pwd
then
     echo "it worked"
fi
$
```

该脚本在 if 行中使用了 pwd 命令。如果命令成功结束，那么 echo 语句就会显示字符串。当你在命令行中运行该脚本时，会得到如下结果：

```
$ ./test1.sh
/home/christine/scripts
It worked
$
```

shell 执行了 if 行中的 pwd 命令。由于退出状态码是 0，因此它也执行了 then 部分的 echo 语句。

来看另一个例子：

```
$ cat test2.sh
#!/bin/bash
# testing an incorrect command
if IamNotaCommand
then
     echo "It worked"
fi
echo "We are outside the if statement"
$
$ ./test2.sh
./test2.sh: line 3: IamNotaCommand: command not found
We are outside the if statement
$
```

在这个例子中，我们在 if 语句中故意使用了一个不存在的命令 IamNotaCommand。由于这是个错误的命令，因此会产生一个非 0 的退出状态码，bash shell 因此跳过了 then 部分的 echo 命令。还要注意，if 语句中的那个错误命令所产生的错误消息依然会显示在脚本的输出中。有时你可能不想看到错误信息，第 15 章将讨论如何避免这种情况。

注意 在有些脚本中，你可能看到过 if-then 语句的另一种形式：

```
if command; then
   commands
fi
```

通过把分号（;）放在待求值的命令尾部，可以将 then 语句写在同一行，这样看起来更像其他编程语言中的 if-then 语句。

能出现在 then 部分的命令可不止一条。你可以像脚本中其他地方一样在这里列出多条命令。bash shell 会将这些命令视为一个代码块，如果 if 语句行命令的退出状态值为 0，那么代码块中所有的命令都会被执行；否则，会跳过整个代码块：

```
$ cat test3.sh
#!/bin/bash
# testing multiple commands in the then block
#
testuser=christine
#
if grep $testuser /etc/passwd
then
     echo "This is my first command in the then block."
     echo "This is my second command in the then block."
     echo "I can even put in other commands besides echo:"
     ls /home/$testuser/*.sh
fi
echo "We are outside the if statement"
$
```

if 语句行使用 grep 命令在/etc/passwd 文件中查找系统中是否存在某个特定用户。如果存在，则脚本会显示一些文本信息并列出该用户$HOME 目录的 bash 脚本文件：

```
$ ./test3.sh
christine:x:1001:1001::/home/christine:/bin/bash
This is my first command in the then block.
This is my second command in the then block.
I can even put in other commands besides echo:
/home/christine/factorial.sh
We are outside the if statement
$
```

但是，如果将 *testuser* 变量设置成一个系统中不存在的用户，则不执行 then 代码块中的任何命令：

```
$ cat test3.sh
#!/bin/bash
# testing multiple commands in the then block
#
testuser=NoSuchUser
#
if grep $testuser /etc/passwd
then
     echo "This is my first command in the then block."
     echo "This is my second command in the then block."
     echo "I can even put in other commands besides echo:"
     ls /home/$testuser/*.sh
fi
echo "We are outside the if statement"
$
$ ./test3.sh
We are outside the if statement
$
```

毫无惊喜可言。如果在这里显示一些消息说明系统中没有该用户，则会显得更友好。好的，可以用 if-then 语句的另一个特性来实现。

12.2 if-then-else 语句

在 if-then 语句中，不管命令是否成功执行，你都只有一种选择。如果命令返回一个非 0 退出状态码，则 bash shell 会继续执行脚本中的下一条命令。在这种情况下，如果能够执行另一组命令就好了。这正是 if-then-else 语句的作用。

if-then-else 语句在语句中提供了另外一组命令：

```
if command
then
   commands
else
   commands
fi
```

当 if 语句中的命令返回退出状态码 0 时，then 部分中的命令会被执行，这跟普通的 if-then 语句一样。当 if 语句中的命令返回非 0 退出状态码时，bash shell 会执行 else 部分中的命令。

现在你可以复制并修改测试脚本，加入 else 部分：

```
$ cp test3.sh test4.sh
$
$ nano test4.sh
$
$ cat test4.sh
#!/bin/bash
# testing the else section
#
testuser=NoSuchUser
#
if grep $testuser /etc/passwd
then
     echo "The script files in the home directory of $testuser are:"
     ls /home/$testuser/*.sh
     echo
else
     echo "The user $testuser does not exist on this system."
     echo
fi
echo "We are outside the if statement"
$
$ ./test4.sh
The user NoSuchUser does not exist on this system.

We are outside the if statement
$
```

这样就友好多了。跟 then 部分一样，else 部分可以包含多条命令。fi 语句说明 else 部分结束。

12.3　嵌套 if 语句

有时需要在脚本中检查多种条件。对此，可以使用嵌套的 if-then 语句。

要检查/etc/passwd 文件中是否存在某个用户名以及该用户的主目录是否尚在，可以使用嵌套的 if-then 语句。嵌套部分位于主 if-then-else 语句的 else 代码块中：

```
$ cat test5.sh
#!/bin/bash
# testing nested ifs
#
testuser=NoSuchUser
#
if grep $testuser /etc/passwd
then
    echo "The user $testuser account exists on this system."
    echo
else
    echo "The user $testuser does not exist on this system."
    if ls -d /home/$testuser/
    then
        echo "However, $testuser has a directory."
    fi
fi
echo "We are outside the nested if statements."

$ ls -d /home/NoSuchUser/
/home/NoSuchUser/
$
$ ./test5.sh
The user NoSuchUser does not exist on this system.
/home/NoSuchUser/
However, NoSuchUser has a directory.
We are outside the nested if statements.
$
```

这个脚本准确无误地发现，虽然用户账户已经从/etc/passwd 文件中删除，但该用户的目录仍然存在。在脚本中使用这种嵌套 if-then 语句的问题在于代码不易阅读，逻辑流程很难厘清。

注意　本章中用到了 ls 命令的另一些使用选项（以及选项组合）。

- -d：只显示目录，但不显示目录内容。
- -sh：以人类易读的格式显示文件大小。
- -g：在文件长列表中不显示文件属主。
- -o：在文件长列表中不显示文件属组。

第 3 章中介绍过 ls 命令。

你可以使用 else 部分的另一种名为 elif 的形式，这样就不用再写多个 if-then 语句了。elif 使用另一个 if-then 语句延续 else 部分：

```
if command1
then
   commands
elif command2
then
    more commands
fi
```

elif 语句行提供了另一个要测试的命令，这类似于原始的 if 语句行。如果 elif 之后的命令的退出状态码是 0，则 bash 会执行第二个 then 语句部分的命令。这种嵌套形式使得代码更清晰，逻辑更易懂：

```
$ cat test5.sh
#!/bin/bash
# testing nested ifs - using elif
#
testuser=NoSuchUser
#
if grep $testuser /etc/passwd
then
     echo "The user $testuser account exists on this system."
     echo
elif ls -d /home/$testuser/
     then
          echo "The user $testuser has a directory,"
          echo "even though $testuser doesn't have an account."
fi
echo "We are outside the nested if statements."
$
$ ./test5.sh
/home/NoSuchUser/
The user NoSuchUser has a directory,
even though NoSuchUser doesn't have an account.
We are outside the nested if statements.
$
```

这个脚本还有一个问题：如果指定账户及其主目录都已经不存在了，那么脚本不会发出任何提醒。你可以解决这个问题，甚至可以更进一步，让脚本检查拥有主目录的不存在用户和没有主目录的不存在用户。这可以通过在嵌套 elif 中加入一个 else 语句来实现：

```
$ cat test5.sh
#!/bin/bash
# testing nested ifs - using elif and else
#
testuser=NoSuchUser
#
if grep $testuser /etc/passwd
then
     echo "The user $testuser account exists on this system."
     echo
elif ls -d /home/$testuser/
     then
          echo "The user $testuser has a directory,"
```

```
            echo "even though $testuser doesn't have an account."
        else
            echo "The user $testuser does not exist on this system,"
            echo "and no directory exists for the $testuser."
fi
echo "We are outside the nested if statements."
$
$ ./test5.sh
/home/NoSuchUser/
The user NoSuchUser has a directory,
even though NoSuchUser doesn't have an account.
We are outside the nested if statements.
$
$ sudo rmdir /home/NoSuchUser/
[sudo] password for christine:
$
$ ./test5.sh
ls: cannot access '/home/NoSuchUser/': No such file or directory
The user NoSuchUser does not exist on this system,
and no directory exists for the NoSuchUser.
We are outside the nested if statements.
$
```

在/home/NoSuchUser 目录被删除之前，这个测试脚本执行的是 elif 语句，返回 0 值的退出状态。因此，elif 的 then 代码块中的语句得以执行。删除了/home/NoSuchUser 目录之后，elif 语句返回的是非 0 值的退出状态。这使得 elif 块中的 else 代码块得以执行。

注意 记住，在 elif 语句中，紧跟其后的 else 语句属于 elif 代码块，不属于之前的 if-then 语句的代码块。

可以继续将多个 elif 语句串起来，形成一个更大的 if-then-elif 嵌套组合：

```
if command1
then
    command set 1
elif command2
then
    command set 2
elif command3
then
    command set 3
elif command4
then
    command set 4
fi
```

每个代码块会根据命令是否会返回退出状态码 0 来执行。记住，bash shell 会依次执行 if 语句，只有第一个返回退出状态码 0 的语句中的 then 部分会被执行。

尽管使用了 elif 语句的代码看起来更清晰，但是脚本的逻辑仍然会让人犯晕。12.7 节会介绍如何使用 case 命令代替大量的 if-then 语句嵌套。

12.4 test 命令

到目前为止，我们在 if 语句行中看到的都是普通的 shell 命令。你可能想知道 if-then 语句能否测试命令退出状态码之外的条件。

答案是不能。但是，在 bash shell 中有个好用的工具可以帮你使用 if-then 语句测试其他条件。

test 命令可以在 if-then 语句中测试不同的条件。如果 test 命令中列出的条件成立，那么 test 命令就会退出并返回退出状态码 0。这样 if-then 语句的工作方式就和其他编程语言中的 if-then 语句差不多了。如果条件不成立，那么 test 命令就会退出并返回非 0 的退出状态码，这使得 if-then 语句不会再被执行。

test 命令的格式非常简单：

```
test condition
```

condition 是 test 命令要测试的一系列参数和值。当用在 if-then 语句中时，test 命令看起来如下所示：

```
if test condition
then
   commands
fi
```

如果不写 test 命令的 *condition* 部分，则它会以非 0 的退出状态码退出并执行 else 代码块语句：

```
$ cat test6.sh
#!/bin/bash
# testing the test command
#
if test
then
     echo "No expression returns a True"
else
     echo "No expression returns a False"
fi
$
$ ./test6.sh
No expression returns a False
$
```

如果加入了条件，则 test 命令会测试该条件。例如，可以使用 test 命令确定变量中是否为空。这只需要一个简单的条件表达式：

```
$ cat test6.sh
#!/bin/bash
# testing if a variable has content
#
my_variable="Full"
#
if test $my_variable
then
```

```
        echo "The my_variable variable has content and returns a True."
        echo "The my_variable variable content is: $my_variable"
else
        echo "The my_variable variable doesn't have content,"
        echo "and returns a False."
fi
$
$ ./test6.sh
The my_variable variable has content and returns a True.
The my_variable variable content is: Full
$
```

由于变量 my_variable 中包含内容（Full），因此当 test 命令测试条件时，返回的退出状态码为 0。这使得 then 语句块中的语句得以执行。

如你所料，如果该变量中没有包含内容，就会出现相反的情况：

```
$ cat test6.sh
#!/bin/bash
# testing if a variable has content
#
my_variable=""
#
if test $my_variable
then
        echo "The my_variable variable has content and returns a True."
        echo "The my_variable variable content is: $my_variable"
else
        echo "The my_variable variable doesn't have content,"
        echo "and returns a False."
fi
$
$ ./test6.sh
The my_variable variable doesn't have content,
and returns a False.
$
```

bash shell 提供了另一种条件测试方式，无须在 if-then 语句中写明 test 命令：

```
if [ condition ]
then
   commands
fi
```

方括号定义了测试条件。注意，第一个方括号之后和第二个方括号之前必须留有空格，否则就会报错。

test 命令和测试条件可以判断 3 类条件。

- 数值比较
- 字符串比较
- 文件比较

接下来将介绍如何在 if-then 语句中使用这些测试条件。

12.4.1 数值比较

使用 test 命令最常见的情形是对两个数值进行比较。表 12-1 列出了测试两个值时可用的条件参数。

表 12-1　test 命令的数值比较功能

比　较	描　述
n1 -eq *n2*	检查 *n1* 是否等于 *n2*
n1 -ge *n2*	检查 *n1* 是否大于或等于 *n2*
n1 -gt *n2*	检查 *n1* 是否大于 *n2*
n1 -le *n2*	检查 *n1* 是否小于或等于 *n2*
n1 -lt *n2*	检查 *n1* 是否小于 *n2*
n1 -ne *n2*	检查 *n1* 是否不等于 *n2*

数值条件测试可用于数字和变量。来看一个例子：

```
$ cat numeric_test.sh
#!/bin/bash
# Using numeric test evaluations
#
value1=10
value2=11
#
if [ $value1 -gt 5 ]
then
     echo "The test value $value1 is greater than 5."
fi
#
if [ $value1 -eq $value2 ]
then
     echo "The values are equal."
else
     echo "The values are different."
fi
$
```

第一个条件测试如下：

```
if [ $value1 -gt 5 ]
```

该测试会测试变量 value1 的值是否大于 5。第二个条件测试如下：

```
if [ $value1 -eq $value2 ]
```

该测试会测试变量 value1 的值是否和变量 value2 的值相等。这两个数值条件测试的结果和预想中的一样。

```
$ ./ numeric_test.sh
The test value 10 is greater than 5
The values are different
$
```

警告 对于条件测试，bash shell 只能处理整数。尽管可以将浮点值用于某些命令（比如 echo），但它们在条件测试下无法正常工作。

12.4.2 字符串比较

条件测试还允许比较字符串值。你马上就会看到，比较字符串值比较麻烦。表 12-2 列出了可用的字符串比较功能。

表 12-2 test 命令的字符串比较功能

比 较	描 述
str1 = *str2*	检查 *str1* 是否和 *str2* 相同
str1 != *str2*	检查 *str1* 是否和 *str2* 不同
str1 < *str2*	检查 *str1* 是否小于 *str2*
str1 > *str2*	检查 *str1* 是否大于 *str2*
-n *str1*	检查 *str1* 的长度是否不为 0
-z *str1*	检查 *str1* 的长度是否为 0

下面将介绍不同的字符串比较功能。

1. 字符串相等性

字符串的相等和不等条件不言自明，很容易看出两个字符串值是否相同：

```
$ cat string_test.sh
#!/bin/bash
# Using string test evaluations
#
testuser=christine
#
if [ $testuser = christine ]
then
     echo "The testuser variable contains: christine"
else
     echo "The testuser variable contains: $testuser"
fi
$
$ ./string_test.sh
The testuser variable contains: christine
$
```

字符串不等条件也可以判断两个字符串值是否相同：

```
$ cat string_not_test.sh
#!/bin/bash
# Using string test not equal evaluations
#
testuser=rich
```

12

```
#
if [ $testuser != christine ]
then
     echo "The testuser variable does NOT contain: christine"
else
     echo "The testuser variable contains: christine"
fi
$
$ ./string_not_test.sh
The testuser variable does NOT contain: christine
$
```

记住，在比较字符串的相等性时，比较测试会将所有的标点和大小写情况都考虑在内。

2. 字符串顺序

要测试一个字符串是否大于或小于另一个字符串就开始变得棘手了。使用测试条件的大于或小于功能时，会出现两个经常困扰 shell 程序员的问题。

- 大于号和小于号必须转义，否则 shell 会将其视为重定向符，将字符串值当作文件名。
- 大于和小于顺序与 `sort` 命令所采用的不同。

在编写脚本时，第一个问题可能会导致不易察觉的严重后果。下面的例子展示了 shell 脚本编程初学者不时会碰到的状况：

```
$ cat bad_string_comparison.sh
#!/bin/bash
# Misusing string comparisons
#
string1=soccer
string2=zorbfootball
#
if [ $string1 > $string2 ]
then
     echo "$string1 is greater than $string2"
else
     echo "$string1 is less than $string2"
fi
$
$ ./bad_string_comparison.sh
soccer is greater than zorbfootball
$
$ ls z*
zorbfootball
$
```

这个脚本中只用了大于号，虽然没有出现错误，但结果不对。脚本把大于号解释成了输出重定向（参见第 15 章），因此创建了一个名为 zorbfootball 的文件。由于重定向顺利完成了，测试条件返回了退出状态码 `0`，`if` 语句便认为条件成立。

要解决这个问题，需要使用反斜线（\）正确地转义大于号：

```
$ cat good_string_comparison.sh
#!/bin/bash
```

```
# Properly using string comparisons
#
string1=soccer
string2=zorbfootball
#
if [ $string1 \> $string2 ]
then
     echo "$string1 is greater than $string2"
else
     echo "$string1 is less than $string2"
fi
$
$ rm -i zorbfootball
rm: remove regular empty file 'zorbfootball'? y
$
$ ./good_string_comparison.sh
soccer is less than zorbfootball
$
$ ls z*
ls: cannot access 'z*': No such file or directory
$
```

现在的答案才是我们想要的。

注意 字符串 soccer 小于 zorbfootball，因为在比较的时候使用的是每个字符的 Unicode 编码值。小写字母 s 的编码值是 115，而 z 的编码值是 122。因此，s 小于 z，进而，soccer 小于 zorbfootball。

第二个问题更细微，除非经常处理大小写字母，否则几乎遇不到。sort 命令处理大写字母的方法刚好与 test 命令相反：

```
$ cat SportsFile.txt
Soccer
soccer
$
$ sort SportsFile.txt
soccer
Soccer
$
$ cat sort_order_comparison.sh
#!/bin/bash
# Testing string sort order
#
string1=Soccer
string2=soccer
#
if [ $string1 \> $string2 ]
then
     echo "$string1 is greater than $string2"
else
     echo "$string1 is less than $string2"
```

```
fi
$
$
$ ./sort_order_comparison.sh
Soccer is less than soccer
$
```

在比较测试中，大写字母被认为是小于小写字母的。但 sort 命令正好相反。当你将同样的字符串放进文件中并用 sort 命令排序时，小写字母会先出现。这是由于各个命令使用了不同的排序技术。

比较测试中使用的是标准的 Unicode 顺序，根据每个字符的 Unicode 编码值来决定排序结果。sort 命令使用的是系统的语言环境设置中定义的排序顺序。对于英语，语言环境设置指定了在排序顺序中小写字母出现在大写字母之前。

注意　test 命令和测试表达式使用标准的数学比较符号来表示字符串比较，而用文本代码来表示数值比较。这个细微的特性被很多程序员理解反了。如果你对数值使用了数学运算符号，那么 shell 会将它们当成字符串值，并可能产生错误结果。

3. 字符串大小

-n 和-z 可以很方便地用于检查一个变量是否为空：

```
$ cat variable_content_eval.sh
#!/bin/bash
# Testing string length
#
string1=Soccer
string2=''
#
if [ -n $string1 ]
then
     echo "The string '$string1' is NOT empty"
else
     echo "The string '$string1' IS empty"
fi
#
if [ -z $string2 ]
then
     echo "The string '$string2' IS empty"
else
     echo "The string '$string2' is NOT empty"
fi
#
if [ -z $string3 ]
then
     echo "The string '$string3' IS empty"
else
     echo "The string '$string3' is NOT empty"
fi
$
$ ./variable_content_eval.sh
```

```
The string 'Soccer' is NOT empty
The string '' IS empty
The string '' IS empty
$
```

这个例子创建了两个字符串变量。string1 变量包含了一个字符串，string2 变量包含的是一个空串。后续的比较如下：

```
if [ -n "$string1" ]
```

上述代码用于判断 string1 变量的长度是否不为 0。因为的确不为 0，所以执行 then 部分。

```
if [ -z "$string2" ]
```

上述代码用于判断 string2 变量的长度是否为 0。因为的确为 0，所以执行 then 部分。

```
if [ -z "$string3" ]
```

上述代码用于判断 string3 变量的长度是否为 0。shell 脚本中并未定义该变量，所以长度可视为 0，尽管它未被定义过。

警告 空变量和未初始化的变量会对 shell 脚本测试造成灾难性的影响。如果不确定变量的内容，那么最好在将其用于数值或字符串比较之前先通过-n 或-z 来测试一下变量是否为空。

12.4.3 文件比较

最后一类比较测试很有可能是 shell 编程中最为强大且用得最多的比较形式。它允许测试 Linux 文件系统中文件和目录的状态。表 12-3 列出了这类比较。

表 12-3 test 命令的文件比较功能

比　较	描　述
-d *file*	检查 *file* 是否存在且为目录
-e *file*	检查 *file* 是否存在
-f *file*	检查 *file* 是否存在且为文件
-r *file*	检查 *file* 是否存在且可读
-s *file*	检查 *file* 是否存在且非空
-w *file*	检查 *file* 是否存在且可写
-x *file*	检查 *file* 是否存在且可执行
-O *file*	检查 *file* 是否存在且属当前用户所有
-G *file*	检查 *file* 是否存在且默认组与当前用户相同
file1 -nt *file2*	检查 *file1* 是否比 *file2* 新
file1 -ot *file2*	检查 *file1* 是否比 *file2* 旧

这些测试条件使你能够在 shell 脚本中检查文件系统中的文件。它们经常出现在需要进行文件访问的脚本中。鉴于其应用广泛，下面来逐个讲解。

12

1. 检查目录

-d 测试会检查指定的目录是否存在于系统中。如果打算将文件写入目录或是准备切换到某个目录，那么先测试一下总是件好事：

```
$ cat jump_point.sh
#!/bin/bash
# Look before you leap
#
jump_directory=/home/Torfa
#
if [ -d $jump_directory ]
then
     echo "The $jump_directory directory exists."
     cd $jump_directory
     ls
else
     echo "The $jump_directory directory does NOT exist."
fi
$
$ ./jump_point.sh
The /home/Torfa directory does NOT exist.
$
```

示例代码使用了-d 测试来检查 jump_directory 变量中的目录是否存在。如果存在，就使用 cd 命令切换到该目录并列出其中的内容；如果不存在，则输出一条警告信息，然后退出。

2. 检查对象是否存在

-e 测试允许在使用文件或目录前先检查其是否存在：

```
$ cat update_file.sh
#!/bin/bash
# Check if either a directory or file exists
#
location=$HOME
file_name="sentinel"
#
if [ -d $location ]
then
     echo "OK on the $location directory"
     echo "Now checking on the file, $file_name..."
     if [ -e $location/$file_name ]
     then
          echo "OK on the file, $file_name."
          echo "Updating file's contents."
          date >> $location/$file_name
     #
     else
          echo "File, $location/$file_name, does NOT exist."
          echo "Nothing to update."
     fi
#
else
```

```
    echo "Directory, $location, does NOT exist."
    echo "Nothing to update."
fi
$
$ ./update_file.sh
OK on the /home/christine directory
Now checking on the file, sentinel...
File, /home/christine/sentinel, does NOT exist.
Nothing to update.
$
$ touch /home/christine/sentinel
$
$ ./update_file.sh
OK on the /home/christine directory
Now checking on the file, sentinel...
OK on the file, sentinel.
Updating file's contents.
$
```

首先使用-e 测试检查用户的$HOME 目录是否存在。如果存在，那么接下来的-e 测试会检查 sentinel 文件是否存在于$HOME 目录中。如果文件不存在，则 shell 脚本会提示该文件缺失，不需要进行更新。

为了确保更新正常进行，我们创建了 sentinel 文件，然后重新运行这个 shell 脚本。这一次在进行条件测试时，$HOME 和 sentinel 文件都存在，因此当前日期和时间就被追加到了文件中。

3. 检查文件

-e 测试可用于文件和目录。如果要确定指定对象为文件，那就必须使用-f 测试：

```
$ cat dir-or-file.sh
#!/bin/bash
# Check if object exists and is a directory or a file
#
object_name=$HOME
echo
echo "The object being checked: $object_name"
echo
#
if [ -e $object_name ]
then
     echo "The object, $object_name, does exist,"
     #
     if [ -f $object_name ]
     then
          echo "and $object_name is a file."
     #
     else
          echo "and $object_name is a directory."
     fi
#
else
     echo "The object, $object_name, does NOT exist."
fi
```

12

```
$
$ ./dir-or-file.sh

The object being checked: /home/christine

The object, /home/christine, does exist,
and /home/christine is a directory.
$
```

首先，脚本会使用-e 测试检查$HOME 是否存在。如果存在，就接着用-f 测试检查其是否为文件。如果不是文件（当然不会是文件），则显示消息，说明这是目录。

下面对变量 object_name 略作修改，将目录$HOME 替换成文件$HOME/sentinel，结果可就不一样了：

```
$ nano dir-or-file.sh
$
$ cat dir-or-file.sh
#!/bin/bash
# Check if object exists and is a directory or a file
#
object_name=$HOME/sentinel
echo
echo "The object being checked: $object_name"
echo
#
if [ -e $object_name ]
then
     echo "The object, $object_name, does exist,"
     #
     if [ -f $object_name ]
     then
          echo "and $object_name is a file."
     #
     else
          echo "and $object_name is a directory."
     fi
#
else
     echo "The object, $object_name, does NOT exist."
fi
$
$ ./dir-or-file.sh

The object being checked: /home/christine/sentinel

The object, /home/christine/sentinel, does exist,
and /home/christine/sentinel is a file.
$
```

当运行该脚本时，对$HOME/sentinel 进行的-f 测试所返回的退出状态码为 0，then 语句得以执行，然后输出消息 and /home/christine/sentinel is a file。

4. 检查是否可读

在尝试从文件中读取数据之前，最好先使用-r 测试检查一下文件是否可读：

```
$ cat can-I-read-it.sh
#!/bin/bash
# Check if you can read a file
#
pwfile=/etc/shadow
echo
echo "Checking if you can read $pwfile..."
#
# Check if file exists and is a file.
#
if [ -f $pwfile ]
then
     # File does exist. Check if can read it.
     #
     if [ -r $pwfile ]
     then
          echo "Displaying end of file..."
          tail $pwfile
     #
     else
          echo "Sorry, read access to $pwfile is denied."
     fi
#
else
     echo "Sorry, the $pwfile file does not exist."
fi
$
$ ./can-I-read-it.sh

Checking if you can read /etc/shadow...
Sorry, read access to /etc/shadow is denied.
$
```

/etc/shadow 文件包含系统用户经过加密后的密码，所以普通用户是无法读取该文件的。-r 测试判断出了该文件不允许读取，因此测试失败，bash shell 执行了 if-then 语句的 else 部分。

5. 检查空文件

应该用-s 测试检查文件是否为空，尤其是当你不想删除非空文件时。要当心，如果-s 测试成功，则说明文件中有数据：

```
$ cat is-it-empty.sh
#!/bin/bash
# Check if a file is empty
#
file_name=$HOME/sentinel
echo
echo "Checking if $file_name file is empty..."
echo
#
```

```
# Check if file exists and is a file.
#
if [ -f $file_name ]
then
     # File does exist. Check if it is empty.
     #
     if [ -s $file_name ]
     then
          echo "The $file_name file exists and has data in it."
          echo "Will not remove this file."
     #
     else
          echo "The $file_name file exits, but is empty."
          echo "Deleting empty file..."
          rm $file_name
     fi
#
else
     echo "The $file_name file does not exist."
fi
$
$ ls -sh $HOME/sentinel
4.0K /home/christine/sentinel
$
$ ./is-it-empty.sh

Checking if /home/christine/sentinel file is empty...

The /home/christine/sentinel file exists and has data in it.
Will not remove this file.
$
```

-f 测试可以检查文件是否存在。如果存在，就使用-s 测试来判断该文件是否为空。空文件会被删除。你可以从 ls -sh 的输出中看出 sentinel 并不是空文件（4.0 K），因此脚本并不会删除它。

6. 检查是否可写

-w 测试可以检查是否对文件拥有可写权限。脚本 can-I-write-to-it.sh 只是脚本 can-I-read-it.sh 的修改版。现在，该脚本不再检查是否可以读取 item_name 文件，而是检查是否有权写入该文件：

```
$ cat can-I-write-to-it.sh
#!/bin/bash
# Check if a file is writable
#
item_name=$HOME/sentinel
echo
echo "Checking if you can write to $item_name..."
#
# Check if file exists and is a file.
#
if [ -f $item_name ]
then
```

```
        # File does exist. Check if can write to it.
        #
        if [ -w $item_name ]
        then
             echo "Writing current time to $item_name"
             date +%H%M >> $item_name
        #
        else
             echo "Sorry, write access to $item_name is denied."
        fi
   #
   else
        echo "Sorry, the $item_name does not exist"
        echo "or is not a file."
   fi
   $
   $ ls -o $HOME/sentinel
   -rw-rw-r-- 1 christine 32 May 25 17:08 /home/christine/sentinel
   $
   $ ./can-I-write-to-it.sh

   Checking if you can write to /home/christine/sentinel...
   Writing current time to /home/christine/sentinel
   $
```

变量 item_name 被设置成了$HOME/sentinel，该文件允许用户写入。（有关 Linux 文件权限的更多信息，请参见第 7 章。）因此，运行该脚本时，-w 测试会返回值为 0 的退出状态码，然后执行 then 代码块，将时间戳写入文件 sentinel 中。

如果使用 chmod 去掉文件 sentinel 的用户写入权限，那么-w 测试会返回非 0 的退出状态码，时间戳则不会被写入文件：

```
$ chmod u-w $HOME/sentinel
$
$ ls -o $HOME/sentinel
-r--rw-r-- 1 christine 37 May 29 12:07 /home/christine/sentinel
$
$ ./can-I-write-to-it.sh

Checking if you can write to /home/christine/sentinel...
Sorry, write access to /home/christine/sentinel is denied.
$
```

chmod 命令还可以再次将写权限授予用户。这又能使得-w 测试返回退出状态码 0，允许写入文件。

7. 检查文件是否可以执行

-x 测试可以方便地判断文件是否有执行权限。虽然可能大多数命令用不到它，但如果想在 shell 脚本中运行大量程序，那就得靠它了：

```
$ cat can-I-run-it.sh
#!/bin/bash
```

```
# Check if you can run a file
#
item_name=$HOME/scripts/can-I-write-to-it.sh
echo
echo "Checking if you can run $item_name..."
#
# Check if file is executable.
#
if [ -x $item_name ]
then
     echo "You can run $item_name."
     echo "Running $item_name..."
     $item_name
#
else
     echo "Sorry, you cannot run $item_name."
#
fi
$
$ ./can-I-run-it.sh
Checking if you can run /home/christine/scripts/can-I-write-to-it.sh...
You can run /home/christine/scripts/can-I-write-to-it.sh.
Running /home/christine/scripts/can-I-write-to-it.sh...
[...]
$
$ chmod u-x can-I-write-to-it.sh
$
$ ./can-I-run-it.sh

Checking if you can run /home/christine/scripts/can-I-write-to-it.sh...
Sorry, you cannot run /home/christine/scripts/can-I-write-to-it.sh.
$
```

这段 shell 脚本使用-x 测试来检查是否有权限执行 can-I-write-to-it.sh 脚本。如果有权限，就运行该脚本。在首次成功运行 can-I-write-to-it.sh 脚本后，更改文件权限。这次，-x 测试失败了，因为你已经没有 can-I-write-to-it.sh 脚本的执行权限了。

8. 检查所有权

-O 测试可以轻松地检查你是否是文件的属主：

```
$ cat do-I-own-it.sh
#!/bin/bash
# Check if you own a file
#
if [ -O /etc/passwd ]
then
     echo "You are the owner of the /etc/passwd file."
#
else
     echo "Sorry, you are NOT /etc/passwd file's owner."
#
fi
$
```

```
$ whoami
christine
$
$ ls -o /etc/passwd
-rw-r--r-- 1 root 2842 Apr 23 15:25 /etc/passwd
$
$ ./do-I-own-it.sh
Sorry, you are NOT /etc/passwd file's owner.
$
```

该脚本使用-O 测试来检查运行脚本的用户是否是/etc/passwd 文件的属主。由于脚本是以普通用户身份运行的，因此测试失败了。

9. 检查默认属组关系

-G 测试可以检查文件的属组，如果与用户的默认组匹配，则测试成功。-G 只会检查默认组而非用户所属的所有组，这会让人有点儿困惑。来看一个例子：

```
$ cat check_default_group.sh
#!/bin/bash
# Compare file and script user's default groups
#
if [ -G $HOME/TestGroupFile ]
then
     echo "You are in the same default group as"
     echo "the $HOME/TestGroupFile file's group."
#
else
     echo "Sorry, your default group and $HOME/TestGroupFile"
     echo "file's group are different."
#
fi
$
$ touch $HOME/TestGroupFile
$
$ ls -g $HOME/TestGroupFile
-rw-rw-r-- 1 christine 0 May 29 13:58 /home/christine/TestGroupFile
$
$ ./check_default_group.sh
You are in the same default group as
the /home/christine/TestGroupFile file's group.
$
$ groups
christine adm cdrom sudo dip plugdev lpadmin lxd sambashare
$
$ chgrp adm $HOME/TestGroupFile
$
$ ls -g $HOME/TestGroupFile
-rw-rw-r-- 1 adm 0 May 29 13:58 /home/christine/TestGroupFile
$
$ ./check_default_group.sh
Sorry, your default group and /home/christine/TestGroupFile
file's group are different.
$
```

第一次运行脚本时，$HOME/TestGroupFile 文件属于 christine 组，所以通过了-G 比较。接下来，组被改成了 adm 组，用户也是其中的一员。但-G 比较失败了，因为它只会比较默认组，不会比较其他的组。

10. 检查文件日期

最后一组测试用来比较两个文件的创建日期。这在编写软件安装脚本时非常有用。有时，你可不想安装一个比系统中已有文件还要旧的文件。

-nt 测试会判定一个文件是否比另一个文件更新。如果文件较新，那意味着其文件创建日期更晚。-ot 测试会判定一个文件是否比另一个文件更旧。如果文件较旧，则意味着其文件创建日期更早：

```
$ cat check_file_dates.sh
#!/bin/bash
# Compare two file's creation dates/times
#
if [ $HOME/Downloads/games.rpm -nt $HOME/software/games.rpm ]
then
     echo "The $HOME/Downloads/games.rpm file is newer"
     echo "than the $HOME/software/games.rpm file."
#
else
     echo "The $HOME/Downloads/games.rpm file is older"
     echo "than the $HOME/software/games.rpm file."
#
fi
$
$ ./check_file_dates.sh
The /home/christine/Downloads/games.rpm file is newer
than the /home/christine/software/games.rpm file.
$
```

在脚本中，这两种测试都不会先检查文件是否存在。这是一个问题。试试下面的测试：

```
$ rm $HOME/Downloads/games.rpm
$
$ ./check_file_dates.sh
The /home/christine/Downloads/games.rpm file is older
than the /home/christine/software/games.rpm file.
$
```

这个小示例展示了如果有其中一个文件不存在，那么-nt 测试返回的信息就不正确。在-nt 或-ot 测试之前，务必确保文件存在。

12.5　复合条件测试

if-then 语句允许使用布尔逻辑将测试条件组合起来。可以使用以下两种布尔运算符。

- [condition1] && [condition2]
- [condition1] || [condition2]

第一种布尔运算使用布尔运算符 AND 来组合两个条件。要执行 then 部分的命令，两个条件都必须满足。

> **注意** 布尔逻辑是一种将可能的返回值简化（reduce）为真（TRUE）或假（FALSE）的方法。

第二种布尔运算使用 OR 布尔运算符来组合两个条件。如果任意条件为真，那么 then 部分的命令就会执行。

下面来演示 AND 布尔运算符的用法：

```
$ cat AndBoolean.sh
#!/bin/bash
# Testing an AND Boolean compound condition
#
if [ -d $HOME ] && [ -w $HOME/newfile ]
then
     echo "The file exists and you can write to it."
#
else
     echo "You cannot write to the file."
#
fi
$
$ ls -l $HOME/newfile
ls: cannot access '/home/christine/newfile': No such file or directory
$
$ ./AndBoolean.sh
You cannot write to the file.
$
$ touch $HOME/newfile
$
$ ./AndBoolean.sh
The file exists and you can write to it.
$
```

使用 AND 布尔运算符时，两个测试条件都必须满足。第一个测试会检查用户的$HOME 目录是否存在。第二个测试会检查在用户的$HOME 目录中是否有名为 newfile 的文件，以及用户是否有该文件的写权限。如果两个测试条件有任意一个未通过，那么 if 语句就会失败，shell 则执行 else 部分的命令。如果两个测试条件都通过了，那么 if 语句就会成功，shell 就会执行 then 部分的命令。

12.6 if-then 的高级特性

bash shell 还提供了 3 个可在 if-then 语句中使用的高级特性。

- 在子 shell 中执行命令的单括号。
- 用于数学表达式的双括号。
- 用于高级字符串处理功能的双方括号。

接下来将详细描述各个特性。

12.6.1 使用单括号

单括号允许在 if 语句中使用子 shell（子 shell 的用法参见第 5 章）。单括号形式的 test 命令格式如下：

```
(command)
```

在 bash shell 执行 *command* 之前，会先创建一个子 shell，然后在其中执行命令。如果命令成功结束，则退出状态码（参见第 11 章）会被设为 0，then 部分的命令就会被执行。如果命令的退出状态码不为 0，则不执行 then 部分的命令。来看一个使用子 shell 进行测试的例子：

```
$ cat SingleParentheses.sh
#!/bin/bash
# Testing a single parentheses condition
#
echo $BASH_SUBSHELL
#
if (echo $BASH_SUBSHELL)
then
     echo "The subshell command operated successfully."
#
else
     echo "The subshell command was NOT successful."
#
fi
$
$ ./SingleParentheses.sh
01
The subshell command operated successfully.
$
```

当脚本第一次（在 if 语句之前）执行 echo $BASH_SUBSHELL 命令时，是在当前 shell 中完成的。该命令会输出 0，表明没有使用子 shell（$BASH_SUBSHELL 环境变量参见第 5 章）。在 if 语句内，脚本在子 shell 中执行 echo $BASH_SUBSHELL 命令，该命令会输出 1，表明使用了子 shell。子 shell 操作成功结束，接下来是执行 then 部分的命令。

警告 当你在 if test 语句中使用进程列表（参见第 5 章）时，可能会出现意料之外的结果。哪怕进程列表中除最后一个命令之外的其他命令全都失败，子 shell 仍会将退出状态码设为 0，then 部分的命令将得以执行。

对脚本略作修改，来看一个在子 shell 中执行失败的例子：

```
$ cat SingleParentheses.sh
#!/bin/bash
# Testing a single parentheses condition
#
#echo $BASH_SUBSHELL
#
if (cat /etc/PASSWORD)
```

```
then
    echo "The subshell command operated successfully."
#
else
    echo "The subshell command was NOT successful."
#
fi
$
$ ./SingleParentheses.sh
cat: /etc/PASSWORD: No such file or directory
The subshell command was NOT successful.
$
```

因为子 shell 中的命令指定了错误的文件名，所以退出状态码被设为非 0。接下来则执行 `else` 部分的命令。

12.6.2 使用双括号

双括号命令允许在比较过程中使用高级数学表达式。`test` 命令在进行比较的时候只能使用简单的算术操作。双括号命令提供了更多的数学符号，这些符号对有过其他编程语言经验的程序员而言并不陌生。双括号命令的格式如下：

```
(( expression ))
```

expression 可以是任意的数学赋值或比较表达式。除了 `test` 命令使用的标准数学运算符，表 12-4 还列出了双括号中可用的其他运算符。

表 12-4 双括号命令符号

符号	描述
val++	后增
val--	后减
++*val*	先增
--*val*	先减
!	逻辑求反
~	位求反
**	幂运算
<<	左位移
>>	右位移
&	位布尔 AND
|	位布尔 OR
&&	逻辑 AND
||	逻辑 OR

双括号命令既可以在 `if` 语句中使用，也可以在脚本中的普通命令里用来赋值：

12

```
$ cat DoubleParentheses.sh
#!/bin/bash
# Testing a double parentheses command
#
val1=10
#
if (( $val1 ** 2 > 90 ))
then
    (( val2 = $val1 ** 2 ))
    echo "The square of $val1 is $val2,"
    echo "which is greater than 90."
#
fi
$
$ ./DoubleParentheses.sh
The square of 10 is 100,
which is greater than 90.
$
```

注意，双括号中表达式的大于号不用转义。这是双括号命令又一个优越性的体现。

12.6.3　使用双方括号

双方括号命令提供了针对字符串比较的高级特性。双方括号的格式如下：

```
[[ expression ]]
```

expression 可以使用 test 命令中的标准字符串比较。除此之外，它还提供了 test 命令所不具备的另一个特性——**模式匹配**。

注意　双方括号在 bash shell 中运行良好。不过要小心，不是所有的 shell 都支持双方括号。

在进行模式匹配时，可以定义通配符或正则表达式（参见第 20 章）来匹配字符串[①]：

```
$ cat DoubleBrackets.sh
#!/bin/bash
# Using double brackets for pattern matching
#
#
if [[ $BASH_VERSION == 5.* ]]
then
     echo "You are using the Bash Shell version 5 series."
fi
$
$ ./DoubleBrackets.sh
You are using the Bash Shell version 5 series.
$
```

① 原文此处叙述欠妥，故译文做了改动，在这里特作澄清：当在双中括号内使用==运算符或!=运算符时，运算符的右侧被视为通配符。如果使用的是=~运算符，则运算符的右侧被视为 POSIX 扩展正则表达式。详见 Bash Reference Manual 的 3.2.4.2 节。——译者注

上述脚本中使用了双等号（==）。双等号会将右侧的字符串（5.*）视为一个模式并应用模式匹配规则。双方括号命令会对$BASH_VERSION 环境变量进行匹配，看是否以字符串 5.起始。如果是，则测试通过，shell 会执行 then 部分的命令。

12.7 case 命令

你经常会发现自己在尝试计算一个变量的值，在一组可能的值中寻找特定值。在这种情形下，你不得不写出一长串 if-then-else 语句，就像下面这样：

```
$ cat LongIf.sh
#!/bin/bash
# Using a tedious and long if statement
#
if [ $USER == "rich" ]
then
     echo "Welcome $USER"
     echo "Please enjoy your visit."
elif [ $USER == "barbara" ]
then
     echo "Hi there, $USER"
     echo "We're glad you could join us."
elif [ $USER == "christine" ]
then
     echo "Welcome $USER"
     echo "Please enjoy your visit."
elif [ $USER == "tim" ]
then
     echo "Hi there, $USER"
     echo "We're glad you could join us."
elif [ $USER = "testing" ]
then
     echo "Please log out when done with test."
else
     echo "Sorry, you are not allowed here."
fi
$
$ ./LongIf.sh
Welcome christine
Please enjoy your visit.
$
```

elif 语句会不断检查 if-then，为比较变量寻找特定的值。

有了 case 命令，就无须再写大量的 elif 语句来检查同一个变量的值了。case 命令会采用列表格式来检查变量的多个值：

```
case variable in
pattern1 | pattern2) commands1;;
pattern3) commands2;;
*) default commands;;
esac
```

12

case 命令会将指定变量与不同模式进行比较。如果变量与模式匹配，那么 shell 就会执行为该模式指定的命令。你可以通过竖线运算符在一行中分隔出多个模式。星号会捕获所有与已知模式不匹配的值。下面是一个将 if-then-else 程序转换成使用 case 命令的例子：

```
$ cat ShortCase.sh
#!/bin/bash
# Using a short case statement
#
case $USER in
rich | christine)
     echo "Welcome $USER"
     echo "Please enjoy your visit.";;
barbara | tim)
     echo "Hi there, $USER"
     echo "We're glad you could join us.";;
testing)
     echo "Please log out when done with test.";;
*)
     echo "Sorry, you are not allowed here."
esac
$
$ ./ShortCase.sh
Welcome christine
Please enjoy your visit.
$
```

case 命令提供了一种更清晰的方法来为变量每个可能的值指定不同的处理选择。

12.8 实战演练

本节要讲解一个脚本，该脚本会将本章介绍的结构命令付诸实践：确定当前系统中可用的包管理器。同时还以已安装的软件包管理器为指导，猜测当前系统是基于哪个 Linux 发行版。

该脚本会检查基于 Red Hat 的标准软件包管理器（rpm、dnf 和 flatpak）。它会对每个软件包管理器使用 which 命令，并在 if 条件语句中使用单括号。如果找到了软件包管理器，那么针对该管理器的一个特殊布尔变量就会被设置为 TRUE（1），如果没有找到，则会被设置为 FALSE（0），如下所示：

```
$ cat PackageMgrCheck.sh
#!/bin/bash
 [...]
if (which rpm &> /dev/null)
then
     item_rpm=1
     echo "You have the basic rpm utility."
#
else
     item_rpm=0
#
fi
```

```
[...]
if (which flatpak &> /dev/null)
then
     item_flatpak=1
     echo "You have the flatpak application container."
#
else
     item_flatpak=0
#
fi
[...]
$
```

对 dnf 和 yum 要做特殊处理（参见第 9 章），以防你在没有 dnf 工具的旧版 Red Hat 中运行该脚本。注意，如果没有找到 dnf，则使用 elif 语句来检查 yum。

```
$ cat PackageMgrCheck.sh
[...]
if (which dnf &> /dev/null)
then
     item_dnfyum=1
     echo "You have the dnf package manager."
#
elif (which yum &> /dev/null)
then
     item_dnfyum=1
     echo "You have the yum package manager."
else
     item_dnfyum=0
#
fi
[...]
$
```

注意 输出重定向出现在单括号内的 which 命令之后。根据第 10 章所述，which 命令的常规（标准）输出和标准错误信息都通过&>符号被重定向至/dev/null，这个地方被幽默地称为**黑洞**，因为被送往这里的东西从来都是有去无回。该操作让脚本的输出简洁了许多，而且也不会影响脚本的完整性。第 15 章将详细介绍错误重定向。

在分析完系统的软件包管理器之后，脚本会计算出一个分数（redhatscore）。这个分数随后会用于对系统采用的发行版进行假设：

```
$ cat PackageMgrCheck.sh
[...]
redhatscore=$[$item_rpm + $item_dnfyum + $item_flatpak]
[...]
$
```

当 Red Hat 软件包管理器审计完成后，Debian 分析就开始了。这个过程与 Red Hat 评估非常相似，除了要涵盖 Debian 软件包管理器（dpkg、apt 和 snap），还要确定 Debian 分数，如下所示：

```
$ cat PackageMgrCheck.sh
[...]
if (which dpkg &> /dev/null)
then
     item_dpkg=1
     echo "You have the basic dpkg utility."
#
else
     item_dpkg=0
#
fi
[...]
debianscore=$[$item_dpkg + $item_aptaptget + $item_snap]
[...]
$
```

比较 redhatscore 和 debianscore 这两个分数，公布所推断出的发行版：

```
$ cat PackageMgrCheck.sh
[...]
if [ $debianscore -gt $redhatscore ]
then
   echo "Most likely your Linux distribution is Debian-based."
   #
elif [ $redhatscore -gt $debianscore ]
then
   echo "Most likely your Linux distribution is Red Hat-based."
else
   echo "Unable to determine Linux distribution base."
fi
[...]
$
```

下面是完整的脚本。在阅读代码时，不妨考虑用修改过的 if-then 语句或 case 结构来完成这些任务。激发创造力也是学习的一部分：

```
$ cat PackageMgrCheck.sh
#!/bin/bash
# Checks system for popular package managers
#
#################### User Introduction #####################
echo "#########################################################"
echo
echo "     This script checks your Linux system for popular"
echo "package managers and application containers, lists"
echo "what's available, and makes an educated guess on your"
echo "distribution's base distro (Red Hat or Debian)."
echo
echo "#######################################################"
#
##################### Red Hat Checks #######################
#
echo
echo "Checking for Red Hat-based package managers &"
```

```
echo "application containers..."
#####
if (which rpm &> /dev/null)
then
     item_rpm=1
     echo "You have the basic rpm utility."
#
else
     item_rpm=0
#
fi
####
if (which dnf &> /dev/null)
then
     item_dnfyum=1
     echo "You have the dnf package manager."
#
elif (which yum &> /dev/null)
then
     item_dnfyum=1
     echo "You have the yum package manager."
else
     item_dnfyum=0
#
fi
####
if (which flatpak &> /dev/null)
then
     item_flatpak=1
     echo "You have the flatpak application container."
#
else
     item_flatpak=0
#
fi
####
redhatscore=$[$item_rpm + $item_dnfyum + $item_flatpak]
#
#################### Debian Checks ######################
#
echo
echo "Checking for Debian-based package managers &"
echo "application containers..."
#####
if (which dpkg &> /dev/null)
then
     item_dpkg=1
     echo "You have the basic dpkg utility."
#
else
     item_dpkg=0
#
fi
####
```

```
if (which apt &> /dev/null)
then
     item_aptaptget=1
     echo "You have the apt package manager."
#
elif (which apt-get &> /dev/null)
then
     item_aptaptget=1
     echo "You have the apt-get/apt-cache package manager."
#
else
     item_aptaptget=0
fi
####
if (which snap &> /dev/null)
then
     item_snap=1
     echo "You have the snap application container."
#
else
    item_snap=0
#
fi
####
#
debianscore=$[$item_dpkg + $item_aptaptget + $item_snap]
#
#
##################### Determine Distro #######################
#
echo
if [ $debianscore -gt $redhatscore ]
then
   echo "Most likely your Linux distribution is Debian-based."
   #
elif [ $redhatscore -gt $debianscore ]
then
   echo "Most likely your Linux distribution is Red Hat-based."
else
   echo "Unable to determine Linux distribution base."
fi
#
echo
#
##############################################################
#
exit
$
```

在 Ubuntu 系统中运行该脚本的结果如下：

```
$ ./PackageMgrCheck.sh
#########################################################
```

```
    This script checks your Linux system for popular
package managers and application containers, lists
what's available, and makes an educated guess on your
distribution's base distro (Red Hat or Debian).

#######################################################

Checking for Red Hat-based package managers &
application containers...

Checking for Debian-based package managers &
application containers...
You have the basic dpkg utility.
You have the apt package manager.
You have the snap application container.

Most likely your Linux distribution is Debian-based.

$
```

希望你能利用本章所讲的主题，想出自己的方法来实现这个脚本的任务。可能你还有一些关于其他脚本的想法。

12.9 小结

结构化命令允许改变 shell 脚本的正常执行流程。最基础的结构化命令是 `if-then` 语句。该语句允许你评估命令并根据该命令的结果来执行其他命令。

你也可以扩展 `if-then` 语句，加入一组当指定命令失败后由 bash shell 执行的命令。仅在测试命令返回非 0 退出状态码时，`if-then-else` 语句才允许执行这些命令。

你还可以使用 `elif` 语句将多个 `if-then-else` 语句组合起来。`elif` 等同于 `else if`，会在测试命令失败时提供额外的检查。

在多数脚本中，你可能希望测试一种条件而不是命令，比如数值、字符串内容、文件或目录的状态。`test` 命令为你提供了测试所有这些条件的简单方法。如果条件为真，`test` 命令会为 `if-then` 语句产生退出状态码 `0`。如果条件为假，`test` 命令则会为 `if-then` 语句产生非 0 的退出状态码。

方括号是与 `test` 命令同义的特殊 bash 命令。你可以在 `if-then` 语句中将测试条件放入方括号中来测试数值、字符串和文件条件。

双括号命令会使用另一批运算符执行高级数学运算。你可以在双方括号中进行字符串模式匹配。

最后，本章讨论了 `case` 命令。该命令是执行多个 `if-then-else` 命令的便捷方式，它会参照一个值列表来检查单个变量的值。

第 13 章将继续讨论结构化命令，介绍 shell 的循环命令。`for` 命令和 `while` 命令允许你创建循环，在一段时间内重复执行命令。

第 13 章 更多的结构化命令

本章内容
- for 语句
- until 语句
- while 语句
- 多重循环
- 重定向循环的输出

在第 12 章中，你已经看到了如何通过检查命令输出和变量的值来改变 shell 脚本程序的流程。本章将继续介绍能够控制 shell 脚本流程的结构化命令。你会学到如何重复某些处理过程，也就是循环执行一组命令直至达到某个特定条件。本章将讨论和演示 bash shell 的循环命令 for、while 和 until。

13.1 for 命令

重复执行一系列命令在编程中很常见。你经常需要重复多个命令直至达到某个特定条件，比如处理目录下的所有文件、系统中的所有用户或是文本文件中的所有行。

bash shell 提供了 for 命令，以允许创建遍历一系列值的循环。每次迭代都使用其中一个值来执行已定义好的一组命令。for 命令的基本格式如下：

```
for var in list
do
   commands
done
```

你需要提供用于迭代的一系列值作为 *list* 参数。指定这些值的方法不止一种。

在每次迭代中，变量 *var* 会包含列表中的当前值。第一次迭代使用列表中的第一个值，第二次迭代使用列表中的第二个值，以此类推，直到用完列表中的所有值。

do 语句和 done 语句之间的 *commands* 可以是一个或多个标准的 bash shell 命令。在这些命令中，$var 变量包含着此次迭代对应的列表中的当前值。

注意 只要你愿意，也可以将do语句和for语句放在同一行，但必须用分号将其同列表中的值分开：for var in list; do。

前面提到过，有几种方式可以指定列表中的值。下面几节将介绍这些方式。

13.1.1 读取列表中的值

for 命令最基本的用法是遍历其自身所定义的一系列值：

```
$ cat test1
#!/bin/bash
# basic for command

for test in Alabama Alaska Arizona Arkansas California Colorado
do
   echo The next state is $test
done
$ ./test1
The next state is Alabama
The next state is Alaska
The next state is Arizona
The next state is Arkansas
The next state is California
The next state is Colorado
$
```

每次遍历值列表时，for 命令会将列表中的下一个值赋给$test 变量。$test 变量可以像 for 命令语句中的其他脚本变量一样使用。在最后一次迭代结束后，$test 变量的值在 shell 脚本的剩余部分依然有效。它会一直保持最后一次迭代时的值（除非做了修改）：

```
$ cat test1b
#!/bin/bash
# testing the for variable after the looping
for test in Alabama Alaska Arizona Arkansas California Colorado
do
   echo "The next state is $test"
done
echo "The last state we visited was $test"
test=Connecticut
echo "Wait, now we're visiting $test"
$ ./test1b
The next state is Alabama
The next state is Alaska
The next state is Arizona
The next state is Arkansas
The next state is California
The next state is Colorado
The last state we visited was Colorado
Wait, now we're visiting Connecticut
$
```

$test 变量保持着它的值，也允许我们对其做出修改，在 for 循环之外跟其他变量一样使用。

13.1.2 读取列表中的复杂值

事情并不会总像在 for 循环中看到的那么简单。有时你会遇到难处理的数据。来看一个会给 shell 脚本程序员带来麻烦的典型例子：

```
$ cat badtest1
#!/bin/bash
# another example of how not to use the for command

for test in I don't know if this'll work
do
   echo "word:$test"
done
$ ./badtest1
word:I
word:dont know if thisll
word:work
$
```

真头疼。shell 看到了列表值中的单引号并尝试使用它们来定义一个单独的数据值，这下着实把事情搞得一团糟。

有两种方法可以解决这个问题。

- 使用转义字符（反斜线）将单引号转义。
- 使用双引号来定义含有单引号的值。

两种解决方法并没有什么出奇之处，但都能解决这个问题：

```
$ cat test2
#!/bin/bash
# solutions to the quote problem

for test in I don\'t know if "this'll" work
do
   echo "word:$test"
done
$ ./test2
word:I
word:don't
word:know
word:if
word:this'll
word:work
$
```

在第一个有问题的地方，添加了反斜线来转义 don't 中的单引号。在第二个有问题的地方，将 this'll 放在了双引号内。两种方法都管用。

你可能遇到的另一个问题是多单词值（multiword value）。记住，for 循环假定各个值之间是以空格[①]分隔的。如果某个值含有空格，那可就又麻烦了：

① 准确地说，既可以是空格，也可以是制表符或换行符。——译者注

```
$ cat badtest2
#!/bin/bash
# another example of how not to use the for command

for test in Nevada New Hampshire New Mexico New York North Carolina
do
   echo "Now going to $test"
done
$ ./badtest2
Now going to Nevada
Now going to New
Now going to Hampshire
Now going to New
Now going to Mexico
Now going to New
Now going to York
Now going to North
Now going to Carolina
$
```

这可不是我们想要的结果。for 命令使用空格来划分列表中的每个值。如果某个值含有空格，则必须将其放入双引号内：

```
$ cat test3
#!/bin/bash
# an example of how to properly define values

for test in Nevada "New Hampshire" "New Mexico" "New York"
do
   echo "Now going to $test"
done
$ ./test3
Now going to Nevada
Now going to New Hampshire
Now going to New Mexico
Now going to New York
$
```

现在 for 命令可以正确地区分不同值了。另外要注意的是，当你使用双引号引用某个值时，shell 并不会将双引号当成值的一部分。

13.1.3 从变量中读取值列表

在 shell 脚本中经常遇到的情况是，你将一系列值集中保存在了一个变量中，然后需要遍历该变量中的整个值列表。可以通过 for 命令完成这个任务：

```
$ cat test4
#!/bin/bash
# using a variable to hold the list

list="Alabama Alaska Arizona Arkansas Colorado"
list=$list" Connecticut"
```

```
for state in $list
do
   echo "Have you ever visited $state?"
done
$ ./test4
Have you ever visited Alabama?
Have you ever visited Alaska?
Have you ever visited Arizona?
Have you ever visited Arkansas?
Have you ever visited Colorado?
Have you ever visited Connecticut?
$
```

`$list` 变量包含了用于迭代的值列表。注意，脚本中还使用了另一个赋值语句向`$list` 变量包含的值列表中追加（或者说是拼接）了一项。这是向变量中已有的字符串尾部添加文本的一种常用方法。

13.1.4　从命令中读取值列表

生成值列表的另一种途径是使用命令的输出。你可以用命令替换来执行任何能产生输出的命令，然后在 `for` 命令中使用该命令的输出：

```
$ cat test5
#!/bin/bash
# reading values from a file

file="states.txt"

for state in $(cat $file)
do
   echo "Visit beautiful $state"
done
$ cat states.txt
Alabama
Alaska
Arizona
Arkansas
Colorado
Connecticut
Delaware
Florida
Georgia
$ ./test5
Visit beautiful Alabama
Visit beautiful Alaska
Visit beautiful Arizona
Visit beautiful Arkansas
Visit beautiful Colorado
Visit beautiful Connecticut
Visit beautiful Delaware
Visit beautiful Florida
Visit beautiful Georgia
$
```

这个例子在命令替换中使用 `cat` 命令来输出文件 states.txt 的内容。注意，states.txt 文件中每个值各占一行，而不是以空格分隔。`for` 命令仍然以每次一行的方式遍历 `cat` 命令的输出。但这并没有解决数据中含有空格的问题。如果你列出了一个名字中有空格的州，则 `for` 命令仍然会用空格来分隔值。具体原理接下来会介绍。

注意 test5 的代码示例将不包含路径的文件名赋给了变量。这要求文件和脚本位于同一个目录中。如果并非如此，则需要使用完整路径名（不管是绝对路径还是相对路径）来引用文件位置。

13.1.5 更改字段分隔符

造成这个问题的原因是特殊的环境变量 `IFS`（internal field separator，内部字段分隔符）。`IFS` 环境变量定义了 bash shell 用作字段分隔符的一系列字符。在默认情况下，bash shell 会将下列字符视为字段分隔符。

- 空格
- 制表符
- 换行符

如果 bash shell 在数据中看到了这些字符中的任意一个，那么它就会认为这是列表中的一个新字段的开始。在处理可能含有空格的数据（比如文件名）时，这就很烦人了，就像你在先前脚本示例中看到的那样。

解决这个问题的办法是在 shell 脚本中临时更改 `IFS` 环境变量的值来限制被 bash shell 视为字段分隔符的字符。如果想修改 `IFS` 的值，使其只能识别换行符，可以这么做：

```
IFS=$'\n'
```

将该语句加入脚本，告诉 bash shell 忽略数据中的空格和制表符。对前一个脚本使用这种方法，将获得如下输出：

```
$ cat test5b
 #!/bin/bash
 # reading values from a file

 file="states.txt"

 IFS=$'\n'
 for state in $(cat $file)
 do
    echo "Visit beautiful $state"
 done
 $ ./test5b
 Visit beautiful Alabama
 Visit beautiful Alaska
 Visit beautiful Arizona
```

```
Visit beautiful Arkansas
Visit beautiful Colorado
Visit beautiful Connecticut
Visit beautiful Delaware
Visit beautiful Florida
Visit beautiful Georgia
Visit beautiful New York
Visit beautiful New Hampshire
Visit beautiful North Carolina
$
```

现在 shell 脚本能够识别出列表中含有空格的值了。

警告 在处理代码量较大的脚本时，可能在一个地方需要修改 IFS 的值，然后再将其恢复原状，而脚本的其他地方则继续沿用 IFS 的默认值。一种安全的做法是在修改 IFS 之前保存原来的 IFS 值，之后再恢复它。

这种技术可以像下面这样来实现：

```
IFS.OLD=$IFS
IFS=$'\n'
<在代码中使用新的 IFS 值>
IFS=$IFS.OLD
```

这就保证了在脚本的后续操作中使用的是 IFS 的默认值。

还有其他一些 IFS 环境变量的绝妙用法。如果要遍历文件中以冒号分隔的值（比如/etc/passwd 文件），则只需将 IFS 的值设为冒号即可：

```
IFS=:
```

如果要指定多个 IFS 字符，则只需在赋值语句中将这些字符写在一起即可：

```
IFS=$'\n:;"'
```

该语句会将换行符、冒号、分号和双引号作为字段分隔符。如何使用 IFS 字符解析数据没有任何限制。

13.1.6　使用通配符读取目录

最后，还可以用 for 命令来自动遍历目录中的文件。为此，必须在文件名或路径名中使用通配符，这会强制 shell 使用**文件名通配符匹配**（file globbing）。文件名通配符匹配是生成与指定通配符匹配的文件名或路径名的过程。

在处理目录中的文件时，如果不知道所有的文件名，上述特性是非常好用的：

```
$ cat test6
#!/bin/bash
# iterate through all the files in a directory

for file in /home/rich/test/*
do
```

```
   if [ -d "$file" ]
   then
      echo "$file is a directory"
   elif [ -f "$file" ]
   then
      echo "$file is a file"
   fi
done
$ ./test6
/home/rich/test/dir1 is a directory
/home/rich/test/myprog.c is a file
/home/rich/test/myprog is a file
/home/rich/test/myscript is a file
/home/rich/test/newdir is a directory
/home/rich/test/newfile is a file
/home/rich/test/newfile2 is a file
/home/rich/test/testdir is a directory
/home/rich/test/testing is a file
/home/rich/test/testprog is a file
/home/rich/test/testprog.c is a file
$
```

for 命令会遍历/home/rich/test/*匹配的结果。脚本用 test 命令测试了每个匹配条目（使用方括号方法），测试其是目录（通过-d）还是文件（通过-f）（参见第 11 章）。

注意，我们在这个例子的 if 语句测试中做了一些不同的处理：

```
if [ -d "$file" ]
```

在 Linux 中，目录名和文件名中包含空格是完全合法的。要应对这种情况，应该将$file 变量放入双引号内。否则，遇到含有空格的目录名或文件名时会产生错误：

```
./test6: line 6: [: too many arguments
./test6: line 9: [: too many arguments
```

在 test 命令中，bash shell 会将额外的单词视为参数，引发错误。

你也可以在 for 命令中列出多个目录通配符：

```
$ cat test7
#!/bin/bash
# iterating through multiple directories

for file in /home/rich/.b* /home/rich/badtest
do
   if [ -d "$file" ]
   then
      echo "$file is a directory"
   elif [ -f "$file" ]
   then
      echo "$file is a file"
   else
     echo "$file doesn't exist"
   fi
```

```
done
$ ./test7
/home/rich/.backup.timestamp is a file
/home/rich/.bash_history is a file
/home/rich/.bash_logout is a file
/home/rich/.bash_profile is a file
/home/rich/.bashrc is a file
/home/rich/badtest doesn't exist
$
```

for 语句首先遍历了由文件名通配符匹配生成的文件列表，然后遍历了列表中的下一个文件。你可以将任意多的通配符放进列表中。

警告 注意，可以在值列表中放入任何东西。即使文件或目录不存在，for 语句也会尝试把列表处理完。如果是和文件或目录打交道，那就要出问题了。你无法知道正在遍历的目录是否存在：最好在处理之前先测试一下文件或目录。

13.2 C 语言风格的 for 命令

如果你从事过 C 语言编程，那么可能会惊讶于 bash shell 中 for 命令的工作方式。在 C 语言中，for 循环通常会定义一个变量，然后在每次迭代时更改。程序员通常会将这个变量用作计数器，每次迭代时让计数器增 1 或减 1。bash 的 for 命令也提供了这个功能。本节将展示如何在 bash shell 脚本中使用仿 C 语言的 for 命令。

13.2.1 C 语言中的 for 命令

C 语言中的 for 命令包含循环变量初始化、循环条件以及每次迭代时修改变量的方法。当指定的条件不成立时，for 循环就会停止。迭代条件使用标准的数学符号定义。例如，考虑下面的 C 语言代码：

```
for (i = 0; i < 10; i++)
{
   printf("The next number is %d\n", i);
}
```

这段代码是一个简单的循环，其中变量 i 作为计数器。第一部分负责初始化变量。中间的部分负责定义循环条件。如果条件不成立，for 循环就会停止迭代。最后一部分负责定义迭代过程。在每次迭代之后，执行最后一部分中定义的表达式。在本例中，i 变量会在每次迭代后增 1。

bash shell 也支持 for 循环，看起来跟 C 语言的 for 循环类似，但存在一些细微的差异，其中一些地方让 shell 脚本程序员摸不着头脑。bash 中仿 C 语言的 for 循环的基本格式如下：

```
for (( variable assignment ; condition ; iteration process ))
```

仿 C 语言的 for 循环的格式着实让 bash shell 脚本程序员感到困惑，因为它使用了 C 语言风格而不是 shell 风格的变量引用方式。这种 for 命令看起来如下所示。

```
for (( a = 1; a < 10; a++ ))
```

注意，有些地方与 bash shell 标准的 for 命令并不一致。

- 变量赋值可以有空格。
- 迭代条件中的变量不以美元符号开头。
- 迭代过程的算式不使用 expr 命令格式。

shell 开发人员设计这种格式是为了更贴切地模仿 C 语言的 for 命令。这对 C 语言程序员来说自然是件好事，却把有经验的 shell 程序员弄得一头雾水。在脚本中使用仿 C 语言的 for 循环时要小心。

下面这个例子在 bash shell 程序中使用了仿 C 语言的 for 命令：

```
$ cat test8
#!/bin/bash
# testing the C-style for loop

for (( i=1; i <= 10; i++ ))
do
   echo "The next number is $i"
done
$ ./test8
The next number is 1
The next number is 2
The next number is 3
The next number is 4
The next number is 5
The next number is 6
The next number is 7
The next number is 8
The next number is 9
The next number is 10
$
```

for 循环通过定义好的变量（本例中是变量 i）来迭代执行这些命令。在每次迭代中，$i 变量都包含 for 循环中赋予的值。在每次迭代后，循环的迭代过程会作用于变量，在本例中，是将变量值增 1。

13.2.2　使用多个变量

仿 C 语言的 for 命令也允许为迭代使用多个变量。循环会单独处理每个变量，你可以为每个变量定义不同的迭代过程。尽管可以使用多个变量，但只能在 for 循环中定义一种迭代条件：

```
$ cat test9
#!/bin/bash
# multiple variables

for (( a=1, b=10; a <= 10; a++, b-- ))
do
```

```
    echo "$a - $b"
done
$ ./test9
1 - 10
2 - 9
3 - 8
4 - 7
5 - 6
6 - 5
7 - 4
8 - 3
9 - 2
10 - 1
$
```

变量 a 和 b 各自用不同的值来初始化并定义不同的迭代过程。循环的每次迭代在增加变量 a 的同时减小了变量 b。

13.3 while 命令

while 命令在某种程度上糅合了 if-then 语句和 for 循环。while 命令允许定义一个要测试的命令，只要该命令返回的退出状态码为 0，就循环执行一组命令。它会在每次迭代开始时测试 test 命令，如果 test 命令返回非 0 退出状态码，while 命令就会停止执行循环。

13.3.1 while 的基本格式

while 命令的格式如下：

```
while test command
do
 other commands
done
```

while 命令中定义的 *test command* 与 if-then 语句（参见第 11 章）中的格式一模一样。你可以使用任何 bash shell 命令，或者用 *test command* 进行条件测试，比如测试变量值。

while 命令的关键在于所指定的 *test command* 的退出状态码必须随着循环中执行的命令而改变。如果退出状态码不发生变化，那 while 循环就成了死循环。

test command 最常见的用法是使用方括号来检查循环命令中用到的 shell 变量值：

```
$ cat test10
#!/bin/bash
# while command test

var1=10
while [ $var1 -gt 0 ]
do
   echo $var1
   var1=$[ $var1 - 1 ]
done
```

```
$ ./test10
10
9
8
7
6
5
4
3
2
1
$
```

while 命令定义了每次迭代时检查的测试条件：

```
while [ $var1 -gt 0 ]
```

只要测试条件成立，while 命令就会不停地循环执行定义好的命令。必须在这些命令中修改测试条件中用到的变量，否则就会陷入死循环。本例会使用 shell 算术将变量值减 1：

```
var1=$[ $var1 - 1 ]
```

while 循环会在测试条件不再成立时停止。

13.3.2 使用多个测试命令

while 命令允许在 while 语句行定义多个测试命令。只有最后一个测试命令的退出状态码会被用于决定是否结束循环。如果你不小心，这可能会导致一些有意思的结果。下面的例子会说明这一点：

```
$ cat test11
#!/bin/bash
# testing a multicommand while loop

var1=10

while echo $var1
      [ $var1 -ge 0 ]
do
   echo "This is inside the loop"
   var1=$[ $var1 - 1 ]
done
$ ./test11
10
This is inside the loop
9
This is inside the loop
8
This is inside the loop
7
This is inside the loop
6
This is inside the loop
```

```
5
This is inside the loop
4
This is inside the loop
3
This is inside the loop
2
This is inside the loop
1
This is inside the loop
0
This is inside the loop
-1
$
```

请仔细观察这个例子都做了些什么。它在 while 语句中定义了两个测试命令：

```
while echo $var1
      [ $var1 -ge 0 ]
```

第一个测试简单地显示了 var1 变量的当前值。第二个测试用方括号来判断 var1 变量的值。在循环内部，echo 语句会显示一条简单的消息，说明循环被执行了。注意在运行本例时，输出是如何结束的。

```
This is inside the loop
-1
$
```

while 循环会在 var1 变量等于 0 时执行 echo 语句，然后将 var1 变量的值减 1。接下来再次执行测试命令，判断是否进行下一次迭代。首先执行 echo 测试命令，显示 var 变量的值（小于 0）。接着执行 test 命令，因为条件不成立，所以 while 循环停止。

这说明在含有多个命令的 while 语句中，在每次迭代时所有的测试命令都会被执行，包括最后一个测试命令失败的末次迭代。要小心这一点。另一处要留意的是该如何指定多个测试命令。注意要把每个测试命令都单独放在一行中。

13.4　until 命令

与 while 命令工作的方式完全相反，until 命令要求指定一个返回非 0 退出状态码的测试命令。只要测试命令的退出状态码不为 0，bash shell 就会执行循环中列出的命令。一旦测试命令返回了退出状态码 0，循环就结束了。

和你想的一样，until 命令的格式如下：

```
until test commands
do
   other commands
done
```

与 while 命令类似，你可以在 until 命令语句中放入多个 *test command*。最后一个命令的退出状态码决定了 bash shell 是否执行已定义的 *other commands*。

来看一个 until 命令的例子：

```
$ cat test12
#!/bin/bash
# using the until command

var1=100

until [ $var1 -eq 0 ]
do
   echo $var1
   var1=$[ $var1 - 25 ]
done
$ ./test12
100
75
50
25
$
```

本例通过测试 var1 变量来决定 until 循环何时停止。只要该变量的值等于 0，until 命令就会停止循环。同 while 命令一样，在 until 命令中使用多个测试命令时也要注意：

```
$ cat test13
#!/bin/bash
# using the until command

var1=100

until echo $var1
      [ $var1 -eq 0 ]
do
   echo Inside the loop: $var1
   var1=$[ $var1 - 25 ]
done
$ ./test13
100
Inside the loop: 100
75
Inside the loop: 75
50
Inside the loop: 50
25
Inside the loop: 25
0
$
```

shell 会执行指定的多个测试命令，仅当最后一个命令成立时才停止。

13.5 嵌套循环

循环语句可以在循环内使用任意类型的命令，包括其他循环命令，这称为**嵌套循环**。注意，在使用嵌套循环时是在迭代中再进行迭代，命令运行的次数是乘积关系。不注意这点有可能会在脚本中造成问题。

来看一个嵌套 for 循环的简单例子：

```
$ cat test14
#!/bin/bash
# nesting for loops

for (( a = 1; a <= 3; a++ ))
do
   echo "Starting loop $a:"
   for (( b = 1; b <= 3; b++ ))
   do
      echo "   Inside loop: $b"
   done
done
$ ./test14
Starting loop 1:
   Inside loop: 1
   Inside loop: 2
   Inside loop: 3
Starting loop 2:
   Inside loop: 1
   Inside loop: 2
   Inside loop: 3
Starting loop 3:
   Inside loop: 1
   Inside loop: 2
   Inside loop: 3
$
```

这个被嵌套的循环（也称为**内层循环**）会在外部循环的每次迭代中遍历一遍它所有的值。注意，两个循环的 do 命令和 done 命令没有任何差别。bash shell 知道执行第一个 done 命令时，指的是内层循环而非外层循环。

在混用循环命令时也一样，比如在 while 循环内部放置 for 循环：

```
$ cat test15
#!/bin/bash
# placing a for loop inside a while loop

var1=5

while [ $var1 -ge 0 ]
do
   echo "Outer loop: $var1"
   for (( var2 = 1; var2 < 3; var2++ ))
   do
      var3=$[ $var1 * $var2 ]
      echo " Inner loop: $var1 * $var2 = $var3"
   done
   var1=$[ $var1 - 1 ]
done
$ ./test15
```

```
Outer loop: 5
  Inner loop: 5 * 1 = 5
  Inner loop: 5 * 2 = 10
Outer loop: 4
  Inner loop: 4 * 1 = 4
  Inner loop: 4 * 2 = 8
Outer loop: 3
  Inner loop: 3 * 1 = 3
  Inner loop: 3 * 2 = 6
Outer loop: 2
  Inner loop: 2 * 1 = 2
  Inner loop: 2 * 2 = 4
Outer loop: 1
  Inner loop: 1 * 1 = 1
  Inner loop: 1 * 2 = 2
Outer loop: 0
  Inner loop: 0 * 1 = 0
  Inner loop: 0 * 2 = 0
$
```

同样，shell能够区分开内层 for 循环和外层 while 循环各自的 do 命令和 done 命令。如果真的想锻炼一下大脑，甚至可以混用 until 循环和 while 循环：

```
$ cat test16
#!/bin/bash
# using until and while loops

var1=3

until [ $var1 -eq 0 ]
do
   echo "Outer loop: $var1"
   var2=1
   while [ $var2 -lt 5 ]
   do
      var3=$(echo "scale=4; $var1 / $var2" | bc)
      echo "   Inner loop: $var1 / $var2 = $var3"
      var2=$[ $var2 + 1 ]
   done
   var1=$[ $var1 - 1 ]
done
$ ./test16
Outer loop: 3
   Inner loop: 3 / 1 = 3.0000
   Inner loop: 3 / 2 = 1.5000
   Inner loop: 3 / 3 = 1.0000
   Inner loop: 3 / 4 = .7500
Outer loop: 2
   Inner loop: 2 / 1 = 2.0000
   Inner loop: 2 / 2 = 1.0000
   Inner loop: 2 / 3 = .6666
   Inner loop: 2 / 4 = .5000
Outer loop: 1
   Inner loop: 1 / 1 = 1.0000
```

```
   Inner loop: 1 / 2 = .5000
   Inner loop: 1 / 3 = .3333
   Inner loop: 1 / 4 = .2500
$
```

外层的 until 循环以值 3 开始并会持续执行，直到值等于 0。内层的 while 循环以值 1 开始并会持续执行，只要值小于 5。每个循环都必须修改在测试条件中用到的值，否则循环就会无止境进行下去。

13.6　循环处理文件数据

你经常需要遍历文件中保存的数据。这要求综合运用已经讲过的两种技术。

- 使用嵌套循环。
- 修改 IFS 环境变量。

通过修改 IFS 环境变量，能强制 for 命令将文件中的每一行都作为单独的条目来处理，即便数据中有空格也是如此。从文件中提取出单独的行后，可能还得使用循环来提取行中的数据。

典型的例子是处理/etc/passwd 文件。这要求你逐行遍历该文件，将 IFS 变量的值改成冒号，以便分隔开每行中的各个字段。

具体做法如下：

```
#!/bin/bash
# changing the IFS value

IFS.OLD=$IFS
IFS=$'\n'
for entry in $(cat /etc/passwd)
do
   echo "Values in $entry -"
   IFS=:
   for value in $entry
   do
      echo "   $value"
   done
done
$
```

这个脚本使用了两个不同的 IFS 值来解析数据。第一个 IFS 值解析出/etc/passwd 文件中的各行。内层 for 循环接着将 IFS 的值修改为冒号，以便解析出/etc/passwd 文件各行中的字段。

运行该脚本会得到如下输出：

```
Values in rich:x:501:501:Rich Blum:/home/rich:/bin/bash -
   rich
   x
   501
   501
   Rich Blum
   /home/rich
   /bin/bash
```

```
Values in katie:x:502:502:Katie Blum:/home/katie:/bin/bash -
   katie
   x
   502
   502
   Katie Blum
   /home/katie
   /bin/bash
```

内层循环会解析出/etc/passwd文件各行中的字段。这也是处理逗号分隔数据的好方法，在导入电子表格数据时经常用到。

13.7 循环控制

你可能认为循环一旦启动，在结束之前就哪都去不了了。事实并非如此。有两个命令可以控制循环的结束时机。

- break 命令
- continue 命令

这两个命令的用法各不相同。下面将介绍如何使用两者控制循环操作。

13.7.1 break 命令

break 命令是退出循环的一种简单方法。你可以用 break 命令退出任意类型的循环，包括 while 循环和 until 循环。

break 命令适用于多种情况。接下来将逐一介绍。

1. 跳出单个循环

shell 在执行 break 命令时会尝试跳出当前正在执行的循环：

```
$ cat test17
#!/bin/bash
# breaking out of a for loop

for var1 in 1 2 3 4 5 6 7 8 9 10
do
   if [ $var1 -eq 5 ]
   then
      break
   fi
   echo "Iteration number: $var1"
done
echo "The for loop is completed"
$ ./test17
Iteration number: 1
Iteration number: 2
Iteration number: 3
Iteration number: 4
```

13

```
The for loop is completed
$
```

for 循环通常会遍历列表中的所有值。但当满足 if-then 的条件时，shell 会执行 break 命令，结束 for 循环。

该方法同样适用于 while 循环和 until 循环：

```
$ cat test18
#!/bin/bash
# breaking out of a while loop

var1=1

while [ $var1 -lt 10 ]
do
   if [ $var1 -eq 5 ]
   then
      break
   fi
   echo "Iteration: $var1"
   var1=$[ $var1 + 1 ]
done
echo "The while loop is completed"
$ ./test18
Iteration: 1
Iteration: 2
Iteration: 3
Iteration: 4
The while loop is completed
$
```

如果 if-then 的条件成立，就执行 break 命令，结束 while 循环。

2. 跳出内层循环

在处理多个循环时，break 命令会自动结束你所在的最内层循环：

```
$ cat test19
#!/bin/bash
# breaking out of an inner loop
for (( a = 1; a < 4; a++ ))
do
   echo "Outer loop: $a"
   for (( b = 1; b < 100; b++ ))
   do
      if [ $b -eq 5 ]
      then
         break
      fi
      echo "   Inner loop: $b"
   done
done
$ ./test19
Outer loop: 1
```

```
    Inner loop: 1
    Inner loop: 2
    Inner loop: 3
    Inner loop: 4
Outer loop: 2
    Inner loop: 1
    Inner loop: 2
    Inner loop: 3
    Inner loop: 4
Outer loop: 3
    Inner loop: 1
    Inner loop: 2
    Inner loop: 3
    Inner loop: 4
$
```

内层循环里的 for 语句指明当变量 b 的值等于 100 时停止迭代。但其中的 if-then 语句指明当变量 b 的值等于 5 时执行 break 命令。注意，即使 break 命令结束了内层循环，外层循环依然会继续执行。

3. 跳出外层循环

有时你位于内层循环，但需要结束外层循环。break 命令接受单个命令行参数：

```
break n
```

其中 n 指定了要跳出的循环层级。在默认情况下，*n* 为 1，表明跳出的是当前循环。如果将 *n* 设为 2，那么 break 命令就会停止下一级的外层循环：

```
$ cat test20
#!/bin/bash
# breaking out of an outer loop
for (( a = 1; a < 4; a++ ))
do
    echo "Outer loop: $a"
    for (( b = 1; b < 100; b++ ))
    do
        if [ $b -gt 4 ]
        then
            break 2
        fi
        echo "   Inner loop: $b"
    done
done
$ ./test20
Outer loop: 1
    Inner loop: 1
    Inner loop: 2
    Inner loop: 3
    Inner loop: 4
$
```

注意，当 shell 执行了 break 命令后，外部循环就结束了。

13.7.2 continue 命令

continue 命令可以提前中止某次循环，但不会结束整个循环。你可以在循环内部设置 shell 不执行命令的条件。来看一个在 for 循环中使用 continue 命令的简单例子：

```
$ cat test21
#!/bin/bash
# using the continue command

for (( var1 = 1; var1 < 15; var1++ ))
do
   if [ $var1 -gt 5 ] && [ $var1 -lt 10 ]
   then
      continue
   fi
   echo "Iteration number: $var1"
done
$ ./test21
Iteration number: 1
Iteration number: 2
Iteration number: 3
Iteration number: 4
Iteration number: 5
Iteration number: 10
Iteration number: 11
Iteration number: 12
Iteration number: 13
Iteration number: 14
$
```

当 if-then 语句的条件成立时（值大于 5 且小于 10），shell 会执行 continue 命令，跳过此次循环中剩余的命令，但整个循环还会继续。当 if-then 的条件不成立时，一切会恢复如常。

也可以在 while 循环和 until 循环中使用 continue 命令，但要特别小心。记住，当 shell 执行 continue 命令时，它会跳过剩余的命令。如果将测试变量的增值操作放在了其中某个条件里，那么问题就出现了：

```
$ cat badtest3
#!/bin/bash
# improperly using the continue command in a while loop

var1=0

while echo "while iteration: $var1"
      [ $var1 -lt 15 ]
do
   if [ $var1 -gt 5 ] && [ $var1 -lt 10 ]
   then
      continue
   fi
   echo "   Inside iteration number: $var1"
   var1=$[ $var1 + 1 ]
```

```
done
$ ./badtest3 | more
while iteration: 0
   Inside iteration number: 0
while iteration: 1
   Inside iteration number: 1
while iteration: 2
   Inside iteration number: 2
while iteration: 3
   Inside iteration number: 3
while iteration: 4
   Inside iteration number: 4
while iteration: 5
   Inside iteration number: 5
while iteration: 6
while iteration: 6
while iteration: 6
while iteration: 6
while iteration: 6
while iteration: 6
while iteration: 6
while iteration: 6
while iteration: 6
while iteration: 6
while iteration: 6
$
```

你得确保将脚本的输出重定向至 `more` 命令，这样才能停止输出。在 `if-then` 的条件成立之前，一切看起来都很正常，然后 shell 会执行 `continue` 命令，跳过 `while` 循环中余下的命令。不幸的是，被跳过的正是对`$var1` 计数变量增值的部分，而该变量又被用于 `while` 测试命令中。这意味着这个变量的值不会再变化了，从前面连续的输出中也可以看到。

和 `break` 命令一样，`continue` 命令也允许通过命令行参数指定要继续执行哪一级循环：

```
continue n
```

其中 *n* 定义了要继续的循环层级。下面是一个继续执行外层 `for` 循环的例子：

```
$ cat test22
#!/bin/bash
# continuing an outer loop

for (( a = 1; a <= 5; a++ ))
do
   echo "Iteration $a:"
   for (( b = 1; b < 3; b++ ))
   do
      if [ $a -gt 2 ] && [ $a -lt 4 ]
      then
         continue 2
      fi
      var3=$[ $a * $b ]
      echo "   The result of $a * $b is $var3"
   done
```

13

```
done
$ ./test22
Iteration 1:
   The result of 1 * 1 is 1
   The result of 1 * 2 is 2
Iteration 2:
   The result of 2 * 1 is 2
   The result of 2 * 2 is 4
Iteration 3:
Iteration 4:
   The result of 4 * 1 is 4
   The result of 4 * 2 is 8
Iteration 5:
   The result of 5 * 1 is 5
   The result of 5 * 2 is 10
$
```

其中的 if-then 语句

```
if [ $a -gt 2 ] && [ $a -lt 4 ]
then
   continue 2
fi
```

会使用 continue 命令停止处理循环内的命令，但会继续处理外层循环。注意值为 3 那次迭代并没有处理任何内部循环语句，因为尽管 continue 命令停止了处理，但外层循环依然会继续。

13.8　处理循环的输出

在 shell 脚本中，可以对循环的输出使用管道或进行重定向。这可以通过在 done 命令之后添加一个处理命令来实现：

```
for file in /home/rich/*
 do
   if [ -d "$file" ]
   then
      echo "$file is a directory"
   elif [ -f "$file" ]
   then
      echo "$file is a file"
   fi
done > output.txt
```

shell 会将 for 命令的结果重定向至文件 output.txt，而不再显示在屏幕上。

考虑下面这个将 for 命令的输出重定向至文件的例子：

```
$ cat test23
#!/bin/bash
# redirecting the for output to a file

for (( a = 1; a < 10; a++ ))
do
   echo "The number is $a"
```

```
done > test23.txt
echo "The command is finished."
$ ./test23
The command is finished.
$ cat test23.txt
The number is 1
The number is 2
The number is 3
The number is 4
The number is 5
The number is 6
The number is 7
The number is 8
The number is 9
$
```

shell 创建了文件 test23.txt 并将 `for` 命令的输出重定向至该文件。`for` 命令结束之后，shell 一如往常地显示了 `echo` 语句。

这种方法同样适用于将循环的结果传输到另一个命令：

```
$ cat test24
#!/bin/bash
# piping a loop to another command

for state in "North Dakota" Connecticut Illinois Alabama Tennessee
do
   echo "$state is the next place to go"
done | sort
echo "This completes our travels"
$ ./test24
Alabama is the next place to go
Connecticut is the next place to go
Illinois is the next place to go
North Dakota is the next place to go
Tennessee is the next place to go
This completes our travels
$
```

`for` 命令的输出通过管道传给了 `sort` 命令，由后者对输出结果进行排序。运行该脚本，可以看出结果已经按 `state` 的值排好序了。

13.9 实战演练

现在你已经看到了 shell 脚本中各种循环的使用方法，来动手实践一下吧。循环是对数据（无论是目录中的文件还是文件中的数据）进行迭代的常用方法。下面几个例子演示了如何使用简单的循环来处理数据。

13.9.1 查找可执行文件

13

当你在命令行中运行程序的时候，Linux 系统会搜索一系列目录来查找对应的文件。这些目录是在环境变量 PATH 中定义的。如果想找出系统中有哪些可执行文件可供使用，只需扫描 PATH 环境变量中所有的目录即可。但是要徒手查找的话，可就得花点儿时间了。不过可以编写一个小小的脚本，轻而易举地搞定这件事。

第一步是创建一个 for 循环，对环境变量 PATH 中的目录进行迭代。处理的时候别忘了设置 IFS 分隔符：

```
IFS=:
for folder in $PATH
do
```

现在，各个目录就保存在了变量$folder 中，可以再使用另一个 for 循环来迭代特定目录中的所有文件：

```
for file in $folder/*
do
```

最后一步是检查各个文件是否具有可执行权限，你可以使用 if-then 测试来实现：

```
if [ -x $file ]
then
   echo "   $file"
fi
```

好了，搞定了！将这些代码片段组合成脚本即可：

```
$ cat test25
#!/bin/bash
# finding files in the PATH

IFS=:
for folder in $PATH
do
   echo "$folder:"
   for file in $folder/*
   do
      if [ -x $file ]
      then
         echo "   $file"
      fi
   done
done
$
```

当运行该脚本时，你会得到一个可以在命令行中使用的可执行文件列表：

```
$ ./test25 | more
/usr/local/bin:
/usr/bin:
   /usr/bin/Mail
   /usr/bin/Thunar
   /usr/bin/X
   /usr/bin/Xorg
   /usr/bin/[
   /usr/bin/a2p
```

```
    /usr/bin/abiword
    /usr/bin/ac
    /usr/bin/activation-client
    /usr/bin/addr2line
...
```

输出显示了环境变量 PATH 所包含的所有目录中的所有可执行文件，还真是不少！

13.9.2 创建多个用户账户

shell 脚本的目标是减轻系统管理员的工作负担。如果你碰巧工作在一个拥有大量用户的环境中，那么最烦人的一项工作就是创建新用户账户。好在可以使用 while 循环来降低工作的难度。

无须为每个需要创建的新用户账户手动输入 useradd 命令，可以将需要添加的新用户账户放在一个文本文件中，然后创建一个简单的脚本来进行处理。这个文本文件的格式如下：

```
loginname, name
```

第一项是为新用户账户所选用的用户 id。第二项是用户的全名。两个值之间以逗号分隔，这样就形成了一种叫作 CSV（comma-separated value，逗号分隔值）的文件格式。这种文件格式在电子表格中极其常见，所以你可以轻松地在电子表格程序中创建用户账户列表，然后将其保存成 CSV 格式，供 shell 脚本读取和处理。

要读取文件中的数据，就得用上一点儿 shell 脚本编程技巧。我们将 IFS 分隔符设置成逗号，并将其作为 while 语句的条件测试部分。然后使用 read 命令读取文件中的各行。实现代码如下所示：

```
while IFS=',' read -r userid name
```

read 命令会自动移往 CSV 文本文件的下一行，因此就无须专门再写一个循环了。当 read 命令返回假值的时候（也就是读取完整个文件），while 命令就会退出。妙极了！

要想把数据从文件中传入 while 命令，只需在 while 命令尾部使用一个重定向符即可。

将各部分组合成脚本：

```
$ cat test26
#!/bin/bash
# process new user accounts

input="users.csv"
while IFS=',' read -r loginname name
do
  echo "adding $loginname"
  useradd -c "$name" -m $loginname
done < "$input"
$
```

$input 变量中保存的是数据文件名，该数据文件被作为 while 命令的数据源。users.csv 文件内容如下：

```
$ cat users.csv
rich,Richard Blum
```

```
christine,Christine Bresnahan
barbara,Barbara Blum
tim,Timothy Bresnahan
$
```

必须以 root 用户身份运行该脚本，因为 useradd 命令需要 root 权限：

```
# ./test26
adding rich
adding christine
adding barbara
adding tim
#
```

看一眼/etc/passwd 文件，你会发现账户已经创建好了：

```
# tail /etc/passwd
rich:x:1001:1001:Richard Blum:/home/rich:/bin/bash
christine:x:1002:1002:Christine Bresnahan:/home/christine:/bin/bash
barbara:x:1003:1003:Barbara Blum:/home/barbara:/bin/bash
tim:x:1004:1004:Timothy Bresnahan:/home/tim:/bin/bash
#
```

恭喜，你已经在添加用户账户这项任务上给自己省出了大把的时间。

13.10　小结

循环是编程不可或缺的一部分。bash shell 提供了 3 种可用于脚本中的循环命令。

for 命令允许遍历一系列的值，无论是在命令行中提供的，还是包含在变量中的，或是通过文件名通配符匹配获得的文件名和目录名。

while 命令提供了基于命令（使用普通命令或 test 命令）的循环方式。只有在命令（或条件）产生退出状态码 0 时，while 循环才会继续迭代指定的一组命令。

until 命令提供了迭代命令的另一种方式，但它的迭代建立在命令（或条件）产生非 0 退出状态码的基础上。这个特性允许你设置一个迭代结束前都必须满足的条件。

你可以在 shell 脚本中组合多种循环方式，生成多层循环。bash shell 提供了 continue 命令和 break 命令，允许根据循环内的不同值改变循环的正常流程。

bash shell 还允许使用标准的命令重定向和管道来改变循环的输出。你可以将循环的输出重定向至文件或是通过管道将循环的输出传给另一个命令。这就为控制 shell 脚本执行提供了丰富的功能。

第 14 章将讨论如何与 shell 脚本用户交互。shell 脚本往往并不是完全自成一体的。它们有时需要在运行时获取某些外部数据。第 14 章还将讨论各种可用于向 shell 脚本提供实时数据的方法。

第 14 章 处理用户输入

本章内容

- 传递参数
- 跟踪参数
- 移动参数
- 处理选项
- 选项标准化
- 获取用户输入

到目前为止，你已经看到了如何在 Linux 系统中编写脚本来处理数据、变量以及文件。有时，你编写的脚本还必须与使用者进行交互。bash shell 提供了一些不同的方法来从用户处获取数据，包括命令行参数（添加在命令后的数据）、命令行选项（可改变命令行为的单个字母）以及直接从键盘读取输入。本章将讨论如何在 bash shell 脚本中运用这些方法以从脚本用户处获取数据。

14.1 传递参数

向 shell 脚本传递数据的最基本方法是使用**命令行参数**。命令行参数允许运行脚本时在命令行中添加数据：

```
$ ./addem 10 30
```

本例向脚本 `addem` 传递了两个命令行参数（`10` 和 `30`）。脚本会通过特殊的变量来处理命令行参数。接下来将介绍如何在 bash shell 脚本中使用命令行参数。

14.1.1 读取参数

bash shell 会将所有的命令行参数都指派给称作**位置参数**（positional parameter）的特殊变量。这也包括 shell 脚本名称。位置变量[①]的名称都是标准数字：`$0` 对应脚本名，`$1` 对应第一个命令

① 命令行参数是在命令/脚本名之后出现的各个单词，位置参数是用于保存命令行参数（以及函数参数）的变量。因为两个术语中都包含“参数”，为清晰起见，后文中直接使用“位置变量”一词。关于位置参数，详见 Bash Reference Manual 的 3.4.1 节。——译者注

行参数，$2 对应第二个命令行参数，以此类推，直到$9。

下面是在 shell 脚本中使用单个命令行参数的简单例子：

```
$ cat positional1.sh
#!/bin/bash
# Using one command-line parameter
#
factorial=1
for (( number = 1; number <= $1; number++ ))
do
     factorial=$[ $factorial * $number ]
done
echo The factorial of $1 is $factorial
exit
$
$ ./positional1.sh 5
The factorial of 5 is 120
$
```

在 shell 脚本中，可以像使用其他变量一样使用$1 变量。shell 脚本会自动将命令行参数的值分配给位置变量，无须做任何特殊处理。

如果需要输入更多的命令行参数，则参数之间必须用空格分开。shell 会将其分配给对应的位置变量：

```
$ cat positional2.sh
#!/bin/bash
# Using two command-line parameters
#
product=$[ $1 * $2 ]
echo The first parameter is $1.
echo The second parameter is $2.
echo The product value is $product.
exit
$
$ ./positional2.sh 2 5
The first parameter is 2.
The second parameter is 5.
The product value is 10.
$
```

在上面的例子中，用到的命令行参数都是数值。你也可以在命令行中用文本字符串作为参数：

```
$ cat stringparam.sh
#!/bin/bash
# Using one command-line string parameter
#
echo Hello $1, glad to meet you.
exit
$
$ ./stringparam.sh world
Hello world, glad to meet you.
$
```

shell 将作为命令行参数的字符串值传给了脚本。但如果碰到含有空格的字符串，则会出现问题：

```
$ ./stringparam.sh big world
Hello big, glad to meet you.
$
```

记住，参数之间是以空格分隔的，所以 shell 会将字符串包含的空格视为两个参数的分隔符。要想在参数值中加入空格，必须使用引号（单引号或双引号均可）。

```
$ ./stringparam.sh 'big world'
Hello big world, glad to meet you.
$
$ ./stringparam.sh "big world"
Hello big world, glad to meet you.
$
```

注意 将文本字符串作为参数传递时，引号并不是数据的一部分，仅用于表明数据的起止位置。

如果脚本需要的命令行参数不止 9 个，则仍可以继续加入更多的参数，但是需要稍微修改一下位置变量名。在第 9 个位置变量之后，必须在变量名两侧加上花括号，比如`${10}`。来看一个例子：

```
$ cat positional10.sh
#!/bin/bash
# Handling lots of command-line parameters
#
product=$[ ${10} * ${11} ]
echo The tenth parameter is ${10}.
echo The eleventh parameter is ${11}.
echo The product value is $product.
exit
$
$ ./positional10.sh 1 2 3 4 5 6 7 8 9 10 11 12
The tenth parameter is 10.
The eleventh parameter is 11.
The product value is 110.
$
```

这样你就可以根据需要向脚本中添加任意多的命令行参数了。

14.1.2 读取脚本名

可以使用位置变量`$0` 获取在命令行中运行的 shell 脚本名。这在编写包含多种功能或生成日志消息的工具时非常方便。

```
$ cat positional0.sh
#!/bin/bash
# Handling the $0 command-line parameter
#
```

```
echo This script name is $0.
exit
$
$ bash positional0.sh
This script name is positional0.sh.
$
```

但这里有一个潜在的问题。如果使用另一个命令来运行 shell 脚本，则命令名会和脚本名混在一起，出现在位置变量$0 中：

```
$ ./positional0.sh
This script name is ./positional0.sh.
$
```

这还不是唯一的问题。如果运行脚本时使用的是绝对路径，那么位置变量$0 就会包含整个路径：

```
$ $HOME/scripts/positional0.sh
This script name is /home/christine/scripts/positional0.sh.
$
```

如果你编写的脚本中只打算使用脚本名，那就得做点儿额外工作，剥离脚本的运行路径。好在有个方便的小命令可以帮到我们。basename 命令可以返回不包含路径的脚本名：

```
$ cat posbasename.sh
#!/bin/bash
# Using basename with the $0 command-line parameter
#
name=$(basename $0)
#
echo This script name is $name.
exit
$
$ ./posbasename.sh
This script name is posbasename.sh.
$
```

现在好多了。你可以使用此技术编写一个脚本，生成能标识运行时间的日志消息：

```
$ cat checksystem.sh
#!/bin/bash
# Using the $0 command-line parameter in messages
#
scriptname=$(basename $0)
#
echo The $scriptname ran at $(date) >> $HOME/scripttrack.log
exit
$
$ ./checksystem.sh
$ cat $HOME/scripttrack.log
The checksystem.sh ran at Thu 04 Jun 2020 10:01:53 AM EDT
$
```

拥有一个能识别自己的脚本对于追踪脚本问题、系统审计和生成日志信息是非常有用的。

14.1.3 参数测试

在 shell 脚本中使用命令行参数时要当心。如果运行脚本时没有指定所需的参数，则可能会出问题：

```
$ ./positional1.sh
./positional1.sh: line 5: ((: number <= : syntax error:
operand expected (error token is "<= ")
The factorial of is 1
$
```

当脚本认为位置变量中应该有数据，而实际上根本没有的时候，脚本很可能会产生错误消息。这种编写脚本的方法并不可取。在使用位置变量之前一定要检查是否为空：

```
$ cat checkpositional1.sh
#!/bin/bash
# Using one command-line parameter
#
if [ -n "$1" ]
then
     factorial=1
     for (( number = 1; number <= $1; number++ ))
     do
          factorial=$[ $factorial * $number ]
     done
     echo The factorial of $1 is $factorial
else
     echo "You did not provide a parameter."
fi
exit
$
$ ./checkpositional1.sh
You did not provide a parameter.
$
$ ./checkpositional1.sh 3
The factorial of 3 is 6
$
```

上面这个例子使用了`-n`测试来检查命令行参数`$1`中是否为空。下一节会介绍另一种检查命令行参数的方法。

14.2 特殊参数变量

在 bash shell 中有一些跟踪命令行参数的特殊变量，本节将介绍这些变量及其用法。

14.2.1 参数统计

你在上一节中也看到了，在脚本中使用命令行参数之前应该检查一下位置变量。对使用多个命令行参数的脚本来说，这有点儿麻烦。

无须逐个测试，可以统计一下有多少个命令行参数。bash shell 为此提供了一个特殊变量。

特殊变量`$#`含有脚本运行时携带的命令行参数的个数。你可以在脚本中的任何地方使用这个特殊变量，就跟普通变量一样：

```
$ cat countparameters.sh
#!/bin/bash
# Counting command-line parameters
#
if [ $# -eq 1 ]
then
     fragment="parameter was"
else
     fragment="parameters were"
fi
echo $# $fragment supplied.
exit
$
$ ./countparameters.sh
0 parameters were supplied.
$
$ ./countparameters.sh Hello
1 parameter was supplied.
$
$ ./countparameters.sh Hello World
2 parameters were supplied.
$
$ ./countparameters.sh "Hello World"
1 parameter was supplied.
$
```

现在可以在使用之前测试命令行参数的数量了：

```
$ cat addem.sh
#!/bin/bash
# Adding command-line parameters
#
if [ $# -ne 2 ]
then
     echo Usage: $(basename $0) parameter1 parameter2
else
     total=$[ $1 + $2 ]
     echo $1 + $2 is $total
fi
exit
$
$ ./addem.sh
Usage: addem.sh parameter1 parameter2
$
$ ./addem.sh 17
Usage: addem.sh parameter1 parameter2
$
$ ./addem.sh 17 25
17 + 25 is 42
$
```

if-then 语句用-ne 测试检查命令行参数数量。如果数量不对，则会显示一条错误消息，告知脚本的正确用法。

这个变量还提供了一种简便方法来获取命令行中最后一个参数，完全不需要知道实际上到底用了多少个参数。不过要实现这一点，得费点儿事。

如果仔细考虑过，你可能会觉得既然$#变量含有命令行参数的总数，那么变量${$#}应该就代表了最后一个位置变量。试试看会发生什么：

```
$ cat badlastparamtest.sh
#!/bin/bash
# Testing grabbing the last parameter
#
echo The number of parameters is $#
echo The last parameter is ${$#}
exit
$
$ ./badlastparamtest.sh one two three four
The number of parameters is 4
The last parameter is 2648
$
```

显然，这种方法不管用。这说明不能在花括号内使用$，必须将$换成!。很奇怪，但的确有效：

```
$ cat goodlastparamtest.sh
#!/bin/bash
# Testing grabbing the last parameter
#
echo The number of parameters is $#
echo The last parameter is ${!#}
exit
$
$ ./goodlastparamtest.sh one two three four
The number of parameters is 4
The last parameter is four
$
$ ./goodlastparamtest.sh
The number of parameters is 0
The last parameter is ./goodlastparamtest.sh
$
```

完美。重要的是要注意，当命令行中没有任何参数时，$#的值即为 0，但${!#}会返回命令行中的脚本名。

14.2.2 获取所有的数据

有时候你想要抓取命令行中的所有参数。这时无须先用$#变量判断有多少个命令行参数，然后再进行遍历，用两个特殊变量即可解决这个问题。

$*变量和$@变量可以轻松访问所有参数，它们各自包含了所有的命令行参数。

$*变量会将所有的命令行参数视为一个单词。这个单词含有命令行中出现的每一个参数。基本上，$*变量会将这些参数视为一个整体，而不是一系列个体。

另外，$@变量会将所有的命令行参数视为同一字符串中的多个独立的单词，以便你能遍历并处理全部参数。这通常使用 for 命令完成。

这两个变量的工作方式不太容易理解。下面来看一个例子，你就能明白二者之间的区别了：

```
$ cat grabbingallparams.sh
#!/bin/bash
# Testing different methods for grabbing all the parameters
#
echo
echo "Using the \$* method: $*"
echo
echo "Using the \$@ method: $@"
echo
exit
$
$ ./grabbingallparams.sh alpha beta charlie delta

Using the $* method: alpha beta charlie delta

Using the $@ method: alpha beta charlie delta

$
```

注意，从表面上看，两个变量产生的输出相同，均显示了所有命令行参数。下面的例子演示了不同之处：

```
$ cat grabdisplayallparams.sh
#!/bin/bash
# Exploring different methods for grabbing all the parameters
#
echo
echo "Using the \$* method: $*"
count=1
for param in "$*"
do
     echo "\$* Parameter #$count = $param"
     count=$[ $count + 1 ]
done
#
echo
echo "Using the \$@ method: $@"
count=1
for param in "$@"
do
     echo "\$@ Parameter #$count = $param"
     count=$[ $count + 1 ]
done
echo
exit
$
```

```
$ ./grabdisplayallparams.sh alpha beta charlie delta

Using the $* method: alpha beta charlie delta
$* Parameter #1 = alpha beta charlie delta

Using the $@ method: alpha beta charlie delta
$@ Parameter #1 = alpha
$@ Parameter #2 = beta
$@ Parameter #3 = charlie
$@ Parameter #4 = delta

$
```

现在就清楚多了。通过使用 for 命令遍历这两个特殊变量，可以看出二者如何以不同的方式处理命令行参数。$*变量会将所有参数视为单个参数，而$@变量会单独处理每个参数。[①]这是遍历命令行参数的一种绝妙方法。

14.3 移动参数

bash shell 工具箱中的另一件工具是 shift 命令，该命令可用于操作命令行参数。跟字面上的意思一样，shift 命令会根据命令行参数的相对位置进行移动。

在使用 shift 命令时，默认情况下会将每个位置的变量值都向左移动一个位置。因此，变量$3 的值会移入$2，变量$2 的值会移入$1，而变量$1 的值则会被删除（注意，变量$0 的值，也就是脚本名，不会改变）。

这是遍历命令行参数的另一种好方法，尤其是在不知道到底有多少参数的时候。你可以只操作第一个位置变量，移动参数，然后继续处理该变量。

来看一个简单的例子：

```
$ cat shiftparams.sh
#!/bin/bash
# Shifting through the parameters
#
echo
echo "Using the shift method:"
count=1
while [ -n "$1" ]
do
     echo "Parameter #$count = $1"
     count=$[ $count + 1 ]
     shift
done
echo
```

① 这里再详细说明一下$*和$@的区别。当$*出现在双引号内时，会被扩展成由多个命令行参数组成的单个单词，每个参数之间以 IFS 变量值的第一个字符分隔，也就是说，"$*"会被扩展为"$1c$2c..."（其中 c 是 IFS 变量值的第一个字符）。当$@出现在双引号内时，其所包含的各个命令行参数会被扩展成独立的单词，也就是说，"$@"会被扩展为"$1""$2"...。——译者注

```
exit
$
$ ./shiftparams.sh alpha bravo charlie delta

Using the shift method:
Parameter #1 = alpha
Parameter #2 = bravo
Parameter #3 = charlie
Parameter #4 = delta

$
```

该脚本在 while 循环中测试第一个参数值的长度。当第一个参数值的长度为 0 时，循环结束。测试完第一个参数后，shift 命令会将所有参数移动一个位置。

注意　使用 shift 命令时要小心。如果某个参数被移出，那么它的值就被丢弃了，无法再恢复。

另外，也可以一次性移动多个位置。只需给 shift 命令提供一个参数，指明要移动的位置数即可：

```
$ cat bigshiftparams.sh
#!/bin/bash
# Shifting multiple positions through the parameters
#
echo
echo "The original parameters: $*"
echo "Now shifting 2..."
shift 2
echo "Here's the new first parameter: $1"
echo
exit
$
$ ./bigshiftparams.sh alpha bravo charlie delta

The original parameters: alpha bravo charlie delta
Now shifting 2...
Here's the new first parameter: charlie

$
```

使用 shift 命令的值可以轻松地跳过不需要的参数。

14.4　处理选项

如果你一直在阅读本书，那么应该见过一些同时提供了参数和选项的 bash 命令。**选项**是在连字符之后出现的单个字母[①]，能够改变命令的行为。本节将介绍 3 种在 shell 脚本中处理选项的方法。

---

① 还有另一种选项，即以双连字符（--）起始，紧跟着一个字符串（比如--max-depth），这种形式的选项称作长选项。——译者注

14

14.4.1 查找选项

乍一看，命令行选项也没什么特别之处。在命令行中，选项紧跟在脚本名之后，就跟其他命令行参数一样。实际上，如果愿意，你可以像处理命令行参数一样处理命令行选项。①

1. 处理简单选项

先前的 shiftparams.sh 脚本中介绍过如何使用 `shift` 命令来依次处理脚本的命令行参数。你也可以用同样的方法来处理命令行选项。

在提取单个参数时，使用 `case` 语句（参见第 12 章）来判断某个参数是否为选项：

```
$ cat extractoptions.sh
#!/bin/bash
# Extract command-line options
#
echo
while [ -n "$1" ]
do
     case "$1" in
          -a) echo "Found the -a option" ;;
          -b) echo "Found the -b option" ;;
          -c) echo "Found the -c option" ;;
          *) echo "$1 is not an option" ;;
     esac
     shift
done
echo
exit
$
$ ./extractoptions.sh -a -b -c -d

Found the -a option
Found the -b option
Found the -c option
-d is not an option

$
```

`case` 语句会检查每个参数，确认是否为有效的选项。找到一个，处理一个。

无论选项在命令行中以何种顺序出现，这种方法都能应对。

```
$ ./extractoptions.sh -d -c -a

-d is not an option
Found the -c option
Found the -a option

$
```

① 命令行参数是在命令/脚本名之后出现的各个单词，其中，以连字符（-）或双连字符（--）起始的参数，因其能够改变命令的行为，称作命令行选项。所以，命令行选项是一种特殊形式的命令行参数。——译者注

2. 分离参数和选项

你会经常碰到需要同时使用选项和参数的情况。在 Linux 中，处理这个问题的标准做法是使用特殊字符将两者分开，该字符会告诉脚本选项何时结束，普通参数何时开始。

在 Linux 中，这个特殊字符是双连字符（--）。shell 会用双连字符表明选项部分结束。在双连字符之后，脚本就可以放心地将剩下的部分作为参数处理了。

要检查双连字符，只需在 case 语句中加一项即可：

```
$ cat extractoptionsparams.sh
#!/bin/bash
# Extract command-line options and parameters
#
echo
while [ -n "$1" ]
do
     case "$1" in
          -a) echo "Found the -a option" ;;
          -b) echo "Found the -b option" ;;
          -c) echo "Found the -c option" ;;
          --) shift
              break;;
          *) echo "$1 is not an option" ;;
     esac
     shift
done
#
echo
count=1
for param in $@
do
     echo "Parameter #$count: $param"
     count=$[ $count + 1 ]
done
echo
exit
$
```

在遇到双连字符时，脚本会用 break 命令跳出 while 循环。由于提前结束了循环，因此需要再加入另一个 shift 命令来将双连字符移出位置变量。

先用一组普通的选项和参数来测试一下这个脚本：

```
$ ./extractoptionsparams.sh -a -b -c test1 test2 test3

Found the -a option
Found the -b option
Found the -c option
test1 is not an option
test2 is not an option
test3 is not an option

$
```

结果表明，脚本认为所有的命令行参数都是选项。接下来，进行同样的测试，只是这次会用双连字符将命令行中的选项和参数分开：

```
$ ./extractoptionsparams.sh -a -b -c -- test1 test2 test3

Found the -a option
Found the -b option
Found the -c option

Parameter #1: test1
Parameter #2: test2
Parameter #3: test3

$
```

当脚本遇到双连字符时，便会停止处理选项，将剩下的部分作为命令行参数。

3. 处理含值的选项

有些选项需要一个额外的参数值。在这种情况下，命令行看起来像下面这样：

```
$ ./testing.sh -a test1 -b -c -d test2
```

当命令行选项要求额外的参数时，脚本必须能够检测到并正确地加以处理。来看下面的处理方法：

```
$ cat extractoptionsvalues.sh
#!/bin/bash
# Extract command-line options and values
#
echo
while [ -n "$1" ]
do
     case "$1" in
          -a) echo "Found the -a option" ;;
          -b) param=$2
              echo "Found the -b option with parameter value $param"
              shift;;
          -c) echo "Found the -c option" ;;
          --) shift
              break;;
          *) echo "$1 is not an option" ;;
     esac
     shift
done
#
echo
count=1
for param in $@
do
     echo "Parameter #$count: $param"
     count=$[ $count + 1 ]
done
exit
```

```
$
$ ./extractoptionsvalues.sh -a -b BValue -d

Found the -a option
Found the -b option with parameter value BValue
-d is not an option
$
```

在这个例子中，case 语句定义了 3 个要处理的选项。-b 选项还需要一个额外的参数值。由于要处理的选项位于$1，因此额外的参数值就应该位于$2（因为所有的参数在处理完之后都会被移出）。只要将参数值从$2 变量中提取出来就可以了。当然，因为这个选项占用了两个位置，所以还需要使用 shift 命令多移动一次。

只需这些基本的功能，整个过程就能正常工作，不管按什么顺序放置选项（只要记住放置好相应的选项参数）：

```
$ ./extractoptionsvalues.sh -c -d -b BValue -a

Found the -c option
-d is not an option
Found the -b option with parameter value BValue
Found the -a option
$
```

现在 shell 脚本已经拥有了处理命令行选项的基本能力，但还有一些局限。例如，当你想合并多个选项时，脚本就不管用了：

```
$ ./extractoptionsvalues.sh -ac

-ac is not an option
$
```

在 Linux 中，合并选项是一种很常见的用法，如果希望脚本有良好的用户体验，那么这个特性也不能少。好在还有另一种处理选项的方法。

14.4.2 使用 getopt 命令

getopt 命令在处理命令行选项和参数时非常方便。它能够识别命令行参数，简化解析过程。

1. 命令格式

getopt 命令可以接受一系列任意形式的命令行选项和参数，并自动将其转换成适当的格式。getopt 的命令格式如下：

```
getopt optstring parameters
```

optstring 是这个过程的关键所在。它定义了有效的命令行选项字母，还定义了哪些选项字母需要参数值。

首先，在 *optstring* 中列出要在脚本中用到的每个命令行选项字母。然后，在每个需要参数值的选项字母后面加一个冒号。getopt 命令会基于你定义的 *optstring* 解析提供的参数。

警告 getopt 命令有一个更高级的版本叫作 getopts（注意这是复数形式）。getopts 命令会在本章随后部分讲到。因为这两个命令的拼写几乎一模一样，所以很容易搞混。一定要小心！

下面这个简单的例子演示了 getopt 是如何工作的：

```
$ getopt ab:cd -a -b BValue -cd test1 test2
 -a -b BValue -c -d -- test1 test2
$
```

optstring 定义了 4 个有效选项字母：a、b、c 和 d。冒号（:）被放在了字母 b 后面，因为 b 选项需要一个参数值。当 getopt 命令运行时，会检查参数列表（-a -b BValue -cd test1 test2），并基于提供的 *optstring* 进行解析。注意，它会自动将-cd 分成两个单独的选项，并插入双连字符来分隔命令行中额外的参数。

如果 *optstring* 未包含你指定的选项，则在默认情况下，getopt 命令会产生一条错误消息：

```
$ getopt ab:cd -a -b BValue -cde test1 test2
getopt: invalid option -- 'e'
 -a -b BValue -c -d -- test1 test2
$
```

如果想忽略这条错误消息，可以使用 getopt 的-q 选项：

```
$ getopt -q ab:cd -a -b BValue -cde test1 test2
 -a -b 'BValue' -c -d -- 'test1' 'test2'
$
```

注意，getopt 命令选项必须出现在 *optstring* 之前。现在应该可以在脚本中使用 getopt 处理命令行选项了。

2. 在脚本中使用 getopt

我们可以在脚本中使用 getopt 命令来格式化脚本所携带的任何命令行选项或参数，但用起来略显复杂。

难点在于要使用 getopt 命令生成的格式化版本替换已有的命令行选项和参数。这得求助于 set 命令。

第 6 章中介绍过 set 命令，该命令能够处理 shell 中的各种变量。

set 命令有一个选项是双连字符（--），可以将位置变量的值替换成 set 命令所指定的值。

具体做法是将脚本的命令行参数传给 getopt 命令，然后再将 getopt 命令的输出传给 set 命令，用 getopt 格式化后的命令行参数来替换原始的命令行参数，如下所示：

```
set -- $(getopt -q ab:cd "$@")
```

现在，位置变量原先的值会被 getopt 命令的输出替换掉，后者已经为我们格式化好了命令行参数。

利用这种方法，就可以写出处理命令行参数的脚本了：

```
$ cat extractwithgetopt.sh
#!/bin/bash
# Extract command-line options and values with getopt
#
set -- $(getopt -q ab:cd "$@")
#
echo
while [ -n "$1" ]
do
     case "$1" in
          -a) echo "Found the -a option" ;;
          -b) param=$2
              echo "Found the -b option with parameter value $param"
              shift;;
          -c) echo "Found the -c option" ;;
          --) shift
              break;;
          *) echo "$1 is not an option" ;;
     esac
     shift
done
#
echo
count=1
for param in $@
do
     echo "Parameter #$count: $param"
     count=$[ $count + 1 ]
done
exit
$
```

你会注意到这个脚本和 extractoptionsvalues.sh 基本一样。唯一不同的是加入了 getopt 命令来帮助格式化命令行参数。

如果运行带有复杂选项的脚本，就可以看出效果更好了：

```
$ ./extractwithgetopt.sh -ac

Found the -a option
Found the -c option
$
```

当然，之前的功能也照样没有问题：

```
$ ./extractwithgetopt.sh -c -d -b BValue -a test1 test2

Found the -c option
-d is not an option
Found the -b option with parameter value 'BValue'
Found the -a option

Parameter #1: 'test1'
Parameter #2: 'test2'
$
```

目前看起来相当不错。但是，getopt 命令中仍然隐藏着一个小问题。看看这个例子：

```
$ ./extractwithgetopt.sh -c -d -b BValue -a "test1 test2" test3

Found the -c option
-d is not an option
Found the -b option with parameter value 'BValue'
Found the -a option

Parameter #1: 'test1
Parameter #2: test2'
Parameter #3: 'test3'
$
```

getopt 命令并不擅长处理带空格和引号的参数值。它会将空格当作参数分隔符，而不是根据双引号将二者当作一个参数。好在还有另外的解决方案。

14.4.3 使用 getopts 命令

getopts（注意是复数）是 bash shell 的内建命令，和近亲 getopt 看起来很像，但多了一些扩展功能。

getopt 与 getopts 的不同之处在于，前者在将命令行中选项和参数处理后只生成一个输出，而后者能够和已有的 shell 位置变量配合默契。

getopts 每次只处理一个检测到的命令行参数。在处理完所有的参数后，getopts 会退出并返回一个大于 0 的退出状态码。这使其非常适合用在解析命令行参数的循环中。

getopts 命令的格式如下：

```
getopts optstring variable
```

optstring 值与 getopt 命令中使用的值类似。有效的选项字母会在 *optstring* 中列出，如果选项字母要求有参数值，就在其后加一个冒号。不想显示错误消息的话，可以在 *optstring* 之前加一个冒号。getopts 命令会将当前参数保存在命令行中定义的 *variable* 中。

getopts 命令要用到两个环境变量。如果选项需要加带参数值，那么 OPTARG 环境变量保存的就是这个值。OPTIND 环境变量保存着参数列表中 getopts 正在处理的参数位置。这样在处理完当前选项之后就能继续处理其他命令行参数了。

下面来看一个使用 getopts 命令的简单例子：

```
$ cat extractwithgetopts.sh
#!/bin/bash
# Extract command-line options and values with getopts
#
echo
while getopts :ab:c opt
do
     case "$opt" in
          a) echo "Found the -a option" ;;
          b) echo "Found the -b option with parameter value $OPTARG";;
          c) echo "Found the -c option" ;;
```

```
          *) echo "Unknown option: $opt" ;;
     esac
done
exit
$
$ ./extractwithgetopts.sh -ab BValue -c

Found the -a option
Found the -b option with parameter value BValue
Found the -c option
$
```

while 语句定义了 getopts 命令，指定要查找哪些命令行选项，以及每次迭代时存储它们的变量名（*opt*）。

你会注意到在本例中 case 语句的用法有些不同。在解析命令行选项时，getopts 命令会移除起始的连字符，所以在 case 语句中不用连字符。

getopts 命令有几个不错的特性。对新手来说，可以在参数值中加入空格：

```
$ ./extractwithgetopts.sh -b "BValue1 BValue2" -a

Found the -b option with parameter value BValue1 BValue2
Found the -a option
$
```

另一个好用的特性是可以将选项字母和参数值写在一起，两者之间不加空格：

```
$ ./extractwithgetopts.sh -abBValue

Found the -a option
Found the -b option with parameter value BValue
$
```

getopts 命令能够从-b 选项中正确解析出 BValue 值。除此之外，getopts 命令还可以将在命令行中找到的所有未定义的选项统一输出成问号：

```
$ ./extractwithgetopts.sh -d

Unknown option: ?
$
$ ./extractwithgetopts.sh -ade

Found the -a option
Unknown option: ?
Unknown option: ?
$
```

optstring 中未定义的选项字母会以问号形式传给脚本。

getopts 命令知道何时停止处理选项，并将参数留给你处理。在处理每个选项时，getopts 会将 OPTIND 环境变量值增 1。处理完选项后，可以使用 shift 命令和 OPTIND 值来移动参数：

```
$ cat extractoptsparamswithgetopts.sh
#!/bin/bash
# Extract command-line options and parameters with getopts
```

```
#
echo
while getopts :ab:cd opt
do
     case "$opt" in
          a) echo "Found the -a option" ;;
          b) echo "Found the -b option with parameter value $OPTARG";;
          c) echo "Found the -c option" ;;
          d) echo "Found the -d option" ;;
          *) echo "Unknown option: $opt" ;;
     esac
done
#
shift $[ $OPTIND - 1 ]
#
echo
count=1
for param in "$@"
do
     echo "Parameter $count: $param"
     count=$[ $count + 1 ]
done
exit
$
$ ./extractoptsparamswithgetopts.sh -db BValue test1 test2

Found the -d option
Found the -b option with parameter value BValue

Parameter 1: test1
Parameter 2: test2
$
```

现在你就拥有了一个能在所有 shell 脚本中使用的全功能命令行选项和参数处理工具。

14.5 选项标准化

在编写 shell 脚本时，一切尽在你的控制中。选用哪些选项字母以及选项的具体用法，完全由你掌握。

但在 Linux 中，有些选项字母在某种程度上已经有了标准含义。如果能在 shell 脚本中支持这些选项，则你的脚本会对用户更友好。

表 14-1 显示了 Linux 中用到的一些命令行选项的常用含义。

表 14-1 常用的 Linux 命令行选项

选 项	描 述
-a	显示所有对象
-c	生成计数
-d	指定目录

（续）

选　项	描　述
-e	扩展对象
-f	指定读入数据的文件
-h	显示命令的帮助信息
-i	忽略文本大小写
-l	产生长格式输出
-n	使用非交互模式（批处理）
-o	将所有输出重定向至指定的文件
-q	以静默模式运行
-r	递归处理目录和文件
-s	以静默模式运行
-v	生成详细输出
-x	排除某个对象
-y	对所有问题回答 yes

通过本书中的各种 bash 命令，你大概已经知道这些选项中大部分的含义了。如果你的脚本选项也遵循同样的含义，那么用户在使用的时候就不用再查手册了。

14.6　获取用户输入

尽管命令行选项和参数是从脚本用户处获取输入的一种重要方式，但有时候脚本还需要更多的交互性。你可能想要在脚本运行时询问用户并等待用户回答。为此，bash shell 提供了 read 命令。

14.6.1　基本的读取

read 命令从标准输入（键盘）或另一个文件描述符中接受输入。获取输入后，read 命令会将数据存入变量。下面是该命令最简单的用法：

```
$ cat askname.sh
#!/bin/bash
# Using the read command
#
echo -n "Enter your name: "
read name
echo "Hello $name, welcome to my script."
exit
$
$ ./askname.sh
Enter your name: Richard Blum
Hello Richard Blum, welcome to my script.
$
```

非常简单。注意，用于生成提示的 echo 命令使用了-n 选项。该选项不会在字符串末尾输出换行符，允许脚本用户紧跟其后输入数据。这让脚本看起来更像表单。

实际上，read 命令也提供了-p 选项，允许直接指定提示符：

```
$ cat askage.sh
#!/bin/bash
# Using the read command with the -p option
#
read -p "Please enter your age: " age
days=$[ $age * 365 ]
echo "That means you are over $days days old!"
exit
$
$ ./askage.sh
Please enter your age: 30
That means you are over 10950 days old!
$
```

你会注意到，当在第一个例子中输入姓名时，read 命令会将姓氏和名字保存在同一个变量中。read 命令会将提示符后输入的所有数据分配给单个变量。如果指定多个变量，则输入的每个数据值都会分配给变量列表中的下一个变量。如果变量数量不够，那么剩下的数据就全部分配给最后一个变量：

```
$ cat askfirstlastname.sh
#!/bin/bash
# Using the read command for multiple variables
#
read -p "Enter your first and last name: " first last
echo "Checking data for $last, $first..."
exit
$
$ ./askfirstlastname.sh
Enter your first and last name: Richard Blum
Checking data for Blum, Richard...
$
```

也可以在 read 命令中不指定任何变量，这样 read 命令便会将接收到的所有数据都放进特殊环境变量 REPLY 中：

```
$ cat asknamereply.sh
#!/bin/bash
# Using the read command with REPLY variable
#
read -p "Enter your name: "
echo
echo "Hello $REPLY, welcome to my script."
exit
$
$ ./asknamereply.sh
Enter your name: Christine Bresnahan

Hello Christine Bresnahan, welcome to my script.
$
```

REPLY 环境变量包含输入的所有数据，其可以在 shell 脚本中像其他变量一样使用。

14.6.2 超时

使用 read 命令时要当心。脚本可能会一直苦等着用户输入。如果不管是否有数据输入，脚本都必须继续执行，你可以用-t 选项来指定一个计时器。-t 选项会指定 read 命令等待输入的秒数。如果计时器超时，则 read 命令会返回非 0 退出状态码：

```
$ cat asknametimed.sh
#!/bin/bash
# Using the read command with a timer
#
if read -t 5 -p "Enter your name: " name
then
     echo "Hello $name, welcome to my script."
else
     echo
     echo "Sorry, no longer waiting for name."
fi
exit
$
$ ./asknametimed.sh
Enter your name: Christine
Hello Christine, welcome to my script.
$
$ ./asknametimed.sh
Enter your name:
Sorry, no longer waiting for name.
$
```

我们可以据此（如果计时器超时，则 read 命令会返回非 0 退出状态码）使用标准的结构化语句（比如 if-then 语句或 while 循环）来轻松地梳理所发生的具体情况。在本例中，计时器超时，if 语句不成立，shell 执行的是 else 部分的命令。

你也可以不对输入过程计时，而是让 read 命令统计输入的字符数。当字符数达到预设值时，就自动退出，将已输入的数据赋给变量：

```
$ cat continueornot.sh
#!/bin/bash
# Using the read command for one character
#
read -n 1 -p "Do you want to continue [Y/N]? " answer
#
case $answer in
Y | y) echo
       echo "Okay. Continue on...";;
N | n) echo
       echo "Okay. Goodbye"
       exit;;
esac
echo "This is the end of the script."
exit
$
$ ./continueornot.sh
```

```
Do you want to continue [Y/N]? Y
Okay. Continue on...
This is the end of the script.
$
$ ./continueornot.sh
Do you want to continue [Y/N]? n
Okay. Goodbye
$
```

本例中使用了-n 选项和数值 1，告诉 read 命令在接收到单个字符后退出。只要按下单个字符进行应答，read 命令就会接受输入并将其传给变量，无须按 Enter 键。

14.6.3 无显示读取

有时你需要从脚本用户处得到输入，但又不想在屏幕上显示输入信息。典型的例子就是输入密码，但除此之外还有很多种需要隐藏的数据。

-s 选项可以避免在 read 命令中输入的数据出现在屏幕上（其实数据还是会被显示，只不过 read 命令将文本颜色设成了跟背景色一样）。来看一个在脚本中使用-s 选项的例子：

```
$ cat askpassword.sh
#!/bin/bash
# Hiding input data
#
read -s -p "Enter your password: " pass
echo
echo "Your password is $pass"
exit
$
$ ./askpassword.sh
Enter your password:
Your password is Day31Bright-Test
$
```

屏幕上不会显示输入的数据，但这些数据会被赋给变量，以便在脚本中使用。

14.6.4 从文件中读取

我们也可以使用 read 命令读取文件。每次调用 read 命令都会从指定文件中读取一行文本。当文件中没有内容可读时，read 命令会退出并返回非 0 退出状态码。

其中麻烦的地方是将文件数据传给 read 命令。最常见的方法是对文件使用 cat 命令，将结果通过管道直接传给含有 read 命令的 while 命令。来看下面的例子：

```
$ cat readfile.sh
#!/bin/bash
# Using the read command to read a file
#
count=1
cat $HOME/scripts/test.txt | while read line
do
```

```
    echo "Line $count: $line"
    count=$[ $count + 1 ]
done
echo "Finished processing the file."
exit
$
$ cat $HOME/scripts/test.txt
The quick brown dog jumps over the lazy fox.
This is a test. This is only a test.
O Romeo, Romeo! Wherefore art thou Romeo?
$
$ ./readfile.sh
Line 1: The quick brown dog jumps over the lazy fox.
Line 2: This is a test. This is only a test.
Line 3: O Romeo, Romeo! Wherefore art thou Romeo?
Finished processing the file.
$
```

while 循环会持续通过 read 命令处理文件中的各行，直到 read 命令以非 0 退出状态码退出。

14.7 实战演练

本节将展示一个实用脚本，该脚本在处理用户输入的同时，使用 ping 命令或 ping6 命令来测试与其他网络主机的连通性。ping 命令或 ping6 命令可以快速测试网络主机是否可用。这个命令很有用，经常作为首选工具。如果只是检查单个主机，那么直接使用该命令即可。但是如果有数个甚至数百个主机需要检查，则 shell 脚本可以助你一臂之力。

这个脚本通过两种方法来选择要检查的主机：一是使用命令行选项，二是使用文件。下面是该脚本在 Ubuntu 系统中使用命令行选项的用法演示：

```
$ ./CheckSystems.sh -t IPv4 192.168.1.102 192.168.1.104

Checking system at 192.168.1.102...
[...]
--- 192.168.1.102 ping statistics ---
3 packets transmitted, 3 received, 0% packet loss,[...]

Checking system at 192.168.1.104...
[...]
--- 192.168.1.104 ping statistics ---
3 packets transmitted, 0 received, +3 errors, 100% packet loss,[...]

$
```

如果没有指定 IP 地址参数，则脚本会提示用户并退出：

```
$ ./CheckSystems.sh -t IPv4

IP Address(es) parameters are missing.

Exiting script...
$
```

在下面的例子中，如果没有指定命令行选项，则脚本会询问文件名（包含 IP 地址），要求用户提供：

```
$ cat /home/christine/scripts/addresses.txt
192.168.1.102
IPv4
192.168.1.103
IPv4
192.168.1.104
IPv4
$
$ ./CheckSystems.sh

Please enter the file name with an absolute directory reference...

Enter name of file: /home/christine/scripts/addresses.txt
/home/christine/scripts/addresses.txt is a file, is readable,
and is not empty.

Checking system at 192.168.1.102...
[...]
--- 192.168.1.102 ping statistics ---
3 packets transmitted, 3 received, 0% packet loss,[...]

Checking system at 192.168.1.103...
[...]
Checking system at 192.168.1.104...
[...]
Finished processing the file. All systems checked.
$
```

完整的脚本如下所示。注意，getopts 用于获取命令行选项、值以及参数。但如果这些都没有指定，则脚本会要求用户提供包含 IP 地址及其类型的文件。该文件由 read 命令处理：

```
$ cat CheckSystems.sh
#!/bin/bash
# Check systems on local network allowing for
# a variety of input methods.
#
#
########### Determine Input Method ###################
#
# Check for command-line options here using getopts.
# If none, then go on to File Input Method
#
while getopts t: opt
do
     case "$opt" in
          t) # Found the -t option
             if [ $OPTARG = "IPv4" ]
             then
                  pingcommand=$(which ping)
             #
```

```
            elif [ $OPTARG = "IPv6" ]
            then
                pingcommand=$(which ping6)
            #
            else
                echo "Usage: -t IPv4 or -t IPv6"
                echo "Exiting script..."
                exit
            fi
            ;;
         *) echo "Usage: -t IPv4 or -t IPv6"
            echo "Exiting script..."
            exit;;
     esac
     #
     shift $[ $OPTIND - 1 ]
     #
     if [ $# -eq 0 ]
     then
          echo
          echo "IP Address(es) parameters are missing."
          echo
          echo "Exiting script..."
          exit
     fi
     #
     for ipaddress in "$@"
     do
          echo
          echo "Checking system at $ipaddress..."
          echo
          $pingcommand -q -c 3 $ipaddress
          echo
     done
     exit
done
#
########### File Input Method ###################
#
echo
echo "Please enter the file name with an absolute directory
reference..."
echo
choice=0
while [ $choice -eq 0 ]
do
     read -t 60 -p "Enter name of file: " filename
     if [ -z $filename ]
     then
          quitanswer=""
          read -t 10 -n 1 -p "Quit script [Y/n]? " quitanswer
          #
```

```
            case $quitanswer in
            Y | y) echo
                   echo "Quitting script..."
                   exit;;
            N | n) echo
                   echo "Please answer question: "
                   choice=0;;
            *)     echo
                   echo "No response. Quitting script..."
                   exit;;
            esac
        else
            choice=1
        fi
done
#
if [ -s $filename ] && [ -r $filename ]
    then
        echo "$filename is a file, is readable, and is not empty."
        echo
        cat $filename | while read line
        do
            ipaddress=$line
            read line
            iptype=$line
            if [ $iptype = "IPv4" ]
            then
                pingcommand=$(which ping)
            else
                pingcommand=$(which ping6)
            fi
            echo "Checking system at $ipaddress..."
            $pingcommand -q -c 3 $ipaddress
            echo
        done
        echo "Finished processing the file. All systems checked."
    else
        echo
        echo "$filename is either not a file, is empty, or is"
        echo "not readable by you. Exiting script..."
fi
#
#################### Exit Script #####################
#
exit
$
```

你可能会注意到脚本中有一些重复的代码。如果能使用函数消除这些重复的代码就好了，但第 17 章才会讲到该主题。另一个可以考虑的改进之处是检查用户提供的文件格式是否正确（确保 IP 地址下的文本行是 `IPv4` 或 `IPv6`）。另外，脚本也没有提供帮助选项（`-h`），这又是一个可以改进的地方。在阅读脚本时，你还想到了用户输入方面有哪些改进余地？

14.8　小结

本章展示了从脚本用户处获取数据的 3 种方法。命令行参数允许用户运行脚本时直接在命令行中输入数据。脚本可通过位置变量获取命令行参数。

`shift` 命令通过对位置变量进行轮转（rotating）的方式来操作命令行参数。就算不知道参数的数量，也可以轻松遍历所有参数。

有 3 个特殊变量可以用来处理命令行参数。shell 会将`$#`变量设为命令行参数的个数。`$*`变量会将所有命令行参数保存为一个字符串。`$@`变量会将所有命令行参数保存为独立的单词。这些变量在处理参数列表时非常有用。

除了命令行参数，还可以通过命令行选项向脚本传递信息。命令行选项是以连字符起始的单个字母。可以使用不同选项改变脚本的行为。

bash shell 提供了 3 种方法来处理命令行选项。第一种方法是将其像命令行参数一样处理。利用位置变量遍历选项并进行相应的处理。第二种方法是使用 `getopt` 将命令行选项和参数转换成可以在脚本中处理的标准格式。最后一种方法是使用拥有更多高级功能的 `getopts` 命令。

`read` 命令能够以交互式方法从脚本用户处获得数据。该命令允许脚本向用户询问并等待用户回答。`read` 命令会将脚本用户输入的数据存入一个或多个变量，以方便在脚本中使用。

`read` 命令有一些选项支持自定义脚本的输入数据，比如不显示用户输入、超时选项以及限制输入的字符数量。

在第 15 章中，我们将进一步了解 bash shell 脚本如何输出数据。到目前为止，你已经学习了如何在屏幕上显示数据，如何将数据重定向至文件。接下来，本书会探究一些其他方法，不但可以将数据导向特定位置，还可以将特定类型的数据导向特定位置。这可以让你的脚本看起来更专业。

第 15 章 呈现数据

本章内容
- ❑ 理解输入和输出
- ❑ 在脚本中重定向输出
- ❑ 在脚本中重定向输入
- ❑ 创建自己的重定向
- ❑ 列出打开的文件描述符
- ❑ 抑制命令输出
- ❑ 使用临时文件
- ❑ 记录消息

到目前为止，本书中出现的脚本显示信息的方式，要么是通过将数据回显到屏幕上，要么是将数据重定向到文件中。第 11 章演示了如何将命令的输出重定向至文件。本章将展开这个主题，演示如何将脚本的输出重定向到 Linux 系统的不同位置。

15.1 理解输入和输出

到目前为止，你已经知道了两种显示脚本输出的方法。

- ❑ 在显示器屏幕上显示输出。
- ❑ 将输出重定向到文件中。

这两种方法要么将数据输出全部显示出来，要么什么都不显示。但有时将一部分数据显示在屏幕上，另一部分数据保存到文件中更合适。对此，了解 Linux 如何处理输入和输出有助于将脚本输出送往所需的位置。

下面将介绍如何用标准的 Linux 输入和输出系统将脚本输出送往特定位置。

15.1.1 标准文件描述符

Linux 系统会将每个对象当作文件来处理，这包括输入和输出。Linux 用**文件描述符**来标识每个文件对象。文件描述符是一个非负整数，唯一会标识的是会话中打开的文件。每个进程一次最多可以打开 9 个[①]文件描述符。出于特殊目的，bash shell 保留了前 3 个文件描述符（0、1 和 2），参见表 15-1。

表 15-1　Linux 的标准文件描述符

文件描述符	缩　写	描　述
0	STDIN	标准输入
1	STDOUT	标准输出
2	STDERR	标准错误

这 3 个特殊的文件描述符会处理脚本的输入和输出。shell 会用它们将其默认的输入和输出送往适合的位置。接下来我们将详细介绍这些标准文件描述符。

1. STDIN

STDIN 文件描述符代表 shell 的标准输入。对终端界面来说，标准输入就是键盘。shell 会从 STDIN 文件描述符对应的键盘获得输入并进行处理。

在使用输入重定向符（<）时，Linux 会用重定向指定的文件替换标准输入文件描述符。[②]于是，命令就会从文件中读取数据，就好像这些数据是从键盘键入的。

许多 bash 命令能从 STDIN 接收输入，尤其是在命令行中没有指定文件的情况下。下面例子使用 cat 命令来处理来自 STDIN 的输入：

```
$ cat
this is a test
this is a test
this is a second test.
this is a second test.
```

当在命令行中只输入 cat 命令时，它会从 STDIN 接收输入。输入一行，cat 命令就显示一行。

但也可以通过输入重定向符强制 cat 命令接收来自 STDIN 之外的文件输入：

```
$ cat < testfile
This is the first line.
This is the second line.
This is the third line.
$
```

cat 命令现在从 testfile 文件中获取输入。你可以使用这种技术将数据导入任何能从 STDIN 接收数据的 shell 命令中。

2. STDOUT

STDOUT 文件描述符代表 shell 的标准输出。在终端界面上，标准输出就是终端显示器。shell

① 这个数量并不是固定的。——译者注

② 其实就是将标准输入文件描述符的指向由原先的键盘更改为指定的文件。——译者注

的所有输出（包括 shell 中运行的程序和脚本）会被送往标准输出，也就是显示器。

在默认情况下，大多数 bash 命令会将输出送往 STDOUT 文件描述符。如第 11 章所述，可以用输出重定向来更改此设置：

```
$ ls -l > test2
$ cat test2
total 20
-rw-rw-r-- 1 rich rich 53 2020-06-20 11:30 test
-rw-rw-r-- 1 rich rich 0 2020-06-20 11:32 test2
-rw-rw-r-- 1 rich rich 73 2020-06-20 11:23 testfile
$
```

通过输出重定向符（>），原本应该出现在屏幕上的所有输出被 shell 重定向到了指定的文件。

也可以使用>>将数据追加到某个文件：

```
$ who >> test2
$ cat test2
total 20
-rw-rw-r-- 1 rich rich 53 2020-06-20 11:30 test
-rw-rw-r-- 1 rich rich  0 2020-06-20 11:32 test2
-rw-rw-r-- 1 rich rich 73 2020-06-20 11:23 testfile
rich     pts/0        2020-06-20 15:34 (192.168.1.2)
$
```

who 命令生成的输出被追加到了 test2 文件中已有数据之后。

但是，如果对脚本使用标准输出重定向，就会遇到一个问题。来看下面的例子：

```
$ ls -al badfile > test3
ls: cannot access badfile: No such file or directory
$ cat test3
$
```

当命令产生错误消息时，shell 并未将错误消息重定向到指定文件。shell 创建了输出重定向文件，但错误消息依然显示在屏幕上。注意，在查看 test3 文件的内容时，里面没有错误消息。test3 文件创建成功了，但里面空无一物。

shell 对于错误消息的处理是跟普通输出分开的。如果你创建了一个在后台运行的 shell 脚本，则通常必须依赖发送到日志文件的输出消息。用这种方法的话，如果出现错误消息，这些消息也不会出现在日志文件中，因此需要换一种方法来处理。

3. STDERR

shell 通过特殊的 STDERR 文件描述符处理错误消息。STDERR 文件描述符代表 shell 的标准错误输出。shell 或运行在 shell 中的程序和脚本报错时，生成的错误消息都会被送往这个位置。

在默认情况下，STDERR 和 STDOUT 指向同一个地方（尽管二者的文件描述符索引值不同）。也就是说，所有的错误消息也都默认会被送往显示器。

如你所见，STDERR 并不会随着 STDOUT 的重定向发生改变。在使用脚本时，你常常会想改变这种行为，尤其是希望将错误消息保存到日志文件中的时候。

15.1.2 重定向错误

你已经知道如何用重定向符来重定向 STDOUT 数据。重定向 STDERR 数据也没太大差别，只要在使用重定向符时指定 STDERR 文件描述符就可以了。以下是两种实现方法。

1. 只重定向错误

你在表 15-1 中已经看到，STDERR 的文件描述符为 2。可以将该文件描述符索引值放在重定向符号之前，只重定向错误消息。注意，两者必须紧挨着，否则无法正常工作：

```
$ ls -al badfile 2> test4
$ cat test4
ls: cannot access badfile: No such file or directory
$
```

现在运行该命令，错误消息就不会出现在屏幕上了。命令生成的任何错误消息都会保存在指定文件中。用这种方法，shell 只重定向错误消息，而非普通数据。下面是另一个混合使用 STDOUT 和 STDERR 错误消息的例子：

```
$ ls -al test badtest test2 2> test5
-rw-rw-r-- 1 rich rich 158 2020-06-20 11:32 test2
$ cat test5
ls: cannot access test: No such file or directory
ls: cannot access badtest: No such file or directory
$
```

ls 命令尝试列出了 3 个文件（test、badtest 和 test2）的信息。正常输出被送往默认的 STDOUT 文件描述符，也就是显示器。由于该命令将文件描述符 2（STDERR）重定向到了一个输出文件，因此 shell 会将产生的所有错误消息直接送往指定文件。

2. 重定向错误消息和正常输出

如果想重定向错误消息和正常输出，则必须使用两个重定向符号。你需要在重定向符号之前放上需要重定向的文件描述符，然后让它们指向用于保存数据的输出文件：

```
$ ls -al test test2 test3 badtest 2> test6 1> test7
$ cat test6
ls: cannot access test: No such file or directory
ls: cannot access badtest: No such file or directory
$ cat test7
-rw-rw-r-- 1 rich rich 158 2020-06-20 11:32 test2
-rw-rw-r-- 1 rich rich   0 2020-06-20 11:33 test3
$
```

ls 命令的正常输出本该送往 STDOUT，shell 使用 1>将其重定向到了文件 test7，而本该送往 STDERR 的错误消息则通过 2>被重定向到了文件 test6。

你可以用这种方法区分脚本的正常输出和错误消息。这样就可以轻松识别错误消息，而不用在成千上万行正常输出中翻找了。

另外，如果愿意，也可以将 STDERR 和 STDOUT 的输出重定向到同一个文件。为此，bash shell 提供了特殊的重定向符&>：

```
$ ls -al test test2 test3 badtest &> test7
$ cat test7
ls: cannot access test: No such file or directory
ls: cannot access badtest: No such file or directory
-rw-rw-r-- 1 rich rich 158 2020-06-20 11:32 test2
-rw-rw-r-- 1 rich rich   0 2020-06-20 11:33 test3
$
```


当使用&>时，命令生成的所有输出（正常输出和错误消息）会被送往同一位置。注意，其中一条错误消息出现的顺序和预想不同。badtest 文件（列出的最后一个文件）的这条错误消息出现在了输出文件的第二行。为了避免错误消息散落在输出文件中，相较于标准输出，bash shell 自动赋予了错误消息更高的优先级。这样你就能集中浏览错误消息了。

15.2 在脚本中重定向输出

只需简单地重定向相应的文件描述符，就可以在脚本中用文件描述符 STDOUT 和 STDERR 在多个位置生成输出。在脚本中重定向输出的方法有两种。

- 临时重定向每一行。
- 永久重定向脚本中的所有命令。

下面将具体展示这两种方法的工作原理。

15.2.1 临时重定向

如果你有意在脚本中生成错误消息，可以将单独的一行输出重定向到 STDERR。这只需要使用输出重定向符号将输出重定向到 STDERR 文件描述符。在重定向到文件描述符时，必须在文件描述符索引值之前加一个&：

```
echo "This is an error message" >&2
```

这行会在脚本的 STDERR 文件描述符所指向的位置显示文本。下面这个例子就使用了这项功能：

```
$ cat test8
#!/bin/bash
# testing STDERR messages

echo "This is an error" >&2
echo "This is normal output"
$
```

如果像平常一样运行这个脚本，你看不出任何区别：

```
$ ./test8
This is an error
This is normal output
$
```

记住，在默认情况下，STDERR 和 STDOUT 指向的位置是一样的。但是，如果在运行脚本时重定向了 STDERR，那么脚本中所有送往 STDERR 的文本都会被重定向：

```
$ ./test8 2> test9
This is normal output
$ cat test9
This is an error
$
```

太好了！通过 STDOUT 显示的文本出现在了屏幕上，而送往 STDERR 的 echo 语句的文本则被重定向到了输出文件。

这种方法非常适合在脚本中生成错误消息。脚本用户可以像上面的例子中那样，直接通过 STDERR 文件描述符重定向错误消息。

15.2.2　永久重定向

如果脚本中有大量数据需要重定向，那么逐条重定向所有的 echo 语句会很烦琐。这时可以用 exec 命令，它会告诉 shell 在脚本执行期间重定向某个特定文件描述符：

```
$ cat test10
#!/bin/bash
# redirecting all output to a file
exec 1>testout

echo "This is a test of redirecting all output"
echo "from a script to another file."
echo "without having to redirect every individual line"
$ ./test10
$ cat testout
This is a test of redirecting all output
from a script to another file.
without having to redirect every individual line
$
```

exec 命令会启动一个新 shell 并将 STDOUT 文件描述符重定向到指定文件。脚本中送往 STDOUT 的所有输出都会被重定向。

也可以在脚本执行过程中重定向 STDOUT：

```
$ cat test11
#!/bin/bash
# redirecting output to different locations

exec 2>testerror

echo "This is the start of the script"
echo "now redirecting all output to another location"

exec 1>testout

echo "This output should go to the testout file"
echo "but this should go to the testerror file" >&2
$
```

```
$ ./test11
This is the start of the script
now redirecting all output to another location
$ cat testout
This output should go to the testout file
$ cat testerror
but this should go to the testerror file
$
```


该脚本使用 exec 命令将送往 STDERR 的输出重定向到了文件 testerror。接下来，脚本用 echo 语句向 STDOUT 显示了几行文本。随后再次使用 exec 命令将 STDOUT 重定向到 testout 文件。注意，尽管 STDOUT 被重定向了，仍然可以将 echo 语句的输出发送给 STDERR，在本例中仍是重定向到 testerror 文件。

当只想将脚本的部分输出重定向到其他位置（比如错误日志）时，这个特性用起来非常方便。不过这样做的话，会遇到一个问题。

一旦重定向了 STDOUT 或 STDERR，就不太容易将其恢复到原先的位置。如果需要在重定向中来回切换，那么有个技巧可以使用。15.4 节将讨论这个技巧及其在脚本中的用法。

15.3 在脚本中重定向输入

可以使用与重定向 STDOUT 和 STDERR 相同的方法，将 STDIN 从键盘重定向到其他位置。在 Linux 系统中，exec 命令允许将 STDIN 重定向为文件：

```
exec 0< testfile
```

该命令会告诉 shell，它应该从文件 testfile 中而不是键盘上获取输入。只要脚本需要输入，这个重定向就会起作用。来看一个用法示例：

```
$ cat test12
#!/bin/bash
# redirecting file input

exec 0< testfile
count=1

while read line
do
   echo "Line #$count: $line"
   count=$[ $count + 1 ]
done
$ ./test12
Line #1: This is the first line.
Line #2: This is the second line.
Line #3: This is the third line.
$
```

第 14 章介绍过如何使用 read 命令读取用户在键盘上输入的数据。将 STDIN 重定向为文件后，当 read 命令试图从 STDIN 读入数据时，就会到文件中而不是键盘上检索数据。

这是一种在脚本中从待处理的文件读取数据的绝妙技术。Linux 系统管理员的日常任务之一就是从日志文件中读取并处理数据。这是完成该任务最简单的办法。

15.4 创建自己的重定向

在脚本中重定向输入和输出时，并不局限于这 3 个默认的文件描述符。前文提到过，在 shell 中最多可以打开 9 个文件描述符。替代性文件描述符从 3 到 8 共 6 个，均可用作输入或输出重定向。[①]这些文件描述符中的任意一个都可以分配给文件并用在脚本中。本节将介绍如何在脚本中使用替代性文件描述符。

15.4.1 创建输出文件描述符

可以用 exec 命令分配用于输出的文件描述符。和标准的文件描述符一样，一旦将替代性文件描述符指向文件，此重定向就会一直有效，直至重新分配。来看一个在脚本中使用替代性文件描述符的简单例子：

```
$ cat test13
#!/bin/bash
# using an alternative file descriptor

exec 3>test13out

echo "This should display on the monitor"
echo "and this should be stored in the file" >&3
echo "Then this should be back on the monitor"
$ ./test13
This should display on the monitor
Then this should be back on the monitor
$ cat test13out
and this should be stored in the file
$
```

这个脚本使用 exec 命令将文件描述符 3 重定向到了另一个文件。当脚本执行 echo 语句时，文本会像预想中那样显示在 STDOUT 中。但是，重定向到文件描述符 3 的那行 echo 语句的输出进入了另一个文件。这样就可以维持显示器的正常输出，并将特定信息重定向到指定文件（比如日志文件）。

也可以不创建新文件，而是使用 exec 命令将数据追加到现有文件：

```
exec 3>>test13out
```

现在，输出会被追加到 test13out 文件，而不是创建一个新文件。

---

① 这里说明一下：在重定向时，如果使用大于 9 的文件描述符，那么一定要小心，因为有可能会与 shell 内部使用的文件描述符发生冲突。参见 Bash Reference Manual 的 3.6 节。——译者注

15.4.2 重定向文件描述符

有一个技巧能帮助你恢复已重定向的文件描述符。你可以将另一个文件描述符分配给标准文件描述符，反之亦可。这意味着可以将 STDOUT 的原先位置重定向到另一个文件描述符，然后再利用该文件描述符恢复 STDOUT。这听起来可能有点儿复杂，但实际上并不难。来看一个例子：


```
$ cat test14
#!/bin/bash
# storing STDOUT, then coming back to it

exec 3>&1
exec 1>test14out

echo "This should store in the output file"
echo "along with this line."

exec 1>&3

echo "Now things should be back to normal"
$
$ ./test14
Now things should be back to normal
$ cat test14out
This should store in the output file
along with this line.
$
```

这个例子有点儿疯狂，我们一行一行地看。第一个 exec 命令将文件描述符 3 重定向到了文件描述符 1（STDOUT）的当前位置，也就是显示器。这意味着任何送往文件描述符 3 的输出都会出现在屏幕上。

第二个 exec 命令将 STDOUT 重定向到了文件，shell 现在会将发送给 STDOUT 的输出直接送往该文件。但是，文件描述符 3 仍然指向 STDOUT 原先的位置（显示器）。如果此时将输出数据发送给文件描述符 3，则它仍然会出现在显示器上，即使 STDOUT 已经被重定向了。

向 STDOUT（现在指向一个文件）发送一些输出之后，第三个 exec 命令将 STDOUT 重定向到了文件描述符 3 的当前位置（现在仍然是显示器）。这意味着现在 STDOUT 又恢复如初了，即指向其原先的位置——显示器。

这种方法可能有点儿让人犯晕，但的确是一种在脚本中临时重定向输出，然后恢复原位的常用方法。

15.4.3 创建输入文件描述符

可以采用和重定向输出文件描述符同样的办法来重定向输入文件描述符。在重定向到文件之前，先将 STDIN 指向的位置保存到另一个文件描述符，然后在读取完文件之后将 STDIN 恢复到原先的位置：

```
$ cat test15
#!/bin/bash
# redirecting input file descriptors

exec 6<&0

exec 0< testfile

count=1
while read line
do
   echo "Line #$count: $line"
   count=$[ $count + 1 ]
done
exec 0<&6
read -p "Are you done now? " answer
case $answer in
Y|y) echo "Goodbye";;
N|n) echo "Sorry, this is the end.";;
esac
$ ./test15
Line #1: This is the first line.
Line #2: This is the second line.
Line #3: This is the third line.
Are you done now? y
Goodbye
$
```

在这个例子中，文件描述符 6 用于保存 STDIN 指向的位置。然后脚本将 STDIN 重定向到一个文件。read 命令的所有输入都来自重定向后的 STDIN（也就是输入文件）。

在读完所有行之后，脚本会将 STDIN 重定向到文件描述符 6，恢复 STDIN 原先的位置。该脚本使用另一个 read 命令来测试 STDIN 是否恢复原位，这次 read 会等待键盘的输入。

15.4.4　创建读/写文件描述符

尽管看起来可能很奇怪，但你也可以打开单个文件描述符兼做输入和输出，这样就能用同一个文件描述符对文件进行读和写两种操作了。

但使用这种方法时要特别小心。由于这是对一个文件进行读和写两种操作，因此 shell 会维护一个内部指针，指明该文件的当前位置。任何读或写都会从文件指针上次的位置开始。如果粗心的话，这会产生一些令人瞠目的结果。来看下面这个例子：

```
$ cat test16
#!/bin/bash
# testing input/output file descriptor

exec 3<> testfile
read line <&3
echo "Read: $line"
echo "This is a test line" >&3
$ cat testfile
```

```
This is the first line.
This is the second line.
This is the third line.
$ ./test16
Read: This is the first line.
$ cat testfile
This is the first line.
This is a test line
ine.
This is the third line.
$
```

在这个例子中，exec 命令将文件描述符 3 用于文件 testfile 的读和写。接下来，使用分配好的文件描述符，通过 read 命令读取文件中的第一行，然后将其显示在 STDOUT 中。最后，使用 echo 语句将一行数据写入由同一个文件描述符打开的文件中。

在运行脚本时，一开始还算正常。输出内容表明脚本读取了 testfile 文件的第一行。但如果在脚本运行完毕后查看 testfile 文件内容，则会发现写入文件中的数据覆盖了已有数据。

当脚本向文件中写入数据时，会从文件指针指向的位置开始。read 命令读取了第一行数据，这使得文件指针指向了第二行数据的第一个字符。当 echo 语句将数据输出到文件时，会将数据写入文件指针的当前位置，覆盖该位置上的已有数据。

15.4.5 关闭文件描述符

如果创建了新的输入文件描述符或输出文件描述符，那么 shell 会在脚本退出时自动将其关闭。然而在一些情况下，需要在脚本结束前手动关闭文件描述符。

要关闭文件描述符，只需将其重定向到特殊符号&-即可。在脚本中如下所示：

```
exec 3>&-
```

该语句会关闭文件描述符 3，不再在脚本中使用。下面的例子演示了试图使用已关闭的文件描述符时的情况：

```
$ cat badtest
#!/bin/bash
# testing closing file descriptors

exec 3> test17file

echo "This is a test line of data" >&3

exec 3>&-

echo "This won't work" >&3
$ ./badtest
./badtest: 3: Bad file descriptor
$
```

一旦关闭了文件描述符，就不能在脚本中向其写入任何数据，否则 shell 会发出错误消息。

在关闭文件描述符时还要注意另一件事。如果随后你在脚本中打开了同一个输出文件，那么 shell 就会用一个新文件来替换已有文件。这意味着如果你输出数据，它就会覆盖已有文件。来看下面这个例子：

```
$ cat test17
#!/bin/bash
# testing closing file descriptors

exec 3> test17file
echo "This is a test line of data" >&3
exec 3>&-

cat test17file
exec 3> test17file
echo "This'll be bad" >&3
$ ./test17
This is a test line of data
$ cat test17file
This'll be bad
$
```

在向 test17file 文件发送了字符串并关闭该文件描述符之后，脚本会使用 cat 命令显示文件内容。到这一步的时候，一切都还好。接下来，脚本重新打开了该输出文件并向它发送了另一个字符串。在显示该文件的内容时，你能看到的就只有第二个字符串。shell 覆盖了原来的输出文件。

15.5　列出打开的文件描述符

能用的文件描述符只有 9 个，你可能会觉得这没什么复杂的。但有时要记住哪个文件描述符被重定向到了哪里就没那么容易了。为了帮助你厘清条理，bash shell 提供了 lsof 命令。

lsof 命令会列出整个 Linux 系统打开的所有文件描述符，这包括所有后台进程以及登录用户打开的文件。

有大量的命令行选项和参数可用于过滤 lsof 的输出。最常用的选项包括-p 和-d，前者允许指定进程 ID（PID），后者允许指定要显示的文件描述符编号（多个编号之间以逗号分隔）。

要想知道进程的当前 PID，可以使用特殊环境变量$$（shell 会将其设为当前 PID）。-a 选项可用于对另外两个选项的结果执行 AND 运算，命令输出如下：

```
$ /usr/sbin/lsof -a -p $$ -d 0,1,2
COMMAND  PID USER   FD   TYPE DEVICE SIZE NODE NAME
bash    3344 rich   0u   CHR  136,0          2 /dev/pts/0
bash    3344 rich   1u   CHR  136,0          2 /dev/pts/0
bash    3344 rich   2u   CHR  136,0          2 /dev/pts/0
$
```

结果显示了当前进程（bash shell）的默认文件描述符（0、1 和 2）。lsof 的默认输出中包含多列信息，如表 15-2 所示。

15

表 15-2　lsof 的默认输出

列	描　述
COMMAND	进程对应的命令名的前 9 个字符
PID	进程的 PID
USER	进程属主的登录名
FD	文件描述符编号以及访问类型（r 代表读，w 代表写，u 代表读/写）
TYPE	文件的类型（CHR 代表字符型，BLK 代表块型，DIR 代表目录，REG 代表常规文件）
DEVICE	设备号（主设备号和从设备号）
SIZE	如果有的话，表示文件的大小
NODE	本地文件的节点号
NAME	文件名

与 STDIN、STDOUT 和 STDERR 关联的文件类型是字符型，因为文件描述符 STDIN、STDOUT 和 STDERR 都指向终端，所以输出文件名就是终端的设备名。这 3 个标准文件都支持读和写（尽管向 STDIN 写数据以及从 STDOUT 读数据看起来有点儿奇怪）。

现在，在打开了多个替代性文件描述符的脚本中，看一下使用 lsof 命令的结果：

```
$ cat test18
#!/bin/bash
# testing lsof with file descriptors

exec 3> test18file1
exec 6> test18file2
exec 7< testfile

/usr/sbin/lsof -a -p $$ -d0,1,2,3,6,7
$ ./test18
COMMAND   PID USER   FD   TYPE DEVICE SIZE   NODE NAME
test18  3594 rich    0u   CHR  136,0            2 /dev/pts/0
test18  3594 rich    1u   CHR  136,0            2 /dev/pts/0
test18  3594 rich    2u   CHR  136,0            2 /dev/pts/0
18  3594 rich    3w   REG  253,0    0 360712 /home/rich/test18file1
18  3594 rich    6w   REG  253,0    0 360715 /home/rich/test18file2
18  3594 rich    7r   REG  253,0   73 360717 /home/rich/testfile
$
```

这个脚本创建了 3 个替代性文件描述符，两个用作输出（3 和 6），一个用作输入（7）。在脚本运行 lsof 命令时，你会在输出中看到新的文件描述符。我们去掉了输出中的第一部分，这样就能看到最终的文件名了。文件名显示了文件描述符所使用文件的完整路径。每个文件都显示为 REG 类型，说明这些是文件系统中的常规文件。

15.6　抑制命令输出

有时候，你可能不想显示脚本输出。将脚本作为后台进程运行时这很常见（参见第 16 章）。如果在后台运行的脚本出现错误消息，那么 shell 就会将其通过邮件发送给进程属主。这会很麻

烦，尤其是当运行的脚本生成很多烦琐的小错误时。

要解决这个问题，可以将 STDERR 重定向到一个名为 null 文件的特殊文件。跟它的名字很像，null 文件里什么都没有。shell 输出到 null 文件的任何数据都不会被保存，全部会被丢弃。

在 Linux 系统中，null 文件的标准位置是/dev/null。重定向到该位置的任何数据都会被丢弃，不再显示：

```
$ ls -al > /dev/null
$ cat /dev/null
$
```

这是抑制错误消息出现且无须保存它们的一种常用方法：

```
$ ls -al badfile test16 2> /dev/null
-rwxr--r--    1 rich     rich          135 Jun 20 19:57 test16*
$
```

也可以在输入重定向中将/dev/null 作为输入文件。由于/dev/null 文件不含任何内容，因此程序员通常用它来快速清除现有文件中的数据，这样就不用先删除文件再重新创建了：

```
$ cat testfile
This is the first line.
This is the second line.
This is the third line.
$ cat /dev/null > testfile
$ cat testfile
$
```

文件 testfile 仍然还在，但现在是一个空文件。这是清除日志文件的常用方法，因为日志文件必须时刻等待应用程序操作。

15.7　使用临时文件

Linux 系统有一个专供临时文件使用的特殊目录/tmp，其中存放那些不需要永久保留的文件。大多数 Linux 发行版配置系统在启动时会自动删除/tmp 目录的所有文件。

系统中的任何用户都有权限读写/tmp 目录中的文件。这个特性提供了一种创建临时文件的简单方法，而且还无须担心清理工作。

甚至还有一个专门用于创建临时文件的命令 mktemp，该命令可以直接在/tmp 目录中创建唯一的临时文件。所创建的临时文件不使用默认的 umask 值（参见第 7 章）。作为临时文件属主，你拥有该文件的读写权限，但其他用户无法访问（当然，root 用户除外）。

15.7.1　创建本地临时文件

在默认情况下，mktemp 会在本地目录中创建一个文件。在使用 mktemp 命令时，只需指定一个文件名模板即可。模板可以包含任意文本字符，同时在文件名末尾要加上 6 个 X：

```
$ mktemp testing.XXXXXX
$ ls -al testing*
```

```
-rw-------    1 rich      rich      0 Jun 20 21:30 testing.UfIi13
$
```

mktemp 命令会任意地将 6 个 X 替换为同等数量的字符，以保证文件名在目录中是唯一的。你可以创建多个临时文件，并确保每个文件名都不重复：


```
$ mktemp testing.XXXXXX
testing.1DRLuV
$ mktemp testing.XXXXXX
testing.lVBtkW
$ mktemp testing.XXXXXX
testing.PgqNKG
$ ls -l testing*
-rw-------    1 rich     rich      0 Jun 20 21:57 testing.1DRLuV
-rw-------    1 rich     rich      0 Jun 20 21:57 testing.PgqNKG
-rw-------    1 rich     rich      0 Jun 20 21:30 testing.UfIi13
-rw-------    1 rich     rich      0 Jun 20 21:57 testing.lVBtkW
$
```

如你所见，mktemp 命令的输出正是它所创建的文件名。在脚本中使用 mktemp 命令时，可以将文件名保存到变量中，这样就能在随后的脚本中引用了：

```
$ cat test19
#!/bin/bash
# creating and using a temp file

tempfile=$(mktemp test19.XXXXXX)

exec 3>$tempfile

echo "This script writes to temp file $tempfile"

echo "This is the first line" >&3
echo "This is the second line." >&3
echo "This is the last line." >&3
exec 3>&-

echo "Done creating temp file. The contents are:"
cat $tempfile
rm -f $tempfile 2> /dev/null
$ ./test19
This script writes to temp file test19.vCHoya
Done creating temp file. The contents are:
This is the first line
This is the second line.
This is the last line.
$ ls -al test19*
-rwxr--r--    1 rich     rich         356 Jun 20 22:03 test19
$
```

该脚本使用 mktemp 命令创建了临时文件并将文件名赋给了$tempfile 变量。接下来将这个临时文件作为文件描述符 3 的输出重定向文件。将临时文件名显示在 STDOUT 之后，向临时文件中写入了几行文本，然后关闭了文件描述符。最后，显示临时文件的内容，用 rm 命令将其删除。

15.7.2　在/tmp 目录中创建临时文件

-t 选项会强制 mktemp 命令在系统的临时目录中创建文件。在使用这个特性时，mktemp 命令会返回所创建的临时文件的完整路径名，而不只是文件名：

```
$ mktemp -t test.XXXXXX
/tmp/test.xG3374
$ ls -al /tmp/test*
-rw------- 1 rich rich 0 2020-06-20 18:41 /tmp/test.xG3374
$
```

由于 mktemp 命令会返回临时文件的完整路径名，因此可以在文件系统的任何位置引用该临时文件：

```
$ cat test20
#!/bin/bash
# creating a temp file in /tmp

tempfile=$(mktemp -t tmp.XXXXXX)

echo "This is a test file." > $tempfile
echo "This is the second line of the test." >> $tempfile

echo "The temp file is located at: $tempfile"
cat $tempfile
rm -f $tempfile
$ ./test20
The temp file is located at: /tmp/tmp.Ma3390
This is a test file.
This is the second line of the test.
$
```

在创建临时文件时，mktemp 会将全路径名返回给环境变量。这样就能在任何命令中使用该值来引用临时文件了。

15.7.3　创建临时目录

-d 选项会告诉 mktemp 命令创建一个临时目录。你可以根据需要使用该目录，比如在其中创建其他的临时文件：

```
$ cat test21
#!/bin/bash
# using a temporary directory

tempdir=$(mktemp -d dir.XXXXXX)
cd $tempdir
tempfile1=$(mktemp temp.XXXXXX)
tempfile2=$(mktemp temp.XXXXXX)
exec 7> $tempfile1
exec 8> $tempfile2

echo "Sending data to directory $tempdir"
echo "This is a test line of data for $tempfile1" >&7
```

```
echo "This is a test line of data for $tempfile2" >&8
$ ./test21
Sending data to directory dir.ouT8S8
$ ls -al
total 72
drwxr-xr-x    3 rich     rich         4096 Jun 21 22:20 ./
drwxr-xr-x    9 rich     rich         4096 Jun 21 09:44 ../
drwx------    2 rich     rich         4096 Jun 21 22:20 dir.ouT8S8/
-rwxr--r--    1 rich     rich          338 Jun 21 22:20 test21
$ cd dir.ouT8S8
[dir.ouT8S8]$ ls -al
total 16
drwx------    2 rich     rich         4096 Jun 21 22:20 ./
drwxr-xr-x    3 rich     rich         4096 Jun 21 22:20 ../
-rw-------    1 rich     rich           44 Jun 21 22:20 temp.N5F306
-rw-------    1 rich     rich           44 Jun 21 22:20 temp.SQslb7
[dir.ouT8S8]$ cat temp.N5F306
This is a test line of data for temp.N5F306
[dir.ouT8S8]$ cat temp.SQslb7
This is a test line of data for temp.SQslb7
[dir.ouT8S8]$
```

这段脚本在当前目录中创建了一个临时目录，然后使用 cd 命令进入该目录，在其中创建了两个临时文件。这两个临时文件又被分配给了文件描述符以用来保存脚本的输出。

15.8 记录消息

有时候，也确实需要将输出同时送往显示器和文件。与其对输出进行两次重定向，不如改用特殊的 tee 命令。

tee 命令就像是连接管道的 T 型接头，它能将来自 STDIN 的数据同时送往两处。一处是 STDOUT，另一处是 tee 命令行所指定的文件名：

```
tee filename
```

由于 tee 会重定向来自 STDIN 的数据，因此可以用它配合管道命令来重定向命令输出：

```
$ date | tee testfile
Sun Jun 21 18:56:21 EDT 2020
$ cat testfile
Sun Jun 21 18:56:21 EDT 2020
$
```

输出出现在了 STDOUT 中，同时写入了指定文件。注意，在默认情况下，tee 命令会在每次使用时覆盖指定文件的原先内容：

```
$ who | tee testfile
rich     pts/0        2020-06-20 18:41 (192.168.1.2)
$ cat testfile
rich     pts/0        2020-06-20 18:41 (192.168.1.2)
$
```

如果想将数据追加到指定文件中，就必须使用-a 选项：

```
$ date | tee -a testfile
Sun Jun 21 18:58:05 EDT 2020
$ cat testfile
rich     pts/0        2020-06-201 18:41 (192.168.1.2)
Sun Jun 21 18:58:05 EDT 2020
$
```

利用这种方法，既能保存数据，又能将其显示在屏幕上：

```
$ cat test22
#!/bin/bash
# using the tee command for logging

tempfile=test22file

echo "This is the start of the test" | tee $tempfile
echo "This is the second line of the test" | tee -a $tempfile
echo "This is the end of the test" | tee -a $tempfile
$ ./test22
This is the start of the test
This is the second line of the test
This is the end of the test
$ cat test22file
This is the start of the test
This is the second line of the test
This is the end of the test
$
```

现在，你可以在为用户显示输出的同时再永久保存一份输出内容了。

15.9 实战演练

无论是将文件读入脚本，还是将数据从脚本输出到文件，都会用到文件重定向，这是一种很常见的操作。本节中的示例脚本两种功能皆有。它会读取 CSV 格式的数据文件，输出 SQL INSERT 语句，并将数据插入数据库。

shell 脚本使用命令行参数指定待读取的 CSV 文件。CSV 格式用于从电子表格中导出数据，你可以把这些数据库数据放入电子表格，将电子表格保存为 CSV 格式，读取文件，然后创建 INSERT 语句将数据插入 MySQL 数据库。

实现这些操作的脚本如下：

```
$cat test23
#!/bin/bash
# read file and create INSERT statements for MySQL

outfile='members.sql'
IFS=','
while read lname fname address city state zip
do
   cat >> $outfile << EOF
   INSERT INTO members (lname,fname,address,city,state,zip) VALUES
('$lname', '$fname', '$address', '$city', '$state', '$zip');
EOF
```

```
done < ${1}
$
```

这个脚本很简短。这要感谢文件重定向。脚本中出现了 3 处重定向操作。while 循环使用 read 语句（参见第 14 章）从数据文件中读取文本。注意在 done 语句中出现的重定向符号：

```
done < ${1}
```

当运行脚本 test23 时，$1 代表第一个命令行参数，指明了待读取数据的文件。read 语句使用 IFS 字符解析读入的文本，这里将 IFS 指定为逗号。

脚本中另外两处重定向操作出现在同一条语句中：

```
cat >> $outfile << EOF
```

这条语句包含一个输出追加重定向（双大于号）和一个输入追加重定向（双小于号）。输出重定向将 cat 命令的输出追加到由$outfile 变量指定的文件中。cat 命令的输入不再取自标准输入，而是被重定向到脚本内部的数据。EOF 符号标记了文件中的数据起止：

```
INSERT INTO members (lname,fname,address,city,state,zip) VALUES
('$lname', '$fname',
 '$address', '$city', '$state', '$zip');
```

上述文本生成了一个标准的 SQL INSERT 语句。注意，其中的数据由变量来替换，变量中的内容则由 read 语句存入。

while 循环基本上一次读取一行数据，然后将这些值放入 INSERT 语句模板中，最后将结果输出到文件中。

在这个例子中，使用以下脚本作为输入文件：

```
$ cat members.csv
Blum,Richard,123 Main St.,Chicago,IL,60601
Blum,Barbara,123 Main St.,Chicago,IL,60601
Bresnahan,Christine,456 Oak Ave.,Columbus,OH,43201
Bresnahan,Timothy,456 Oak Ave.,Columbus,OH,43201
$
```

运行脚本时，显示器上不会有任何输出：

```
$ ./test23 members.csv
$
```

但是在输出文件 members.sql 中，可以看到以下内容：

```
$ cat members.sql
INSERT INTO members (lname,fname,address,city,state,zip)
  VALUES ('Blum','Richard', '123 Main St.', 'Chicago', 'IL', '60601');
INSERT INTO members (lname,fname,address,city,state,zip)
  VALUES ('Blum','Barbara', '123 Main St.', 'Chicago', 'IL', '60601');
INSERT INTO members (lname,fname,address,city,state,zip)
  VALUES ('Bresnahan','Christine', '456 Oak Ave.', 'Columbus', 'OH', '43201');
INSERT INTO members (lname,fname,address,city,state,zip)
  VALUES ('Bresnahan','Timothy', '456 Oak Ave.', 'Columbus', 'OH', '43201');
$
```

结果和我们预想的一样。现在可以直接将 members.sql 文件导入 MySQL 数据表中了。

15.10　小结

在创建脚本时，能够理解 bash shell 如何处理输入和输出会带来很多方便。你可以改变脚本获取数据和显示数据的方式，对脚本进行定制以适应各种环境。脚本的输入/输出都可以从标准输入（STDIN）/标准输出（STDOUT）重定向到系统中的任意文件。

除了 STDOUT，你可以通过重定向 STDERR 来改变错误消息的流向。这是通过重定向与 STDERR 关联的文件描述符（文件描述符 2）来实现的。你可以将 STDERR 和 STDOUT 重定向到同一个文件，也可以重定向到不同的文件，以此区分脚本的正常输出和错误消息。

bash shell 允许在脚本中创建自己的文件描述符。你可以创建文件描述符 3 到 8，将其分配给要用到的任何输出文件。一旦创建了文件描述符，就可以利用标准的重定向符号将任意命令的输出重定向到那里。

bash shell 也允许重定向输入，这样就能方便地将文件数据读入脚本。你可以用 lsof 命令来显示 shell 中所使用的文件描述符。

Linux 系统提供了一个特殊文件/dev/null，用于重定向无用的输出。Linux 系统会丢弃重定向到/dev/null 的任何数据。你也可以通过将/dev/null 的内容重定向到文件来清空该文件的内容。

mktemp 命令很有用，它可以直接创建临时文件和目录。只需给 mktemp 命令指定一个模板，它就能在每次调用时基于该文件模板的格式创建一个唯一的文件。你也可以在 Linux 系统的/tmp 目录中创建临时文件和目录，系统启动时会清空这个特殊位置中的内容。

tee 命令便于将输出同时发送给标准输出和日志文件。这样你就可以在屏幕上显示脚本消息的同时，将其保存在日志文件中。

在第 16 章，你将看到如何控制和运行脚本。除了直接从命令行中运行，Linux 还提供了另外几种方法来运行脚本。你还会学到如何在特定时间运行脚本以及如何暂停脚本运行。

第 16 章 脚本控制

16

本章内容

- 处理信号
- 以后台模式运行脚本
- 在非控制台下运行脚本
- 作业控制
- 调整谦让度
- 定时运行作业

当开始构建高级脚本时，你可能会好奇如何在 Linux 系统中运行和控制脚本。在本书中，到目前为止，运行脚本的唯一方式就是有需要时直接在命令行中启动。这并不是唯一的方式，还有很多方式可以用来运行 shell 脚本。你也可以对脚本加以控制，包括向脚本发送信号、修改脚本的优先级，以及切换脚本的运行模式。本章将逐一介绍这些控制方法。

16.1 处理信号

Linux 利用信号与系统中的进程进行通信。第 4 章介绍过不同的 Linux 信号以及 Linux 如何用这些信号来停止、启动以及“杀死”进程。你可以通过对脚本进行编程，使其在收到特定信号时执行某些命令，从而控制 shell 脚本的操作。

16.1.1 重温 Linux 信号

Linux 系统和应用程序可以产生超过 30 个信号。表 16-1 列出了在 shell 脚本编程时会遇到的最常见的 Linux 系统信号。

表 16-1 Linux 系统信号

信 号	值	描 述
1	SIGHUP	挂起（hang up）进程
2	SIGINT	中断（interrupt）进程

（续）

信　号	值	描　述
3	SIGQUIT	停止（stop）进程
9	SIGKILL	无条件终止（terminate）进程
15	SIGTERM	尽可能终止进程
18	SIGCONT	继续运行停止的进程
19	SIGSTOP	无条件停止，但不终止进程
20	SIGTSTP	停止或暂停（pause），但不终止进程

在默认情况下，bash shell 会忽略收到的任何 `SIGQUIT(3)`信号和 `SIGTERM(15)`信号（因此交互式 shell 才不会被意外终止）。但是，bash shell 会处理收到的所有 `SIGHUP(1)`信号和 `SIGINT(2)`信号。

如果收到了 `SIGHUP` 信号（比如在离开交互式 shell 时），bash shell 就会退出。但在退出之前，它会将 `SIGHUP` 信号传给所有由该 shell 启动的进程，包括正在运行的 shell 脚本。

随着收到 `SIGINT` 信号，shell 会被中断。Linux 内核将不再为 shell 分配 CPU 处理时间。当出现这种情况时，shell 会将 `SIGINT` 信号传给由其启动的所有进程，以此告知出现的状况。

你可能也注意到了，shell 会将这些信号传给 shell 脚本来处理。而 shell 脚本的默认行为是忽略这些信号，因为可能不利于脚本运行。要避免这种情况，可以在脚本中加入识别信号的代码，并做相应的处理。

16.1.2　产生信号

bash shell 允许使用键盘上的组合键来生成两种基本的 Linux 信号。这个特性在需要停止或暂停失控脚本时非常方便。

1. 中断进程

Ctrl+C 组合键会生成 `SIGINT` 信号，并将其发送给当前在 shell 中运行的所有进程。通过执行一条需要很长时间才能完成的命令，然后按下 Ctrl+C 组合键，可以对此进行测试：

```
$ sleep 60
^C
$
```

`sleep` 命令会按照指定的秒数暂停 shell 操作一段时间，然后返回 shell 提示符。Ctrl+C 组合键会发送 `SIGINT` 信号，停止 shell 中当前运行的进程。在超时前（60 秒）按下 Ctrl+C 组合键，就可以提前终止 `sleep` 命令。

2. 暂停进程

你也可以暂停进程，而不是将其终止。尽管有时这可能比较危险（比如，脚本打开了一个关键的系统文件的文件锁），但它往往可以在不终止进程的情况下，使你能够深入脚本内部一窥究竟。

Ctrl+Z 组合键会生成 `SIGTSTP` 信号，停止 shell 中运行的任何进程。停止（stopping）进程跟终止（terminating）进程不同，前者让程序继续驻留在内存中，还能从上次停止的位置继续运行。16.4 节将介绍如何重启一个已经停止的进程。

当使用 Ctrl+Z 组合键时，shell 会通知你进程已经被停止了：

```
$ sleep 60
^Z
[1]+  Stopped                 sleep 60
$
```


方括号中的数字是 shell 分配的**作业号**。shell 将运行的各个进程称为**作业**，并为作业在当前 shell 内分配了唯一的作业号。作业号从 1 开始，然后是 2，依次递增。

如果 shell 会话中有一个已停止的作业，那么在退出 shell 时，bash 会发出提醒：

```
$ sleep 70
^Z
[2]+  Stopped                 sleep 70
$
$ exit
logout
There are stopped jobs.
$
```

可以用 ps 命令查看已停止的作业：

```
$ ps -l
F S   UID     PID    PPID  [...] TTY          TIME CMD
0 S  1001    1509    1508  [...] pts/0    00:00:00 bash
0 T  1001    1532    1509  [...] pts/0    00:00:00 sleep
0 T  1001    1533    1509  [...] pts/0    00:00:00 sleep
0 R  1001    1534    1509  [...] pts/0    00:00:00 ps
$
```

在 S 列（进程状态）中，ps 命令将已停止作业的状态显示为 T。这说明命令要么被跟踪，要么被停止。

如果在有已停止作业的情况下仍旧想退出 shell，则只需再输入一遍 exit 命令即可。shell 会退出，终止已停止作业。

或者，如果知道已停止作业的 PID，那就可以用 kill 命令发送 SIGKILL(9)信号将其终止：

```
$ kill -9 1532
[1]-  Killed                  sleep 60
$ kill -9 1533
[2]+  Killed                  sleep 70
$
```

每当 shell 生成命令行提示符时，也会显示 shell 中状态发生改变的作业。“杀死”作业后，shell 会显示一条消息，表示运行中的作业已被“杀死”，然后生成提示符。

注意 在某些 Linux 系统中，“杀死”作业时不会得到任何回应。但当下次执行能让 shell 生成命令行提示符的操作时（比如，按下 Enter 键），你会看到一条消息，表示作业已被“杀死”。

16.1.3 捕获信号

你也可以用其他命令在信号出现时将其捕获，而不是忽略信号。trap 命令可以指定 shell 脚本需要侦测并拦截的 Linux 信号。如果脚本收到了 trap 命令中列出的信号，则该信号不再由 shell 处理，而是由本地处理。

trap 命令的格式如下：

```
trap commands signals
```

在 trap 命令中，需要在 *commands* 部分列出想要 shell 执行的命令，在 *signals* 部分列出想要捕获的信号（多个信号之间以空格分隔）。指定信号的时候，可以使用信号的值或信号名。

下面这个简单的例子展示了如何使用 trap 命令捕获 SIGINT 信号并控制脚本的行为：

```
$ cat trapsignal.sh
#!/bin/bash
#Testing signal trapping
#
trap "echo ' Sorry! I have trapped Ctrl-C'" SIGINT
#
echo This is a test script.
#
count=1
while [ $count -le 5 ]
do
     echo "Loop #$count"
     sleep 1
     count=$[ $count + 1 ]
done
#
echo "This is the end of test script."
exit
$
```

每次侦测到 SIGINT 信号时，本例中的 trap 命令都会显示一行简单的文本消息。捕获这些信号可以阻止用户通过组合键 Ctrl+C 停止脚本：

```
$ ./trapsignal.sh
This is a test script.
Loop #1
Loop #2
^C Sorry! I have trapped Ctrl-C
Loop #3
^C Sorry! I have trapped Ctrl-C
Loop #4
Loop #5
This is the end of test script.
$
```

每次使用 Ctrl+C 组合键，脚本都会执行 trap 命令中指定的 echo 语句，而不是忽略信号并让 shell 停止该脚本。

警告 如果脚本中的命令被信号中断，使用带有指定命令的 trap 未必能让被中断的命令继续执行。为了保证脚本中的关键操作不被打断，请使用带有空操作命令的 trap 以及要捕获的信号列表，例如：

```
trap "" SIGINT
```

这种形式的 trap 命令允许脚本完全忽略 SIGINT 信号，继续执行重要的工作。

16.1.4 捕获脚本退出

除了在 shell 脚本中捕获信号，也可以在 shell 脚本退出时捕获信号。这是在 shell 完成任务时执行命令的一种简便方法。

要捕获 shell 脚本的退出，只需在 trap 命令后加上 EXIT 信号即可：

```
$ cat trapexit.sh
#!/bin/bash
#Testing exit trapping
#
trap "echo Goodbye..." EXIT
#
count=1
while [ $count -le 5 ]
do
     echo "Loop #$count"
     sleep 1
     count=$[ $count + 1 ]
done
#
exit
$
$ ./trapexit.sh
Loop #1
Loop #2
Loop #3
Loop #4
Loop #5
Goodbye...
$
```

当脚本运行到正常的退出位置时，触发了 EXIT，shell 执行了在 trap 中指定的命令。如果提前退出脚本，则依然能捕获到 EXIT：

```
$ ./trapexit.sh
Loop #1
Loop #2
Loop #3
^CGoodbye...

$
```

因为 SIGINT 信号并未在 trap 命令的信号列表中，所以当按下 Ctrl+C 组合键发送 SIGINT 信号时，脚本就退出了。但在退出之前已经触发了 EXIT，于是 shell 会执行 trap 命令。

16.1.5　修改或移除信号捕获

要想在脚本中的不同位置进行不同的信号捕获处理，只需重新使用带有新选项的 trap 命令即可：

```
$ cat trapmod.sh
#!/bin/bash
#Modifying a set trap
#
trap "echo ' Sorry...Ctrl-C is trapped.'" SIGINT
#
count=1
while [ $count -le 3 ]
do
     echo "Loop #$count"
     sleep 1
     count=$[ $count + 1 ]
done
#
trap "echo ' I have modified the trap!'" SIGINT
#
count=1
while [ $count -le 3 ]
do
     echo "Second Loop #$count"
     sleep 1
     count=$[ $count + 1 ]
done
#
exit
$
```

修改了信号捕获之后，脚本处理信号的方式就会发生变化。但如果信号是在捕获被修改前接收到的，则脚本仍然会根据原先的 trap 命令处理该信号。

```
$ ./trapmod.sh
Loop #1
^C Sorry...Ctrl-C is trapped.
Loop #2
Loop #3
Second Loop #1
Second Loop #2
^C I have modified the trap!
Second Loop #3
$
```

提示　如果在交互式 shell 会话中使用 trap 命令，可以使用 trap -p 查看被捕获的信号。如果什么都没有显示，则说明 shell 会话按照默认方式处理信号。

也可以移除已设置好的信号捕获。在 trap 命令与希望恢复默认行为的信号列表之间加上两个连字符即可。

```
$ cat trapremoval.sh
#!/bin/bash
#Removing a set trap
#
trap "echo ' Sorry...Ctrl-C is trapped.'" SIGINT
#
count=1
while [ $count -le 3 ]
do
     echo "Loop #$count"
     sleep 1
     count=$[ $count + 1 ]
done
#
trap -- SIGINT
echo "The trap is now removed."
#
count=1
while [ $count -le 3 ]
do
     echo "Second Loop #$count"
     sleep 1
     count=$[ $count + 1 ]
done
#
exit
$
```


注意　也可以在 trap 命令后使用单连字符来恢复信号的默认行为。单连字符和双连字符的效果一样。

移除信号捕获后，脚本会按照默认行为处理 SIGINT 信号，也就是终止脚本运行。但如果信号是在捕获被移除前接收到的，那么脚本就会按照原先 trap 命令中的设置进行处理：

```
$ ./trapremoval.sh
Loop #1
Loop #2
^C Sorry...Ctrl-C is trapped.
Loop #3
The trap is now removed.
Second Loop #1
Second Loop #2
^C
$
```

在本例中，第一个 Ctrl+C 组合键用于提前终止脚本。因为信号是在捕获被移除前接收的，所以脚本会按照事先的安排，执行 trap 中指定的命令。捕获随后会被移除，再按 Ctrl+C 组合键就能提前终止脚本了。

16.2　以后台模式运行脚本

直接在命令行界面运行 shell 脚本有时不怎么方便。有些脚本可能要执行很长一段时间，而你不想在命令行界面一直干等。但脚本运行不完，就不能在终端会话中执行任何其他操作。幸好有一种简单的方法可以解决这个问题。

使用 ps -e 命令，可以看到 Linux 系统中运行的多个进程：

```
$ ps -e
    PID TTY          TIME CMD
      1 ?        00:00:02 systemd
      2 ?        00:00:00 kthreadd
      3 ?        00:00:00 rcu_gp
      4 ?        00:00:00 rcu_par_gp
[...]
   2585 pts/0    00:00:00 ps

$
```

显然，以上所有进程都未在你的终端上运行。实际上，其中有很多没有运行在任何终端——它们是在**后台**运行的。在后台模式中，进程运行时不和终端会话的 STDIN、STDOUT 以及 STDERR 关联（参见第 15 章）。

也可以用 shell 脚本试试这个特性，允许脚本在后台运行，不占用终端会话。下面将介绍如何在 Linux 系统中以后台模式运行脚本。

16.2.1　后台运行脚本

以后台模式运行 shell 脚本非常简单，只需在脚本名后面加上&即可：

```
$ cat backgroundscript.sh
#!/bin/bash
#Test running in the background
#
count=1
while [ $count -le 5 ]
do
     sleep 1
     count=$[ $count + 1 ]
done
#
exit
$
$ ./backgroundscript.sh &
[1] 2595
$
```

在脚本名之后加上&会将脚本与当前 shell 分离开来，并将脚本作为一个独立的后台进程运行。显示的第一行如下所示：

```
[1] 2595
```

方括号中的数字（1）是 shell 分配给后台进程的作业号，之后的数字（2595）是 Linux 系统为进程分配的进程 ID（PID）。Linux 系统中的每个进程都必须有唯一的 PID。

一旦显示出这些内容，就会出现新的命令行界面提示符。返回到当前 shell，刚才执行的脚本则会以后台模式安全地运行。这时，就可以继续在命令行中输入新的命令了。

当后台进程结束时，终端上会显示一条消息：

```
[1]+  Done                    ./backgroundscript.sh
```

其中指明了作业号、作业状态（Done），以及用于启动该作业的命令（删除了&）。

注意，当后台进程运行时，它仍然会使用终端显示器来显示 STDOUT 和 STDERR 消息：

```
$ cat backgroundoutput.sh
#!/bin/bash
#Test running in the background
#
echo "Starting the script..."
count=1
while [ $count -le 5 ]
do
     echo "Loop #$count"
     sleep 1
     count=$[ $count + 1 ]
done
#
echo "Script is completed."
exit
$
$ ./backgroundoutput.sh &
[1] 2615
$ Starting the script...
Loop #1
Loop #2
Loop #3
Loop #4
Loop #5
Script is completed.

[1]+  Done                    ./backgroundoutput.sh
$
```

你会注意到在上面的例子中，脚本 backgroundoutput.sh 的输出与 shell 提示符混在了一起，这也是 Starting the script 出现在提示符$旁边的原因。

在显示输出的同时，运行以下命令：

```
$ ./backgroundoutput.sh &
[1] 2719
$ Starting the script...
Loop #1
Loop #2
Loop #3
pwd
/home/christine/scripts
```

```
$ Loop #4
Loop #5
Script is completed.

[1]+  Done                    ./backgroundoutput.sh
$
```

当脚本 backgroundoutput.sh 在后台运行时，命令 pwd 被输入了进来。脚本的输出、用户输入的命令，以及命令的输出全都混在了一起。实在让人头晕眼花！最好是将后台脚本的 STDOUT 和 STDERR 进行重定向，避免这种杂乱的输出。

16.2.2 运行多个后台作业

在使用命令行提示符的情况下，可以同时启动多个后台作业：

```
$ ./testAscript.sh &
[1] 2753
$ This is Test Script #1.

$ ./testBscript.sh &
[2] 2755
$ This is Test Script #2.

$ ./testCscript.sh &
[3] 2757
$ And... another Test script.

$ ./testDscript.sh &
[4] 2759
$ Then...there was one more Test script.

$
```

每次启动新作业时，Linux 系统都会为其分配新的作业号和 PID。通过 ps 命令可以看到，所有脚本都处于运行状态：

```
$ ps
    PID TTY          TIME CMD
   1509 pts/0    00:00:00 bash
   2753 pts/0    00:00:00 testAscript.sh
   2754 pts/0    00:00:00 sleep
   2755 pts/0    00:00:00 testBscript.sh
   2756 pts/0    00:00:00 sleep
   2757 pts/0    00:00:00 testCscript.sh
   2758 pts/0    00:00:00 sleep
   2759 pts/0    00:00:00 testDscript.sh
   2760 pts/0    00:00:00 sleep
   2761 pts/0    00:00:00 ps
$
```

在终端会话中使用后台进程一定要小心。注意，在 ps 命令的输出中，每一个后台进程都和终端会话（pts/0）终端关联在一起。如果终端会话退出，那么后台进程也会随之退出。

注意 本章先前提到过，当要退出终端会话时，如果还有被停止的进程，就会出现警告信息。但如果是后台进程，则只有部分终端仿真器会在退出终端会话前提醒你尚有后台作业在运行。

如果在登出控制台后，仍希望运行在后台模式的脚本继续运行，则需要借助其他手段。下一节将讨论实现方法。

16.3 在非控制台下运行脚本

有时候，即便退出了终端会话，你也想在终端会话中启动 shell 脚本，让脚本一直以后台模式运行到结束。这可以用 nohup 命令来实现。

nohup 命令能阻断发给特定进程的 SIGHUP 信号。当退出终端会话时，这可以避免进程退出。

nohup 命令的格式如下：

```
nohup command
```

下面的例子使用一个后台脚本作为 *command*：

```
$ nohup ./testAscript.sh &
[1] 1828
$ nohup: ignoring input and appending output to 'nohup.out'

$
```

和普通后台进程一样，shell 会给 *command* 分配一个作业号，Linux 系统会为其分配一个 PID 号。区别在于，当使用 nohup 命令时，如果关闭终端会话，则脚本会忽略其发送的 SIGHUP 信号。

由于 nohup 命令会解除终端与进程之间的关联，因此进程不再同 STDOUT 和 STDERR 绑定在一起。为了保存该命令产生的输出，nohup 命令会自动将 STDOUT 和 STDERR 产生的消息重定向到一个名为 nohup.out 的文件中。

注意 nohup.out 文件一般在当前工作目录中创建，否则会在$HOME 目录中创建。

nohup.out 文件包含了原本要发送到终端显示器上的所有输出。进程结束之后，可以查看 nohup.out 文件中的输出结果：

```
$ cat nohup.out
This is Test Script #1.
$
```

nohup.out 文件中的输出结果和脚本在命令行中运行时产生的一样。

注意 如果使用 nohop 运行了另一个命令，那么该命令的输出会被追加到已有的 nohup.out 文件中。当运行位于同一目录中的多个命令时，一定要当心，因为所有的命令输出都会发送到同一个 nohup.out 文件中，结果会让人摸不着头脑。

有了 nohup，就可以在后台运行脚本。在无须停止脚本进程的情况下，登出终端会话去完成其他任务，随后再检查结果。下一节将介绍一种更为灵活的后台作业管理方法。

16.4 作业控制

在本章前几节，你看到了如何使用组合键来停止 shell 中正在运行的作业。在作业停止后，Linux 系统会让你选择是“杀死”该作业还是重启该作业。用 kill 命令可以“杀死”该作业。要重启停止的进程，则需要向其发送 SIGCONT 信号。

作业控制包括启动、停止、“杀死”以及恢复作业。通过作业控制，你能完全控制 shell 环境中所有进程的运行方式。本节介绍的命令可用于查看和控制在 shell 中运行的作业。

16.4.1 查看作业

jobs 是作业控制中的关键命令，该命令允许用户查看 shell 当前正在处理的作业。尽管下列脚本并未包含 jobs 命令，但有助于演示该命令的威力：

```
$ cat jobcontrol.sh
#!/bin/bash
#Testing job control
#
echo "Script Process ID: $$"
#
count=1
while [ $count -le 5 ]
do
     echo "Loop #$count"
     sleep 10
     count=$[ $count + 1 ]
done
#
echo "End of script..."
exit
$
```

脚本用$$变量来显示 Linux 系统分配给该脚本的 PID，然后进入循环，每次迭代都休眠 10 秒。

可以从命令行启动脚本，然后使用 Ctrl+Z 组合键停止脚本：

```
$ ./jobcontrol.sh
Script Process ID: 1580
Loop #1
Loop #2
Loop #3
^Z
[1]+  Stopped                 ./jobcontrol.sh
$
```

还是同一个脚本，此时利用&将另一个作业作为后台进程启动。出于简化的目的，脚本的输出会被重定向到文件中，以避免出现在屏幕上：

```
$ ./jobcontrol.sh > jobcontrol.out &
[2] 1603
$
```

通过 jobs 命令可以查看分配给 shell 的作业，如下所示：

```
$ jobs
[1]+  Stopped                 ./jobcontrol.sh
[2]-  Running                 ./jobcontrol.sh > jobcontrol.out &
$
```


jobs 命令显示了一个已停止的作业和一个运行中的作业，以及两者的作业号和作业使用的命令。

注意 你大概也注意到了 jobs 命令输出中的加号和减号。带有加号的作业为**默认作业**。如果作业控制命令没有指定作业号，则引用的就是该作业。

带有减号的作业会在默认作业结束之后成为下一个默认作业。任何时候，不管 shell 中运行着多少作业，带加号的作业只能有一个，带减号的作业也只能有一个。

可以使用 jobs 命令的-l 选项（小写字母 l）查看作业的 PID。

```
$ jobs -l
[1]+  1580 Stopped                 ./jobcontrol.sh
[2]-  1603 Running                 ./jobcontrol.sh > jobcontrol.out &
$
```

jobs 命令提供了一些命令行选项，如表 16-2 所示。

表 16-2 jobs 命令选项

选 项	描 述
-l	列出进程的 PID 以及作业号
-n	只列出上次 shell 发出通知后状态发生改变的作业
-p	只列出作业的 PID
-r	只列出运行中的作业
-s	只列出已停止的作业

如果需要删除已停止的作业，那么使用 kill 命令向其 PID 发送 SIGKILL(9)信号即可。最好再确认一下 PID 是否正确，以便误伤其他进程：

```
$ jobs -l
[1]+  1580 Stopped            ./jobcontrol.sh
$
$ kill -9 1580
[1]+  Killed                  ./jobcontrol.sh
$
```

反复检查 PID 有点儿烦人。接下来将介绍如何在不使用 PID 或作业号的情况下与默认进程交互。

16.4.2　重启已停止的作业

在 bash 作业控制中，可以将已停止的作业作为后台进程或前台进程重启。前台进程会接管当前使用的终端，因此在使用该特性时要小心。

要以后台模式重启作业，可以使用 bg 命令：

```
$ ./restartjob.sh
^Z
[1]+  Stopped                 ./restartjob.sh
$
$ bg
[1]+ ./restartjob.sh &
$
$ jobs
[1]+  Running                 ./restartjob.sh &
$
```

因为该作业是默认作业（从加号可以看出），所以仅使用 bg 命令就可以将其以后台模式重启。注意，当作业被转入后台模式时，并不会显示其 PID。

如果存在多个作业，则需要在 bg 命令后加上作业号，以便于控制：

```
$ jobs
$
$ ./restartjob.sh
^Z
[1]+  Stopped                 ./restartjob.sh
$
$ ./newrestartjob.sh
^Z
[2]+  Stopped                 ./newrestartjob.sh
$
$ bg 2
[2]+ ./newrestartjob.sh &
$
$ jobs
[1]+  Stopped                 ./restartjob.sh
[2]-  Running                 ./newrestartjob.sh &
$
```

bg 2 命令用于将第二个作业置于后台模式。注意，当使用 jobs 命令时，它列出了作业及其状态，即便默认作业当前并未处于后台模式。

要以前台模式重启作业，可以使用带有作业号的 fg 命令：

```
$ jobs
[1]+  Stopped                 ./restartjob.sh
[2]-  Running                 ./newrestartjob.sh &
$
$ fg 2
./newrestartjob.sh
This is the script's end.
$
```

由于作业是在前台运行的，因此直到该作业完成后，命令行界面的提示符才会出现。

16.5 调整谦让度

在多任务操作系统（比如 Linux）中，内核负责为每个运行的进程分配 CPU 时间。**调度优先级**［也称为**谦让度**（nice value）］是指内核为进程分配的 CPU 时间（相对于其他进程）。在 Linux 系统中，由 shell 启动的所有进程的调度优先级默认都是相同的。

调度优先级是一个整数值，取值范围从`-20`（最高优先级）到`+19`（最低优先级）。在默认情况下，bash shell 以优先级 `0` 来启动所有进程。

16

提示 `-20`（最低值）代表最高优先级，`+19`（最高值）代表最低优先级，这很容易记混。只要记住那句俗话“好人难做。”（Nice guys finish last.）即可。越是“谦让”（nice）或是值越大，获得 CPU 的机会就越低。

有时候，你想改变 shell 脚本的调度优先级。不管是降低优先级（这样就不会从其他进程那里抢走过多的 CPU 时间），还是提高优先级（这样就能获得更多的 CPU 时间），都可以通过 `nice` 命令来实现。

16.5.1 nice 命令

`nice` 命令允许在启动命令时设置其调度优先级。要想让命令以更低的优先级运行，只需用 `nice` 命令的`-n` 选项指定新的优先级即可：

```
$ nice -n 10 ./jobcontrol.sh > jobcontrol.out &
[2] 16462
$
$ ps -p 16462 -o pid,ppid,ni,cmd
   PID    PPID  NI CMD
 16462    1630  10 /bin/bash ./jobcontrol.sh
$
```

注意，`nice` 命令和要启动的命令必须出现在同一行中。`ps` 命令的输出证实，谦让度（`NI` 列）已经调整到了 `10`。

`nice` 命令使得脚本以更低的优先级运行。但如果想提高某个命令的优先级，那么结果可能会让你大吃一惊：

```
$ nice -n -5 ./jobcontrol.sh > jobcontrol.out &
[2] 16473
$ nice: cannot set niceness: Permission denied

$ ps -p 16473 -o pid,ppid,ni,cmd
   PID    PPID  NI CMD
 16473    1630   0 /bin/bash ./jobcontrol.sh
$
```

`nice` 命令会阻止普通用户提高命令的优先级。注意，即便提高其优先级的操作没有成功，指定的命令依然可以运行。只有 root 用户或者特权用户才能提高作业的优先级。

nice 命令的-n 选项并不是必需的，直接在连字符后面跟上优先级也可以：

```
$ nice -10 ./jobcontrol.sh > jobcontrol.out &
[2] 16520
$
$ ps -p 16520 -o pid,ppid,ni,cmd
    PID    PPID  NI CMD
  16520    1630  10 /bin/bash ./jobcontrol.sh
$
```

然而，当要设置的优先级是负数时，这种写法则很容易造成混淆，因为出现了双连字符。在这种情况下，最好还是使用-n 选项。

16.5.2 renice 命令

有时候，你想修改系统中已运行命令的优先级。renice 命令可以帮你搞定。它通过指定运行进程的 PID 来改变其优先级：

```
$ ./jobcontrol.sh > jobcontrol.out &
[2] 16642
$
$ ps -p 16642 -o pid,ppid,ni,cmd
    PID    PPID  NI CMD
  16642    1630   0 /bin/bash ./jobcontrol.sh
$
$ renice -n 10 -p 16642
16642 (process ID) old priority 0, new priority 10
$
$ ps -p 16642 -o pid,ppid,ni,cmd
    PID    PPID  NI CMD
  16642    1630  10 /bin/bash ./jobcontrol.sh
$
```

renice 命令会自动更新运行进程的调度优先级。和 nice 命令一样，renice 命令对于非特权用户也有一些限制：只能对属主为自己的进程使用 renice 且只能降低调度优先级。但是，root 用户和特权用户可以使用 renice 命令对任意进程的优先级做任意调整。

16.6 定时运行作业

在使用脚本时，你也许希望脚本能在以后某个你无法亲临现场的时候运行。Linux 系统提供了多个在预选时间运行脚本的方法：at 命令、cron 表以及 anacron。每种方法都使用不同的技术来安排脚本的运行时间和频率。接下来将依次介绍这些方法。

16.6.1 使用 at 命令调度作业

at 命令允许指定 Linux 系统何时运行脚本。该命令会将作业提交到队列中，指定 shell 何时运行该作业。

at 的守护进程 atd 在后台运行，在作业队列中检查待运行的作业。很多 Linux 发行版会在启动时运行此守护进程，但有些发行版甚至都没安装这个软件包。如果你的 Linux 属于后一种情况，则可以自行安装，软件包的名字如你所料，就是 at。

atd 守护进程会检查系统的一个特殊目录（通常位于/var/spool/at 或/var/spool/cron/atjobs），从中获取 at 命令提交的作业。在默认情况下，atd 守护进程每隔 60 秒检查一次这个目录。如果其中有作业，那么 atd 守护进程就会查看此作业的运行时间。如果时间跟当前时间一致，就运行此作业。

接下来将介绍如何用 at 命令提交作业以及如何管理作业。

1. at 命令的格式

at 命令的基本格式非常简单：

```
at [-f filename] time
```

在默认情况下，at 命令会将 STDIN 的输入放入队列。你可以用-f 选项指定用于从中读取命令（脚本文件）的文件名。

time 选项指定了你希望何时运行该作业。如果指定的时间已经过去，那么 at 命令会在第二天的同一时刻运行指定的作业。

指定时间的方式非常灵活。at 命令能识别多种时间格式。

- 标准的小时和分钟，比如 10:15。
- AM/PM 指示符，比如 10:15 PM。
- 特定的时间名称，比如 now、noon、midnight 或者 teatime（4:00 p.m.）。

除了指定运行作业的时间，也可以通过不同的日期格式指定特定的日期。

- 标准日期，比如 MMDDYY、MM/DD/YY 或 DD.MM.YY。
- 文本日期，比如 Jul 4 或 Dec 25，加不加年份均可。
- 时间增量。
  - Now + 25 minutes
  - 10:15 PM tomorrow
  - 10:15 + 7 days

提示 at 命令可用的日期和时间格式有很多种，具体参见/usr/share/doc/at/timespec 文件。

在使用 at 命令时，该作业会被提交至**作业队列**。作业队列保存着通过 at 命令提交的待处理作业。针对不同优先级，有 52 种作业队列。作业队列通常用小写字母 a~z 和大写字母 A~Z 来指代，A 队列和 a 队列是两个不同的队列。

注意 在几年前，batch 命令也能指定脚本的执行时间。这是个很独特的命令，因为它可以安排脚本在系统处于低负载时运行。现在，batch 命令只不过是一个脚本而已（/usr/bin/batch），它会调用 at 命令将作业提交到 b 队列中。

作业队列的字母排序越高，此队列中的作业运行优先级就越低（谦让度更大）。在默认情况下，at 命令提交的作业会被放入 a 队列。如果想以较低的优先级运行作业，可以用-q 选项指定其他的队列。如果相较于其他进程你希望你的作业尽可能少地占用 CPU，可以将其放入 z 队列。

2. 获取作业的输出

当在 Linux 系统中运行 at 命令时，显示器并不会关联到该作业。Linux 系统反而会将提交该作业的用户 email 地址作为 STDOUT 和 STDERR。任何送往 STDOUT 或 STDERR 的输出都会通过邮件系统传给该用户。

来看一个在 CentOS 发行版中使用 at 命令调度作业的例子：

```
$ cat tryat.sh
#!/bin/bash
# Trying out the at command
#
echo "This script ran at $(date +%B%d,%T)"
echo
echo "This script is using the $SHELL shell."
echo
sleep 5
echo "This is the script's end."
#
exit
$
$ at -f tryat.sh now
warning: commands will be executed using /bin/sh
job 3 at Thu Jun 18 16:23:00 2020
$
```

at 命令会显示分配给作业的作业号以及为作业安排的运行时间。-f 选项指明使用哪个脚本文件。now 指示 at 命令立刻执行该脚本。

注意 无须在意 at 命令输出的警告消息，因为脚本的第一行是#!/bin/bash，该命令会由 bash shell 执行。

使用 email 作为 at 命令的输出极不方便。at 命令通过 sendmail 应用程序发送 email。如果系统中没有安装 sendmail，那就无法获得任何输出。因此在使用 at 命令时，最好在脚本中对 STDOUT 和 STDERR 进行重定向（参见第 15 章），如下例所示：

```
$ cat tryatout.sh
#!/bin/bash
# Trying out the at command redirecting output
#
outfile=$HOME/scripts/tryat.out
#
echo "This script ran at $(date +%B%d,%T)" > $outfile
echo >> $outfile
echo "This script is using the $SHELL shell." >> $outfile
echo >> $outfile
```

```
sleep 5
echo "This is the script's end." >> $outfile
#
exit
$
$ at -M -f tryatout.sh now
warning: commands will be executed using /bin/sh
job 4 at Thu Jun 18 16:48:00 2020
$
$ cat $HOME/scripts/tryat.out
This script ran at June18,16:48:21

This script is using the /bin/bash shell.

This is the script's end.
$
```

如果不想在 at 命令中使用 email 或者重定向，则最好加上-M 选项，以禁止作业产生的输出信息。

3. 列出等待的作业

atq 命令可以查看系统中有哪些作业在等待：

```
$ at -M -f tryatout.sh teatime
warning: commands will be executed using /bin/sh
job 5 at Fri Jun 19 16:00:00 2020
$
$ at -M -f tryatout.sh tomorrow
warning: commands will be executed using /bin/sh
job 6 at Fri Jun 19 16:53:00 2020
$
$ at -M -f tryatout.sh 20:30
warning: commands will be executed using /bin/sh
job 7 at Thu Jun 18 20:30:00 2020
$
$ at -M -f tryatout.sh now+1hour
warning: commands will be executed using /bin/sh
job 8 at Thu Jun 18 17:54:00 2020
$
$ atq
1       Thu Jun 18 16:11:00 2020 a christine
5       Fri Jun 19 16:00:00 2020 a christine
6       Fri Jun 19 16:53:00 2020 a christine
7       Thu Jun 18 20:30:00 2020 a christine
8       Thu Jun 18 17:54:00 2020 a christine
$
```

作业列表中显示了作业号、系统运行该作业的日期和时间，以及该作业所在的作业队列。

4. 删除作业

一旦知道了哪些作业正在作业队列中等待，就可以用 atrm 命令删除等待中的作业。指定要删除的作业号即可：

```
$ atq
1       Thu Jun 18 16:11:00 2020 a christine
5       Fri Jun 19 16:00:00 2020 a christine
6       Fri Jun 19 16:53:00 2020 a christine
7       Thu Jun 18 20:30:00 2020 a christine
8       Thu Jun 18 17:54:00 2020 a christine
$
$ atrm 5
$
$ atq
1       Thu Jun 18 16:11:00 2020 a christine
6       Fri Jun 19 16:53:00 2020 a christine
7       Thu Jun 18 20:30:00 2020 a christine
8       Thu Jun 18 17:54:00 2020 a christine
$
```

只能删除自己提交的作业，不能删除其他人的。

16.6.2　调度需要定期运行的脚本

使用 at 命令安排在未来的预设时间运行某个脚本固然不错，但如果需要脚本在每天、每周或每月的同一时间运行呢？这时候与其频繁使用 at 命令，不如利用 Linux 系统的另一个特性。

Linux 系统使用 cron 程序调度需要定期执行的作业。cron 在后台运行，并会检查一个特殊的表（**cron 时间表**），从中获知已安排执行的作业。

1. cron 时间表

cron 时间表通过一种特别的格式指定作业何时运行，其格式如下：

```
minutepasthour hourofday dayofmonth month dayofweek command
```

cron 时间表允许使用特定值、取值范围（比如 1~5）或者通配符（星号）来指定各个字段。如果想在每天的 10:15 运行一个命令，可以使用如下 cron 时间表字段：

```
15 10 * * * command
```

dayofmonth、*month* 以及 *dayofweek* 字段中的通配符表明，cron 会在每天 10:15 执行该命令。要指定一条在每周一的下午 4:15（4:15 p.m.）执行的命令，可以使用军事时间[①]（1:00 p.m. 是 13:00，2:00 p.m.是 14:00，3:00 p.m.是 15:00，以此类推），如下所示：

```
15 16 * * 1 command
```

可以使用三字符的文本值（mon、tue、wed、thu、fri、sat、sun）或数值（0 或 7 代表周日，6 代表周六）来指定 *dayofweek* 字段。

这里还有另外一个例子。要想在每月第一天的中午 12 点执行命令，可以使用下列字段：

```
00 12 1 * * command
```

① 24 小时制在美国和加拿大被称为军事时间（military time），在英国则被称为大陆时间（continental time）。——译者注

dayofmonth 字段指定的是月份中的日期值（1~31）。

提示 聪明的读者可能会思考，如何设置才能让命令在每月的最后一天执行，因为无法设置一个 *dayofmonth* 值，涵盖所有月份的最后一天。常用的解决方法是加一个 `if-then` 语句，在其中使用 `date` 命令检查明天的日期是不是某个月份的第一天（01）：

```
00 12 28-31 * * if [ "$(date +%d -d tomorrow)" = 01 ] ; then command ; fi
```

这行脚本会在每天中午 12 点检查当天是不是当月的最后一天（28~31），如果是，就由 cron 执行 *command*。

另一种方法是将 *command* 替换成一个控制脚本（controlling script），在可能是每月最后一天的时候运行。控制脚本包含 `if-then` 语句，用于检查第二天是否为某个月的第一天。如果是，则由控制脚本发出命令，执行必须在当月最后一天执行的内容。

命令列表必须指定要运行的命令或脚本的完整路径。你可以像在命令行中那样，添加所需的任何选项和重定向符：

```
15 10 * * * /home/christine/backup.sh > backup.out
```

cron 程序会以提交作业的用户身份运行该脚本，因此你必须有访问该脚本（或命令）以及输出文件的合理权限。

2. 构建 cron 时间表

每个用户（包括 root 用户）都可以使用自己的 cron 时间表运行已安排好的任务。Linux 提供了 `crontab` 命令来处理 cron 时间表。要列出已有的 cron 时间表，可以用`-l` 选项：

```
$ crontab -l
no crontab for christine
$
```

在默认情况下，用户的 cron 时间表文件并不存在。可以使用`-e` 选项向 cron 时间表添加字段。在添加字段时，`crontab` 命令会启动一个文本编辑器（参见第 10 章），使用已有的 cron 时间表作为文件内容（如果时间表不存在，就是一个空文件）。

3. 浏览 cron 目录

如果创建的脚本对于执行时间的精确性要求不高，则用预配置的 cron 脚本目录会更方便。预配置的基础目录共有 4 个：hourly、daily、monthly 和 weekly。

```
$ ls /etc/cron.*ly
/etc/cron.daily:
0anacron  apt-compat    cracklib-runtime  logrotate  [...]
apport    bsdmainutils  dpkg              man-db     [...]

/etc/cron.hourly:

/etc/cron.monthly:
0anacron
```

```
/etc/cron.weekly:
0anacron  man-db  update-notifier-common
$
```

如果你的脚本需要每天运行一次，那么将脚本复制到 daily 目录，cron 就会每天运行它。

4. anacron 程序

cron 程序唯一的问题是它假定 Linux 系统是 7×24 小时运行的。除非你的 Linux 运行在服务器环境，否则这种假设未必成立。

如果某个作业在 cron 时间表中设置的运行时间已到，但这时候 Linux 系统处于关闭状态，那么该作业就不会运行。当再次启动系统时，cron 程序不会再去运行那些错过的作业。为了解决这个问题，许多 Linux 发行版提供了 anacron 程序。

如果 anacron 判断出某个作业错过了设置的运行时间，它会尽快运行该作业。这意味着如果 Linux 系统关闭了几天，等到再次启动时，原计划在关机期间运行的作业会自动运行。有了 anacron，就能确保作业一定能运行，这正是通常使用 anacron 代替 cron 调度作业的原因。

anacron 程序只处理位于 cron 目录的程序，比如/etc/cron.monthly。它通过时间戳来判断作业是否在正确的计划间隔内运行了。每个 cron 目录都有一个时间戳文件，该文件位于/var/spool/anacron：

```
$ ls /var/spool/anacron
cron.daily  cron.monthly  cron.weekly
$
$ sudo cat /var/spool/anacron/cron.daily
[sudo] password for christine:
20200619
$
```

anacron 程序使用自己的时间表（通常位于/etc/anacrontab）来检查作业目录：

```
$ cat /etc/anacrontab
# /etc/anacrontab: configuration file for anacron

# See anacron(8) and anacrontab(5) for details.

SHELL=/bin/sh
PATH=/usr/local/sbin:/usr/local/bin:/sbin:/bin:/usr/sbin:/usr/bin
HOME=/root
LOGNAME=root

# These replace cron's entries
1       5       cron.daily      run-parts --report /etc/cron.daily
7       10      cron.weekly     run-parts --report /etc/cron.weekly
@monthly 15     cron.monthly    run-parts --report /etc/cron.monthly
$
```

anacron 时间表的基本格式和 cron 时间表略有不同：

```
period delay identifier command
```

period 字段定义了作业的运行频率（以天为单位）。anacron 程序用该字段检查作业的时间

戳文件。`delay` 字段指定了在系统启动后，anacron 程序需要等待多少分钟再开始运行错过的脚本。

注意 anacron 不会运行位于/etc/cron.hourly 目录的脚本。这是因为 anacron 并不处理执行时间需求少于一天的脚本。

`identifier` 字段是一个独特的非空字符串，比如 `cron.weekly`。它唯一的作用是标识出现在日志消息和错误 email 中的作业。`command` 字段包含了 run-parts 程序和一个 cron 脚本目录名。run-parts 程序负责运行指定目录中的所有脚本。

`at`、cron 和 anacron 在调度作业运行方面各占有一席之地。然而，你可能希望在用户启动新的 bash shell 而不是特定时刻执行某个脚本。那就来看下一节。

16.7 使用新 shell 启动脚本

如果每次用户启动新的 bash shell 时都能运行相关的脚本（哪怕是特定用户启动的 bash shell），那将会非常方便，因为有时候你希望为 shell 会话设置某些 shell 特性，或者希望已经设置了某个文件。

这时可以回想一下当用户登录 bash shell 时要运行的启动文件（参见第 6 章）。另外别忘了，不是所有的发行版都包含这些启动文件。基本上，以下所列文件中的第一个文件会被运行，其余的则会被忽略。

- $HOME/.bash_profile
- $HOME/.bash_login
- $HOME/.profile

因此，应该将需要在登录时运行的脚本放在上述第一个文件中。

每次启动新 shell，bash shell 都会运行.bashrc 文件。[①]对此进行验证，可以使用这种方法：在主目录下的.bashrc 文件中加入一条简单的 `echo` 语句，然后启动一个新 shell。

```
$ cat $HOME/.bashrc
# .bashrc

# Source global definitions
if [ -f /etc/bashrc ]; then
        . /etc/bashrc
fi

# User specific environment
PATH="$HOME/.local/bin:$HOME/bin:$PATH"
export PATH

# Uncomment the following line if you don't like systemctl's autopaging feature:
```

① 一般而言，用户登录时会运行从$HOME/.bash_profile、$HOME/.bash_login 或$HOME/.profile 中找到的第一个文件，而$HOME/.bashrc 则是由非登录 shell（nonlogin shell）运行的文件。——译者注

```
# export SYSTEMD_PAGER=

# User specific aliases and functions
echo "I'm in a new shell!"
$
$ bash
I'm in a new shell!
$
$ exit
exit
$
```

.bashrc 文件通常也借由某个 bash 启动文件来运行，因为.bashrc 文件会运行两次：一次是当用户登录 bash shell 时，另一次是当用户启动 bash shell 时。如果需要某个脚本在两个时刻都运行，可以将其放入该文件中。

16.8　实战演练

本节将展示一个实用脚本，其中综合运用了本章介绍的部分脚本控制命令：捕获脚本信号，然后将其置于后台运行。这个脚本最适合辅助那些需要在运行时避免被中断的脚本。

为了便于使用，控制脚本会以选项形式指定要捕获的信号，同时使用 getopts 指定要运行的脚本选项。用于指定信号的选项，在脚本中是这样处理的：

```
while getopts S: opt   #Signals to trap listed with -S option
do
     case "$opt" in
          S) # Found the -S option
             signalList="" #Set signalList to null
             #
             for arg in $OPTARG
             do
                  case $arg in
                  1)   #SIGHUP signal is handled
                       signalList=$signalList"SIGHUP "
                  ;;
                  2)   #SIGINT signal is handled
                       signalList=$signalList"SIGINT "
                  ;;
                  20)  #SIGTSTP signal is handled
                       signalList=$signalList"SIGTSTP "
                  ;;
                  *)   #Unknown or unhandled signal
                       echo "Only signals 1 2 and/or 20 are allowed."
                       echo "Exiting script..."
                       exit
                  ;;
                  esac
              done
              ;;
          *) echo 'Usage: -S "Signal(s)" script-to-run-name'
```

```
            echo 'Exiting script...'
            exit
            ;;
    esac
    #
done
```

注意，这段代码中使用了 while 循环和 for 循环（参见第 13 章），另外还用到了 case 语句（参见第 12 章）来处理-S 选项以及相应的信号。该脚本只会捕获信号 SIGHUP(1)、SIGINT(2)和 SIGTSTP(20)。如果捕获了-S 之外的选项或是不正确的信号，则会输出错误消息。

处理过-S 选项及其参数之后，脚本要使用存储在环境变量$OPTIND 中的$@来确定是否提供了脚本名：

```
shift $[ $OPTIND - 1 ] #Script name should be in parameter
#
if [ -z $@ ]
then
     echo
     echo 'Error: Script name not provided.'
     echo 'Usage: -S "Signal(s)"  script-to-run-name'
     echo 'Exiting script...'
     exit
elif [ -O $@ ] && [ -x $@ ]
then
     scriptToRun=$@
     scriptOutput="$@.out"
else
     echo
     echo "Error: $@ is either not owned by you or not executable."
     echo "Exiting..."
     exit
fi
```

如果提供了脚本名，则还要再做一些检查，通过 if-then 语句和 elif 语句（参见第 12 章）确保该脚本的所有权（由执行脚本的用户所有）且可执行。如果一切都没问题，则将脚本名保存在另一个变量 scriptToRun 中，这一步不是必需的，但能提高代码的清晰程度。另外，所创建的输出文件包含脚本名并以.out 结尾。

现在有了要运行的脚本名和要捕获的信号，接下来就可以动手了：

```
trap "" $signalList   #Ignore these signals
#
source $scriptToRun > $scriptOutput &   #Run script in background
#
trap -- $signalList   #Set to default behavior
#
```

注意，以上脚本的运行方式有点儿别具一格。我们并没有使用 bash 或./运行文件，而是改用了 source 工具。这是另一种运行 bash 脚本的方法，称为**源引**（sourcing）[①]。这种操作与使

① "sourcing"一词目前尚无统一译法。本书选择将其译为"源引"。——译者注

用 bash 运行脚本差不多，只是不会创建子 shell。但除了空命令("")之外，source 不能很好地处理 trap 中列出的任何命令。这不是问题，因为使用空命令会导致 source 执行的脚本直接忽略 trap 中列出的任何信号。也就是说，运行的脚本会忽略$signalList 中的所有信号。$scriptToRun 在后台运行之后，其输出会被保存到$scriptOutput 文件中。

另一个要注意的地方是第二个 trap 命令。将$scriptToRun 置入后台之后，信号捕获立刻被移除了。这是一种不错的做法——在需要捕获信号的代码之前先动手，随后立即移除信号捕获。

在开始测试这一效果之前，先来看一个测试脚本。这里没有太多新内容，但是你得熟悉脚本的输出，这样才能看明白测试的输出文件：

```
$ cat testTandR.sh
#!/bin/bash
#Test script to use with trapandrun.sh
#
echo "This is a test script."
#
count=1
while [ $count -le 5 ]
do
     echo "Loop #$count"
     sleep 10
     count=$[ $count + 1 ]
done
#
echo "This is the end of test script."
#exit
$
```

现在开始测试，通过向运行的脚本发送信号，看看这些信号是被忽略还是按照默认方式处理。首先，使用正确的语法告诉脚本（trapandrun.sh）要忽略的信号（1、2 和 20）以及要运行的脚本名（testTandR.sh）：

```
$ ./trapandrun.sh -S "1 2 20" testTandR.sh

Running the testTandR.sh script in background
while trapping signal(s): SIGHUP SIGINT SIGTSTP
Output of script sent to: testTandR.sh.out

$
```

脚本（testTandR.sh）目前处于运行状态，我们使用 ps 命令找到对应的 PID，通过 Kill 命令向其发送信号：

```
$ ps
    PID TTY          TIME CMD
   1637 pts/0    00:00:00 bash
   1701 pts/0    00:00:00 trapandrun.sh
   1702 pts/0    00:00:00 sleep
   1703 pts/0    00:00:00 ps
$
$ kill -1 1701
```

```
$
$ cat testTandR.sh.out
This is a test script.
Loop #1
Loop #2
$
$ ps
  PID TTY          TIME CMD
 1637 pts/0    00:00:00 bash
 1701 pts/0    00:00:00 trapandrun.sh
 1704 pts/0    00:00:00 sleep
 1706 pts/0    00:00:00 ps
$
```

从脚本的输出文件以及第二个 ps 命令可知，脚本忽略了 SIGHUP(1)信号，并未将之挂起。下面试试使用 SIGINT(2)信号中断脚本：

```
$ kill -2 1701
$
$ cat testTandR.sh.out
This is a test script.
Loop #1
Loop #2
Loop #3
$
$ ps
  PID TTY          TIME CMD
 1637 pts/0    00:00:00 bash
 1701 pts/0    00:00:00 trapandrun.sh
 1709 pts/0    00:00:00 sleep
 1711 pts/0    00:00:00 ps
$
```

脚本这次也忽略了 SIGINT 信号。到目前为止，一切都和我们的预期一样。最后再来试试 SIGTSTP(20)信号：

```
$ kill -20 1701
$
$ ps
  PID TTY          TIME CMD
 1637 pts/0    00:00:00 bash
 1701 pts/0    00:00:00 trapandrun.sh
 1712 pts/0    00:00:00 sleep
 1714 pts/0    00:00:00 ps
$
$ cat testTandR.sh.out
This is a test script.
Loop #1
Loop #2
Loop #3
Loop #4
Loop #5
$
$ cat testTandR.sh.out
```

```
This is a test script.
Loop #1
Loop #2
Loop #3
Loop #4
Loop #5
This is the end of test script.
$
$ ps
    PID TTY          TIME CMD
   1637 pts/0    00:00:00 bash
   1718 pts/0    00:00:00 ps
$
```

完美！指定的3个信号都被忽略了，脚本在后台运行时，丝毫没有被中断。完整的控制脚本如下所示：

```
$ cat trapandrun.sh
#!/bin/bash
# Set specified signal traps; then run script in background
#
####################### Check Signals to Trap #######################
#
while getopts S: opt   #Signals to trap listed with -S option
do
     case "$opt" in
          S) # Found the -S option
             signalList="" #Set signalList to null
             #
             for arg in $OPTARG
             do
                  case $arg in
                  1)    #SIGHUP signal is handled
                        signalList=$signalList"SIGHUP "
                  ;;
                  2)    #SIGINT signal is handled
                        signalList=$signalList"SIGINT "
                  ;;
                  20)   #SIGTSTP signal is handled
                        signalList=$signalList"SIGTSTP "
                  ;;
                  *)    #Unknown or unhandled signal
                        echo "Only signals 1 2 and/or 20 are allowed."
                        echo "Exiting script..."
                        exit
                  ;;
                  esac
             done
             ;;
          *) echo 'Usage: -S "Signal(s)" script-to-run-name'
             echo 'Exiting script...'
             exit
             ;;
```

```
        esac
        #
done
#
####################### Check Script to Run #######################
#
shift $[ $OPTIND - 1 ] #Script name should be in parameter
#
if [ -z $@ ]
then
        echo
        echo 'Error: Script name not provided.'
        echo 'Usage: -S "Signal(s)" script-to-run-name'
        echo 'Exiting script...'
        exit
elif [ -O $@ ] && [ -x $@ ]
then
        scriptToRun=$@
        scriptOutput="$@.out"
else
        echo
        echo "Error: $@ is either not owned by you or not executable."
        echo "Exiting..."
        exit
fi
#
######################### Trap and Run ###########################
#
echo
echo "Running the $scriptToRun script in background"
echo "while trapping signal(s): $signalList"
echo "Output of script sent to: $scriptOutput"
echo
trap "" $signalList  #Ignore these signals
#
source $scriptToRun > $scriptOutput &  #Run script in background
#
trap -- $signalList  #Set to default behavior
#
####################### Exit script #######################
#
exit
$
```

阅读该控制脚本时，有一个地方希望你注意：检查文件是否有执行权限并不是必需的。当使用 source 命令运行脚本时，就像 bash 一样，无须在文件中设置执行权限。

在阅读此脚本代码时，你考虑过哪些改进？让脚本用户可以使用 at 工具选择在将来运行该脚本如何？也可以考虑让用户选择以默认优先级或者更低的优先级来运行脚本。你还可以捕获控制脚本的所有退出信号，以便退出信息均保持一致。能进行微调的地方还多着呢！

16.9　小结

Linux 系统允许使用信号来控制 shell 脚本。bash shell 可以接收信号并将其传给由 shell 进程生成的所有进程。Linux 信号可以轻而易举地“杀死”失控的进程或暂停耗时的进程。

你可以在脚本中用 `trap` 语句捕获信号并执行特定命令。这个功能提供了一种简单的方法来控制在脚本运行时用户能否将其中断。

在默认情况下，当在终端会话 shell 中运行脚本时，交互式 shell 会被挂起，直到脚本运行完毕。你可以在命令名后加一个`&`符号使脚本或命令以后台模式运行。当在后台模式运行命令或脚本时，交互式 shell 会被返回，允许你继续输入其他命令。

通过这种方法运行的后台进程仍与终端会话绑定。如果退出终端会话，那么后台进程也会随之退出。`nohup` 命令可以阻止这种情况发生。该命令可以拦截任何会导致命令停止运行的信号（比如退出终端会话的信号）。如此一来，即便已经退出了终端会话，脚本也能继续在后台运行。

当你将进程置入后台时，仍然可以对其施加控制。`jobs` 命令可以查看 shell 会话启动的进程。只要知道后台进程的作业号，就能用 `kill` 命令向该进程发送信号，或是用 `fg` 命令将该进程带回 shell 会话的前台。你可以用 Ctrl+Z 组合键挂起正在运行的前台进程，然后用 `bg` 命令将其置入后台模式。

`nice` 命令和 `renice` 命令可以调整进程的优先级。通过降低进程的优先级，可以使其他高优先级进程获得更多的 CPU 时间。当运行消耗大量 CPU 时间的长期进程时，这项特性非常方便。

除了控制处于运行状态的进程，你还可以决定何时启动进程。无须直接在命令行界面运行脚本，你可以将进程安排在指定时间运行。实现方法不止一种。`at` 命令允许在预设的时间运行脚本。cron 程序提供了定期运行脚本的接口，anacron 可以确保及时运行脚本。

最后，Linux 系统提供了一些脚本文件，可以让脚本在启动新的 bash shell 时运行。与此类似，位于用户主目录中的启动文件（比如.bashrc）提供了一个位置，以存放新 shell 启动时需要运行的脚本和命令。

第 17 章将学习如何编写脚本函数。脚本函数可以让你只编写一次代码，就能在脚本的不同位置多次使用。这既能保持代码整洁，又大大简化了脚本更新。

Part 3

第三部分

高级 shell 脚本编程

本部分内容

第 17 章

创建函数

本章内容

- 脚本函数基础
- 函数返回值
- 在函数中使用变量
- 数组变量和函数
- 函数递归
- 创建库
- 在命令行中使用函数

在编写 shell 脚本时，你经常会发现在多个地方使用了同一段代码。如果只是一小段代码，通常也无所谓，但要在 shell 脚本中多次重写大段代码那可就太累人了。bash shell 提供的用户自定义函数功能可以解决这个问题。你可以将 shell 脚本代码放入函数中封装起来，这样就能在脚本的任意位置多次使用了。本章将带你逐步了解如何创建自己的 shell 脚本函数，并演示如何将其用于其他 shell 脚本。

17.1 脚本函数基础

在开始编写较复杂的 shell 脚本时，你会发现自己重复使用了部分执行特定任务的代码。这些代码有时很简单，比如显示一条文本消息并从脚本用户那里获得答案；有时则比较复杂，需要作为大型处理过程的一部分被多次使用。

在这些情况下，在脚本中一遍又一遍地编写同样的代码实在烦人。如果只写一次代码，随后能够随时随地多次引用这部分代码就太好了。

bash shell 提供了这种功能。**函数**是一个脚本代码块，你可以为其命名并在脚本中的任何位置重用它。每当需要在脚本中使用该代码块时，直接写函数名即可（这叫作**调用**函数）。本节将介绍如何在 shell 脚本中创建和使用函数。

17.1.1 创建函数

在 bash shell 脚本中创建函数的语法有两种。第一种语法是使用关键字 `function`，随后跟上分配给该代码块的函数名：

```
function name {
    commands
}
```

name 定义了该函数的唯一名称。脚本中的函数名不能重复。

commands 是组成函数的一个或多个 bash shell 命令。调用该函数时，bash shell 会依次执行函数内的命令，就像在普通脚本中一样。

第二种在 bash shell 脚本中创建函数的语法更接近其他编程语言中定义函数的方式：

```
name() {
commands
}
```

函数名后的空括号表明正在定义的是一个函数。这种语法的命名规则和第一种语法一样。

17.1.2 使用函数

要在脚本中使用函数，只需像其他 shell 命令一样写出函数名即可：

```
$ cat test1
#!/bin/bash
# using a function in a script

function func1 {
   echo "This is an example of a function"
}

count=1
while [ $count -le 5 ]
do
   func1
   count=$[ $count + 1 ]
done
echo "This is the end of the loop"
func1
echo "Now this is the end of the script"
$
$ ./test1
This is an example of a function
This is an example of a function
This is an example of a function
This is an example of a function
This is an example of a function
This is the end of the loop
This is an example of a function
Now this is the end of the script
$
```

每次引用函数名 func1 时，bash shell 会找到 func1 函数的定义并执行在其中定义的命令。

函数定义不一定非要放在 shell 脚本的最开始部分，但是要注意这种情况。如果试图在函数被定义之前调用它，则会收到一条错误消息：

```
$ cat test2
#!/bin/bash
# using a function located in the middle of a script

count=1
echo "This line comes before the function definition"

function func1 {
   echo "This is an example of a function"
}

while [ $count -le 5 ]
do
   func1
   count=$[ $count + 1 ]
done
echo "This is the end of the loop"
func2
echo "Now this is the end of the script"

function func2 {
   echo "This is an example of a function"
}
$
$ ./test2
This line comes before the function definition
This is an example of a function
This is an example of a function
This is an example of a function
This is an example of a function
This is an example of a function
This is the end of the loop
./test2: func2: command not found
Now this is the end of the script
$
```

第一个函数 func1 的定义出现在脚本起始处的几条语句之后，这当然没有任何问题。在脚本中调用 func1 函数时，shell 知道去哪里找它。

然而，脚本试图在 func2 函数被定义之前就调用该函数。由于 func2 函数此时尚未定义，因此在调用 func2 时，产生了一条错误消息。

另外也要注意函数名。记住，函数名必须是唯一的，否则就会出问题。如果定义了同名函数，那么新定义就会覆盖函数原先的定义，而这一切不会有任何错误消息：

```
$ cat test3
#!/bin/bash
# testing using a duplicate function name
```

```
function func1 {
echo "This is the first definition of the function name"
}

func1

function func1 {
   echo "This is a repeat of the same function name"
}

func1
echo "This is the end of the script"
$
$ ./test3
This is the first definition of the function name
This is a repeat of the same function name
This is the end of the script
$
```

func1 函数最初的定义工作正常，但重新定义该函数后，后续的函数调用会使用第二个定义。

17.2 函数返回值

bash shell 把函数视为一个小型脚本，运行结束时会返回一个退出状态码（参见第 11 章）。有 3 种方法能为函数生成退出状态码。

17.2.1 默认的退出状态码

在默认情况下，函数的退出状态码是函数中最后一个命令返回的退出状态码。函数执行结束后，可以使用标准变量$?来确定函数的退出状态码：

```
$ cat test4
#!/bin/bash
# testing the exit status of a function

func1() {
   echo "trying to display a non-existent file"
   ls -l badfile
}

echo "testing the function: "
func1
echo "The exit status is: $?"
$
$ ./test4
testing the function:
trying to display a non-existent file
ls: badfile: No such file or directory
The exit status is: 1
$
```

该函数的退出状态码是 1，因为函数中的最后一个命令执行失败了。但你无法知道该函数中的其他命令是否执行成功。来看下面的例子：

```
$ cat test4b
#!/bin/bash
# testing the exit status of a function

func1() {
   ls -l badfile
   echo "This was a test of a bad command"
}
echo "testing the function:"
func1
echo "The exit status is: $?"
$
$ ./test4b
testing the function:
ls: badfile: No such file or directory
This was a test of a bad command
The exit status is: 0
$
```

这次，由于函数最后一个命令 echo 执行成功，因此该函数的退出状态码为 0，不过其中的其他命令执行失败。使用函数的默认退出状态码是一种危险的做法。幸运的是，有几种办法可以解决这个问题。

17.2.2　使用 return 命令

bash shell 会使用 return 命令以特定的退出状态码退出函数。return 命令允许指定一个整数值作为函数的退出状态码，从而提供了一种简单的编程设定方式：

```
$ cat test5
#!/bin/bash
# using the return command in a function

function dbl {
   read -p "Enter a value: " value
   echo "doubling the value"
   return $[ $value * 2 ]
}

dbl
echo "The new value is $?"
$
```

dbl 函数会将*$value* 变量中用户输入的整数值翻倍，然后用 return 命令返回结果。脚本用*$?*变量显示出该结果。

当用这种方法从函数中返回值时，一定要小心。为了避免出问题，牢记以下两个技巧。

- 函数执行一结束就立刻读取返回值。
- 退出状态码必须介于 0~255。

如果在用$?变量提取函数返回值之前执行了其他命令，那么函数的返回值会丢失。记住，$?变量保存的是最后执行的那个命令的退出状态码。

第二个技巧界定了返回值的取值范围。由于退出状态码必须小于 256，因此函数结果也必须为一个小于 256 的整数值。大于 255 的任何数值都会产生错误的值：

```
$ ./test5
Enter a value: 200
doubling the value
The new value is 1
$
```

如果需要返回较大的整数值或字符串，就不能使用 return 方法。接下来将介绍另一种方法。

17.2.3 使用函数输出

正如可以将命令的输出保存到 shell 变量中一样，也可以将函数的输出保存到 shell 变量中：

```
result=$(dbl)
```

这个命令会将 dbl 函数的输出赋给$result 变量。来看一个例子：

```
$ cat test5b
#!/bin/bash
# using the echo to return a value

function dbl {
   read -p "Enter a value: " value
   echo $[ $value * 2 ]
}
result=$(dbl)
echo "The new value is $result"
$
$ ./test5b
Enter a value: 200
The new value is 400
$
$ ./test5b
Enter a value: 1000
The new value is 2000
$
```

新函数会用 echo 语句来显示计算结果。该脚本会获取 dbl 函数的输出，而不是查看退出状态码。

这个例子演示了一个不易察觉的技巧。注意，dbl 函数实际上输出了两条消息。read 命令输出了一条简短的消息来向用户询问输入值。bash shell 脚本非常聪明，并不将其作为 STDOUT 输出的一部分，而是直接将其忽略。如果用 echo 语句生成这条消息来询问用户，那么它会与输出值一起被读入 shell 变量。

注意 这种方法还可以返回浮点值和字符串，这使其成为一种获取函数返回值的强大方法。

17.3 在函数中使用变量

你可能已经注意到，在 17.2.2 节的 `test5` 例子中，我们在函数中用了变量*$value* 来保存处理后的值。在函数中使用变量时，需要注意它们的定义方式和处理方式。这是 shell 脚本中常见错误的根源。本节将介绍一些处理 shell 脚本函数内外变量的方法。

17.3.1 向函数传递参数

17.2 节提到过，bash shell 会将函数当作小型脚本来对待。这意味着你可以像普通脚本那样向函数传递参数（参见第 14 章）。

函数可以使用标准的位置变量来表示在命令行中传给函数的任何参数。例如，函数名保存在 *$0* 变量中，函数参数依次保存在*$1*、*$2* 等变量中。也可以用特殊变量*$#*来确定传给函数的参数数量。

在脚本中调用函数时，必须将参数和函数名放在同一行，就像下面这样：

```
func1 $value1 10
```

然后函数可以用位置变量来获取参数值。来看一个使用此方法向函数传递参数的例子：

```
$ cat test6
#!/bin/bash
# passing parameters to a function

function addem {
   if [ $# -eq 0 ] || [ $# -gt 2 ]
   then
      echo -1
   elif [ $# -eq 1 ]
   then
      echo $[ $1 + $1 ]
   else
      echo $[ $1 + $2 ]
   fi
}

echo -n "Adding 10 and 15: "
value=$(addem 10 15)
echo $value
echo -n "Let's try adding just one number: "
value=$(addem 10)
echo $value
echo -n "Now try adding no numbers: "
value=$(addem)
echo $value
echo -n "Finally, try adding three numbers: "
value=$(addem 10 15 20)
echo $value
$
$ ./test6
```

```
Adding 10 and 15: 25
Let's try adding just one number: 20
Now try adding no numbers: -1
Finally, try adding three numbers: -1
$
```

text6 脚本中的 addem 函数首先会检查脚本传给它的参数数目。如果没有参数或者参数多于两个，那么 addem 会返回-1。如果只有一个参数，那么 addem 会将参数与自身相加。如果有两个参数，则 addem 会将二者相加。

由于函数使用位置变量访问函数参数，因此无法直接获取脚本的命令行参数。下面的例子无法成功运行：


```
$ cat badtest1
#!/bin/bash
# trying to access script parameters inside a function

function badfunc1 {
   echo $[ $1 * $2 ]
}

if [ $# -eq 2 ]
then
   value=$(badfunc1)
   echo "The result is $value"
else
   echo "Usage: badtest1 a b"
fi
$
$ ./badtest1
Usage: badtest1 a b
$ ./badtest1 10 15
./badtest1: *  : syntax error: operand expected (error token is "*
")
The result is
$
```

尽管函数使用了 *$1* 变量和 *$2* 变量，但它们和脚本主体中的 *$1* 变量和 *$2* 变量不是一回事。要在函数中使用脚本的命令行参数，必须在调用函数时手动将其传入：

```
$ cat test7
#!/bin/bash
# trying to access script parameters inside a function

function func7 {
   echo $[ $1 * $2 ]
}

if [ $# -eq 2 ]
then
   value=$(func7 $1 $2)
   echo "The result is $value"
else
   echo "Usage: badtest1 a b"
```

```
fi
$
$ ./test7
Usage: badtest1 a b
$ ./test7 10 15
The result is 150
$
```

在将*$1* 变量和*$2* 变量传给函数后，它们就能跟其他变量一样，可供函数使用了。

17.3.2　在函数中处理变量

给 shell 脚本程序员带来麻烦的情况之一就是变量的**作用域**。作用域是变量的有效区域。在函数中定义的变量与普通变量的作用域不同。也就是说，对脚本的其他部分而言，在函数中定义的变量是无效的。

函数有两种类型的变量。

- 全局变量
- 局部变量

接下来将介绍这两种变量在函数中的用法。

1. 全局变量

全局变量是在 shell 脚本内任何地方都有效的变量。如果在脚本的主体部分定义了一个全局变量，那么就可以在函数内读取它的值。类似地，如果在函数内定义了一个全局变量，那么也可以在脚本的主体部分读取它的值。

在默认情况下，在脚本中定义的任何变量都是全局变量。在函数外定义的变量可在函数内正常访问：

```
$ cat test8
#!/bin/bash
# using a global variable to pass a value

function dbl {
   value=$[ $value * 2 ]
}

read -p "Enter a value: " value
dbl
echo "The new value is: $value"
$
$ ./test8
Enter a value: 450
The new value is: 900
$
```

`$value` 变量在函数外定义并被赋值。当 `dbl` 函数被调用时，该变量及其值在函数中依然有效。如果变量在函数内被赋予了新值，那么在脚本中引用该变量时，新值仍可用。

但这种情况其实很危险，尤其是想在不同的 shell 脚本中使用函数的时候，因为这要求你清清楚楚地知道函数中具体使用了哪些变量，包括那些用来计算非返回值的变量。这里有个例子可以说明事情是如何被搞砸的：

```
$ cat badtest2
#!/bin/bash
# demonstrating a bad use of variables

function func1 {
   temp=$[ $value + 5 ]
   result=$[ $temp * 2 ]
}

temp=4
value=6

func1
echo "The result is $result"
if [ $temp -gt $value ]
then
   echo "temp is larger"
else
   echo "temp is smaller"
fi
$
$ ./badtest2
The result is 22
temp is larger
$
```

由于函数中用到了`$temp`变量，因此它的值在脚本中使用时受到了影响，产生了意想不到的后果。有一种简单的方法可以解决函数中的这个问题，那就是使用局部变量。

2. 局部变量

无须在函数中使用全局变量，任何在函数内部使用的变量都可以被声明为局部变量。为此，只需在变量声明之前加上`local`关键字即可：

```
local temp
```

也可以在变量赋值语句中使用`local`关键字：

```
local temp=$[ $value + 5 ]
```

`local`关键字保证了变量仅在该函数中有效。如果函数之外有同名变量，那么shell会保持这两个变量的值互不干扰。这意味着你可以轻松地将函数变量和脚本变量分离开，只共享需要共享的变量：

```
$ cat test9
#!/bin/bash
# demonstrating the local keyword

function func1 {
   local temp=$[ $value + 5 ]
   result=$[ $temp * 2 ]
}
```

```
temp=4
value=6

func1
echo "The result is $result"
if [ $temp -gt $value ]
then
   echo "temp is larger"
else
   echo "temp is smaller"
fi
$
$ ./test9
The result is 22
temp is smaller
$
```

现在，当你在 `func1` 函数中使用 *$temp* 变量时，该变量的值不会影响到脚本主体中赋给 *$temp* 变量的值。

17.4 数组变量和函数

第 5 章讨论过使用数组在单个变量中保存多个值的高级用法。在函数中使用数组变量有点儿麻烦，需要做一些特殊考虑。本节将介绍一种方法来解决这个问题。

17.4.1 向函数传递数组

向脚本函数传递数组变量的方法有点儿难以理解。将数组变量当作单个参数传递的话，它不会起作用：

```
$ cat badtest3
#!/bin/bash
# trying to pass an array variable

function testit {
   echo "The parameters are: $@"
   thisarray=$1
   echo "The received array is ${thisarray[*]}"
}

myarray=(1 2 3 4 5)
echo "The original array is: ${myarray[*]}"
testit $myarray
$
$ ./badtest3
The original array is: 1 2 3 4 5
The parameters are: 1
The received array is 1
$
```

如果试图将数组变量作为函数参数进行传递，则函数只会提取数组变量的第一个元素。

要解决这个问题，必须先将数组变量拆解成多个数组元素，然后将这些数组元素作为函数参数传递。最后在函数内部，将所有的参数重新组合成一个新的数组变量。来看下面的例子：

```
$ cat test10
#!/bin/bash
# array variable to function test

function testit {
   local newarray
   newarray=(`echo "$@"`)
   echo "The new array value is: ${newarray[*]}"
}

myarray=(1 2 3 4 5)
echo "The original array is ${myarray[*]}"
testit ${myarray[*]}
$
$ ./test10
The original array is 1 2 3 4 5
The new array value is: 1 2 3 4 5
$
```


该脚本用*$myarray*变量保存所有的数组元素，然后将其作为参数传递给函数。该函数随后根据参数重建数组变量。在函数内部，数组可以照常使用：

```
$ cat test11
#!/bin/bash
# adding values in an array

function addarray {
   local sum=0
   local newarray
   newarray=(`echo "$@"`)
   for value in ${newarray[*]}
   do
      sum=$[ $sum + $value ]
   done
   echo $sum
}
myarray=(1 2 3 4 5)
echo "The original array is: ${myarray[*]}"
arg1=$(echo ${myarray[*]})
result=$(addarray $arg1)
echo "The result is $result"
$
$ ./test11
The original array is: 1 2 3 4 5
The result is 15
$
```

addarray 函数遍历了所有的数组元素，并将它们累加在一起。你可以在 *myarray* 数组变量中放置任意数量的值，addarry 函数会将它们依次相加。

17.4.2　从函数返回数组

函数向 shell 脚本返回数组变量也采用类似的方法。函数先用 echo 语句按正确顺序输出数组的各个元素，然后脚本再将数组元素重组成一个新的数组变量：

```
$ cat test12
#!/bin/bash
# returning an array value

function arraydblr {
   local origarray
   local newarray
   local elements
   local i
   origarray=($(echo "$@"))
   newarray=($(echo "$@"))
   elements=$[ $# - 1 ]
   for (( i = 0; i <= $elements; i++ ))
   {
      newarray[$i]=$[ ${origarray[$i]} * 2 ]
   }
   echo ${newarray[*]}
}

myarray=(1 2 3 4 5)
echo "The original array is: ${myarray[*]}"
arg1=$(echo ${myarray[*]})
result=($(arraydblr $arg1))
echo "The new array is: ${result[*]}"
$
$ ./test12
The original array is: 1 2 3 4 5
The new array is: 2 4 6 8 10
```

该脚本通过*$arg1*变量将数组元素作为参数传给 arraydblr 函数。arraydblr 函数将传入的参数重组成新的数组变量，生成该数组变量的副本。然后对数据元素进行遍历，将每个元素的值翻倍，并将结果存入函数中的数组变量副本。

arraydblr 函数使用 echo 语句输出每个数组元素的值。脚本用 arraydblr 函数的输出重组了一个新的数组变量。

17.5　函数递归

局部函数变量的一个特性是**自成体系**（self-containment）。除了获取函数参数，自成体系的函数不需要使用任何外部资源。

这个特性使得函数可以**递归地调用**，也就是说函数可以调用自己来得到结果。递归函数通常有一个最终可以迭代到的基准值。许多高级数学算法通过递归对复杂的方程进行逐级规约，直到基准值。

递归算法的经典例子是计算阶乘。一个数的阶乘是该数之前的所有数乘以该数的值。因此，要计算 5 的阶乘，可以执行下列算式：

```
5! = 1 * 2 * 3 * 4 * 5 = 120
```

使用递归，这一算法可以简化为以下形式：

```
x! = x * (x-1)!
```

也就是说，x 的阶乘等于 x 乘以 $x-1$ 的阶乘。这可以用简单的递归脚本表达为以下形式：

```
function factorial {
   if [ $1 -eq 1 ]
   then
      echo 1
   else
      local temp=$[ $1 - 1 ]
      local result=`factorial $temp`
      echo $[ $result * $1 ]
   fi
}
```

阶乘函数用其自身计算阶乘的值：

```
$ cat test13
#!/bin/bash
# using recursion

function factorial {
   if [ $1 -eq 1 ]
   then
      echo 1
   else
      local temp=$[ $1 - 1 ]
      local result=$(factorial $temp)
      echo $[ $result * $1 ]
   fi
}

read -p "Enter value: " value
result=$(factorial $value)
echo "The factorial of $value is: $result"
$
$ ./test13
Enter value: 5
The factorial of 5 is: 120
$
```

阶乘函数并不难。创建了这样的函数后，你甚至想把它用在其他的脚本中。下面来看看如何有效地利用函数。

17.6 创建库

使用函数可以为脚本省去一些重复性的输入工作，这一点是显而易见的。但如果你碰巧要在多个脚本中使用同一段代码呢？就为了使用一次而在每个脚本中都定义同样的函数，这显然很麻烦。

有一种方法能解决这个问题。bash shell 允许创建函数**库文件**，然后在多个脚本中引用此库文件。

这个过程的第一步是创建一个包含脚本中所需函数的公用库文件。来看一个库文件 myfuncs，其中定义了 3 个简单的函数：

```
$ cat myfuncs
# my script functions

function addem {
   echo $[ $1 + $2 ]
}

function multem {
   echo $[ $1 * $2 ]
}

function divem {
   if [ $2 -ne 0 ]
   then
      echo $[ $1 / $2 ]
   else
      echo -1
   fi
}
$
```

第二步是在需要用到这些函数的脚本文件中包含 myfuncs 库文件。这时候，事情变得棘手起来。

问题出在 shell 函数的作用域上。和环境变量一样，shell 函数仅在定义它的 shell 会话内有效。如果在 shell 命令行界面运行 myfuncs 脚本，那么 shell 会创建一个新的 shell 并在其中运行这个脚本。在这种情况下，以上 3 个函数会定义在新 shell 中，当你运行另一个要用到这些函数的脚本时，它们是无法使用的。

这同样适用于脚本。如果尝试像普通脚本文件那样运行库文件，那么这 3 个函数也不会出现在脚本中：

```
$ cat badtest4
#!/bin/bash
# using a library file the wrong way
./myfuncs

result=$(addem 10 15)
echo "The result is $result"
$
$ ./badtest4
./badtest4: addem: command not found
The result is
$
```

使用函数库的关键在于 `source` 命令。`source` 命令会在当前 shell 的上下文中执行命令，而不是创建新的 shell 并在其中执行命令。可以用 `source` 命令在脚本中运行库文件。这样脚本就可以使用库中的函数了。

source 命令有个别名，称作**点号操作符**。要在 shell 脚本中运行 myfuncs 库文件，只需添加下面这一行代码：

```
. ./myfuncs
```

这个例子假定 myfuncs 库文件和 shell 脚本位于同一目录。如果不是，则需要使用正确路径访问该文件。来看一个使用 myfuncs 库文件创建脚本的例子：

```
$ cat test14
#!/bin/bash
# using functions defined in a library file
. ./myfuncs

value1=10
value2=5
result1=$(addem $value1 $value2)
result2=$(multem $value1 $value2)
result3=$(divem $value1 $value2)
echo "The result of adding them is: $result1"
echo "The result of multiplying them is: $result2"
echo "The result of dividing them is: $result3"
$
$ ./test14
The result of adding them is: 15
The result of multiplying them is: 50
The result of dividing them is: 2
$
```

脚本成功地使用了 myfuncs 库文件中定义的函数。

17.7 在命令行中使用函数

可以用脚本函数执行一些十分复杂的操作，但有时候，在命令行界面直接使用这些函数也很有必要。

就像在 shell 脚本中将脚本函数当作命令使用一样，在命令行界面中也可以这样做。这个特性很不错，因为一旦在 shell 中定义了函数，就可以在整个系统的任意目录中使用它，而无须担心该函数是否位于 PATH 环境变量中。重点在于 shell 要识别这些函数。有几种方法可以实现这一目的。

17.7.1 在命令行中创建函数

因为 shell 会解释用户输入的命令，所以可以在命令行中直接定义一个函数。有两种方法。

一种方法是采用单行方式来定义函数：

```
$ function divem { echo $[ $1 / $2 ];  }
$ divem 100 5
20
$
```

当你在命令行中定义函数时，必须在每个命令后面加个分号，这样 shell 就能知道哪里是命令的起止了：

```
$ function doubleit { read -p "Enter value: " value; echo $[
 $value * 2 ]; }
$
$ doubleit
Enter value: 20
40
$
```

另一种方法是采用多行方式来定义函数。在定义时，bash shell 会使用次提示符来提示输入更多命令。使用这种方法，无须在每条命令的末尾放置分号，只需按下回车键即可：

```
$ function multem {
> echo $[ $1 * $2 ]
> }
$ multem 2 5
10
$
```

输入函数尾部的花括号后，shell 就知道你已经完成函数的定义了。

警告　在命令行创建函数时要特别小心。如果给函数起了一个跟内建命令或另一个命令相同的名字，那么函数就会覆盖原来的命令。

17.7.2　在.bashrc 文件中定义函数

在命令行中直接定义 shell 函数的一个明显缺点是，在退出 shell 时，函数也会消失。对复杂的函数而言，这可是个麻烦事。

有一种非常简单的方法可以解决这个问题：将函数定义在每次新 shell 启动时都会重新读取该函数的地方。

.bashrc 文件就是最佳位置。不管是交互式 shell 还是从现有 shell 启动的新 shell，bash shell 在每次启动时都会在用户主目录中查找这个文件。

1. 直接定义函数

可以直接在用户主目录的.bashrc 文件中定义函数。大多数 Linux 发行版已经在该文件中定义了部分内容，注意不要误删，只需将函数放在文件末尾即可。这里有个例子：

```
$ cat .bashrc
# .bashrc

# Source global definitions
if [ -r /etc/bashrc ]; then
        . /etc/bashrc
fi
```

```
function addem {
   echo $[ $1 + $2 ]
}
$
```

该函数会在下次启动新的 bash shell 时生效。随后你就能在系统中的任意地方使用这个函数了。

2. 源引函数文件

只要是在 shell 脚本中，就可以用 `source` 命令（或者其别名，即点号操作符）将库文件中的函数添加到.bashrc 脚本中：

```
$ cat .bashrc
# .bashrc

# Source global definitions
if [ -r /etc/bashrc ]; then
        . /etc/bashrc
fi

. /home/rich/libraries/myfuncs
$
```

要确保库文件的路径名正确，以便 bash shell 找到该文件。下次启动 shell 时，库中的所有函数都可以在命令行界面使用了：

```
$ addem 10 5
15
$ multem 10 5
50
$ divem 10 5
2
$
```

更棒的是，shell 还会将定义好的函数传给子 shell 进程，这样一来，这些函数就能够自动用于该 shell 会话中的任何 shell 脚本了。你可以写个脚本，试试在不定义或不源引函数的情况下直接使用函数会是什么结果：

```
$ cat test15
#!/bin/bash
# using a function defined in the .bashrc file

value1=10
value2=5
result1=$(addem $value1 $value2)
result2=$(multem $value1 $value2)
result3=$(divem $value1 $value2)
echo "The result of adding them is: $result1"
echo "The result of multiplying them is: $result2"
echo "The result of dividing them is: $result3"
$
$ ./test15
```

17

```
The result of adding them is: 15
The result of multiplying them is: 50
The result of dividing them is: 2
$
```

甚至都不用源引库文件，这些函数就可以在 shell 脚本中顺畅运行。

17.8　实战演练

我们对函数的应用绝不仅限于创建自己的函数自娱自乐。在开源世界中，共享代码是必不可少的，这同样适用于 shell 脚本函数。你可以下载各种 shell 脚本函数并将其用于自己的应用程序中。

本节介绍了如何下载、安装以及使用 GNU shtool shell 脚本函数库。shtool 库提供了一些简单的 shell 脚本函数，可用于实现日常的 shell 功能，比如处理临时文件和目录、格式化输出显示等。

17.8.1　下载及安装

首先是将 GNU shtool 库下载并安装到你的系统中，这样你才能在自己的 shell 脚本中使用这些库函数。为此，要用到 FTP 客户端或者是浏览器。shtool 软件包的下载地址如下：

```
ftp://ftp.gnu.org/gnu/shtool/shtool-2.0.8.tar.gz
```

下载文件 shtool-2.0.8.tar.gz，然后使用 `cp` 命令或是 Linux 发行版中的图形化文件管理器（比如 Ubuntu 中的 Files）将文件复制到主目录中。

完成复制操作后，使用 `tar` 命令提取文件：

```
tar -zxvf shtool-2.0.8.tar.gz
```

该命令会将压缩文件中的内容提取至 shtool-2.0.8 目录。然后使用 `cd` 命令将之切换到新创建的目录：cd shtool-2.0.8。

接下来就可以构建 shell 脚本库文件了。

17.8.2　构建库

shtool 文件必须针对特定的 Linux 环境进行配置。配置过程必须使用标准的 `configure` 命令和 `make` 命令，这两个命令常用于 C 编程环境。要构建库文件，只需输入如下内容即可：

```
$ ./configure
$ make
```

`configure` 命令会检查构建 shtool 库文件所必需的软件。一旦发现了所需要的工具，就会使用工具路径修改配置文件。

`make` 命令负责构建 shtool 库文件。最终的结果文件（shtool）是一个完整的库软件包文件。你也可以使用 `make` 命令测试这个库文件：

```
$ make test
Running test suite:
echo...........ok
```

```
mdate..........ok
table..........ok
prop...........ok
move...........ok
install........ok
mkdir..........ok
mkln...........ok
mkshadow.......ok
fixperm........ok
rotate.........ok
tarball........ok
subst..........ok
platform.......ok
arx............ok
slo............ok
scpp...........ok
version........ok
path...........ok
OK: passed: 19/19
$
```

测试模式会测试 shtool 库中所有的函数。如果全部通过了测试，就可以将库安装到 Linux 系统中的公用位置，这样你的所有脚本就都能使用这个库了。要完成安装，可以使用 make 命令的 install 选项。不过需要以 root 用户的身份运行该命令：

```
# make install
Password:
./shtool mkdir -f -p -m 755 /usr/local
./shtool mkdir -f -p -m 755 /usr/local/bin
./shtool mkdir -f -p -m 755 /usr/local/share/man/man1
./shtool mkdir -f -p -m 755 /usr/local/share/aclocal
./shtool mkdir -f -p -m 755 /usr/local/share/shtool
...
./shtool install -c -m 644 sh.version /usr/local/share/shtool/
sh.version
./shtool install -c -m 644 sh.path /usr/local/share/shtool/sh.path
#
```

现在，你可以在自己的 shell 脚本中使用这些函数了。

17.8.3 shtool 库函数

shtool 库提供了大量方便的函数。如表 17-1 所示。

表 17-1 shtool 库函数

函 数	描 述
arx	创建归档文件（包含一些扩展功能）
echo	显示字符串，并提供了一些扩展构件
fixperm	改变目录树中的文件权限
install	安装脚本或文件

（续）

函　数	描　述
mdate	显示文件或目录的修改时间
mkdir	创建一个或多个目录
mkln	使用相对路径创建链接
mkshadow	创建一棵阴影树（shadow tree）
move	带有替换功能的文件移动
path	处理程序路径
platform	显示平台标识
prop	显示一个带有动画效果的进度条
rotate	轮替（rotate）日志文件
scpp	共享的 C 预处理器
slo	根据库的类别，分离出链接器选项
subst	使用 sed 的替换操作
table	以表格的形式显示由字段分隔（field-separated）的数据
tarball	从文件和目录中创建 tar 文件
version	创建版本信息文件

每个 shtool 函数都包含大量的选项和参数，可以用来调整函数的工作方式。shtool 函数使用格式如下。

```
shtool [options] [function [options] [args]]
```

17.8.4　使用库

可以在命令行或 shell 脚本中直接使用 shtool 函数。下面是一个在 shell 脚本中使用 platform 函数的例子：

```
$ cat test16
#!/bin/bash

shtool platform
$ ./test16
Ubuntu 20.04 (AMD64)
$
```

platform 函数会返回 Linux 发行版以及系统所使用 CPU 硬件的相关信息。我很喜欢 prop 函数。它使用\、|、/和-字符创建了一个旋转的进度条，可以告诉 shell 脚本用户目前正在进行一些后台处理工作。

要使用 prop 函数，只需将希望监看的输出管接到 shtool 脚本即可：

```
$ ls -al /usr/bin | shtool prop -p "waiting..."
waiting...
$
```

prop 函数会在处理过程中不停地变换进度条字符。在本例中，输出信息来自 ls 命令。你能看到多少进度条取决于 CPU 能以多快的速度列出/usr/bin 目录中的文件。-p 选项可以设置出现在进度条之前的文本。好了，尽情享受吧！

17.9 小结

shell 脚本函数允许将脚本中多处用到的代码放到一处。你可以创建一个包含该代码块的函数，然后在脚本中通过函数名来引用这部分代码，无须再一次次地重写。只要看到函数名，bash shell 就会自动跳到对应的函数代码块处。

你甚至可以创建能返回值的函数。这样函数就能够同脚本进行交互，返回数值和字符串。函数可以通过最后一个命令的退出状态码或 return 命令来返回值。return 命令能够基于函数的结果，通过编程的方式将函数的退出状态码设为特定值。

函数也能用标准的 echo 语句返回值。跟其他 shell 命令一样，可以用反引号来获取输出的数据，这样就能从函数中返回任意类型的数据（包括字符串和浮点数）了。

你可以在函数中使用 shell 变量，对其赋值以及从中取值，以此在主脚本和函数之间传入和传出各种类型的数据。函数也支持定义仅用于函数内部的局部变量。局部变量允许创建自成体系的函数，它们不会影响主脚本中的变量或其中的处理过程。

函数也可以调用包括自身在内的其他函数。函数的自调用行为称为递归。递归函数通常包含作为函数终结条件的基准值。函数在调用自身的同时会不停地减少参数值，直到达到基准值。

如果需要在 shell 脚本中使用大量函数，可以创建函数库文件。可以用 source 命令（或该命令的别名）在任意 shell 脚本文件中引用库文件，这种方法称为源引。shell 并不运行库文件，但会使这些函数在运行该脚本的 shell 中生效。用同样的方法可以创建在普通 shell 命令行中使用的函数：直接在命令行中定义函数，或者将函数添加到.bashrc 文件中，后一种方法能在每次启动新的 shell 会话时都使用这些函数。这是一种创建实用工具的简便方法，不管 PATH 环境变量设置成什么，都可以直接拿来使用。

第 18 章将介绍在脚本中使用文本图形。在现代化图形界面普及的今天，只拥有纯文本界面有时是不够的。bash shell 提供了一些轻松的方法，可以在脚本中融入简单的图形功能，以增加趣味性。

第 18 章

图形化桌面环境中的脚本编程

本章内容

- ❑ 创建文本菜单
- ❑ 创建文本窗口部件
- ❑ 图形化窗口部件

多年来，shell 脚本一直都被认为是枯燥乏味的。但如果打算在图形化环境中运行脚本，事实可就未必如此了。它有很多与脚本用户交互的方式，这些方式并不依赖 `read` 语句和 `echo` 语句。本章将深入介绍一些可以为交互式脚本增添活力的方法，让它们看起来不再那么古板。

18.1 创建文本菜单

创建交互式 shell 脚本最常用的方法是使用菜单。各种菜单项有助于用户了解脚本能做什么以及不能做什么。

菜单式脚本通常会清空显示区域，然后显示可用的菜单项列表。用户可以按下与每个菜单项关联的字母或数字来选择相应的选项。图 18-1 显示了一个菜单布局示例。

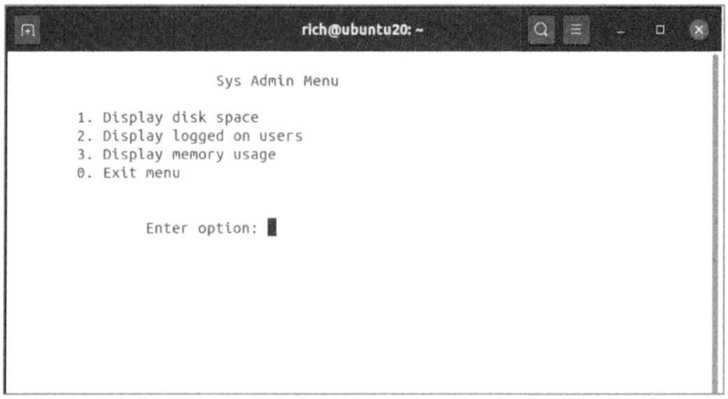

图 18-1　shell 脚本显示的菜单

shell 脚本菜单的核心是 case 命令（参见第 12 章）。case 命令会根据用户在菜单上的选择来执行相应的命令。

接下来几节将带你逐步了解创建基于菜单的 shell 脚本的步骤。

18.1.1 创建菜单布局

创建菜单的第一步显然是确定在菜单上显示的元素以及想要显示的布局方式。

在创建菜单前，最好先清除屏幕上已有的内容。这样就能在干净且没有干扰的环境中显示菜单了。

clear 命令使用终端会话的终端设置信息[①]（参见第 2 章）来清除屏幕上的文本。运行 clear 命令之后，可以用 echo 命令来显示菜单。

在默认情况下，echo 命令只显示可打印文本字符。在创建菜单项时，非可打印字符（比如制表符和换行符）往往也能派上用场。要在 echo 命令中包含这些字符，必须加入-e 选项。因此，下列命令：

```
echo -e "1.\tDisplay disk space"
```

会生成如下输出行：

```
1.        Display disk space
```

这极大地方便了菜单项布局的格式化。只用几个 echo 命令，就能创建一个看上去还不错的菜单：

```
clear
echo
echo -e "\t\t\tSys Admin Menu\n"
echo -e "\t1. Display disk space"
echo -e "\t2. Display logged on users"
echo -e "\t3. Display memory usage"
echo -e "\t0. Exit menu\n\n"
echo -en "\t\tEnter option: "
```

最后一行的-en 选项会去掉结尾的换行符。这让菜单看上去更专业一些，因为光标会一直在行尾等待用户的输入。

创建菜单的最后一步是获取用户输入。这要用到 read 命令（参见第 14 章）。因为我们期望的是单字符输入，所以会在 read 命令中使用-n 选项来限制只读取一个字符。这样用户只需要输入一个数字，而不用按 Enter 键：

```
read -n 1 option
```

接下来，需要创建菜单函数。

① clear 命令会查看由环境变量 TERM 给出的终端类型，然后在 terminfo 数据库中确定如何清除屏幕上的内容，参见 man clear。——译者注

18.1.2　创建菜单函数

shell 脚本菜单项作为一组独立的函数实现起来更为容易。这样你就能创建出简洁、准确且容易理解的 case 命令了。

为此，你要为每个菜单项创建单独的 shell 函数。创建 shell 菜单脚本的第一步是确定脚本要实现的功能，然后将这些功能以函数的形式放在代码中。

通常我们会为还没有实现的函数创建一个**桩函数**（stub function）。桩函数既可以是一个空函数，也可以只包含一个 echo 语句，用于说明最终这里需要什么内容：

```
function diskspace {
   clear
   echo "This is where the diskspace commands will go"
}
```

这个桩函数允许在实现某个函数的同时，菜单仍能正常操作。无须等到写出所有函数之后才让菜单投入使用。你会注意到，函数从 clear 命令开始。这是为了能在一个干净的屏幕上执行函数，不让它受到原先菜单的干扰。

将菜单布局本身作为一个函数来创建，有助于制作 shell 脚本菜单：

```
function menu {
   clear
   echo
   echo -e "\t\t\tSys Admin Menu\n"
   echo -e "\t1. Display disk space"
   echo -e "\t2. Display logged on users"
   echo -e "\t3. Display memory usage"
   echo -e "\t0. Exit program\n\n"
   echo -en "\t\tEnter option: "
   read -n 1 option
}
```

这样，任何时候你都能调用 menu 函数来重现菜单。

18.1.3　添加菜单逻辑

现在你已经创建好了菜单布局和 menu 函数，只需创建程序逻辑将二者结合起来即可。前面提到过，这要用到 case 命令。

case 命令应该根据用户输入的字符来调用相应的函数。使用默认的 case 命令字符（星号）来处理所有不正确的菜单项是一种不错的做法。

下面的代码展示了菜单中 case 命令的典型用法：

```
menu
case $option in
0)
   break ;;
1)
   diskspace ;;
2)
```

```
        whoseon ;;
    3)
        memusage ;;
    *)
        clear
        echo "Sorry, wrong selection";;
    esac
```

这段代码首先用 menu 函数清除屏幕并显示菜单。menu 函数中的 read 命令会一直等待，直到用户在键盘上输入了字符。然后，case 命令就会接管余下的处理过程。case 命令会基于用户输入的字符调用相应的函数。函数运行结束后，case 命令退出。

18.1.4 整合 shell 脚本菜单

现在你已经看到了组成 shell 脚本菜单的各个部分，让我们将它们整合在一起，看看它们彼此之间是如何协作的。下面是一个完整的菜单脚本示例：


```
$ cat menu1
#!/bin/bash
# simple script menu

function diskspace {
    clear
    df -k
}

function whoseon {
    clear
    who
}

function memusage {
    clear
    cat /proc/meminfo
}

function menu {
    clear
    echo
    echo -e "\t\t\tSys Admin Menu\n"
    echo -e "\t1. Display disk space"
    echo -e "\t2. Display logged on users"
    echo -e "\t3. Display memory usage"
    echo -e "\t0. Exit program\n\n"
    echo -en "\t\tEnter option: "
    read -n 1 option
}

while [ 1 ]
do
    menu
    case $option in
```

```
        0)
           break ;;
        1)
           diskspace ;;
        2)
           whoseon ;;
        3)
           memusage ;;
        *)
           clear
           echo "Sorry, wrong selection";;
        esac
        echo -en "\n\n\t\t\tHit any key to continue"
        read -n 1 line
done
clear
$
```

这个菜单创建了 3 个函数，以使用常见命令提取 Linux 系统的管理信息。while 循环用于持续处理菜单，除非用户选择了选项 0，即通过 break 命令跳出 while 循环。

可以用这个模板创建任何 shell 脚本的菜单界面。它提供了一种与用户交互的简单途径。

18.1.5 使用 select 命令

你可能已经注意到了，创建文本菜单的一半工夫花在了建立菜单布局和获取用户输入上。bash shell 提供了一款易于上手的小工具，能够帮助我们自动完成这些工作。

select 命令只需要一个命令就可以创建出菜单，然后获取输入并自动处理。select 命令的格式如下：

```
select variable in list
do
    commands
done
```

list 参数是由空格分隔的菜单项列表，该列表构成了整个菜单。select 命令会将每个列表项显示成一个带编号的菜单项，然后显示一个由 PS3 环境变量定义的特殊提示符，指示用户做出选择。

下面是一个 select 命令的简单示例：

```
$ cat smenu1
#!/bin/bash
# using select in the menu

function diskspace {
   clear
   df -k
}

function whoseon {
   clear
```

```
   who
}

function memusage {
   clear
   cat /proc/meminfo
}

PS3="Enter option: "
select option in "Display disk space" "Display logged on users" ~CA
"Display memory usage" "Exit program"
do
   case $option in
   "Exit program")
         break ;;
   "Display disk space")
         diskspace ;;
   "Display logged on users")
         whoseon ;;
   "Display memory usage")
         memusage ;;
   *)
         clear
         echo "Sorry, wrong selection";;
   esac
done
clear
$
```

select 语句中的所有内容必须作为一行出现。这从续行符就可以看出。运行该脚本会自动生成如下菜单：

```
$ ./smenu1
1) Display disk space        3) Display memory usage
2) Display logged on users   4) Exit program
Enter option:
```

记住，在使用 select 命令时，存储在指定变量中的值是整个字符串，而不是跟菜单选项相关联的数字。字符串才是要在 case 语句中进行比较的内容。

18.2 创建文本窗口部件

使用文本菜单绝对没问题，但我们的交互脚本中仍然欠缺很多东西，尤其是相较于图形化窗口而言。幸运的是，开源界里有些多才多智的人已经帮我们搞定了。

dialog 软件包最早是 Savio Lam 编写的一款小巧的工具，现在由 Thomas E. Dickey 负责维护。dialog 能够用 ANSI 转义控制字符，在文本环境中创建标准的窗口对话框。你可以轻而易举地将这些对话框融入自己的 shell 脚本中，以实现与用户的交互。本节将介绍 dialog 软件包并演示如何在 shell 脚本中使用它。

注意　并不是所有的 Linux 发行版中都会默认安装 dialog 软件包。如果没有安装，那么鉴于其流行程度，你应该也能在软件仓库中找到它。参考 Linux 发行版的特定文档可以了解如何下载 dialog 软件包。在 Ubuntu Linux 发行版中，使用下列命令安装该软件包：

```
sudo apt-get install dialog
```

基于 Red Hat 的发行版（比如 CentOS）系统，使用 `dnf` 命令安装该软件包：

```
sudo dnf install dialog
```

软件包管理器会为你安装 dialog 软件包以及所需的库。

18.2.1　dialog 软件包

`dialog` 命令使用命令行选项来决定生成哪种窗口部件（widget）。部件是代表某类窗口元素的术语。dialog 软件包目前支持的部件类型如表 18-1 所示。

表 18-1　dialog 部件

部 件 名	描　述
`calendar`	提供可选择日期的日历
`checklist`	显示多个条目，其中每个条目都可以打开或关闭
`form`	构建一个带有标签以及文本字段（可以填写内容）的表单
`fselect`	提供一个文件选择窗口来浏览选择文件
`gauge`	显示一个进度条，指明已完成的百分比
`infobox`	显示一条消息，但不用等待回应
`inputbox`	显示一个文本框，以输入文本
`inputmenu`	提供一个可编辑的菜单
`menu`	显示一系列可供选择的菜单项
`msgbox`	显示一条消息，要求用户点选 OK 按钮
`pause`	显示一个进度条，指明暂停期间的状态
`passwordbox`	显示一个文本框，但会隐藏输入的文本
`passwordform`	显示一个带标签和隐藏文本字段的表单
`radiolist`	提供一组菜单项，但只能选择其中一个
`tailbox`	用 `tail` 命令在滚动窗口中显示文件的内容
`tailboxbg`	跟 `tailbox` 一样，但运行在后台
`textbox`	在滚动窗口中显示文件的内容
`timebox`	提供一个选择小时、分钟和秒数的窗口
`yesno`	提供一条带有 Yes 按钮和 No 按钮的简单消息

如表 18-1 所示，有很多不同的部件可供选择，只要多花一点儿工夫，就可以让你的脚本更专业。要在命令行中指定某个特定部件，需要使用双连字符格式：

```
dialog --widget parameters
```

其中，*widget* 是表 18-1 中的部件名，*parameters* 定义了部件窗口的大小以及部件需要的文本。

每个 dialog 部件都提供了两种输出形式。

- 使用 STDERR。
- 使用退出状态码。

dialog 命令的退出状态码能显示出用户选择的按钮。如果选择了 Yes 按钮或 OK 按钮，dialog 命令就会返回退出状态码 0。如果选择了 Cancel 按钮或 No 按钮，dialog 命令就会返回退出状态码 1。可以用$?变量来确定用户选择了 dialog 部件中的哪个按钮。

如果部件返回了数据（比如菜单选择），那么 dialog 命令会将数据发送给 STDERR。STDERR 的输出可以重定向到另一个文件或文件描述符：

```
dialog --inputbox "Enter your age:" 10 20 2>age.txt
```

该命令会将文本框中输入的文本重定向到 age.txt 文件。

接下来将介绍一些在 shell 脚本中频繁用到的 dialog 部件。

1. msgbox 部件

msgbox 部件是最常见的对话框。它会在窗口中显示一条简单的消息，直到用户单击 OK 按钮后才消失。msgbox 部件使用的命令格式如下：

```
dialog --msgbox text height width
```

text 参数是你想在窗口中显示的字符串。dialog 命令会根据由 *height* 参数和 *width* 参数创建的窗口大小来自动换行。如果想在窗口顶部放一个标题，可以用--title 参数，后面跟上标题文本。来看一个 msgbox 部件的例子。

```
$ dialog --title Testing --msgbox "This is a test" 10 20
```

在输入这条命令后，消息框会显示在你所用的终端仿真器的屏幕上，如图 18-2 所示。

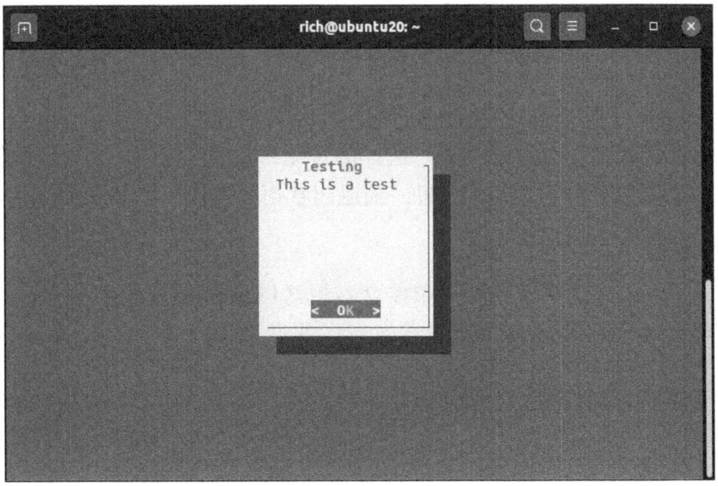

图 18-2　在 dialog 命令中使用 msgbox 部件

如果你的终端仿真器支持鼠标，可以单击 OK 按钮来关闭对话框。也可以用键盘命令来模拟单击动作——按下 Enter 键。

2. yesno 部件

yesno 部件进一步扩展了 msgbox 部件的功能，允许用户对窗口中显示的问题选择 yes 或 no。它会在窗口底部生成两个按钮：一个是 Yes，一个是 No。用户可以用鼠标、制表符键或者键盘方向键在这两个按钮间进行切换。要选择按钮的话，按下空格键或者 Enter 键即可。

来看一个使用 yesno 部件的例子。

```
$ dialog --title "Please answer" --yesno "Is this thing on?" 10 20
$ echo $?
1
$
```

上述代码会产生图 18-3 所示的部件。

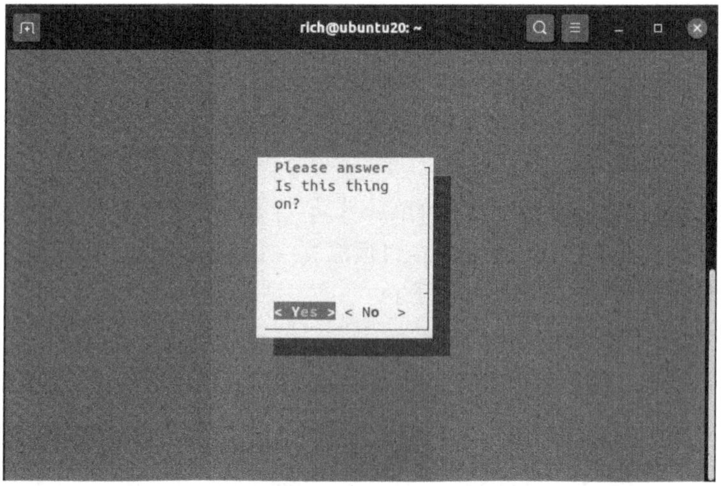

图 18-3　yesno 部件

dialog 命令的退出状态码会根据用户选择的按钮来设置。如果用户选择了 No 按钮，那么退出状态码为 1；如果用户选择了 Yes 按钮，则退出状态码为 0。

3. inputbox 部件

inputbox 部件为用户提供了一个简单的文本框区域来输入文本字符串。dialog 命令会将文本字符串发送到 STDERR。你必须重定向 STDERR 来获取用户输入。图 18-4 显示了 inputbox 部件的外形。

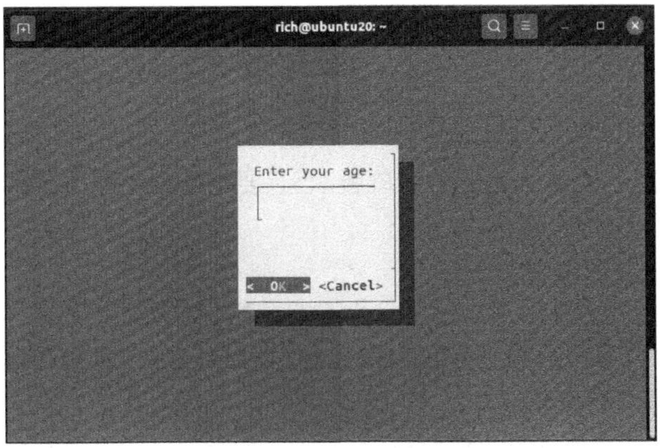

图 18-4 inputbox 部件

如图 18-4 所示，inputbox 部件提供了两个按钮：OK 和 Cancel。如果选择了 Canel 按钮，那么 dialog 命令的退出状态码为 1；否则，退出状态码为 0：

```
$ dialog --inputbox "Enter your age:" 10 20 2>age.txt
$ echo $?
0
$ cat age.txt
12$
```

注意，在使用 cat 命令显示文本文件的内容时，在该值后并没有换行符。这让你能够轻松地将文件内容重定向到 shell 脚本变量，提取用户输入的字符串。

4. textbox 部件

textbox 部件是在窗口中显示大量信息的好方法。它会生成一个滚动窗口来显示指定文件的内容。

```
$ dialog --textbox /etc/passwd 15 45
```

/etc/passwd 文件的内容会显示在可滚动的文本窗口中，如图 18-5 所示。

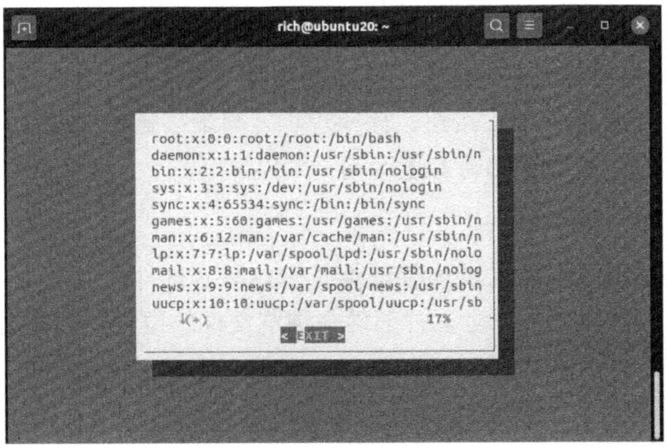

图 18-5 textbox 部件

可以用方向键来左右或上下滚动显示文件的内容。窗口底行会显示当前查看的文本在整个文件中所处的位置（百分比）。textbox 部件只有一个用于退出的 Exit 按钮。

5. menu 部件

menu 部件可以创建一个文本菜单的窗口版本。只要为每个菜单项提供选择标号和文本就行：

```
$ dialog --menu "Sys Admin Menu" 20 30 10 1 "Display disk space"
2 "Display users" 3 "Display memory usage" 4 "Exit" 2> test.txt
```

第一个参数--menu "Sys Admin Menu"定义了菜单的标题，后续两个参数 20 和 30 定义了菜单窗口的高和宽，第四个参数 10 定义了一次在窗口中显示的菜单项总数。如果还有更多的菜单项，可以用方向键来滚动显示。

在这些参数之后，必须添加成对的菜单项。第一个元素是用来选择该菜单项的标号。每个标号都是唯一的，可以通过在键盘上按下对应的键来选择。第二个元素是菜单项文本。图 18-6 展示了由示例命令生成的菜单。

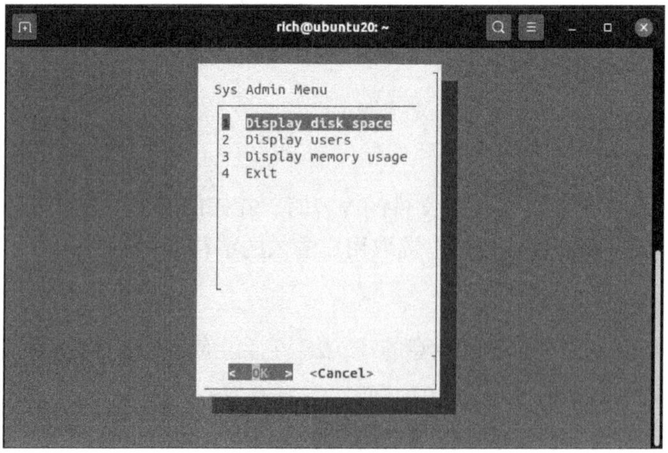

图 18-6　带有菜单项的 menu 部件

如果用户通过按下标号对应的键选择了某个菜单项，则菜单项会高亮显示但不会被选定。直到用户用鼠标或 Enter 键选择了 OK 按钮，该菜单项才算最终选定。dialog 命令会将选定的菜单项文本发送到 STDERR。可以根据需要重定向 STDERR。

6. fselect 部件

dialog 命令提供了几个非常炫的内置部件。fselect 部件在处理文件名时非常方便。不用强制用户键入文件名，可以使用 fselect 部件来浏览文件的位置并选择文件，如图 18-7 所示。

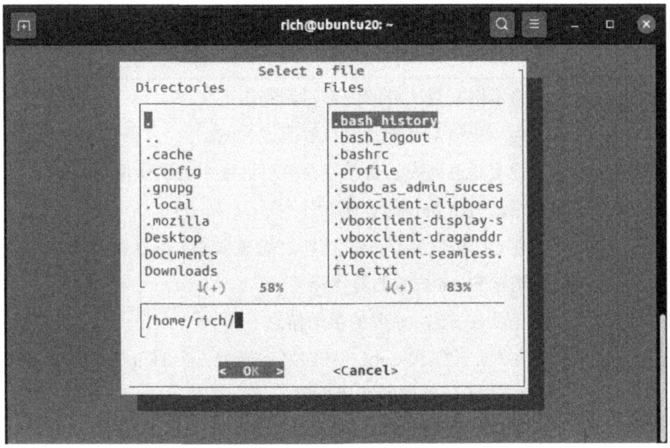

图 18-7　`fselect` 部件

`fselect` 部件的命令格式如下所示：

```
$ dialog --title "Select a file" --fselect $HOME/ 10 50 2>file.txt
```

`--fselect` 之后的第一个参数指定了窗口使用的起始目录位置。`fselect` 部件窗口由左侧的目录列表、右侧的文件列表（显示了选定目录下的所有文件）和含有当前选定的文件或目录的简单文本框组成。可以手动在文本框中输入文件名，也可以用目录和文件列表来选定（使用空格键选定文件，将其加入文本框中）。

18.2.2　dialog 选项

除了标准部件，还可以在 `dialog` 命令中定制很多不同的选项。你已经看过了`--title` 选项的用法，该选项允许设置出现在窗口顶部的部件标题。

另外还有许多其他的选项，可以全面定制窗口的外观和操作。表 18-2 显示了 `dialog` 命令中可用的选项。

表 18-2　dialog 命令选项

选　项	描　述
`--add-widget`	继续下一个对话框，直到按下 Esc 键或单击 Cancel 按钮
`--aspect` *ratio*	指定窗口的宽高比
`--backtitle` *title*	指定显示在屏幕顶部背景上的标题
`--begin` *x y*	指定窗口左上角的起始位置
`--cancel-label` *label*	指定 Cancel 按钮的替代标签
`--clear`	用默认的对话背景色来清空屏幕内容
`--colors`	在对话文本中嵌入 ANSI 色彩编码
`--cr-wrap`	在对话框文本中允许使用换行符并强制折行

（续）

选 项	描 述
`--create-rc` *file*	将示例配置文件的内容复制到指定文件
`--defaultno`	将 yes/no 对话框的默认答案设为 No
`--default-item` *string*	设定复选列表、表单或菜单对话框中的默认项
`--exit-label` *label*	指定 Exit 按钮的替代标签
`--extra-button`	在 OK 按钮和 Cancel 按钮之间显示一个额外按钮
`--extra-label` *label*	指定 Extra 按钮的替代标签
`--help`	显示 `dialog` 命令的帮助信息
`--help-button`	在 OK 按钮和 Cancel 按钮之后显示一个 Help 按钮
`--help-label` *label*	指定 Help 按钮的替代标签
`--help-status`	当选定 Help 按钮后，在帮助信息后写入多选列表、单选列表或表单信息
`--ignore`	忽略 `dialog` 不能识别的选项
`--input-fd` *fd*	指定 `STDIN` 之外的另一个文件描述符
`--insecure`	在 `password` 部件中键入内容时显示星号
`--item-help`	为多选列表、单选列表或菜单中的每个标号在屏幕底部添加一个帮助栏
`--keep-window`	不清除屏幕上显示过的部件
`--max-input` *size*	指定允许输入的最大字符串长度（默认为 2048）
`--nocancel`	隐藏 Cancel 按钮
`--no-collapse`	不要将对话框文本中的制表符转换成空格
`--no-kill`	将 `tailboxbg` 对话框置入后台，并禁止 `SIGHUP` 信号发往该进程
`--no-label` *label*	指定 No 按钮的替代标签
`--no-shadow`	不要显示对话窗口的阴影效果
`--ok-label` *label*	指定 OK 按钮的替代标签
`--output-fd` *fd*	指定 `STDERR` 之外的另一个输出文件描述符
`--print-maxsize`	将对话窗口的最大尺寸打印到输出中
`--print-size`	将每个对话窗口的大小打印到输出中
`--print-version`	将 `dialog` 的版本号打印到输出中
`--separate-output`	一次一行地输出 `checklist` 部件的结果，不使用引号
`--separator` *string*	指定用于分隔部件输出的字符串
`--separate-widget` *string*	指定用于分隔部件输出的字符串
`--shadow`	在每个窗口的右下角绘制阴影
`--single-quoted`	需要时对多选列表的输出使用单引号
`--sleep` *sec*	在处理完对话窗口之后延迟指定的秒数
`--stderr`	将输出发送到 `STDERR`（默认行为）
`--stdout`	将输出发送到 `STDOUT`
`--tab-correct`	将制表符转换成空格
`--tab-len` *n*	指定一个制表符占用的空格数（默认为 8）

（续）

选　　项	描　　述
--timeout *sec*	指定无用户输入时，多少秒后退出并返回错误代码
--title *title*	指定对话窗口的标题
--trim	从对话框文本中删除前导空格和换行符
--visit-items	修改对话窗口中制表符的停留位置，使其包括菜单项列表
--yes-label *label*	指定 Yes 按钮的替代标签

--backtitle 选项是为脚本中的菜单创建公共标题的简便办法。如果为每个对话窗口都指定了该选项，那么标题在应用时就会保持一致，这样会让脚本看起来更专业。

由表 18-2 可知，可以重写对话窗口中的任意按钮标签。这个特性允许你创建所需的任何窗口。

18.2.3 在脚本中使用 dialog 命令

在脚本中使用 dialog 命令不过就是动动手的事，但要记住两条规则。

- 如果有 Cancel 或 No 按钮，请检查 dialog 命令的退出状态码。
- 重定向 STDERR 来获取输出值。

如果遵循这两条规则，你立刻就能够拥有具备专业风采的交互式脚本。下面这个例子使用 dialog 部件来生成我们之前创建过的系统管理菜单：

```
$ cat menu3
#!/bin/bash
# using dialog to create a menu

temp=$(mktemp -t test.XXXXXX)
temp2=$(mktemp -t test2.XXXXXX)

function diskspace {
   df -k > $temp
   dialog --textbox $temp 20 60
}

function whoseon {
   who > $temp
   dialog --textbox $temp 20 50
}

function memusage {
   cat /proc/meminfo > $temp
   dialog --textbox $temp 20 50
}

while [ 1 ]
do
dialog --menu "Sys Admin Menu" 20 30 10 1 "Display disk space" 2
    "Display users" 3 "Display memory usage" 0 "Exit" 2> $temp2
if [ $? -eq 1 ]
then
```

```
    break
fi

selection=$(cat $temp2)

case $selection in
1)
    diskspace ;;
2)
    whoseon ;;
3)
    memusage ;;
0)
    break ;;
*)
    dialog --msgbox "Sorry, invalid selection" 10 30
esac
done
rm -f $temp 2> /dev/null
rm -f $temp2 2> /dev/null
$
```

这段脚本用 `while` 循环和一个真值常量创建了无限循环的菜单对话。这意味着，执行完每个函数之后，脚本都会继续显示菜单。

由于 `menu` 对话包含了一个 Cancel 按钮，因此脚本会检查 `dialog` 命令的退出状态码，以防用户按下 Cancel 按钮退出。因为是在循环中，所以退出该菜单是使用 `break` 命令跳出 `while` 循环。

脚本用 `mktemp` 命令创建了两个临时文件来保存 `dialog` 命令的数据。第一个临时文件$temp 用于保存 `df` 命令、`who` 命令和 `meminfo` 命令的输出，以便将其显示在 `textbox` 对话框中（参见图 18-8）。第二个临时文件$temp2 用来保存在主菜单对话中选定的值。

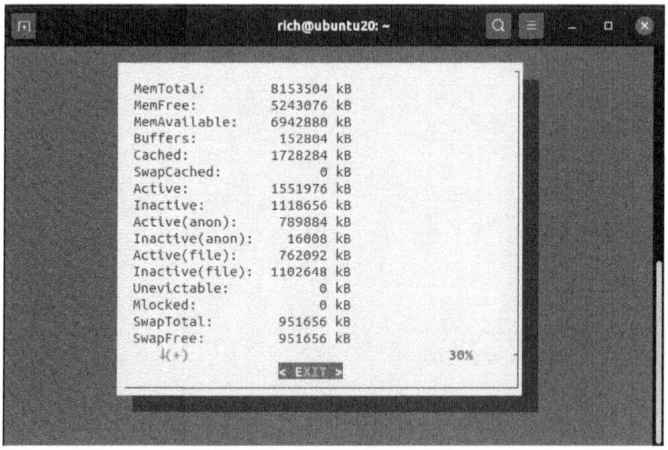

图 18-8　用 `textbox` 对话选项显示 `meminfo` 命令输出

现在，这看起来像是一个真正的应用程序了，你完全可以拿出来向别人炫耀。

18.3 图形化窗口部件

如果想给交互脚本添加更多的图形元素，可以再进一步。KDE 桌面环境和 GNOME 桌面环境（参见第 1 章）都扩展了 `dialog` 命令的思路，提供了可以在各自环境中生成 X Window 图形化部件的命令。

本节将介绍 kdialog 软件包和 zenity 软件包，两者分别为 KDE 桌面和 GNOME 桌面提供了图形化窗口部件。

18.3.1 KDE 环境

KDE 图形化环境默认提供了 kdialog 软件包。kdialog 会使用 `kdialog` 命令在 KDE 桌面上生成类似于 dialog 式部件的标准窗口。生成的窗口能跟其他 KDE 应用窗口很好地融合，不会产生不协调的感觉。这样就可以直接在 shell 脚本中创建能够和 Windows 相媲美的用户界面了。

18

注意 即使你的 Linux 发行版使用了 KDE 桌面，也不代表它默认安装了 kdialog 软件包。你可能需要从发行版的软件仓库中手动安装。

1. kdialog 部件

就像 `dialog` 命令一样，`kdialog` 命令使用命令行选项来指定具体使用哪种类型的窗口部件。`kdialog` 命令的格式如下：

```
kdialog display-options window-options arguments
```

display-options 选项允许定制窗口部件，比如添加标题或改变颜色。*window-options* 选项允许指定使用哪种类型的窗口部件。可用的选项如表 18-3 所示。

表 18-3 kdialog 窗口选项

选　项	描　述
`--checklist` *title [tag item status]*	带有状态的多选列表菜单，可以表明选项是否被选定
`--error` *text*	错误消息框
`--inputbox` *text [init]*	输入文本框，可以用 `init` 来指定默认值
`--menu` *title [tag item]*	带有标题的菜单选择框以及用标号标识的选项列表
`--msgbox` *text*	显示指定文本的简单消息框
`--password` *text*	隐藏用户输入的密码文本框
`--radiolist` *title [tag item status]*	带有状态的单选列表菜单，可以表明选项是否被选定
`--separate-output`	为多选列表和单选列表菜单返回按行分开的列表项
`--sorry` *text*	“对不起”消息框
`--textbox` *file [width] [height]*	显示文件内容的文本框，可以指定 *width* 和 *height*
`--title` *title*	为对话窗口的标题栏区域指定一个标题

（续）

选　项	描　述
`--warningyesno text`	含有 Yes 按钮和 No 按钮的警告消息框
`--warningcontinuecancel text`	含有 Continue 按钮和 Cancel 按钮的警告消息框
`--warningyesnocancel text`	含有 Yes 按钮、No 按钮和 Cancel 按钮的警告消息框
`--yesno text`	含有 Yes 按钮和 No 按钮的提问框
`--yesnocancel text`	含有 Yes 按钮、No 按钮和 Cancel 按钮的提问框

表 18-3 中列出了所有的标准窗口对话框类型。但在使用 kdialog 窗口部件时，它看起来更像是 KDE 桌面上而不是终端仿真器会话中的一个独立窗口。

checklist 和 radiolist 部件允许在列表中定义单独的选项以及它们是否默认选定。

```
$kdialog --checklist "Items I need" 1 "Toothbrush" on 2 "Toothpaste"
  off 3 "Hairbrush" on 4 "Deodorant" off 5 "Slippers" off
```

最终的多选列表窗口如图 18-9 所示。

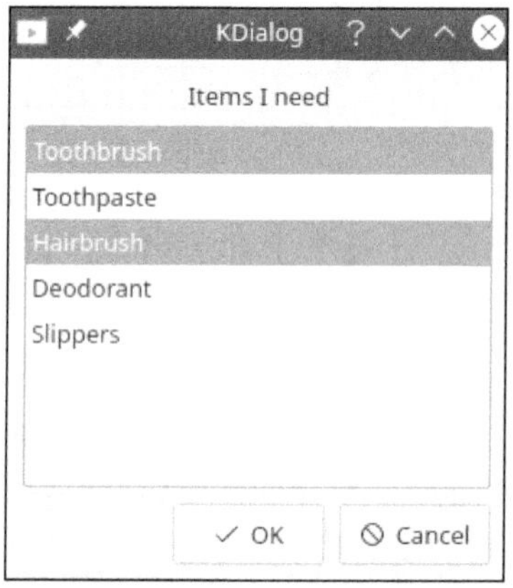

图 18-9　kdialog 多选列表对话窗口

指定为“on”的列表项会在多选列表中高亮显示。要选择或取消选择某个列表项，只需单击它即可。如果选择了 OK 按钮，那么 kdialog 会将所选列表项的标号发送到 STDOUT：

```
"1" "3"
$
```

当你按下 Enter 键时，kdialog 窗口就和选定选项一起出现了。当你单击 OK 按钮或 Cancel 按钮时，kdialog 命令会将每个标号作为一个字符串值返回到 STDOUT（这些就是你在输出中看到的"1"和"3"）。脚本必须能解析结果值并将它们和原始值匹配起来。

2. 使用 kdialog

可以在 shell 脚本中使用 kdialog 窗口部件，方法类似于 dialog 部件。最大的不同在于 kdialog 窗口部件用 STDOUT 而不是 STDERR 来输出值。

下面这个脚本会将之前创建的系统管理菜单转换成 KDE 应用：

```
$ cat menu4
#!/bin/bash
# using kdialog to create a menu

temp=$(mktemp -t temp.XXXXXX)
temp2=$(mktemp -t temp2.XXXXXX)

function diskspace {
   df -k > $temp
   kdialog --textbox $temp 1000 10
}

function whoseon {
   who > $temp
   kdialog --textbox $temp 500 10
}

function memusage {
   cat /proc/meminfo > $temp
   kdialog --textbox $temp 300 500
}

while [ 1 ]
do
kdialog --menu "Sys Admin Menu" "1" "Display disk space" "2" "Display
users" "3" "Display memory usage" "0" "Exit" > $temp2
if [ $? -eq 1 ]
then
   break
fi

selection=$(cat $temp2)

case $selection in
1)
   diskspace ;;
2)
   whoseon ;;
3)
   memusage ;;
0)
   break ;;
*)
   kdialog --msgbox "Sorry, invalid selection"
esac
done
$
```

18

在脚本中使用 kdialog 命令和 dialog 命令并无太大区别。生成的主菜单如图 18-10 所示。

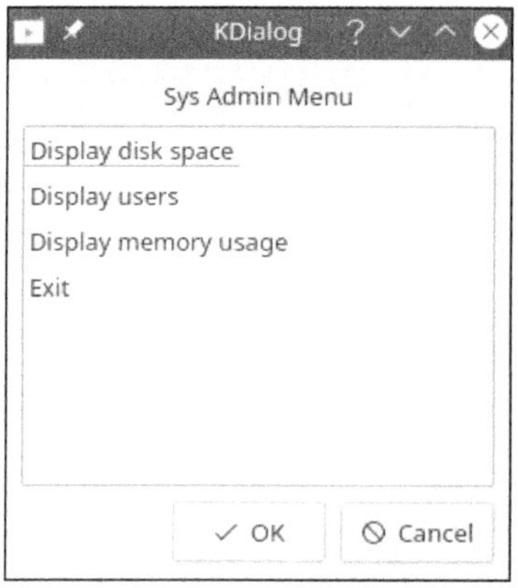

图 18-10　采用 kdialog 的系统管理菜单

现在这个简单的 shell 脚本看起来就像一个真正的 KDE 应用程序。你的交互式脚本已经没有什么操作局限了。

18.3.2　GNOME 环境

GNOME 图形化环境支持两种流行的可生成标准窗口的软件包。

- gdialog
- zenity

到目前为止，zenity 是大多数 GNOME 桌面 Linux 发行版中最常见的软件包（在 Ubuntu 和 CentOS 中默认安装）。本节将介绍 zenity 的功能并演示其在 shell 脚本中的用法。

1. zenity 部件

如你所望，zenity 可以使用命令行选项创建不同的窗口部件。表 18-4 列出了 zenity 能够生成的不同部件。

表 18-4　zenity 窗口部件

选　项	描　述
--calendar	显示整月日历
--entry	显示文本输入对话窗口
--error	显示错误消息对话窗口
--file-selection	显示完整的路径和文件名对话窗口
--info	显示信息对话窗口
--list	显示多选列表或单选列表对话窗口
--notification	显示通知图标

（续）

选 项	描 述
`--progress`	显示进度条对话窗口
`--question`	显示 yes/no 对话窗口
`--scale`	显示一个带有滑动条的比例尺对话窗口，可以选择一定范围内的数值
`--text-info`	显示含有文本的文本框
`--warning`	显示警告对话窗口

zenity 命令行程序与 kdialog 程序和 dialog 程序的工作方式有些不同，zenity 的许多部件类型用额外的命令行选项定义，而不是作为某个选项的参数。

`zenity` 命令能够提供一些非常酷的高级对话窗口。`--calendar` 选项会产生一个整月日历，如图 18-11 所示。

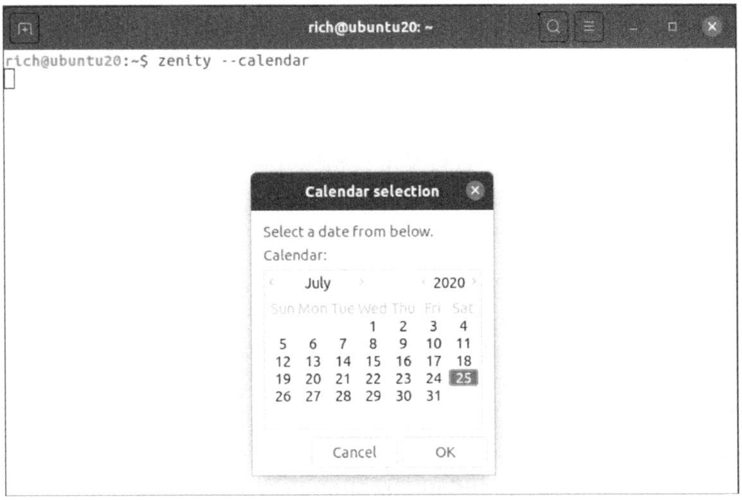

图 18-11 zenity 日历对话窗口

当在日历中选择了日期时，`zenity` 命令会将该日期的值发送到 `STDOUT`，就跟 `kdialog` 一样。

```
$ zenity --calendar
12/25/2011
$
```

zenity 中另一个很酷的窗口是文件选择对话窗口，如图 18-12 所示。

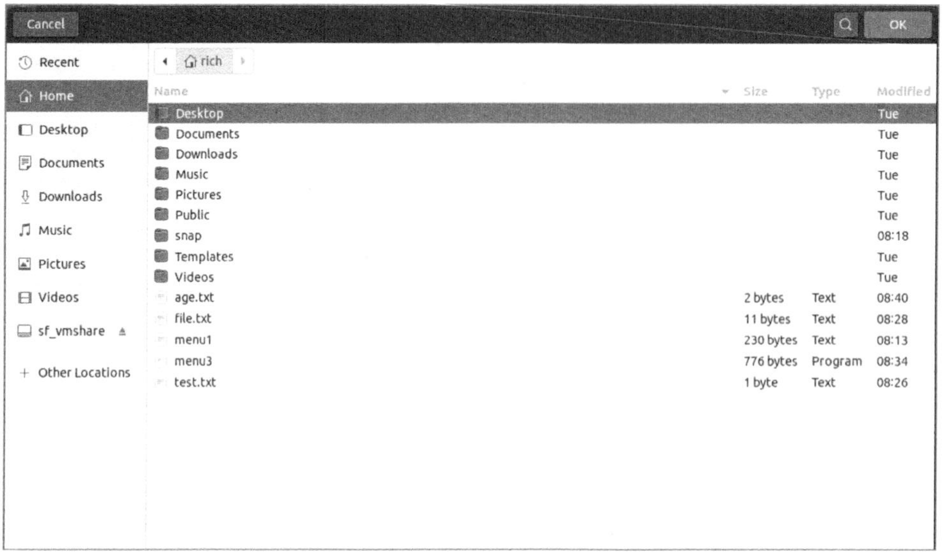

图 18-12　zenity 文件选择对话窗口

可以通过对话窗口浏览系统中的任意目录（只要你有查看该目录的权限）并选择其中的文件。当选定某一文件时，zenity 命令会返回该文件的完整路径：

```
$ zenity --file-selection
/home/ubuntu/menu5
$
```

有了这种可以任意发挥的工具，创建 shell 脚本就没什么限制了。

2. 使用 zenity

如你所望，zenity 在 shell 脚本中表现良好。遗憾的是，zenity 没有沿袭 dialog 和 kdialog 中所采用的选项惯例，因此要将已有的交互式脚本迁移至 zenity，需要花点儿工夫。

在将系统管理菜单从 kdialog 迁移到 zenity 的过程中，需要对部件的定义做大量的工作。

```
$cat menu5
#!/bin/bash
# using zenity to create a menu

temp=$(mktemp -t temp.XXXXXX)
temp2=$(mktemp -t temp2.XXXXXX)

function diskspace {
   df -k > $temp
   zenity --text-info --title "Disk space" --filename=$temp
--width 750 --height 10
}

function whoseon {
   who > $temp
   zenity --text-info --title "Logged in users" --filename=$temp
```

```
--width 500 --height 10
}

function memusage {
   cat /proc/meminfo > $temp
   zenity --text-info --title "Memory usage" --filename=$temp
--width 300 --height 500
}

while [ 1 ]
do
zenity --list --radiolist --title "Sys Admin Menu" --column "Select"
--column "Menu Item" FALSE "Display disk space" FALSE "Display users"
FALSE "Display memory usage" FALSE "Exit" > $temp2
if [ $? -eq 1 ]
then
   break
fi

selection=$(cat $temp2)
case $selection in
"Display disk space")
   diskspace ;;
"Display users")
   whoseon ;;
"Display memory usage")
   memusage ;;
Exit)
   break ;;
*)
   zenity --info "Sorry, invalid selection"
esac
done
$
```

由于 zenity 并不支持菜单对话窗口，因此我们改用单选列表窗口作为主菜单，如图 18-13 所示。

图 18-13　采用 zenity 的系统管理菜单

该单选列表为两列，每列都有一个标题，第一列是用于选择的单选按钮，第二列是列表项文本。单选列表不使用标号。当你选定某个列表项时，该列表项的所有文本都会返回到 `STDOUT`。这会让 `case` 命令的内容丰富一些，因为必须在 `case` 中使用列表项的全部文本。如果文本中有空格，则需要给文本加上引号。

使用 zenity 包，可以给 GNOME 桌面的交互式 shell 脚本带来一种 Windows 式的体验。

18.4　实战演练

这些图形软件包的一个缺点是，无法像在真正的图形环境中那样，创建一个有多个条目的窗口，比如把多个文本框输入和日历输入结合起来。这种限制确实使查询多个数据项有点儿笨拙，不过也不是没办法处理。诀窍是使用命名恰当的变量来跟踪每条数据查询。

dialog 软件包确实提供了表单功能，但是相当基础，只允许将多个文本框组合到单个窗口中，以此输入多个数据项。`--form` 选项的格式如下。

```
--form text height width formheight [ label y x item y x flen ilen ] ...
```

`--form` 选项使用的各个参数含义如下。

- *text*：表单顶部的标题。
- *height*：表单窗口的高度。
- *width*：表单窗口的宽度。
- *formheight*：窗口内的表单的高度。
- *label*：表单字段的标签。
- *y*：表单内的标签或字段的 *Y* 坐标。
- *x*：表单内的标签或字段的 *X* 坐标。
- *item*：分配给表单字段的默认值。
- *flen*：要显示的表单字段的长度。
- *ilen*：可输入表单字段的最大数据长度。

例如，要想创建一个用于输入雇员信息的表单，可以使用如下命令。

```
dialog --form "Enter new employee" 19 50 0 \
   "Last name " 1 1 "" 1 15 30 0 \
   "First name " 3 1 "" 3 15 30 0 \
   "Address " 5 1 "" 5 15 30 0 \
   "City " 7 1 "" 7 15 30 0 \
   "State " 9 1 "" 9 15 30 0 \
   "Zip " 11 1 "" 11 15 30 0 2>data.txt
```

上述代码生成的表单窗口如图 18-14 所示。

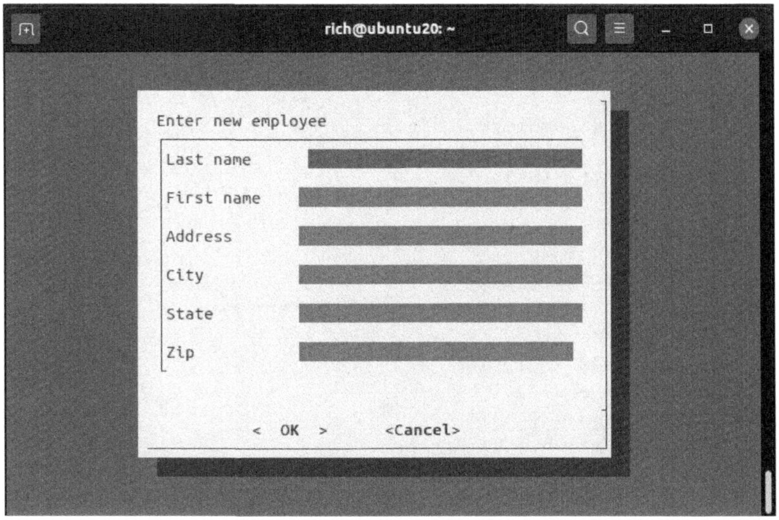

图 18-14　表单窗口功能

如果你在表单字段中输入数据，然后单击 OK 按钮，那么表单会将这些数据发送到 data.txt 文件。该文件会将每一项数据按照顺序放在单独的行中：

```
$ cat data.txt
Test
Ima
123 Main Street
Chicago
Illinois
60601
$
```

脚本通过逐行读取文件的形式从该文件获取数据。head 命令和 tail 命令用于直接获取文件中的特定行，非常方便：

```
last=$(cat data.txt | head -1)
first=$(cat data.txt | head -2 | tail -1)
address=$(cat data.txt | head -3 | tail -1)
city=$(cat data.txt | head -4 | tail -1)
state=$(cat data.txt | head -5 | tail -1)
zip=$(cat data.txt | tail -1)
```

现在，你已经将所有的表单数据都保存在了变量中，可以用于脚本的任意位置：

```
record="INSERT INTO employees (last, first, address, city, state,
zip) VALUES
('$last', '$first', '$address', '$city', '$state', '$zip');"
echo $record >> newrecords.txt
```

newrecords.txt 文件包含了每一个新表单记录的 INSERT 语句，你可以轻而易举地将其全部插入数据库。下面为脚本创建一个简单的前端菜单，将各部分组合在一起：

```
#!/bin/bash
temp=$(mktemp -t record.XXXX)

function newrecord {
dialog --form "Enter new employee" 19 50 0 \
   "Last name " 1 1 "" 1 15 30 0 \
   "First name " 3 1 "" 3 15 30 0 \
   "Address " 5 1 "" 5 15 30 0 \
   "City " 7 1 "" 7 15 30 0 \
   "State " 9 1 "" 9 15 30 0 \
   "Zip " 11 1 "" 11 15 30 0 2>$temp

last=$(cat $temp | head -1)
first=$(cat $temp | head -2 | tail -1)
address=$(cat $temp | head -3 | tail -1)
city=$(cat $temp | head -4 | tail -1)
state=$(cat $temp | head -5 | tail -1)
zip=$(cat $temp | head -6 | tail -1)
record="INSERT INTO employees (last, first, address, city, state,
zip) VALUES
('$last', '$first', '$address', '$city', '$state', '$zip');"
echo $record >> newrecords.txt
}

function listrecords {
dialog --title "New Data" --textbox data.txt 20 50
}

while [ 1 ]
do
dialog --menu "Employee Data" 20 30 5 \
   1 "Enter new employee" \
   2 "Display records" \
   3 "Exit" 2>$temp

if [ $? -eq 1 ]
then
    break
fi

selection=$(cat $temp)

case $selection in
1)
   newrecord ;;
2)
   listrecords ;;
3)
   break ;;
*)
    dialog --msgbox "Invalid selection" 10 30
esac
done
rm -f $temp 2> /dev/null
```

该脚本创建了一个简单的图形化前端，从中可以直接输入雇员数据，创建能够轻松导入数据库的 SQL 文件。

18.5 小结

交互式 shell 脚本因为枯燥乏味而声名狼藉。在大多数 Linux 系统中，你可以通过一些技术手段和工具来改变这种状况。首先，可以使用 `case` 命令和 shell 函数为交互式脚本创建菜单系统。

`menu` 命令允许使用标准的 `echo` 命令来绘制菜单，通过 `read` 命令读取用户输入。然后 `case` 命令会根据输入值来选择相应的 shell 函数。

dialog 程序提供了一些预建的文本部件，可以在基于文本的终端仿真器上生成类窗口对象。你可以用 dialog 程序创建对话框来显示文本、输入文本，以及选择文件和日期。这会为你的脚本增色不少。

如果是在图形化的 X Window 环境中运行 shell 脚本，那么在交互脚本中能运用的工具更多。对 KDE 桌面而言，有 kdialog 程序。该程序通过简单的命令为所有的基本窗口功能创建窗口部件。对 GNOME 桌面而言，有 gdialog 程序和 zenity 程序。每个程序都提供了各种窗口部件，能像真正的窗口应用程序一样融入 GNOME 桌面。

第 19 章将深入讲解文本文件的编辑和处理。通常，shell 脚本最大的用途就是解析和显示文本文件中的数据，比如日志文件和错误文件。Linux 环境提供了两款极为有用的工具：sed 和 gawk，两者都能在 shell 脚本中处理文本数据。接下来将介绍这些工具并演示其基本用法。

18

第 19 章

初识 sed 和 gawk

本章内容

- ❑ 文本处理
- ❑ 学习 sed 编辑器
- ❑ sed 编辑器基础命令
- ❑ gawk 编辑器入门
- ❑ sed 编辑器基础

到目前为止，shell 脚本最常见的用途是处理文本文件。检查日志文件、读取配置文件以及处理数据元素，shell 脚本可以将文本文件中各种数据的日常处理任务自动化。但单凭 shell 脚本的话，多少有些势单力薄。如果想在 shell 脚本中处理各种数据，则必须熟悉 Linux 中的 sed 和 gawk。这两款工具能够极大地简化数据处理任务。

19.1 文本处理

第 10 章演示过如何用 Linux 环境中的编辑器程序来编辑文本文件。这些编辑器可以通过简单的命令或鼠标单击来处理文本文件中的文本。

然而，有时候你会发现自己想要即时处理文本文件中的文本，但又不想动用全副武装的交互式文本编辑器。在这种情况下，有一个可以自动格式化、插入、修改或删除文本元素的简单的命令行编辑器就方便多了。

有两款常见工具兼具上述功能。本节将介绍 Linux 中应用最为广泛的命令行编辑器：sed 和 gawk。

19.1.1 sed 编辑器

sed 编辑器被称作**流编辑器**（stream editor），与普通的交互式文本编辑器截然不同。在交互式文本编辑器（比如 Vim）中，可以用键盘命令交互式地插入、删除或替换文本数据。流编辑器则是根据事先设计好的一组规则编辑数据流。

sed 编辑器根据命令来处理数据流中的数据，这些命令要么从命令行中输入，要么保存在命令文本文件中。sed 编辑器可以执行下列操作。

(1) 从输入中读取一行数据。

(2) 根据所提供的编辑器命令匹配数据。

(3) 按照命令修改数据流中的数据。

(4) 将新的数据输出到 STDOUT。

在流编辑器匹配并针对一行数据执行所有命令之后，会读取下一行数据并重复这个过程。在流编辑器处理完数据流中的所有行后，就结束运行。

由于命令是按顺序逐行执行的，因此 sed 编辑器只需对数据流处理一遍（one pass through）即可完成编辑操作。这使得 sed 编辑器要比交互式编辑器快得多，并且可以快速完成对数据的自动修改。

sed 命令的格式如下。

```
sed options script file
```

options 参数允许修改 sed 命令的行为。表 19-1 列出了可用的选项。

表 19-1 sed 命令选项

选　项	描　述
-e *commands*	在处理输入时，加入额外的 sed 命令
-f *file*	在处理输入时，将 file 中指定的命令添加到已有的命令中
-n	不产生命令输出，使用 p（print）命令完成输出

script 参数指定了应用于流数据中的单个命令。如果需要多个命令，则要么使用-e 选项在命令行中指定，要么使用-f 选项在单独的文件中指定。有大量的命令可用来处理数据。本章将介绍一些 sed 编辑器的基础命令，然后会在第 21 章中介绍另外一些高级命令。

1. 在命令行中定义编辑器命令

在默认情况下，sed 编辑器会将指定的命令应用于 STDIN 输入流中。因此，可以直接将数据通过管道传入 sed 编辑器进行处理。来看一个简单的例子：

```
$ echo "This is a test" | sed 's/test/big test/'
This is a big test
$
```

这个例子在 sed 编辑器中使用了替换（s）命令。替换命令会用斜线间指定的第二个字符串替换第一个字符串。在本例中，big test 替换了 test。

运行这个例子，结果立即就会显示出来。这就是 sed 编辑器的强大之处。你可以同时对数据做出多处修改，所消耗的时间差不过刚够一些交互式编辑器启动而已。

当然，这个简单的测试只修改了一行数据。不过就算编辑整个文件，速度也差不了多少：

```
$ cat data1.txt
The quick brown fox jumps over the lazy dog.
```

```
The quick brown fox jumps over the lazy dog.
The quick brown fox jumps over the lazy dog.
The quick brown fox jumps over the lazy dog.
$
$ sed 's/dog/cat/' data1.txt
The quick brown fox jumps over the lazy cat.
The quick brown fox jumps over the lazy cat.
The quick brown fox jumps over the lazy cat.
The quick brown fox jumps over the lazy cat.
$
```

sed 命令几乎瞬间就执行完毕并返回数据。在处理每行数据的同时，结果也随之显现。在 sed 编辑器处理完整个文件之前你就能看到结果。

重要的是要记住，sed 编辑器并不会修改文本文件的数据。它只是将修改后的数据发送到 STDOUT。如果你查看原来的文本文件，则内容还是老样子。

```
$ cat data1.txt
The quick brown fox jumps over the lazy dog.
The quick brown fox jumps over the lazy dog.
The quick brown fox jumps over the lazy dog.
The quick brown fox jumps over the lazy dog.
$
```

2. 在命令行中使用多个编辑器命令

如果要在 sed 命令行中执行多个命令，可以使用-e 选项：

```
$ sed -e 's/brown/red/; s/dog/cat/' data1.txt
The quick red fox jumps over the lazy cat.
The quick red fox jumps over the lazy cat.
The quick red fox jumps over the lazy cat.
The quick red fox jumps over the lazy cat.
$
```

两个命令都应用于文件的每一行数据。命令之间必须以分号（;）分隔，并且在命令末尾和分号之间不能出现空格。

如果不想用分号，那么也可以用 bash shell 中的次提示符来分隔命令。只要输入第一个单引号标示出 sed 程序脚本（也称作 sed 编辑器命令列表）的起始，bash 就会提示继续输入命令，直到输入了标示结束的单引号：

```
$ sed -e '
> s/brown/green/
> s/fox/toad/
> s/dog/cat/' data1.txt
The quick green toad jumps over the lazy cat.
The quick green toad jumps over the lazy cat.
The quick green toad jumps over the lazy cat.
The quick green toad jumps over the lazy cat.
$
```

必须记住，要在闭合单引号所在行结束命令。bash shell 一旦发现了闭合单引号，就会执行命令。sed 命令会将你指定的所有命令应用于文本文件中的每一行。

3. 从文件中读取编辑器命令

如果有大量要执行的 sed 命令，那么将其放进单独的文件通常会更方便一些。可以在 sed 命令中用-f 选项来指定文件：

```
$ cat script1.sed
s/brown/green/
s/fox/toad/
s/dog/cat/
$
$ sed -f script1.sed data1.txt
The quick green toad jumps over the lazy cat.
The quick green toad jumps over the lazy cat.
The quick green toad jumps over the lazy cat.
The quick green toad jumps over the lazy cat.
$
```

在这种情况下，不用在每条命令后面加分号。sed 编辑器知道每一行都是一条单独的命令。和在命令行输入命令一样，sed 编辑器会从指定文件中读取命令并应用于文件中的每一行。

提示　sed 编辑器脚本文件容易与 bash shell 脚本文件混淆。为了避免这种情况，可以使用.sed 作为 sed 脚本文件的扩展名。

19.2 节将介绍另外一些便于处理数据的 sed 编辑器命令。在此之前，先快速了解一下另一个 Linux 数据编辑器。

19.1.2　gawk 编辑器

虽然 sed 编辑器非常方便，可以即时修改文本文件，但其自身也存在一些局限。你往往还需要一款更高级的文本文件处理工具，这种工具能够提供一个更贴近编程的环境，修改和重新组织文件中的数据。这正是 gawk 大展身手之地。

注意　并不是所有的发行版中都默认安装了 gawk。如果你所用的 Linux 发行版中没有提供 gawk，可以参考第 9 章自行安装。

---

gawk 是 Unix 中最初的 awk 的 GNU 版本。gawk 比 sed 的流编辑提升了一个“段位”，它提供了一种编程语言，而不仅仅是编辑器命令。在 gawk 编程语言中，可以实现以下操作。

- 定义变量来保存数据。
- 使用算术和字符串运算符来处理数据。
- 使用结构化编程概念（比如 if-then 语句和循环）为数据处理添加处理逻辑。
- 提取文件中的数据将其重新排列组合，最后生成格式化报告。

gawk 的报告生成能力多用于从大文本文件中提取数据并将其格式化成可读性报告。最完美的应用案例是格式化日志文件。在日志文件中找出错误行可不是一件容易事。gawk 能够从日志文件中过滤出所需的数据，将其格式化，以便让重要的数据更易于阅读。

1. gawk 命令格式

gawk 的基本格式如下。

```
gawk options program file
```

表 19-2 显示了 gawk 的可用选项。

表 19-2　gawk 选项

选　　项	描　　述
`-F fs`	指定行中划分数据字段的字段分隔符
`-f file`	从指定文件中读取 gawk 脚本代码
`-v var=value`	定义 gawk 脚本中的变量及其默认值
`-L [keyword]`	指定 gawk 的兼容模式或警告级别

命令行选项提供了一种定制 gawk 功能的简单方式。我们会在研究 gawk 基本用法的时候进一步了解其中的部分选项。

gawk 的强大之处在于脚本。你可以编写脚本来读取文本行中的数据，然后对其进行处理并显示，形成各种输出报告。

2. 从命令行读取 gawk 脚本

gawk 脚本用一对花括号来定义。必须将脚本命令放到一对花括号（{}）之间。如果误把 gawk 脚本放在了圆括号内，就会得到一条类似于下面的错误消息：

```
$ gawk '(print "Hello World!")'
gawk: cmd. line:1: (print "Hello World!")
gawk: cmd. line:1:  ^ syntax error
gawk: cmd. line:2: (print "Hello World!")
gawk: cmd. line:2:                          ^ unexpected newline or
 end of string
$
```

由于 gawk 命令行假定脚本是单个文本字符串，因此还必须将脚本放到单引号中。下面的例子在命令行中指定了一个简单的 gawk 程序脚本：

```
$ gawk '{print "Hello World!"}'
```

这个脚本定义了一个命令：`print`。该命令名副其实：它会将文本打印到 `STDOUT`。如果运行这个命令，你可能会有些失望，因为什么都不会发生。由于没有在命令行中指定文件名，因此 gawk 程序会从 `STDIN` 接收数据。在脚本运行时，它会一直等待来自 `STDIN` 的文本。

如果你输入一行文本并按下 Enter 键，则 gawk 会对这行文本执行一遍脚本。和 sed 编辑器一样，gawk 会对数据流中的每一行文本都执行脚本。由于脚本被设为显示一行固定的文本字符串，因此不管在数据流中输入什么文本，你都会得到同样的文本输出：

```
$ gawk '{print "Hello World!"}'
This is a test
Hello World!
hello
```

```
Hello World!
Goodbye
Hello World!
This is another test
Hello World!
```

要终止这个 gawk 程序，必须表明数据流已经结束了。bash shell 提供了 Ctrl+D 组合键来生成 EOF（end-of-file）字符。使用该组合键可以终止 gawk 程序并返回到命令行界面。

3. 使用数据字段变量

gawk 的主要特性之一是处理文本文件中的数据。它会自动为每一行的各个数据元素分配一个变量。在默认情况下，gawk 会将下列变量分配给文本行中的数据字段。

- $0 代表整个文本行。
- $1 代表文本行中的第一个数据字段。
- $2 代表文本行中的第二个数据字段。
- $n 代表文本行中的第 *n* 个数据字段。

文本行中的数据字段是通过**字段分隔符**来划分的。在读取一行文本时，gawk 会用预先定义好的字段分隔符划分出各个数据字段。在默认情况下，字段分隔符是任意的空白字符（比如空格或制表符）。

在下面的例子中，gawk 脚本会读取文本文件，只显示第一个数据字段的值：

```
$ cat data2.txt
One line of test text.
Two lines of test text.
Three lines of test text.
$
$ gawk '{print $1}' data2.txt
One
Two
Three
$
```

该脚本使用$1 字段变量来显示每行文本的第一个数据字段。

如果要读取的文件采用了其他的字段分隔符，可以通过-F 选项指定：

```
$ gawk -F: '{print $1}' /etc/passwd
root
daemon
bin
[...]
christine
sshd
$
```

这个简短的脚本显示了系统中密码文件的第一个数据字段。由于/etc/passwd 文件使用冒号（:）来分隔数据字段，因此要想划出数据字段，就必须在 gawk 选项中将冒号指定为字段分隔符（-F:）。

4. 在脚本中使用多条命令

如果一种编程语言只能执行一条命令，那也没多大用处。gawk 编程语言允许将多条命令组合成一个常规的脚本。要在命令行指定的脚本中使用多条命令，只需在命令之间加入分号即可：

```
$ echo "My name is Rich" | gawk '{$4="Christine"; print $0}'
My name is Christine
$
```

第一条命令会为字段变量`$4`赋值。第二条命令会打印整个文本行。注意，gawk 在输出中已经将原文本中的第四个数据字段替换成了新值。

也可以用次提示符一次一行地输入脚本命令：

```
$ gawk '{
> $4="Christine "
> print $0 }'
My name is Rich
My name is Christine
$
```

在使用了表示起始的前单引号后，bash shell 会使用次提示符来提示输入更多数据。你可以一次一行地添加命令，直到输入结尾的后单引号。因为没有在命令行中指定文件名，所以 gawk 程序会从 `STDIN` 中获取数据。当运行这个脚本的时候，它会等着读取来自 `STDIN` 的文本。要退出的话，只需按下 Ctrl+D 组合键表明数据结束即可。

5. 从文件中读取脚本

跟 sed 编辑器一样，gawk 允许将脚本保存在文件中，然后在命令行中引用脚本：

```
$ cat script2.gawk
{print $1 "'s home directory is " $6}
$
$ gawk -F: -f script2.gawk /etc/passwd
root's home directory is /root
daemon's home directory is /usr/sbin
bin's home directory is /bin
[...]
christine's home directory is /home/christine
sshd's home directory is /run/sshd
$
```

script2.gawk 会再次使用 `print` 命令打印/etc/passwd 文件的主目录数据字段（字段变量`$6`），以及用户名数据字段（字段变量`$1`）。

可以在脚本文件中指定多条命令。为此，只需一行写一条命令即可，且无须加分号：

```
$ cat script3.gawk
{
text = "'s home directory is "
print $1 text $6
}
$
$ gawk -F: -f script3.gawk /etc/passwd
```

```
root's home directory is /root
daemon's home directory is /usr/sbin
bin's home directory is /bin
[...]
christine's home directory is /home/christine
sshd's home directory is /run/sshd
$
```

script3.gawk 脚本定义了变量 text 来保存 print 命令中用到的文本字符串。注意，在 gawk 脚本中，引用变量值时无须像 shell 脚本那样使用美元符号。

6. 在处理数据前运行脚本

gawk 还允许指定脚本何时运行。在默认情况下，gawk 会从输入中读取一行文本，然后对这一行的数据执行脚本。但有时候，可能需要在处理数据前先运行脚本，比如要为报告创建一个标题。BEGIN 关键字就是用来做这个的。它会强制 gawk 在读取数据前执行 BEGIN 关键字之后指定的脚本：

```
$ gawk 'BEGIN {print "Hello World!"}'
Hello World!
$
```


这次 print 命令会在读取数据前显示文本。但在显示过文本后，脚本就直接结束了，不等待任何数据。

原因在于 BEGIN 关键字在处理任何数据之前仅应用指定的脚本。如果想使用正常的脚本来处理数据，则必须用另一个区域来定义脚本：

```
$ cat data3.txt
Line 1
Line 2
Line 3
$
$ gawk 'BEGIN {print "The data3 File Contents:"}
> {print $0}' data3.txt
The data3 File Contents:
Line 1
Line 2
Line 3
$
```

现在，在 gawk 执行了 BEGIN 脚本后，会用第二段脚本来处理文件数据。这么做时要小心，因为这两段脚本仍会被视为 gawk 命令行中的一个文本字符串，所以需要相应地加上单引号。

7. 在处理数据后运行脚本

和 BEGIN 关键字类似，END 关键字允许指定一段脚本，gawk 会在处理完数据后执行这段脚本：

```
$ gawk 'BEGIN {print "The data3 File Contents:"}
> {print $0}
> END {print "End of File"}' data3.txt
```

```
The data3 File Contents:
Line 1
Line 2
Line 3
End of File
$
```

gawk 脚本在打印完文件内容后，会执行 END 脚本中的命令。这是在处理完所有正常数据后给报告添加页脚的最佳方法。

可以将各个部分放到一起，组成一个漂亮的小型脚本文件，用它从一个简单的数据文件中创建一份完整的报告：

```
$ cat script4.gawk
BEGIN {
print "The latest list of users and shells"
print "UserID  \t Shell"
print "------- \t -------"
FS=":"
}

{
print $1 "       \t "  $7
}

END {
print "This concludes the listing"
}
$
```

其中，BEGIN 脚本用于为报告创建标题。另外还定义了一个殊变量 FS。这是定义字段分隔符的另一种方法。这样就无须依靠脚本用户通过命令行选项定义字段分隔符了。

下面是这个 gawk 脚本的输出（有部分删节）：

```
$ gawk -f script4.gawk /etc/passwd
The latest list of users and shells
UserID           Shell
--------         -------
root             /bin/bash
daemon           /usr/sbin/nologin
[...]
christine        /bin/bash
sshd             /usr/sbin/nologin
This concludes the listing
$
```

和预想的一样，BEGIN 脚本创建了标题，主体脚本处理了特定数据文件（/etc/passwd）中的信息，END 脚本生成了页脚。print 命令中的\t 负责生成美观的**选项卡式输出**（tabbed output）。

这个简单的脚本让你见识了 gawk 的强大威力。第 22 章将介绍另外一些编写 gawk 脚本的基本原则，以及一些可用于 gawk 脚本的高级编程概念，学会了它们，就算面对最晦涩的数据文件，你也能够创建出专业范儿的报告。

19.2 sed 编辑器基础命令

成功使用 sed 编辑器的关键在于掌握其各式各样的命令和格式，它们能够帮助你定制文本编辑行为。本节将介绍一些可以运用于脚本的基础命令和功能。

19.2.1 更多的替换选项

前面已经讲过如何用替换命令在文本行中替换文本。这个命令还有另外一些能简化操作的选项。

1. 替换标志

关于替换命令如何替换字符串中的匹配模式需要引起注意。看看下面这个例子中会出现什么情况：

```
$ cat data4.txt
This is a test of the test script.
This is the second test of the test script.
$
$ sed 's/test/trial/' data4.txt
This is a trial of the test script.
This is the second trial of the test script.
$
```


替换命令在替换多行中的文本时也能正常工作，但在默认情况下它只替换每行中出现的第一处匹配文本。要想替换每行中所有的匹配文本，必须使用**替换标志**（substitution flag）。替换标志在替换命令字符串之后设置。

```
s/pattern/replacement/flags
```

有 4 种可用的替换标志。

- 数字，指明新文本将替换行中的第几处匹配。
- g，指明新文本将替换行中所有的匹配。
- p，指明打印出替换后的行。
- w *file*，将替换的结果写入文件。

第一种替换表示，你可以告诉 sed 编辑器用新文本替换第几处匹配文本：

```
$ sed 's/test/trial/2' data4.txt
This is a test of the trial script.
This is the second test of the trial script.
$
```

将替换标志指定为 2 的结果就是，sed 编辑器只替换每行中的**第二处**匹配文本。替换标志 g（global）可以替换文本行中所有的匹配文本：

```
$ sed 's/test/trial/g' data4.txt
This is a trial of the trial script.
This is the second trial of the trial script.
$
```

替换标志 p 会打印出包含替换命令中指定匹配模式的文本行。该标志通常和 sed 的-n 选项配合使用：

```
$ cat data5.txt
This is a test line.
This is a different line.
$
$ sed -n 's/test/trial/p' data5.txt
This is a trial line.
$
```

-n 选项会抑制 sed 编辑器的输出，而替换标志 p 会输出替换后的行。将二者配合使用的结果就是只输出被替换命令修改过的行。

替换标志 w 会产生同样的输出，不过会将输出保存到指定文件中：

```
$ sed 's/test/trial/w test.txt' data5.txt
This is a trial line.
This is a different line.
$
$ cat test.txt
This is a trial line.
$
```

sed 编辑器的正常输出会被保存在 STDOUT 中，只有那些包含匹配模式的行才会被保存在指定的输出文件中。

2. 替代字符

有时候，你会在字符串中遇到一些不太方便在替换模式中使用的字符。Linux 中一个常见的例子是正斜线（/）。

替换文件中的路径会比较烦琐。如果想将/etc/passwd 文件中的 bash shell 替换为 C shell，则必须这么做：

```
$ sed 's/\/bin\/bash/\/bin\/csh/' /etc/passwd
```

由于正斜线被用作替换命令的分隔符，因此它在匹配模式和替换文本中出现时，必须使用反斜线来转义。这很容易造成混乱和错误。

为了解决这个问题，sed 编辑器允许选择其他字符作为替换命令的替代分隔符：

```
$ sed 's!/bin/bash!/bin/csh!' /etc/passwd
```

在这个例子中，感叹号（!）被用作替换命令的分隔符，这样就更容易阅读和理解其中的路径了。

19.2.2　使用地址

在默认情况下，在 sed 编辑器中使用的命令会应用于所有的文本行。如果只想将命令应用于特定的某一行或某些行，则必须使用**行寻址**。

在 sed 编辑器中有两种形式的行寻址。

- ❑ 以数字形式表示的行区间。
- ❑ 匹配行内文本的模式。

以上两种形式使用相同的格式来指定地址：

```
[address]command
```

也可以将针对特定地址的多个命令分组：

```
address {
    command1
    command2
    command3
}
```

sed 编辑器会将指定的各个命令应用于匹配指定地址的文本行。本节将演示如何在 sed 编辑器脚本中使用这两种寻址方法。

1. 数字形式的行寻址

在使用数字形式的行寻址时，可以用行号来引用文本流中的特定行。sed 编辑器会将文本流中的第一行编号为 1，第二行编号为 2，以此类推。

在命令中指定的行地址既可以是单个行号，也可以是用起始行号、逗号以及结尾行号指定的行区间。来看一个 sed 命令使用指定行号的例子：

```
$ cat data1.txt
The quick brown fox jumps over the lazy dog.
The quick brown fox jumps over the lazy dog.
The quick brown fox jumps over the lazy dog.
The quick brown fox jumps over the lazy dog.
$
$ sed '2s/dog/cat/' data1.txt
The quick brown fox jumps over the lazy dog.
The quick brown fox jumps over the lazy cat.
The quick brown fox jumps over the lazy dog.
The quick brown fox jumps over the lazy dog.
$
```

sed 编辑器只修改了地址所指定的第二行的文本。下面是另一个例子，这次使用了行区间：

```
$ sed '2,3s/dog/cat/' data1.txt
The quick brown fox jumps over the lazy dog.
The quick brown fox jumps over the lazy cat.
The quick brown fox jumps over the lazy cat.
The quick brown fox jumps over the lazy dog.
$
```

如果想将命令应用于从某行开始到结尾的所有行，可以使用美元符号作为结尾行号：

```
$ sed '2,$s/dog/cat/' data1.txt
The quick brown fox jumps over the lazy dog.
The quick brown fox jumps over the lazy cat.
The quick brown fox jumps over the lazy cat.
The quick brown fox jumps over the lazy cat.
$
```

因为有可能不知道文本中到底有多少行，所以美元符号用起来往往很方便。

2. 使用文本模式过滤

另一种限制命令应用于哪些行的方法略显复杂。sed 编辑器允许指定文本模式来过滤出命令所应用的行，其格式如下：

```
/pattern/command
```

必须将指定的**模式**（patten）放入正斜线内。sed 编辑器会将该命令应用于包含匹配模式的行。

如果只想修改用户 rich 的默认 shell，可以使用 sed 命令：

```
$ grep /bin/bash /etc/passwd
root:x:0:0:root:/root:/bin/bash
christine:x:1001:1001::/home/christine:/bin/bash
rich:x:1002:1002::/home/rich:/bin/bash
$
$ sed '/rich/s/bash/csh/' /etc/passwd
root:x:0:0:root:/root:/bin/bash
daemon:x:1:1:daemon:/usr/sbin:/usr/sbin/nologin
[...]
christine:x:1001:1001::/home/christine:/bin/bash
sshd:x:126:65534::/run/sshd:/usr/sbin/nologin
rich:x:1002:1002::/home/rich:/bin/csh
$
```

该命令只应用于包含匹配模式的行。虽然使用固定的文本模式有助于过滤出特定的值，就跟上面的例子一样，但难免有局限。sed 编辑器在文本模式中引入了**正则表达式**来创建匹配效果更好的模式。

正则表达式允许创建高级文本模式匹配表达式来匹配各种数据。这些表达式结合了一系列元字符和普通文本字符，可以生成精准的模式，匹配几乎任何形式的文本。正则表达式是 shell 脚本编程中颇有难度的一部分，第 20 章将详述。

3. 命令组

如果需要在单行中执行多条命令，可以用花括号将其组合在一起，sed 编辑器会执行匹配地址中列出的所有命令：

```
$ sed '2{
> s/fox/toad/
> s/dog/cat/
> }' data1.txt
The quick brown fox jumps over the lazy dog.
The quick brown toad jumps over the lazy cat.
The quick brown fox jumps over the lazy dog.
The quick brown fox jumps over the lazy dog.
$
```

这两条命令都会应用于该地址。当然，也可以在一组命令前指定行区间：

```
$ sed '3,${
> s/brown/green/
```

```
> s/fox/toad/
> s/lazy/sleeping/
> }' data1.txt
The quick brown fox jumps over the lazy dog.
The quick brown fox jumps over the lazy dog.
The quick green toad jumps over the sleeping dog.
The quick green toad jumps over the sleeping dog.
$
```

sed编辑器会将所有命令应用于该区间内的所有行。

19.2.3 删除行

文本替换命令并非sed编辑器唯一的命令。如果需要删除文本流中的特定行，可以使用删除（d）命令。

删除命令很简单，它会删除匹配指定模式的所有行。使用该命令时要特别小心，如果忘记加入寻址模式，则流中的所有文本行都会被删除：

```
$ cat data1.txt
The quick brown fox jumps over the lazy dog
The quick brown fox jumps over the lazy dog
The quick brown fox jumps over the lazy dog
The quick brown fox jumps over the lazy dog
$
$ sed 'd' data1.txt
$
```


当和指定地址一起使用时，删除命令显然能发挥出最大的功用。可以从数据流中删除特定的文本行，这些文本行要么通过行号指定：

```
$ cat data6.txt
This is line number 1.
This is line number 2.
This is the 3rd line.
This is the 4th line.
$
$ sed '3d' data6.txt
This is line number 1.
This is line number 2.
This is the 4th line.
$
```

要么通过特定行区间指定：

```
$ sed '2,3d' data6.txt
This is line number 1.
This is the 4th line.
$
```

要么通过特殊的末行字符指定：

```
$ sed '3,$d' data6.txt
This is line number 1.
```

```
This is line number 2.
$
```

sed 编辑器的模式匹配特性也适用于删除命令：

```
$ sed '/number 1/d' data6.txt
This is line number 2.
This is the 3rd line.
This is the 4th line.
$
```

sed 编辑器会删掉与指定模式相匹配的文本行。

注意　记住，sed 编辑器不会修改原始文件。你删除的行只是从 sed 编辑器的输出中消失了。原始文件中仍然包含那些“被删掉”的行。

也可以使用两个文本模式来删除某个区间内的行。但这么做时要小心，你指定的第一个模式会“启用”行删除功能，第二个模式会“关闭”行删除功能，而 sed 编辑器会删除两个指定行之间的所有行（包括指定的行）：

```
$ sed '/1/,/3/d' data6.txt
This is the 4th line.
$
```

除此之外，要特别小心，因为只要 sed 编辑器在数据流中匹配到了开始模式，就会启用删除功能，这可能会导致意想不到的结果：

```
$ cat data7.txt
This is line number 1.
This is line number 2.
This is the 3rd line.
This is the 4th line.
This is line number 1 again; we want to keep it.
This is more text we want to keep.
Last line in the file; we want to keep it.
$
$ sed '/1/,/3/d' data7.txt
This is the 4th line.
$
```

第二个包含数字“1”的行再次触发了删除命令，因为没有找到停止模式，所以数据流中的剩余文本行全部被删除了。当然，如果指定的停止模式始终未在文本中出现，则会出现另一个问题：

```
$ sed '/3/,/5/d' data7.txt
This is line number 1.
This is line number 2.
$
```

删除功能在匹配到开始模式的时候就启用了，但由于一直未能匹配到结束模式，因此没有关闭，最终整个数据流都被删除了。

19.2.4 插入和附加文本

如你所望，跟其他编辑器类似，sed 编辑器也可以向数据流中插入和附加文本行。这两种操作的区别可能比较费解。

- 插入（insert）（i）命令会在指定行**前**增加一行。
- 附加（append）（a）命令会在指定行**后**增加一行。

两者的费解之处在于格式。这两条命令不能在单个命令行中使用。必须指定是将行插入还是附加到另一行，其格式如下：

```
sed '[address]command\
new line'
```

new line 中的文本会出现在你所指定的 sed 编辑器的输出位置。记住，当使用插入命令时，文本会出现在数据流文本之前：

```
$ echo "Test Line 2" | sed 'i\Test Line 1'
Test Line 1
Test Line 2
$
```

当使用附加命令时，文本会出现在数据流文本之后：

```
$ echo "Test Line 2" | sed 'a\Test Line 1'
Test Line 2
Test Line 1
$
```

在命令行界面使用 sed 编辑器时，你会看到次提示符，它会提醒输入新一行的数据。必须在此行完成 sed 编辑器命令。一旦输入表示结尾的后单引号，bash shell 就会执行该命令：

```
$ echo "Test Line 2" | sed 'i\
> Test Line 1'
Test Line 1
Test Line 2
$
```

这样就可以在数据流中的文本之前或之后添加文本了，但如何向数据流内部添加文本呢?

要向数据流内部插入或附加数据，必须用地址告诉 sed 编辑器希望数据出现在什么位置。用这些命令时只能指定一个行地址。使用行号或文本模式都行，但不能用行区间。这也说得通，因为只能将文本插入或附加到某一行而不是行区间的前面或后面。

下面的例子将一个新行插入数据流中第三行之前：

```
$ cat data6.txt
This is line number 1.
This is line number 2.
This is the 3rd line.
This is the 4th line.
$
$ sed '3i\
> This is an inserted line.
```

19

```
> ' data6.txt
This is line number 1.
This is line number 2.
This is an inserted line.
This is the 3rd line.
This is the 4th line.
$
```

下面的例子将一个新行附加到数据流中第三行之后：

```
$ sed '3a\
> This is an appended line.
> ' data6.txt
This is line number 1.
This is line number 2.
This is the 3rd line.
This is an appended line.
This is the 4th line.
$
```

这个过程和插入命令一样，只不过是将新文本行放到指定行之后。如果你有一个多行数据流，想要将新行附加到数据流的末尾，那么只需用代表数据最后一行的美元符号即可：

```
$ sed '$a\
> This line was added to the end of the file.
> ' data6.txt
This is line number 1.
This is line number 2.
This is the 3rd line.
This is the 4th line.
This line was added to the end of the file.
$
```

同样的方法也适用于在数据流的起始位置增加一个新行。这只要在第一行之前插入新行就可以了。

要插入或附加多行文本，必须在要插入或附加的每行新文本末尾使用反斜线（\）：

```
$ sed '1i\
> This is an inserted line.\
> This is another inserted line.
> ' data6.txt
This is an inserted line.
This is another inserted line.
This is line number 1.
This is line number 2.
This is the 3rd line.
This is the 4th line.
$
```

指定的两行都会被添加到数据流中。

19.2.5 修改行

修改（c）命令允许修改数据流中整行文本的内容。它跟插入和附加命令的工作机制一样，必须在 sed 命令中单独指定一行：

```
$ sed '2c\
> This is a changed line of text.
> ' data6.txt
This is line number 1.
This is a changed line of text.
This is the 3rd line.
This is the 4th line.
$
```

在这个例子中，sed 编辑器会修改第三行中的文本。也可以用文本模式来寻址：

```
$ sed '/3rd line/c\
> This is a changed line of text.
> ' data6.txt
This is line number 1.
This is line number 2.
This is a changed line of text.
This is the 4th line.
$
```

文本模式修改命令会修改所匹配到的任意文本行：

```
$ cat data8.txt
I have 2 Infinity Stones
I need 4 more Infinity Stones
I have 6 Infinity Stones!
I need 4 Infinity Stones
I have 6 Infinity Stones...
I want 1 more Infinity Stone
$
$ sed '/have 6 Infinity Stones/c\
> Snap! This is changed line of text.
> ' data8.txt
I have 2 Infinity Stones
I need 4 more Infinity Stones
Snap! This is changed line of text.
I need 4 Infinity Stones
Snap! This is changed line of text.
I want 1 more Infinity Stone
$
```

可以在修改命令中使用地址区间，但结果未必如愿：

```
$ cat data6.txt
This is line number 1.
This is line number 2.
This is the 3rd line.
This is the 4th line.
$
$ sed '2,3c\
```

```
> This is a changed line of text.
> ' data6.txt
This is line number 1.
This is a changed line of text.
This is the 4th line.
$
```

sed 编辑器会用指定的一行文本替换数据流中的两行文本，而不是逐一修改。

19.2.6　转换命令

转换（y）命令是唯一可以处理单个字符的 sed 编辑器命令。该命令格式如下所示：

```
[address]y/inchars/outchars/
```

转换命令会对 *inchars* 和 *outchars* 进行一对一的映射。*inchars* 中的第一个字符会被转换为 *outchars* 中的第一个字符，*inchars* 中的第二个字符会被转换成 *outchars* 中的第二个字符。这个映射过程会一直持续到处理完指定字符。如果 *inchars* 和 *outchars* 的长度不同，则 sed 编辑器会产生一条错误消息。

来看一个使用转换命令的简单例子：

```
$ cat data9.txt
This is line 1.
This is line 2.
This is line 3.
This is line 4.
This is line 5.
This is line 1 again.
This is line 3 again.
This is the last file line.
$
$ sed 'y/123/789/' data9.txt
This is line 7.
This is line 8.
This is line 9.
This is line 4.
This is line 5.
This is line 7 again.
This is line 9 again.
This is the last file line.
$
```

如你所见，*inchars* 中的各个字符都会被替换成 *outchars* 中相同位置的字符。

转换命令是一个全局命令，也就是说，它会对文本行中匹配到的所有指定字符进行转换，不考虑字符出现的位置：

```
$ echo "Test #1 of try #1." | sed 'y/123/678/'
Test #6 of try #6.
$
```

sed 编辑器转换了在文本行中匹配到的字符 1 的两个实例。你无法对特定位置字符的转换进行限制。

19.2.7 再探打印

19.2.1 节介绍过如何使用 p 标志和替换命令显示 sed 编辑器修改过的行。另外，还有 3 个命令也能打印数据流中的信息。

- 打印（p）命令用于打印文本行。
- 等号（=）命令用于打印行号。
- 列出（l）命令用于列出行。

接下来将介绍这 3 个 sed 编辑器的打印命令。

1. 打印行

和替换命令中的 p 标志类似，打印命令用于打印 sed 编辑器输出中的一行。如果只用这个命令，倒也没什么特别的：

```
$ echo "this is a test" | sed 'p'
this is a test
this is a test
$
```

它所做的就是打印出已有的数据文本。打印命令最常见的用法是打印包含匹配文本模式的行：


```
$ cat data6.txt
This is line number 1.
This is line number 2.
This is the 3rd line.
This is the 4th line.
$
$ sed -n '/3rd line/p' data6.txt
This is the 3rd line.
$
```

在命令行中用-n 选项可以抑制其他行的输出，只打印包含匹配文本模式的行。

也可以用它来快速打印数据流中的部分行：

```
$ sed -n '2,3p' data6.txt
This is line number 2.
This is the 3rd line.
$
```

如果需要在使用替换或修改命令做出改动之前查看相应的行，可以使用打印命令。来看下面的脚本：

```
$ sed -n '/3/{
> p
> s/line/test/p
> }' data6.txt
This is the 3rd line.
This is the 3rd test.
$
```

sed 编辑器命令会查找包含数字 3 的行，然后执行两条命令。首先，脚本用打印命令打印出原始行；然后用替换命令替换文本并通过 p 标志打印出替换结果。输出同时显示了原始的文本行和新的文本行。

2. 打印行号

等号命令会打印文本行在数据流中的行号。行号由数据流中的换行符决定。数据流中每出现一个换行符，sed 编辑器就会认为有一行文本结束了：

```
$ cat data1.txt
The quick brown fox jumps over the lazy dog.
The quick brown fox jumps over the lazy dog.
The quick brown fox jumps over the lazy dog.
The quick brown fox jumps over the lazy dog.
$
$ sed '=' data1.txt
1
The quick brown fox jumps over the lazy dog.
2
The quick brown fox jumps over the lazy dog.
3
The quick brown fox jumps over the lazy dog.
4
The quick brown fox jumps over the lazy dog.
$
```

sed 编辑器在实际文本行之前会先打印行号。如果要在数据流中查找特定文本，那么等号命令用起来非常方便：

```
$ cat data7.txt
This is line number 1.
This is line number 2.
This is the 3rd line.
This is the 4th line.
This is line number 1 again; we want to keep it.
This is more text we want to keep.
Last line in the file; we want to keep it.
$
$ sed -n '/text/{
> =
> p
> }' data7.txt
6
This is more text we want to keep.
$
```

利用-n 选项，就能让 sed 编辑器只显示包含匹配文本模式的文本行的行号和内容。

3. 列出行

列出命令可以打印数据流中的文本和不可打印字符。在显示不可打印字符的时候，要么在其八进制值前加一个反斜线，要么使用标准的 C 语言命名规范（用于常见的不可打印字符），比如\t

用于代表制表符：

```
$ cat data10.txt
This    line    contains        tabs.
This line does contain tabs.
$
$ sed -n 'l' data10.txt
This\tline\tcontains\ttabs.$
This line does contain tabs.$
$
```

制表符所在的位置显示为\t。行尾的美元符号表示换行符。如果数据流包含转义字符，则列出命令会在必要时用八进制值显示：

```
$ cat data11.txt
This line contains an escape character.
$
$ sed -n 'l' data11.txt
This line contains an escape character. \a$
$
```

data11.txt 文本文件含有一个用于产生铃声的转义控制码。当用 cat 命令显示文本文件时，转义控制码不会显示出来，你只能听到声音（如果打开了音箱的话）。但利用列出命令，就能显示出所使用的转义控制码。

19

19.2.8 使用 sed 处理文件

替换命令包含一些文件处理标志。一些常规的 sed 编辑器命令也可以让你无须替换文本即可完成此操作。

1.写入文件

写入（w）命令用来向文件写入行。该命令格式如下所示：

```
[address]w filename
```

filename 可以使用相对路径或绝对路径，但不管使用哪种，运行 sed 编辑器的用户都必须有文件的写权限。地址可以是 sed 支持的任意类型的寻址方式，比如单个行号、文本模式、行区间或文本模式区间。

下面的例子会将数据流中的前两行写入文本文件：

```
$ sed '1,2w test.txt' data6.txt
This is line number 1.
This is line number 2.
This is the 3rd line.
This is the 4th line.
$
$ cat test.txt
This is line number 1.
This is line number 2.
$
```

当然，如果不想在 STDOUT 中显示文本行，可以使用 sed 命令的-n 选项。

如果要根据一些公用的文本值，从主文件（比如下面的邮件列表）中创建一份数据文件，则使用写入命令会非常方便：

```
$ cat data12.txt
Blum, R         Browncoat
McGuiness, A    Alliance
Bresnahan, C    Browncoat
Harken, C       Alliance
$
$ sed -n '/Browncoat/w Browncoats.txt' data12.txt
$
$ cat Browncoats.txt
Blum, R         Browncoat
Bresnahan, C    Browncoat
$
```

sed 编辑器会将匹配文本模式的数据行写入目标文件。

2. 从文件读取数据

你已经知道如何通过 sed 命令行向数据流中插入文本或附加文本。读取（r）命令允许将一条独立文件中的数据插入数据流。

读取命令的格式如下所示：

```
[address]r filename
```

filename 参数指定了数据文件的绝对路径或相对路径。读取命令中无法使用地址区间，只能指定单个行号或文本模式地址。sed 编辑器会将文件内容插入指定地址之后。

```
$ cat data13.txt
This is an added line.
This is a second added line.
$
$ sed '3r data13.txt' data6.txt
This is line number 1.
This is line number 2.
This is the 3rd line.
This is an added line.
This is a second added line.
This is the 4th line.
$
```

sed 编辑器会将数据文件中的所有文本行都插入数据流。在使用文本模式地址时，同样的方法也适用：

```
$ sed '/number 2/r data13.txt' data6.txt
This is line number 1.
This is line number 2.
This is an added line.
This is a second added line.
This is the 3rd line.
This is the 4th line.
$
```

要在数据流的末尾添加文本，只需使用美元符号地址即可：

```
$ sed '$r data13.txt' data6.txt
This is line number 1.
This is line number 2.
This is the 3rd line.
This is the 4th line.
This is an added line.
This is a second added line.
$
```

读取命令还有一种很酷的用法是和删除命令配合使用，利用另一个文件中的数据来替换文件中的占位文本。假如你保存在文本文件中的套用信件如下所示：

```
$ cat notice.std
Would the following people:
LIST
please report to the ship's captain.
$
```

套用信件将通用占位文本 LIST 放在了人物名单的位置。要在占位文本后插入名单，只需使用读取命令即可。但这样的话，占位文本仍然会留在输出中。为此，可以用删除命令删除占位文本，其结果如下：

19

```
$ sed '/LIST/{
> r data12.txt
> d
> }' notice.std
Would the following people:
Blum, R       Browncoat
McGuiness, A  Alliance
Bresnahan, C  Browncoat
Harken, C     Alliance
please report to the ship's captain.
$
```

现在占位文本已经被替换成了数据文件中的名单。

19.3 实战演练

本节将展示一个同时运行 sed 和 gawk 的脚本。在讲解该脚本之前，先谈谈脚本的应用场景。首先要讨论一下 shebang[①]。在第 11 章，我们讲过 shell 脚本文件的第一行：

```
#!/bin/bash
```

第一行有时被称为 shebang，在传统的 Unix shell 脚本中其形式如下：

```
#!/bin/sh
```

① shebang 这个词其实是两个字符名称（sharp-bang）的简写。在 Unix 专业术语中，用 sharp 或 hash（有时候是 mesh）来称呼字符“#”，用 bang 来称呼惊叹号“!”，因而 shebang 合起来就代表了这两个字符#!。——译者注

这种传统通常也延续到了 Linux 的 bash shell 脚本，这在过去不是问题——大多数发行版将/bin/sh 链接到了 bash shell（/bin/bash），因此，如果 shell 脚本中使用/bin/sh 作为 shebang，就相当于写的是/bin/bash：

```
$ ls -l /bin/sh
lrwxrwxrwx 1 root root 4 Nov 8 2019 /bin/sh -> bash
$
```

但现在这种情况发生了变化。在某些 Linux 发行版（比如 Ubuntu）中，/bin/sh 文件并没有链接到 bash shell：

```
$ ls -l /bin/sh
lrwxrwxrwx 1 root root 4 Apr 23 14:33 /bin/sh -> dash
$
```

在这类系统中运行的 shell 脚本，如果使用/bin/sh 作为 shebang，则脚本会运行在 dash shell 而非 bash shell 中。这可能会造成很多 shell 脚本命令执行失败。

现在来看看脚本的真实应用场景：某家公司只使用 RHEL，系统中运行的 bash shell 脚本使用旧式的/bin/sh 作为 shebang。这没有问题，因为在该发行版中，/bin/sh 文件仍然会链接到/bin/bash。但是现在，公司想要引入运行 Ubuntu 的服务器，那么就必须将 shell 脚本的 shebang 改为/bin/bash，这样脚本才能在新服务器上正常运行。

如何解决这个问题？你会花费数小时使用文本编辑器手动修复所有的 shebang 吗？新来的 IT 实习生会被逼着干这件恐怖的体力活吗？这正是 sed 和 gawk 的用武之地，我们要用它们来搞定这件事。

第一步，使用 sed 创建特定目录中以/bin/sh 作为 shebang 的 shell 脚本列表。这可以先通过替换命令只处理 shell 脚本的第一行：

```
$ sed '1s!/bin/sh!/bin/bash!' OldScripts/testAscript.sh
#!/bin/bash
[...]
echo "This is Test Script #1."
[...]
#
exit
$
```

这样就完成了替换，说明 testAScript.sh 脚本**的确**是使用#!/bin/bash 作为 shebang。但我们需要检查目录中的所有文件，而且还不想看到脚本的内容，因此要修改一下之前的命令。-s 选项（这个选项还没介绍过）可以告知 sed 将目录内的各个文件作为**单独的流**，这样就可以检查每个文件的第一行。-n 选项则会抑制输出，这样就不会看到脚本的内容了：

```
$ sed -sn '1s!/bin/sh!/bin/bash!' OldScripts/*.sh
$
```

看来没问题，但不是我们想要的结果。我们需要查看脚本文件名，以便知道哪些脚本使用的是旧式的 shebang。

这就要用到另一个实用的 sed 命令 F 了。该命令会告知 sed 打印出当前正在处理的文件名，且不受-n 选项的影响。因为脚本文件名只需显示一次即可，所以要在 F 命令之前加上数字 1（否则的话，所处理的每个文件的每一行都会显示文件名）。现在就得到了我们想要的结果：

```
$ sed -sn '1F;
> 1s!/bin/sh!/bin/bash!' OldScripts/*.sh
OldScripts/backgroundoutput.sh
OldScripts/backgroundscript.sh
[...]
OldScripts/tryat.sh
$
```

下面使用 gawk 把结果再美化一下。将 sed 的输出通过管道（|）传给 gawk 更便于查看结果信息：

```
$ sed -sn '1F;
> 1s!/bin/sh!/bin/bash!' OldScripts/*.sh |
> gawk 'BEGIN {print ""
> print "The following scripts have /bin/sh as their shebang:"
> print ""}
> {print $0}
> END {print "End of Report"}'

The following scripts have /bin/sh as their shebang:

OldScripts/backgroundoutput.sh
OldScripts/backgroundscript.sh
[...]
OldScripts/tryat.sh
End of Report
$
```

报告结果已经生成了，我们要确认是否将这些脚本的 shebang 修改为更现代的形式。如果答案是肯定的，那就可以动手了。不过我们打算利用 for 循环，让 sed 全权负责这项工作：

```
$ mkdir TestScripts
$
$ for filename in $(grep -l "bin/sh" OldScripts/*.sh)
> do
> newFilename=$(basename $filename)
> cat $filename |
> sed '1c\#!/bin/bash' > TestScripts/$newFilename
> done
$
$ grep "/bin/bash" TestScripts/*.sh
TestScripts/backgroundoutput.sh:#!/bin/bash
TestScripts/backgroundscript.sh:#!/bin/bash
[...]
TestScripts/tryat.sh:#!/bin/bash
$
```

搞定！接下来要将 sed 和 gawk 这两部分组合在一起，形成一个实用脚本。完整的脚本如下所示：

```
$ cat ChangeScriptShell.sh
#!/bin/bash
# Change the shebang used for a directory of scripts
#
################## Function Declarations ##########################
#
function errorOrExit {
        echo
        echo $message1
        echo $message2
        echo "Exiting script..."
        exit
}
#
function modifyScripts {
        echo
        read -p "Directory name in which to store new scripts? " newScriptDir
        #
        echo "Modifying the scripts started at $(date +%N) nanoseconds"
        #
        count=0
        for filename in $(grep -l "/bin/sh" $scriptDir/*.sh)
        do
                newFilename=$(basename $filename)
                cat $filename |
                sed '1c\#!/bin/bash' > $newScriptDir/$newFilename
                count=$[$count + 1]
        done
        echo "$count modifications completed at $(date +%N) nanoseconds"
}
#
################# Check for Script Directory ######################
if [ -z $1 ]
then
        message1="The name of the directory containing scripts to check"
        message2="is missing. Please provide the name as a parameter."
        errorOrExit
else
        scriptDir=$1
fi
#
################ Create Shebang Report ###########################
#
sed -sn '1F;
1s!/bin/sh!/bin/bash!' $scriptDir/*.sh |
gawk 'BEGIN {print ""
print "The following scripts have /bin/sh as their shebang:"
print "=================================================="}
{print $0}
END {print ""
print "End of Report"}'
#
################## Change Scripts? #################################
```

```
#
#
echo
read -p "Do you wish to modify these scripts' shebang? (Y/n)? " answer
#
case $answer in
Y | y)
        modifyScripts
        ;;
N | n)
        message1="No scripts will be modified."
        message2="Run this script later to modify, if desired."
        errorOrExit
        ;;
*)
        message1="Did not answer Y or n."
        message2="No scripts will be modified."
        errorOrExit
        ;;
esac
$
```


注意，我们添加了一些时间戳，以显示执行 sed 修改脚本的时间。来看看脚本的实际运行效果：

```
$ mkdir NewScripts
$ ./ChangeScriptShell.sh OldScripts

The following scripts have /bin/sh as their shebang:
====================================================
OldScripts/backgroundoutput.sh
OldScripts/backgroundscript.sh
[...]
OldScripts/tryat.sh

End of Report

Do you wish to modify these scripts' shebang? (Y/n)? Y

Directory name in which to store new scripts? NewScripts
Modifying the scripts started at 168687219 nanoseconds
18 modifications completed at 266043476 nanoseconds
$
```

眨眼就搞定了！如果你有数百个待修改的 shell 脚本，想象一下这能为你节省多少时间。

这个脚本还有以下几项改进余地。

- 检查用于存放修改后的 bash shell 脚本的新目录，确保其存在。
- 检查新目录中没有与修改后的 bash shell 脚本同名的文件，以免意外覆盖。
- 允许将新目录作为参数传给脚本，并考虑保存 sed 和 gawk 生成的报告。

你还想出了什么可改进之处？

19.4　小结

虽然 shell 脚本本身就能完成不少工作，但在处理数据时往往会有困难。为此，Linux 提供了两款方便的工具。sed 是一款流编辑器，可以在读取数据时快速地即时进行处理，但你必须给 sed 编辑器指定用于处理数据的编辑命令。

gawk 程序是一款来自 GNU 组织的实用工具，它模仿并扩展了 Unix 中 awk 程序的功能。gawk 内建了编程语言，可用来编写数据处理脚本。gawk 脚本可以从大型数据文件中提取数据元素，并将其按照需要的格式输出。这非常有助于处理大型日志文件以及从数据文件中生成定制报表。

使用 sed 和 gawk 的关键在于懂得正则表达式。在提取和处理文本文件数据时，正则表达式是创建定制过滤器的关键。第 20 章将深入探索经常被人们误解的正则表达式，演示如何构建正则表达式，以处理各种各样的数据。

第 20 章

正则表达式

本章内容

- 正则表达式基础
- 定义 BRE 模式
- 扩展正则表达式

在 shell 脚本中成功运用 sed 和 gawk 的关键在于熟练掌握正则表达式。这可未必是件容易事，因为从大量数据中过滤出特定数据可能会（而且往往会）很复杂。本章将介绍如何在 sed 和 gawk 中创建正则表达式，以得到所需的数据。

20.1 正则表达式基础

理解正则表达式的第一步是弄清它到底是什么。本节将解释什么是正则表达式并讲解 Linux 如何使用正则表达式。

20.1.1 定义

正则表达式是一种可供 Linux 工具过滤文本的自定义模板。Linux 工具（比如 sed 或 gawk）会在读取数据时使用正则表达式对数据进行模式匹配。如果数据匹配模式，它就会被接受并进行处理。如果数据不匹配模式，它就会被弃用。图 20-1 展示了这个过程。

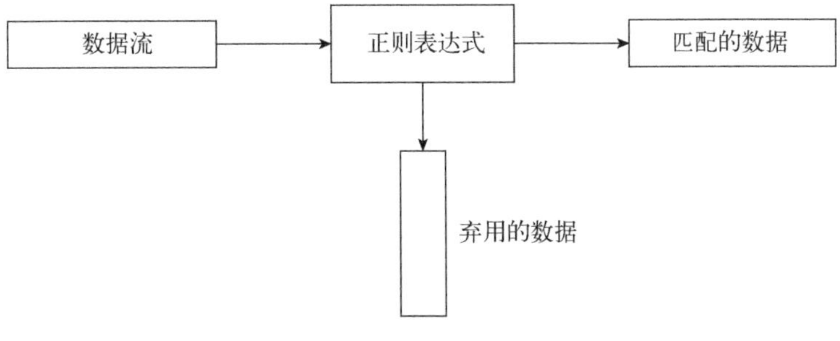

图 20-1　使用正则表达式模式匹配数据

正则表达式模式使用元字符[①]来描述数据流中的一个或多个字符。Linux 中有很多场景可以使用特殊字符来描述具体内容不确定的数据。你先前已经看到过在 `ls` 命令中使用通配符列出文件和目录的例子（参见第 3 章）。

可以使用通配符*列出满足特定条件的文件。例如：

```
$ ls -al da*
-rw-r--r--    1 rich     rich          45 Nov 26 12:42 data
-rw-r--r--    1 rich     rich          25 Dec  4 12:40 data.tst
-rw-r--r--    1 rich     rich         180 Nov 26 12:42 data1
-rw-r--r--    1 rich     rich          45 Nov 26 12:44 data2
-rw-r--r--    1 rich     rich          73 Nov 27 12:31 data3
-rw-r--r--    1 rich     rich          79 Nov 28 14:01 data4
-rw-r--r--    1 rich     rich         187 Dec  4 09:45 datatest
$
```

`da*`参数会使 `ls` 命令只列出名称以 da 起始的文件。文件名中的 da 之后可以有任意多个字符（包括 0 个）。`ls` 命令会读取目录中所有文件的信息，但只显示与通配符匹配的那些文件的信息。[②]

正则表达式的工作方式与通配符类似。正则表达式包含文本和/或特殊字符[③]，定义了 sed 和 gawk 匹配数据时使用的模板。你可以在正则表达式中使用不同的特殊字符来定义特定的数据过滤模式。

20.1.2　正则表达式的类型

使用正则表达式最大的问题在于有不止一种类型的正则表达式。在 Linux 中，不同的应用程序可能使用不同类型的正则表达式。这其中包括编程语言（比如 Java、Perl 和 Python）、Linux 工具（比如 sed、gawk 和 grep）以及主流应用程序（比如 MySQL 数据库服务器和 PostgreSQL 数据库服务器）。

正则表达式是由**正则表达式引擎**实现的。这是一种底层软件，负责解释正则表达式并用这些模式进行文本匹配。

尽管在 Linux 世界中有很多不同的正则表达式引擎，但最流行的是以下两种。

- POSIX 基础正则表达式（basic regular expression，BRE）引擎。
- POSIX 扩展正则表达式（extended regular expression，ERE）引擎。

大多数 Linux 工具至少符合 POSIX BRE 引擎规范，能够识别该规范定义的所有模式符号。遗憾的是，有些工具（比如 sed）仅符合 BRE 引擎规范的一个子集。这是出于速度方面的考虑导

---

① 原书此处用的是“wildcard character”（通配符）一词。准确地说，通配符和正则表达式并不是一回事，虽然正则表达式中也有*和?，但作用和通配符完全不一样。——译者注

② 准确的过程是这样的：shell 负责处理通配符（在本例中，将 `da*`扩展为当前目录下以 da 起始的所有文件名），`ls` 命令会列出由通配符匹配的那些文件的信息。记住，通配符是由 shell 处理的，命令看到的只是经过处理的匹配结果。——译者注

③ 这些特殊字符在正则表达式中称作元字符（metacharacter）。——译者注

致的，因为 sed 希望尽可能快地处理数据流中的文本。

POSIX ERE 引擎多见于依赖正则表达式过滤文本的编程语言中。它为常见模式（比如数字、单词以及字母数字字符[①]）提供了高级模式符号和特殊符号。gawk 使用 ERE 引擎来处理正则表达式。

由于正则表达式的实现方法众多，因此很难用一种简洁的描述来涵盖所有可能的正则表达式。后续几节将讨论最常见的正则表达式并演示其在 sed 和 gawk 中的应用。

20.2 定义 BRE 模式

最基本的 BRE 模式是匹配数据流中的文本字符。本节将介绍在正则表达式中定义文本的方法及其预期的匹配结果。

20.2.1 普通文本

第 18 章演示了如何在 sed 和 gawk 中用标准文本字符串过滤数据。通过下面的例子来复习一下：

```
$ echo "This is a test" | sed -n '/test/p'
This is a test
$ echo "This is a test" | sed -n '/trial/p'
$
$ echo "This is a test" | gawk '/test/{print $0}'
This is a test
$ echo "This is a test" | gawk '/trial/{print $0}'
$
```

第一种模式定义了一个单词 `test`。sed 脚本和 gawk 脚本用各自的 `print` 命令显示出了匹配该正则表达式的行。由于 `echo` 语句的文本字符串中包含了单词 `test`，匹配所定义的正则表达式，因此 sed 显示了该行。

第二种模式也定义了一个单词，这次是 `trial`。因为 `echo` 语句的文本字符串中未包含该单词，所以正则表达式没有匹配，sed 和 gawk 都没打印该行。

你大概已经注意到，正则表达式并不关心模式在数据流中出现的位置，也不在意模式出现了多少次。只要能匹配文本字符串中任意位置的模式，正则表达式就会将该字符串传回 Linux 工具。

这里的关键在于，将正则表达式应用于数据流文本。记住，正则表达式对匹配的模式非常挑剔，这很重要。第一条匹配原则是正则表达式区分大小写，这意味着它只会匹配大小写也相符的模式：

```
$ echo "This is a test" | sed -n '/this/p'
$
$ echo "This is a test" | sed -n '/This/p'
This is a test
$
```

① 字母数字字符（alphanumeric character）指由英文字母和数字组成的字符集合，如果考虑大小写字母及数字，那么共有 62 个；如果不区分大小写字母，则共有 36 个。——译者注

第一次尝试没能匹配成功，因为 this 的首字母在字符串中不是小写，而第二次尝试在模式中使用首字母大写形式，所以能成功匹配。

在正则表达式中，无须写出整个单词。只要定义的文本出现在数据流中，正则表达式就能够匹配：

```
$ echo "The books are expensive" | sed -n '/book/p'
The books are expensive
$
```

尽管数据流中的文本是 books，但数据中含有正则表达式 book，因此正则表达式能匹配数据。当然，反过来就不行了：

```
$ echo "The book is expensive" | sed -n '/books/p'
$
```

由于数据流中没有能够完全匹配正则表达式的文本，因此匹配失败，sed 编辑器不会显示任何文本。

你也无须局限于在正则表达式中只使用单个文本单词，空格和数字也是可以的：

```
$ echo "This is line number 1" | sed -n '/ber 1/p'
This is line number 1
$
```

在正则表达式中，空格和其他的字符没有什么区别：

```
$ echo "This is line number1" | sed -n '/ber 1/p'
$
```

如果在正则表达式中定义了空格，那么它必须出现在数据流中。你甚至可以创建匹配多个连续空格的正则表达式：

```
$ cat data1
This is a normal line of text.
This is  a line with too many spaces.
$ sed -n '/  /p' data1
This is  a line with too many spaces.
$
```

单词间有两个空格的行匹配了正则表达式模式。这是查找文本文件中空格的好办法。

20.2.2　特殊字符

在书写正则表达式时，你得留意。正则表达式中的一些字符具有特别的含义。如果要在匹配普通文本①的模式中使用这些字符，那么结果会出乎你的意料。

正则表达式能识别的特殊字符如下所示：

```
.*[]^${}\+?|()
```

随着本章内容的深入，你会了解到这些特殊字符在正则表达式中有何用途。不过现在只需记

① “普通文本”（plain text）也称为“字面文本”（literal text）。——译者注

住不能在匹配普通文本的模式中单独使用这些字符即可。

如果要将某个特殊字符视为普通字符，则必须将其**转义**。在转义特殊字符时，需要在它前面加上另一个特殊字符来告诉正则表达式引擎，应该将接下来的字符视为普通字符。这个特殊字符就是反斜线（\）。

如果要查找文本中的美元符号，则需要在它前面加个反斜线：

```
$ cat data2
The cost is $4.00
$ sed -n '/\$/p' data2
The cost is $4.00
$
```

由于反斜线是特殊字符，因此如果使用正则表达式匹配该字符，则必须对反斜线转义，这样就产生了两个反斜线：

```
$ echo "\ is a special character" | sed -n '/\\/p'
\ is a special character
$
```

最后，尽管正斜线（/）不属于正则表达式的特殊字符，但如果它出现在 sed 或 gawk 的正则表达式中，就会出现错误[①]：

```
$ echo "3 / 2" | sed -n '///p'
sed: -e expression #1, char 2: No previous regular expression
$
```


使用正斜线也需要进行转义：

```
$ echo "3 / 2" | sed -n '/\//p'
3 / 2
$
```

现在 sed 能正确解释正则表达式模式了，一切正常。

20.2.3 锚点字符

如 20.2.1 节所述，在默认情况下，当指定一个正则表达式模式时，只要模式出现在数据流中的任何地方，它就能匹配。有两个特殊字符可以用来将模式锁定在数据流中的行首或行尾。

1. 锚定行首

脱字符（^）可以指定位于数据流中文本行行首的模式。如果模式出现在行首之外的位置，则正则表达式无法匹配。

要使用脱字符，就必须将其置于正则表达式之前：

```
$ echo "The book store" | sed -n '/^book/p'
$
$ echo "Books are great" | sed -n '/^Book/p'
```

① 这里出错的原因在于，sed 使用正斜线作为正则表达式的界定符。——译者注

```
Books are great
$
```

脱字符使得正则表达式引擎在每行（由换行符界定）的行首检查模式：

```
$ cat data3
This is a test line.
this is another test line.
A line that tests this feature.
Yet more testing of this
$ sed -n '/^this/p' data3
this is another test line.
$
```

只要模式出现在行首，脱字符就能将其锚定。

如果将脱字符放到正则表达式开头之外的位置，那么它就跟普通字符一样，没有什么特殊含义了：

```
$ echo "This ^ is a test" | sed -n '/s ^/p'
This ^ is a test
$
```

由于脱字符没有出现在正则表达式的开头，因此 sed 会将其视为普通字符来匹配。

注意 如果正则表达式模式中只有脱字符，就不必用反斜线来转义。但如果在正则表达式中先指定脱字符，随后还有其他文本，那就必须在脱字符前用转义字符。①

---

2. 锚定行尾

与在行首查找模式相反的情况是在行尾查找。特殊字符美元符号（$）定义了行尾锚点。将这个特殊字符放在正则表达式之后则表示数据行必须以该模式结尾：

```
$ echo "This is a good book" | sed -n '/book$/p'
This is a good book
$ echo "This book is good" | sed -n '/book$/p'
$
```

使用行尾模式的问题在于，你必须清楚到底要查找什么：

```
$ echo "There are a lot of good books" | sed -n '/book$/p'
$
```

将行尾的单词 book 改成复数形式，就意味着它不能再匹配正则表达式模式了，即便 book 仍然在数据流中。要想匹配，文本模式必须是行的最后一部分。

3. 组合锚点

在一些常见情况下，可以在同一行中组合使用行首锚点和行尾锚点。第一种情况是，假定要

---

① 这段话的意思是说，如果只是匹配脱字符，可以不用转义，比如 `echo "This ^ is a test" | sed -n '/^/p'`。但如果要匹配脱字符以及其他文本，则需要转义，比如 `echo "I love ^regex" |sed -n '/\^regex/p'`。
——译者注

查找只含有特定文本模式的数据行：

```
$ cat data4
this is a test of using both anchors
I said this is a test
this is a test
I'm sure this is a test.
$ sed -n '/^this is a test$/p' data4
this is a test
$
```

sed 忽略了那些不单单包含指定模式的行。

第二种情况乍一看可能有些怪异，但极其有用。将这两个锚点直接组合在一起，之间不加任何文本，可以过滤出数据流中的空行。来看下面这个例子：

```
$ cat data5
This is one test line.

This is another test line.
$ sed '/^$/d' data5
This is one test line.
This is another test line.
$
```

指定的正则表达式会查找行首和行尾之间什么都没有的那些行。由于空行在两个换行符之间没有文本，因此刚好匹配正则表达式。sed 用删除命令来删除与该正则表达式匹配的行，因此也就删除了文本中的所有空行。这是从文档中删除空行的一种行之有效的方法。

20

20.2.4 点号字符

点号字符可以匹配除换行符之外的任意单个字符。点号字符必须匹配一个字符，如果在点号字符的位置没有可匹配的字符，那么模式就不成立。

来看几个在正则表达式中使用点号字符的例子：

```
$ cat data6
This is a test of a line.
The cat is sleeping.
That is a very nice hat.
This test is at line four.
at ten o'clock we'll go home.
$ sed -n '/.at/p' data6
The cat is sleeping.
That is a very nice hat.
This test is at line four.
$
```

第一行无法匹配，而第二行和第三行可以，这比较容易理解。第四行有点儿复杂。注意，我们匹配了 at，但在 at 前面并没有任何字符来匹配点号字符。其实是有的。在正则表达式中，空格也是字符，因此 at 前面的空格刚好匹配了该模式。第五行证明了这一点，将 at 放在行首就无法匹配了。

20.2.5　字符组

点号字符在匹配某个位置上的任意字符时很有用。但如果你想要限定要匹配的具体字符呢？在正则表达式中，这称为**字符组**（character class）。

你可以在正则表达式中定义用来匹配某个位置的一组字符。如果字符组中的某个字符出现在了数据流中，那就能匹配该模式。

方括号用于定义字符组。在方括号中加入你希望出现在该字符组中的所有字符，就可以在正则表达式中像其他特殊字符一样使用字符组了。刚开始需要一点儿时间来适应，一旦习惯了，效果很令人惊叹。

来看一个创建字符组的例子：

```
$ sed -n '/[ch]at/p' data6
The cat is sleeping.
That is a very nice hat.
$
```

这里用到的数据文件和点号字符例子中一样，但得到的结果截然不同。这次我们成功滤掉了只包含单词 `at` 的行。匹配这个模式的单词只有 `cat` 和 `hat`。还要注意以 `at` 开头的行也没有匹配。字符组中必须有个字符来匹配相应的位置。

在不太确定某个字符的大小写时非常适合使用字符组：

```
$ echo "Yes" | sed -n '/[Yy]es/p'
Yes
$ echo "yes" | sed -n '/[Yy]es/p'
yes
$
```

在单个正则表达式中可以使用多个字符组：

```
$ echo "Yes" | sed -n '/[Yy][Ee][Ss]/p'
Yes
$ echo "yEs" | sed -n '/[Yy][Ee][Ss]/p'
yEs
$ echo "yeS" | sed -n '/[Yy][Ee][Ss]/p'
yeS
$
```

上述正则表达式使用了 3 个字符组，涵盖了 3 个字符位置含有大小写的情况。

字符组并非只能含有字母，也可以在其中使用数字：

```
$ cat data7
This line doesn't contain a number.
This line has 1 number on it.
This line a number 2 on it.
This line has a number 4 on it.
$ sed -n '/[0123]/p' data7
This line has 1 number on it.
This line a number 2 on it.
$
```

这个正则表达式模式匹配任意含有数字 0、1、2 或 3 的行。含有其他数字以及不含有数字的行都会被忽略。

可以将多个字符组组合在一起，以检查数字是否具备正确的格式，比如电话号码和邮政编码。但当你尝试匹配某种特定格式时，一定要小心。这里有个匹配邮政编码出错的例子：

```
$ cat data8
60633
46201
223001
4353
22203
$ sed -n '
>/[0123456789][0123456789][0123456789][0123456789][0123456789]/p
>' data8
60633
46201
223001
22203
$
```

这个结果出乎意料。它成功过滤掉了不可能是邮政编码的那些过短的数字，因为最后一个字符组没有字符可匹配。但其中有一个 6 位数也被正则表达式保留了下来，尽管我们只定义了 5 个字符组。

记住，正则表达式可以匹配数据流中任何位置的文本。匹配模式之外经常会有其他字符。如果要确保只匹配 5 位数，就必须将其与其他字符分开，要么用空格，要么像下面例子中那样，指明要匹配数字的起止位置：

20

```
$ sed -n '
> /^[0123456789][0123456789][0123456789][0123456789][0123456789]$/p
> ' data8
60633
46201
22203
$
```

这就好多了。我们随后会看到如何进一步进行简化。

字符组的一种极其常见的用法是解析拼错的单词，比如用户表单输入的数据。你可以轻松地创建正则表达式来接受数据中常见的拼写错误：

```
$ cat data9
I need to have some maintenence done on my car.
I'll pay that in a seperate invoice.
After I pay for the maintenance my car will be as good as new.
$ sed -n '
/maint[ea]n[ae]nce/p
/sep[ea]r[ea]te/p
' data9
I need to have some maintenence done on my car.
I'll pay that in a seperate invoice.
After I pay for the maintenance my car will be as good as new.
$
```

本例中的两个 sed 打印命令利用正则表达式字符组来查找文本中拼错的单词 maintenence 和 seperate。同样的正则表达式模式也能匹配正确拼写的 maintenance。

20.2.6 排除型字符组

在正则表达式中，你也可以反转字符组的作用：匹配字符组中没有的字符。为此，只需在字符组的开头添加脱字符即可：

```
$ sed -n '/[^ch]at/p' data6
This test is at line four.
$
```

通过排除型字符组，正则表达式会匹配除 c 或 h 之外的任何字符以及文本模式。由于空格字符属于这个范围，因此通过了模式匹配。但即使是排除型，字符组仍必须匹配一个字符，以 at 为起始的行还是不能匹配模式。

20.2.7 区间

你可能注意到了，在前面演示邮政编码示例的时候，必须在每个字符组中列出所有可能的数字，这着实有点儿麻烦。好在有一种便捷的方法可以让你免受这一劳苦。

可以用单连字符在字符组中表示字符区间。只需指定区间的第一个字符、连字符以及区间的最后一个字符即可。根据 Linux 系统使用的字符集（参见第 2 章），字符组会包括在此区间内的任意字符。

现在你可以通过指定数字区间来简化邮政编码的例子：

```
$ sed -n '/^[0-9][0-9][0-9][0-9][0-9]$/p' data8
60633
46201
45902
$
```

这样可是少敲了不少键盘。每个字符组都会匹配 0~9 的任意数字。如果字母出现在数据中的任何位置，则这个模式都不成立：

```
$ echo "a8392" | sed -n '/^[0-9][0-9][0-9][0-9][0-9]$/p'
$
$ echo "1839a" | sed -n '/^[0-9][0-9][0-9][0-9][0-9]$/p'
$
$ echo "18a92" | sed -n '/^[0-9][0-9][0-9][0-9][0-9]$/p'
$
```

同样的方法也适用于字母：

```
$ sed -n '/[c-h]at/p' data6
The cat is sleeping.
That is a very nice hat.
$
```

新模式 [c-h]at 会匹配首字母在 c 和 h 之间的单词。在这种情况下，只含有单词 at 的行无法匹配该模式。

还可以在单个字符组内指定多个不连续的区间：

```
$ sed -n '/[a-ch-m]at/p' data6
The cat is sleeping.
That is a very nice hat.
$
```

该字符组允许区间 a~c 和 h~m 中的字母出现在 at 文本前，但不允许出现区间 d~g 中的字母：

```
$ echo "I'm getting too fat." | sed -n '/[a-ch-m]at/p'
$
```

该模式不匹配 fat 文本，因为它不属于指定的区间。

20.2.8 特殊的字符组

除了定义自己的字符组，BRE 还提供了一些特殊的字符组，以用来匹配特定类型的字符。表 20-1 列出了可用的 BRE 特殊字符组。

表 20-1 BRE 特殊字符组

字 符 组	描 述
[[:alpha:]]	匹配任意字母字符，无论是大写还是小写
[[:alnum:]]	匹配任意字母数字字符，0~9、A~Z 或 a~z
[[:blank:]]	匹配空格或制表符
[[:digit:]]	匹配 0~9 中的数字
[[:lower:]]	匹配小写字母字符 a~z
[[:print:]]	匹配任意可打印字符
[[:punct:]]	匹配标点符号
[[:space:]]	匹配任意空白字符：空格、制表符、换行符、分页符（formfeed）、垂直制表符和回车符
[[:upper:]]	匹配任意大写字母字符 A~Z

特殊字符组在正则表达式中的用法和普通字符组一样：

```
$ echo "abc" | sed -n '/[[:digit:]]/p'
$
$ echo "abc" | sed -n '/[[:alpha:]]/p'
abc
$ echo "abc123" | sed -n '/[[:digit:]]/p'
abc123
$ echo "This is, a test" | sed -n '/[[:punct:]]/p'
This is, a test
$ echo "This is a test" | sed -n '/[[:punct:]]/p'
$
```

使用特殊字符组定义区间更方便，可以用[[:digit:]]来代替区间[0-9]。

20.2.9　星号

在字符后面放置星号表明该字符必须在匹配模式的文本中出现 0 次或多次：

```
$ echo "ik" | sed -n '/ie*k/p'
ik
$ echo "iek" | sed -n '/ie*k/p'
iek
$ echo "ieek" | sed -n '/ie*k/p'
ieek
$ echo "ieeek" | sed -n '/ie*k/p'
ieeek
$ echo "ieeeek" | sed -n '/ie*k/p'
ieeeek
$
```

这个特殊符号广泛用于处理有常见拼写错误或在不同语言中有拼写变化的单词。如果需要写一个可在美式英语或英式英语中使用的脚本，可以这么做：

```
$ echo "I'm getting a color TV" | sed -n '/colou*r/p'
I'm getting a color TV
$ echo "I'm getting a colour TV" | sed -n '/colou*r/p'
I'm getting a colour TV
$
```

模式中的 u*表示字母 u 可以出现，也可以不出现。同样，如果知道一个单词经常被拼错，则可以用星号来容忍这种错误：

```
$ echo "I ate a potatoe with my lunch." | sed -n '/potatoe*/p'
I ate a potatoe with my lunch.
$ echo "I ate a potato with my lunch." | sed -n '/potatoe*/p'
I ate a potato with my lunch.
$
```

在可能出现的额外字母之后添加星号将允许接受拼错的单词。

另一个方便的特性是将点号字符和星号字符组合起来。这个组合能够匹配任意数量的任意字符，通常用在数据流中两个可能相邻或不相邻的字符串之间：

```
$ echo "this is a regular pattern expression" | sed -n '
> /regular.*expression/p'
this is a regular pattern expression
$
```

通过这种模式可以轻松查找可能出现在文本行内任意位置的多个单词。

星号还能用于字符组，指定可能在文本中出现 0 次或多次的字符组或字符区间：

```
$ echo "bt" | sed -n '/b[ae]*t/p'
bt
$ echo "bat" | sed -n '/b[ae]*t/p'
bat
$ echo "bet" | sed -n '/b[ae]*t/p'
bet
$ echo "btt" | sed -n '/b[ae]*t/p'
```

```
btt
$ echo "baat" | sed -n '/b[ae]*t/p'
baat
$ echo "baaeeet" | sed -n '/b[ae]*t/p'
baaeeet
$ echo "baeeaeeat" | sed -n '/b[ae]*t/p'
baeeaeeat
$ echo "baakeeet" | sed -n '/b[ae]*t/p'
$
```

只要 a 和 e 字符以任何组合形式出现在 b 和 t 字符之间（完全不出现也行），模式就能够匹配。如果出现了字符组之外的其他字符，那么模式就不能匹配。

20.3 扩展正则表达式

POSIX ERE 模式提供了一些可供 Linux 应用程序和工具使用的额外符号。gawk 支持 ERE 模式，但 sed 不支持。

警告 记住，sed 和 gawk 的正则表达式引擎之间是有区别的。gawk 可以使用大多数扩展的正则表达式符号，并且能够提供了一些 sed 所不具备的额外过滤功能。但正因如此，gawk 在处理数据时往往比较慢。

本节将介绍可用于 gawk 脚本中的常见 ERE 模式符号。

20.3.1 问号

问号与星号类似，但有一些细微的不同。问号表明前面的字符可以出现 0 次或 1 次，仅此而已，它不会匹配多次出现的该字符：

```
$ echo "bt" | gawk '/be?t/{print $0}'
bt
$ echo "bet" | gawk '/be?t/{print $0}'
bet
$ echo "beet" | gawk '/be?t/{print $0}'
$
$ echo "beeet" | gawk '/be?t/{print $0}'
$
```

如果字符 e 并未在文本中出现，或者只在文本中出现了一次，那么模式就会匹配。

跟星号一样，可以将问号和字符组一起使用：

```
$ echo "bt" | gawk '/b[ae]?t/{print $0}'
bt
$ echo "bat" | gawk '/b[ae]?t/{print $0}'
bat
$ echo "bot" | gawk '/b[ae]?t/{print $0}'
$
$ echo "bet" | gawk '/b[ae]?t/{print $0}'
```

```
bet
$ echo "baet" | gawk '/b[ae]?t/{print $0}'
$
$ echo "beat" | gawk '/b[ae]?t/{print $0}'
$
$ echo "beet" | gawk '/b[ae]?t/{print $0}'
$
```

如果字符组中的字符出现了0次或1次，那么模式匹配就成立。但如果两个字符都出现了，或者其中一个字符出现了两次，那么模式匹配就不成立。

20.3.2 加号

加号是类似于星号的另一个模式符号，但跟问号也有所不同。加号表明前面的字符可以出现1次或多次，但必须至少出现1次。如果该字符没有出现，那么模式就不会匹配：

```
$ echo "beeet" | gawk '/be+t/{print $0}'
beeet
$ echo "beet" | gawk '/be+t/{print $0}'
beet
$ echo "bet" | gawk '/be+t/{print $0}'
bet
$ echo "bt" | gawk '/be+t/{print $0}'
$
```

如果字符e没有出现，那么模式匹配就不成立。加号同样适用于字符组，跟星号和问号的使用方式相同：

```
$ echo "bt" | gawk '/b[ae]+t/{print $0}'
$
$ echo "bat" | gawk '/b[ae]+t/{print $0}'
bat
$ echo "bet" | gawk '/b[ae]+t/{print $0}'
bet
$ echo "beat" | gawk '/b[ae]+t/{print $0}'
beat
$ echo "beet" | gawk '/b[ae]+t/{print $0}'
beet
$ echo "beeat" | gawk '/b[ae]+t/{print $0}'
beeat
$
```

如果出现了字符组中定义的任一字符，那么文本就会匹配指定的模式。

20.3.3 花括号

ERE中的花括号允许为正则表达式指定具体的可重复次数，这通常称为区间。可以用两种格式来指定区间。

- m：正则表达式恰好出现*m*次。
- m, n：正则表达式至少出现*m*次，至多出现*n*次。

这个特性可以精确指定字符（或字符组）在模式中具体出现的次数。

警告 在默认情况下，gawk 不识别正则表达式区间，必须指定 gawk 的命令行选项`--re-interval`才行。

来看一个简单的单值区间的例子：

```
$ echo "bt" | gawk --re-interval '/be{1}t/{print $0}'
$
$ echo "bet" | gawk --re-interval '/be{1}t/{print $0}'
bet
$ echo "beet" | gawk --re-interval '/be{1}t/{print $0}'
$
```

通过指定区间为 1，限定了该字符应该出现的次数。如果该字符出现多次，那么模式匹配就不成立。

很多时候，同时指定区间下限和上限也很方便：

```
$ echo "bt" | gawk --re-interval '/be{1,2}t/{print $0}'
$
$ echo "bet" | gawk --re-interval '/be{1,2}t/{print $0}'
bet
$ echo "beet" | gawk --re-interval '/be{1,2}t/{print $0}'
beet
$ echo "beeet" | gawk --re-interval '/be{1,2}t/{print $0}'
$
```

在这个例子中，字符 e 出现一次或两次，模式都能匹配；否则，模式无法匹配。

区间也适用于字符组：

```
$ echo "bt" | gawk --re-interval '/b[ae]{1,2}t/{print $0}'
$
$ echo "bat" | gawk --re-interval '/b[ae]{1,2}t/{print $0}'
bat
$ echo "bet" | gawk --re-interval '/b[ae]{1,2}t/{print $0}'
bet
$ echo "beat" | gawk --re-interval '/b[ae]{1,2}t/{print $0}'
beat
$ echo "beet" | gawk --re-interval '/b[ae]{1,2}t/{print $0}'
beet
$ echo "beeat" | gawk --re-interval '/b[ae]{1,2}t/{print $0}'
$
$ echo "baeet" | gawk --re-interval '/b[ae]{1,2}t/{print $0}'
$
$ echo "baeaet" | gawk --re-interval '/b[ae]{1,2}t/{print $0}'
$
```

如果字母 a 或 e 在文本模式中只出现了 1~2 次，则正则表达式模式匹配；否则，模式匹配失败。

20.3.4　竖线符号

竖线符号允许在检查数据流时，以逻辑 OR 方式指定正则表达式引擎要使用的两个或多个模式。如果其中任何一个模式匹配了数据流文本，就视为匹配。如果没有模式匹配，则匹配失败。

竖线符号的使用格式如下：

```
expr1|expr2|...
```

来看一个例子：

```
$ echo "The cat is asleep" | gawk '/cat|dog/{print $0}'
The cat is asleep
$ echo "The dog is asleep" | gawk '/cat|dog/{print $0}'
The dog is asleep
$ echo "The sheep is asleep" | gawk '/cat|dog/{print $0}'
$
```

这个例子会在数据流中查找正则表达式 cat 或 dog。正则表达式和竖线符号之间不能有空格，否则竖线符号会被认为是正则表达式模式的一部分。

竖线符号两侧的子表达式可以采用正则表达式可用的任何模式符号（包括字符组）：

```
$ echo "He has a hat." | gawk '/[ch]at|dog/{print $0}'
He has a hat.
$
```

这个例子会匹配数据流文本中的 cat、hat 或 dog。

20.3.5　表达式分组

也可以用圆括号对正则表达式进行分组。分组之后，每一组会被视为一个整体，可以像对普通字符一样对该组应用特殊字符。例如：

```
$ echo "Sat" | gawk '/Sat(urday)?/{print $0}'
Sat
$ echo "Saturday" | gawk '/Sat(urday)?/{print $0}'
Saturday
$
```

结尾的 urday 分组和问号使得该模式能够匹配 Saturday 的全写或 Sat 缩写。

将分组和竖线符号结合起来创建可选的模式匹配组是很常见的做法：

```
$ echo "cat" | gawk '/(c|b)a(b|t)/{print $0}'
cat
$ echo "cab" | gawk '/(c|b)a(b|t)/{print $0}'
cab
$ echo "bat" | gawk '/(c|b)a(b|t)/{print $0}'
bat
$ echo "bab" | gawk '/(c|b)a(b|t)/{print $0}'
bab
$ echo "tab" | gawk '/(c|b)a(b|t)/{print $0}'
$
$ echo "tac" | gawk '/(c|b)a(b|t)/{print $0}'
$
```

正则表达式(c|b)a(b|t)匹配的模式是第一组中任意字母、a 以及第二组中任意字母的各种组合。

20.4 实战演练

现在你已经见识过正则表达式的规则和一些简单的例子，该把理论应用于实践了。下面将演示 shell 脚本中常见的一些正则表达式示例。

20.4.1 目录文件计数

首先，来看一个 shell 脚本，它可以对 PATH 环境变量中各个目录所包含的文件数量进行统计。为此，需要将 PATH 环境变量解析成单独的目录名。第 6 章介绍过如何显示该变量：

```
$ echo $PATH
/usr/local/sbin:/usr/local/bin:/usr/sbin:/usr/bin:/sbin:/bin:/usr/
games:/usr/
local/games
$
```

根据 Linux 系统中应用程序所处的位置，PATH 环境变量也会有所不同。关键是要认识到，PATH 中的各个路径由冒号分隔。要获取可在脚本中使用的目录列表，必须用空格替换冒号。现在你会发现，sed 用一个简单的表达式就能完成替换工作：


```
$ echo $PATH | sed 's/:/ /g'
/usr/local/sbin /usr/local/bin /usr/sbin /usr/bin /sbin /bin
/usr/games /usr/local/games
$
```

分离出目录之后，可以使用标准 for 语句（参见第 13 章）来遍历每个目录：

```
mypath=`echo $PATH | sed 's/:/ /g'`
for directory in $mypath
do
...
done
```

对于单个目录，可以用 ls 命令列出其中的文件，再用另一个 for 语句来遍历每个文件，对文件计数器增值。

这个脚本的最终版本如下：

```
$ cat countfiles
#!/bin/bash
# count number of files in your PATH
mypath=$(echo $PATH | sed 's/:/ /g')
count=0
for directory in $mypath
do
   check=$(ls $directory)
   for item in $check
   do
```

```
        count=$[ $count + 1 ]
    done
    echo "$directory - $count"
    count=0
done
$ ./countfiles /usr/local/sbin - 0
/usr/local/bin - 2
/usr/sbin - 213
/usr/bin - 1427
/sbin - 186
/bin - 152
/usr/games - 5
/usr/local/games - 0
$
```

现在我们可以体会到正则表达式背后的强大力量了。

20.4.2　验证电话号码

前面的例子演示了如何将简单的正则表达式和 sed 配合使用来替换数据流中的字符。正则表达式经常用于数据验证，以确保脚本中数据格式的正确性。

一个常见的数据验证应用程序就是核查电话号码。数据输入表单通常会要求填入电话号码，而用户输入格式错误的电话号码是常有的事。在美国，电话号码的几种常见形式如下所示：

```
(123)456-7890
(123) 456-7890
123-456-7890
123.456.7890
```

这使得用户在表单中输入的电话号码形式就有 4 种。正则表达式必须能够处理每一种情况。

在构建正则表达式时，最好从左侧开始，然后逐步写出可能遇到的各种字符模式。在这个例子中，电话号码中可能有也可能没有左括号，这可以用下列模式来匹配：

```
^\(?
```

脱字符用来表明数据的起始位置。由于左括号是个特殊字符，因此必须将其转义成普通字符。问号表明左括号可以有，也可以没有。

紧接着是 3 位区号。在美国，区号以数字 2 开始（没有以数字 0 或 1 开始的区号），最大可为 9。要匹配区号，可以使用下列模式：

```
[2-9][0-9]{2}
```

这要求第一个字符是 2~9 的数字，后跟任意两位数字。在区号后面，收尾的右括号可以有，也可以没有：

```
\)?
```

在区号之后，存在如下可能：有一个空格，没有空格，有一个连字符，有一个点号。你可以使用竖线符号，并用圆括号进行分组：

```
(| |-|\.)
```

第一个竖线符号紧跟在左括号后，用来匹配没有空格的情形。必须将点号字符转义，否则它会被解释成可匹配任意字符。

紧接着是3位电话交换机号码。这里没什么需要特别注意的：

```
[0-9]{3}
```

在电话交换机号码之后，必须匹配一个空格、一个连字符或一个点号（这次不用考虑匹配没有空格的情况，因为在电话交换机号码和其余号码间必须有至少一个空格）：

```
( |-|\.)
```

最后，必须在字符串尾部匹配4位本地电话分机号：

```
[0-9]{4}$
```

完整的正则表达式如下：

```
^\(?[2-9][0-9]{2}\)?(| |-|\.)[0-9]{3}( |-|\.)[0-9]{4}$
```

你可以在gawk中用这个正则表达式过滤掉格式不符的电话号码。现在只需创建一个使用该正则表达式的gawk脚本，然后用这个脚本来过滤你的电话簿。记住，在gawk中使用正则表达式区间时，必须加入`--re-interval`命令行选项，否则无法得到正确的结果。

脚本如下：

```
$ cat isphone
#!/bin/bash
# script to filter out bad phone numbers
gawk --re-interval '/^\(?[2-9][0-9]{2}\)?(| |-|\.)
[0-9]{3}( |-|\.)[0-9]{4}/{print $0}'
$
```

虽然从上面的代码清单中看不出来，但是shell脚本中的`gawk`命令是在一行中的。你可以将电话号码通过管道传入脚本来处理：

```
$ echo "317-555-1234" | ./isphone
317-555-1234
$ echo "000-555-1234" | ./isphone
$ echo "312 555-1234" | ./isphone
312 555-1234
$
```

也可以将含有电话号码的整个文件通过管道传给脚本，过滤掉无效的号码：

```
$ cat phonelist
000-000-0000
123-456-7890
212-555-1234
(317)555-1234
(202) 555-9876
33523
1234567890
234.123.4567
$ cat phonelist | ./isphone
212-555-1234
```

```
(317)555-1234
(202) 555-9876
234.123.4567
$
```

只有匹配该正则表达式模式的有效电话号码才会出现。

20.4.3　解析 email 地址

如今，email 已经成为一种至关重要的通信方式。验证 email 地址是脚本程序员面对的一个不小的挑战，因为 email 地址的形式实在是千奇百怪。下面是 email 地址的基本格式。

```
username@hostname
```

`username` 可以包含字母数字字符以及下列特殊字符。

- 点号
- 连字符
- 加号
- 下划线

在有效的 email 用户名中，这些字符可能会以任意组合的形式出现。email 地址的 *hostname* 部分由一个或多个域名和一个服务器名组成。服务器名和域名也必须遵照严格的命名规则，允许包含字母数字字符以及下列特殊字符。

- 点号
- 下划线

服务器名和域名都以点号分隔：先指定服务器名，紧接着是子域名，最后是结尾没有点号的顶级域名。

顶级域名的数量在过去十分有限，正则表达式编写者会尝试将它们都加到验证模式中。遗憾的是，随着 Internet 的发展，可用的顶级域名也增多了。这种方法已经不再可行。

下面从左侧开始构建这个正则表达式。我们知道，用户名中可以有多个有效字符，这相当容易：

```
^([a-zA-Z0-9_\-\.\+]+)@
```

这个分组指定了用户名中允许出现的字符，加号表明必须有至少一个字符。接下来的字符显然是@，这没什么意外的。

`hostname` 模式使用同样的方法来匹配服务器名和子域名：

```
([a-zA-Z0-9_\-\.]+)
```

下面是该模式可以匹配的文本：

```
server
server.domain
server.subdomain.domain
```

对于顶级域名，有一些特殊的规则。顶级域名只能是字母字符，长度必须不少于 2 个字符

（用于表示国家或地区代码），并且不超过 5 个字符。下面是匹配顶级域名的正则表达式：

```
\.([a-zA-Z]{2,5})$
```

将各部分组合在一起，得到下列正则表达式：

```
^([a-zA-Z0-9_\-\.\+]+)@([a-zA-Z0-9_\-\.]+)\.([a-zA-Z]{2,5})$
```

该模式会从数据列表中过滤掉那些格式不正确的 email 地址。现在你可以创建脚本，看看这个正则表达式的效果：

```
$ echo "rich@here.now" | ./isemail
rich@here.now
$ echo "rich@here.now." | ./isemail
$
$ echo "rich@here.n" | ./isemail
$
$ echo "rich@here-now" | ./isemail
$
$ echo "rich.blum@here.now" | ./isemail
rich.blum@here.now
$ echo "rich_blum@here.now" | ./isemail
rich_blum@here.now
$ echo "rich/blum@here.now" | ./isemail
$
$ echo "rich#blum@here.now" | ./isemail
$
$ echo "rich*blum@here.now" | ./isemail
$
```


这是个不错的例子，不仅展示了正则表达式的强大功能，而且展示了其简洁性。乍一看，这个用于过滤 email 地址的正则表达式相当复杂，但拆解之后就很容易理解其背后的来龙去脉。

20.5 小结

如果要在 shell 脚本中处理数据文件，则必须熟悉正则表达式。正则表达式在 Linux 实用工具、编程语言以及采用了正则表达式引擎的应用程序中均有实现。Linux 中有一些不同的正则表达式引擎，其中最流行的两种是 POSIX 基础正则表达式（BRE）引擎和 POSIX 扩展正则表达式（ERE）引擎。sed 基本符合 BRE 引擎，而 gawk 则能够使用 ERE 引擎中的大多数特性。

正则表达式定义了用来过滤文本的模式。模式由普通字符和特殊字符组成。正则表达式引擎用特殊字符来匹配一系列单个或多个字符，这类似于其他应用程序中通配符的工作方式。

结合普通字符和特殊字符，可以定义出几乎能够匹配所有种类数据的模式，然后通过 sed 或 gawk 从数据流中过滤特定数据，或者验证应用程序的输入数据。

第 21 章将更深入地探究 sed 的高级文本处理功能。这些高级功能使得 sed 在处理和过滤大型数据流时非常有用。

第 21 章

sed 进阶

21

本章内容

- 多行命令
- 保留空间
- 排除命令
- 改变执行流程
- 模式替换
- 在脚本中使用 sed
- 创建 sed 实用工具

第19 章展示了如何用 sed 编辑器的基本功能来处理数据流中的文本。sed 编辑器的基础命令能满足大多数日常文本编辑需求。本章将介绍 sed 编辑器所提供的更多高级特性。这些特性你未必会经常用到，但如有需要，知道这些特性的存在以及用法肯定是件好事。

21.1 多行命令

在使用 sed 编辑器的基础命令时，你可能注意到了一个局限：所有的命令都是针对单行数据执行操作的。在 sed 编辑器读取数据流时，它会根据换行符的位置将数据分成行。sed 编辑器会根据定义好的脚本命令，一次处理一行数据，然后移到下一行重复这个过程。

但有时候，你需要对跨多行的数据执行特定的操作，如果要查找或替换一个短语，就更是如此了。

如果你正在数据中查找短语 `Linux System Administrators Group`，它很有可能出现在两行中，每行各包含一部分短语。如果用普通的 sed 编辑器命令来处理文本，你是无法找到这种被分开的短语的。

幸运的是，sed 编辑器的设计人员已经考虑到了这种情况并且设计了对应的解决方案。sed 编辑器提供了 3 个可用于处理多行文本的特殊命令。

- `N`：加入数据流中的下一行，创建一个多行组进行处理。
- `D`：删除多行组中的一行。

- P：打印多行组中的一行。

接下来我们将进一步讲解这些多行命令并演示如何在脚本中使用它们。

21.1.1 next 命令

在讲解多行 next（N）命令之前，首先需要知道单行版本的 next 命令是如何工作的，这样一来，理解多行版本的 next 命令的用法就容易多了。

1. 单行 next 命令

单行 next（n）命令会告诉 sed 编辑器移动到数据流中的下一行，不用再返回到命令列表的最开始位置。记住，通常 sed 编辑器在移动到数据流中的下一行之前，会在当前行中执行完所有定义好的命令，而单行 next 命令改变了这个流程。

这听起来可能有些复杂，有时也确实复杂。在这个例子中，有一个包含 5 行文本的数据文件，其中有 2 行是空的。我们的目标是删除首行之后的空行，留下末行之前的空行。如果编写一个删除空行的 sed 脚本，那么结果是 2 个空行都会被删掉，这可不是我们想要的结果：

```
$ cat data1.txt
Header Line

Data Line #1

End of Data Lines
$
$ sed '/^$/d' data1.txt
Header Line
Data Line #1
End of Data Lines
$
```


由于要删除的行是空行，因此没有任何能够标示这种行的文本可供查找。解决办法是使用单行 next 命令。在这个例子中，先用脚本查找含有单词 Header 的那一行，找到之后，单行 next 命令会让 sed 编辑器移动到文本的下一行，也就是我们想删除的空行：

```
$ sed '/Header/{n ; d}' data1.txt
Header Line
Data Line #1

End of Data Lines
$
```

这时，sed 编辑器会继续执行命令列表，即使用删除命令删除空行。sed 编辑器在执行完命令脚本后会读取数据流中下一行文本，并从头开始执行脚本。因为 sed 编辑器再也找不到包含单词 Header 的行了，所以也不会再有其他行被删除。

2. 合并文本行

见识了单行 next 命令之后，现在来看看多行版的。单行 next 命令会将数据流中的下一行移入 sed 编辑器的工作空间（称为**模式空间**）。多行版本的 next（N）命令则是将下一行添加到模式空间中已有文本之后。

这样的结果是将数据流中的两行文本合并到同一个模式空间中。文本行之间仍然用换行符分隔，但 sed 编辑器现在会将两行文本**当成一行**来处理。

下面的例子演示了 N 命令的工作方式：

```
$ cat data2.txt
Header Line
First Data Line
Second Data Line
End of Data Lines
$
$ sed '/First/{ N ; s/\n/ / }' data2.txt
Header Line
First Data Line Second Data Line
End of Data Lines
$
```

sed 编辑器脚本先查找含有单词 `First` 的那行文本，找到该行后，使用 N 命令将下一行与该行合并，然后用替换命令将换行符（`\n`）替换成空格。这样一来，两行文本在 sed 编辑器的输出中就成了一行。

如果要在数据文件中查找一个可能会分散在两行中的文本短语，那么这是一个很管用的方法。这里有个例子：

```
$ cat data3.txt
On Tuesday, the Linux System
Admin group meeting will be held.
All System Admins should attend.
Thank you for your cooperation.
$
$ sed 's/System Admin/DevOps Engineer/' data3.txt
On Tuesday, the Linux System
Admin group meeting will be held.
All DevOps Engineers should attend.
Thank you for your cooperation.
$
```

替换命令会在文本文件中查找特定的双词短语 `System Admin`。如果短语是在一行中，那么事情就很好办，替换命令直接就能搞定。但如果短语分散在两行中，那么替换命令就没辙了。

N 命令可以解决这个问题：

```
$ sed 'N ; s/System.Admin/DevOps Engineer/' data3.txt
On Tuesday, the Linux DevOps Engineer group meeting will be held.
All DevOps Engineers should attend.
Thank you for your cooperation.
$
```

用 N 命令将第一个单词所在行与下一行合并，即使短语内出现了换行，仍然可以查找到该短语。

注意，替换命令在 `System` 和 `Admin` 之间用了点号模式（`.`）来匹配空格和换行符这两种情况。但如果点号匹配的是换行符，则删掉换行符会导致两行被合并成一行。这可能不是你想要的结果。

要解决这个问题，可以在 sed 编辑器脚本中用两个替换命令，一个用来处理短语出现在多行中的情况，另一个用来处理短语出现在单行中的情况：

```
$ sed 'N
> s/System\nAdmin/DevOps\nEngineer/
> s/System Admin/DevOps Engineer/
> ' data3.txt
On Tuesday, the Linux DevOps
Engineer group meeting will be held.
All DevOps Engineers should attend.
Thank you for your cooperation.
$
```

第一个替换命令专门查找两个单词间的换行符，并将其放在了替换字符串中。这样就能在新文本的相同位置添加换行符了。

但还有个不易察觉的问题。该脚本总是在执行 sed 编辑器命令前将下一行文本读入模式空间，当抵达最后一行文本时，就没有下一行可读了，这时 N 命令会叫停 sed 编辑器。如果要匹配的文本正好在最后一行，那么命令就无法找到要匹配的数据：

```
$ cat data4.txt
On Tuesday, the Linux System
Admin group meeting will be held.
All System Admins should attend.
$
$ sed 'N
> s/System\nAdmin/DevOps\nEngineer/
> s/System Admin/DevOps Engineer/
> ' data4.txt
On Tuesday, the Linux DevOps
Engineer group meeting will be held.
All System Admins should attend.
$
```

System Admin 文本出现在了数据流中的最后一行，但 N 命令会错过它，因为没有其他行可以读入模式空间跟这行合并。这个问题不难解决——将单行编辑命令放到 N 命令前面，将多行编辑命令放到 N 命令后面，就像下面这样：

```
$ sed '
> s/System Admin/DevOps Engineer/
> N
> s/System\nAdmin/DevOps\nEngineer/
> ' data4.txt
On Tuesday, the Linux DevOps
Engineer group meeting will be held.
All DevOps Engineers should attend.
$
```

现在，查找单行中短语的替换命令在数据流的最后一行也能正常工作，N 命令则负责短语出现在数据流中间的情况。

21.1.2　多行删除命令

第 19 章介绍过单行删除（d）命令。sed 编辑器用该命令来删除模式空间中的当前行。然而，如果和 N 命令一起使用，则必须小心单行删除命令：

```
$ sed 'N ; /System\nAdmin/d' data4.txt
All System Admins should attend.
$
```

单行删除命令会在不同的行中查找单词 System 和 Admin，然后在模式空间中将两行都删掉。这未必是你想要的结果。

sed 编辑器提供了多行删除（D）命令，该命令只会删除模式空间中的第一行，即删除该行中的换行符及其之前的所有字符：

```
$ sed 'N ; /System\nAdmin/D' data4.txt
Admin group meeting will be held.
All System Admins should attend.
$
```

文本的第二行虽然被 N 命令加入了模式空间，但仍然完好。如果需要删除目标数据字符串所在行的前一行，那么 D 命令就能派上用场了。

这里有个例子，它会删除数据流中出现在第一行之前的空行：

```
$ cat data5.txt

Header Line
First Data Line

End of Data Lines
$
$ sed '/^$/{N ; /Header/D}' data5.txt
Header Line
First Data Line

End of Data Lines
$
```

sed 编辑器脚本会查找空行，然后用 N 命令将下一行加入模式空间。如果模式空间中含有单词 Header，则 D 命令会删除模式空间中的第一行。如果不结合使用 N 命令和 D 命令，则无法做到在不删除其他空行的情况下只删除第一个空行。

21.1.3　多行打印命令

现在，你可能已经感受到单行版本命令和多行版本命令之间的差异了。多行打印命令（P）沿用了同样的方法。它只打印模式空间中的第一行，即打印模式空间中换行符及其之前的所有字符。当用-n 选项来抑制脚本输出时，它和显示文本的单行 p 命令的用法大同小异：

```
$ sed -n 'N ; /System\nAdmin/P' data3.txt
On Tuesday, the Linux System
$
```

当出现多行匹配时，P 命令只打印模式空间中的第一行。该命令的强大之处体现在其和 N 命令及 D 命令配合使用的时候。

D 命令的独特之处在于其删除模式空间中的第一行之后，会强制 sed 编辑器返回到脚本的起始处，对当前模式空间中的内容重新执行此命令（D 命令不会从数据流中读取新行）。在脚本中加入 N 命令，就能单步扫过（single-step through）整个模式空间，对多行进行匹配。

接下来，先使用 P 命令打印出第一行，然后用 D 命令删除第一行并绕回到脚本的起始处，接着 N 命令会读取下一行文本并重新开始此过程。这个循环会一直持续到数据流结束。

```
$ cat corruptData.txt
Header Line#
@
Data Line #1
Data Line #2#
@
End of Data Lines#
@
$
$ sed -n '
> N
> s/#\n@//
> P
> D
> ' corruptData.txt
Header Line
Data Line #1
Data Line #2
End of Data Lines
$
```

数据文件被破坏了，在一些行的末尾有#，接着在下一行有@。为了解决这个问题，可以使用 sed 将 Header Line#行载入模式空间，然后用 N 命令载入第二行（@），将其附加到模式空间内的第一行之后。替换命令用空值替换来删除违规数据（#\n@），然后 P 命令只打印模式空间中已经清理过的第一行。D 命令将第一行从模式空间中删除，并返回到脚本的开头，下一个 N 命令将第三行（Data Line #1）文本读入模式空间，继续进行编辑循环。

21.2 保留空间

模式空间（pattern space）是一块活跃的缓冲区，在 sed 编辑器执行命令时保存着待检查的文本，但它并不是 sed 编辑器保存文本的唯一空间。

sed 编辑器还有另一块称作**保留空间**（hold space）的缓冲区。当你在处理模式空间中的某些行时，可以用保留空间临时保存部分行。与保留空间相关的命令有 5 个，如表 21-1 所示。

表 21-1　sed 编辑器的保留空间命令

命　令	描　述
h	将模式空间复制到保留空间
H	将模式空间附加到保留空间
g	将保留空间复制到模式空间
G	将保留空间附加到模式空间
x	交换模式空间和保留空间的内容

这些命令可以将文本从模式空间复制到保留空间，以便清空模式空间，载入其他要处理的字符串。

通常，在使用 h 命令或 H 命令将字符串移入保留空间后，最终还是要用 g 命令、G 命令或 x 命令将保存的字符串移回模式空间（否则，一开始就不用考虑保存的问题）。

由于有两个缓冲区，因此搞清楚哪行文本在哪个缓冲区有时会比较麻烦。这里有个简短的例子，可以演示如何用 h 命令和 g 命令在缓冲空间之间移动数据。

```
$ cat data2.txt
Header Line
First Data Line
Second Data Line
End of Data Lines
$
$ sed -n '/First/ {
> h ; p ;
> n ; p ;
> g ; p }
> ' data2.txt
First Data Line
Second Data Line
First Data Line
$
```

我们来一步一步地讲解这段代码。

(1) sed 脚本使用正则表达式作为地址，过滤出含有单词 First 的行。

(2) 当出现含有单词 First 的行时，{}中的第一个命令 h 会将该行复制到保留空间。这时，模式空间和保留空间中的内容是一样的。

(3) p 命令会打印出模式空间的内容（First Data Line），也就是被复制进保留空间中的那一行。

(4) n 命令会提取数据流中的下一行（Second Data Line），将其放入模式空间。现在，模式空间和保留空间的内容就不一样了。

(5) p 命令会打印出模式空间的内容（Second Data Line）。

(6) g 命令会将保留空间的内容（First Data Line）放回模式空间，替换模式空间中的当前文本。模式空间和保留空间的内容现在又相同了。

(7) p 命令会打印出模式空间的当前内容（First Data Line）。

通过保留空间来回移动文本行，可以强制 First Data Line 输出在 Second Data Line 之后。如果去掉第一个 p 命令，则可以将这两行以相反的顺序输出：

```
$ sed -n '/First/ {
> h ;
> n ; p
> g ; p }
> ' data2.txt
Second Data Line
First Data Line
$
```

这是个不错的开端。你可以用这种方法来创建一个 sed 脚本，反转整个文件的各行文本。为此，你得了解 sed 编辑器的排除特性，也就是下一节的内容。

21.3 排除命令

第 19 章展示过 sed 编辑器如何将命令应用于数据流中的每一行或是由单个地址或地址区间指定的多行。我们也可以指示命令**不应用于**数据流中的特定地址或地址区间。

感叹号（!）命令用于排除（negate）命令，也就是让原本会起作用的命令失效。下面的例子演示了这一特性：

```
$ sed -n '/Header/!p' data2.txt
First Data Line
Second Data Line
End of Data Lines
$
```

正常的 p 命令只打印 data2 文件中包含单词 Header 的那一行。加了感叹号之后，情况反过来了：除了包含单词 Header 的那一行，文件中的其他行都被打印出来了。

21

感叹号在一些场景中非常方便。21.1.1 节展示过一种情况：sed 编辑器无法处理数据流中的最后一行文本，因为之后再没有其他行了。可以用感叹号来解决这个问题：

```
$ cat data4.txt
On Tuesday, the Linux System
Admin group meeting will be held.
All System Admins should attend.
$
$ sed 'N;
> s/System\nAdmin/DevOps\nEngineer/
> s/System Admin/DevOps Engineer/
> ' data4.txt
On Tuesday, the Linux DevOps
Engineer group meeting will be held.
All System Admins should attend.
$
$ sed '$!N;
> s/System\nAdmin/DevOps\nEngineer/
> s/System Admin/DevOps Engineer/
> ' data4.txt
```

```
On Tuesday, the Linux DevOps
Engineer group meeting will be held.
All DevOps Engineers should attend.
$
```

这个例子演示了如何将感叹号与 N 命令和美元符号（$）特殊地址配合使用。美元符号表示数据流中的最后一行，因此当 sed 编辑器读取到最后一行时，不执行 N 命令，但会对所有其他行执行 N 命令。

这种方法可以反转数据流中文本行的先后顺序。要实现这种效果（先显示最后一行，最后显示第一行），需要利用保留空间做一些特别的铺垫工作。

为此，可以使用 sed 做以下工作。

(1) 在模式空间中放置一行文本。

(2) 将模式空间中的文本行复制到保留空间。

(3) 在模式空间中放置下一行文本。

(4) 将保留空间的内容附加到模式空间。

(5) 将模式空间中的所有内容复制到保留空间。

(6) 重复执行第(3)~(5)步，直到将所有文本行以反序放入保留空间。

(7) 提取并打印文本行。

图 21-1 详细描述了这个过程。

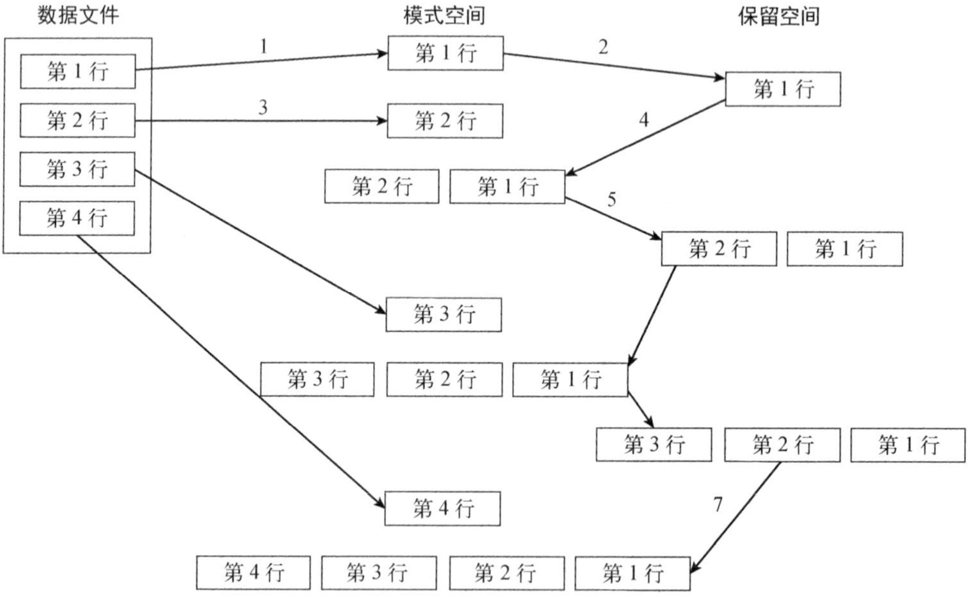

图 21-1　使用保留空间来反转文本文件的行

在使用这种方法时，你不想在处理行的时候打印。这意味着要使用 sed 的-n 选项。然后要决定如何将保留空间的文本附加到模式空间的文本之后。这可以用 G 命令完成。唯一的问题是你不想将保留空间的文本附加到要处理的第一行文本之后。这可以用感叹号命令轻松搞定：

```
1!G
```

接下来就是将新的模式空间（包含已反转的文本行）放入保留空间。这也不难，用 h 命令即可。

将模式空间中的所有文本行都反转之后，只需打印结果。当到达数据流中的最后一行时，你就得到了模式空间的所有内容。要打印结果，可以使用如下命令：

```
$p
```

以上是创建可以反转文本行的 sed 编辑器脚本所需的操作步骤。现在可以运行一下试试：

```
$ cat data2.txt
Header Line
First Data Line
Second Data Line
End of Data Lines
$
$ sed -n '{1!G ; h ; $p }' data2.txt
End of Data Lines
Second Data Line
First Data Line
Header Line
$
```

sed 编辑器脚本和预期一样，输出了反转后的文本文件。这体现了保留空间的强大之处。它提供了一种在脚本输出中控制行顺序的简单方法。

注意 有一个现成的 bash shell 命令可以实现同样的效果：tac 命令会以倒序显示文本文件。你大概也注意到了，这个命令的名字很巧妙，因为它的功能正好和 cat 命令相反，所以也采用了相反的命令。

21.4 改变执行流程

通常，sed 编辑器会从脚本的顶部开始，一直执行到脚本的结尾（D 命令是个例外，它会强制 sed 编辑器在不读取新行的情况下返回到脚本的顶部）。sed 编辑器提供了一种方法，可以改变脚本的执行流程，其效果与结构化编程类似。

21.4.1 分支

在 21.3 节中，你看到了如何用感叹号命令排除作用在某行中的命令。sed 编辑器还提供了一种方法，这种方法可以基于地址、地址模式或地址区间排除一整段命令。这允许你只对数据流中的特定行执行部分命令。

分支（b）命令的格式如下：

```
[address]b [label]
```

address 参数决定了哪些行会触发分支命令。*label* 参数定义了要跳转到的位置。如果没有 *label* 参数，则跳过触发分支命令的行，继续处理余下的文本行。

下面这个例子使用了分支命令的 *address* 参数，但未指定 *label*：

```
$ cat data2.txt
Header Line
First Data Line
Second Data Line
End of Data Lines
$
$ sed '{2,3b ;
> s/Line/Replacement/}
> ' data2.txt
Header Replacement
First Data Line
Second Data Line
End of Data Replacements
$
```

分支命令在数据流中的第二行和第三行处跳过了两次替换命令。

如果不想跳到脚本末尾，可以定义 label 参数，指定分支命令要跳转到的位置。标签以冒号开始，最多可以有 7 个字符：

```
:label2
```

要指定 *label*，把它放在分支命令之后即可。有了标签，就可以使用其他命令处理匹配分支 *address* 的那些行。对于其他行，仍然沿用脚本中原先的命令处理：

```
$ sed '{/First/b jump1 ;
> s/Line/Replacement/
> :jump1
> s/Line/Jump Replacement/}
> ' data2.txt
Header Replacement
First Data Jump Replacement
Second Data Replacement
End of Data Replacements
$
```

分支命令指定，如果文本行中出现了 First，则程序应该跳到标签为 jump1 的脚本行。如果文本行不匹配分支 *address*，则 sed 编辑器会继续执行脚本中的命令，包括分支标签 jump1 之后的命令。（因此，两个替换命令都会被应用于不匹配分支 *address* 的行。）

如果某行匹配分支 *address*，那么 sed 编辑器就会跳转到带有分支标签 jump1 的那一行，因此只有最后一个替换命令会被执行。

这个例子演示了跳转到 sed 脚本下方的标签。你也可以像下面这样，跳转到靠前的标签，达到循环的效果：

```
$ echo "This, is, a, test, to, remove, commas." |
> sed -n {'
> :start
> s/,//1p
> b start
> }'
This is, a, test, to, remove, commas.
This is a, test, to, remove, commas.
This is a test, to, remove, commas.
This is a test to, remove, commas.
This is a test to remove, commas.
This is a test to remove commas.
^C
$
```

脚本的每次迭代都会删除文本中的第一个逗号并打印字符串。这个脚本有一个问题：永远不会结束。这就形成了一个死循环，不停地查找逗号，直到使用 Ctrl+C 组合键发送信号，手动停止脚本。

为了避免这种情况，可以为分支命令指定一个地址模式。如果模式不匹配，就不会再跳转：

```
$ echo "This, is, a, test, to, remove, commas." |
> sed -n {'
> :start
> s/,//1p
> /,/b start
> }'
This is, a, test, to, remove, commas.
This is a, test, to, remove, commas.
This is a test, to, remove, commas.
This is a test to, remove, commas.
This is a test to remove, commas.
This is a test to remove commas.
$
```

现在分支命令只会在行中有逗号的情况下跳转。在最后一个逗号被删除后，分支命令不再执行，脚本正常结束。

21.4.2 测试

与分支命令类似，测试（`t`）命令也可以改变 sed 编辑器脚本的执行流程。测试命令会根据先前替换命令的结果跳转到某个 `label` 处，而不是根据 `address` 进行跳转。

如果替换命令成功匹配并完成了替换，测试命令就会跳转到指定的标签。如果替换命令未能匹配指定的模式，测试命令就不会跳转。

测试命令的格式与分支命令相同：

```
[address]t [label]
```

跟分支命令一样，在没有指定 *label* 的情况下，如果测试成功，sed 会跳转到脚本结尾。

测试命令提供了一种低成本的方法来对数据流中的文本执行基本的 `if-then` 语句。如果需要做二选一的替换操作，也就是执行这个替换就不执行另一个替换，那么测试命令可以助你一臂

21

之力（无须指定 *label*）：

```
$ sed '{s/First/Matched/ ; t
> s/Line/Replacement/}
> ' data2.txt
Header Replacement
Matched Data Line
Second Data Replacement
End of Data Replacements
$
```

第一个替换命令会查找模式文本 `First`。如果匹配了行中的模式，就替换文本，而且测试命令会跳过后面的替换命令。如果第一个替换未能匹配，则执行第二个替换命令。

有了替换命令，就能避免之前用分支命令形成的死循环：

```
$ echo "This, is, a, test, to, remove, commas." |
> sed -n '{
> :start
> s/,//1p
> t start
> }'
This is, a, test, to, remove, commas.
This is a, test, to, remove, commas.
This is a test, to, remove, commas.
This is a test to, remove, commas.
This is a test to remove, commas.
This is a test to remove commas.
$
```

当没有逗号可替换时，测试命令不再跳转，而是继续执行剩下的脚本（在本例中，也就是结束脚本）。

21.5　模式替换

你已经知道了如何在 `sed` 命令中使用模式来替换数据流中的文本。然而在使用模式时，很难知道到底匹配了哪些文本。

假如你想为行中匹配的单词加上引号。如果只是要匹配某个单词，那非常简单：

```
$ echo "The cat sleeps in his hat." |
> sed 's/cat/"cat"/'
The "cat" sleeps in his hat.
$
```

但如果在模式中用点号（.）来匹配多个单词呢？

```
$ echo "The cat sleeps in his hat. " |
> sed 's/.at/".at"/g'
The ".at" sleeps in his ".at".
$
```

模式中用点号来匹配 `at` 前面的单个字符。遗憾的是，用于替换的字符串无法指定点号已匹配到的字符。

21.5.1 &符号

sed 编辑器提供了一种解决方法。&符号可以代表替换命令中的匹配模式。不管模式匹配到的是什么样的文本，都可以使用&符号代表这部分内容。这样就能处理匹配模式的任何单词了：

```
$ echo "The cat sleeps in his hat." |
> sed 's/.at/"&"/g'
The "cat" sleeps in his "hat".
$
```

当模式匹配到单词 cat，"cat"就会成为替换后的单词。当模式匹配到单词 hat，"hat"就会成为替换后的单词。

21.5.2 替换单独的单词

&符号代表替换命令中指定模式所匹配的字符串。但有时候，你只想获取该字符串的一部分。当然可以这样做，不过有点儿难度。

sed 编辑器使用圆括号来定义替换模式中的子模式。随后使用特殊的字符组合来引用每个子模式匹配到的文本[1]。反向引用由反斜线和数字组成。数字表明子模式的序号，第一个子模式为\1，第二个子模式为\2，以此类推。

注意 在替换命令中使用圆括号时，必须使用转义字符，以此表明这不是普通的圆括号，而是用于划分子模式。这跟转义其他特殊字符正好相反。

来看一个在 sed 编辑器脚本中使用反向引用的例子：

```
$ echo "The Guide to Programming" |
> sed '
> s/\(Guide to\) Programming/\1 DevOps/'
The Guide to DevOps
$
```

这个替换命令将 Guide To 放入圆括号，将其标示为一个子模式。然后使用\1 来提取该子模式匹配到的文本。这也算不上有多出彩，但在有些场景中特别有用。

如果需要用一个单词来替换一个短语，而这个单词刚好又是该短语的子串，但在子串中用到了特殊的模式字符，那么这时使用子模式会方便很多：

```
$ echo "That furry cat is pretty." |
> sed 's/furry \(.at\)/\1/'
That cat is pretty.
$
$ echo "That furry hat is pretty." |
> sed 's/furry \(.at\)/\1/'
That hat is pretty.
$
```

① 在正则表达式中，这称作“反向引用”（back reference）。在后续译文中，也将使用该术语。——译者注

在这种情况下，不能用&符号，因为它代表的是整个模式所匹配到的文本。而反向引用则允许将某个子模式匹配到的文本作为替换内容。

当需要在两个或多个子模式间插入文本时，这个特性尤其有用。下面的脚本使用子模式在大数（long number）中插入逗号：

```
$ echo "1234567" | sed '{
> :start
> s/\(.*[0-9]\)\([0-9]\{3\}\)/\1,\2/
> t start}'
1,234,567
$
```

这个脚本将匹配模式分成了两个子模式：

```
.*[0-9]
[0-9]{3}
```

sed 会在文本行中查找这两个子模式。第一个子模式是以数字结尾的任意长度的字符串。第二个子模式是 3 位数字（正则表达式中花括号的用法参见第 20 章）。如果匹配到了相应的模式，就在两者之间加一个逗号，每个子模式都通过其序号来标示。这个脚本使用测试命令来遍历这个大数，直到所有的逗号都插入完毕。

21.6　在脚本中使用 sed

现在你已经学习了 sed 编辑器的各种功能，可以试着将其综合运用于 shell 脚本。本节将演示你应该知道的一些特性，在 bash shell 脚本中使用 sed 编辑器时能够用到它们。

21.6.1　使用包装器

你可能也发现了，编写 sed 编辑器脚本的过程很烦琐，尤其是当脚本很长的时候。你可以将 sed 编辑器命令放入 shell 脚本**包装器**，这样就不用每次使用时都重新键入整个脚本。包装器充当着 sed 编辑器脚本和命令行之间的中间人角色。shell 脚本包装器 ChangeScriptShell.sh 在第 19 章中作为实例出现过。

在 shell 脚本中，可以将普通的 shell 变量及命令行参数和 sed 编辑器脚本一起使用。这里有个将位置变量作为 sed 脚本输入的例子：

```
$ cat reverse.sh
#!/bin/bash
# Shell wrapper for sed editor script
# to reverse test file lines.
#
sed -n '{1!G; h; $p}' $1
#
exit
$
```

名为 reverse.sh 的 shell 脚本用 sed 编辑器脚本来反转数据流中的文本行。脚本通过位置变量 $1 获取第一个命令行参数，而这正是要进行反转的文件名：

```
$ cat data2.txt
Header Line
First Data Line
Second Data Line
End of Data Lines
$
$ ./reverse.sh data2.txt
End of Data Lines
Second Data Line
First Data Line
Header Line
$
```

现在可以轻松地对任何文件都使用这个 sed 编辑器脚本，而无须每次都在命令行中重新输入。

21.6.2 重定向 sed 的输出

在默认情况下，sed 编辑器会将脚本的结果输出到 STDOUT。但你可以在 shell 脚本中通过各种标准方法重定向 sed 编辑器的输出。

在 shell 脚本中，可以用$()将 sed 编辑器命令的输出重定向到一个变量中，以备后用。下面的例子使用 sed 脚本为数值计算结果添加逗号：

```
$ cat fact.sh
#!/bin/bash
# Shell wrapper for sed editor script
# to calculate a factorial, and
# format the result with commas.
#
factorial=1
counter=1
number=$1
#
while [ $counter -le $number ]
do
   factorial=$[ $factorial * $counter ]
   counter=$[ $counter + 1 ]
done
#
result=$(echo $factorial |
sed '{
:start
s/\(.*[0-9]\)\([0-9]\{3\}\)/\1,\2/
t start
}')
#
echo "The result is $result"
#
exit
```

21

```
$
$ ./fact.sh 20
The result is 2,432,902,008,176,640,000
$
```

将阶乘计算的结果作为 sed 编辑器脚本的输入，由后者为其添加逗号，然后使用 echo 输出最终结果。把冗长的 sed 脚本放在 bash shell 脚本中实在太棒了，以后使用的时候就无须一遍遍地重新输入 sed 命令了。

21.7　创建 sed 实用工具

在本章先前的示例中你也看到了，sed 编辑器可以执行大量的数据格式化工作。本节将展示一些方便趁手且众所周知的 sed 编辑器脚本，从而帮助你完成常见的数据处理工作。

21.7.1　加倍行间距

首先，来看一个向文本文件的行间插入空行的简单 sed 脚本：

```
$ sed 'G' data2.txt
Header Line

First Data Line

Second Data Line

End of Data Lines

$
```

看起来相当简单。这个技巧的关键在于保留空间的默认值。记住，G 命令只是将保留空间内容附加到模式空间内容之后。当启动 sed 编辑器时，保留空间只有一个空行。将它附加到已有行之后，就创建出了空行。

你可能已经注意到，这个脚本在数据流的最后一行（也就是文件末尾）后面也加了一个空行。如果不想要这个空行，可以用排除符号（!）和行尾符号（$）来确保脚本不会将空行附加到数据流的最后一行之后：

```
$ sed '$!G' data2.txt
Header Line

First Data Line

Second Data Line

End of Data Lines
$
```

现在看起来好多了。只要该行不是最后一行，G 命令就会附加保留空间的内容。当 sed 编辑器到最后一行时，它会跳过 G 命令。

21.7.2 对可能含有空行的文件加倍行间距

将上面的例子再扩展一步，如果文本文件已经有一些空行，但你想给所有行加倍行间距，怎么办呢？如果沿用前面的脚本，有些区域会有太多的空行，因为已有的空行也会被加倍：

```
$ cat data6.txt
Line one.
Line two.

Line three.
Line four.
$
$ sed '$!G' data6.txt
Line one.

Line two.



Line three.

Line four.
$
```

原来是空行的位置现在有 3 个空行了。这个问题的解决办法是，首先删除数据流中的所有空行，然后用 G 命令在每行之后插入新的空行。要删除已有的空行，需要将 d 命令和一个匹配空行的模式一起使用：

```
/^$/d
```

这个模式使用了行首锚点（^）和行尾锚点（$）。将这个模式加入脚本就能生成想要的结果：

```
$ sed '/^$/d ; $!G' data6.txt
Line one.

Line two.

Line three.

Line four.
$
```

完美！和预期的结果一模一样。

21.7.3 给文件中的行编号

第 19 章演示过如何用等号来显示数据流中行的行号：

```
$ sed '=' data2.txt
1
Header Line
2
First Data Line
```

```
3
Second Data Line
4
End of Data Lines
$
```

这多少有点儿难看，因为行号出现在了实际行的上方。更好的解决办法是将行号和文本放在同一行。

你已经知道如何用 N 命令合并行，在 sed 脚本中使用这个命令并不难。棘手之处在于，无法将两个命令放到同一个脚本中。

在获得了等号命令的输出之后，可以通过管道将输出传给另一个 sed 编辑器脚本，由后者使用 N 命令来合并这两行。还需使用替换命令将换行符更换成空格或制表符。最终的解决方法如下所示：

```
$ sed '=' data2.txt | sed 'N; s/\n/ /'
1 Header Line
2 First Data Line
3 Second Data Line
4 End of Data Lines
$
```

现在看起来好多了。在查看错误消息的行号时，这是一个很好用的小工具。

有些 bash shell 命令也能添加行号，但是会引入一些额外的（可能是不需要的）间隔：

```
$ nl data2.txt
     1  Header Line
     2  First Data Line
     3  Second Data Line
     4  End of Data Lines
$
$ cat -n data2.txt
     1  Header Line
     2  First Data Line
     3  Second Data Line
     4  End of Data Lines
$
$ nl data2.txt | sed 's/     //; s/\t/ /'
1 Header Line
2 First Data Line
3 Second Data Line
4 End of Data Lines
$
```

sed 编辑器脚本的输出没有任何多余的间隔。但如果确实想使用这些工具，则 sed 可以删除任何不需要的间隔。

21.7.4　打印末尾行

到目前为止，你已经知道如何用 p 命令来打印数据流中的所有行或是匹配某个特定模式的部分行。如果只需处理长输出（比如日志文件）中的末尾几行，该怎么办？

美元符号代表数据流中最后一行，因此只显示最后一行很容易：

```
$ sed -n '$p' data2.txt
End of Data Lines
$
```

那么，如何用美元符号来显示数据流末尾的若干行呢？答案是创建**滚动窗口**（rolling window）。

滚动窗口通过 N 命令将行合并，是一种检查模式空间中文本行块的常用方法。N 命令会将下一行文本附加到模式空间中已有文本行之后。一旦模式空间中有了一个包含 10 行的文本块，就可以使用美元符号来检查是否已经处于数据流的尾部。如果不是，就继续向模式空间增加行，同时删除已有的行（记住，D 命令会删除模式空间的第一行）。

通过循环 N 命令和 D 命令，你向模式空间的文本行块增加新行的同时也删除了旧行。分支命令非常适合这个循环。要结束循环，只需识别出最后一行并用退出（q）命令退出即可。

最终的 sed 编辑器脚本如下所示：

```
$ cat data7.txt
Line1
Line2
Line3
Line4
Line5
Line6
Line7
Line1
Line2
Line3
Line4
Line5
Line6
Line7
Line8
Line9
Line10
Line11
Line12
Line13
Line14
Line15
$
$ sed '{
> :start
> $q ; N ; 11,$D
> b start
> }' data7.txt
Line6
Line7
Line8
Line9
Line10
Line11
Line12
```

21

```
Line13
Line14
Line15
$
```

该脚本首先检查当前行是否为数据流中的最后一行。如果是，则退出命令会停止循环，N 命令会将下一行附加到模式空间中的当前行之后。如果当前行在第 10 行之后，则 11,$D 命令会删除模式空间中的第 1 行。这就在模式空间中创造了滑动窗口的效果。因此，这个 sed 程序脚本只会显示 data7.txt 文件最后 10 行。

21.7.5　删除行

sed 编辑器还有一个用途是删除数据流中不需要的空行。删除数据流中的所有空行很容易，但要选择性地删除空行，就得花点儿心思了。本节将给出 3 个简洁的 sed 编辑器脚本，用来删除数据中不需要的空行。

1. 删除连续的空行

数据文件中出现多余的空行很烦人。通常，数据文件中都会有空行，但有时由于数据行的缺失，会产生过多的空行（就像 21.7.2 节所展示的那样）。

删除连续空行的最简单方法是用地址区间来检查数据流。第 19 章介绍过如何在地址中使用区间，包括如何在地址区间中加入模式。sed 编辑器会对地址区间内的所有行执行指定命令。

删除连续空行的关键在于创建包含一个非空行和一个空行的地址区间。如果 sed 编辑器遇到了这个区间，它不会删除行。但对于不属于该区间的行（两个或更多的空行），则执行删除操作。

下面是完成该操作的脚本：

```
/./,/^$/!d
```

指定的区间是 /./ 到 /^$/。区间的开始地址会匹配任何至少含有一个字符的行。区间的结束地址会匹配一个空行。在这个区间内的行不会被删除。

脚本的实际运行结果如下：

```
$ cat data8.txt
Line one.


Line two.

Line three.



Line four.
$
$ sed '/./,/^$/!d' data8.txt
Line one.

Line two.
```

```
Line three.

Line four.
$
```

不管文件的数据行之间出现了多少空行，在输出中只保留行间的一个空行。

2. 删除开头的空行

数据文件开头有多个空行也很烦人。将数据从文本文件中导入数据库时，空行会产生一些空项，涉及这些数据的计算都无效。

删除数据流起始处的空行不难。下面是实现该功能的脚本：

```
/./,$!d
```

这个脚本用地址区间来决定要删除哪些行。这个区间从含有字符的行开始，一直到数据流结束。在这个区间内的任何行都不会从输出中删除。这意味着含有字符的第一行之前的任何行都会被删除。

来看下面这个简单的脚本：

```
$ cat data9.txt


Line one.

Line two.
$
$ sed '/./,$!d' data9.txt
Line one.

Line two.
$
```

测试文件在数据行之前有两个空行。该脚本成功地删除了开头的两个空行，同时保留了数据中的空行。

3. 删除结尾的空行

很遗憾，删除结尾的空行并不像删除开头的空行那么容易。就跟打印数据流的结尾一样，删除数据流结尾的空行也得花点儿心思：利用循环来实现。

在开始讨论前，先看看脚本是什么样的[①]：

```
sed '{
:start
/^\n*$/{$d; N; b start }
}'
```

① 在多行模式空间（multiline pattern space）中，^匹配的是整个字符串（其中可能包含换行符）的起始位置，$匹配的是整个字符串（其中可能包含换行符）的结束位置。——译者注

21

乍一看可能有点儿怪，在正常的脚本花括号内还有花括号。但这可以在整个命令脚本中将部分命令分组。命令分组会被应用于指定的地址模式。该地址模式能够匹配只含一个换行符的行。如果找到了这样的行，而且还是最后一行，删除命令就会将它删除。如果不是最后一行，那么 N 命令会将下一行附加到它后面，然后分支命令会跳到循环起始位置重新开始。

下面是脚本的实际运行效果：

```
$ cat data10.txt
Line one.
Line two.




$
$ sed '{
> :start
> /^\n*$/{$d; N; b start}
> }' data10.txt
Line one.
Line two.
$
```

这个脚本成功删除了文本文件结尾的空行。

21.7.6　删除 HTML 标签

如今，从网站下载文本并将其保存或作为应用程序的数据源的做法并不罕见。但有时下载的文本夹杂了用于格式化数据的 HTML 标签。如果只想查看数据，这会是个问题。

标准的 HTML Web 页面包含各种 HTML 标签，用以标明正确显示页面信息所需要的格式化功能。下面是一个 HTML 文件的样例：

```
$ cat data11.txt
<html>
<head>
<title>This is the page title</title>
</head>
<body>
<p>
This is the <b>first</b> line in the Web page.
This should provide some <i>useful</i>
information to use in our sed script.
</body>
</html>
$
```

HTML 标签由小于号和大于号来标识。大多数 HTML 标签是成对出现的：一个起始标签（比如<b>用来加粗）和一个闭合标签（比如</b>用来结束加粗）。

然而，如果不小心的话，删除 HTML 标签会带来问题。乍一看，你可能认为删除 HTML 标签就是查找以小于号（<）开头、大于号（>）结尾且其中包含数据的字符串：

```
s/<.*>//g
```

但这个命令会造成一些意想不到的后果：

```
$ sed 's/<.*>//g' data11.txt




This is the line in the Web page.
This should provide some
information to use in our sed script.


$
```

注意，标题文本以及加粗和倾斜的文本都不见了。sed 编辑器忠实地将这个脚本理解为小于号和大于号之间的任何文本，包括其他的小于号和大于号[①]。只要有文本出现在 HTML 标签中（比如`<b>first</b>`），sed 脚本就会删除整个文本。

解决这个问题的办法是，让 sed 编辑器忽略任何嵌入原始标签中的大于号。为此，可以使用字符组来排除大于号，将脚本改为如下形式：

```
s/<[^>]*>//g
```

这个脚本现在就能正常显示 Web 页面中的数据了[②]：

```
$ sed 's/<[^>]*>//g' data11.txt


This is the page title



This is the first line in the Web page.
This should provide some useful
information to use in our sed script.


$
```

看起来好多了。要想输出结果更清晰一些，可以加一个 D 命令，删掉多余的空行：

```
$ sed 's/<[^>]*>//g ; /^$/d' data11.txt
This is the page title
This is the first line in the Web page.
This should provide some useful
information to use in our sed script.
$
```

这样就紧凑多了，而且只显示了我们想看到的数据。

---

① 因为*属于贪婪型量词。——译者注

② 关于如何使用正则表达式准确地匹配 HTML 标签，可以参考《精通正则表达式（第 3 版）》一书的第 5 章。——译者注

21.8 实战演练

在实战演练环节，我们会用 sed 扫描 bash shell 脚本。这么做是为了找出更适合放入函数的命令。

第 17 章介绍过如何创建能够在脚本中多次调用的函数。将重复代码段放入函数是一种值得称赞的做法。其优势在于，如果需要改动代码段中的命令，只修改一处即可。这样不仅节省时间，而且降低了出错的概率，免得修改了一处，又忘记了另一处。

为简单起见，来看一个包含 3 行重复内容的文本文件：

```
$ cat ScriptData.txt
Line 1
Line 2
Line 3
Line 4
Line 5
Line 6
Line 3
Line 4
Line 5
Line 7
Line 8
Line 3
Line 4
Line 5
Line 9
Line 10
Line 11
Line 12
$
```

仔细看，你会发现在整个文件中，`Line 3`、`Line 4` 和 `Line 5` 这 3 行分别重复出现了 3 次。为了找出那些重复行，需要将每个文本行与其之后的两行合并在一起。

(1) 使用 `N` 命令读入下一行（仅在处理文本文件第一行的时候）。

(2) 使用 `N` 命令读入下一行（这是第二次读入文本文件第一行）。现在模式空间内有 3 行文本。

(3) 将模式空间内容输出到 `STDOUT`。

(4) 使用 `D` 命令删除模式空间中的第一行（包括第一个换行符在内的文本），然后重新执行 sed 脚本命令。

下列命令展示了这个过程：

```
$ sed -n '{
> 1N
> N
> p
> D}
> ' ScriptData.txt
Line 1
Line 2
Line 3
```

```
Line 2
Line 3
Line 4
Line 3
Line 4
Line 5
Line 4
Line 5
Line 6
Line 5
Line 6
Line 3
Line 6
Line 3
Line 4
Line 3
Line 4
Line 5
Line 4
Line 5
[...]
Line 9
Line 10
Line 9
Line 10
Line 11
Line 10
Line 11
Line 12
$
```

这种方法的问题在于，用户很难分辨哪些行被合并了，因为各行仍含有换行符（\n），输出很难阅读。

解决方法是使用替换命令把每行末尾的换行符替换成响铃符（\a）：

```
$ sed -n '{
> 1N
> N
> s/\n/\a/g
> p
> s/\a/\n/
> D}
> ' ScriptData.txt
Line 1Line 2Line 3
Line 2Line 3Line 4
Line 3Line 4Line 5
Line 4Line 5Line 6
Line 5Line 6Line 3
Line 6Line 3Line 4
Line 3Line 4Line 5
Line 4Line 5Line 7
Line 5Line 7Line 8
Line 7Line 8Line 3
```

```
Line 8Line 3Line 4
Line 3Line 4Line 5
Line 4Line 5Line 9
Line 5Line 9Line 10
Line 9Line 10Line 11
Line 10Line 11Line 12
$
```

有点儿成效了。注意，尽管在脚本的第三行将换行符替换成了响铃符（全局替换），但是在打印出模式空间的内容之后，还得把第一个响铃符再恢复成换行符。这是因为第一行之后需要有换行符，这样 D 命令才不至于删除整个模式空间。

尽管我们可能很想进入下一步，比较这些行，找出重复的部分，但还有一件事要考虑。正如在以下测试文本文件中看到的那样，shell 脚本的行中经常有额外的空格或制表符：

```
$ cat ScriptDataB.txt
Line 1
Line 2
Line 3
Line 4
 Line 5
Line 6
     Line 3
     Line 4
  Line 5
Line 7
Line 8
        Line 3
        Line 4
        Line 5
Line 9
Line 10
Line 11
Line 12
$
```

这些空格和制表符会干扰匹配过程。解决方法非常简单：通过全局替换命令删除空格和制表符即可。

```
$ sed -n '{
> 1N
> N
> s/ //g
> s/\t//g
> s/\n/\a/g
> p
> s/\a/\n/
> D}
> ' ScriptDataB.txt
Line1Line2Line3
Line2Line3Line4
Line3Line4Line5
Line4Line5Line6
```

```
Line5Line6Line3
Line6Line3Line4
Line3Line4Line5
Line4Line5Line7
Line5Line7Line8
Line7Line8Line3
Line8Line3Line4
Line3Line4Line5
Line4Line5Line9
Line5Line9Line10
Line9Line10Line11
Line10Line11Line12
$
```

现在，可以利用另外两个 bash shell 命令给文件排序（`sort`）并找出重复行（`uniq -d`）：

```
$ sed -n '{
> 1N;
> N;
> s/ //g;
> s/\t//g;
> s/\n/\a/g;
> p
> s/\a/\n/;
> D}
> ' ScriptDataB.txt |
> sort | uniq -d |
> sed 's/\a/\n/g'
Line3
Line4
Line5
$
```

完美！命令扫描了文件，找出了 3 个重复行。最后，把 sed 脚本以及相关命令放入 shell 包装器：

```
$ cat NeededFunctionCheck.sh
#!/bin/bash
# Checks for 3 duplicate lines in scripts.
# Suggest these lines be possibly replaced
# by a function.
#
tempfile=$2
#
#
sed -n '{
1N; N;
s/ //g; s/\t//g;
s/\n/\a/g; p;
s/\a/\n/; D}' $1 >> $tempfile
#
sort $tempfile | uniq -d | sed 's/\a/\n/g'
#
rm -i $tempfile
```

```
#
exit
$
```

注意，该脚本接受两个参数：第一个参数（$1）指定要扫描的文件，第二个参数（$2）指定用于保存合并文件行的临时文件。之所以将 STDOUT 重定向到文件，而不是直接传给 sort 命令，是因为这样可以保存临时文件，以便查看 sed 的合并过程（以及各种调整）是否顺利。

在深入研究如何修改这个脚本以尝试应对各种情况之前，先用它扫描一下测试文件：

```
$ ./NeededFunctionCheck.sh ScriptDataB.txt TempFile.txt
Line3
Line4
Line5
rm: remove regular file 'TempFile.txt'? Y
$
```

和我们想要的结果一模一样。现在，尝试扫描真实的脚本文件，看看效果如何：

```
$ ./NeededFunctionCheck.sh CheckMe.sh TempFile.txt
echo"Usage:./CheckMe.shparameter1parameter2"
echo"Exitingscript..."
exit
rm: remove regular file 'TempFile.txt'? Y
$
```

输出结果有点儿不太好懂，因为我们删除了脚本各行中的**所有空格**。（有一处可以改进，那就是只删除字符之间的连续多个空格。）但这足以指出正确的方向。我们知道这 3 行在脚本中重复出现。因此应该重新审查脚本，看看能不能用函数代替重复的命令。

此脚本还有不少有待改进之处。修改到位之后，删除临时文件就能提高脚本的运行速度。如何生成行号，显示重复命令在脚本中的位置？你甚至可以将这些信息制作成完善的报告……不过，建议等到读完第 22 章之后再作尝试。

21.9　小结

sed 编辑器提供了一些高级特性，允许处理跨多行的文本模式。本章介绍了如何使用 N 命令提取数据流中的下一行并将其放入模式空间。只要在模式空间中，你就可以执行复杂的替换命令，替换跨行短语。

D 命令允许在模式空间内有两行或更多行时删除第一行文本。这是遍历数据流中多行文本的简便办法。与此类似，P 命令允许在模式空间内有两行或更多行时只打印第一行文本。你可以综合运用多行命令来遍历数据流，创建多行替换系统。

然后，我们介绍了保留空间。保留空间允许在处理多行文本时暂存部分文本行。你可以在任何时间取回保留空间的内容，替换模式空间的文本或将其附加到模式空间文本之后。你还可以利用保留空间对数据流排序，反转文本行的出现顺序。

我们还讲解了 sed 编辑器的流控制命令。分支命令可以改变 sed 编辑器脚本的正常处理流程，创建循环或在特定条件下跳过某些命令。测试命令为 sed 编辑器脚本提供了 if-then 类型的语句。测试命令仅在之前的替换命令执行成功之后才会跳转。

本章接着讨论了如何在 shell 脚本中使用 sed 脚本。对大型 sed 脚本而言，常用的方法是将脚本放入 shell 包装器。你可以在 sed 脚本中使用位置变量来获取 shell 脚本的命令行参数值。这为在命令行甚至在其他脚本中直接使用 sed 编辑器脚本提供了一种简便的途径。

最后，我们创建了一些常用的 sed 实用工具，可批量处理文本文件，其中包括以可读性更好的方式为文件行编号、打印文本文件的末尾行以及删除 HTML 标签。

第 22 章将深入 gawk 的世界。gawk 支持许多高阶编程语言特性。仅凭 gawk 就能创建相当复杂的数据处理及报告程序。你会看到 gawk 的各种编程特性，学习如何用它们从简单的数据中生成漂亮的报告。

第 22 章

gawk 进阶

本章内容

- 使用变量
- 处理数组
- 使用模式
- 结构化命令
- 格式化打印
- 内建函数
- 自定义函数

第 19 章介绍过 gawk 脚本，演示了如何使用 gawk 从原始数据文件生成格式化报告。本章将深入学习如何定制 gawk。gawk 是一种功能丰富的编程语言，提供了各种用于编写高级数据处理程序的特性。如果在接触 shell 脚本前有过其他编程语言的使用经验，那么 gawk 会让你倍感亲切。在本章中，你将看到如何使用 gawk 编写程序，处理可能遇到的各种数据格式化任务。

22.1 使用变量

所有编程语言共有的一个重要特性是使用变量来存取值。gawk 编程语言支持两类变量。

- 内建变量
- 自定义变量

gawk 的内建变量包含用于处理数据文件中的数据字段和记录的信息。你也可以在 gawk 脚本中创建自己的变量。下面几节将带你逐步了解如何在 gawk 脚本里使用变量。

22.1.1 内建变量

gawk 脚本使用内建变量来引用一些特殊的功能。本节将介绍 gawk 脚本中可用的内建变量并演示其用法。

1. 字段和记录分隔符变量

第 19 章演示过 gawk 的一种内建变量——**数据字段变量**。数据字段变量允许使用美元符号（$）和字段在记录中的位置值来引用对应的字段。因此，要引用记录中的第一个数据字段，就用变量$1；要引用第二个数据字段，就用$2，以此类推。

数据字段由字段分隔符划定。在默认情况下，字段分隔符是一个空白字符，也就是空格或者制表符。第 19 章讲过如何使用命令行选项-F，或是在 gawk 脚本中使用特殊内建变量 FS 修改字段分隔符。

有一组内建变量可以控制 gawk 对输入数据和输出数据中字段和记录的处理方式，FS 便是其中之一。表 22-1 列出了这些内建变量。

表 22-1 gawk 数据字段和记录变量

变 量	描 述
FIELDWIDTHS	由空格分隔的一列数字，定义了每个数据字段的确切宽度
FS	输入字段分隔符
RS	输入记录分隔符
OFS	输出字段分隔符
ORS	输出记录分隔符

变量 FS 和 OFS 定义了 gawk 对数据流中数据字段的处理方式。前文介绍过如何使用变量 FS 定义记录中的字段分隔符，变量 OFS 具备相同的功能，只不过是用于 print 命令的输出。

在默认情况下，gawk 会将 OFS 变量的值设置为一个空格。如果使用如下命令：

```
print $1,$2,$3
```

则会看到下面的输出。

```
field1 field2 field3
```

在下面的例子中，你能看到这一点：

```
$ cat data1
data11,data12,data13,data14,data15
data21,data22,data23,data24,data25
data31,data32,data33,data34,data35
$ gawk 'BEGIN{FS=","} {print $1,$2,$3}' data1
data11 data12 data13
data21 data22 data23
data31 data32 data33
$
```

print 命令会自动将 OFS 变量的值置于输出的每个字段之间。通过设置 OFS 变量，可以在输出中用任意字符串来分隔字段：

```
$ gawk 'BEGIN{FS=","; OFS="-"} {print $1,$2,$3}' data1
data11-data12-data13
data21-data22-data23
data31-data32-data33
```

```
$ gawk 'BEGIN{FS=","; OFS="--"} {print $1,$2,$3}' data1
data11--data12--data13
data21--data22--data23
data31--data32--data33
$ gawk 'BEGIN{FS=","; OFS="<-->"} {print $1,$2,$3}' data1
data11<-->data12<-->data13
data21<-->data22<-->data23
data31<-->data32<-->data33
$
```

FIELDWIDTHS 变量可以不通过字段分隔符读取记录。有些应用程序并没有使用字段分隔符，而是将数据放置在记录中的特定列。在这种情况下，必须设定 FIELDWIDTHS 变量来匹配数据在记录中的位置。

一旦设置了 FIELDWIDTHS 变量，gawk 就会忽略 FS 变量，并根据提供的字段宽度来计算字段。下面这个例子采用的是字段宽度而非字段分隔符：

```
$ cat data1b
1005.3247596.37
115-2.349194.00
05810.1298100.1
$ gawk 'BEGIN{FIELDWIDTHS="3 5 2 5"}{print $1,$2,$3,$4}' data1b
100 5.324 75 96.37
115 -2.34 91 94.00
058 10.12 98 100.1
$
```

FIELDWIDTHS 变量定义了 4 个数据字段，gawk 依此解析记录。每个记录中的数字串会根据已定义好的字段宽度来分割。

警告　一定要记住，一旦设定了 FIELDWIDTHS 变量的值，就不能再改动了。这种方法并不适用于变长的数据字段。

变量 RS 和 ORS 定义了 gawk 对数据流中记录的处理方式。在默认情况下，gawk 会将 RS 和 ORS 设置为换行符。默认的 RS 值表明，输入数据流中的每行文本就是一条记录。

有时，你会在数据流中碰到占据多行的记录，典型的例子是在包含地址和电话号码的数据中，地址和电话号码各占一行：

```
Ima Test
123 Main Street
Chicago, IL 60601
(312)555-1234
```

如果用默认的 FS 变量和 RS 变量值来读取这组数据，gawk 就会把每一行作为一条单独的记录来读取，并将其中的空格作为字段分隔符。这可不是你希望看到的。

要解决这个问题，需要把 FS 变量设置成换行符。这就表明数据流中的每一行都是一个单独的字段，行内的所有数据都属于同一个数据字段。但是，让人头疼的是不知道新记录从何处开始。

为此，可以把 RS 变量设置成空字符串，然后在数据记录之间留一个空行。gawk 会把每一个空行都视为记录分隔符。

下面的例子采用了这种方法：

```
$ cat data2
Ima Test
123 Main Street
Chicago, IL 60601
(312)555-1234

Frank Tester
456 Oak Street
Indianapolis, IN 46201
(317)555-9876

Haley Example
4231 Elm Street
Detroit, MI 48201
(313)555-4938
$ gawk 'BEGIN{FS="\n"; RS=""} {print $1,$4}' data2
Ima Test (312)555-1234
Frank Tester (317)555-9876
Haley Example (313)555-4938
$
```

非常好！gawk 现在将文件中的每一行都视为一个字段，将空行作为记录分隔符。

2. 数据变量

除了字段和记录分隔符变量，gawk 还提供了一些其他的内建变量以帮助你了解数据发生了什么变化，并提取 shell 环境的信息。表 22-2 列出了 gawk 中的其他内建变量。

表 22-2 更多的 gawk 内建变量

变　量	描　述
ARGC	命令行参数的数量
ARGIND	当前处理的文件在 ARGV 中的索引
ARGV	包含命令行参数的数组
CONVFMT	数字的转换格式（参见 printf 语句），默认值为%.6g
ENVIRON	当前 shell 环境变量及其值组成的关联数组
ERRNO	当读取或关闭输入文件发生错误时的系统错误号
FILENAME	用作 gawk 输入的数据文件的名称
FNR	当前数据文件中的记录数
IGNORECASE	设成非 0 值时，忽略 gawk 命令中出现的字符串的大小写
NF	数据文件中的字段总数
NR	已处理的输入记录数
OFMT	数字的输出显示格式。默认值为%.6g.，以浮点数或科学计数法显示，以较短者为准，最多使用 6 位小数
RLENGTH	由 match 函数所匹配的子串的长度
RSTART	由 match 函数所匹配的子串的起始位置

你应该能从上面的列表中认出一些 shell 脚本编程中用过的变量。变量 ARGC 和 ARGV 允许从 shell 中获取命令行参数的总数及其值。有点儿麻烦的地方在于 gawk 并不会将程序脚本视为命令行参数的一部分：

```
$ gawk 'BEGIN{print ARGC,ARGV[1]}' data1
2 data1
$
```

ARGC 变量表明命令行上有两个参数。这包括 gawk 命令和 data1 参数（记住，程序脚本并不算参数）。ARGV 数组从索引 0 开始，代表的是命令。第一个数组值是 gawk 命令后的第一个命令行参数。

提示 跟 shell 变量不同，在脚本中引用 gawk 变量时，变量名前不用加美元符号[①]。

ENVIRON 变量看起来可能有点儿陌生。它使用**关联数组**来提取 shell 环境变量。关联数组用文本（而非数值）作为数组索引。

数组索引中的文本是 shell 环境变量名，对应的数组元素值是 shell 环境变量的值。来看一个例子：

```
$ gawk '
> BEGIN{
> print ENVIRON["HOME"]
> print ENVIRON["PATH"]
> }'
/home/rich
/usr/local/sbin:/usr/local/bin:/usr/sbin:/usr/bin:/sbin:/bin:/usr/
games:/usr/local/games:/snap/bin
$
```

ENVIRON["HOME"]变量从 shell 中提取了 HOME 环境变量的值。同样，ENVIRON["PATH"]变量提取了 PATH 环境变量的值。可以用这种方法从 shell 中提取任何环境变量的值，以供 gawk 脚本使用。

如果想在 gawk 脚本中跟踪数据字段和记录，那么变量 FNR、NF 和 NR 用起来非常方便。有时你并不知道记录中到底有多少个数据字段。NF 变量可以让你在不知道具体位置的情况下引用记录中的最后一个数据字段：

```
$ gawk 'BEGIN{FS=":"; OFS=":"} {print $1,$NF}' /etc/passwd
root:/bin/bash
daemon:/usr/sbin/nologin
bin:/usr/sbin/nologin
sys:/usr/sbin/nologin
sync:/bin/sync
games:/usr/sbin/nologin
man:/usr/sbin/nologin
```

① 注意，在引用特定字段的时候，一定要加上美元符号，比如，$1 引用的是第一个字段。考虑下列代码的输出：`$ gawk 'BEGIN {FS=",";x=3} {print x, $x}' data1`。——译者注

```
...
rich:/bin/bash
$
```

NF 变量含有数据文件中最后一个字段的编号。可以在 NF 变量之前加上美元符号，将其用作字段变量。

FNR 变量和 NR 变量类似，但略有不同。FNR 变量包含当前数据文件中已处理过的记录数，NR 变量则包含已处理过的记录总数。下面通过几个例子来了解一下这种差别：

```
$ gawk 'BEGIN{FS=","}{print $1,"FNR="FNR}' data1 data1
data11 FNR=1
data21 FNR=2
data31 FNR=3
data11 FNR=1
data21 FNR=2
data31 FNR=3
$
```

在这个例子中，gawk 脚本在命令行指定了两个输入文件（同一个输入文件指定了两次）。该脚本会打印第一个字段的值和 FNR 变量的当前值。注意，当 gawk 脚本处理第二个数据文件时，FNR 的值会被重置为 1。

现在加上 NR 变量，看看会输出什么：

```
$ gawk '
> BEGIN {FS=","}
> {print $1,"FNR="FNR,"NR="NR}
> END{print "There were",NR,"records processed"}' data1 data1
data11 FNR=1 NR=1
data21 FNR=2 NR=2
data31 FNR=3 NR=3
data11 FNR=1 NR=4
data21 FNR=2 NR=5
data31 FNR=3 NR=6
There were 6 records processed
$
```

22

在 gawk 处理第二个数据文件时，FNR 变量的值被重置了，而 NR 变量则继续计数。因此，如果只使用一个数据文件作为输入，那么 FNR 和 NR 的值是相同的；如果使用多个数据文件作为输入，那么 FNR 的值会在处理每个数据文件时被重置，NR 的值则会继续计数直到处理完所有的数据文件。

注意 在使用 gawk 时你可能会注意到，gawk 脚本通常比 shell 脚本中其他部分还要大一些。为简单起见，本章中的例子会利用 shell 的多行特性直接在命令行中运行 gawk 脚本。当你在 shell 脚本中使用 gawk 时，应该将不同的 gawk 命令独立成行，这样会比较容易阅读和理解。不要在 shell 脚本中将所有的命令都塞到同一行。除此之外，如果在不同的 shell 脚本中都用到了同样的 gawk 脚本，那么记得将这段 gawk 脚本放到一个单独的文件中，使用 -f 选项引用（参见第 19 章）。

22.1.2　自定义变量

跟其他典型的编程语言一样，gawk 允许你在脚本中定义自己的变量。gawk 自定义变量的名称由任意数量的字母、数字和下划线组成，但不能以数字开头。还有一点，gawk 变量名区分大小写，这很重要。

1. 在脚本中给变量赋值

在 gawk 脚本中给变量赋值与给 shell 脚本中的变量赋值一样，都用**赋值语句**：

```
$ gawk '
> BEGIN{
> testing="This is a test"
> print testing
> }'
This is a test
$
```

print 语句的输出是 testing 变量的当前值。跟 shell 脚本变量一样，gawk 变量可以保存数值或文本值：

```
$ gawk '
> BEGIN{
> testing="This is a test"
> print testing
> testing=45
> print testing
> }'
This is a test
45
$
```

在这个例子中，testing 变量的值从文本值变成了数值。

赋值语句还可以包含处理数值的数学算式：

```
$ gawk 'BEGIN{x=4; x= x * 2 + 3; print x}'
11
$
```

如你所见，gawk 编程语言包含了用来处理数值的标准算术运算符，其中包括求余运算符（%）和幂运算符（^或**）。

2. 在命令行中给变量赋值

也可以通过 gawk 命令行来为脚本中的变量赋值。这允许你在正常的代码之外赋值，即时修改变量值。下面的例子使用命令行变量来显示文件中特定的数据字段：

```
$ cat script1
BEGIN{FS=","}
{print $n}
$ gawk -f script1 n=2 data1
data12
data22
data32
```

```
$ gawk -f script1 n=3 data1
data13
data23
data33
$
```

这个特性可以让你在不修改脚本代码的情况下就改变脚本的行为。第一个例子显示了文件的第二个字段，而第二个例子显示了第三个字段，这只需在命令行中设置变量 n 的值即可。

使用命令行参数来定义变量值会产生一个问题：在设置过变量之后，这个值在脚本的 BEGIN 部分不可用。

```
$ cat script2
BEGIN{print "The starting value is",n; FS=","}
{print $n}
$ gawk -f script2 n=3 data1
The starting value is
data13
data23
data33
$
```

可以用-v 选项来解决这个问题，它允许在 BEGIN 部分之前设定变量。在命令行中，-v 选项必须放在脚本代码之前：

```
$ gawk -v n=3 -f script2 data1
The starting value is 3
data13
data23
data33
$
```

现在，BEGIN 部分中的变量 n 的值就已经是命令行中设定的那个值了。

22.2 处理数组

许多编程语言提供了数组，以用于在单个变量中存储多个值。gawk 编程语言使用**关联数组**来提供数组功能。

与数字型数组（numerical array）不同，关联数组的索引可以是任意文本字符串。你不需要用连续的数字来标识数组元素。相反，关联数组用各种字符串来引用数组元素。每个索引字符串都必须能够唯一地标识出分配给它的数组元素。如果你熟悉其他编程语言，就知道这跟哈希表和字典是同一个概念。

下面我们将带你逐步熟悉如何在 gawk 脚本中使用关联数组。

22.2.1 定义数组变量

可以用标准赋值语句来定义数组变量。数组变量赋值的格式如下：

```
var[index] = element
```

其中，*var* 是变量名，*index* 是关联数组的索引值，*element* 是数组元素值。下面是 gawk 中数组变量的一些示例：

```
capital["Illinois"] = "Springfield"
capital["Indiana"] = "Indianapolis"
capital["Ohio"] = "Columbus"
```

在引用数组变量时，必须包含索引，以便提取相应的数组元素值：

```
$ gawk 'BEGIN{
> capital["Illinois"] = "Springfield"
> print capital["Illinois"]
> }'
Springfield
$
```

对于数值索引也是一样：

```
$ gawk 'BEGIN{
> var[1] = 34
> var[2] = 3
> total = var[1] + var[2]
> print total
> }'
37
$
```

如你所见，可以像使用 gawk 脚本中的其他变量一样使用数组变量。

22.2.2　遍历数组变量

关联数组变量的问题在于，你可能无法预知索引是什么。与使用连续数字作为索引的数字型数组不同，关联数组的索引可以是任何内容。

如果要在 gawk 脚本中遍历关联数组，可以用 for 语句的一种特殊形式：

```
for (var in array)
{
   statements
}
```

这个 for 语句会在每次循环时将关联数组 array 的下一个索引赋给变量 var，然后执行一遍 statements。重要的是要记住这个变量中存储的是索引而不是数组元素值。可以将这个变量用作数组索引，轻松地取出数组元素值：

```
$ gawk 'BEGIN{
> var["a"] = 1
> var["g"] = 2
> var["m"] = 3
> var["u"] = 4
> for (test in var)
> {
>    print "Index:",test," - Value:",var[test]
> }
```

```
> }'
Index: u  - Value: 4
Index: m  - Value: 3
Index: a  - Value: 1
Index: g  - Value: 2
$
```

注意，索引值没有特定的返回顺序，但它们都能够指向对应的数组元素值。明白这点很重要，因为你不能指望返回值有固定的顺序，只能保证索引值和数据值是对应的。

22.2.3 删除数组变量

从关联数组中删除数组元素要使用一个特殊的命令：

```
delete array[index]
```

delete 命令会从关联数组中删除索引值及其相关的数组元素值：

```
$ gawk 'BEGIN{
> var["a"] = 1
> var["g"] = 2
> for (test in var)
> {
>    print "Index:",test," - Value:",var[test]
> }
> delete var["g"]
> print "---"
> for (test in var)
>    print "Index:",test," - Value:",var[test]
> }'
Index: a  - Value: 1
Index: g  - Value: 2
---
Index: a  - Value: 1
$
```

一旦从关联数组中删除索引值，就不能再用它来提取数组元素值了。

22

22.3 使用模式

gawk 脚本支持几种类型的匹配模式来过滤数据记录，这一点跟 sed 编辑器大同小异。第 19 章介绍过两种特殊模式的实践应用。关键字 BEGIN 和 END 可以在读取数据流之前或之后执行命令的特殊模式。同样，你可以创建其他模式，在数据流中出现匹配数据时执行命令。

本节将演示如何在 gawk 脚本中用匹配模式来限制将脚本作用于哪些记录。

22.3.1 正则表达式

第 20 章介绍过如何将正则表达式作为匹配模式。你可以用基础正则表达式（BRE）或扩展正则表达式（ERE）来筛选脚本要作用于数据流中的哪些行。

在使用正则表达式时，它必须出现在与其对应脚本的左花括号前：

```
$ gawk 'BEGIN{FS=","} /11/{print $1}' data1
data11
$
```

正则表达式/11/匹配了数据字段中含有字符串 11 的记录。gawk 脚本会用正则表达式对记录中所有的数据字段进行匹配，包括字段分隔符：

```
$ gawk 'BEGIN{FS=","} /,d/{print $1}' data1
data11
data21
data31
$
```

这个例子使用正则表达式来匹配用作字段分隔符的逗号。这未必总是件好事。可能会造成试图匹配某个数据字段中的特定数据时，这些数据又出现在其他数据字段中。如果需要用正则表达式匹配某个特定的数据实例，则应该使用匹配操作符。

22.3.2　匹配操作符

匹配操作符（~）能将正则表达式限制在记录的特定数据字段。你可以指定匹配操作符、数据字段变量以及要匹配的正则表达式：

```
$1 ~ /^data/
```

$1 变量代表记录中的第一个数据字段。该表达式会过滤出第一个数据字段以文本 data 开头的所有记录。下面例子演示了在 gawk 脚本中使用匹配操作符的情况：

```
$ gawk 'BEGIN{FS=","} $2 ~ /^data2/{print $0}' data1
data21,data22,data23,data24,data25
$
```

匹配操作符使用正则表达式/^data2/来比较第二个数据字段，该正则表达式指明这个数据字段要以文本 data2 开头。

这可是个强大的工具，gawk 脚本中经常用它在文件中搜索特定的数据元素：

```
$ gawk -F: '$1 ~ /rich/{print $1,$NF}' /etc/passwd
rich /bin/bash
$
```

这个例子会在第一个数据字段中查找文本 rich。如果匹配该模式，则打印该记录的第一个数据字段和最后一个数据字段。

也可以用!符号来排除正则表达式的匹配：

```
$1 !~ /expression/
```

如果在记录中没有找到匹配正则表达式的文本，就对该记录执行脚本：

```
$ gawk -F: '$1 !~ /rich/{print $1,$NF}' /etc/passwd
root /bin/bash
daemon /bin/nologin
```

```
bin /bin/nologin
sys /bin/nologin
--- output truncated ---
$
```

在这个例子中，gawk 脚本会打印/etc/passwd 文件中用户名不是 rich 的那些用户名和登录 shell。

22.3.3 数学表达式

除了正则表达式，也可以在匹配模式中使用数学表达式。这个功能在匹配数据字段中的数值时非常方便。如果想显示所有属于 root 用户组（组 ID 为 `0`）的用户，可以使用下列脚本：

```
$ gawk -F: '$4 == 0{print $1}' /etc/passwd
root
$
```

这段脚本会检查记录中值为 `0` 的第四个字段。在该 Linux 系统中，只有一个用户账户属于 root 用户组。

可以使用任何常见的数学比较表达式。

- `x == y`：`x` 的值等于 `y` 的值。
- `x <= y`：`x` 的值小于等于 `y` 的值。
- `x < y`：`x` 的值小于 `y` 的值。
- `x >= y`：`x` 的值大于等于 `y` 的值。
- `x > y`：`x` 的值大于 `y` 的值。

也可以对文本数据使用表达式，但必须小心。跟正则表达式不同，表达式必须完全匹配。数据必须跟模式严格匹配：

```
$ gawk -F, '$1 == "data"{print $1}' data1
$
$ gawk -F, '$1 == "data11"{print $1}' data1
data11
$
```

第一个测试没有匹配任何记录，因为第一个数据字段的值不在任何记录中。第二个测试用值 `data11` 匹配了一条记录。

22

22.4 结构化命令

gawk 编程语言支持常见的结构化编程命令。本节将介绍这些命令并演示如何在 gawk 编程环境中使用它们。

22.4.1 `if` 语句

gawk 编程语言支持标准格式的 `if-then-else` 语句。你必须为 `if` 语句定义一个求值的条件，并将其放入圆括号内。如果条件求值为 TRUE，就执行紧跟在 if 语句后的语句。如果条件求值为 FALSE，则跳过该语句。格式如下所示：

```
if (condition)
    statement1
```

也可以写在一行中，就像下面这样：

```
if (condition) statement1
```

下面这个简单的例子演示了这种格式：

```
$ cat data4
10
5
13
50
34
$ gawk '{if ($1 > 20) print $1}' data4
50
34
$
```

看起来并不复杂。如果需要在 if 语句中执行多条语句，则必须将其放入花括号内：

```
$ gawk '{
> if ($1 > 20)
> {
>    x = $1 * 2
>    print x
> }
> }' data4
100
68
$
```

注意，可别把 if 语句的花括号和表示脚本起止的花括号弄混了。如果弄混了，则 gawk 能够检测出缺失的花括号并产生错误消息：

```
$ gawk '{
> if ($1 > 20)
> {
>    x = $1 * 2
>    print x
> }' data4
gawk: cmd. line:7: (END OF FILE)
gawk: cmd. line:7: parse error
$
```

gawk 的 if 语句也支持 else 子句，允许在 if 语句条件不成立的情况下执行一条或多条语句。来看一个使用 else 子句的例子：

```
$ gawk '{
> if ($1 > 20)
> {
```

```
>     x = $1 * 2
>     print x
> } else
> {
>     x = $1 / 2
>     print x
> }}' data4
5
2.5
6.5
100
68
$
```

可以在单行中使用 else 子句，但必须在 if 语句部分之后使用分号：

```
if (condition) statement1; else statement2
```

下面是上一个例子的单行格式版本：

```
$ gawk '{if ($1 > 20) print $1 * 2; else print $1 / 2}' data4
5
2.5
6.5
100
68
$
```

这种写法更紧凑，但也更难理解。

22.4.2 while 语句

while 语句为 gawk 脚本提供了基本的循环功能。下面是 while 语句的格式：

```
while (condition)
{
  statements
}
```

while 循环允许遍历一组数据，并检查迭代的结束条件。如果在计算中必须使用每条记录中的多个字段值，那么这个功能能帮得上忙：

```
$ cat data5
130 120 135
160 113 140
145 170 215
$ gawk '{
> total = 0
> i = 1
> while (i < 4)
> {
>     total += $i
>     i++
> }
> avg = total / 3
```

22

```
> print "Average:",avg
> }' data5
Average: 128.333
Average: 137.667
Average: 176.667
$
```

while 语句会遍历记录中的各个数据字段，将每个值都累加到 total 变量，并将计数器变量 i 增加 1。当计数器的值等于 4 时，while 语句的条件会变成 FALSE，循环结束，然后执行脚本中的下一条语句。这条语句会计算并打印出平均值。该过程会在数据文件中的各条记录上重复执行。

gawk 编程语言支持在 while 循环中使用 break 语句和 continue 语句，允许从循环中跳出：

```
$ gawk '{
> total = 0
> i = 1
> while (i < 4)
> {
>    total += $i
>    if (i == 2)
>       break
>    i++
> }
> avg = total / 2
> print "The average of the first two data elements is:",avg
> }' data5
The average of the first two data elements is: 125
The average of the first two data elements is: 136.5
The average of the first two data elements is: 157.5
$
```

在变量 i 的值等于 2 时，break 语句用于跳出 while 循环。

22.4.3 do-while 语句

do-while 语句与 while 语句类似，但会在检查条件语句之前先执行命令。下面是 do-while 语句的格式：

```
do
{
  statements
} while (condition)
```

这种格式保证了 statements 会在条件被求值之前至少执行一次。当需要在求值条件之前执行语句时，这个特性非常方便：

```
$ gawk '{
> total = 0
> i = 1
> do
> {
```

```
>     total += $i
>     i++
> } while (total < 150)
> print total }' data5
250
160
315
$
```

这个脚本会读取每条记录的字段并将其累加在一起，直到累加和达到 150。如果第一个字段就大于 150（就像在第二条记录中看到的那样），则脚本会保证在条件被求值之前至少读取第一个字段的内容。

22.4.4 for 语句

for 语句是许多编程语言执行循环的常见方法。gawk 编程语言支持 C 风格的 for 循环：

```
for( variable assignment; condition; iteration process)
```

将多个功能合并到一条语句有助于简化循环：

```
$ gawk '{
> total = 0
> for (i = 1; i < 4; i++)
> {
>    total += $i
> }
> avg = total / 3
> print "Average:",avg
> }' data5
Average: 128.333
Average: 137.667
Average: 176.667
$
```

定义了 for 循环中的迭代计数器后，就不用担心要像使用 while 语句那样自己负责给计数器增值了。

22

22.5 格式化打印

你可能已经注意到，print 语句并不能让你完全控制 gawk 如何显示数据，你能做的只是控制输出字段分隔符（OFS）。如果要创建更详尽的报告，则往往需要为数据选择特定的格式和位置。

解决办法是使用格式化打印命令 printf。如果熟悉 C 语言编程，那么 gawk 中 printf 命令的用法也是一样，允许指定具体如何显示数据的指令。

printf 命令的格式如下：

```
printf "format string", var1, var2
```

format string 是格式化输出的关键。它会用文本元素和**格式说明符**（format specifier）来具体指定如何呈现格式化输出。格式说明符是一种特殊的代码，可以指明显示什么类型的变量以及如何显示。gawk 脚本会将每个格式说明符作为占位符，供命令中的每个变量使用。第一个格式说明符对应列出的第一个变量，第二个对应第二个变量，以此类推。

格式说明符的格式如下：

```
%[modifier]control-letter
```

其中，*control-letter* 是一个单字符代码，用于指明显示什么类型的数据，*modifier* 定义了可选的格式化特性。

表 22-3 列出了在格式说明符中可用的控制字母。

表 22-3　格式说明符的控制字母

控制字母	描　　述
c	将数字作为 ASCII 字符显示
d	显示整数值
i	显示整数值（和 d 一样）
e	用科学计数法显示数字
f	显示浮点值
g	用科学计数法或浮点数显示（较短的格式优先）
o	显示八进制值
s	显示字符串
x	显示十六进制值
X	显示十六进制值，但用大写字母 A~F

如果要显示一个字符串变量，可以用格式说明符%s。如果要显示一个整数值，可以用%d 或%i（%d 是十进制数的 C 语言风格显示方式）。如果要用科学计数法显示很大的值，可以使用格式说明符%e。

```
$ gawk 'BEGIN{
> x = 10 * 100
> printf "The answer is: %e\n", x
> }'
The answer is: 1.000000e+03
$
```

除了控制字母，还有 3 种修饰符可以进一步控制输出。

- width：指定输出字段的最小宽度。如果输出短于这个值，则 printf 会将文本右对齐，并用空格进行填充。如果输出比指定的宽度长，则按照实际长度输出。
- prec：指定浮点数中小数点右侧的位数或者字符串中显示的最大字符数。
- -（减号）：指明格式化空间（formatted space）中的数据采用左对齐而非右对齐。

在使用 printf 语句时，你可以完全控制输出样式。举例来说，22.1.1 节用 print 命令显示了记录中的字段：

```
$ gawk 'BEGIN{FS="\n"; RS=""} {print $1,$4}' data2
Ima Test (312)555-1234
Frank Tester (317)555-9876
Haley Example (313)555-4938
$
```

可以用 printf 命令来帮助格式化输出，从而提高美观性。首先，将 print 命令换成 printf 命令，看看会怎样：

```
$ gawk 'BEGIN{FS="\n"; RS=""} {printf "%s %s\n", $1, $4}' data2
Ima Test  (312)555-1234
Frank Tester  (317)555-9876
Haley Example  (313)555-4938
$
```

结果跟 print 命令相同。printf 命令用%s 格式说明符来作为两个字符串的占位符。

注意，你需要在 printf 命令的末尾手动添加换行符，以便生成新行，否则，printf 命令会继续在同一行打印后续输出。

如果需要用几个单独的 printf 命令在同一行中打印多个输出，这就会非常有用：

```
$ gawk 'BEGIN{FS=","} {printf "%s ", $1} END{printf "\n"}' data1
data11 data21 data31
$
```

每个 printf 的输出都会出现在同一行中。为了终止该行，END 部分打印了一个换行符。

下一步是用修饰符来格式化第一个字符串值：

```
$ gawk 'BEGIN{FS="\n"; RS=""} {printf "%16s %s\n", $1, $4}' data2
        Ima Test  (312)555-1234
    Frank Tester  (317)555-9876
   Haley Example  (313)555-4938
$
```

通过添加一个值为 16 的修饰符，我们强制第一个字符串的输出宽度为 16 字符。在默认情况下，printf 命令使用右对齐来将数据放入格式化空间中。要改成左对齐，只需给修饰符加上一个减号即可：

```
$ gawk 'BEGIN{FS="\n"; RS=""} {printf "%-16s %s\n", $1, $4}' data2
Ima Test          (312)555-1234
Frank Tester      (317)555-9876
Haley Example     (313)555-4938
$
```

现在看起来专业多了。

printf 命令在处理浮点值时也非常方便。通过为变量指定格式，可以使输出看起来更统一：

```
$ gawk '{
> total = 0
> for (i = 1; i < 4; i++)
> {
>    total += $i
> }
> avg = total / 3
```

22

```
> printf "Average: %5.1f\n",avg
> }' data5
Average: 128.3
Average: 137.7
Average: 176.7
$
```

可以使用格式说明符`%5.1f`强制 `printf` 命令将浮点值近似到小数点后一位。

22.6 内建函数

gawk 编程语言提供了不少内置函数，以用于执行一些常见的数学、字符串以及时间运算。你可以在 gawk 脚本中利用这些函数来减轻脚本中的编码工作。本节将带你逐步熟悉 gawk 中的各种内建函数。

22.6.1 数学函数

如果用过其他语言进行编程，那么你应该很熟悉在代码中使用内建函数来执行常见的数学运算。gawk 编程语言不会让那些寻求高级数学功能的程序员失望。

表 22-4 列出了 gawk 中内建的数学函数。

表 22-4　gawk 数学函数

函　数	描　述
`atan2(x, y)`	*x/y* 的反正切，*x* 和 *y* 以弧度为单位
`cos(x)`	*x* 的余弦，*x* 以弧度为单位
`exp(x)`	*x* 的指数
`int(x)`	*x* 的整数部分，取靠近 0 一侧的值
`log(x)`	*x* 的自然对数
`rand( )`	比 0 大且比 1 小的随机浮点值
`sin(x)`	*x* 的正弦，*x* 以弧度为单位
`sqrt(x)`	*x* 的平方根
`srand(x)`	为计算随机数指定一个种子值

虽然数学函数的数量并不多，但 gawk 提供了标准数学运算中要用到的一些基本元素。`int()`函数会生成一个值的整数部分，但并不会四舍五入取近似值。它的做法更像其他编程语言中的 `floor` 函数，会生成该值和 0 之间最接近该值的整数。

这意味着 `int()`函数在值为 `5.6` 时会返回 `5`，在值为`-5.6` 时则会返回`-5`。

`rand()`函数非常适合创建随机数，但需要用点儿技巧才能得到有意义的值。`rand()`函数会返回一个随机数，但这个随机数只在 0 和 1 之间（不包括 0 或 1）。要得到更大的数，就需要放大返回值。

产生较大随机整数的常见方法是综合运用函数 rand() 和 int() 创建一个算法：

```
x = int(10 * rand())
```

这会返回一个 0~9（包括 0 和 9）的随机整数值。只要在程序中用上限值替换等式中的 10 就可以了。

在使用一些数学函数时要小心，因为 gawk 编程语言对于其能够处理的数值有一个限定区间。如果超出了这个区间，就会得到一条错误消息：

```
$ gawk 'BEGIN{x=exp(100); print x}'
26881171418161356094253400435962903554686976
$ gawk 'BEGIN{x=exp(1000); print x}'
gawk: warning: exp argument 1000 is out of range
inf
$
```

第一个例子会计算 e 的 100 次幂，虽然这个数值很大但尚在系统的区间内。第二个例子尝试计算 e 的 1000 次幂，这已经超出了系统的数值区间，因此产生了一条错误消息。

除了标准数学函数，gawk 还支持一些按位操作数据的函数。

- and(*v1*, *v2*)：对 *v1* 和 *v2* 执行按位 AND 运算。
- compl(*val*)：对 *val* 执行补运算。
- lshift(*val*, *count*)：将 *val* 左移 count 位。
- or(*v1*, *v2*)：对 *v1* 和 *v2* 执行按位 OR 运算。
- rshift(*val*, *count*)：将 *val* 右移 count 位。
- xor(*v1*, *v2*)：对 *v1* 和 *v2* 执行按位 XOR 运算。

位操作函数在处理数据中的二进制值时特别有用。

22.6.2 字符串函数

gawk 编程语言还提供了一些可用于处理字符串的函数，如表 22-5 所示。

表 22-5 gawk 字符串函数

函数	描述
asort(*s* [,*d*])	将数组 *s* 按照数组元素值排序。索引会被替换成表示新顺序的连续数字。另外，如果指定了 *d*，则排序后的数组会被保存在数组 *d* 中
asorti(*s* [,*d*])	将数组 *s* 按索引排序。生成的数组会将索引作为数组元素值，用连续数字索引表明排序顺序。另外，如果指定了 *d*，则排序后的数组会被保存在数组 *d* 中
gensub(*r*, *s*, *h* [,*t*])	针对变量$0 或目标字符串 *t*（如果提供了的话）来匹配正则表达式 *r*。如果 *h* 是一个以 *g* 或 *G* 开头的字符串，就用 *s* 替换匹配的文本。如果 *h* 是一个数字，则表示要替换 *r* 的第 *h* 处匹配
gsub(*r*, *s* [,*t*])	针对变量$0 或目标字符串 *t*（如果提供了的话）来匹配正则表达式 *r*。如果找到了，就将所有的匹配之处全部替换成字符串 *s*
index(*s*, *t*)	返回字符串 *t* 在字符串 *s* 中的索引位置；如果没找到，则返回 0
length([*s*])	返回字符串 *s* 的长度；如果没有指定，则返回$0 的长度

（续）

函　　数	描　　述
match(*s*, *r* [,*a*])	返回正则表达式 *r* 在字符串 *s* 中匹配位置的索引。如果指定了数组 *a*，则将 *s* 的匹配部分保存在该数组中
split(*s*, *a* [,*r*])	将 *s* 以 FS（字段分隔符）或正则表达式 *r*（如果指定了的话）分割并放入数组 *a* 中。返回分割后的字段总数
sprintf(*format*, *variables*)	用提供的 *format* 和 *variables* 返回一个类似于 printf 输出的字符串
sub(*r*, *s* [,*t*])	在变量$0 或目标字符串 *t* 中查找匹配正则表达式 *r* 的部分。如果找到了，就用字符串 *s* 替换第一处匹配
substr(*s*, *i* [,*n*])	返回 *s* 中从索引 *i* 开始、长度为 *n* 的子串。如果未提供 *n*，则返回 *s* 中剩下的部分
tolower(*s*)	将 *s* 中的所有字符都转换成小写
toupper(*s*)	将 *s* 中的所有字符都转换成大写

有些字符串函数的作用相对来说显而易见：

```
$ gawk 'BEGIN{x = "testing"; print toupper(x); print length(x) }'
TESTING
7
$
```

但有些字符串函数的用法颇为复杂。asort 和 asorti 是新加入的 gawk 函数，允许基于数据元素值（asort）或索引（asorti）对数组变量进行排序。这里有个使用 asort 的例子：

```
$ gawk 'BEGIN{
> var["a"] = 1
> var["g"] = 2
> var["m"] = 3
> var["u"] = 4
> asort(var, test)
> for (i in test)
>     print "Index:",i," - value:",test[i]
> }'
Index: 4  - value: 4
Index: 1  - value: 1
Index: 2  - value: 2
Index: 3  - value: 3
$
```

新数组 test 包含经过排序的原数组的数据元素，但数组索引变成了表明正确顺序的数字值。

split 函数是将数据字段放入数组以供进一步处理的好办法：

```
$ gawk 'BEGIN{ FS=","}{
> split($0, var)
> print var[1], var[5]
> }' data1
data11 data15
data21 data25
data31 data35
$
```

新数组使用连续数字作为数组索引，从含有第一个数据字段的索引值 1 开始。

22.6.3 时间函数

gawk 编程语言有一些处理时间值的函数，如表 22-6 所示。

表 22-6 gawk 的时间函数

函 数	描 述
`mktime(datespec)`	将一个按 `YYYY MM DD HH MM SS [DST]`格式指定的日期转换成时间戳①
`strftime(format [, timestamp])`	将当前时间的时间戳或 `timestamp`（如果提供了的话）转化为格式化日期（采用 shell 命令 `date` 的格式）
`systime()`	返回当前时间的时间戳

时间函数多用于处理日志文件。日志文件中通常含有需要进行比较的日期。通过将日期的文本表示形式转换成纪元时（自 1970-01-01 00:00:00 UTC 到现在的秒数），可以轻松地比较日期。

下面是一个在 gawk 脚本中使用时间函数的例子：

```
$ gawk 'BEGIN{
> date = systime()
> day = strftime("%A, %B %d, %Y", date)
> print day
> }'
Friday, December 26, 2014
$
```

这个例子用 `systime` 函数从系统获取当前的时间戳，然后用 `strftime` 函数将其转换成用户可读的格式，转换过程中用到了 shell 命令 `date` 的日期格式化字符。

22.7 自定义函数

除了 gawk 中的内建函数，还可以在 gawk 脚本中创建自定义函数。本节将介绍如何在 gawk 脚本中定义和使用自定义函数。

22

22.7.1 定义函数

要定义自己的函数，必须使用 `function` 关键字：

```
function name([variables])
{
   statements
}
```

函数名必须能够唯一标识函数。你可以在调用该函数的 gawk 脚本中向其传入一个或多个变量：

① 时间戳（timestamp）是自 1970-01-01 00:00:00 UTC 到现在，以秒为单位的计数，通常称为纪元时（epoch time）。`systime()`函数的返回值也是这种形式。——译者注

```
function printthird()
{
   print $3
}
```

这个函数会打印记录中的第三个字段。

该函数还可以使用 `return` 语句返回一个值：

```
return value
```

这个值既可以是变量，也可以是最终能计算出值的算式：

```
function myrand(limit)
{
   return int(limit * rand())
}
```

可以将函数的返回值赋给 gawk 脚本中的变量：

```
x = myrand(100)
```

这个变量包含函数的返回值。

22.7.2　使用自定义函数

在定义函数时，它必须出现在所有代码块之前（包括 `BEGIN` 代码块）。乍一看可能有点儿怪异，但这有助于将函数代码与 gawk 脚本的其他部分分开：

```
$ gawk '
> function myprint()
> {
>     printf "%-16s - %s\n", $1, $4
> }
> BEGIN{FS="\n"; RS=""}
> {
>     myprint()
> }' data2
Ima Test         - (312)555-1234
Frank Tester     - (317)555-9876
Haley Example    - (313)555-4938
$
```

脚本中定义了 `myprint()` 函数，该函数负责格式化记录中的第一个和第四个数据字段以供打印输出。然后，gawk 脚本会调用该函数以显示数据文件中的数据。

一旦定义了函数，就可以在程序的代码中随意使用了。当涉及很大的代码量时，这会省去许多工作。

22.7.3　创建函数库

每次使用 `gawk` 函数时都要重新定义一遍显然不是什么好的体验。好在 gawk 提供了一种方式以将多个函数放入单个库文件中，这样就可以在所有的 gawk 脚本中使用了。

首先，需要创建一个包含所有 gawk 函数的文件：

```
$ cat funclib
function myprint()
{
  printf "%-16s - %s\n", $1, $4
}
function myrand(limit)
{
  return int(limit * rand())
}
function printthird()
{
  print $3
}
$
```

funclib 文件含有 3 个函数定义。加上-f 命令行选项就可以使用该文件了。很遗憾，-f 选项不能和内联 gawk 脚本（inline gawk script）一起使用，不过可以在同一命令行中使用多个-f 选项。

因此，要使用库，只要创建好 gawk 脚本文件，然后在命令行中同时指定库文件和脚本文件即可：

```
$ cat script4
BEGIN{ FS="\n"; RS=""}
{
    myprint()
}
$ gawk -f funclib -f script4 data2
Ima Test         - (312)555-1234
Frank Tester     - (317)555-9876
Haley Example    - (313)555-4938
$
```

你要做的是当需要使用库中定义的函数时，将 funclib 文件添加到 gawk 命令行中。

22.8 实战演练

如果需要处理数据文件中的数据值（比如表格化销售数据或是计算保龄球得分），那么 gawk 的一些高级特性就有用武之地了。处理数据文件时，关键是先把相关的记录放在一起，然后对相关数据执行必要的计算。

假设我们手边有一个数据文件，其中包含了两支队伍（每队两名选手）的保龄球比赛得分情况：

```
$ cat scores.txt
Rich Blum,team1,100,115,95
Barbara Blum,team1,110,115,100
Christine Bresnahan,team2,120,115,118
Tim Bresnahan,team2,125,112,116
$
```

每位选手各有 3 场比赛的成绩，这些成绩都保存在数据文件中。每位选手由第二列的队名来标识。下面的 shell 脚本会对每队的成绩进行排序，并计算总分和平均分：

```
$ cat bowling.sh
#!/bin/bash

for team in $(gawk -F, '{print $2}' scores.txt | uniq)
do
   gawk -v team=$team 'BEGIN{FS=","; total=0}
   {
      if ($2==team)
      {
         total += $3 + $4 + $5;
      }
   }
   END {
      avg = total / 6;
      print "Total for", team, "is", total, ",the average is",avg
   }' scores.txt
done
$
```

for 循环中的第一条 gawk 语句会过滤出数据文件中的队名，然后使用 uniq 命令返回不重复的队名。for 循环会再对每个队进行迭代。

for 循环内部的 gawk 语句负责进行计算。对于每一条记录，该语句会先确定队名是否和正在进行循环的队名相符。这是通过 gawk 的-v 选项实现的，该选项允许在 gawk 脚本中传递 shell 变量。如果队名相符，只要数据记录属于同一队，代码就会对数据记录中的 3 场比赛得分求和，然后将每条记录的值相加。

在每个循环迭代的结尾处，gawk 脚本会显示出总分和平均分。输出结果如下：

```
$ ./bowling.sh
Total for team1 is 635, the average is 105.833
Total for team2 is 706, the average is 117.667
$
```

现在你就拥有了一个计算保龄球锦标赛成绩的趁手工具了，只要将每位选手的成绩记录在文本文件中，然后运行这个脚本即可。

22.9　小结

本章带你逐步学习了 gawk 编程语言的高级特性。每种编程语言都有变量，gawk 也不例外。gawk 包含了一些内建变量，可用于引用特定的数据字段值以及获取数据文件中处理过的字段和记录的数目信息。你也可以定义自己的变量，以便在脚本中使用。

gawk 编程语言还提供了很多编程语言该有的标准结构化命令。你可以用 if-then、while、do-while 以及 for 循环轻松地创建强大的程序。这些命令允许你改变 gawk 脚本的处理流程来遍历数据字段的值，创建出详细的数据报告。

如果要定制报告的输出，那么 `printf` 命令是一个不错的工具。它允许指定具体的格式来显示 gawk 脚本的数据。你可以轻松地创建格式化报告，将数据元素一丝不差地呈现在正确的位置上。

最后，本章讨论了 gawk 编程语言的许多内建函数，介绍了如何创建自定义函数。gawk 提供了很多处理数学运算（比如标准的平方根运算、对数运算以及三角函数）的实用函数。另外还有一些与字符串相关的函数，这使得从字符串中提取子串这种操作变成了小事一桩。

gawk 脚本并不只提供了内建函数，如果正在写一个要用到大量特定算法的应用程序，你可以创建自定义函数来处理这些算法，然后在代码中使用这些函数。另外也可以创建一个库函数，将所有要在 gawk 脚本中用到的函数置于其中，既省时又省力。

第 23 章会稍微换个方向，讲一讲在 Linux shell 脚本编程过程中可能会碰到的其他 shell 环境。尽管 bash shell 是 Linux 中最常用的 shell，但它不是唯一的 shell。了解一点儿其他 shell 及其与 bash shell 的区别总归是有好处的。

第 23 章

使用其他 shell

本章内容

- ❑ dash shell
- ❑ dash 脚本编程
- ❑ zsh shell
- ❑ zsh 脚本编程

虽然 bash shell 是 Linux 发行版中使用最广泛的 shell，但并非唯一选择。现在你已经学习过标准的 Linux bash shell，知道了能用它做什么，是时候看看 Linux 世界中的其他一些 shell 了。本章将介绍另外两个你可能会碰到的 shell，展示两者与 bash shell 之间的区别。

23.1 什么是 dash shell

Debian Linux 发行版与其许多衍生产品（比如 Ubuntu）一样，使用 dash shell 作为 Linux bash shell 的替代品。dash shell 有一段有趣的历史。它是 ash shell 的直系后裔，是 Unix 系统中 Bourne shell 的简易复制品（参见第 1 章）。Kenneth Almquist 为 Unix 系统开发了 Bourne shell 的简化版本 Almquist shell，缩写为 ash。ash shell 最初的版本体积极小，速度奇快，但缺乏许多高级特性，比如命令行编辑和命令历史，这使其很难用作交互式 shell。

NetBSD Unix 操作系统移植了 ash shell，直到今天依然将其作为默认 shell。NetBSD 开发人员对 ash shell 进行了定制，增加了一些新特性，使它更接近 Bourne shell。新特性包括使用 Emacs 编辑器命令和 Vi 编辑器命令进行命令行编辑、利用历史命令调出先前输入过的命令。ash shell 的这个版本也被 FreeBSD 操作系统用作默认登录 shell。

Debian Linux 发行版创建了自己的 ash shell 版本，称作 Debian ash 或 dash。dash 复刻了 NetBSD 版本的 ash shell 的大多数特性，提供了一些高级命令行编辑功能。

但忙上添乱的是，在许多基于 Debian 的 Linux 发行版中，dash shell 实际上并不是默认 shell。由于 bash shell 在 Linux 世界中广为流行，因此大多数基于 Debian 的 Linux 发行版选择将 bash shell 作为登录 shell，而只将 dash shell 作为安装脚本的快速启动 shell，用作发行版安装。

要想知道你的系统属于哪种情况，只需查看/etc/passwd 文件中的用户账户信息即可。你可以看看自己的账户使用的默认交互式 shell。例如：

```
$ cat /etc/passwd | grep rich
rich:x:1000:1000:Rich,,,:/home/rich:/bin/bash
$
```

Ubuntu 系统使用 bash shell 作为默认的交互式 shell。要想知道默认的系统 shell 是什么，只需使用 ls 命令查看/bin 目录中的 sh 文件即可：

```
$ ls -al /bin/sh
lrwxrwxrwx 1 root root 4 Jul 21 08:10 /bin/sh -> dash
$
```

确认无误，Ubuntu 系统使用 dash shell 作为默认的系统 shell。这正是很多问题的根源所在。

第 11 章讲过，每个 shell 脚本的起始行都必须声明该脚本所用的 shell。在 bash shell 脚本中，一直使用下面这行：

```
#!/bin/bash
```

这会告诉 shell 使用位于/bin/bash 的 shell 程序执行脚本。在 Unix 世界中，默认 shell 就位于/bin/sh。很多熟悉 Unix 环境的 shell 脚本程序员会将这种用法带到他们的 Linux shell 脚本中：

```
#!/bin/sh
```

在大多数 Linux 发行版中，/bin/sh 文件是指向/bin/bash 的一个符号链接（参见第 3 章）。这样就可以在无须任何修改的情况下，将为 Unix Bourne shell 设计的 shell 脚本轻松移植到 Linux 环境中。

但如你所见，Ubuntu Linux 发行版将/bin/sh 文件链接到了 shell 程序/bin/dash。由于 dash shell 只包含原始 Bourne shell 的一部分命令，因此这可能会（而且经常会）让一些 shell 脚本无法正确工作。

下一节将带你逐步了解 dash shell 的基础知识及其与 bash shell 的区别。如果你编写的 bash shell 脚本可能会在 Ubuntu 环境中运行，那么了解这些内容尤其重要。

23.2 dash shell 的特性

尽管 bash shell 和 dash shell 均以 Bourne shell 为样板，但两者之间还是有些差别的。在深入 shell 脚本编程特性之前，本节先带你了解 dash shell 的特性，熟悉其工作方式。

23.2.1 dash 命令行选项

dash shell 使用命令行选项来控制其行为。表 23-1 列出了这些选项及其用途。

表 23-1 dash 命令行选项

选项	描述
-a	导出分配给 shell 的所有变量
-c	从特定的命令字符串中读取命令
-e	如果是非交互式 shell，就在未经测试的命令失败时立即退出

（续）

选 项	描 述
-f	显示路径通配符
-n	如果是非交互式 shell，就读取命令但不执行
-u	在尝试扩展一个未设置过的变量时，将错误消息写入 STDERR
-v	在读取输入时将输入写出到 STDERR
-x	在执行命令时将每个命令写入 STDERR
-I	在交互式模式下，忽略输入中的 EOF 字符
-i	强制 shell 运行在交互式模式下
-m	启用作业控制（在交互式模式下默认开启）
-s	从 STDIN 读取命令（在没有指定文件参数时的默认行为）
-E	启用 Emacs 命令行编辑器
-V	启用 vi 命令行编辑器

除了原先的 ash shell 的命令行选项，Debian 还加入了一些额外选项。-E 和-V 会启用 dash shell 特有的命令行编辑功能。

-E 命令行选项允许使用 Emacs 编辑器命令进行命令行文本编辑（参见第 10 章）。你可以通过 Ctrl 和 Alt 组合键，使用所有的 Emacs 命令来处理一行中的文本。

-V 命令行选项允许使用 vi 编辑器命令进行命令行文本编辑（参见第 10 章）。该功能允许用 Esc 键在普通模式和 vi 编辑器模式之间切换。当处于 vi 模式时，可以使用标准的 vi 编辑器命令（比如，x 用于删除一个字符，i 用于插入文本）。完成命令行编辑后，必须再次按下 Esc 键退出 vi 编辑器模式。

23.2.2 dash 环境变量

dash shell 使用大量的默认环境变量来记录信息，你也可以创建自己的环境变量。本节将介绍这些环境变量以及 dash 如何处理它们。

1. 默认环境变量

dash 环境变量与 bash 环境变量（参见第 5 章）很像。这绝非巧合。别忘了 dash 和 bash shell 都是 Bourne shell 的扩展版，两者都吸收了 Bourne shell 的很多特性。不过，由于 dash 以简洁为目标，因此其使用的环境变量比 bash shell 明显要少。在 dash shell 环境中编写脚本时，要考虑到这一点。

dash shell 用 set 命令来显示环境变量：

```
$set
COLORTERM=''
DESKTOP_SESSION='default'
DISPLAY=':0.0'
DM_CONTROL='/var/run/xdmctl'
GS_LIB='/home/atest/.fonts'
```

```
HOME='/home/atest'
IFS='
'
KDEROOTHOME='/root/.kde'
KDE_FULL_SESSION='true'
KDE_MULTIHEAD='false'
KONSOLE_DCOP='DCOPRef(konsole-5293,konsole)'
KONSOLE_DCOP_SESSION='DCOPRef(konsole-5293,session-1)'
LANG='en_US'
LANGUAGE='en'
LC_ALL='en_US'
LOGNAME='atest'
OPTIND='1'
PATH='/usr/local/sbin:/usr/local/bin:/usr/sbin:/usr/bin:/sbin:/bin'
PPID='5293'
PS1='$ '
PS2='> '
PS4='+ '
PWD='/home/atest'
SESSION_MANAGER='local/testbox:/tmp/.ICE-unix/5051'
SHELL='/bin/dash'
SHLVL='1'
TERM='xterm'
USER='atest'
XCURSOR_THEME='default'
_='ash'
$
```

这很可能和你的默认 dash shell 环境不一样，因为不同的 Linux 发行版在登录时会设置不同的默认环境变量。

2. 位置变量

除了默认环境变量，dash shell 还为在命令行中定义的参数分配了特殊的变量。下面是 dash shell 中可用的位置变量。

- `$0`：shell 脚本的名称。
- `$n`：第 *n* 个位置变量。
- `$*`：含有所有命令行参数的单个值，参数之间由 `IFS` 环境变量中的第一个字符分隔；如果没有定义 `IFS`，则由空格分隔。
- `$@`：扩展为由所有的命令行参数组成的多个参数。
- `$#`：命令行参数的总数。
- `$?`：最近一个命令的退出状态码。
- `$-`：当前选项标志。
- `$$`：当前 shell 的进程 ID（PID）。
- `$!`：最近一个后台命令的进程 ID（PID）。

dash 位置变量的用法和 bash shell 一样，你可以像在 bash shell 中那样在 dash shell 脚本中使用位置变量。

23

3. 用户自定义环境变量

dash shell 还允许你定义自己的环境变量。跟 bash 一样，可以在命令行中用赋值语句来定义新的环境变量：

```
$ testing=10 ; export testing
$ echo $testing
10
$
```

如果不用 export 命令，那么用户自定义环境变量就只在当前 shell 或进程中可见。

警告　dash 变量和 bash 变量之间有一个巨大的差异：dash shell 不支持数组。这个特性给高级 shell 脚本开发人员带来了各种问题。

23.2.3　dash 内建命令

跟 bash shell 一样，dash shell 含有一组可识别的内建命令。这些命令既可以在命令行中直接使用，也可以放入 shell 脚本中使用。表 23-2 列出了 dash shell 的内建命令。

表 23-2　dash shell 内建命令

命　令	描　述
alias	创建代表字符串的别名
bg	以后台模式继续执行指定的作业
cd	切换到指定的目录
echo	显示字符串和环境变量
eval	将所有参数用空格连起来[①]
exec	用指定命令替换 shell 进程
exit	终止 shell 进程
export	导出指定的环境变量，供子 shell 使用
fc	列出、编辑或重新执行先前在命令行中输入的命令
fg	以前台模式继续执行指定的作业
getopts	从参数（parameter）列表中提取选项和参数（argument）[②]
hash	维护并提取最近执行的命令及其位置的哈希表
pwd	显示当前工作目录
read	从 STDIN 读取一行并将其赋给一个变量
readonly	从 STDIN 读取一行并用其初始化一个只读变量

① 将形成的字符串作为命令，交由 shell 进行二次扫描处理（double-scanning）并执行。——译者注

② parameter 是指命令/脚本名之后出现的各个单词，argument 是指紧随选项之后的那个单词。参见 14.4.1 节译者注。——译者注

（续）

命　令	描　述
printf	用格式化字符串显示文本和变量
set	列出或设置选项标志和环境变量
shift	按指定的次数移动位置变量
test	测试表达式，成立的话返回 0；否则，返回 1
times	显示当前 shell 和所有 shell 进程的累计用户时间和系统时间
trap	在 shell 收到某个指定信号时解析并执行命令
type	解释指定的名称并显示结果（别名、内建命令、外部命令或关键字）
ulimit	查询或设置进程限制
umask	设置文件和目录的默认权限
unalias	删除指定的别名
unset	从导出的变量中删除指定的变量或选项标志
wait	等待指定的作业完成，然后返回退出状态码

你可能在 bash shell 中已经见过这些内建命令。dash shell 支持许多和 bash shell 一样的内建命令。注意，这些命令中并没有操作命令历史记录或目录栈的命令，dash shell 不支持这些特性。

23.3 dash 脚本编程

很遗憾，dash shell 不能完全支持 bash shell 的脚本编程功能。为 bash 环境编写的脚本通常无法在 dash shell 中运行，这给 shell 脚本程序员带来了各种麻烦。本节将介绍一些值得留意的差别，以便你的 shell 脚本能够在 dash shell 环境中正常运行。

23.3.1 创建 dash 脚本

你现在可能已经猜到了，为 dash shell 编写脚本与编写 bash shell 脚本非常类似。一定要在脚本中指定使用哪个 shell，以确保使用正确的 shell 运行脚本。

可以在 shell 脚本的第一行指定下列内容：

```
#!/bin/dash
```

还可以在这行指定 shell 命令行选项，参见 23.2.1 节。

23.3.2 不能使用的特性

很遗憾，由于 dash shell 只是 Bourne shell 的一个子集，因此 bash shell 脚本中有些特性无法在 dash shell 中使用。这些特性通常称作 **bash 流派**（bashism）。本节将简单总结那些在 bash shell 脚本中习惯使用，但在 dash shell 环境中无法使用的 bash shell 特性。

1. 算术运算

第 11 章介绍过 3 种在 bash shell 脚本中执行数学运算的方法。

- 使用 `expr` 命令：`expr operation`。
- 使用方括号：`$[ operation ]`。
- 使用双圆括号：`$(( operation ))`。

dash shell 支持使用 `expr` 命令和双圆括号进行数学运算，但不支持使用方括号。如果你的脚本中有大量采用方括号的数学运算，那么这可是个问题。

在 dash shell 脚本中执行数学运算的正确格式是使用双圆括号：

```
$ cat test1
#!/bin/dash
# testing mathematical operations

value1=10
value2=15

value3=$(( $value1 * $value2 ))
echo "The answer is $value3"
$ ./test1
The answer is 150
$
```

现在 shell 就可以正确执行这个计算了。

2. test 命令

虽然 dash shell 支持 `test` 命令，但务必注意其用法。dash shell 版本的 `test` 命令跟 bash shell 版本的略有不同。

bash shell 的 `test` 命令使用双等号（`==`）来测试两个字符串是否相等。这是为了照顾习惯在其他编程语言中使用这种格式的程序员而添加的。

但是，dash shell 中的 `test` 命令不能识别用作文本比较的`==`符号，只能识别`=`符号。如果在 bash 脚本中使用了`==`符号，则需要将其换成`=`符号：

```
$ cat test2
#!/bin/dash
# testing the = comparison

test1=abcdef
test2=abcdef

if [ $test1 = $test2 ]
then
   echo "They're the same!"
else
   echo "They're different"
fi
$ ./test2
They're the same!
$
```

光是这点儿 bash 主义，就足以让 shell 程序员折腾几小时了。

3. function 命令

第 17 章演示过如何在 shell 脚本中定义函数。bash shell 支持两种定义函数的方法。

- 使用 function 语句。
- 只使用函数名。

dash shell 不支持 function 语句，必须用函数名和圆括号来定义函数。

如果编写的脚本可能会用在 dash 环境中，就只能使用函数名来定义函数，决不要用 function 语句。

```
$ cat test3
#!/bin/dash
# testing functions

func1() {
   echo "This is an example of a function"
}

count=1
while [ $count -le 5 ]
do
   func1
   count=$(( $count + 1 ))
done
echo "This is the end of the loop"
func1
echo "This is the end of the script"
$ ./test3
This is an example of a function
This is an example of a function
This is an example of a function
This is an example of a function
This is an example of a function
This is the end of the loop
This is an example of a function
This is the end of the script
$
```

现在 dash shell 能够识别脚本中定义的函数并调用函数了。

23.4 zsh shell

你可能会碰到的另一个流行的 shell 是 Z shell（称作 zsh）。zsh shell 是由 Paul Falstad 开发的开源 Unix shell。它汲取了所有现存 shell 的设计理念，增加了许多独有的特性，是为程序员而设计的一款无所不能的高级 shell。

下面是 zsh shell 的一些独有特性。

- 改进的 shell 选项处理。

- shell 兼容性模式。
- 可加载模块。

可加载模块是 shell 设计中最先进的特性。你在 bash 和 dash shell 中已经看到过，每种 shell 都包含一组内建命令，这些命令无须借助外部程序即可使用。内建命令的好处在于执行速度快。shell 不必在运行命令前先加载一个外部程序，因为内建命令已经在内存中了，随时可用。

zsh shell 提供了一组核心内建命令，并具备增添附加**命令模块**的能力。每个命令模块都为特定场景提供了一组内建命令，比如网络支持和高级数学功能。可以只添加你认为有用的模块。

这项特性提供了一种极佳的方式：既可以在需要较小的 shell 体积和较少的命令时限制 zsh shell 的大小，也可以在需要更快的执行速度时增加可用的内建命令数量。

提示 大多数 Linux 发行版没有默认安装 zsh shell，但考虑到其流行程度，你可以通过发行版的标准软件包仓库自行安装（参见第 9 章）。

23.5 zsh shell 的组成

本节将带你逐步学习 zsh shell 的基础知识，介绍可用的内建命令（或是可以通过命令模块添加的命令）以及命令行选项和环境变量。

23.5.1 shell 选项

大多数 shell 采用命令行选项来定义 shell 的行为。zsh shell 也不例外，同样提供了相应的选项。你可以在命令行或 shell 中用 `set` 命令设置 shell 选项。

表 23-3 列出了 zsh shell 可用的命令行选项。

表 23-3 zsh shell 命令行选项

选　项	描　述
`-c`	只执行指定的命令，然后退出
`-i`	作为交互式 shell 启动，提供命令行提示符
`-s`	强制 shell 从 `STDIN` 读取命令
`-o`	指定命令行选项

即便选项不多，`-o` 选项也容易让人误解。它允许设置 shell 选项来定义 shell 的各种特性。到目前为止，zsh shell 是所有 shell 中可定制性最强的。有大量的特性可供更改 shell 环境。shell 选项可以分成以下几类。

- **更改目录**：该选项用于控制 `cd` 命令和 `dirs` 命令如何处理目录更改。
- **补全**：该选项用于控制命令补全功能。
- **扩展和通配符匹配**：该选项用于控制命令中文件扩展。
- **历史**：该选项用于控制命令历史记录回调。

- **初始化**：该选项用于控制 shell 在启动时如何处理变量和启动文件。
- **输入输出**：该选项用于控制命令处理。
- **作业控制**：该选项用于控制 shell 如何处理作业和启动作业。
- **提示符**：该选项用于控制 shell 如何处理命令行提示符。
- **脚本和函数**：该选项用于控制 shell 如何处理 shell 脚本和定义 shell 函数。
- **shell 仿真**：该选项允许设置 zsh shell 来模拟其他类型 shell 的行为。
- **shell 状态**：该选项用于定义启动哪种 shell。
- **zle**：该选项用于控制 zsh 行编辑器（zle）功能。
- **选项别名**：可以用作其他选项别名的特殊选项。

既然有这么多种 shell 选项，那你可以想象 zsh shell 实际上能支持多少种选项了吧。

23.5.2 内建命令

zsh shell 的独到之处在于能够扩展 shell 的内建命令。这为许多不同的应用程序提供了丰富的便捷工具。

本节将介绍核心内建命令以及在写作本书时可用的各种模块。

1. 核心内建命令

zsh shell 的核心包括一些在其他 shell 中用过的基础内建命令。表 23-4 列出了可用的内建命令。

表 23-4 zsh 核心内建命令

命　令	描　述
`alias`	为命令及参数定义一个替代性名称
`autoload`	将 shell 函数预加载到内存中以便快速访问
`bg`	以后台模式执行作业
`bindkey`	将组合键和命令绑定到一起
`builtin`	执行指定的内建命令，而非同名的可执行文件
`bye`	同 `exit`
`cd`	切换当前工作目录
`chdir`	切换当前工作目录
`command`	执行以外部可执行文件为形式的命令，而非同名的函数或内建命令
`declare`	设置变量的数据类型（同 `typeset`）
`dirs`	显示目录栈的内容
`disable`	临时禁用指定的哈希表元素
`disown`	从作业表中移除指定的作业
`echo`	显示变量和文本
`emulate`	用 zsh 来仿真另一种 shell，比如 Bourne、Korn 或 C shell
`enable`	启用指定的哈希表元素

（续）

命　令	描　述
eval	在当前 shell 进程环境中执行指定的命令和参数
exec	执行指定的命令和参数来替换当前 shell 进程
exit	退出 shell 并返回指定的退出状态码。如果未指定，则使用最后一个命令的退出状态码
export	允许在子 shell 进程中使用指定的环境变量
false	返回退出状态码 1
fc	从历史记录中选择某个范围内的命令
fg	以前台模式执行指定的作业
float	将指定变量设为浮点类型
functions	将指定名称设为函数
getln	从缓冲栈中读取下一个值并将其放入指定变量
getopts	提取命令行参数中的下一个有效选项并将其放入指定变量
hash	直接修改命令哈希表的内容
history	列出历史记录文件中的命令
integer	将指定变量设为整数类型
jobs	列出指定作业的信息，或是分配给 shell 进程的所有作业
kill	向指定进程或作业发送信号（默认为 SIGTERM）
let	执行数学运算并将结果赋给变量
limit	设置或显示资源限制
local	将指定变量设为局部变量
log	显示受 watch 参数影响的所有当前登录用户
logout	同 exit，但仅适用于当前 shell 为登录 shell
popd	从目录栈中删除下一项
print	显示变量和文本
printf	用 C 语言风格的格式字符串来显示变量和文本
pushd	改变当前工作目录，并将上一个目录放入目录栈
pushln	将指定参数放入编辑缓冲栈
pwd	显示当前工作目录的完整路径
read	读取一行并用 IFS 变量将字段赋给指定变量
readonly	将值赋给只读变量
rehash	重建命令哈希表
set	为 shell 设置选项或位置参数
setopt	为 shell 设置选项
shift	读取并删除第一个位置参数，然后将剩余的参数向前移动一个位置
source	找到指定文件并将其内容复制到当前位置
suspend	挂起 shell 的执行，直至收到 SIGCONT 信号
test	如果指定条件为 TRUE，就返回退出状态码 0

（续）

命　令	描　述
times	显示当前 shell 以及 shell 中所有运行进程的累计用户时间和系统时间
trap	阻断 shell 处理指定信号，如果收到信号则执行指定命令
true	返回退出状态码 0
ttyctl	锁定和解锁显示
type	显示 shell 会如何解释指定的命令
typeset	设置或显示变量的属性
ulimit	设置或显示 shell 或 shell 中运行进程的资源限制
umask	设置或显示创建文件和目录的默认权限
unalias	删除指定的命令别名
unfunction	删除指定的已定义函数
unhash	删除哈希表中的指定命令
unlimit	取消指定的资源限制
unset	删除指定的变量属性
unsetopt	禁用指定的 shell 选项
wait	等待指定的作业或进程完成
whence	显示 shell 如何解释指定命令
where	显示指定命令的路径（如果 shell 能找到的话）
which	用 csh shell 风格的输出显示指定命令的路径
zcompile	编译指定的函数或脚本，提高自动加载速度
zmodload	对可加载 zsh 模块执行特定操作

zsh shell 在提供内建命令方面实在太强大了！你应该能根据 bash 中的同名命令认出其中的大多数命令。zsh shell 内建命令最重要的特性就是模块。

2. 附加模块

有大量的模块可以为 zsh shell 提供额外的内建命令，随着开发人员不断编写新模块，这个数量还在持续增长。表 23-5 列出了一些流行的模块。

表 23-5　zsh 模块

模　块	描　述
zsh/datetime	附加的日期和时间命令及变量
zsh/files	基础的文件处理命令
zsh/mapfile	通过关联数组来访问外部文件
zsh/mathfunc	附加的科学函数
zsh/pcre	扩展正则表达式库
zsh/net/socket	Unix 域套接字支持
zsh/stat	访问 stat 系统调用来提供系统的统计状况

（续）

模 块	描 述
zsh/system	各种底层系统功能的接口
zsh/net/tcp	访问 TCP 套接字
zsh/zftp	FTP 客户端命令
zsh/zselect	阻塞，直到文件描述符就绪才返回
zsh/zutil	各种 shell 实用工具

zsh shell 模块涵盖了方方面面的主题，从简单的命令行编辑特性到高级网络功能。zsh shell 的设计思想是提供一个基本的、最小化的 shell 环境，并能够在编程时根据需要添加相应的模块。

3. 查看、添加和删除模块

zmodload 命令是 zsh 模块的管理接口。你可以在 zsh shell 会话中使用该命令查看、添加或删除模块。

不加任何参数的 zmodload 命令会显示 zsh shell 中当前已安装的模块：

```
% zmodload
zsh/complete
zsh/files
zsh/main
zsh/parameter
zsh/stat
zsh/terminfo
zsh/zle
zsh/zutil
%
```

不同的 zsh shell 实现在默认情况下包含了不同的模块。要添加新模块，只需在 zmodload 命令行中指定模块名称即可：

```
% zmodload zsh/net/tcp
%
```

无显示信息则表明模块已经加载成功。再运行一次 zmodload 命令，新模块会出现在已安装模块的列表中。一旦加载了模块，该模块中的命令就成了可用的内建命令。

提示 将 zmodload 命令放入$HOME/.zshrc 启动文件是一种常见的做法，这样在 zsh 启动时就会自动加载常用的模块。

23.6 zsh 脚本编程

zsh shell 的主要目的是为 shell 程序员提供一个高级编程环境。认识到这点，你就能理解为什么 zsh shell 会提供那么多方便脚本编程的功能了。

23.6.1 数学运算

如你所料，zsh shell 可以让你轻松地执行数学函数。在过去，由于 Korn shell 支持浮点数，因此在数学运算方面一直遥遥领先。目前，zsh shell 在所有数学运算中都提供了对浮点数的全面支持。

1. 执行计算

zsh shell 提供了执行数学运算的两种方法。

- let 命令
- 双圆括号

在使用 let 命令时，应该在算式前后加上双引号，这样才能使用空格：

```
% let value1=" 4 * 5.1 / 3.2 "
% echo $value1
6.3749999999999991
%
```

注意，使用浮点数会带来精度问题。要解决这个问题，最好使用 printf 命令指定所需的小数点精度，以便正确显示结果：

```
% printf "%6.3f\n" $value1
6.375
%
```

现在就好多了。

第二种方法是使用双圆括号。这种方法结合了两种定义数学运算的方法：

```
% value1=$(( 4 * 5.1 ))
% (( value2 = 4 * 5.1 ))
% printf "%6.3f\n" $value1 $value2
20.400
20.400
%
```

注意，可以将双圆括号放在算式两边（前面加上美元符号）或整个赋值表达式两边。两种方法能输出同样的结果。

如果一开始未用 typeset 命令声明变量的数据类型，那么 zsh shell 会尝试自动分配数据类型。这在处理整数和浮点数时很容易出问题。看看下面这个例子：

```
% value=10
% value2=$(( $value1 / 3 ))
% echo $value2
3
%
```

现在这个结果可能并不是你所期望的。在指定数值时未指定小数部分的话，zsh shell 会将其视为整数值并进行整数运算。如果想保证结果是浮点数，则必须指定小数部分：

```
% value=10.
% value2=$(( $value1 / 3. ))
```

23

```
% echo $value2
3.3333333333333335
%
```

现在结果就是浮点数形式了。

2. 数学函数

zsh shell 内建数学函数可多可少。默认的 zsh shell 不含任何特殊的数学函数，但如果安装了 zsh/mathfunc 模块，那么你拥有的数学函数绝对比需要的多：

```
% value1=$(( sqrt(9) ))
zsh: unknown function: sqrt
% zmodload zsh/mathfunc
% value1=$(( sqrt(9) ))
% echo $value1
3.
%
```

非常简单！现在你就拥有了一个完整的数学函数库了。

提示　zsh 支持大量数学函数。要查看 zsh/mathfunc 模块提供的所有数学函数的清单，可参见 zshmodules 的手册页。

23.6.2　结构化命令

zsh shell 为 shell 脚本提供了常用的结构化命令。

- if-then-else 语句
- for 循环（包括 C 语言风格的）
- while 循环
- until 循环
- select 语句
- case 语句

zsh 中的结构化命令采用的语法和你熟悉的 bash shell 一样。zsh shell 还提供了另一个结构化命令 repeat。该命令格式如下：

```
repeat param
do
   commands
done
```

param 参数必须是一个数值，或是能计算出一个值的数学运算。然后，repeat 命令就会执行那么多次指定的命令：

```
% cat test4
#!/bin/zsh
# using the repeat command
```

```
value1=$(( 10 / 2 ))
repeat $value1
do
   echo "This is a test"
done
$ ./test4
This is a test
This is a test
This is a test
This is a test
This is a test
%
```

该命令允许基于计算结果执行指定的代码块若干次。

23.6.3 函数

zsh shell 支持使用 `function` 命令或函数名加圆括号的形式来创建自定义函数：

```
% function functest1 {
> echo "This is the test1 function"
}
% functest2() {
> echo "This is the test2 function"
}
% functest1
This is the test1 function
% functest2
This is the test2 function
%
```

跟 bash shell 函数一样（参见第 17 章），你可以在 shell 脚本中定义函数，然后使用全局变量或向函数传递参数。

23.7 实战演练

23

zsh shell 的 tcp 模块尤为实用。该模块允许创建 TCP 套接字，侦听传入的连接，然后与远程系统建立连接。这是在 shell 脚本之间传输数据的绝佳方式。

来看一个简单的示例。首先，打开 shell 窗口作为服务器。启动 zsh，加载 tcp 模块，然后定义 TCP 套接字的侦听端口号。相关命令如下：

```
server$ zsh
server% zmodload zsh/net/tcp
server% ztcp -l 8000
server% listen=$REPLY
server% ztcp -a $listen
```

`ztcp` 命令的`-l` 选项指定了侦听的 TCP 端口号（在本例中是 `8000`）。特殊的`$REPLY` 变量包含与网络套接字关联的文件句柄（file handle）。`ztcp` 命令的`-a` 选项会一直等待传入连接建立完毕。

现在，在系统中（或是在处于同一网络的另一个 Linux 系统中）打开另一个 shell 窗口作为客户端，输入下列命令来连接服务器端 shell：

```
client$ zsh
client% zmodload zsh/net/tcp
client% ztcp localhost 8000
client% remote=$REPLY
client%
```

当连接建立好之后，你会在服务器端的 shell 窗口中看到 zsh shell 命令行提示符。你可以在服务器端将新连接的句柄保存在变量中：

```
server% remote=$REPLY
```

这样就可以收发数据了。要想发送消息，可以使用 `print` 语句将文本发送到`$remote` 连接句柄：

```
client% print 'This is a test message' >&$remote
client%
```

在另一个 shell 窗口中，可以使用 `read` 命令接收发送到`$remote` 连接句柄的数据，然后使用 `print` 命令将其显示出来：

```
server% read -r data <&$remote; print -r $data
This is a test message
server%
```

恭喜，你刚刚已经从一个 shell 向另一个 shell 成功发送数据。你也可以使用同样的方法反向发送数据。事成之后，使用`-c` 选项关闭各个系统中对应的句柄。对服务器端来说，可以使用下列命令：

```
server% ztcp -c $listen
server% ztcp -c $remote
```

对客户端来说，可以使用下列命令：

```
client% ztcp -c $remote
```

你的 shell 脚本如今已经具备了联网特性，又上了一个新台阶。

23.8　小结

本章讨论了你可能会遇到的两种流行的 Linux shell 替代方案。dash shell 是作为 Debian Linux 发行版的一部分开发的，主要出现在 Ubuntu Linux 发行版中。它是 Bourne shell 的精简版，因此并不像 bash shell 那样支持众多特性，这会给脚本编程带来一些麻烦。

zsh shell 多见于编程环境中，因为它为 shell 脚本程序员提供了大量的实用功能。zsh shell 使用可加载模块来载入独立的代码库，这使得使用高级函数就像在命令行中运行命令一样简单。从复杂的数学算法到网络应用（比如 FTP 和 HTTP），可加载模块支持各种各样的功能。

本书接下来将深入探讨一些在 Linux 环境中可能会用到的特定脚本编程应用程序。在第 24 章中，你会看到如何用脚本编程技能协助日常的 Linux 管理工作。

Part 4 第四部分

创建和管理实用的脚本

本部分内容

第 24 章

编写简单的脚本实用工具

本章内容

- ❑ 自动归档
- ❑ 删除账户
- ❑ 系统审计

使用 shell 脚本就是为了实现任务自动化、让生活过得更轻松，以及把枯燥的工作交给系统来处理。

本书已经展示过一些实用的脚本示例，本章又额外加入了几个脚本。学习如何编写 bash 脚本实用程序会给你带来丰厚的回报。shell 脚本的美妙之处在于，它很容易根据特定需求进行定制——尤其是现在，你差不多已经是 bash 脚本大师了！

24.1 备份

不管你负责的 Linux 系统属于大型商业环境、小型夫妻店，还是家用环境，丢失数据无异于一场灾难。为了防止这种倒霉事，最好定时进行**备份**（也称作**归档**）。

但是，想法好和实用性强通常是两回事。制订一项存储重要文件的备份计划绝非易事。这时候又轮到 shell 脚本登场，助你一臂之力了。

注意 有一些精美的 GUI 和/或基于 Web 的程序可用于执行和管理备份，比如 Amanda、Bacula 和 Duplicity，但是它们的核心仍是 bash shell 命令。如果不想要或不需要任何华而不实的特性，或是想了解这些程序的本质，那么本节就是为你准备的。

如果你想编写自己的备份脚本，请接着往下看，我们将演示两种使用 shell 脚本归档 Linux 系统数据的方法。

24.1.1 日常备份

如果你正在使用 Linux 系统处理一个重要的项目，那么可以创建一个 shell 脚本来自动备份特定目录。这有助于避免从**主归档文件**（main archive file）执行耗时的恢复过程。在配置文件中指定所涉及的目录，这样在项目发生变化或是将脚本的配置文件重用于其他项目时，你就可以做出相应的修改。

下面将介绍如何创建自动化 shell 脚本，以备份指定目录并记录数据的旧版本。

1. 功能需求

在 Linux 世界中，备份数据的工作是由 tar 命令（参见第 4 章）完成的。tar 命令可以将整个目录归档到单个文件中。来看一个使用 tar 命令来创建工作目录归档文件的例子：

```
$ ls -1 /home/christine/Project
addem.sh
AndBoolean.sh
askage.sh
[...]
update_file.sh
variable_content_eval.sh
$
$ tar -cf archive.tar /home/christine/Project/*.*
tar: Removing leading `/' from member names
tar: Removing leading `/' from hard link targets
$
$ ls -og archive.tar
-rw-rw-r-- 1 112640 Aug 6 13:33 archive.tar
$
```

注意，tar 命令会显示一条警告消息，指出它删除了路径开头的斜线。这意味着将路径从绝对路径改为了相对路径（参见第 3 章），以便将 tar 归档文件提取到文件系统中的任何位置。如果不想在脚本中输出这条消息，则可以将 STDERR 重定向到/dev/null 文件（参见第 15 章）。

```
$ pwd
/home/christine
$
$ tar -cf archive.tar Project/*.* 2>/dev/null
$
$ ls -og archive.tar
-rw-rw-r-- 1 112640 Aug 6 13:38 archive.tar
$
```

由于 tar 归档文件会占用大量的磁盘空间，因此最好压缩一下。这只需加一个-z 选项（参见第 4 章）即可。该选项会使用 gzip 压缩 tar 归档文件，由此生成的文件称作 tarball。请务必使用恰当的文件扩展名来表示这种文件是一个 tarball，采用.tar.gz 或.tgz 都行。下面的例子创建了项目目录的 tarball：

```
$ tar -zcf archive.tgz Project/*.* 2>/dev/null
$
$ ls -hog archive.tgz
-rw-rw-r-- 1 11K Aug 6 13:40 archive.tgz
$
$ ls -hog archive.tar
-rw-rw-r-- 1 110K Aug 6 13:38 archive.tar
$
```

注意，经过压缩，archive.tgz 比 archive.tar 小了约 99KB。现在备份脚本的主体部分已经完成了。

无须为每一个待备份的新目录或文件修改或编写新的归档脚本，可以借助配置文件。配置文件中包含我们希望纳入归档的所有目录的绝对路径。

```
$ cat Files_To_Backup.txt
/home/christine/BackupScriptProject/
/home/christine/Downloads/
/home/christine/Does_not_exist/
/home/christine/PythonConversion/
$
```

注意其中的 Does_not_exist 目录，我们稍后会使用这个（不存在的）目录来测试脚本。

注意 如果你使用的 Linux 发行版包含图形化桌面，那么在备份整个$HOME 目录时要当心。尽管这个想法很有吸引力，但$HOME 目录含有大量与图形化桌面相关的配置文件和临时文件，由此生成的归档文件比你想象的大很多。最好选择一两个用来存储工作文件的子目录，然后在配置文件中加入该子目录。

为了让脚本读取配置文件，将每个目录名加入归档列表中，这需要用到 read 命令（参见第 14 章）。不过不用像之前那样将 cat 命令的输出通过管道传给 while 循环（参见第 13 章），在这个脚本中，我们使用 exec 命令（参见第 15 章）来重定向标准输入（STDIN）。实现方法如下：

```
exec 0 < $config_file

read file_name
```

注意，我们对归档配置文件使用了一个变量 config_file。配置文件中每一条记录都会被读入。只要 read 命令在配置文件中发现还有记录可读，就会在?变量（参见第 11 章）中返回一个表示成功的退出状态码 0。这可以作为 while 循环的测试条件来读取配置文件中的所有记录。

```
while [ $? -eq 0 ]
do
[...]
read file_name
done
```

一旦 read 命令读到配置文件的末尾，就会在?变量中返回一个非 0 状态码。这时，脚本会退出 while 循环。

在 while 循环中，需要做两件事。首先，必须将目录名加入归档列表。其次，但更重要的是，要检查目录是否存在。你很可能从文件系统中删除了一个目录却忘了更新归档配置文件。用一个简单的 if 语句就可以检查目录存在与否（参见第 12 章）。如果目录存在，就将其加入归档目录列表 file_list；否则就显示一条警告消息。if 语句如下所示：

```
if [ -f $file_name -o -d $file_name ]
then
     file_list="$file_list $file_name"
else
     echo
     echo "$file_name, does not exist."
     echo "Obviously, I will not include it in this archive."
     echo "It is listed on line $file_no of the config file."
     echo "Continuing to build archive list..."
     echo
fi
#
file_no=$[$file_no + 1]
```

由于归档配置文件中的记录可以是文件名也可以是目录，因此 if 语句会用-f 选项和-d 选项测试两者是否存在。在测试文件或目录的存在性时，-o 选项使得只要其中一个测试为真，那么整个 if 语句就成立。

为了在跟踪不存在的目录和文件时提供一点儿额外帮助，我们添加了变量 file_no。因此，这个脚本就可以告诉你，在归档配置文件的哪一行中含有不正确或缺失的文件或目录。

2. 创建按日归档文件的存放位置

如果只需要备份少量文件，那么将这些归档文件放在个人目录中即可。但如果要对多个目录进行备份，则最好还是创建一个集中的归档仓库目录。

```
$ sudo mkdir /archive
 [sudo] password for christine:
$
$ ls -ld /archive
drwxr-xr-x 2 root root 4096 Aug 6 14:20 /archive
$
```

创建好集中归档目录后，需要授予某些用户访问权限。如果忘记了这一点，那么在该目录下创建文件时就会报错：

```
$ mv Files_To_Backup.txt /archive/
mv: cannot move 'Files_To_Backup.txt' to
'/archive/Files_To_Backup.txt': Permission denied
$
```

可以使用 sudo 命令或者创建一个用户组，来为需要在集中归档目录中创建文件的用户授权。本例选择创建一个特殊的用户组 Archivers：

```
$ sudo groupadd Archivers
$
$ sudo chgrp Archivers /archive
$
$ ls -ld /archive
drwxr-xr-x 2 root Archivers 4096 Aug 6 14:20 /archive
$
$ sudo usermod -aG Archivers christine
$
```

```
$ sudo chmod 775 /archive
$
$ ls -ld /archive
drwxrwxr-x 2 root Archivers 4096 Aug 6 14:20 /archive
$
```

将用户添加到 Archivers 组后，用户必须先登出然后再登入，这样才能使组成员关系生效。现在只要是该组的成员，无须超级用户权限就可以在目录中创建文件了：

```
$ mv Files_To_Backup.txt /archive/
$
$ ls /archive/
Files_To_Backup.txt
$
```

记住，Archivers 组的所有用户都可以在归档目录中添加和删除文件。为了避免 Archivers 组的用户删除他人的归档文件，最好把目录的粘滞位（参见第 7 章）加上。为了保持条理，可以在/archive 目录下为每个用户创建子目录。

现在你已经有足够的信息来编写脚本了。下面将讲解如何创建按日归档的脚本。

3. 创建按日归档的脚本

Daily_Archive.sh 脚本会自动在指定位置创建一个归档文件，并使用当前日期作为该文件的唯一标识。下面是脚本中对应部分的代码：

```
today=$(date +%y%m%d)
#
# Set Archive File Name
#
backupFile=archive$today.tar.gz
#
# Set Configuration and Destination File
#
config_file=/archive/Files_To_Backup
destination=/archive/$backupFile
#
```

destination 变量用于追加归档文件的完整路径名。config_file 变量会指向含有待归档目录信息的归档配置文件。如果需要，那么二者都可以直接改成备用目录和文件。

将所有内容结合在一起，Daily_Archive.sh 脚本如下所示：

```
$ cat Daily_Archive.sh
#!/bin/bash
#
# Daily_Archive - Archive designated files & directories
########################################################
#
# Gather Current Date
#
today=$(date +%y%m%d)
#
# Set Archive File Name
```

```
#
backupFile=archive$today.tar.gz
#
# Set Configuration and Destination File
#
config_file=/archive/Files_To_Backup.txt
destination=/archive/$backupfile
#
######### Main Script #########################
#
# Check Backup Config file exists
#
if [ -f $config_file ] # Make sure the config file still exists.
then              # If it exists, do nothing but continue on.
     echo
else              # If it doesn't exist, issue error & exit script.
     echo
     echo "$config_file does not exist."
     echo "Backup not completed due to missing Configuration File"
     echo
     exit
fi
#
# Build the names of all the files to backup
#
file_no=1                # Start on Line 1 of Config File.
exec 0< $config_file     # Redirect Std Input to name of Config File.
#
read file_name           # Read 1st record
#
while [ $? -eq 0 ]       # Create list of files to backup.
do
        # Make sure the file or directory exists.
     if [ -f $file_name -o -d $file_name ]
     then
          # If file exists, add its name to the list.
          file_list="$file_list $file_name"
     else
          # If file doesn't exist, issue warning.
          echo
          echo "$file_name, does not exist."
          echo "Obviously, I will not include it in this archive."
          echo "It is listed on line $file_no of the config file."
          echo "Continuing to build archive list..."
          echo
     fi
#
     file_no=$[$file_no + 1]  # Increase Line/File number by one.
     read file_name           # Read next record.
done
#
#######################################
#
# Backup the files and Compress Archive
```

24

```
#
echo "Starting archive..."
echo
#
tar -czf $destination $file_list 2> /dev/null
#
echo "Archive completed"
echo "Resulting archive file is: $destination"
echo
#
exit
$
```

希望你能发现该脚本的一些可改进之处。如果**没有**文件或目录要备份并且`$file_list`为空，该怎么办？可以使用`if-then`语句来检查是否存在这个问题。使用`tar`命令的`-v`选项并重定向`STDOUT`，以此创建报告或日志如何？你可以根据需要使脚本尽可能地严谨。

4. 运行按日归档的脚本

在测试脚本之前，别忘了修改脚本文件的权限（参见第 11 章）。文件属主必须被赋予可执行权限（`x`）才能运行脚本：

```
$ ls -og Daily_Archive.sh
-rw-r--r-- 1 2039 Aug 6 14:13 Daily_Archive.sh
$
$ chmod u+x Daily_Archive.sh
$
$ ls -og Daily_Archive.sh
-rwxr--r-- 1 2039 Aug 6 14:13 Daily_Archive.sh
$
```

测试 Daily_Archive.sh 脚本非常简单：

```
$ ./Daily_Archive.sh


/home/christine/Does_not_exist/, does not exist.
Obviously, I will not include it in this archive.
It is listed on line 3 of the config file.
Continuing to build archive list...

Starting archive...

Archive completed
Resulting archive file is: /archive/archive200806.tar.gz

$
```

你会看到脚本发现了一个不存在的目录：/home/christine/Does_not_exist。脚本会告诉你这个错误的目录在配置文件中的行号，然后继续归档数据。

我们的项目数据和其他文件现在已经妥善地归档到了 tarball 文件中：

```
$ ls /archive/
archive200806.tar.gz  Files_To_Backup.txt
$
```

由于这是一个重要的脚本，因此请考虑使用 anacron（参见第 16 章），以便让它每天都运行，而无须担心是否忘记启动脚本。

提示 记住，tar 只是使用 bash shell 命令在系统中执行备份的一种方法。有一些其他的实用程序（或命令组合）也许能更好地满足你的需求，比如 rsync。要查看可能有助于备份工作的各种实用工具名称，可以在命令行提示符下输入 man -k archive 和 man -k copy。

24.1.2 创建按小时归档的脚本

如果你处于文件改动非常频繁的高产量生产环境中，那么按日归档可能无法满足需求。要是将归档频率提高到每小时一次，则需考虑另一个因素。

当按小时备份文件时，如果依然使用 date 命令为每个 tarball 文件加入时间戳，那么事情很快就会变得很糟糕。筛选含有如下文件名的 tarball 目录会很乏味：

```
archive200806110233.tar.gz
```

不必将所有的归档文件都放到同一目录中，可以为归档文件创建一个目录层级。图 24-1 演示了这种方法。

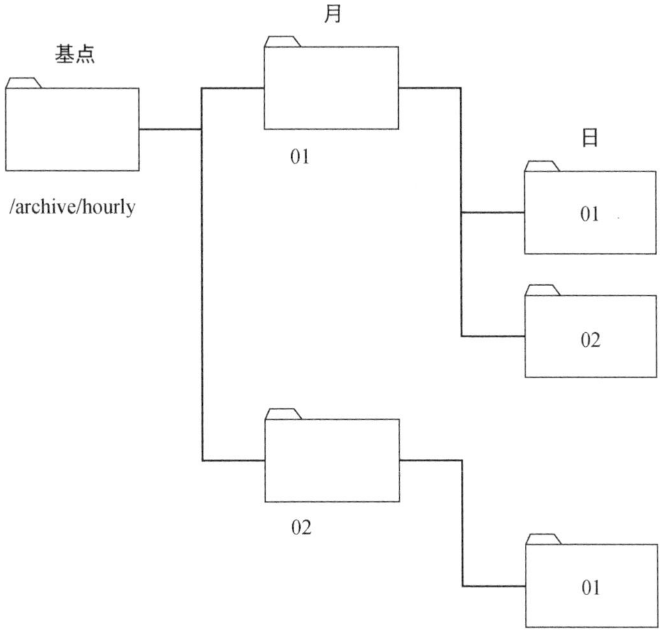

图 24-1 创建归档目录层级结构

这个归档目录包含了与一年中的各个月份相对应的子目录并以月份命名，而每月的目录中又包含与当月各天相对应的子目录并以天的序号命名。这样你只需给每个归档文件加上时间戳，然后将其放入与月日对应的目录中即可。

首先，必须创建新目录/archive/hourly 并设置适当的权限。前文提到过，Archivers 组的成员有权在目录中创建归档文件。因此，新创建的目录必须修改它的**主组**（primary group）以及组权限：

```
$ sudo mkdir /archive/hourly
[sudo] password for christine:
$
$ sudo chgrp Archivers /archive/hourly
$
$ ls -ogd /archive/hourly/
drwxr-xr-x 2 4096 Aug 7 15:56 /archive/hourly/
$
$ sudo chmod 775 /archive/hourly
$
$ ls -ogd /archive/hourly/
drwxrwxr-x 2 4096 Aug 7 15:56 /archive/hourly/
$
```

新目录设置好之后，需要将按小时归档的配置文件 File_To_Backup 移到该目录中。

```
$ cat Files_To_Backup.txt
/usr/local/Production/Machine_Errors/
/home/Development/Simulation_Logs/
$
$ mv Files_To_Backup.txt /archive/hourly/
$
```

现在，还有个新问题要解决。这个脚本必须自动创建对应每月和每天的目录，如果这些目录已经存在，那么再次创建相关目录时脚本就会报错。这可不是我们想要的结果。

如果仔细查看 mkdir 命令的命令行选项（参见第 3 章），你会发现一个选项-p。该选项允许在单个命令中同时创建目录和子目录。还有一个额外的福利：就算目录已经存在，它也不会产生错误消息。这正是我们想要的。

现在可以创建 Hourly_Archive.sh 脚本了。以下是脚本的前半部分：

```
$ cat Hourly_Archive.sh
#!/bin/bash
#
# Hourly_Archive - Every hour create an archive
#################################################
#
# Set Configuration File
#
config_file=/archive/hourly/Files_To_Backup.txt
#
# Set Base Archive Destination Location
#
basedest=/archive/hourly
#
# Gather Current Day, Month & Time
```

```
#
day=$(DATE +%D)
month=$(DATE +%M)
time=$(DATE +%K%M)
#
# Create Archive Destination Directory
#
mkdir -p $basedest/$month/$day
#
# Build Archive Destination File Name
#
destination=$basedest/$month/$day/archive$time.tar.gz
#
######### Main Script ########################
[...]
```

一旦脚本 Hourly_Archive.sh 到了"Main Script"部分，剩下的内容就和 Daily_Archive.sh 脚本完全一样了。大部分工作已经完成。

Hourly_Archive.sh 会从 `date` 命令提取天和月，以及用来唯一标识归档文件的时间戳，然后用这些信息创建与当天对应的目录（如果目录已存在，就不做声响地继续往下进行）。最后，这个脚本会用 `tar` 命令创建归档文件并将它压缩成一个 tarball。

运行按小时归档的脚本

跟 Daily_Archive.sh 脚本一样，在将 Hourly_Archive.sh 脚本放入 cron 表之前最好先测试一下。脚本运行之前必须设置好权限。另外，最好通过 `date` 命令来获取当前的小时数和分钟数，有了这些信息才能验证最终的归档文件名的正确性：

```
$ chmod u+x Hourly_Archive.sh
$
$ date +%k%M
1610
$
$ ./Hourly_Archive.sh

Starting archive...

Archive completed
Resulting archive file is:
/archive/hourly/08/07/archive1610.tar.gz

$
$ ls /archive/hourly/08/07/
/archive/hourly/08/07/archive1610.tar.gz
$
```

这个脚本第一次运行很正常，创建了相应的月和天的目录，随后生成的归档文件名也没问题。注意，归档文件 archive1610.tar.gz 中包含了对应的小时数（`16`）和分钟数（`10`）。

24

提示　如果你当天运行 Hourly_Archive.sh 脚本，那么当小时数是单个数字时，归档文件名中只会出现 3 位数字。如果运行脚本的时间是 1:15 am，那么归档文件名就是 archive115.tar.gz。如果希望文件名中总是保留 4 位数字，则可以将脚本中的 `TIME=$(date +%k%M)` 修改成 `TIME=$(date +%k0%M)`。在 `%k` 后加入数字 0 后，所有的单位（single-digit）小时数都会加上一个前导数字 0，被填充成两位数字。因此，archive115.tar.gz 就变成了 archive0115.tar.gz。

为了进行充分的测试，下面再次运行脚本，看看当目录/archive/hourly/08/07/已存在的时候会不会出问题：

```
$ date +%k%M
1615
$
$ ./Hourly_Archive.sh

Starting archive...

Archive completed
Resulting archive file is:
/archive/hourly/08/07/archive1615.tar.gz

$
$ ls /archive/hourly/08/07/
archive1610.tar.gz  archive1615.tar.gz
$
```

没有问题！脚本依然运行良好，还创建了第二个归档文件。现在可以把它放入 cron 表中了。

24.2　删除账户

管理本地用户账户绝不仅仅是添加、修改和删除，还需考虑安全问题、保留工作的需求，以及精确删除账户。这是一件耗时的工作，因此下面将介绍另一个能够促进效率的脚本实例。

24.2.1　功能需求

删除本地账户属于更复杂的账户管理任务，至少需要 4 个步骤。

(1) 获取正确的待删除用户账户名。

(2) “杀死”系统中正在运行的属于该账户的进程。

(3) 确认系统中属于该账户的所有文件。

(4) 删除该用户账户。

一不小心就会遗漏某个步骤。本节的 shell 脚本工具会帮你（或者系统管理实习生）避免类似的错误。

1. 获取正确的账户名

账户删除过程中的第一步最重要：获取正确的待删除用户账户名。由于这是一个交互式脚本，因此可以用 `read` 命令（参见第 14 章）获取账户名称。如果脚本用户一直没有给出答复，则可以在 `read` 命令中加入`-t` 选项，在超时退出之前给用户 60 秒的时间回答问题。

```
echo "Please enter the username of the user "
echo -e "account you wish to delete from system: \c"
read -t 60 answer
```

人难免会因为一些事情而耽搁时间，因此最好给脚本用户 3 次机会来回答问题。要实现这一点，可以用 `while` 循环（参见第 13 章）和`-z` 选项来测试 `answer` 变量是否为空。在脚本第一次进入 `while` 循环时，`answer` 变量的内容为空，给该变量赋值的提问位于循环底部：

```
while [ -z "$answer" ]
do
[...]
echo "Please enter the username of the user "
echo -e "account you wish to delete from system: \c"
read -t 60 answer
done
```

当第一次提问出现超时时，当只剩下一次回答问题的机会时，或当出现其他情况时，你需要与脚本用户进行沟通。`case` 语句（参见第 12 章）是最适合处理这种情况的结构化命令。通过给 `ask_count` 变量增值，可以设定不同的消息来回应脚本用户。这部分的代码如下：

```
case $ask_count in
2)
     echo
     echo "Please answer the question."
     echo
;;
3)
     echo
     echo "One last try...please answer the question."
     echo
;;
4)
     echo
     echo "Since you refuse to answer the question..."
     echo "exiting program."
     echo
     #
     exit
;;
esac
#
```

现在，脚本已经拥有了所需的全部结构，可以询问要删除哪个账户了。在这个脚本中，你还需要询问用户另外一些问题，但之前只是一个问题就已经写了一大堆代码了。因此，我们打算将这段代码放到一个函数（参见第 17 章）中，以便在 Delete_User.sh 脚本中重复使用。

2. 通过函数获取正确的账户名

我们要做的第一件事是定义函数 get_answer。第二件事用 unset 命令（参见第 6 章）清除脚本用户之前给出的答案。完成这两件事的代码如下：

```
function get_answer {
#
unset answer
```

在原来的代码中需要修改的另一处是对脚本用户的提问。这个脚本不会每次都问相同的问题，因此要创建两个新的变量 line1 和 line2 来处理提问：

```
echo $line1
echo -e $line2" \c"
```

然而，并不是每个问题都有两行要显示，有的只要一行。这可以用 if 语句（参见第 12 章）来解决。if 语句可以测试 line2 是否为空，如果为空，则只用 line1：

```
if [ -n "$line2" ]
then
     echo $line1
     echo -e $line2" \c"
else
     echo -e $line1" \c"
fi
```

最终，函数需要通过清空变量 line1 和 line2 来自行清理。整个函数现在看起来如下所示：

```
function get_answer {
#
unset answer
$ask_count=0
#
while [ -z "$answer" ]
do
     ask_count=$[ $ask_count + 1 ]
#
     case $ask_count in
     2)
          echo
[...]
     esac
#
     echo
     if [ -n "$line2" ]
     then                # Print 2 lines
          echo $line1
          echo -e $line2" \c"
     else                   # Print 1 line
          echo -e $line1" \c"
     fi
#
     read -t 60 answer
done
#
unset line1
```

```
unset line2
#
}  # End of get_answer function
```

要询问删除哪个账户，需要设置一些变量，然后调用 get_answer 函数。有了该函数，脚本代码清爽了许多。

```
line1="Please enter the username of the user "
line2="account you wish to delete from system:"
get_answer
user_account=$answer
```

3. 核实输入的账户名

考虑到可能存在输入错误，应该核实一下输入的用户账户名。这很容易，因为处理提问的代码是现成的：

```
line1="Is $user_account the user account "
line2="you wish to delete from the system? [y/n]"
get_answer
```

在提出问题之后，脚本必须处理答案。变量 answer 依然包含脚本用户的回答。如果用户回答了“yes”，那么我们就得到了确认，脚本也能够继续执行。你可以用 case 语句（参见第 12 章）来处理答案。case 语句部分必须精心编码，这样才能全面检查“yes”的多种输入形式：

```
case $answer in
y|Y|YES|yes|Yes|yEs|yeS|YEs|yES )
#
;;
*)
        echo
        echo "Because the account, $user_account, is not "
        echo "the one you wish to delete, we are leaving the script..."
        echo
        exit
;;
esac
```

这也太烦琐了吧！由于我们只打算在脚本用户对我们的问题回答“yes”的时候才继续处理，因此可以通过精简 answer 变量的内容来简化 case 语句。为此，要用到命令替换（参见第 11 章）、管道和 cut 命令，以减少 answer 变量中的字符。具体来说，cut 命令的-c1 选项可以删除 answer 中除第一个字符之外的所有内容：

```
answer=$(echo $answer | cut -c1)
```

现在，只处理第一个字符即可，case 语句得以更加紧凑。

```
case $answer in
y|Y)
#
;;
[...]
esac
```

注意　你可能好奇，为什么在 get_answer 函数中没有使用 read 命令（参见第 14 章）的-n1 选项来将答案限制为一个字符的长度，而是选择稍后使用 cut 命令提取。这样做的原因是，get_answer 函数还用于获取用户账户名称，这些名称通常不止一个字符。通过 cut 命令限制 answer 变量可以使 get_answer 函数更加通用。

脚本要在不同的位置多次处理脚本用户的“yes/no”回答，因此有必要创建一个函数来处理这个任务。只需对先前的代码稍作改动：声明函数名，并在 case 语句中加入变量 exit_line1 和 exit_line2。这些改动再加上结尾的一些变量清理工作就是 process_answer 函数的全部内容了：

```
function process_answer {
#
answer=$(echo $answer | cut -c1)
#
case $answer in
y|Y)
;;
*)
        echo
        echo $exit_line1
        echo $exit_line2
        echo
        exit
;;
esac
#
unset exit_line1
unset exit_line2
#
} # End of process_answer function
```

现在调用函数就可以处理脚本用户的回答了。

```
exit_line1="Because the account, $user_account, is not "
exit_line2="the one you wish to delete, we are leaving the script..."
process_answer
```

4. 确认账户是否存在

脚本用户已经给出了要删除的账户名，而且也核实过了。现在最好确认一下系统中是否存在该用户账户。为安全起见，最好将完整的账户记录显示给脚本用户，再次核实这就是要删除的账户。为此，将变量 user_account_record 的值设为 grep 的输出，并使用 grep（参见第 4 章）在/etc/passwd 文件中查找该账户。grep 的-w 选项会精确匹配特定的用户账户：

```
user_account_record=$(cat /etc/passwd | grep -w $user_account)
```

如果在/etc/passwd 中没找到指定账户，那就意味着该账户已被删除或者根本不存在。不管是哪种情况，都必须通知脚本用户，然后退出脚本。grep 命令的退出状态码能帮到我们。如果在/etc/passwd 中没找到指定账户，则?变量会被设置为 1：

```
if [ $? -eq 1 ]
then
     echo
     echo "Account, $user_account, not found. "
     echo "Leaving the script..."
     echo
     exit
fi
```

就算找到了记录，仍然需要向脚本用户核实这是不是正确的账户。我们之前创建的函数在这里就能发挥作用了。现在要做的只是设置正确的变量并调用函数。

```
echo "I found this record:"
echo $user_account_record
echo
#
line1="Is this the correct User Account? [y/n]"
get_answer
#
exit_line1="Because the account, $user_account, is not"
exit_line2="the one you wish to delete, we are leaving the script..."
process_answer
```

5. 删除账户进程

到目前为止，你已经得到并核实了待删除用户账户的正确名称。为了从系统中将其删除，该账户不能拥有任何当前处于运行状态的进程。因此，下一步要查找并终止这些进程。这会有点儿复杂。

查找账户进程比较简单。脚本可以使用 ps 命令（参见第 4 章）和-u 选项来找出属于该账户的所有运行中的进程。记得将命令输出重定向到/dev/null，这样脚本用户在屏幕上就看不到任何显示信息了。这种做法很贴心，因为如果没有找到相关进程，那么 ps 命令只会显示出一个标题，脚本用户可能不知道怎么回事：

```
ps -u $user_account >/dev/null
```

可以通过 ps 命令的退出状态码和 case 结构来决定下一步做什么：

```
case $? in
1)   # No processes running for this User Account
     #
     echo "There are no processes for this account currently running."
     echo
;;
0)   # Processes running for this User Account.
     # Ask Script User if wants us to kill the processes.
     #
     echo "$user_account has the following process(es) running:"
     ps -u $user_account
     #
     line1="Would you like me to kill the process(es)? [y/n]"
     get_answer
     #
```

```
[...]
;;
esac
```

如果 ps 命令的退出状态码返回 1，那么表明系统中没有属于该用户账户的进程在运行。如果退出状态码返回 0，则表明存在相关进程。在这种情况下，脚本需要询问脚本用户是否要“杀死”这些进程。可以用 get_answer 函数来完成这项任务。

你可能会认为，脚本下一步会调用 process_answer 函数。很遗憾，接下来的任务对 process_answer 来说太复杂了，因此需要嵌入另一个 case 语句来处理脚本用户的回答。case 语句的第一部分看起来和 process_answer 函数很像：

```
answer=$(echo $answer | cut -c1)
#
case $answer in
y|Y)        # If user answers "yes",
            # kill User Account processes.
[...]
;;
*)    # If user answers anything but "yes", do not kill.
      echo
      echo "Will not kill the process(es)"
      echo
#
;;
esac
```

如你所见，case 语句本身并无什么特别之处。值得留意的是 case 语句的“yes”部分，在这里需要“杀死”该用户账户的进程。要实现这个目标，需要用到 3 个命令。第一个是 ps 命令，用于收集当前处于运行状态且属于该用户账户的进程的 PID。完整的 ps 命令被保存在变量 command_1 中：

```
command_1="ps -u $user_account --no-heading"
```

第二个命令用来提取 PID。下面这个简单的 gawk 命令（参见第 19 章）可以从 ps 命令的输出中提取第一个字段，也就是 PID：

```
gawk '{print $1}'
```

第三个命令是 xargs，我们还没讲过。xargs 可以使用从标准输入 STDIN（参见第 15 章）获取的命令参数并执行指定的命令。它非常适合放在管道的末尾处。实际上，xarg 命令负责“杀死”PID 所对应的进程：

```
command_3="xargs -d \\n /usr/bin/sudo /bin/kill -9"
```

xargs 命令被保存在变量 command_3 中。选项 -d 指定使用什么样的分隔符。换句话说，既然 xargs 从 STDIN 处接收多个项（item）[①]作为输入，那么各个项之间要怎么区分呢？在这里，\n（换行符）被用作各项的分隔符。当 ps 命令输出的 PID 列被传给 xargs 时，后者会将每个

① 这里的每一项随后会被用作指定命令（在本例中是 /bin/kill -9）的参数。——译者注

PID 作为单个项来处理[①]。因为 xargs 命令被赋给了变量，所以\n 中的反斜线（\）必须再加上另一个反斜线（\）进行转义。

注意，在处理 PID 时，xargs 需要使用命令的完整路径名。sudo 命令和 kill 命令（参见第 4 章）用于“杀死”用户账户的运行进程。另外还要注意，kill 命令使用了信号-9。

注意 xargs 的现代版本不要求使用命令（比如 sudo 和 kill）的绝对路径。但较旧的 Linux 发行版可能使用的还是旧版本的 xargs，因此我们依然采用了绝对路径写法。

这 3 个命令通过管道串联在了一起。ps 负责生成处于运行状态的进程列表，其中包括每个进程的 PID。gawk 命令会从 ps 命令的标准输出（STDOUT）获取输入，并从中提取出 PID（参见第 15 章）。xargs 命令会将 gawk 命令生成的 PID 列作为输入，创建并执行 kill 命令，“杀死”该用户所有的运行进程。整个命令管道如下所示：

```
$command_1 | gawk '{print $1}' | $command_3
```

下面是“杀死”用户账户所有运行进程的完整 case 语句：

```
case $answer in
y|Y)  # If user answers "yes",
      # kill User Account processes.
      #
      echo
      echo "Killing off process(es)...
      #
      # List user process running code in command_1
      command_1="ps -u $user_account --no-heading"
      #
      # Create command_3 to kill processes in variable
      command_3="xargs -d \\n /usr/bin/sudo /bin/kill -9"
      #
      # Kill processes via piping commands together
      $command_1 | gawk '{print $1}' | $command_3
      #
      echo
      echo "Process(es) killed."
;;
*)     # If user answers anything but "yes", do not kill.
       echo
       echo "Will not kill process(es)."
;;
esac
```

到目前为止，这是脚本中最复杂的部分。现在用户账户所有的进程都已经被“杀死”了，脚本可以进行下一步操作：找出属于用户账户的所有文件。

24

① 也就是将每个 PID 作为/bin/kill -9 的参数。——译者注

6. 查找账户文件

从系统中删除账户时，最好备份属于它的所有文件。另外，还有一点比较重要：删除这些文件或将文件的所有权转给其他账户。如果待删除账户的 UID 是 1003，而你没有删除或修改文件的所属关系，那么下一个 UID 为 1003 的账户将拥有这些文件。这种情况必然是一种安全隐患。

脚本 Delete_User.sh 并不会替你大包大揽，但它会创建一份报告，你可以稍作修改，在备份脚本中作为归档配置文件使用。另外，也可以用这份报告删除文件或重新分配文件的所属关系。

为了查找用户文件，需要用到另一个新命令 find。在本例中，find 命令会使用-user 查找整个文件系统，准确找出属于 user_account 的所有文件。该命令如下：

```
find / -user $user_account > $report_file
```

相较于处理用户账户进程，这要简单多了。Delete_User.sh 脚本接下来要做的是删除用户账户。

7. 删除账户

删除系统中的用户账户时一定要小心谨慎。因此，不妨**再询问一遍**，脚本用户是否真的想删除该账户。

```
line1="Remove $user_account's account from system? [y/n]"
get_answer
#
exit_line1="Since you do not wish to remove the user account,"
exit_line2="$user_account at this time, exiting the script..."
process_answer
```

最后，就是脚本的主要任务了：从系统中真正地删除指定用户账户。这里用到了 userdel 命令（参见第 7 章）。

```
userdel $user_account
```

现在万事皆备，可以将各部分组合成一个完整的实用脚本工具了。

24.2.2　创建脚本

Delete_User.sh 与脚本用户之间具有很强的交互性。因此，有一点很重要，即在该脚本的执行过程中，要备注大量的文字信息以让脚本用户了解正在发生的事情。

在脚本的起始部分定义了两个函数：get_answer 和 process_answer。接着，脚本要执行以下 4 个步骤来删除用户账户。

(1) 获取并确认待删除的用户账户名。

(2) 查找并“杀死”该用户账户的所有进程。

(3) 创建该用户账户所拥有的全部文件的报告。

(4) 删除该用户账户。

下面是完整的 Delete_User.sh 脚本：

```
$ cat Delete_User.sh
#!/bin/bash
#
# Delete_User - Automates the 4 steps to remove an account
#
###############################################################
# Define Functions
#
#####################################################
function get_answer {
#
unset answer
ask_count=0
#
while [ -z "$answer" ]     # While no answer is given, keep asking.
do
     ask_count=$[ $ask_count + 1 ]
#
     case $ask_count in    # If user gives no answer in time allotted
     2)
          echo
          echo "Please answer the question."
          echo
     ;;
     3)
          echo
          echo "One last try...please answer the question."
          echo
     ;;
     4)
          echo
          echo "Since you refuse to answer the question..."
          echo "exiting program."
          echo
          #
          exit
     ;;
     esac
#
     if [ -n "$line2" ]
     then                # Print 2 lines
          echo $line1
          echo -e $line2" \c"
     else                     # Print 1 line
          echo -e $line1" \c"
     fi
#
#     Allow 60 seconds to answer before time-out
     read -t 60 answer
done
# Do a little variable clean-up
unset line1
unset line2
#
}  # End of get_answer function
```

24

```
#
#####################################################
function process_answer {
#
answer=$(echo $answer | cut -c1)
#
case $answer in
y|Y)
# If user answers "yes", do nothing.
;;
*)
# If user answers anything but "yes", exit script
        echo
        echo $exit_line1
        echo $exit_line2
        echo
        exit
;;
esac
#
# Do a little variable clean-up
#
unset exit_line1
unset exit_line2
#
} # End of process_answer function
#
##############################################
# End of Function Definitions
#
############# Main Script ###################
# Get name of User Account to check
#
echo "Step #1 - Determine User Account name to Delete "
echo
line1="Please enter the username of the user "
line2="account you wish to delete from system:"
get_answer
user_account=$answer
#
# Double check with script user that this is the correct User Account
#
line1="Is $user_account the user account "
line2="you wish to delete from the system? [y/n]"
get_answer
#
# Call process_answer funtion:
#     if user answers anything but "yes", exit script
#
exit_line1="Because the account, $user_account, is not "
exit_line1="the one you wish to delete, we are leaving the script..."
process_answer
#
################################################################
# Check that user_account is really an account on the system
```

```
#
user_account_record=$(cat /etc/passwd | grep -w $user_account)
#
if [ $? -eq 1 ]           # If the account is not found, exit script
then
     echo
     echo "Account, $user_account, not found. "
     echo "Leaving the script..."
     echo
     exit
fi
#
echo
echo "I found this record:"
echo $user_account_record
echo
#
line1="Is this the correct User Account? [y/n]"
get_answer
#
#
# Call process_answer function:
#       if user answers anything but "yes", exit script
#
exit_line1="Because the account, $user_account, is not "
exit_line2="the one you wish to delete, we are leaving the script..."
process_answer
#
################################################################
# Search for any running processes that belong to the User Account
#
echo
echo "Step #2 - Find process on system belonging to user account"
echo
#
ps -u $user_account > /dev/null  # List user processes running.

case $? in
1)     # No processes running for this User Account
        #
     echo "There are no processes for this account
currently running."
     echo
;;
0)   # Processes running for this User Account.
     # Ask Script User if wants us to kill the processes.
     #
     echo "$user_account has the following process(es) running:"
     ps -u $user_account
     #
     line1="Would you like me to kill the process(es)? [y/n]"
     get_answer
     #
     answer=$(echo $answer | cut -c1)
     #
```

```
    case $answer in
    y|Y)   # If user answers "yes",
           # kill User Account processes.
           #
           echo
           echo "Killing off process(es)..."
           #
           # List user process running code in command_1
           command_1="ps -u $user_account --no-heading"
           #
           # Create command_3 to kill processes in variable
           command_3="xargs -d \\n /usr/bin/sudo /bin/kill -9"
           #
           # Kill processes via piping commands together
           $command_1 | gawk '{print $1}' | $command_3
           #
           echo
           echo "Process(es) killed."
    ;;
    *)     # If user answers anything but "yes", do not kill.
           echo
           echo "Will not kill process(es)."
    ;;
    esac
;;
esac
#################################################################
# Create a report of all files owned by User Account
#
echo
echo "Step #3 - Find files on system belonging to user account"
echo
echo "Creating a report of all files owned by $user_account."
echo
echo "It is recommended that you backup/archive these files,"
echo "and then do one of two things:"
echo "  1) Delete the files"
echo "  2) Change the files' ownership to a current user account."
echo
echo "Please wait. This may take a while..."
#
report_date=$(date +%y%m%d)
report_file="$user_account"_Files_"$report_date".rpt
#
find / -user $user_account > $report_file 2>/dev/null
#
echo
echo "Report is complete."
echo "Name of report:      $report_file"
echo -n "Location of report: "; pwd
echo
####################################
# Remove User Account
echo
echo "Step #4 - Remove user account"
```

```
echo
#
line1="Do you wish to remove $user_account's account from system? [y/n]"
get_answer
#
# Call process_answer function:
#       if user answers anything but "yes", exit script
#
exit_line1="Since you do not wish to remove the user account,"
exit_line2="$user_account at this time, exiting the script..."
process_answer
#
userdel $user_account          # delete user account
echo
echo "User account, $user_account, has been removed"
echo
#
exit
$
```

工作量颇大！但 Delete_User.sh 脚本是非常棒的工具，在删除用户账户时会帮你避免很多琐碎的问题并节省时间。

24.2.3 运行脚本

由于 Delete_User.sh 是一个交互式脚本，因此不应该被放入 cron 表。但是，保证脚本能如期工作仍然很重要。

在测试脚本前，需要为脚本文件设置适合的权限。

```
$ chmod u+x Delete_User.sh
$
$ ls -og Delete_User.sh
-rwxr-xr-x 1 6111 Aug 12 14:18 Delete_User.sh
$
```

注意 必须以 root 用户身份登录，或者使用 sudo 命令运行这种脚本。

下面通过删除系统临时创建的账户 consultant 来测试这个脚本：

```
$ sudo ./Delete_User.sh
[sudo] password for christine:
Step #1 - Determine User Account name to Delete

Please enter the username of the user
account you wish to delete from system: consultant
Is consultant the user account
you wish to delete from the system? [y/n] yes

I found this record:
consultant:x:1003:1004::/home/consultant:/bin/bash
```

24

```
Is this the correct User Account? [y/n] y

Step #2 - Find process on system belonging to user account

consultant has the following process(es) running:
    PID TTY          TIME CMD
   5781 ?        00:00:00 systemd
[...]
   5884 ?        00:00:00 trojanhorse.sh
   5885 ?        00:00:00 sleep
   5886 ?        00:00:00 badjuju.sh
   5887 ?        00:00:00 sleep
Would you like me to kill the process(es)? [y/n] y

Killing off process(es)...

Process(es) killed.

Step #3 - Find files on system belonging to user account

Creating a report of all files owned by consultant.

It is recommended that you backup/archive these files,
and then do one of two things:
  1) Delete the files
  2) Change the files' ownership to a current user account.

Please wait. This may take a while...

Report is complete.
Name of report:      consultant_Files_200812.rpt
Location of report: /home/christine/scripts


Step #4 - Remove user account

Do you wish to remove consultant's account from system? [y/n] yes

User account, consultant, has been removed

$ ls *.rpt
consultant_Files_200812.rpt
$
$ grep ^consultant /etc/passwd
$
```

脚本运行良好。注意，我们是使用 sudo 命令来运行脚本的，因为删除账户需要超级用户权限。另外注意，用户 Consultant 拥有的文件被找到后会被写入一份报告文件，然后该账户会被删除。

你现在有了一个能帮你删除用户账户的脚本实用工具。更妙的是，你还可以根据组织的各种需要对它进行修改。

24.3 系统监控

谁都难免出错，但你绝不会希望这些错误影响到你的 Linux 系统安全。这时，你能做的一件事就是使用审计脚本来监控系统。本节将深入探讨一个脚本，你可以通过该脚本监控 Linux 系统中两个尤为棘手的地方——系统用户 shell 和有潜在危险的文件权限。

24.3.1 获得默认的 shell 审计功能

系统账户（第 7 章）用于提供服务或执行特殊任务。一般来说，这类账户需要在/etc/passwd 文件中有对应的记录，但禁止登录系统（root 账户是一个典型的例外）。

防止有人使用这些账户登录的方法是，将其默认 shell 设置为/bin/false、/usr/sbin/nologin 或/sbin/nologin。当系统账户的默认 shell 从当前设置更改为/bin/bash 时，就会出现问题。虽然不怀好意的家伙（在现代安全术语中称为**不良行为者**）在没有设置密码的情况下无法登录到该账户，但这仍会削弱系统的安全性。因此，账户设置需要进行审计，以纠正不正确的默认 shell。

审计这种潜在问题的一种方法是确定有多少账户的默认 shell 被设置为 `false` 或 `nologin`，然后定期检查这一数量。如果发现数量减少，则有必要进一步调查。

首先，使用 `cut` 命令获取/etc/passwd 文件中所有账户的默认 shell。该命令可以指定文件的字段分隔符以及要提取的记录字段。对于/etc/passwd 文件，分隔符是冒号（:），账户的默认 shell 位于记录的第 7 个字段：

```
$ cut -d: -f7 /etc/passwd
/bin/bash
/usr/sbin/nologin
/usr/sbin/nologin
/usr/sbin/nologin
[...]
/bin/false
/bin/bash
/usr/sbin/nologin
/bin/bash
/usr/sbin/nologin
/bin/bash
$
```

得到正确的字段之后，需要过滤结果，而我们感兴趣的 shell 只有 `false` 和 `nologin`。这里又轮到 `grep`（参见第 4 章）出场了。`grep` 的妙处之一是可以使用正则表达式（参见第 20 章）作为搜索模式。在本例中，因为需要同时搜索 `false` 和 `nologin`，所以要用到扩展正则表达式(ERE)。`grep` 也支持 `ERE`，只需加上`-E` 选项即可。将 `cut` 的结果通过管道传入 `grep`，就可以过滤掉不需要的默认 shell：

```
$ cut -d: -f7 /etc/passwd |
> grep -E "(false|nologin)"
/usr/sbin/nologin
/usr/sbin/nologin
/usr/sbin/nologin
```

24

```
/usr/sbin/nologin
[...]
/bin/false
/bin/false
/usr/sbin/nologin
/usr/sbin/nologin
$
```

好极了！注意在 grep 命令中，我们要查找的是 false 和 nologin。按照扩展正则表达式的语法，选择结构应该放入圆括号并用竖线（|）分隔开。要想让 grep 正常工作，还有一件必不可少的事要做：shell 引用（shell quoting）。因为圆括号和竖线在 bash shell 中具有特殊含义，所以必须将其放入引号中，避免 shell 误解。

现在万事俱备，只欠东风：还需要统计这些特殊的默认 shell 的数量。这里要用到 wc 命令（参见第 11 章），使用该命令的-l（小写 l）选项统计出 grep 命令生成的结果有多少行即可。如下所示：

```
$ cut -d: -f7 /etc/passwd |
> grep -E "(false|nologin)" | wc -l
44
$
```

系统中共有 44 个账户使用 false 或 nologin 作为默认 shell。我们需要将这个数量写入报告文件，同时希望将这一信息显示给脚本用户。为此，要用到 tee 命令（参见第 15 章）。

```
$ cut -d: -f7 /etc/passwd |
> grep -E "(false|nologin)" | wc -l |
> tee mydefaultshell.rpt
44
$
$ cat mydefaultshell.rpt
44
$
```

我们现在已经取得了一些进展。然而，由于需要保留多份报告供以后比较，因此要选择一个比 mydefaultshell.rpt 更恰当的名字。在这种情况下，将当前日期包含在文件名中通常是个好主意。为了获取日期和一些额外的时间标识信息，需要用到 date 命令。date 命令所需的格式如下所示：

```
$ date +%F%s
2020-08-141597420127
$
```

为了在文件名中使用 date 命令，将格式设置为以连字符分隔（%F）的当前日期。因为审计可能每天执行多次，所以我们还为时间戳添加了额外的时间标识信息（%s）：自 1970 年 1 月 1 日以来的秒数。

注意　Unix 纪元时（也称为 POSIX 时间）是自 1970 年 1 月 1 日以来的秒数。它在 Linux 系统中有多种用途，比如记录上次更改密码的时间。

现在可以创建指向唯一文件的绝对路径，以便在 tee 命令中使用。

```
reportDir="/home/christine/scripts/AuditReports"
reportDate="$(date +%F%s)"
accountReport=$reportDir/AccountAudit$reportDate.rpt
cat /etc/passwd | cut -d: -f7 |
grep -E "(nologin|false)" | wc -l |
tee $accountReport
```

在讨论脚本中的另一处审计操作之前，还有一个问题需要处理：保护新建的报告。一旦系统账户的默认 shell 数量被记录在案，则任何人都不能修改或删除报告，因为脚本随后还要进行数量对比。

为了保护报告，需要设置**不可变属性**（immutable attribute）。只要对文件设置了该属性，任何人都无法修改或删除此文件（以及一些其他特性）。要设置不可变属性，需要使用 chattr 命令，并且具有超级用户权限：

```
$ sudo chattr +i mydefaultshell.rpt
[sudo] password for christine:
$
$ rm -i mydefaultshell.rpt
rm: cannot remove 'mydefaultshell.rpt': Operation not permitted
$
$ sudo rm -i mydefaultshell.rpt
rm: remove regular file 'mydefaultshell.rpt'? y
rm: cannot remove 'mydefaultshell.rpt': Operation not permitted
$
$ echo "Hello" >> mydefaultshell.rpt
-bash: mydefaultshell.rpt: Operation not permitted
$
```

设置了不可变属性（有时也称作**不可变位**）之后，任何人都无法删除或修改该文件，哪怕具有超级用户权限也不行！要想查看属性是否设置成功，可以使用 lsattr 命令，并在输出中查找 i。要想移除不可变属性，需要再次使用 chattr 命令（具有超级用户权限），之后文件就能正常修改或删除了：

```
$ lsattr mydefaultshell.rpt
----i---------e----- mydefaultshell.rpt
$
$ sudo chattr -i mydefaultshell.rpt
$
$ lsattr mydefaultshell.rpt
--------------e----- mydefaultshell.rpt
$
$ echo "Hello" >> mydefaultshell.rpt
$
$ cat mydefaultshell.rpt
44
Hello
$
$ rm -i mydefaultshell.rpt
rm: remove regular file 'mydefaultshell.rpt'? y
$
```

我们的审计报告现在已经得到了保护，只剩下最后一个问题：将当前报告与上一份报告进行比较。这要用到 `ls` 命令及其两个新选项：`-1`（数字 1）和`-t`。使用这些选项，`ls` 命令会按照从新到旧的顺序在单列中列出文件：

```
$ reportDate="$(date +%F%s)"
$ touch AccountAudit$reportDate.rpt
$
$ reportDate="$(date +%F%s)"
$ touch AccountAudit$reportDate.rpt
$
$ ls -1t AccountAudit*.rpt
AccountAudit2020-08-141597422307.rpt
AccountAudit2020-08-141597422296.rpt
$
```

之所以要以单列格式列出文件，是因为我们可以使用 `sed` 来获取次旧（the second oldest）报告的文件名进行比较：

```
$ prevReport="$(ls -1t AccountAudit*.rpt |
> sed -n '2p')"
$
$ echo $prevReport
AccountAudit2020-08-141597422296.rpt
$
```

结果和预期一样。但如果次旧的报告不存在会怎样？我们会得到意想不到的结果，可能会导致脚本出问题。为此，还得使用 `if-then` 语句：

```
prevReport="$(ls -1t $reportDir/AccountAudit*.rpt |
sed -n '2p')"
#
if [ -z $prevReport ]
then
    echo
    echo "No previous false/nologin report exists to compare."
else
    echo
    echo "Previous report's false/nologin shells: "
    cat $prevReport
    fi
```

现在，所有的默认 shell 审计功能都已经完成，接下来可以看看权限审计功能的实现了。

注意　虽然这个脚本对审计工作很方便，但不要把它当作**入侵检测系统**（intrusion detection system，IDS）。IDS 可以监视网络和/或系统中运行的应用程序，寻找可疑行为。IDS 提供了各种功能，比如阻止攻击和报告发现的潜在恶意行为。如果担心意图不轨人员破坏系统，那么 IDS（比如 Snort、DenyHosts 和 Fail2ban）是你的最佳选择。

24.3.2 权限审计功能

SUID（set user ID）和SGID（set group ID）是两种很方便的权限设置，被Linux虚拟目录系统（第7章）中的多个程序使用。然而，如果这些权限被无意甚至恶意地设置在程序上，导致其在不同的权限下运行，则会引发安全问题。因此，有必要在系统中对这两种潜在的“危险”权限进行审计，确保它们只被设置在该设置的地方。

要找出具有这两种权限的文件和目录，需要使用 find 命令。因为要对文件系统中的所有文件和目录进行审计，所以搜索起点必须设置为根目录（/）。find 命令的-perm（permissions）选项可以使用八进制值（参见第7章）指定要查找的具体权限。因为要检查系统中所有的文件和目录，所以还需拥有超级用户权限。另外，为了保持显示整洁，我们将错误消息（2）直接丢弃（/dev/null）：

```
$ sudo find / -perm /6000 2>/dev/null
[sudo] password for christine:
/var/local
/var/crash
/var/metrics
/var/log/journal
[...]
/usr/bin/umount
/usr/bin/sudo
/usr/bin/chsh
[...]
/run/log/journal
$
```

注意，-perm 的值是/6000。八进制值 6 表示 find 要查找的权限是 SUID 和 SGID。正斜线（/）以及八进制值 000 告诉 find 命令**忽略**文件或目录的其余权限。如果没有使用正斜线，那么 find 会查找设置了 SUID 权限和 SGID 权限且其他权限均**未设置**（000）的文件和目录，这可不是我们想要的。

注意 旧版本的 find 命令使用加号（+）表示忽略某些权限。如果你用的 Linux 版本比较旧，则可能需要把正斜线换成加号。

可以将 find 命令中的 STDOUT 重定向到文件中，以便以后轻松查看。保存报告，随后与权限审计进行比较：

```
reportDir="/home/christine/scripts/AuditReports"
reportDate="$(date +%F%s)"
permReport=$reportDir/PermissionAudit$reportDate.rpt
#
sudo find / -perm /6000 >$permReport 2>/dev/null
```

权限审计报告现在已保存，我们可以将该报告的早期版本与当前版本进行比较，通知脚本用户两者之间的差异。文件权限发生变化则表明，要么安装的新软件有此需求，要么文件被错误

（或恶意）地设置为这些权限。

为了进行比较，可以使用 diff 命令。此命令可以比较文件，并将两者之间的差异输出到 STDOUT。

警告 diff 命令只会逐行对文件进行比较。因此，diff 会比较两份报告的第一行，然后是第二行、第三行，以此类推。如果由于要安装软件，添加了一个或一批新文件，而这些文件需要 SUID 权限或 SGID 权限，那么在下一次审计时，diff 就会显示大量的差异。为了解决这个潜在的问题，可以在 diff 命令中使用-q 选项或--brief 选项，只显示消息，说明这两份报告存在不同。

在进行比对之前，还需要核实另一份报告是否存在。相关代码如下：

```
prevReport="$(ls -1t $reportDir/PermissionAudit*.rpt |
sed -n '2p')"
#
if [ -z $prevReport ]
then
    echo
    echo "No previous permission report exists to compare."
else
     echo
     echo "Differences between this report and the last: "
     #
     differences=$(diff $permReport $prevReport)
     #
     if [ -z "$differences" ]
     then
         echo "No differences exist."
     else
         echo $differences
         fi
    fi
```

注意，不仅要检查另一份报告，还要查看两份报告之间是否确实存在差异。如果不存在差异，则仅显示 No differences exist。

24.3.3　创建脚本

现在，我们已经实现了审计脚本所有的主要功能，可以将它们组合在一起了。对于这个 bash shell 脚本，我们打算使用 getopts（参见第 14 章）并提供两个选项：-A 选项仅执行账户审计，-p 选项仅执行权限审计。虽然可以通过组合这两个选项（-Ap）来执行两项审计，但如果没有指定任何选项，则也可以实现相同的效果，这算是为用户提供了一定的灵活性。因而也可以通过 cron 或 anacron 更轻松地将该脚本引入自动化环境。

下面是完整的 Audit_System.sh 脚本：

```
$ cat Audit_System.sh
#!/bin/bash
#
# Audit_System.sh - Audit system files and accounts
####################################################
#
### Initialize variables ######################
#
runAccountAudit="false"
runPermAudit="false"
#
reportDir="/home/christine/scripts/AuditReports"
#
### Get options (if provided) #################
#
while getopts :Ap opt
do
     case "$opt" in
          A) runAccountAudit="true" ;;
          p) runPermAudit="true" ;;
          *) echo "Not a valid option."
             echo "Valid options are: -A, -p, or -Ap"
             exit
          ;;
     esac
done
#
### Determine if no options #################
#
if [ $OPTIND -eq 1 ]
then
     # No options were provided; set all to "true"
     runAccountAudit="true"
     runPermAudit="true"
fi
#
### Run selected audits ######################
#
## Account Audit #################
#
if [ $runAccountAudit = "true" ]
then
    echo
    echo "****** Account Audit *****"
    echo
#
# Determine current false/nologin shell count
#
    echo "Number of current false/nologin shells: "
#
    reportDate="$(date +%F%s)"
    accountReport=$reportDir/AccountAudit$reportDate.rpt
#
    # Create current report
```

```
    cat /etc/passwd | cut -d: -f7 |
    grep -E "(nologin|false)" | wc -l |
    tee $accountReport
#
    # Change report's attributes:
    sudo chattr +i  $accountReport
#
# Show past false/nologin shell count
#
    prevReport="$(ls -1t $reportDir/AccountAudit*.rpt |
    sed -n '2p')"
    if [ -z $prevReport ]
    then
         echo
         echo "No previous false/nologin report exists to compare."
    else
         echo
         echo "Previous report's false/nologin shells: "
         cat $prevReport
    fi
fi
#
## Permissions Audit ##############
#
if [ $runPermAudit = "true" ]
then
    echo
    echo "****** SUID/SGID Audit *****"
    echo
    reportDate="$(date +%F%s)"
    permReport=$reportDir/PermissionAudit$reportDate.rpt
#
    # Create current report
    echo "Creating report. This may take a while..."
    sudo find / -perm /6000 >$permReport 2>/dev/null
#
    # Change report's attributes:
    sudo chattr +i  $permReport
#
# Compare to last permission report
#
    #
    prevReport="$(ls -1t $reportDir/PermissionAudit*.rpt |
    sed -n '2p')"
    #
    if [ -z $prevReport ]
    then
         echo
         echo "No previous permission report exists to compare."
    else
         echo
         echo "Differences between this report and the last: "
         #
         differences=$(diff $permReport $prevReport)
```

```
            #
            if [ -z "$differences" ]
            then
                echo "No differences exist."
            else
                echo $differences
            fi
        fi
    fi
    #
    exit
    $
```

这个脚本中包含了大量的高级技巧。现在，你终于达到了 bash shell 脚本编程大师的境界，你可能已经忍不住开始考虑如何优化脚本了，但别急。下面先测试一下这个脚本。

24.3.4 运行脚本

在运行该脚本之前，需要先创建审计报告目录。目录中要保存审计报告，在选择目录位置时一定要谨慎：

```
$ mkdir AuditReports
$ ls AuditReports/
$
```

审计报告目录创建好之后，就可以启动脚本了。先使用-A 选项执行账户默认 shell 审计：

```
$ ./Audit_System.sh -A

****** Account Audit *****

Number of current false/nologin shells:
44

No previous false/nologin report exists to compare.
$
```

效果不错。注意，系统中共有 44 个账户使用 false 或 nologin 作为默认 shell。另外，由于还没有其他的账户审计报告，因此脚本提醒我们没有可以进行比较的报告。

再用-p 选项试试权限审计功能：

```
$ ./Audit_System.sh -p

****** SUID/SGID Audit *****

Creating report. This may take a while...

No previous permission report exists to compare.
$
$ ls -1 AuditReports/
AccountAudit2020-08-141597427922.rpt
PermissionAudit2020-08-141597428079.rpt
$
```

一切正常。AuditReports 目录中现在已经有了两份审计报告。

注意 你可能已经注意到，sudo 命令在脚本中使用了两次。脚本在运行时没有询问密码就是因为使用了 sudo 命令。如果有一段时间没有使用 sudo 命令，脚本就会要求你输入密码。如果不希望脚本中出现这种行为，那么可以从中删除 sudo 命令，像这样运行脚本：sudo ./Audit_System.sh，并在脚本后面跟上需要的选项。

现在，让我们添加一个具有 SUID 权限的伪造文件，看看脚本是否能发现。这次也使用两个选项运行脚本（执行两项审计）：

```
$ touch sneakyFile.exe
$ chmod u+xs sneakyFile.exe
$
$ ./Audit_System.sh -Ap

****** Account Audit *****

Number of current false/nologin shells:
44
Previous report's false/nologin shells:
44

****** SUID/SGID Audit *****

Creating report. This may take a while...

Differences between this report and the last:
82d81 < /home/christine/scripts/sneakyFile.exe
$
```

两项审计不仅都执行了，而且权限审计还发现了 sneakyFile.exe 的 SUID 权限。现在我们确认脚本没有问题，可以开始考虑如何改进了。下面是一些参考建议。

- 添加额外的审计功能，比如有关新增账户或登录失败的报告。
- 限制保存在 AuditReports 目录中的报告数量。
- 使用校验和（详见 man SHA512sum）提高安全性，确保报告不会被篡改。

你还想在脚本中添加或调整哪些功能？既然已经是 Linux bash shell 脚本编程高手，我们敢打赌你肯定有不少很棒的想法。

24.4 小结

本章充分运用了本书中介绍过的一些 shell 脚本编程知识创建了几个 Linux 实用工具。在负责管理 Linux 系统时，不管是大型多用户系统，还是自用系统，都有方方面面的事情要关注。与其手动执行命令，不如创建 shell 脚本工具来替我们完成工作。

本章首先带你学习了使用 shell 脚本归档和备份 Linux 系统中的文件。tar 命令是归档数据的常用命令。这部分演示了如何在 shell 脚本中用 tar 命令创建归档文件，以及如何管理归档文件。

接下来介绍了使用 shell 脚本删除用户账户的 4 个步骤。为脚本中重复出现的代码创建函数会让脚本更易于阅读和修改。这个脚本中用到了多种结构化命令，比如 case 和 while。这部分还演示了 cron 表脚本和交互式脚本在结构上的差异。

最后一个审计脚本有助于发现一些潜在的问题：滥用 SUID/SGID 权限以及错误的系统账户默认 shell。该脚本很容易扩展，可以增加很多额外的审计功能。只需简单地修改这个脚本，就可以通过 anacron 让脚本以每天或每周的频率自动运行。

第 25 章将学习如何管理当前已有的这些 shell 脚本，以及在你今后的 bash shell 脚本职业生涯中编写出的那些脚本。

第 25 章

井井有条

25

本章内容

- 理解版本控制
- 设置 Git 环境
- 使用 Git

编写复杂且实用的 shell 脚本可以节省大量时间，但你可能会因为脚本管理不善而很快把省出来的时间又搭进去。跟踪脚本更新、与参与修改脚本的团队其他成员合作、将脚本分发至各种系统，这些都会增加脚本管理的复杂性。幸运的是，有一件实用工具可以帮助你妥善管理 bash shell 脚本。本章将带你了解版本控制的概念以及流行的版本控制实现 Git。

25.1 理解版本控制

想象一支系统管理团队，其成员负责为公司的各种 Linux 系统编写脚本。备份脚本由该团队负责管理，并被部署在公司的大部分服务器上。由于文件要通过公共网络传输，因此该备份脚本还有一些使用加密技术的特殊版本。

有一天，公司决定更新备份脚本以提高其处理速度和可靠性。系统管理团队启动了备份脚本升级项目，开始修改备份脚本并测试改动。在这个过程中，每位项目团队成员在修改和/或测试的时候都必须确保自己手中的脚本是最新版本。让这项工作更复杂的是，团队成员不在同一栋楼里。事实上，他们分布在世界各地。为了保持沟通顺畅，备份脚本更新项目会大量使用短信、email，有时还得用上在线会议。此外，使用加密技术的备份脚本特殊版也必须使用最新的改动进行修改和测试。这种复杂性和额外的沟通成本使得项目很快陷入了困境。

备份脚本升级团队可以求助于版本控制。**版本控制**（也称为**源代码控制**或**修订控制**）是一种组织各种项目文件并跟踪其更新的方法（或系统）。

注意 版本控制方法或系统不仅能控制 bash 脚本，通常还可以处理内部编写的软件程序、纯文本文件、图片、字处理文档、压缩文件等。

版本控制系统（version control system，VCS）提供了一个公共中央位置来存储和合并 bash 脚本文件，以便轻松访问脚本的最新版本。VCS 能够保护文件，使其不会被另一个脚本编写者意外覆盖。同时还消除了谁当前正在修改什么内容这类额外通信。

VCS 的好处还包括可以改善脚本项目团队新成员的境遇。例如，新成员可以通过 VCS 获得最新的备份脚本副本，立即着手项目工作。

分布式 VCS 使脚本项目开发变得更加容易。脚本编写者可以在自己的 Linux 系统中进行开发或修改工作。一旦达到修改目标，就将修改后的文件副本和 VCS 元数据发送到远程中央系统，其他团队成员可以下载这个最新的项目版本并进行测试，或是继续他们自己的修改任务。一个附带好处是，当前的工作成果已经备份到中央位置，无论在世界任何地方都能轻松访问。

注意 Linux 项目的版本控制系统是由 Linus Torvalds 于 2005 年创建的。你也许记得这个名字，就是他开发出了 Linux 内核（参见第 1 章）。Linus 需要一个分布式 VCS，以便快速合并文件并提供 Linux 内核开发者需要的其他功能。他没有找到合适的，因此就自己写了一个。[①]这就是 Git，一个时至今日仍然非常流行的高性能分布式 VCS。

Git 是一种分布式 VCS，多部署于敏捷和持续软件开发环境中。不过它也可用于管理 bash shell 脚本。要了解 Git 的基本原理，需要懂一些与其配置相关的术语。图 25-1 展示了 Git 环境的概念性描述。

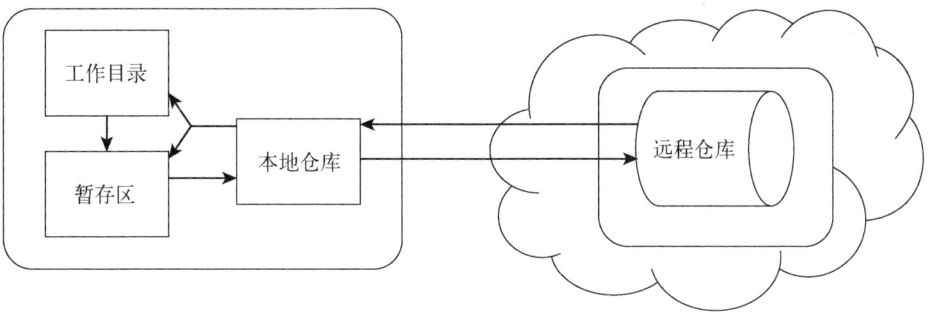

图 25-1 Git 环境的概念性描述

Git 环境中的每个位置都很重要。接下来将介绍这些区域的详细信息，并重点强调 Git 的一些特殊功能。

25.1.1 工作目录

工作目录是所有脚本的创建、修改和审查之地。它通常是脚本编写者的主目录中的某个子目

25

① Linux 内核项目组于 2002 年开始启用一款专有的分布式版本控制系统 BitKeeper，用来管理和维护内核代码。到 2005 年，开发 BitKeeper 的商业公司同 Linux 内核开源社区的合作关系结束，收回了免费使用 BitKeeper 的授权。于是，Linus 就自己开发出了 Git。——译者注

录，类似于/home/christine/scripts。最好为每个项目都创建一个新的子目录，因为 Git 会在其中放置文件，以便进行跟踪。

脚本编写者的 Linux 系统（工作目录的所在）通常是本地服务器或笔记本计算机，具体取决于工作场所的要求。你甚至可以在本地虚拟机中设置工作环境，模拟脚本的目标系统。这也是测试修改后的脚本或新脚本的绝妙方法，因为可以保护目标 Linux 系统免受破坏。

25.1.2　暂存区

暂存区也称为**索引**。该区域和工作目录位于同一系统。bash 脚本通过 Git 命令（`git add`）在暂存区内**注册**。通过 `git init` 命令，暂存区在工作目录中设置了一个名为.git 的隐藏子目录。

当脚本被编入暂存区时，Git 会在索引文件.git/index 中创建或更新脚本信息。记录的数据包括校验和（参见第 24 章）、时间戳和相关的脚本文件名。

除了更新索引文件，Git 还会压缩脚本文件并将这些压缩文件作为对象（也称为 blob）存储在.git/objects/目录中。如果脚本已被修改，则将其作为一个**新对象**压缩并存储在.git/objects/目录中。Git 不只存储脚本的改动，还会保留**每个**已修改的脚本的压缩副本。

25.1.3　本地仓库

本地仓库包括每个脚本文件的历史记录。它也会用到工作目录的.git 子目录。脚本文件的各个版本（称为**项目树**）和提交信息之间的关系通过 Git 命令（`git commit`），以对象的方式存储在.git/objects/目录中。

项目树和提交数据合起来称为**快照**。每次提交数据都会创建一个**新快照**。不过，旧快照并不会被删除，依然可以查看。如果需要，还可以返回到之前的快照，这是 Git 另一个不错的特性。

25.1.4　远程仓库

在 Git 配置中，远程仓库通常位于云端，提供代码托管服务。然而，你可以在本地网络中的另一台服务器上建立代码托管站点作为远程仓库。究竟使用哪种形式的远程仓库取决于项目需求以及脚本管理团队成员的位置。

著名的远程仓库有 GitHub、GitLab、BitBucket 和 Launchpad。不过到目前为止，GitHub 最受欢迎。因此，本书使用 GitHub 作为远程仓库示例。

25.1.5　分支

Git 还提供了一个名为**分支**的特性，该特性可以在各种脚本项目中发挥作用。分支是本地仓库中属于特定项目的一个区域。举例来说，你可以将脚本项目的主分支命名为 `main`，当你打算对 `main` 分支中的脚本进行改动时，最好的做法是创建一个新分支（比如命名为 `modification`），在该分支中修改脚本。一旦脚本的改动通过了测试，`modification` 分支中的脚本通常就会被合并回主分支。

使用这种方法的好处在于，存放在 `main` 分支中的脚本仍具有生产价值，因为正在被修改和测试的 bash shell 脚本位于另一个分支。只有当修改过的脚本通过测试之后，才会被并入 main 主分支。

25.1.6 克隆

Git 的另一个特性是复制项目。这个过程称为**克隆**。如果你的团队有新人加入，那么他可以从远程仓库克隆脚本和跟踪文件，获得开展工作所需的一切资源。

该特性对于脚本的特殊版本也很有用。前文提到过，备份脚本在部分 Linux 系统中要进行修改，加入加密技术。当备份脚本升级项目修改完成，并入主分支，并将本地仓库推送到远程仓库之后，负责制作备份脚本特殊版的团队就可以克隆项目了。这样就得到了制作加密版所需的全部资源。

注意 在 Git 中，克隆（cloning）和分叉（forking）是两种紧密相关的操作。使用 `git clone` 命令将文件从远程仓库下载到本地系统，这一过程是克隆。将文件从一个远程仓库复制到另一个远程仓库，这一过程是分叉。

25.1.7 使用 Git 作为 VCS

如果还没确定使用 Git 作为脚本项目的版本控制系统，我们再给你来点儿定心丸。将 Git 作为 VCS 能带来如下好处。

- **性能**：Git 只操作本地文件，这提高了其部署速度。同远程仓库之间收发文件属于例外情况。
- **历史文件**：从文件被注册那一刻起，Git 就开始使用索引来记录文件的内容。当对本地存储库的提交完成时，Git 会及时创建并存储对该快照的引用。
- **准确性**：Git 使用校验和来保护文件完整性。
- **去中心化**：脚本编写者可以在同一个项目中工作，但不必位于同一网络或系统。

比较旧的 VCS 要求脚本编写者位于同一网络，这无法提供足够的灵活性。这种形式也拖慢了操作速度。Linus Torvalds 决定自己动手开发 Git 的其中一个原因也在于此。

现在，希望你已经被说服使用 Git，我们将在下一个脚本编写或修改项目中介绍 Git 的基本用法。

25.2 设置 Git 环境

Git 通常并非默认安装项，在设置 Git 环境之前，需要自行安装 git 软件包。具体安装步骤，参见第 9 章。

在 CentOS Linux 发行版中安装 Git 的过程如下：

```
$ sudo dnf install git
[sudo] password for christine:
[...]
Dependencies resolved.
======================================================================
 Package                Arch        Version
Repository      Size
======================================================================
Installing:
 git                    x86_64      2.18.4-2.el8_2
AppStream      186 k
Installing dependencies:
 git-core               x86_64      2.18.4-2.el8_2
AppStream      4.0 M
 git-core-doc           noarch      2.18.4-2.el8_2
AppStream      2.3 M
 perl-Error             noarch      1:0.17025-2.el8
AppStream       46 k
 perl-Git               noarch      2.18.4-2.el8_2
AppStream       77 k
 perl-TermReadKey       x86_64      2.37-7.el8
AppStream       40 k

Transaction Summary
======================================================================
Install  6 Packages

Total download size: 6.6 M
Installed size: 36 M
Is this ok [y/N]: y
Downloading Packages:
[...]
Running transaction check
Transaction check succeeded.
Running transaction test
Transaction test succeeded.
[...]
Installed:
  git-2.18.4-2.el8_2.x86_64                    git-core-2.18.4-2.
el8_2.x86_64
  git-core-doc-2.18.4-2.el8_2.noarch     perl-Error-1:0.17025-2.
el8.noarch
  perl-Git-2.18.4-2.el8_2.noarch             perl-TermReadKey-2.37-7.
el8.x86_64

Complete!
$
$ which git
/usr/bin/git
$
```

在 Ubuntu Linux 发行版中安装 Git 的过程如下：

```
$ sudo apt install git
[sudo] password for christine:
Reading package lists... Done
Building dependency tree
Reading state information... Done
The following additional packages will be installed:
  git-man liberror-perl
[...]
After this operation, 38.4 MB of additional disk space will be used.
Do you want to continue? [Y/n] Y
[...]
Fetched 5,464 kB in 1min 33s (58.9 kB/s)
Selecting previously unselected package liberror-perl.
(Reading database ... 202052 files and directories currently
installed.)
[...]
Unpacking git (1:2.25.1-1ubuntu3) ...
Setting up liberror-perl (0.17029-1) ...
Setting up git-man (1:2.25.1-1ubuntu3) ...
Setting up git (1:2.25.1-1ubuntu3) ...
Processing triggers for man-db (2.9.1-1) ...
$
$ which git
/usr/bin/git
$
```

只要有超级用户权限，安装 Git 非常简单。

安装好 git 软件包之后，为新的脚本项目设置 Git 环境涉及以下 4 个基本步骤。

(1) 创建工作目录。

(2) 初始化.git/子目录。

(3) 设置本地仓库选项。

(4) 确定远程仓库位置。

首先，创建工作目录。在本地主目录下创建一个子目录即可：

```
$ mkdir MWGuard
$
$ cd MWGuard/
$
$ pwd
/home/christine/MWGuard
$
```

创建的子目录 MWGrard 用于脚本项目。然后，使用 `cd` 命令进入工作目录。

然后，在工作目录中初始化.git/子目录。这要用到 `git init` 命令：

```
$ git init
Initialized empty Git repository in /home/christine/MWGuard/.git/
$
$ ls -ld .git
drwxrwxr-x 7 christine christine 4096 Aug 24 14:49 .git
$
```

git init 命令创建了.git/子目录。因为目录名之前有点号（.），所以普通的 ls 命令无法将其显示出来。使用 ls -la 命令或将该目录名作为 ls -ld 命令的参数就可以看到相关信息。

注意 你可以同时拥有多个项目目录。为每个项目创建单独的工作目录即可。

如果你是首次在系统中构建.git/子目录，则需将姓名和 email 地址添加到 Git 的全局仓库配置文件中。这些标识信息有助于跟踪文件变更，尤其是多人参与项目的时候。为此，要用到 git config 命令：

```
$ git config --global user.name "Christine Bresnahan"
$
$ git config --global user.email "cbresn1723@gmail.com"
$
$ git config --get user.name
Christine Bresnahan
$
$ git config --get user.email
cbresn1723@gmail.com
$
```

在 git config 命令中加入--global 选项，就能把 user.name 和 user.email 保存在 Git 全局配置文件中。注意，要想查看此信息，可以使用--get 选项，并将数据名称作为参数。

注意 Git 全局配置信息表示这些数据会应用于系统中的所有 Git 项目。Git 本地配置信息仅应用于工作目录中的特定 Git 项目。

Git 全局配置信息保存在主目录的.gitconfig 文件中，本地配置信息保存在 *working-directory*/.git/config 文件中。注意，有些系统还有系统级的配置文件/etc/gitconfig。

要查看这些文件中的各种配置信息，可以使用 git config --list 命令：

```
$ git config --list
user.name=Christine Bresnahan
user.email=cbresn1723@gmail.com
core.repositoryformatversion=0
core.filemode=true
core.bare=false
core.logallrefupdates=true
$
$ ls /home/christine/.gitconfig
/home/christine/.gitconfig
$
$ cat /home/christine/.gitconfig
[user]
        name = Christine Bresnahan
        email = cbresn1723@gmail.com
$
$ ls /home/christine/MWGuard/.git/config
/home/christine/MWGuard/.git/config
$
```

```
$ cat /home/christine/MWGuard/.git/config
[core]
        repositoryformatversion = 0
        filemode = true
        bare = false
        logallrefupdates = true
$
```

通过`--list`选项显示的设置信息采用 *`file-section.name`* 格式。注意，当使用`cat`命令将两个 Git 配置文件（全局和项目的本地仓库）输出至`STDOUT`时，会显示节名（section name）及其包含的数据。

配置好本地 Git 环境之后，就可以建立项目的远程仓库了。出于演示的目的，我们选择云端的远程仓库 GitHub。你可以通过 github.com/join 链接设置免费的远程仓库。

注意 尽管 Git 能够处理任意文件类型，但其相关工具主要针对的是纯文本文件，比如 bash shell 脚本。因此要注意，不是所有的 git 工具都能用于非文本文件。

建立好项目的远程仓库之后，需要把仓库地址记下来。随后向远程仓库发送项目文件时，要用到这个地址。

25.3 使用 Git 提交文件

建立好 Git 环境之后，就可以使用它的各种组织功能了。这也有 4 个基本步骤。

(1) 创建或修改脚本。

(2) 将脚本添加到暂存区（索引）。

(3) 将脚本提交至本地仓库。

(4) 将脚本推送至远程仓库。

根据工作流程，你可以在执行下一个步骤之前重复某些步骤。例如，在一天之中，Linux 管理员编写了 bash shell 脚本，写好之后将其添加到了暂存区。在当天结束时，脚本编写者会将整个项目提交至本地仓库。然后，再将项目的成果推送至远程仓库，供非本地团队成员访问。

下面这个简单的 shell 脚本 MyGitExampleScript.sh 可以作为项目示例来演示 Git 的用法：

```
$ cat MyGitExampleScript.sh
#!/bin/bash
# Git example script
#
echo "Hello Git World"
exit
$
```

创建好脚本之后，使用`git add`命令将其添加到暂存区（索引）。由于该脚本目前不在工作目录/home/christine/MWGuard 中，因此需要先把它复制过来。然后切换到工作目录（通过`pwd`命令确认），执行`git add`命令：

```
$ pwd
/home/christine/scripts
$
$ cp MyGitExampleScript.sh /home/christine/MWGuard/
$
$ cd /home/christine/MWGuard/
$
$ pwd
/home/christine/MWGuard
$
$ ls *.sh
MyGitExampleScript.sh
$
$ git add MyGitExampleScript.sh
$
$ git status
[&hellip;]
No commits yet

Changes to be committed:
  (use "git rm --cached <file>..." to unstage)
        new file:   MyGitExampleScript.sh

$
```

git add 命令不会产生任何输出。因此，要想知道脚本是否成功，需要使用 git status 命令。该命令显示，一个新文件 MyGitExampleScript.sh 已经被加入索引。这正是我们想要的结果。

提示　如果需要，可以将当前工作目录中的**所有脚本**同时添加到暂存区（索引）。只需使用 git add .命令即可。注意，该命令结尾有个点号（.）！这个点号相当于一个通配符，告诉 Git 把工作目录中的**所有文件**都加入暂存区。

但是，如果不想把某些文件添加到暂存区，则可以在工作目录中创建一个.gitignore 文件，将不希望加入暂存区的文件或目录名写入该文件。这样，git add .命令就会忽略这些文件或目录，只把其他的文件或目录加入暂存区。

暂存区的索引文件是.git/index。如果对该文件使用 file 命令，则其类型会显示为 Git index。Git 会使用此文件跟踪变更：

```
$ file .git/index
.git/index: Git index, version 2, 1 entries
$
```

下一步是使用 git commit 命令将项目提交至本地仓库。可以使用-m 选项来添加注释，这有助于记录（documenting）提交。

```
$ git commit -m "Initial Commit"
[&hellip;] Initial Commit
 1 file changed, 5 insertions(+)
 create mode 100644 MyGitExampleScript.sh
$
$ cat .git/COMMIT_EDITMSG
```

```
Initial Commit
$
$ git status
[&hellip;]
nothing to commit, working tree clean
$
```

提示 注释被保存在 COMMIT_EDITMSG 文件中，它能够帮助我们记录为什么要修改脚本。随后提交脚本时，记得使用`-m`选项添加修改的原因，比如`-m "Improved script's user interface"`。

执行过 `git commit` 之后，`git status` 命令会显示以下消息：`nothing to commit, working directory clean`。这说明 Git 现在认为，工作目录中的所有文件都已经提交至本地仓库了。

警告 如果使用 `git commit` 命令时没有加上`-m`选项，那么你会被引至 vim 编辑器，要求手动编辑.git/COMMIT_EDITMSG 文件。关于 vim 编辑器，参见第 10 章。

脚本项目现在已提交至本地仓库，将其推送到远程仓库后就可以与项目团队其他成员共享。如果脚本已完成，则还可以与选定的其他用户或全世界任何用户共享。

如果这是一个新的脚本项目，那么在注册过远程仓库账户后，需要创建一个称为 Markdown file 的特殊文件，其内容会显示在远程仓库的 Web 页面上，描述该仓库的相关信息。该文件使用 Markdown 语言编写。你需要将文件命名为 README.md。下面的例子演示了创建此文件，将其加入暂存区并提交到本地仓库的过程。

```
$ pwd
/home/christine/MWGuard
$
$ ls
MyGitExampleScript.sh
$
$ echo "# Milky Way Guardian" > README.md
$ echo "## Script Project" >> README.md
$
$ cat README.md
# Milky Way Guardian
## Script Project
$
$
$ git add README.md
$
$ git status
[...]
Changes to be committed:
  (use "git restore --staged <file>..." to unstage)
        new file: README.md
```

```
$
$ git commit -m "README.md commit"
[...] README.md commit
 1 file changed, 2 insertions(+)
 create mode 100644 README.md
$
$ git status
[...]
nothing to commit, working tree clean
$
```

注意 使用过 Markdown 语言的各种特性后，你肯定会喜欢上 README.md。

你可以随时查看 Git 日志，但最好在将脚本项目推送到远程存储库之前做这件事。每次提交都有一个对应的哈希值作为标识，这个值也会出现在日志中。此外，请注意各种注释以及日期和作者信息。

```
$ git log
commit 898330bd0b01e0b6eee507c5eeb3c72f9544f506[...]
Author: Christine Bresnahan <cbresn1723@gmail.com>
Date:   Mon Aug 24 15:58:52 2020 -0400

    README.md commit

commit 3b484638bc6e391d0a1b816946cba8c5f4bbc8e6
Author: Christine Bresnahan <cbresn1723@gmail.com>
Date:   Mon Aug 24 15:46:56 2020 -0400

    Initial Commit
$
```

在向远程仓库推送项目之前，需要先在系统中配置远程仓库地址。在使用 Git 服务提供商（比如 GitHub）设置远程仓库时，它会向你提供此地址。

可以使用 `git remote add origin URL` 命令来添加地址，其中 URL 就是远程仓库地址：

```
$ git remote add origin https://github.com/C-Bresnahan/MWGuard.git
$
$ git remote -v
origin  https://github.com/C-Bresnahan/MWGuard.git (fetch)
origin  https://github.com/C-Bresnahan/MWGuard.git (push)
$
```

注意，我们通过 `git remote -v` 命令检查了远程仓库地址的状态。在推送项目之前，最好先检查一下地址。如果地址有误或有输入错误，那么推送操作就会失败，因此一定要仔细检查！

提示 如果地址不对（比如有输入错误），则可以通过 `git remote rm origin` 命令删除远程仓库地址，然后使用正确的地址重新设置。

配置好远程仓库地址之后，就可以向其推送脚本项目了。但在此之前，为简单起见，我们打算使用 `git branch` 命令把主分支重命名为 `main`：

```
$ git branch -m main
$
$ git branch --show-current
main
$
```

注意，可以使用 `git branch --show-current` 命令查看分支的当前名称。在推送之前，最好先确认分支名无误，在 `push` 命令中也要用到此分支名。

现在，将脚本复制到远程仓库。这需要在 `push` 命令中加入 `-u origin` 选项来指定仓库位置和当前使用的分支名 `main`：

```
$ git push -u origin main
Username for 'https://github.com': C-Bresnahan
Password for 'https://C-Bresnahan@github.com':
Enumerating objects: 6, done.
Counting objects: 100% (6/6), done.
Compressing objects: 100% (4/4), done.
Writing objects: 100% (6/6), 604 bytes | 60.00 KiB/s, done.
Total 6 (delta 0), reused 0 (delta 0)
To https://github.com/C-Bresnahan/MWGuard.git
 * [new branch]      main -> main
Branch 'main' set up to track remote branch 'main' from 'origin'.
$
```

远程仓库通常要求输入用户名和密码。项目被推送至远程仓库之后，你应该能通过 Web 浏览器看到。如果是私有仓库，则必须登录远程仓库服务器才能浏览工作成果。

图 25-2 显示了该项目在 GitHub 上的远程仓库。注意，不同的 Git 远程仓库供应商会采用不同的用户界面展示脚本项目。

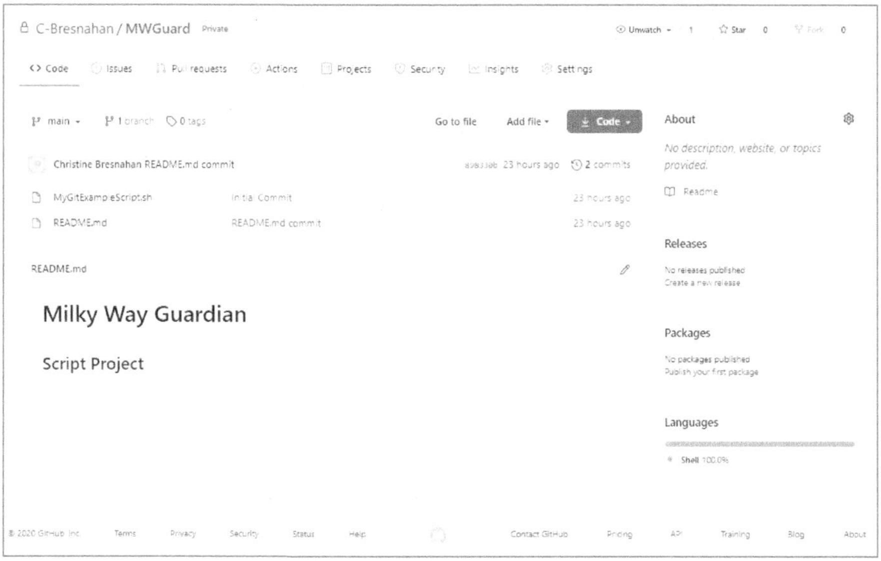

图 25-2 MWGuard 远程仓库

该远程仓库真正的美妙之处在于，Linux 管理团队中参与此项目的任何人都可以使用 git pull 命令从中拉取最新版本的脚本。你需要为他们设置对远程仓库的访问权限或将仓库公开。

```
$ whoami
rich
$
$ pwd
/home/rich/MWGuard
$
$ git remote add origin https://github.com/C-Bresnahan/MWGuard.git
$
$ git pull origin main
remote: Enumerating objects: 6, done.
remote: Counting objects: 100% (6/6), done.
remote: Compressing objects: 100% (4/4), done.
remote: Total 6 (delta 0), reused 6 (delta 0), pack-reused 0
Unpacking objects: 100% (6/6), 584 bytes | 58.00 KiB/s, done.
From https://github.com/C-Bresnahan/MWGuard
 * branch            main       -> FETCH_HEAD
 * [new branch]      main       -> origin/main
$
```

如果拉取项目文件的个人在其本地存储库中有尚未上传到远程仓库的特定脚本的修改版本，则 git pull 命令会失败并会保护该脚本。不过，同时输出的错误消息会指示如何纠正此问题。

警告　记住，如果未参与该项目的人想得到脚本的最新版本，那么当他们尝试使用 git remote add origin 命令时，会收到类似于 fatal: not a git repository 的错误消息。对这些人而言，最好先克隆该项目，接下来会讲到。

开发团队的新成员可以使用 git clone 命令将整个脚本项目从远程仓库复制到自己的本地系统：

```
$ whoami
tim
$
$ ls
$
$ git clone https://github.com/C-Bresnahan/MWGuard.git
Cloning into 'MWGuard'...
remote: Enumerating objects: 6, done.
remote: Counting objects: 100% (6/6), done.
remote: Compressing objects: 100% (4/4), done.
remote: Total 6 (delta 0), reused 6 (delta 0), pack-reused 0
Unpacking objects: 100% (6/6), 584 bytes | 58.00 KiB/s, done.
$
$ ls
MWGuard
```

```
$
$ cd MWGuard/
$
$ ls -a
.  ..  .git MyGitExampleScript.sh README.md
$
$ git log
commit [...](HEAD -> main, origin/main, origin/HEAD)
Author: Christine Bresnahan <cbresn1723@gmail.com>
Date:   Mon Aug 24 15:58:52 2020 -0400

    README.md commit

commit 3b484638bc6e391d0a1b816946cba8c5f4bbc8e6
Author: Christine Bresnahan <cbresn1723@gmail.com>
Date:   Mon Aug 24 15:46:56 2020 -0400

    Initial Commit
$
```

从远程仓库克隆项目时会自动创建工作目录以及.git/目录、Git暂存区（索引）和本地仓库。git log 命令可以显示项目历史。团队新成员可以借此轻松获取着手该项目所需的一切资源。

Git是一款分布式 VCS 实用工具，它提供了大量有用的项目功能，在许多方面的实用性超出了脚本编写者的需求。本章介绍的内容有助于正确地管理你写的所有 bash shell 脚本。

25.4 小结

本章首先引入 VCS 等概念，为 Git 奠定了基础。由 Linus Torvalds 创建的 Git 提供了令人惊叹的分布式 VCS，可用于管理 bash shell 脚本等诸多方面。接着介绍了重要的 Git 位置，比如工作目录、暂存区（索引）、本地仓库和远程仓库。此外，我们还讲解了 Git 的分支特性和克隆特性。

许多 Linux 发行版默认没有安装 Git，我们分别说明了在 CentOS 和 Ubuntu 中安装 git 软件包的情况。首先要为本地配置设置项目的工作目录。然后介绍如何使用 git init 命令，该命令会在工作目录中创建一个隐藏的子目录.git/。在此之后，演示了如何配置本地仓库选项以跟踪项目文件。最后讨论了远程仓库，并以 GitHub 为例进行演示。

本章以 Git 的实际应用作结。我们先将 bash shell 示例脚本移到工作目录，然后使用 git add 命令将其添加到暂存区（索引），接着通过 git commit 命令将其提交至本地仓库。此过程的最后一步是将项目文件移至远程仓库。我们以 GitHub 作为远程仓库并用 git push 命令将项目推送到远程仓库。

感谢你加入我们这次 Linux 命令行和 shell 脚本编程之旅。希望你喜欢这次探险，从中学会如何使用命令行，以及如何创建和管理 shell 脚本以节省时间。但是，千万不要止步于此！在开源世界中，新事物层出不穷，无论是新的命令行实用工具还是另一种 shell。坚持投身 Linux 社区，时刻关注新的进展和功能吧。

附录 A

bash 命令快速指南

本附录内容

- 内建命令
- 常见的 bash 命令
- 环境变量

如你在本书中看到的，bash shell 包含了大量的特性，因此可用的命令自然也不少。本附录提供了一份简明指南，你可以从中快速查找在 bash 命令行或 bash shell 脚本中使用的特性或命令。

A.1 内建命令

bash shell 内建了许多常用的命令。在使用这些内建命令时，执行速度要快得多。表 A-1 列出了 bash shell 中直接可用的内建命令。

表 A-1 bash 内建命令①

命　令	描　述
&	在后台启动作业
((*x*))	执行数学表达式 *x*
.	在当前 shell 中读取并执行指定文件中的命令
:	什么都不做，始终成功退出
[*t*]	对条件表达式 *t* 进行求值
[[*e*]]	对条件表达式 *e* 进行求值
alias	为指定命令定义别名
bg	将当前作业置于后台运行
bind	将组合键绑定到 readline 函数或宏

① 准确地说，表中的 coproc、funtion、while 和 until 属于 shell 关键字（keyword），并非内建命令，通过 type 命令即可得知。——译者注

（续）

命令	描述
Break	退出 for、while、select 或 until 循环
builtin	执行指定的 shell 内建命令
caller	返回活动子函数调用的上下文
case	根据模式有选择地执行命令
cd	将当前目录切换为指定的目录
command	执行指定的命令，不进行正常的 shell 查找①
compgen	为指定单词生成可能的补全匹配
complete	显示指定的单词是如何补全的
compopt	修改指定单词的补全选项
continue	继续执行 for、while、select 或 until 循环的下一次迭代
coproc	在后台生成子 shell 并执行指定的命令
declare	声明变量或变量类型
dirs	显示当前已保存的目录列表
disown	从进程作业表中删除指定的作业
echo	将指定字符串输出到 STDOUT
enable	启用或禁用指定的内建 shell 命令
eval	将指定的参数拼接成一个命令，然后执行该命令
exec	用指定命令替换 shell 进程
exit	强制 shell 以指定的退出状态码退出
export	设置可用于子 shell 进程的变量
false	将结果设置为 false 状态
fc	从历史记录列表（history list）中选择一组命令
fg	将作业恢复至前台
for	对列表中的每一项执行指定的命令
function	定义一个 shell 脚本函数
getopts	解析指定的位置参数
hash	查找并记住指定命令的完整路径名
help	显示 bash 内建命令的帮助页面
history	显示命令历史记录
if	根据条件表达式执行命令
jobs	列出活动作业
kill	向指定的进程 ID（PID）发送系统信号
let	计算数学表达式
local	在函数中创建局部变量
logout	退出已登录的 shell

① 也就是说，绕过同名的别名或函数。——译者注

（续）

命令	描述
mapfile	从 STDIN 中读取输入并将其放入索引数组（每个数组元素包含一行）
popd	从目录栈中删除记录
printf	使用格式化字符串显示文本
pushd	向目录栈压入一个目录
pwd	显示当前工作目录的完整路径名
read	从 STDIN 读取一行数据并将其中的每个单词赋给指定变量
readarray	从 STDIN 读取数据行并将其放入索引数组①
readonly	从 STDIN 读取一行数据并将其赋给一个不可修改的变量
return	使函数以某个值退出，该值可由调用脚本（calling script）提取
select	显示带编号的单词列表，允许用户进行选择
set	设置并显示环境变量的值和 shell 属性
shift	将位置参数依次向前移动一个位置
shopt	打开/关闭 shell 选项
source	在当前 shell 中读取并执行指定文件中的命令
suspend	暂停 shell，直至收到 SIGCONT 信号
test	根据指定条件返回退出状态码 0 或 1
time	显示执行指定命令所累计的真实时间（real time）、用户时间和系统时间
times	显示累计的用户时间和系统时间
trap	如果接收到特定的系统信号，就执行指定命令
true	返回为 0 的退出状态码
type	显示指定的单词作为命令名时，如何被 shell 解释②
typeset	声明变量或变量类型
ulimit	为系统用户设置指定的资源上限
umask	为新建的文件和目录设置默认权限
unalias	删除指定的别名
unset	删除指定的环境变量或 shell 属性
until	执行指定的命令，直到条件语句返回 true
wait	等待指定的进程结束，返回退出状态码
while	当条件语句返回 true 时，执行指定的命令
{ *c*; }	在当前 shell 中指定一组命令

相比外部命令，内建命令提供了更优的性能，但 shell 包含的内建命令越多，消耗的内存就越大，而有些内建命令几乎永远也不会用到。除此之外，bash shell 还有一些能够为 shell 提供扩展功能的外部命令，下一节将展开讨论。

① 一个数组元素对应一行。——译者注

② 也就是显示指定名称是外部命令、内建命令、别名、shell 关键字或 shell 函数。——译者注

A.2　常见的 bash 命令

除了内建命令，也可以通过 bash shell 的外部命令来操作文件系统以及处理文件和目录。表 A-2 列出了在使用 bash shell 时会用到的常见外部命令。

表 A-2　bash shell 外部命令

命　　令	描　　述
at	在未来的特定时间执行指定的脚本或命令
atq	显示 at 命令队列中的作业
atrm	从 at 命令队列中删除指定的作业
bash	执行来自标准输入或指定文件中的命令，或是启动一个子 shell
bc	使用 bc 的专用语言执行算术运算
bzip2	采用 Burrows-Wheeler 块排序文本压缩算法和霍夫曼编码进行压缩
cat	列出指定文件的内容
chage	修改指定系统用户账户的密码过期日期
chfn	修改指定用户账户的备注信息
chgrp	修改指定文件或目录的属组
chmod	修改指定文件或目录的权限
chown	修改指定文件或目录的属主
chpasswd	读取包含用户名/密码的文件并更新相应用户的密码
chsh	修改指定用户账户的默认 shell
clear	清空终端仿真器或虚拟控制台终端中的文字
compress	最初的 Unix 文件压缩工具
cp	将指定文件复制到另一个位置
crontab	启动用户的 cron 表文件对应的编辑器（如果允许的话）
cut	打印文件中指定的部分
date	以各种格式显示日期
df	显示所有已挂载设备的当前磁盘使用情况
dialog	在文本终端环境中创建窗口对话框
du	显示指定目录的磁盘使用情况
emacs	调用 Emacs 文本编辑器
env	在修改过的环境中执行指定命令或显示所有的环境变量
exit	终止当前进程
expr	执行指定的算术表达式
fdisk	维护或创建指定磁盘的分区表
file	查看指定文件的文件类型
find	查找文件
free	查看系统可用的和已用的内存
fsck	检查并根据需要修复指定的文件系统
gawk	调用 gawk 编辑器

（续）

命　令	描　述
Grep	在文件中查找指定模式的字符串
gedit	调用 GNOME 桌面编辑器
getopt	解析命令选项（包括长格式选项）
gdialog	创建 GNOME Shell 窗口对话框
groups	显示指定用户的组成员关系
groupadd	创建新的用户组
groupmod	修改已有的用户组
gunzip	出自 GNU 项目的文件解压缩工具，采用 Lempel-Ziv 压缩算法
gzcat	出自 GNU 项目的压缩文件内容显示工具，采用 Lempel-Ziv 压缩算法
gzip	出自 GNU 项目的文件压缩工具，采用 Lempel-Ziv 压缩算法
head	显示指定文件的开头部分
kdialog	创建 KDE 窗口对话框
killall	根据进程名向运行中的进程发送系统信号
kwrite	调用 KWrite 文本编辑器
less	查看文件内容的高级命令
link	使用别名创建文件链接
ln	创建指定文件的符号链接或硬链接
ls	列出目录内容或文件信息
lvcreate	创建 LVM 卷
lvdisplay	显示 LVM 卷
lvextend	增加 LVM 卷的大小
lvreduce	减少 LVM 卷的大小
mandb	创建能够使用手册页关键字进行搜索的数据库
man	显示指定命令或话题的手册页
mkdir	创建指定目录
mkfs	使用指定文件系统格式化分区
mktemp	创建临时文件或目录
more	显示指定文件的内容，每显示一屏数据后就暂停
mount	显示或挂载磁盘设备到虚拟文件系统中
mv	重命名文件或目录
nano	调用 nano 文本编辑器
nice	在系统中用指定的优先级运行命令
nohup	执行指定的命令，同时忽略 SIGHUP 信号
passwd	修改用户的账户密码
printenv	显示指定环境变量或所有的环境变量的值
ps	显示系统中运行进程的信息
pvcreate	创建物理 LVM 卷
pvdisplay	显示物理 LVM 卷

（续）

命　令	描　述
Pwd	显示当前工作目录
renice	修改系统中运行进程的优先级
rm	删除指定文件或目录
rmdir	删除指定的空目录
sed	调用流编辑器 sed
setterm	修改终端设置
sleep	在指定的一段时间内暂停 bash shell 操作
sort	根据指定的顺序对文件内容进行排序
stat	显示指定文件的相关信息
sudo	以 root 用户账户身份运行应用程序
tail	显示指定文件的末尾部分
tar	将数据和目录归档到单个文件中
tee	将信息发送到 STDOUT 和 STDIN
top	显示活动进程以及重要的系统统计数据
touch	新建一个空文件或更新已有文件的时间戳
umount	从虚拟文件系统中卸载磁盘设备
uptime	显示系统已经运行了多久
useradd	新建用户账户
userdel	删除用户账户
usermod	修改用户账户
vgchange	激活或停用 LVM 卷组
vgcreate	创建 LVM 卷组
vgdisplay	显示 LVM 卷组
vgextend	增加 LVM 卷组大小
vgreduce	减少 LVM 卷组大小
vgremove	删除 LVM 卷组
vi	调用 vi 文本编辑器
vim	调用 vim 文本编辑器
vmstat	生成一份详尽的系统内存和 CPU 使用情况的报告
wc	显示文本文件统计情况
whereis	显示指定命令的相关文件，包括二进制文件、源代码文件以及手册页
which	查找可执行文件的位置
who	显示当前系统中的登录用户
whoami	显示当前用户的用户名
xargs	从 STDIN 中获取数据项，构建并执行命令
xterm	调用 xterm 终端仿真器
zenity	创建 GNOME Shell 窗口小部件
zip	Windows PKZIP 程序的 Unix 版本

这些命令基本上可以让你在命令行中无所不能。

A.3　环境变量

bash shell 还使用了不少环境变量。虽然环境变量不是命令，但往往会影响 shell 命令的执行，因此了解这些 shell 环境变量也很重要。表 A-3 列出了 bash shell 中可用的部分环境变量。

表 A-3　bash shell 环境变量

变　量	描　述
*	包含所有命令行参数（以单个文本值的形式）
@	包含所有命令行参数（以多个文本值的形式）
#	命令行参数数目
?	最近使用的前台进程的退出状态码
-	当前命令行选项标记
$	当前 shell 的进程 ID（PID）
!	最近执行的后台进程的 PID
0	命令行中使用的命令名
_	shell 的绝对路径名
BASH	用来调用 shell 的完整路径名
BASHOPTS	已启用的 shell 选项（以冒号分隔形式显示）
BASHPID	当前 bash shell 的 PID
BASH_ALIASES	数组变量，包含当前所用的别名
BASH_ARGC	当前函数的参数数量
BASH_ARGV	数组变量，包含所有的命令行参数
BASH_CMDS	数组变量，包含命令的内部哈希表
BASH_COMMAND	当前正在运行的命令名
BASH_ENV	如果设置的话，每个 bash 脚本都会尝试在运行前执行由该变量定义的启动文件
BASH_EXECUTION_STRING	在-c 命令行选项中指定的命令
BASH_LINENO	数组变量，包含脚本中每个命令的行号
BASH_REMATCH	数组变量，包含正则表达式所匹配的文本①
BASH_SOURCE	数组变量，包含 shell 中已定义函数所在源文件名
BASH_SUBSHELL	当前 shell 生成的子 shell 数目
BASH_VERSINFO	数组变量，包含当前 bash shell 实例的主版本号和次版本号
BASH_VERSION	当前 bash shell 实例的版本号
BASH_XTRACEFD	如果设置为有效的文件描述符整数，则所产生跟踪信息会与诊断和错误消息分开。文件描述符必须事先执行 set -x
BROWSER	首选 Web 浏览器的绝对路径名
COLUMNS	当前 bash shell 实例所用的终端宽度
COMP_CWORD	变量 COMP_WORDS 的索引值，COMP_WORDS 包含当前光标所在的位置
COMP_KEY	调用补全功能的按键

① 索引为 0 的元素是整个正则表达式所匹配的部分。索引为 n 的元素是第 *n* 个带有圆括号的子正则表达式所匹配的部分。——译者注

（续）

变　量	描　述
COMP_LINE	当前命令行
COMP_POINT	当前光标位置相对于当前命令起始处的索引
COMP_TYPE	补全类型对应的整数值
COMP_WORDBREAKS	在进行单词补全时作为单词分隔符的一组字符
COMP_WORDS	数组变量，包含当前命令行上的所有单词
COMPREPLY	数组变量，包含可能的补全结果
COPROC	数组变量，包含用于匿名协程 I/O 的文件描述符
DBUS_SESSION_BUS_ADDRESS	当前登录会话的 D-Bus 地址，用于提供连接映射
DE	当前登录 shell 的桌面环境
DESKTOP_SESSION	在 LXDE 环境中，包含当前登录 shell 的桌面环境
DIRSTACK	数组变量，包含目录栈当前内容
DISPLAY	图形应用程序映射，用于显示图形用户界面的位置
EDITOR	定义部分 shell 命令使用的默认编辑器
EMACS	如果设置的话，shell 会认为其使用的是 Emacs shell 缓冲区，同时禁止行编辑功能
ENV	当 shell 以 POSIX 模式调用时，每个 bash 脚本在运行之前都会执行由该环境变量所定义的启动文件
EUID	当前用户的有效用户 ID（数字形式）
FCEDIT	fc 命令使用的默认编辑器
FIGNORE	以冒号分隔的后缀名列表，在文件名补全时会被忽略
FUNCNAME	当前执行的 shell 函数的名称
FUNCNEST	嵌套函数的最高级别
GLOBIGNORE	以冒号分隔的模式列表，文件名扩展时会将其忽略
GROUPS	数组变量，包含当前用户属组
histchars	控制历史记录扩展，最多可有 3 个字符
HISTCMD	当前命令在历史记录中的编号
HISTCONTROL	控制哪些命令会被保存在历史记录列表中
HISTFILE	保存 shell 历史记录列表的文件名（默认是~/.bash_history）
HISTFILESIZE	历史记录文件（history file）能保存的最大命令数量
HISTIGNORE	以冒号分隔的模式列表，用来决定哪些命令不会被保存在历史文件中
HISTSIZE	能写入历史记录列表（history list）的最大命令数量
HISTTIMEFORMAT	如果设置的话，该变量决定了历史文件条目时间戳所使用的格式字符串
HOME	当前登录会话的主目录名
HOSTALIASES	文件名，某些 shell 命令要用到的各种主机名别名都保存在该文件中
HOSTFILE	shell 在补全主机名时要读取的文件名
HOSTNAME	当前主机名
HOSTTYPE	当前运行 bash shell 的机器
IFS	在分割单词时作为分隔符使用的一系列字符
IGNOREEOF	shell 在退出前必须收到的一系列 EOF 字符的数量。如果未设置，则默认是 1

（续）

变　　量	描　　述
INFODIR	info 命令的搜索目录列表（以冒号分隔）
INPUTRC	readline 初始化的文件名（默认是~/.inputrc）
INVOCATION_ID	systemd 用于标识登录 shell 和其他单元的 128 位（128-bit）随机标识符
JOURNAL_STREAM	文件描述符的设备和 inode 编号（十进制格式）列表（以冒号分隔）。仅当 STDOUT 或 STDERR 连接到日志系统时才设置
LANG	shell 的语言环境种类（locale category）
LC_ALL	定义语言环境种类，能够覆盖 LANG 变量
LC_ADDRESS	确定地址信息的显示方式
LC_COLLATE	设置字符串排序时采用的排序规则
LC_CTYPE	决定如何解释出现在文件名扩展和模式匹配中的字符
LC_IDENTIFICATION	包含语言环境的元数据信息
LC_MEASUREMENT	设置用于测量单位的语言环境
LC_MESSAGES	决定在解释前面带有$的双引号字符串时采用的语言环境设置
LC_MONETARY	定义货币数值的格式
LC_NAME	设置名称的格式
LC_NUMERIC	决定格式化数字时采用的语言环境设置
LC_PAPER	设置用于纸张标准和格式的语言环境
LC_TELEPHONE	设置电话号码的结构
LD_LIBRARY_PATH	以冒号分隔的目录列表，其中的目录会先于标准库目录被搜索
LC_TIME	决定格式化日期和时间时采用的语言环境设置
LINENO	当前正在执行的脚本语句的行号
LINES	定义了终端上可见的行数
LOGNAME	当前登录会话的用户名
LS_COLORS	定义用于显示文件名的颜色
MACHTYPE	用“CPU–公司–系统”（CPU-company-system）格式定义的系统类型
MAIL	如果设置的话，定义当前登录会话的邮件文件会被一些邮件程序间歇地搜索，以查找新邮件
MAILCHECK	shell 应该多久检查一次新邮件（以秒为单位，默认为 60 秒）
MAILPATH	以冒号分隔的邮件文件名列表，一些邮件程序会间歇性地在其中搜索新邮件
MANPATH	以冒号分隔的手册页目录列表，由 man 命令搜索
MAPFILE	数组变量，当未指定数组变量作为参数时，其中保存了 mapfile 所读入的文本
OLDPWD	shell 先前使用的工作目录
OPTARG	包含选项所需的参数值，由 getopts 命令设置
OPTERR	如果设置为 1，则 bash shell 会显示 getopts 命令产生的错误
OPTIND	getopts 命令要处理的下一个参数的索引
OSTYPE	定义了 shell 所在的操作系统
PAGER	设置某些 shell 命令在查看文件时使用的分页实用工具
PATH	以冒号分隔的目录列表，shell 会在其中搜索外部命令
PIPESTATUS	数组变量，包含前台进程的退出状态

（续）

变　量	描　述
POSIXLY_CORRECT	如果设置的话，bash 会以 POSIX 模式启动
PPID	bash shell 父进程的 PID
PROMPT_COMMAND	如果设置的话，在显示命令行主提示符之前执行该命令
PROMPT_DIRTRIM	用来定义使用提示符字符串\w 或\W 转义时显示的拖尾（trailing）目录名的数量（使用一组英文句点替换被删除的目录名）
PS0	如果设置的话，该变量会指定在输入命令之后、执行命令之前，由交互式 shell 显示的内容
PS1	主命令行提示符
PS2	次命令行提示符
PS3	select 命令的提示符
PS4	在命令行之前显示的提示符（如果使用了 bash 的-x 选项的话）
PWD	当前工作目录
RANDOM	返回一个介于 0 ~ 32 767 的随机数（对该变量的赋值可作为随机数生成器的种子）
READLINE_LINE	当使用 bind -x 命令时，保存 Readline 缓冲区的内容
READLINE_POINT	当使用 bind -x 命令时，指明了 Readline 缓冲区内容插入点的当前位置
REPLY	read 命令的默认变量
SECONDS	自 shell 启动到现在的秒数（对其赋值会重置计数器）
SHELL	bash shell 的完整路径
SHELLOPTS	已启用的 bash shell 选项（以冒号分隔）
SHLVL	shell 的层级；每启动一个新的 bash shell，该值增加 1
TERM	登录会话当前使用的终端类型，相关信息由该变量所指向的文件提供
TERMCAP	登录会话当前使用的终端类型，相关信息由该变量提供
TIMEFORMAT	指定了 shell 的时间显示格式
TMOUT	select 命令和 read 命令在无输入的情况下等待多久（以秒为单位。默认值为 0，表示一直等待）
TMPDIR	目录名，保存 bash shell 创建的临时文件
TZ	如果设置的话，用于指定系统的时区
TZDIR	定义时区文件所在的目录
UID	当前用户的真实用户 ID（数字形式）
USER	当前登录会话的用户名
VISUAL	如果设置的话，用于定义某些 shell 命令默认使用的全屏编辑器

可以使用 printenv 命令来显示当前定义的环境变量。在启动时建立的 shell 环境变量在不同的 Linux 发行版中（经常）会有所不同。

附录 B

sed 和 gawk 快速指南

本附录内容

- sed 基础
- gawk 必知必会

如果要在 shell 脚本中处理数据，那么很可能要用到 sed 或 gawk（有时两者都要用到）。本附录提供了一份 sed 和 gawk 的快速参考，你应该会用得着。

B.1 sed 编辑器

sed 编辑器可以根据命令来操作数据流中的数据，这些命令要么从命令行中输入，要么保存在包含命令的文本文件中。sed 每次从输入中读取一行数据，然后按照指定的命令匹配数据、修改数据，最后将结果输出到 STDOUT 中。

B.1.1 启动 sed 编辑器

sed 命令的格式如下。

```
sed options script file
```

options 允许定制 sed 命令的行为，表 B-1 中给出了可用的选项。

表 B-1 sed 命令选项

选　项	描　述
-e *script*	在处理输入时，加入 *script* 中指定的命令
-f *file*	在处理输入时，加入文件 *file* 中包含的命令
-n	不再为每条命令产生输出，而是等待打印（p）命令

script 指定了应用于数据流的单条命令。如果用到的命令不止一条，则要么使用-e 选项在命令行上指定，要么使用-f 选项在一个单独的文件中指定。

B.1.2　sed 命令

sed 编辑器脚本包含的命令是针对输入流中的每一行数据而执行的。本节将介绍一些较常见的 sed 命令。

1. 替换

替换（s）命令会替换输入流中的文本。该命令的格式如下：

```
s/pattern/replacement/flags
```

其中，*pattern* 是要被替换的文本模式，*replacement* 是用于更换 pattern 的新文本。

flags 控制如何进行替换。有 4 种类型的替换标志可用。

- 数字：指明第几处出现的模式（pattern）应该被替换。
- g：指明所有该模式出现的地方都应该被替换。
- p：指明原始行的内容应该被打印出来。
- w *file*：指明替换的结果应该写入文件 file 中。

在第一种类型的替换中，可以指定 sed 编辑器应该替换第几处匹配。举例来说，可以用数字 2 来指明只替换该模式第二次出现的地方。

2. 寻址

在默认情况下，sed 命令会应用于文本数据的每一行。如果想让命令只应用于指定行或某些行，则必须使用**行寻址**（line addressing）。

在 sed 编辑器中，有两种形式的行寻址。

- 行区间（数字形式）。
- 可以过滤出特定行的文本模式。

这两种形式使用相同的格式来指定地址：

```
[address]command
```

当使用数字形式的行寻址时，我们通过行在文本流中的位置对其进行引用。sed 编辑器会为数据流中的第一行分配行号 1，然后对接下来的每一行按序分配行号。要将文件的第二行或第三行中的单词“dog”替换成单词“cat”，可以使用下列命令：

```
$ sed '2,3s/dog/cat/' data1
```

另一种限制命令作用范围的方法有点儿复杂。sed 编辑器允许指定文本模式来过滤所需要的行。格式如下：

```
/pattern/command
```

必须将 *pattern* 放入一对正斜线之间。sed 编辑器会将 *command* 应用于匹配文本模式的那些行：

```
$ sed '/rich/s/bash/csh/' /etc/passwd
```

这个过滤器会找到含有文本 rich 的行，然后用文本 csh 替换 bash。

也可以针对某个特定地址应用多条命令：

```
address {
     command1
     command2
     command3 }
```

sed 编辑器会将你指定的所有命令都应用于匹配指定地址的行。它会处理地址行上列出的每条命令：

```
$ sed '2{
> s/fox/elephant/
> s/dog/cat/
> }' data1
```

sed 编辑器会将每一条替换命令都应用于数据文件的第二行。

3. 删除行

删除（d）命令名副其实。该命令会删除匹配指定地址的所有行。使用删除命令时要小心，如果忘记加地址的话，数据流中的所有行都会被删除：

```
$ sed 'd' data1
```

显然，删除命令与指定的地址配合使用才最有效。这样就可以通过以下方式从数据流中删除特定的文本行，即要么通过行号指定地址：

```
$ sed '3d' data1
```

要么通过行区间指定地址：

```
$ sed '2,3d' data1
```

sed 编辑器的模式匹配特性也适用于删除命令：

```
$ sed '/number 1/d' data1
```

只有匹配指定模式的行才会被删除。

4. 插入文本和附加文本

如你所料，和其他编辑器一样，sed 编辑器同样允许向数据流中插入文本行和附加文本行。这两个命令很容易混淆。

- 插入（i）命令会在指定行前面添加一个新行。
- 附加（a）命令会在指定行后面添加一个新行。

要注意这两个命令的格式：不能在单个命令行上使用它们。要插入或附加的行必须作为单独的一行出现。该命令格式如下：

```
sed '[address]command\
new line'
```

new line 中的文本会按照指定的位置出现在 sed 编辑器的输出中。记住，当使用插入命令时，文本会出现在指定行之前：

```
$ echo "testing" | sed 'i\
> This is a test'
This is a test
testing
$
```

当使用附加命令时，文本则会出现在指定行之后：

```
$ echo "testing" | sed 'a\
> This is a test'
testing
This is a test
$
```

因此，可以在普通文本的末尾插入文本。

5. 修改行

修改（c）命令可以修改数据流中的整行文本，其格式跟插入命令和附加命令一样，必须将新行与 sed 命令的其余部分分开：

```
$ sed '3c\
> This is a changed line of text.' data1
```

反斜线字符用来表明脚本中的新数据行。

6. 转换命令

转换（y）命令是唯一应用于单个字符的 sed 命令。该命令格式如下：

```
[address]y/inchars/outchars/
```

转换命令对 *inchars* 和 *outchars* 执行一对一的映射。*inchars* 中的第一个字符会转换为 *outchars* 中的第一个字符，*inchars* 中的第二个字符会转换为 *outchars* 中的第二个字符，以此类推，直到超过了指定字符的长度。如果 *inchars* 和 *outchars* 长度不同，则 sed 编辑器会报错。

7. 打印行

与替换命令中的 p 标志类似，打印（p）命令会打印 sed 编辑器输出中的一行。打印命令最常见的用法是打印匹配指定模式的文本行：

```
$ sed -n '/number 3/p' data1
This is line number 3.
$
```

打印命令可以只打印输入数据流中的特定行。

8. 写入文件

写入（w）命令可用于将文本行写入文件。该命令格式如下：

```
[address]w filename
```

filename 可以用相对路径或绝对路径指定，但不管怎样，运行 sed 编辑器的用户必须拥有该

文件的写权限。*address* 可以是任意类型的寻址方法，比如行号、文本模式、行区间或模式区间。

下面这个例子会将数据流的前两行写入文本文件：

```
$ sed '1,2w test' data1
```

输出文件 test 只包含输入数据流的前两行。

9. 读取文件

你已经知道了如何使用 sed 命令向数据流中插入文本和附加文本。读取（r）命令可以插入单个文件中的数据。

该命令格式如下：

```
[address]r filename
```

其中，*filename* 使用相对路径名或绝对路径名的形式来指定含有数据的文件。读取命令不能使用地址区间，只能使用单个行号或模式地址，然后 sed 编辑器会将文件中的文本插入指定地址之后：

```
$ sed '3r data' data1
```

sed 编辑器将 data 文件中的全部文本都插到了 data1 文件的第三行之后。

B.2　gawk 程序

gawk 程序是 Unix 中最初的 awk 程序的 GNU 版本。相较于 sed 编辑器使用的编辑器命令，gawk 程序提供了自己的编程语言，将流编辑又推进了一步。作为一份快速参考，本节将介绍 gawk 程序的基础知识。

B.2.1　gawk 命令格式

gawk 程序的基本格式如下。

```
gawk options program file
```

表 B-2 列出了可用的 gawk 选项。

表 B-2　gawk 选项

选　项	描　述
-F *fs*	指定用于划分行中各个数据字段的字段分隔符
-f *file*	指定要从哪个文件中读取脚本
-v var=*value*	定义 gawk 脚本中要使用的变量及其默认值
-mf *N*	指定数据文件中的最大字段数
-mr *N*	指定数据文件中的最大记录数
-W *keyword*	指定 gawk 的兼容模式或警告等级。使用 help 选项列出所有可用的关键字

通过命令行选项，可以轻松地定制 gawk 程序的功能。

B.2.2　使用 gawk

我们既可以直接通过命令行使用 gawk，也可以在 shell 脚本中使用 gawk。本节将演示如何使用 gawk 程序以及如何编写由 gawk 处理的脚本。

1. 从命令行读取脚本

gawk 脚本是由一对花括号定义的，必须将脚本命令放在两个花括号之间。由于 gawk 命令行会假定脚本是单个字符串，因此必须用单引号将脚本引用起来。下面是一个在命令行上指定的简单 gawk 脚本：

```
$ gawk '{print $1}'
```

这个脚本会显示输入流中每一行的第一个数据字段。

2. 在脚本中使用多条命令

如果只能执行一条命令，那么这门编程语言也没多大用处。gawk 编程语言允许将多条命令组合成一个脚本。要在命令行上指定的脚本中使用多条命令，只需在每条命令之间加上一个分号即可。

```
$ echo "My name is Rich" | gawk '{$4="Dave"; print $0}'
My name is Dave
$
```

这个脚本执行了两条命令：先用另一个值替换第四个数据字段，然后显示流中的整行数据。

3. 从文件中读取脚本

和 sed 编辑器一样，gawk 编辑器允许将脚本保存在文件中，然后在命令行上引用脚本文件：

```
$ cat script1
{ print $5 "'s userid is " $1 }
$ gawk -F: -f script1 /etc/passwd
```

gawk 对输入数据流执行了指定文件中的所有命令。

4. 在处理数据前运行脚本

gawk 还允许指定何时运行脚本。在默认情况下，gawk 会从输入中读取一行文本，然后对这行文本上的数据执行脚本。有时，你可能需要在处理数据（比如创建报告的标题）之前运行脚本。为此，可以使用 `BEGIN` 关键字。它会强制 gawk 先执行 `BEGIN` 关键字后面指定的脚本，再读取数据：

```
$ gawk 'BEGIN {print "This is a test report"}'
This is a test report
$
```

可以在 `BEGIN` 部分放置任意的 `gawk` 命令，比如给变量设置默认值。

5. 在处理数据后运行脚本

与 `BEGIN` 关键字类似，`END` 关键字允许指定在 gawk 读取数据后执行的脚本：

```
$ gawk 'BEGIN {print "Hello World!"} {print $0} END {print
     "byebye"}' data1
Hello World!
This is a test
This is a test
This is another test.
This is another test.
byebye
$
```

gawk 会先执行 BEGIN 部分的代码，然后处理输入流中的数据，最后执行 END 部分的代码。

B.2.3 gawk 变量

gawk 不只是一个编辑器，还是一个完备的编程环境。正因为如此，gawk 拥有大量的命令和特性。本节将展示使用 gawk 编程时需要知道的一些主要特性。

1. 内建变量

gawk 脚本使用内建变量来引用特定的数据信息。下面将介绍可用于 gawk 脚本的内建变量及其用法。

gawk 脚本会将数据定义为记录和数据字段。**记录**是一行数据（默认以换行符分隔），而**数据字段**则是行中独立的数据元素（默认以空白字符分隔，比如空格或制表符）。

gawk 脚本使用数据字段来引用每条记录中的数据元素。表 B-3 列出了相关变量。

表 B-3　gawk 数据字段和记录变量

变　　量	描　　述
$0	整条记录
$1	记录中的第一个数据字段
$2	记录中的第二个数据字段
$n	记录中的第 *n* 个数据字段
FIELDWIDTHS	由空格分隔的数字列表，定义了每个数据字段的具体宽度
FS	输入字段分隔符
RS	输入记录分隔符
OFS	输出字段分隔符
ORS	输出记录分隔符

除了数据字段和记录分隔符变量，gawk 还提供了其他内建变量，可以帮助你了解数据的相关情况以及从 shell 环境中提取信息。表 B-4 列出了 gawk 中其他的内建变量。

表 B-4　更多的 gawk 内建变量

变　　量	描　　述
ARGC	当前命令行参数的个数
ARGIND	当前文件在 ARGV 数组中的索引

（续）

变　　量	描　　述
ARGV	包含命令行参数的数组
CONVFMT	数字的转换格式（参见 printf 语句），默认值为%.6g
ENVIRON	由当前 shell 环境变量及其值组成的关联数组
ERRNO	当读取或关闭输入文件发生错误时的系统错误号
FILENAME	作为 gawk 输入的数据文件的文件名
FNR	当前数据文件中的记录数
IGNORECASE	如果设置成非 0 值，则 gawk 会忽略所有字符串函数（包括正则表达式）中的字符大小写
NF	数据文件中的数据字段总数
NR	已处理的输入记录数
OFMT	数字的输出格式，默认值为%.6g
RLENGTH	由 match 函数所匹配的子串的长度
RSTART	由 match 函数所匹配的子串的起始位置

可以在 gawk 脚本中的任何位置使用内建变量，包括 BEGIN 和 END 部分。

2. 在脚本中给变量赋值

与在 shell 脚本中给变量赋值的做法类似，在 gawk 脚本中给变量赋值需要使用**赋值语句**：

```
$ gawk '
> BEGIN{
> testing="This is a test"
> print testing
> }'
This is a test
$
```

给变量赋值后，就可以在 gawk 脚本中的任何位置使用该变量了。

3. 在命令行上给变量赋值

也可以在 gawk 命令行上给变量赋值。这允许在正常脚本之外即时设置或修改变量值。下面的例子使用命令行变量显示文件中特定数据字段：

```
$ cat script1
BEGIN{FS=","}
{print $n}
$ gawk -f script1 n=2 data1
$ gawk -f script1 n=3 data1
```

这个特性是在 gawk 脚本中处理 shell 脚本数据的一种好方法。

B.2.4 gawk 程序特性

gawk 程序的一些特性使其非常便于数据操作，我们可以创建 gawk 脚本来解析包括日志文件在内的任何类型的文本文件。

1. 正则表达式

可以使用基础正则表达式（BRE）或扩展正则表达式（ERE）从数据流中过滤出脚本要处理的文本行。

正则表达式在使用时必须出现在与其对应的脚本命令的左花括号之前。

```
$ gawk 'BEGIN{FS=","} /test/{print $1}' data1
This is a test
$
```

2. 匹配运算符

匹配运算符可以将正则表达式限制在数据行中的特定数据字段。匹配运算符是波浪号（~）。你可以指定匹配运算符、数据字段变量以及要匹配的正则表达式：

```
$1 ~ /^data/
```

这个表达式会过滤出第一个数据字段以文本 `data` 开头的记录。

3. 数学表达式

除了正则表达式，还可以在匹配模式中使用数学表达式。这个功能在匹配数据字段中的数字值时非常有用。如果要显示所有属于 root 用户组（组 ID 为 0）的用户，可以使用下列脚本：

```
$ gawk -F: '$4 == 0{print $1}' /etc/passwd
```

这个脚本会找出第四个数据字段值为 0 的所有行，显示出这些行的第一个数据字段。

4. 结构化命令

gawk 脚本支持多种结构化命令。

`if-then-else` 语句：

```
if (condition) statement1; else statement2
```

`while` 语句：

```
 while (condition)
{
    statements
}
```

`do-while` 语句：

```
 do {
    statements
} while (condition)
```

`for` 语句：

```
for(variable assignment; condition; iteration process)
```

这为 gawk 脚本程序员提供了丰富的编程手段。你可以用它们编写出能够与其他高级语言程序相媲美的 gawk 脚本。